Wolfgang Müller

Elektrotechnik Energietechnik

Fachrechnen-Gesamtband

Ernst Hörnemann, Heiden
Heinrich Hübscher, Lüneburg
Dieter Jagla, Neuwied
Joachim Larisch, Kaiserslautern
Wolfgang Müller, Niedererbach
Volkmar Pauly, Limburg

westermann

Diesem Buch wurden die bei Manuskriptabschluß vorliegenden neuesten Ausgaben der DIN-Normen zugrunde gelegt. Verbindlich sind jedoch nur die neuesten Ausgaben der DIN-Normen selbst.

Die DIN-Normen können bezogen werden bei
Beuth Verlag GmbH,
Burggrafenstraße 4–10, 1000 Berlin 31, und
Kamekestraße 8, 5000 Köln 1.

1988

Die letzte Zahl bezeichnet das Jahr der Herstellung

1. Auflage 1985

Verlagslektor: Wolfgang Kaiser
Lektoratsassistentinnen: Gundula Müller, Gisela Kühn
Einbandgestalter: Adalbert Homey
Zeichnungen: Technisch-Grafische Abteilung Westermann
Layout und Herstellung: Herbert Heinemann
Satz: Hermann Hagedorn, Berlin
Druck und Bindung: westermann druck, Braunschweig

ISBN 3-14-**201051**-3

Inhaltsverzeichnis

Vorwort

Elektrotechnische Zusammenhänge stehen häufig in mathematischer Beziehung zueinander, werden durch Formeln ausgedrückt und fordern vom Lernenden, daß er sich rechnerisch mit ihnen auseinandersetzt.

Zwischen Fachkunde und Fachrechnen besteht eine enge Beziehung. Das Fachrechnen soll mit Hilfe mathematischer Methoden fachkundliche Zusammenhänge erschließen helfen und Wege aufzeigen, Probleme der Praxis zu lösen.

Um die enge Beziehung zur Fachkunde zu verdeutlichen und die Arbeit mit dem Buch zu erleichtern, lehnt sich dieser Gesamtband zum Fachrechnen Energietechnik eng an die Fachkundebücher „Elektrotechnik Grundstufe“ und „Elektrotechnik Fachstufe 1 und 2 Energietechnik“ an und übernimmt – wo immer möglich – deren Kapitelaufteilung.

Inhaltlich ist dieser Gesamtband indentisch mit „Grundstufe Fachrechnen“ und „Fachstufe Energietechnik Fachrechnen“.

Dieses Buch baut auf den Lerninhalten, der Methodik und dem Sprachgebrauch des Mathematikunterrichts der allgemeinbildenden Schulen auf. Es ist aber erforderlich, mathematische Grundkenntnisse aufzuarbeiten oder Lücken zu schließen. Deshalb ist den fachbezogenen Kapiteln das Kapitel „1 Mathematische Grundlagen“ vorangestellt.

Mathematische Inhalte, die zusätzlich erforderlich sind, werden aus der fachlichen Problemstellung heraus entwickelt.

Der Taschenrechner wird in zunehmendem Maße im Unterricht eingesetzt. Sein Gebrauch ist deshalb in den verschiedenen Lösungswegen berücksichtigt. Dabei soll der sinnvolle Einsatz des Rechners geübt und einer unkritischen Betrachtungsweise von Rechnerergebnissen entgegengewirkt werden. Die Bedienung des Taschenrechners kann in diesem Buch jedoch nur exemplarisch, unter Vernachlässigung der Typenvielfalt, dargestellt werden.

Jedes fachbezogene Kapitel beginnt mit einer Problemstellung, die weitgehend aus der Praxis oder dem Bereich der Fachtheorie entnommen ist. Die anschließende Beispiellösung soll dem Lernenden eine mögliche Lösungsstrategie auch für die folgenden Aufgaben verdeutlichen. Treten innerhalb eines Kapitels zusätzliche Aspekte auf, dann sind weitere Problemstellungen mit Beispiellösungen eingearbeitet.

Um das Fachrechenbuch unabhängig vom Fachkundebuch einsetzen zu können, enthält jedes Kapitel eine Sammlung der zur Lösung der Aufgaben notwendigen Größen, Einheiten und Formeln.

Für Hinweise und Verbesserungsvorschläge sind Herausgeber, Autoren und Verlag jederzeit aufgeschlossen und dankbar.

Herausgeber, Autoren und Verlag — Braunschweig, 1985

1 Mathematische Grundlagen

1.1 Vorbemerkungen zum Zahlenbereich

1.1.1 Aufbau des Zahlensystems

Natürliche Zahlen ergeben sich durch das Abzählen.

Menge der natürlichen Zahlen:

$\mathbb{N} = \{0;\ 1;\ 2;\ 3; \ldots\}$

Darstellung auf dem Zahlenstrahl

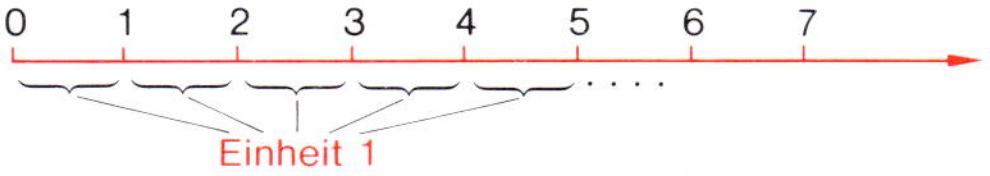

Ganze Zahlen

Menge der ganzen Zahlen:

$\mathbb{Z} = \{\ldots;\ -4;\ -3;\ -2;\ -1;\ 0;\ 1;\ 2;\ 3; \ldots\}$

Darstellung auf der Zahlengeraden

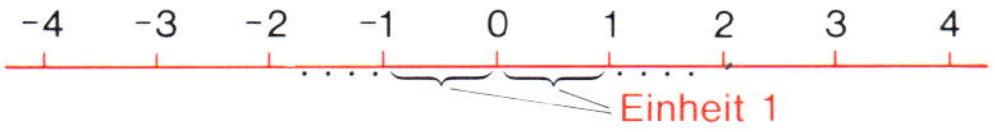

Die natürlichen Zahlen sind in den ganzen Zahlen enthalten:

$\mathbb{N} \subset \mathbb{Z}$

Rationale Zahlen

Bruch

$\frac{a}{b}$ (a: Zähler, b: Nenner) $\quad a, b \in \mathbb{Z}$

Brüche, die sich ergeben, wenn man den Zähler und den Nenner mit einer ganzen Zahl multipliziert (erweitert) bzw. durch eine ganze Zahl ohne Rest dividiert (kürzt), haben den gleichen Wert.

Den Bruch aus der Menge der Brüche mit dem gleichen Wert, den man nicht mehr kürzen kann, nennt man **rationale Zahl.**

Menge der rationalen Zahlen:

$$\mathbb{Q} = \left\{x \mid x = \frac{a}{b};\ a \in \mathbb{Z};\ b \in \mathbb{Z};\ b \neq 0\right\}$$

Darstellung auf der Zahlengeraden

Die Brüche sind hier die Punkte auf der Zahlengeraden zwischen den ganzen Zahlen.

$\frac{a}{1} = a$, d.h. jede ganze Zahl ist als Bruch darstellbar.

Die ganzen Zahlen sind in den rationalen Zahlen enthalten:

$\mathbb{Z} \subset \mathbb{Q}$

Ein **Dezimalbruch** entsteht, wenn bei einem Bruch der Zähler durch den Nenner dividiert wird:

$\frac{a}{b} = a : b; \qquad$ z.B. $\frac{3}{4} = 3 : 4 = 0{,}75$

Bei periodischen Dezimalbrüchen gibt der Strich über den Ziffern an, daß sich diese unendlich oft wiederholen.

Dezimalbrüche werden in der Technik sinnvoll auf- bzw. abgerundet, z.B.

$0{,}\overline{3} \approx 0{,}33$

$1{,}\overline{857142} \approx 1{,}86$

Jeder Dezimalbruch kann in einen Bruch umgewandelt werden. Dazu wird er in der Form $c = \frac{a}{b}$ geschrieben und gekürzt, z.B.

$0{,}2 = \frac{2}{10} = \frac{1}{5}$

$0{,}25 = \frac{25}{100} = \frac{1}{4}$

$0{,}125 = \frac{125}{1000} = \frac{1}{8}$

Reelle Zahlen

Es gibt Zahlen, die sich nicht in der Form $c = \frac{a}{b};\ a, b \in \mathbb{Z}$, schreiben lassen, z.B.

$\sqrt{2} = 1{,}41421358\ldots;$

$\sqrt{3} = 1{,}7320508\ldots;$

$\sqrt[5]{2} = 1{,}1486983\ldots;$

$\pi = 3{,}1415926\ldots.$

Man nennt sie **irrationale Zahlen.** Sie werden bei der Rechnung sinnvoll auf- bzw. abgerundet, z.B. $\sqrt{2} \approx 1{,}414$; $\pi \approx 3{,}14$.

Rationale und irrationale Zahlen bilden zusammen die Menge der reellen Zahlen $\mathbb{R}$.
Für die Zahlenmengen gilt: $\mathbb{N} \subset \mathbb{Z} \subset \mathbb{Q} \subset \mathbb{R}$

1.1.2 Aussagen, Aussageformen und Variable

Aussagen sind sinnvolle Sätze, die entweder wahr oder falsch sind, z.B.:

7 ist eine ungerade Zahl	wahr
4 ist eine Primzahl	falsch
$4+7=11$	wahr
$8 \geqq 13$	falsch
$4 < 12$	wahr

Der Satz „3 ist besser als 4" ist keine Aussage, da über den Wahrheitsgehalt dieses Satzes nichts ausgesagt werden kann.

Hat ein Satz wenigstens eine Leerstelle und geht dieser nach Einsetzung in eine Aussage über, so spricht man von einer **Aussageform.** Die Leerstellen werden auch Platzhalter oder **Variable** genannt.

Variable
↓

24	+	a	= 30	Aussageform
24	+	7	= 30	falsche Aussage
24	+	6	= 30	wahre Aussage

Als Variable verwendet man in der Elektrotechnik häufig lateinische und griechische Buchstaben, z.B. U, I, R, n, u, i, θ, Φ, γ, $\varkappa$, ϱ usw.

Aufgaben $G = \mathbb{R}$

1. Ordnen Sie die nachfolgenden Zahlen den Mengen $\mathbb{N}$, $\mathbb{Z}$, $\mathbb{Q}$ und $\mathbb{R}$ zu:
2; 0; $\frac{1}{2}$; -3; 4,25; $2\frac{1}{3}$; $\frac{12}{3}$; 202; $\sqrt{2}$; π; $3,\overline{24}$; 1,7320508...;

2. Wandeln Sie folgende Brüche in Dezimalzahlen um und runden Sie sinnvoll!

a) $\frac{1}{2}$	f) $\frac{1}{17}$
b) $\frac{1}{3}$	g) $\frac{100}{4}$
c) $\frac{3}{5}$	h) $\frac{1273}{12}$
d) $\frac{5}{7}$	i) $7\frac{1}{12}$
e) $\frac{13}{11}$	k) $13\frac{7}{11}$

3. Wandeln Sie folgende Dezimalzahlen in Brüche um!

a) 3,25	f) 101,01
b) 0,3	g) 325,325
c) 3,79	h) 238,125
d) 115,28	i) 0,00000245
e) 0,004	k) 52468,002

4. Welche der folgenden Sätze sind wahre Aussagen?
a) 12 ist eine gerade Zahl.
b) $13 \geqq 7$
c) 13 ist besser als 7.
d) $-5 > -8$
e) $24 = 7 + 12$

5. Machen Sie folgende Aussageformen durch Einsetzen zu wahren Aussagen!
a) a ist eine gerade Zahl
b) $13\,A > b$
c) $27 = c + 3$
d) $-4 < x$
e) $35\,y \leqq 105$

1.2 Taschenrechner

Beispiel Rechnung mit dem Taschenrechner

$3+4\cdot5$	Eingabe	Anzeige I	Anzeige II
	3	3	3
	⊞	3.	3.
	4	4	4
	⊠	4.	7.
	5	5	5
	⊟	23.	35.

Rechnen Sie mit ihrem Rechner die oben angegebene Aufgabe in der bei „Eingabe" angegebenen Reihenfolge der Bedienungsschritte. Zeigt ihr Rechner das Ergebnis der Anzeige I, so verfügt er über die AOS-Logik, d.h. er führt die Rechnung höherer Ordnung zuerst aus (hier Regel: Punktrechnung vor der Strichrechnung).

Sollte ihr Rechner das falsche Ergebnis der Anzeige II anzeigen, dann müssen Sie bei jeder Rechnung die vorgenannte Regel beachten, denn der Rechner hat dann keine AOS-Logik!

Die dargestellten Rechner verfügen über folgende Funktionen

- Grundrechenarten $+$; $-$; $\cdot(\times)$; $:(\div)$
- AOS-Logik (d.h. Rechenart höherer Ordnung wird zuerst ausgeführt)
- einfache Sonderfunktionen x, x^2, $\frac{1}{x}$, $\sqrt{x}$
- Potenzfunktionen und Logarithmen
  y^x, e^x, 10^x, $\sqrt[x]{y}$, lg x, ln x

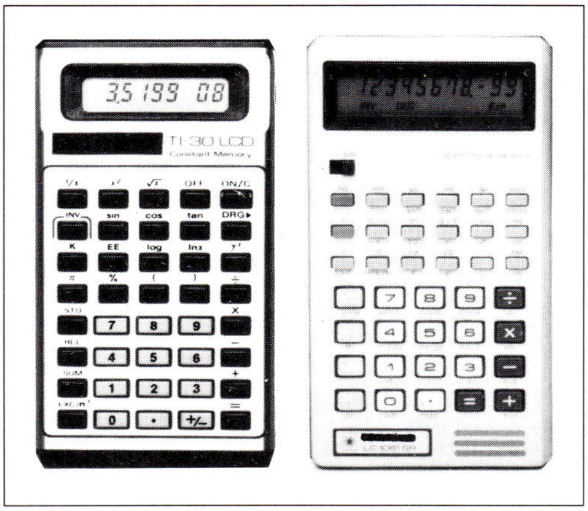

Abb. 1: Taschenrechner

- Trigonometrische Funktionen sin, cos, tan
- Winkelmodi – Altgrad, Neugrad, Bogenmaß
- Vorzeichenwechsel – Umkehrfunktion
- Speicher und Klammertasten

Beachten Sie:

- Vor jeder Rechnung sollte die Gesamtlöschtaste gedrückt werden.
- Rechnungen mit dem Rechner sollten Sie durch Überschlagsrechnung kontrollieren.
- Rechner zeigen Rechenergebnisse mit bis zu 10 Ziffern an. Da in der Elektrotechnik oftmals mit Größen gerechnet wird, die aus Messungen herrühren, sind die entsprechenden Zahlenwerte ungenau und die Rechenergebnisse mit Fehlern behaftet. Deshalb genügen im allgemeinen 3 bis 4 Ziffern, und es muß sinnvoll gerundet werden. (Vergleiche 4.1.1.)

1.3 Rechengesetze

1.3.1 Addition und Subtraktion

Addition

$27 + 34 + 156$
$= 61 + 156$
$= 27 + 190$
$= 217$

Rechnung mit dem Taschenrechner

Eingabe	Anzeige
27	27
⊞	27.
34	34
⊞	61.
156	156
⊟ (=)	217.

Summe:

Summanden

$\underbrace{a + b + c + \cdots + n}_{\text{Term}} = x \quad a, b, c, n, x \in \mathbb{R}$

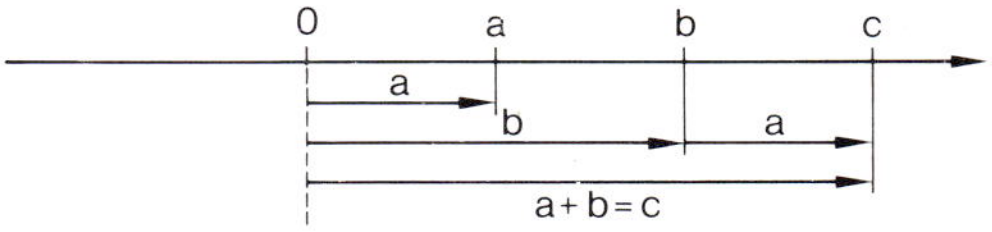

Ein **Term** ist ein sinnvoller mathematischer Ausdruck, der aus Zahlen, Variablen und Rechenzeichen besteht, z.B. $a + b$; $6 - 4$; $5(a + b)$; $\frac{ab}{4} + 4$; usw.

Subtraktion

$75 - 27 - 93$
$= 48 - 93$
$= -45$

Eingabe	Anzeige
75	75
⊟	75.
27	27
⊟	48.
93	93
⊜	−45.

Differenz:

Minuend ↓ a − Subtrahend ↓ b $= c \quad a, b, c \in \mathbb{R}$

Die Subtraktion ist die Umkehrung der Addition.
Ist der Subtrahend größer als der Minuend, dann ist das Ergebnis eine negative Zahl, d.h. eine Zahl kleiner als Null (Zahl mit negativem Vorzeichen).

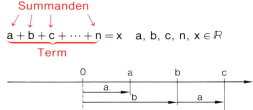

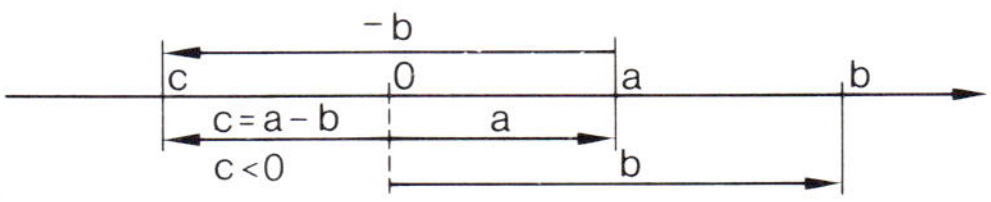

Positive Zahlen, d.h. Zahlen größer als Null, werden im allgemeinen nicht gekennzeichnet. Sie können aber, zur Unterscheidung, das Vorzeichen + erhalten.

Bei der Rechnung werden Zahlen mit einem Vorzeichen in Klammern geschrieben, um Verwechselungen zu vermeiden, z.B.
$(-4) + (-3) - (+9) = -16$

Klammernregel

	Eingabe	Anzeige
$16-(4+3)+(7-9)$	16	16
$=16-7-2$	[−]	16.
$=\ 9-2$	[(]	16
$=\ 7$	4	4
Steht ein Pluszeichen	[+]	4.
vor einer Klammer,	3	3
so darf man diese	[)]	7.
weglassen. Steht ein	[+]	9.
Minuszeichen vor	[(]	9
einer Klammer, so	7	7
darf man diese weg-	[−]	7.
lassen, wenn man die	9	9
Vorzeichen in der	[=]	7.
Klammer umkehrt:		

$16-(4+3)+(7-9)$
$=16-4-3+7-9$
$=7$

Es gelten folgende Regeln ($a, b, c \in \mathbb{R}$):

- $a+b=b+a$ **Kommutativgesetz**
- $(a+b)+c=a+(b+c)$ **Assoziativgesetz**
  Die Rechenoperation in der Klammer muß zuerst ausgeführt werden!
- $a+(+b)=a+b$ $a-(+b)=a-b$
  $a+(-b)=a-b$ $a-(-b)=a+b$
- $a+(b+c)=a+b+c$
  $a+(b-c)=a+b-c$ } Rechenzeichen bleiben nach dem Klammerauflösen

  $a-(b+c)=a-b-c$
  $a-(b-c)=a-b+c$ } Rechenzeichen ändern sich nach der Klammerauflösung
- Kommen mehrere Klammern ineinandergeschachtelt vor, so müssen zuerst die inneren Klammern aufgelöst werden.

$$a-[(b-c)-(a+c)]=a-[b-c-a-c]$$
$$=a-b+c+a+c$$
$$=2a-b+2c$$

Addition und Subtraktion von Brüchen

$\frac{1}{3}+1\frac{1}{2}+\frac{4}{5}-\frac{3}{7}$	Eing.	Anzeige
1. „Gemischte Zahl" ($1\frac{1}{2}$)	1	1
in Bruch umwandeln	[÷]	1.
$\frac{1}{3}+\frac{3}{2}+\frac{4}{5}-\frac{3}{7}$	3	3
	[+]	0.3333333
2. Hauptnenner	3	3
suchen (erweitern)	[÷]	3.
$\frac{70}{210}+\frac{315}{210}+\frac{168}{210}-\frac{90}{210}$	2	2
	[+]	1.8333333
3. Auf gemeinsamen	4	4
Nenner schreiben	[÷]	4.
$\frac{70+315+168-90}{210}$	5	5
4. Zähler ausrechnen	[−]	2.6333333
$\frac{463}{210}$	3	3
	[÷]	3.
5. Bruch in „gemischte	7	7
Zahl" oder Dezimal-	[=]	2.2047619
bruch umwandeln		
$2\frac{43}{210}\approx 2{,}205$		

Bei der Addition und Subtraktion von Brüchen gelten folgende zusätzliche Regeln ($a, b, c, d \in \mathbb{R}$):

- Gleichnamige Brüche werden addiert bzw. subtrahiert, indem man ihre Zähler addiert bzw. subtrahiert.
- Ungleichnamige Brüche müssen vor der Addition bzw. Subtraktion durch Erweitern auf den gemeinsamen Hauptnenner gebracht werden.
- Ist der Zähler oder der Nenner ein Term, so müssen bei weiterer Rechnung Klammern gesetzt werden, z. B.:

$$\frac{a+b}{c}+\frac{d-b}{c}-\frac{a-d}{c}$$
$$=\frac{(a+b)+(d-b)-(a-d)}{c}$$
$$=\frac{a+b+d-b-a+d}{c}$$
$$=\frac{2d}{c}$$

- Irrationale Zahlen werden vor der Addition bzw. Subtraktion sinnvoll gerundet, z. B.: $\sqrt{2}+3\approx 1{,}414+3=4{,}414$.

Aufgaben ($G = \mathbb{R}$)

1. a) $15 + 51$
b) $183 + 59$
c) $76 - 1211$
d) $-92 + 298$
e) $-126 - 159$

2. a) $(39 + 67) - 83$
b) $125 - (87 + 38)$
c) $76 + (15 - 186)$
d) $-(33 + 15) + 212$
e) $-(17 + 7) + (-5 + 16)$

3. a) $r + (-c + d)$ b) $a + (-b - c)$
c) $l - (-m - n)$ d) $A - (-B + V)$

4. a) $\frac{4b}{a} + \left(\frac{5b}{a} - \frac{3a}{a}\right)$ b) $\frac{5m}{2m} - \frac{-3m}{2m} - \frac{4a}{2m}$
c) $\frac{9a - 7b}{4xy} + \frac{4a - 3b}{4xy} - \frac{3a + 4b}{4xy}$
d) $\frac{4a - 2b + c}{7ab} - \frac{5b - 3a - 6c}{7ab}$
e) $\frac{x + y - z}{3ax} + \frac{2x - (y + z)}{3ax}$

5. a) $\frac{2}{6} + \frac{5}{6} - \frac{7}{6}$ b) $\frac{-3}{11} - 1\frac{7}{11} + \frac{8}{-11}$ c) $\frac{4}{5} - (\frac{3}{5} - \frac{11}{5})$
d) $\frac{3}{9} + (\frac{-4}{9} - \frac{-7}{9})$ e) $1\frac{4}{5} - (2\frac{1}{5} + \frac{-3}{5})$

6. a) $\frac{5a}{3b} + \frac{3a}{4b} - \frac{5a}{7b}$ b) $1 - \frac{1}{a} - \frac{1}{b}$
c) $\frac{a}{b} - \left(a + \frac{c}{d}\right)$ d) $\frac{mx}{a + b} + \frac{-yn}{c + d}$
e) $\frac{2y}{3a + b} - \frac{3y}{a - 3b}$

7. a) $\frac{a}{b} + \frac{m - a}{c + d}$ b) $\frac{a}{a - b} - 1$
c) $\frac{a + b}{c + d} - \frac{b}{d}$ d) $\frac{a + b}{a - b} + \frac{m - n}{n + m}$
e) $\frac{2x}{c(b - a)} - \frac{4x}{3bc - 3ac}$

8. a) $0{,}025\,m + 15\,m - 1{,}2\,m + 11{,}075\,m$
b) $12 - (0{,}04 + 12{,}02) + (120 - 12{,}3049)$
c) $12\frac{1}{2} + 0{,}23 + \frac{7}{6} + 0{,}426 + \frac{1}{5}$
d) $\frac{1{,}7a}{4b} + \frac{3{,}75a}{2b} - \frac{\frac{a}{3}}{6b}$
e) $\frac{2{,}1a}{5{,}1b} + \frac{3{,}7c}{1{,}7d} - \frac{\frac{1}{3}n}{8{,}5m}$

9. a) $4{,}25 + \sqrt{2}$ b) $\sqrt{3} + \frac{2}{3}$ c) $2\pi - \frac{\pi}{3}$
d) $-\sqrt{2} + \pi$ e) $4 - \left(\frac{\pi}{6} - \frac{\pi}{3}\right)$

1.3.2 Multiplikation und Division

Multiplikation

$23 \cdot 415 \cdot 0{,}12$
$= 9545 \cdot 0{,}12$
$= 1145{,}4$

Eingabe	Anzeige
23	23
⊠	23.
415	415
⊠	9545.
0,12	0.12
⊟	1145.4

Produkt:

$a \cdot b = c$ (a, b: Faktor) $a, b, c \in \mathbb{R}$

Es gilt

$a \cdot b = b \cdot a$ **Kommutativgesetz**

$a \cdot (b \cdot c) = (a \cdot b) \cdot c$ **Assoziativgesetz**

Multiplikation von Klammerausdrücken

$5 \cdot (6 + 4 - 7)$
$= 5 \cdot 3$
$= 15$

oder
$5 \cdot (6 + 4 - 7)$
$= 5 \cdot 6 + 5 \cdot 4 - 5 \cdot 7$
$= 30 + 20 - 35$
$= 15$

Eingabe	Anzeige
5	5
⊠	5.
(	5
6	6
⊞	6.
4	4
⊟	10.
7	7
⊟	15.

Weiterhin gilt $a, b, c \in \mathbb{R}$

$a \cdot (b + c) = a \cdot b + a \cdot c$ **Distributivgesetz**

Folgende Regeln sind bei der Multiplikation zu beachten ($a, b, c, d, m \in \mathbb{R}$):

- Rechnung höherer Ordnung geht vor, d.h. hier **Punktrechnung geht vor Strichrechnung,** und die Rechenoperation in der Klammer geht vor Punktrechnung.
- $4 \cdot a = 4a$, $a \cdot b = ab$ } Rechenzeichen kann entfallen
- $(+a) \cdot (+b) = ab$ $(-a) \cdot (+b) = -ab$
  $(+a) \cdot (-b) = -ab$ $(-a) \cdot (-b) = ab$
- $a \cdot 0 = 0$ $a \cdot 1 = a$
- $3a \cdot 7b = 21ab$ aber $3a + 7b = 3a + 7b$
  $ab \cdot cd = abcd$ aber $ab + cd = ab + cd$

- $4a + 7a - 5a = (4 + 7 - 5) \cdot a$
  $= 6a$

  $ba + ca - da = (b + c - d) \cdot a$

- $2a + 5a - 4m + m = a \cdot (2 + 5) + m \cdot (-4 + 1)$
  $= 7a - 3m$

  $ba + ca + dm + fm = a \cdot (b + c) + m \cdot (d + f)$

- $(a + b) \cdot (c + d) = a(c + d) + b(c + d)$
  $= ac + ad + bc + bd$

  bzw.
  $ac + ad + bc + bd = a(c + d) + b(c + d)$
  $= (a + b) \cdot (c + d)$

Division

$$\frac{425}{17 \cdot 5} = \frac{425}{85} = 5$$

Eingabe	Anzeige
425	425
÷	425.
17	17
÷	25.
5	5
=	5.

Quotient

$a : b = \frac{a}{b} = c \qquad a, b, c \in \mathbb{R}$

Die Division ist die Umkehroperation zur Multiplikation.

Es müssen folgende Regeln beachtet werden ($a, b \in \mathbb{R}$):

- $a : 0 = \frac{a}{0}$ ist **nicht erlaubt!**
- $a : 1 = a$
- $\frac{a}{b} = a \cdot \frac{1}{b}$
- $(+a) : (+b) = \frac{a}{b}$

  $(+a) : (-b) = \frac{a}{-b} = -\frac{a}{b}$

  $(-a) : (+b) = \frac{-a}{b} = -\frac{a}{b}$

  $(-a) : (-b) = \frac{-a}{-b} = \frac{a}{b}$

Multiplikation und Division von Brüchen

$$\frac{\frac{4}{5} \cdot \frac{2}{3}}{\frac{5}{6}} = \frac{4 \cdot 2 \cdot 6}{5 \cdot 3 \cdot 5} = \frac{16}{25} = 16 : 25 = 0{,}64$$

Eingabe	Anzeige
4	4
÷	4.
5	5
×	0.8
2	2
÷	1.6
3	3
÷	0.5333333
(	0.5333333
5	5
÷	5.
6	6
=	0.64

Bei der Multiplikation und Division von Brüchen sind folgende weitere Regeln zu beachten ($a, b, c, d \in \mathbb{R}$):

- $\frac{a}{b} \cdot c = \frac{ac}{b}$
- $\frac{a}{b} \cdot \frac{c}{d} = \frac{ac}{bd}$
- $\frac{a}{b} \cdot \frac{b}{a} = 1$, d.h. $\frac{b}{a}$ ist der Kehrwert von $\frac{a}{b}$.
- $\frac{a}{b} : c = \frac{a}{bc}$
- $\frac{a}{b} : \frac{c}{d} = \frac{ad}{bc}$

Multiplikation und Division von Dezimalbrüchen

$$\frac{27{,}14 \cdot 3{,}45}{7{,}24} = \frac{93{,}633}{7{,}24} = 93{,}633 : 7{,}24 = 9363{,}3 : 724 = 12{,}9327\ldots \approx 12{,}93$$

Eingabe	Anzeige
27,14	27.14
×	27.14
3,45	3.45
÷	93.633
7,24	7.24
=	12.932735

Für die Multiplikation und Division von Dezimalzahlen gilt außerdem

- Dezimalzahlen werden wie ganze Zahlen multipliziert. Das Komma muß im Ergebnis so gesetzt werden, daß die Anzahl der

Ziffern hinter dem Komma gleich der Summe aus der Anzahl der Ziffern hinter dem Komma bei den Faktoren ist.

- Wird durch einen Dezimalbruch dividiert, so muß man so erweitern, daß durch eine ganze Zahl dividiert wird.
- Ergebnisse müssen sinnvoll gerundet werden.

Multiplikation und Division von irrationalen Zahlen

$$\frac{4{,}25 \cdot \pi}{\sqrt{2}} \approx \frac{4{,}25 \cdot 3{,}14}{1{,}414} \approx 9{,}44$$

Eingabe	Anzeige
4,25	4.25
×	4.25
π	3.1415927
÷	13.351769
2	2
√x	1.4142136
=	9.4411262

Irrationale Zahlen werden multipliziert und dividiert, nachdem man sinnvoll gerundet hat.

Aufgaben $(G = \mathbb{R})$

1. a) $19 \cdot 25$
b) $3a \cdot 7b$
c) $(-18) \cdot 19$
d) $56 : 7$
e) $64 : (-8)$

2. a) $(-15) \cdot (-28)$
b) $(-96) : 4$
c) $(-96) : (-24)$
d) $(-99) \cdot (-186)$
e) $12a \cdot (-3b)$

3. a) $9 \cdot 8 : 4$
b) $9 \cdot 8 : (-4)$
c) $18 \cdot (-12) : (-8)$
d) $[(-33) : (-3)] \cdot (-6)$
e) $64 : 8 : 4$

4. a) $19(12+7)$
b) $19 \cdot 12 + 7$
c) $6(7a-3b)$
d) $(-a) \cdot (b-4c)$
e) $(a-3b) \cdot (-2c)$

5. a) $(18-3) \cdot (7+9)$
b) $18 - 3 \cdot (7+9)$
c) $18 - 3 \cdot 7 + 9$
d) $16 : 4 - 4$
e) $16 : (4-4)$

6. a) $(a+5) \cdot b$
b) $(c+8) \cdot (b-3)$
c) $(3a+4b) \cdot (8x-9y)$
d) $(a-2b+c-3) \cdot (4x-4y)$
e) $(2a-3b-4c) : 2a$

7. a) $7a + 6b - 3c + 5a + 2b + 3c$
b) $6a + (-5b) + 7b + (-3a) + 8b + (-b) + ab$
c) $(-14x) - (-17y) + 15z - (-13x) - 16y - (-14z)$
d) $-\{-8a + [-6b + (7a-b)]\}$
e) $[a(b+c)] - [(a-c) + (b-c) - (a+b)]$

8. a) $ab + ac$
b) $21a - 14b$
c) $18ab + 12ac - 24da$
d) $a(x+y) - b(x+y)$
e) $ab + ac + db + dc$

9. a) $\frac{5}{24} \cdot 8$
b) $\frac{14}{15} \cdot (-5)$
c) $\frac{16}{25} \cdot \frac{15}{24}$
d) $\frac{4}{9} : 8$
e) $\frac{21}{27} : \frac{7}{9}$

10. a) $\frac{-3}{7} \cdot \frac{21}{15}$ b) $\frac{5}{-9} \cdot \frac{3}{-10}$ c) $\left(-\frac{11}{10}\right) \cdot \frac{12}{55}$
d) $-\frac{2}{9} : \frac{4}{3}$ e) $\frac{16}{25} : \frac{-8}{15}$

11. a) $\frac{a}{b} \cdot b$ b) $\frac{-m}{n} \cdot 2n$ c) $\frac{a}{b} : \frac{c}{-b}$
d) $\frac{b}{a} : bd$ e) $\frac{b}{0} \cdot a$

12. a) $\frac{3a}{4b} \cdot \frac{16}{94}$ b) $\frac{5mn}{6} : \frac{-25m}{8}$
c) $\frac{6ax}{5b} : \frac{42x}{35b(-y)}$ d) $\frac{3am}{4bn} \cdot \left(-\frac{8bx}{-33my}\right)$

13. a) $\frac{3a}{5(a-b)} \cdot \frac{25(a-b)}{17a}$
b) $\frac{7ab}{9(x+y)} : \frac{21(-b)}{18(x+y)}$; c) $\frac{a+b}{a-b} \cdot \frac{3(a-b)}{2(a+b)}$
d) $\frac{5(a+b)}{4(b-a)} : \frac{-25(-b-a)}{12(a-b)}$
e) $\frac{4a+2b}{6c-2d} \cdot \frac{9c-6d}{10a+5b}$

14. a) $\left(\frac{1}{a} + \frac{1}{b}\right) \cdot \frac{5ab}{3c}$ b) $\left(\frac{a}{b} - \frac{c}{d}\right) \cdot \frac{bd}{-m}$
c) $\left(\frac{3}{5m} - \frac{1}{10n}\right) : \frac{6}{25mn}$ d) $\left(a - \frac{b}{a}\right) \cdot \frac{5a}{ab}$

15. a) $22{,}75 : 123$ b) $125{,}25 \cdot 0{,}025$
c) $100{,}012 \cdot (-3{,}143)$ d) $27{,}5 : 25$
e) $125{,}78 : 3{,}1445$

16. a) $0{,}253 : 111$ b) $4357{,}22 : 0{,}035$
c) $0{,}0215 \cdot 0{,}0043$ d) $732{,}415 \cdot 0{,}00123$
e) $0{,}287 : 0{,}0002$

17. a) $\frac{a-b}{x+y} \cdot \frac{x+y}{a+b}$ b) $\left(\frac{a}{b}+\frac{b}{a}\right) \cdot \left(\frac{c}{d}-\frac{d}{c}\right)$
c) $\frac{x+y}{x-y} : \frac{a}{x-y}$ d) $\left(\frac{1}{b}-\frac{1}{a}\right) : \left(\frac{1}{b}+\frac{1}{a}\right)$
e) $\left(\frac{4}{5}-\frac{3}{7}\right) : \left(\frac{1}{4}+1\frac{1}{2}\right)$

18. a) $\frac{3x}{5y-5x} \cdot \frac{20y-20x}{21xy}$ b) $\frac{4ab}{a+b} \cdot \frac{3a+3b}{16ac}$
c) $\frac{4ab}{ca-cb} : \frac{8ax}{da-db}$ d) $-\frac{ac-ab}{b+c} : \frac{yb-yc}{xb+xc}$
e) $\frac{4n+2m}{ax} : \frac{6m+3n}{ay}$

19. a) $2 \cdot 5 \cdot \pi$ b) $37 : 2 \cdot \pi$
c) $\sqrt{2} \cdot \sqrt{3}$ d) $\pi \cdot \sqrt{2}$
e) $\sqrt{3} : \sqrt{3}$

1.3.3 Potenzieren und Radizieren

Potenzieren

4^5
$= 4 \cdot 4 \cdot 4 \cdot 4 \cdot 4$
$= 1024$

Eingabe	Anzeige
4	4
y^x	4.
5	5
=	1024.

Potenz:

Basis Exponent

$$a^n = \underset{1}{a} \cdot \underset{2}{a} \cdot \underset{3}{a} \cdot \underset{4}{a} \cdot \ldots \cdot \underset{n}{a} = c \qquad n \in \mathbb{N} \quad a, b, c \in \mathbb{R}$$

Neben den bisher angegebenen Rechenregeln gelten folgende für das Rechnen mit Potenzen ($a, b, c, m, n \in \mathbb{R}$):

- Der Wert von Potenzen mit positiver Basis ist positiv.
  $a^b = c$ $\qquad a \geqq 0,\ c \geqq 0$
- Der Wert von Potenzen mit negativer Basis ist positiv, wenn der Exponent eine gerade Zahl ist und negativ, wenn er eine ungerade Zahl ist.
  $(-a)^{2n} = c$ $\qquad a > 0;\ b > 0;\ n \in \mathbb{N}$
  $(-a)^{2n+1} = -c$
  z.B.: $(-2)^4 = 16$
  $(-2)^5 = -32$
- Addieren und subtrahieren kann man nur Potenzen mit der gleichen Basis und dem gleichen Exponenten.
  $a \cdot b^n \pm c \cdot b^n = (a \pm c) \cdot b^n$
- Potenzen mit der gleichen Basis werden multipliziert bzw. dividiert, indem man die Exponenten addiert bzw. subtrahiert.
  Dabei gilt
  $a^m \cdot a^n = a^{m+n}$ $\qquad a^1 = a$
  $a^m : a^n = a^{m-n}$ $\qquad a^0 = 1$
  $a^{-n} = \frac{1}{a^n}$
- Potenzen mit dem gleichen Exponenten werden multipliziert bzw. dividiert, indem man das Produkt bzw. den Quotienten der Basen mit dem Exponenten potenziert.
  $a^m \cdot b^m = (ab)^m$
  $a^m : b^m = \frac{a^m}{b^m} = \left(\frac{a}{b}\right)^m$
- Potenzen werden potenziert, indem man die Basis mit dem Produkt der Exponenten potenziert.
  $(a^b)^c = a^{bc}$
- $(a+b)^2 = a^2 + 2ab + b^2$
  $(a-b)^2 = a^2 - 2ab + b^2$
  $(a+b)\ (a-b) = a^2 - b^2$
- Potenzen mit der Basis 10 werden Zehnerpotenzen genannt, z.B. $1000 = 10^3$,
  $0{,}001 = \frac{1}{1000} = \frac{1}{10^3} = 10^{-3}$ usw.
  (vgl. 3.1).

Aufgaben

1. a) 2^7 b) 5^{-10} c) $(-5)^5$
d) $(-6)^{-2}$ e) $(-33)^{-3}$

2. a) $(\frac{1}{3})^4$ b) $(-\frac{5}{3})^3$ c) $(\frac{6}{7})^{-3}$
d) $-(1\frac{3}{4})^3$ e) $(-\frac{27}{3})^{-4}$

3. a) $2a^4 + 5a^4$ b) $\frac{3}{4}c^3 - \frac{1}{5}c^3$ c) $3x^m - 5x^m$
d) $ab^5 + cb^5$ e) $xa^b - a^b$

4. a) $8a^4 - 4a^5 - 7a^4 + 5a^5$
b) $2a^n - 5b^n - 4a^n + 3b^n$
c) $4(a+b)^3 + 3(a+b)^3$
d) $3(x-y)^a - (x-y)^a$
e) $(a+b)^c + (a+b)^c$

5. a) $a^3 \cdot a^4$ b) $c^2 \cdot c^3 \cdot c$ c) $a^b \cdot a^2$
d) $b^m \cdot b$ e) $a^b \cdot a^{3b}$

6. a) $2^7 : 2^3$ b) $3 : 3^2$ c) $5^7 : 5^7$
d) $b^{4c} : b^c$ e) $a^{3b} : a^3$

7. a) $a^2 \cdot a^{b-3}$
b) $a^{3-a} \cdot a^{a+2}$
c) $(2b^5 + 3b^4) \cdot 4b^{a-3}$
d) $(a^4 + b^4)(4b^3 + 3a)$
e) $(a^3 - b^4)(3a^2 - 2b^2)$

8. a) $a^b : a^{b-2}$
b) $b^{2m+3} : b^{2m-3}$
c) $(9a^{n+2} + 6a^{n+1} - 3a^n) : a^2$
d) $(6b^2 + 8a^5 - 2a^3) : 2x^3$
e) $[(a+b)^3 + (a+b)^2] : (a+b)$

9. a) $(2a+3b)^2$ b) $(a^2 - b^3)^2$
c) $(2a^5 - 3b)(2a^5 + 3b)$ d) $(x^3y^4 - z^2)^2$
e) $\left(\frac{1}{a} - \frac{1}{b}\right)^2$

10. a) $5^2 \cdot 3^2$ b) $6^5 \cdot (\frac{1}{6})^5$
c) $4^a \cdot 6^a$ d) $(a+b)^3(a-b)^3$
e) $(-3)^3 \cdot (-9)^3$

11. Verwandeln Sie folgende Summen in Potenzen oder Produkte:
a) $x^4 + 2x^2b + b^2$ b) $9a^2 - 16b^4$
c) $a^{2b} - 2a^bc^d + c^{2d}$ d) $a^4 + b^6 + 2a^2b^3$
e) $\frac{1}{4} - \frac{1}{3} + \frac{1}{9}$ f) $\frac{1}{a^{2b}} - \frac{1}{x^4}$
g) $\frac{4}{9} + \frac{16}{15} + \frac{16}{25}$ h) $-(2bc - b^2 - c^2)$

12. a) $18^4 : 6^4$ b) $8x^3 : 24y^3$ c) $x^7 : (-y)^7$
d) $27 : a^3$ e) $(a^2 - b^2)^3 : (a+b)^3$

13. a) $\dfrac{x^2 + 2xy + y^2}{x^2 - y^2}$
b) $\dfrac{9a^2 - 12ab + 4b^2}{3(9a^2 - 4b^2)}$
c) $\dfrac{-16m^2 + 40mn - 25n^2}{4am - 5an + 4bm - 5bn}$
d) $\dfrac{8ab - 12ac + 2bd - 3cd}{12am + 16an + 3dm + 4dn}$
e) $\dfrac{(a+b)^2 \cdot (a-b)^2}{a^2 - b^2}$

14. a) $(2^3)^4$ b) $(0{,}2^2)^2$ c) $(x^d)^d$
d) $(2x^2)^m$ e) $(a^m)^{2n}$

15. a) $(a^3)^{b+1}$ b) $(a^3b^3)^c$ c) $a(2^2 \cdot b^m)^4$
d) $\left(\dfrac{2a^2 \cdot b^3}{4c^2 \cdot d^2}\right)^2$ e) $\left(\dfrac{(a+b)^2}{a^2 - b^2}\right)^3$

16. Verwandeln Sie folgende Zahlen in Zehnerpotenzen:
a) 1000000 e) 0,001
b) 10 f) 0,000001
c) 1 g) 0,1
d) 10000 h) 0,000000001

17. Verwandeln Sie folgende Zehnerpotenzen in Zahlen:
a) 10^0 e) 10^{-1}
b) 10^{12} f) 10^{-15}
c) 10^4 g) 10^{-4}
d) 10^{16} h) 10^{-0}

Radizieren

$\sqrt{9+16}$
$= \sqrt{25}$
$= 5$

Eingabe	Anzeige
9	9
+	9.
16	16
=	25.
√x	5.

Wurzel:

Wurzelexponent Radikand

$\sqrt[n]{a} = b$ $a, b \in \mathbb{R};\ n \in \mathbb{Z}$

Radizieren ist eine Umkehroperation des Potenzierens.

Es sind folgende Regeln zu beachten:

- Nur Wurzeln mit gleichem Exponenten und gleichem Radikanden können addiert bzw. subtrahiert werden.

$b \cdot \sqrt[n]{a} \pm c \cdot \sqrt[n]{a} = (b \pm c)\sqrt[n]{a}$ $a \geqq 0$
$n \in \mathbb{N};\ n \neq 0$

- Wurzeln mit gleichem Exponenten können multipliziert und dividiert werden.

$$n\sqrt[x]{a}\cdot m\sqrt[x]{b}=nm\sqrt[x]{ab}$$

$$m\sqrt[y]{a}:n\sqrt[y]{b}=\frac{m}{n}\sqrt[y]{\frac{a}{b}}$$

- Für das Potenzieren und Radizieren gilt weiterhin:

$$(\sqrt[n]{a})^m=\sqrt[n]{a^m}$$

$$\sqrt[n]{a^m}=a^{\frac{m}{n}}$$

$$\frac{1}{\sqrt[n]{a^m}}=a^{-\frac{m}{n}}$$

$$a^{\frac{m}{n}}\cdot a^{\frac{p}{q}}=a^{\frac{m}{n}+\frac{p}{q}}$$

$$a^{\frac{m}{n}}:a^{\frac{p}{q}}=a^{\frac{m}{n}-\frac{p}{q}}$$

$$\sqrt[m]{\sqrt[n]{a}}=\sqrt[m\cdot n]{a}$$

$$\left(a^{\frac{m}{n}}\right)^{\frac{p}{q}}=a^{\frac{m\cdot p}{n\cdot q}}$$

Aufgaben $G=\mathbb{R}$

1. a) $\sqrt[3]{27}$
b) $\sqrt[6]{0}$
c) $\sqrt{-81}$
d) $\sqrt[4]{\frac{1}{81}}$
e) $\sqrt[3]{1000}$

2. a) $\sqrt[4]{16}$
b) $\sqrt[6]{a^6}$
c) $\sqrt[3]{54}:\sqrt[3]{2}$
d) $\sqrt[5]{5}:\sqrt[5]{5}$
e) $\sqrt[4]{\frac{1}{2}a}:\sqrt[4]{8a}$

3. a) $3\sqrt[4]{3}+4\sqrt[4]{3}-2\sqrt[4]{3}$
b) $2\sqrt[3]{8}-5\sqrt[3]{8}+7\sqrt[3]{8}$
c) $\sqrt[5]{7}-\sqrt[4]{8}-2\sqrt[5]{7}+4\sqrt[4]{8}$
d) $3\sqrt[3]{m}+4\sqrt[5]{n}-a\sqrt[5]{n}+b\sqrt[3]{m}$
e) $a\sqrt{b}-c\sqrt{b}+2c\sqrt{b}-\frac{1}{3}\sqrt{b}$

4. a) $\sqrt[3]{8}\cdot\sqrt[4]{27}\cdot\sqrt[3]{8}\cdot\sqrt[4]{3}$
b) $\sqrt[3]{a^2}\cdot\sqrt[3]{a}\cdot\sqrt[3]{a^3}$
c) $\sqrt[5]{2y}\cdot\sqrt[5]{y^3}\cdot\sqrt[5]{16y}$
d) $\sqrt[3]{2^6}$
e) $\sqrt[3]{a^6}$

5. a) $(\sqrt{2})^4$
b) $(\sqrt[4]{4})^2$
c) $(\sqrt[4]{b})^3$
d) $(\sqrt[5]{a^3})^3$
e) $(\sqrt[c]{a^b})^a$

6. a) $\sqrt[8]{a^2b^4}$
b) $\sqrt[3]{\sqrt[3]{a^6}}$
c) $\sqrt{\sqrt{\frac{1}{16}}}$
d) $\sqrt[3]{\sqrt{a^3}}$
e) $\sqrt{\sqrt{\sqrt{256}}}$

7. Schreiben Sie mit rationalen Exponenten bzw. mit dem Wurzelzeichen.

a) $\sqrt{a}$
b) $\sqrt[5]{b^3}$
c) $\frac{1}{\sqrt[3]{a}}$
d) $a^{\frac{1}{3}}$
e) $b^{-\frac{3}{4}}$
f) $c^{\frac{-a}{b}}$

8. a) $\sqrt{a}\cdot\sqrt[4]{a^3}$
b) $\sqrt[3]{a}\cdot\sqrt[6]{3}$
c) $\sqrt[3]{6}\cdot\sqrt[5]{6}$
d) $\sqrt[2]{x^3}\cdot\sqrt[4]{x^3}$
e) $\sqrt{\sqrt{\sqrt{a^6}}}$

9. a) $\sqrt[4]{a^3}:\sqrt[3]{a^2}$
b) $\sqrt[3]{25}:\sqrt{5}$
c) $\sqrt{2}:\sqrt[3]{2}$
d) $\sqrt[b]{a}:\sqrt{a^b}$
e) $\left(\sqrt{\frac{1}{a}\cdot\sqrt[4]{b^3}}\right)^a$

1.4 Gleichungen

Werden zwei Terme durch das Gleichheitszeichen verbunden, dann nennt man dies eine Gleichung, z. B. $2+7=x+4$.

Stehen zwischen den Termen die Zeichen $<$, $\leqq$, $>$, $\geqq$, $\neq$, so nennt man dies Ungleichungen, z. B. $2+7<x+4$.

Eine Gleichung (bzw. Ungleichung), die keine Variablen enthält, ist eine Aussage (vgl. 1.1.2), die wahr oder falsch sein kann, z. B. $2+7=5+4$ wahre Aussage
$2+7=3+4$ falsche Aussage.

Enthält einer der beiden Terme mindestens eine Variable, dann ist die Gleichung (bzw. Ungleichung) eine Aussageform, die durch Einsetzen zu einer wahren oder falschen Aussage wird.

Die Grundmenge G ist die Menge, aus der man die Zahlen bzw. Größen zum Einsetzen für die Variablen nimmt.

Alle Elemente (z.B. Zahlen und Größen) der Grundmenge G, durch deren Einsetzen die Aussageform (Gleichung oder Ungleichung) zu einer wahren Aussage wird, bilden die Lösungsmenge L.

Es gilt $L \subset G$.

Alle Gleichungen, die die gleiche Lösungsmenge haben, sind äquivalent, z.B.

$3 + 2x = 7 \qquad L = \{2\}$

$2x = 4 \qquad L = \{2\}$

$x = 2 \qquad L = \{2\}$

Aus der einfachsten äquivalenten Gleichung kann die Lösungsmenge unmittelbar abgelesen werden, z.B. $x = 2 \qquad L = \{2\}$

Lösen von linearen Gleichungen

Auf der Empore in einer Kirche sitzen die Mitglieder des Kirchenchores auf Bänken. Würden sich auf jede Bank fünf Chormitglieder setzen, dann müßten vier stehen. Sitzen auf jeder Bank sieben Personen, dann bleiben vier Plätze frei. Wieviel Bänke sind vorhanden?

Beispiellösung

- Unbekannte mit Platzhalter oder Variable x (üblicherweise) bezeichnen:
  x = Anzahl der Bänke

- Text in gleichwertige Terme umwandeln:
  Mitgliederzahl = 5 Personen pro Bank mal Anzahl der Bänke plus 4 Personen
  $T_1 = 5x + 4$
  Mitgliederzahl = 7 Personen pro Bank mal Anzahl der Bänke minus 4 Personen
  $T_2 = 7x - 4$

- Terme gleichsetzen:
  $T_1 = T_2$
  $5x + 4 = 7x - 4$

- Gleichung so umformen, daß die Variable x allein auf einer Seite steht (aber nicht als Kehrwert $\frac{1}{x}$), d.h. die einfachste äquivalente Form der Gleichung suchen.

$$\begin{aligned} 5x + 4 &= 7x - 4 && / -5x \\ 5x - 5x + 4 &= 7x - 5x - 4 \\ 4 &= 2x - 4 && / +4 \\ 4 + 4 &= 2x - 4 + 4 \\ 2x &= 8 && / :2 \\ \frac{2x}{2} &= \frac{8}{2} \\ x &= 4 && L = \{4\} \end{aligned}$$

D.h. es sind vier Bänke vorhanden.

Probe:

$$\begin{aligned} 5x + 4 &= 7x - 4 \\ 5 \cdot 4 + 4 &= 7 \cdot 4 - 4 \\ 20 + 4 &= 28 - 4 \\ 24 &= 24 \end{aligned}$$

Lösen von quadratischen Gleichungen

$$\begin{aligned} 25 &= x^2 + 9 && / -9 \\ 25 - 9 &= x^2 \\ x^2 &= 16 \\ L &= \{4, -4\} \end{aligned}$$

Probe:

$25 = 4^2 + 9 \qquad 25 = (-4)^2 + 9$

$25 = 16 + 9 \qquad 25 = 16 + 9$

Für das Umformen und Lösen von Gleichungen gelten folgende Regeln:

- Zu beiden Seiten einer Gleichung darf man gleiche Zahlen addieren und subtrahieren.
- Beide Seiten einer Gleichung darf man mit der gleichen Zahl multiplizieren und dividieren. Diese Zahl muß aber von Null verschieden sein.
- Eine quadratische Gleichung kann zwei Lösungen haben.
  Bei Aufgaben in Textform muß geprüft werden, ob beide Lösungen aufgrund der Aufgabenstellung sinnvoll sind.
- Zu jeder gelösten Gleichung muß mit allen Lösungen die Probe gemacht werden.

Aufgaben $G = \mathbb{R}$

1. a) $16 + x = 34$
b) $35 - x = 28$
c) $16 - x = 16$
d) $36 = 68 + x$
e) $23 = x - 23$

2. a) $18 + x = 9$
b) $16 - x = 15$
c) $32 - x = -21$
d) $-14 = -23 + x$
e) $32 = -41 - x$

3. a) $\frac{x}{3} - \frac{x}{6} = 2$ b) $\frac{x}{3} - 2 = \frac{x}{4} - 3$

c) $\frac{3x}{8} + 4 = \frac{3x}{2} + 2$ d) $\frac{2x-1}{5} = 6 - \frac{x+2}{3}$

e) $\frac{x+1}{2} - \frac{x+2}{3} = 4 - \frac{x-3}{4}$

4. a) $6x = 36$ b) $0 = 3x$ c) $12x = -12$
d) $7x = 4x$ e) $22x = 15$

5. a) $6 = \frac{x}{4}$ b) $18 = \frac{x}{6}$ c) $\frac{25}{x} = 1$
d) $0 = \frac{24}{x}$ e) $3 = \frac{1}{x}$

6. a) $4x + 5 = 23$
b) $6x - 36 = 2x - 12$
c) $14x + 11 = 26 + 9x - 15 + 5x$
d) $5(4x-3) - 2(5x-7) = 3(7x+4) - 5$
e) $7x + 8(x+4) = 3(4x-1) - 5(3x-7)$

7. a) $17x - 23 = 11x - 26$
b) $-(3x+13) - 8 = 4x$
c) $(3x+7) - 6 = 12x - (x+4) - (4x-5)$
d) $7x + [3x + (15-4x)] = 18 + [14 - (2x+5)]$
e) $15 + [9 - (5x-6) + 8x]$
$= 21x + [(4x-7) - (6x-5)]$

8. a) $x - 3 = 4(1-x) + 18$
b) $0{,}4(x+3) = 1{,}6x - 1{,}2(2x-0{,}5)$
c) $2x - 3 + 4(0{,}5x - 2) = x + 7$
d) $(1{,}2x + 0{,}3)\,4 = 3(1 - 1{,}6x)$
e) $(x-3)\cdot(x+4) = (x-5)\cdot(x-2)$
f) $(x+6)\cdot(2x-3) = (2x+5)\cdot(x-8)$

9. a) $(3x+8)(x-2) = (3x-7)(x+4)$
b) $x^2 - 7x + 12 = (x-3)(x-4)$
c) $(x-4)(x-7) = (x-2)(x-5)$
d) $(2x-5)(2x-8) = (x+1)(4x-25)$
e) $(x-2)(x+6) = (x-3)(x+5)$

10. a) $1 + \frac{5}{2x} = \frac{3}{x}$ b) $\frac{9}{10x} - \frac{2}{5x} = 1 + \frac{1}{2x}$

c) $\frac{6}{5} = \frac{5}{x+5}$ d) $\frac{5}{x-5} = \frac{3}{x-3}$

e) $\frac{2}{5-x} = \frac{7}{x-5}$

11. a) $\frac{1}{x-5} - \frac{1}{x-4} = \frac{1}{x-8} - \frac{1}{x-7}$

b) $\frac{2x+3}{3x-6} - \frac{3x-5}{4x-8} = \frac{x+1}{2x-4}$

c) $\frac{x-3}{x-1} - \frac{x+2}{x+1} = \frac{2x-1}{x^2-1}$

d) $\frac{5}{x+1} + \frac{3}{x-1} = \frac{8}{x}$; e) $\frac{5}{x} = \frac{2}{x-2} + \frac{3}{x+2}$

12. a) $\frac{2}{3+x} = \frac{6}{2-x}$ d) $\frac{2x-2}{x+1} = 10$

b) $\frac{3}{x} = \frac{4}{x} - 5$ e) $\frac{x+1}{x+1} = \frac{x-1}{x+1}$

c) $\frac{2}{x+1} - \frac{3}{x-1} = \frac{1}{x-1}$ f) $\frac{x}{2} - \frac{x}{4} = \frac{1}{6} - \frac{x}{3}$

13. a) $x^2 = 36$ b) $x^2 = 225$ c) $x^2 = 1$
d) $x^2 = 0{,}0121$ e) $x^2 = \frac{1}{9}$

14. a) $4x^2 - 100 = 0$ c) $\frac{x-5}{x+5} + \frac{x+5}{x-5} = 82$
b) $6x^2 - 2{,}94 = 0$
d) $16x^2 - 32 = 0$
e) $(x+5)(x-5) + 2 = (x+7)(x-7)$

15. a) $x^2 + 2 = 6$ d) $1{,}5x^2 = 0{,}06$
b) $3 - x^2 = 12 - 2x^2$ e) $\frac{1}{3}x^2 - \frac{1}{2} = \frac{5}{6}$
c) $8(x^2 - 3) = 48$ f) $\frac{2}{5}x^2 + \frac{4}{5} = 1\frac{1}{5}$

16. Man erhält das Achtzehnfache einer Zahl, wenn man zu dem Fünffachen dieser Zahl vier addiert und diese Summe mit drei multipliziert.

17. Welche fünf aufeinanderfolgende Zahlen ergeben addiert 100?

18. Vor wieviel Jahren war der 50 Jahre alte Vater doppelt so alt wie sein 30 Jahre alter Sohn?

19. Zahlt jeder Schüler 15,– DM für die Unkosten eines Klassenausfluges, so bleiben 10,– DM übrig. Zahlt dagegen jeder 14,– DM, so fehlen 20,– DM.
a) Wieviel Schüler hat die Klasse?
b) Wie hoch sind die Unkosten?

20. Addiert man zum Fünffachen einer Zahl 4, so erhält man 15.

21. Subtrahiert man von 6 das Achtfache einer Zahl, so erhält man das Vierfache der Zahl.

22. Die Zahl 30 ist gleich dem Sechsfachen einer Zahl dividiert durch 10.

23. Multipliziert man die Summe aus dem Zweifachen einer Zahl und 7 mit der Zahl 4, so erhält man das Zehnfache der Zahl.

24. Dividiert man das Fünffache einer Zahl durch ein Drittel, so erhält man 105.

25. Der Unterschiedsbetrag zweier Geldbeträge für die Personen A und B beläuft sich auf 600 DM. Wieviel erhält jede Person, wenn ein Gesamtbetrag von 4200 DM zur Verfügung steht?

1.5 Zuordnungen – Dreisatzrechnung

Proportionale Zuordnung

In einem Elektrofachgeschäft kosten 50 m Leitung NYM 3 × 1,5 mm² 37,50 DM. Wieviel kosten dann bei gleichem Preis 35 m?

Lösung:

- Größen zuordnen:
  50 m ⟶ 37,50 DM
  35 m ⟶ x DM
  (Je mehr Ware, desto mehr Geld.)
- Operator bestimmen:

  $\boxed{\frac{35}{50}}$ (50 m ⟶ 37,50 DM; 35 m ⟶ x DM) $\boxed{\frac{35}{50}}$

  $\boxed{\frac{35}{50}} = \boxed{\frac{7}{10}}$

- Anwendung des Operators:
  $37{,}50\ \text{DM} \cdot \frac{7}{10} = 26{,}25\ \text{DM}$
- Ergebnis angeben:
  35 m Leitung NYM 3 × 1,5 mm² kosten 26,25 DM.

Lösung mit Dreisatz

50 m kosten 37,50 DM
35 m kosten ?

1. Bedingungssatz:
   50 m kosten 37,50 DM
2. Fragesatz:
   1 m kostet $\frac{37{,}50\ \text{DM}}{50\ \text{m}}$
3. Schlußsatz:
   35 m kosten $\frac{37{,}50\ \text{DM} \cdot 35\ \text{m}}{50\ \text{m}} = 26{,}25\ \text{DM}$

Antiproportionale Zuordnung

Vier Facharbeiter montieren 50 Leuchtstoffleuchten in 4 Stunden. Wieviel Stunden benötigen fünf Facharbeiter?

Lösung:

- Größen zuordnen:
  4 Arbeiter ⟶ 4 Stunden
  5 Arbeiter ⟶ x
  (Je mehr Facharbeiter, desto weniger benötigte Zeit.)
- Operator und Umkehroperator bestimmen:

  $\boxed{\frac{5}{4}}$ (4 Arbeiter ⟶ 4 Stunden; 5 Arbeiter ⟶ x) $\boxed{\frac{4}{5}}$

- Umkehroperator anwenden:
  $4\ \text{Stunden} \cdot \frac{4}{5} = 3{,}2\ \text{Stunden}$
- Ergebnis angeben:
  Fünf Facharbeiter benötigen 3,2 Stunden.

Lösung mit Dreisatz

4 Arbeiter benötigen 4 Stunden
5 Arbeiter benötigen ?

1. Bedingungssatz:
   4 Arbeiter ≙ 4 Stunden
2. Fragesatz:
   1 Arbeiter ≙ 4 · 4 Stunden
3. Schlußsatz:
   5 Arbeiter ≙ $\frac{4 \cdot 4}{5}$ Stunden = 3,2 Stunden

Aufgaben

1. Es kosten 5 einfache Leuchtstoffleuchten mit Leuchtstofflampen 162,50 DM. Wieviel kosten 13 dieser Lampen?

2. Eine Bank tauscht 100 Dollar in 192,50 DM um. Wieviel Dollar bekommt man für 765 DM?

3. Ein Elektromeister hat die Elektroinstallationsarbeiten für einen Werkraum übernommen. Wenn seine 15 Facharbeiter täglich 8 Stunden arbeiten, wird die Installation nach 8 Tagen beendet sein.
a) Wieviel Überstunden muß jeder Arbeiter machen, damit die Installation in 6 Tagen fertig wird?
b) Wieviel zusätzliche Arbeiter müßte er stattdessen einstellen?

4. Um eine Tonne mit Wasser zu füllen, benötigt man 8 Wassereimer mit je 9 Liter Inhalt. Wieviel 12 l-Eimer benötigt man zur Füllung?

5. Die 12 Notleuchten gleicher Leistung in einer Anlage können bei Netzausfall aus einem Akkumulator 5 Stunden lang versorgt werden. Die Anlage wird durch 3 zusätzliche Leuchten gleicher Art erweitert. Nach welcher Zeit ist der Akkumulator bei Netzausfall entladen?

6. Ein Facharbeiter montiert einen Lichtschalter in 5 min. Wieviel Schalter montiert er in 2 Stunden?

7. Zur Erstellung eines Grabens für einen Bandeisenerder von 27 m Länge benötigt ein Spezialbagger 45 min. Wieviel Zeit benötigt er für einen Graben von 62 m Länge?

8. Eine Rolle NYM $3 \times 1{,}5\ \text{mm}^2$ der Länge 100 m wiegt 12,5 kg.
a) Wieviel Meter NYM $3 \times 1{,}5\ \text{mm}^2$ wurden verbraucht, wenn der Rest noch 7,25 kg wiegt?
b) Wieviel Meter sind noch auf der Rolle?

9. Ein Kabelhersteller hat 7,5 t Kupfer zu einem Preis von 245 DM je 100 kg eingekauft. Nach 10 Tagen steht der Preis auf 257 DM je 100 kg.
a) Wie teuer wäre das Kupfer jetzt?
b) Wieviel Geld hat er gespart?

10. Drei Stanzautomaten stanzen 8000 Ständerbleche eines Drehstrom-Asynchronmotors in 8 Stunden. Wieviel Maschinen müssen eingesetzt werden, um die doppelte Menge in 6 Stunden zu stanzen?

1.6 Prozentrechnung – Zinsrechnung

Prozentrechnung

Die Spannung einer Spannungsquelle mit der Leerlaufspannung 220 V sinkt bei Belastung um 3%. Wie groß ist der Spannungsabfall?

Beispiellösung:

$$220\ \text{V} \xrightarrow{\frac{3}{100}} x$$
$$x = 220\ \text{V} \cdot \tfrac{3}{100}$$
$$x = 220\ \text{V} \cdot 0{,}03$$
$$x = 6{,}6\ \text{V}$$

oder

$$100\% \mathrel{\hat{=}} 220\ \text{V}$$
$$1\% \mathrel{\hat{=}} \frac{220\ \text{V}}{100}$$
$$3\% \mathrel{\hat{=}} \frac{220\ \text{V} \cdot 3}{100} = 6{,}6\ \text{V}$$

Der Spannungsabfall beträgt 6,6 V.

Prozentwert		Prozentsatz		Grundwert
↓		↓		↓
6,6 V	sind	3%	von	220 V

Aufgaben

1. Bei der Belastung eines Drehstrommotors steigt der Strom von 6 A auf 6,72 A. Um wieviel % ist er gestiegen?

2. Die Klemmenspannung einer Spannungsquelle ist bei Belastung um 3% auf 23,28 V gesunken. Wie groß ist die Leerlaufspannung?

3. Der Barzahlungspreis eines Fernsehgerätes ist bei 2% Skonto 1644,44 DM. Wie hoch ist der Preis ohne Skonto?

4. Ein Angestellter erhält beim Verkauf von Geräten 3% Provision. Für wieviel DM hat er Geräte umgesetzt, wenn er 675,– DM ausbezahlt bekommt?

5. Ein Drehstrommotor nimmt eine Leistung von 3 kW auf. An der Welle gibt er 2,5 kW ab. Wieviel % der aufgenommenen Leistung sind das?

6. Eine elektrische Waschmaschine kostet 1497,25 DM. Wieviel DM Mehrwertsteuer (13%) sind darin enthalten?

7. Messing kann nach Din 17660 folgende Anteile von Kupfer und Zink enthalten:
a) CuZn 10, d.h. 90% Cu, 10% Zn
b) CuZn 20 d) CuZn 37
c) CuZn 30 e) CuZn 40 Pb 2
Bestimmen Sie die jeweiligen Stoffmengen von Cu, Zn und Pb für 50 kg Messing!

8. Für einige Widerstandslegierungen sind folgende Angaben gemacht:
a) Mn 12%, Ni 2%, Cu Rest,
b) Mn 10%, Ni 20%, Cu Rest,
c) Al 0,8%, Mn 2%, Cu Rest,
d) Mn 3%, Ni 30%, Cu Rest.
Berechnen Sie die einzelnen Stoffmengen zur Herstellung von 60 kg der jeweiligen Widerstandslegierung!

9. Eine Widerstandslegierung enthält 44% Nickel, 1% Mangan und 55% Kupfer.
a) Wieviel kg Nickel und Mangan werden mit 110 kg Kupfer zur Herstellung der Legierung benötigt?
b) Bestimmen Sie die Gesamtmenge der Legierung!

10. Der Widerstandswerkstoff Konstantan (CuMn 12 NiAl) besteht aus 1,5% Al, 12% Mn, 5% Ni und dem Rest Cu. Berechnen Sie die einzelnen Stoffmengen, die zur Herstellung von 1 kg Konstantandraht notwendig sind!

11. Zur Herstellung des Widerstandswerkstoffes Nickelin werden folgende Metalle benötigt: 67% Cu, 30% Ni, 3% Mn.
Es stehen 400 kg Kupfer zur Verfügung.
a) Welche Gesamtmenge an Nickelin kann hergestellt werden?
b) Welche Mengen an Nickel und Mangan sind erforderlich?

Zinsrechnung

Herr Müller erbt von seinen Großeltern 15000 DM. Er legt mit diesem Geld ein Sparkonto bei einer Bank an und bekommt 4,5% Jahreszinsen. Wieviel DM Zinsen erhält er nach einem Jahr?

Beispiellösung:

$$15000\text{ DM} \xrightarrow{\frac{4,5}{100}} x$$

$$x = 15000\text{ DM} \cdot \tfrac{4,5}{100} \qquad x = 675{,}00\text{ DM}$$

oder

$$100\% \mathrel{\hat{=}} 15000{,}00\text{ DM}$$

$$1\% \mathrel{\hat{=}} \frac{15000{,}00\text{ DM}}{100}$$

$$4{,}5\% \mathrel{\hat{=}} \frac{15000{,}00\text{ DM}}{100} \cdot 4{,}5 = 675{,}00\text{ DM}$$

Herr Müller bekommt 675,00 DM Zinsen in einem Jahr.

Zinsen		Zinssatz		Kapital
↓		↓		↓
675,00 DM	sind	4,5%	von	15000 DM

Aufgaben

12. Herr Schmidt bekommt zum Ende des Jahres 110,25 DM Zinsen bei einem Zinssatz von 4,5% auf sein Sparkonto ausgezahlt. Wie hoch ist sein Kapital?

13. Herr Schmitz verleiht 45000 DM an einen Jungunternehmer. Er erhält pro Jahr 3600 DM Zinsen. Wie hoch ist der Zinssatz?

14. Ein Elektromeister muß an das Finanzamt 20000 DM Steuern nachzahlen. Er kann diese Schuld in 4 Monatsraten zahlen bei einem Zinssatz von 0,5% pro Monat. Wie hoch sind die Zinsen?

15. Der Jahreszinssatz bei einem Sparguthaben beträgt 4%. Herr Meyer zahlt am 1. August 6400 DM auf sein Sparkonto ein. Wieviel Zinsen bekommt er am Ende des Jahres?

16. Ein Baudarlehen in Höhe von 120000 DM wird zu 97% von der Bank ausgezahlt. Der Zinssatz beträgt 8%.
a) Welche Geldsumme wird an den Kunden ausgezahlt?
b) Wie hoch sind die vierteljährlichen Zinsen für das ganze Darlehen?
c) Welche Jahreszinsen sind zu zahlen?

17. Berechnen Sie den Zinssatz für das Kapital von 18000 DM, wenn jährlich 1080 DM an Zinsen gutgeschrieben werden! Wie hoch sind bei gleichem Zinssatz die Zinsen im 2. Jahr, wenn die Zinsen des 1. Jahres mit dem Kapital zusammen verzinst werden?

1.7 Rechnen mit Formeln

Eine Formel ist die kürzeste Schreibweise, um die Abhängigkeit physikalischer Größen voneinander anzugeben, z. B. die Geschwindigkeit v ist gleich dem pro Zeit t zurückgelegten Weg s, d. h. $v = \frac{s}{t}$.

Eine physikalische Größe wird in der Formel durch ein festgelegtes, meist genormtes, Formelzeichen als Variable vertreten, z. B. die Geschwindigkeit durch v, die Zeit durch t und der Weg durch s.

Größen werden in festgelegten Einheiten gemessen und angegeben. Hierdurch erhält eine Größe einen bestimmten Wert, der sich als Produkt ausdrücken läßt:

Größenwert = Zahlenwert · Einheit

$t \quad = \quad 45 \quad \text{min}$

Eine Formel ist als Gleichung mit mehreren Variablen zu betrachten. Beim Lösen dieser Gleichungen müssen alle Variablen bis auf die gesuchte durch physikalische Größen ersetzt werden.

Beispiel 1

Ein Radfahrer fährt eine Strecke von $s = 9$ km in der Zeit $t = 30$ min. Wie groß ist seine durchschnittliche Geschwindigkeit v in $\frac{\text{km}}{\text{h}}$, wenn $v = \frac{s}{t}$ gilt?

Bei der Lösung der Aufgabe schreibt man zur Übersicht die gegebenen und die gesuchten Größen wie folgt auf:

Gegeben: $s = 9$ km
$t = 30$ min

Gesucht: v in $\frac{\text{km}}{\text{h}}$

Beispiellösung:

- In der gegebenen Formel werden die Formelzeichen durch die Größenwerte ersetzt:

$$v = \frac{s}{t}$$

$$v = \frac{9\ \text{km}}{30\ \text{min}}$$

- Überprüfen, ob das Ergebnis die gewünschte Einheit erhält. Eventuell müssen Einheiten umgewandelt werden!

$$v = \frac{9}{30}\,\frac{\text{km}}{\text{min}} \qquad 30\ \text{min} = 0{,}5\ \text{h}$$

$$v = \frac{9\ \text{km}}{0{,}5\ \text{h}}$$

$$v = \frac{9}{0{,}5}\,\frac{\text{km}}{\text{h}}$$

- Zahlenwert berechnen und das Ergebnis unterstreichen:

$$\underline{\underline{v = 18\ \frac{\text{km}}{\text{h}}}}$$

- Ergebnis angeben:
  Der Radfahrer fährt mit der durchschnittlichen Geschwindigkeit von $v = 18\ \frac{\text{km}}{\text{h}}$

Beispiel 2

Ein Radfahrer fährt mit der durchschnittlichen Geschwindigkeit von $v = 18\ \frac{\text{km}}{\text{h}}$. Welche Zeit t benötigt er für eine Strecke von $s = 81$ km, wenn $v = \frac{s}{t}$ gilt?

Gegeben: $v = 18\ \frac{\text{km}}{\text{h}}$
$s = 81$ km

Gesucht: t

Beispiellösung:

- Die Formel nach der unbekannten Größe umstellen:

$$v = \frac{s}{t} \qquad / \cdot t$$

$$s = v \cdot t \qquad / : v$$

$$t = \frac{s}{v}$$

- Bekannte Größenwerte einsetzen:

$$t = \frac{81\ \text{km}}{18\ \frac{\text{km}}{\text{h}}}$$

- Zahlenwerte berechnen und Einheiten überprüfen:

$$t = \frac{81\ \not{\text{km}}\ \text{h}}{18\ \not{\text{km}}} \qquad t = 4{,}5\ \text{h}$$

$$\underline{\underline{t = 4\ \text{h}\ 30\ \text{min}}}$$

- Ergebnis angeben:
  Der Radfahrer benötigt für die Strecke 4 h und 30 min.

Bei der Rechnung mit physikalischen Größen in Formeln ist folgendes zu beachten:

- Größenwerte werden addiert und subtrahiert, indem man ihre Zahlenwerte addiert bzw. subtrahiert, z. B.
  25 V + 1,2 V = 26,2 V
  4,2 A − 3,6 A = 0,6 A
- Nur Größenwerte mit gleichen Einheiten können addiert/subtrahiert werden, z. B.
  5 kg + 7 kg + 500 g = 5 kg + 7 kg + 0,5 kg
  = 12,5 kg
- Bei der Multiplikation einer Zahl mit einem Größenwert wird die Zahl mit dem Zahlenwert multipliziert, z. B. 8 · 12 A = 96 A.
- Größenwerte werden miteinander multipliziert, indem man jeweils die Zahlenwerte und die Einheiten multipliziert, z. B. 4 N · 3,5 m = 14 Nm.
- Ein Größenwert wird durch eine Zahl dividiert, indem man den Zahlenwert durch die Zahl dividiert, z. B. 25 m : 5 = 5 m.
- Soll ein Größenwert durch einen anderen Größenwert dividiert werden, so dividiert man jeweils die Zahlenwerte und die Einheiten, z. B. 32 m : 4 s = $8\,\frac{\text{m}}{\text{s}}$.
- Eine Zahl dividiert man durch einen Größenwert, indem man die Zahl durch den Zahlenwert dividiert und die Einheit als Kehrwert schreibt, z. B.
  400 : 2 min = $200\,\frac{1}{\text{min}}$.
- Größenwerte werden potenziert, indem man jeweils den Zahlenwert und die Einheit potenziert, z. B. $(5\,\text{V})^2 = 25\,\text{V}^2$.
- Formeln können zur Berechnung von Größenwerten wie Gleichungen umgeformt werden.

Aufgaben

1. a) 152 cm + 75 cm b) 35 °C − (− 10 °C)
c) 33 N + 18 N d) 12 A + 23 A

2. a) 75 cm + (33 cm + 44 cm − 91 cm)
b) (10 A + 5 A) − (3 A + 15 A)
c) 15 V − (11 V + 17 V − 220 V)

3. a) 1,12 m + 0,14 m + 3,18 m + 4,02 m
b) 0,04 m + $\frac{1}{2}$ m + 2,06 m + $\frac{1}{4}$ m
c) 0,4 A + 0,92 A + 1,8 A + 0,06 A
d) 12,1 A + 7,92 A + 6,04 A + 2,1 A
e) 10,5 V + 0,75 V + 14,05 V + 0,8 V
f) 0,02 V + 1,15 V + 0,78 V + 4,55 V

4. a) 7,4 N + 3,8 N − (4 N + 3,2 N)
b) 8 N − 0,7 N − (6 N − 2,3 N)
c) 60 V + 12 V − (50 V − 24 V)
d) 8,4 V + 0,08 V − (1,04 V + 2,16 V)
e) 46 m − (54 m − 24 m) + 16,8 m
f) (28,4 cm − 13,9 cm) − (26,2 cm − 19,7 cm)

5. a) 40,4 cm · 32 + 14 cm · 0,45
b) 0,04 cm · 10,5 − 5 cm · 0,02
c) 11,4 N · 1,4 + 3,6 N · 2,5
d) 8,4 N · 1,3 − 12,4 N · 0,3
e) 0,6 kg · 6,5 + 1,04 kg · 8,5
f) 2,7 kg · 3,5 − 4,2 kg · 0,8

6. a) $\frac{1}{3}$ kg + $\frac{1}{4}$ kg − $\frac{5}{6}$ kg
b) $\frac{3}{4}$ m + $\frac{1}{2}$ m − 0,2 m
c) $1\frac{1}{3}$ l − ($\frac{1}{6}$ l + $\frac{3}{4}$ l)

7. a) 25 · 44 Nm
b) 30 V · 5 s
c) 27 A : 12

8. a) 125,3 cm · 85
b) 728,75 N · 12,5 m
c) $175\,\frac{\text{m}}{\text{s}} \cdot 12\,\text{s}$

9. a) 180 Nm : 12 m
b) 280 km : 15 h
c) $45\,\text{m} : 15\,\frac{\text{m}}{\text{s}}$

10. a) 2 · 5 cm · π
b) 37 mm : 2 π
c) $\pi\sqrt{4\,\text{m}^2}$

11. a) $(3\,\text{cm})^2 \cdot \frac{\pi}{4}$
b) $\frac{2\,\text{cm} + 4\,\text{cm}}{2} \cdot 5\,\text{cm}$

12. a) $28\,\text{m}^2 : 0{,}4\,\text{m} + 1{,}5\,\text{m}$
b) $6{,}5\,\text{m} - 32\,\text{m}^2 : 6{,}4\,\text{m}$
c) $4{,}5\,\frac{\text{m}}{\text{s}} \cdot 0{,}5\,\text{s} + 1{,}5\,\frac{\text{m}}{\text{s}} \cdot 0{,}6\,\text{s}$
d) $60\,\frac{\text{km}}{\text{h}} \cdot 0{,}4\,\text{h} + 110\,\frac{\text{km}}{\text{h}} \cdot 0{,}2\,\text{h}$

13. a) $46\,cm + 6(42\,cm - 13\,cm)$
b) $2(4{,}1\,m - 2{,}6\,m) - 0{,}55 \cdot 4{,}2\,m$
c) $8{,}8\,N - 1{,}5(4\,N + 1{,}6\,N)$
d) $(1{,}6\,N + 1{,}9\,N) \cdot 2{,}4 - 8{,}4\,N \cdot 0{,}25$

14. a) $(14{,}2\,kg + 11{,}6\,kg) : 4$
b) $(18{,}2\,m - 4{,}6\,m) : 8\,m$
c) $(16{,}8\,N - 4{,}08\,N) : 4 + 0{,}2\,N : 0{,}5$
d) $8{,}2\,N - (4{,}2\,N - 1{,}8\,N) : 0{,}4$

15. a) $5{,}5\,m : 0{,}5\,s + 1{,}8\,m : 0{,}4\,s$
b) $120 : 2{,}4\,min + 240 : 1{,}5\,min$
c) $2{,}4\,m : 1{,}5\,s + 0{,}8\,m : 0{,}5\,s$
d) $360 : 0{,}8\,min + 1200 : 2{,}4\,min$
e) $3{,}6\,m^2 : 0{,}6\,m - (1{,}71\,m^2 : 0{,}9) \cdot 1{,}5$
f) $10{,}8\,cm^3 : 1{,}2\,mm + 14{,}4\,cm^3 : 0{,}24\,mm$
g) $0{,}5\,(880\,mm^3 : 0{,}22\,cm^2) -$
$(1500\,mm^3 : 15\,cm^2) \cdot 1{,}2$

16. a) $(15\,cm)^2 \cdot \frac{2}{3} + (22\,cm)^2 \cdot \frac{3}{4}$
b) $\frac{5}{7} \cdot (15{,}4\,cm)^2 - \frac{2}{5} \cdot (17{,}5\,cm)^2$
c) $(19\,cm - 3{,}5\,cm)^2 + \frac{1}{3} \cdot (14{,}7\,cm)^2$
d) $[(2{,}8\,m + 3{,}4\,m)^2 - (7{,}4\,m - 3{,}6\,m)^2] \cdot \frac{2}{3}$
e) $[(0{,}4\,m + 4{,}3\,m)^2 + (1{,}6\,m + 5{,}9\,m)^2] \cdot 1\frac{1}{4}$
f) $\frac{3}{2} \cdot (0{,}7\,m)^2 + \frac{2}{3} \cdot (1{,}2\,m)^2 - \frac{1}{5} \cdot (1{,}5\,m)^2$

17. Ein Radfahrer fährt in $t = 2\,h$ zu einem $s = 36\,km$ entfernten Ort. Welche durchschnittliche Geschwindigkeit v hat er, wenn $v = \frac{s}{t}$ gilt?

18. Ein Kreis hat eine Fläche von $A = 25\,mm^2$. Wie groß ist der Durchmesser d, wenn $A = \frac{d^2 \cdot \pi}{4}$ gilt?

19. Welche Masse hat ein Kupferdraht mit der Querschnittsfläche $q = 1{,}5\,mm^2$ und der Länge $l = 100\,m$, wenn die Dichte von Kupfer $\varrho_{Cu} = 8{,}9\,\frac{kg}{dm^3}$ beträgt und für die Masse $m = q \cdot l \cdot \varrho$ gilt?

20. Wie lang ist die Seite a eines Rechtecks mit der Fläche $A = 30\,cm^2$, wenn die Seite b 4 cm lang ist und $A = a \cdot b$ gilt?

21. Ein Zylinder hat ein Volumen von $V = 35\,cm^3$. Wie groß ist die Grundfläche A, wenn die Höhe h des Zylinders 7 cm ist und $V = A \cdot h$ gilt?

22. Folgende Formeln sind gegeben, stellen Sie diese jeweils nach den einzelnen Größen l_1, l_2 bzw. l_3 um:
a) $l = l_1 + l_2 + l_3$
b) $l = (l_1 - l_2) + l_3$
c) $l = (l_1 + l_2) \cdot 4$
d) $l = (l_1 - l_2) : 2$
e) $l = \frac{l_1}{2} + \frac{l_2}{2} + l_1 + l_2$
f) $A = l_1 \cdot l_2$
g) $V = l_1 \cdot l_2 \cdot l_3$
h) $n = \frac{l_1}{l_2}$
i) $a = \frac{l_1 - l_2}{l_3}$

23. Berechnen Sie die Größe l_1 nach den Formeln von 22a) bis 22e), wenn für die anderen Größen folgende Werte gegeben sind:
$l = 60\,cm$, $l_2 = 12\,cm$, $l_3 = 8\,cm$.

24. Wie groß werden A, V, n und a nach den Formeln von 22f) bis 22i), wenn für die Größen $l_1 = 16{,}8\,cm$, $l_2 = 12\,cm$ und $l_3 = 2{,}5\,cm$ gilt?

25. Wie ändert sich nach der Formel von 22 g) die Größe V, wenn
a) l_1 vervierfacht, l_2 halbiert und l_3 verdreifacht werden,
b) l_1 auf $\frac{3}{4}$ kleiner, l_2 auf $\frac{1}{3}$ kleiner und l_3 auf $\frac{2}{3}$ größer werden,
c) l_1 auf $1\frac{1}{2}$ größer, l_2 auf $\frac{1}{5}$ kleiner und l_3 auf $3\frac{1}{3}$ größer werden?

26. Ein Kreis hat den Durchmesser von a) 4,514 mm, b) 6,676 mm, c) 7,979 mm. Berechnen Sie die Querschnittsfläche A nach der Formel: $A = \frac{d^2 \cdot \pi}{4}$

27. Berechnen Sie die Größe l nach der Formel $m = q \cdot l \cdot \varrho$, wenn die Größen $m = 4{,}4\,kg$, $q = 4\,mm^2$ und $\varrho_{Cu} = 8{,}9\,\frac{kg}{dm^3}$ gegeben sind!

28. Wie groß wird nach der Formel von 22 i) die Größe l_2, wenn für die anderen Größen $a = 3$, $l_1 = 28\,m$ und $l_3 = 7{,}5\,m$ gilt?

29. Berechnen Sie nach folgender Formel $a = b \cdot (1 + c \cdot d)$ die Größe c, wenn gegeben sind: $a = 84{,}5$; $b = 74{,}38$ und $d = 34$. Wie groß wird c, wenn d verdoppelt wird?

2 Größen der Mechanik

2.1 Kräfte

2.1.1 Kräfteparallelogramm

▶ An einem Dachständer wirken zwei Leitungszüge mit den Kräften $F_1 = 2$ kN und $F_2 = 3$ kN. Die beiden Leitungszüge bilden einen Winkel von $\alpha = 150°$. Mit welcher Kraft $F^*_{1,2}$ muß ein dritter Leitungszug am Dachständer wirken und welchen Winkel muß der dritte Leitungszug mit dem ersten Leitungszug bilden, damit die drei Kräfte im Gleichgewicht sind?

Kraft F $[F] = \mathrm{N}$

Darstellung einer Kraft durch einen Pfeil (Vektor).

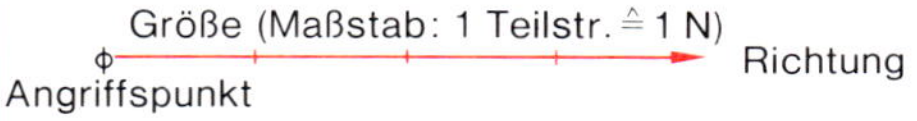

Wirken mehrere Kräfte in einem Angriffspunkt, so kann die dabei entstehende Gesamtkraft (Resultierende) ermittelt werden.

Kräfte wirken in **gleicher** Richtung:

Kräfte wirken in **entgegengesetzter** Richtung:

Kräfte wirken in einem **Winkel** zueinander:

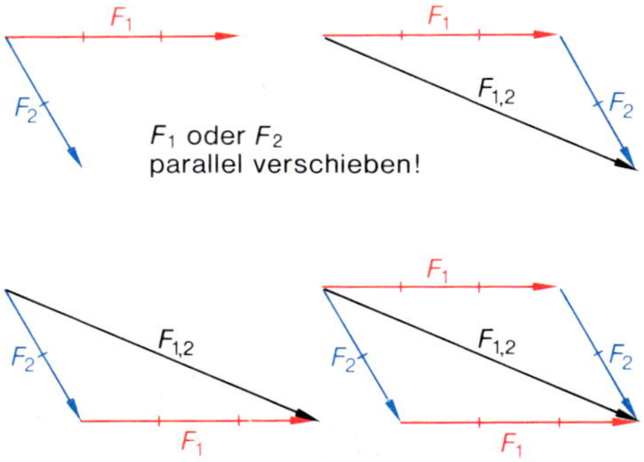

Beispiellösung:

Gegeben: $F_1 = 2$ kN; $F_2 = 3$ kN; Winkel zwischen F_1 und F_2; $\alpha = 150°$.

Gesucht: $F^*_{1,2}$ und der Winkel zwischen F_1 und $F^*_{1,2}$.

- Darstellung der Kräfte F_1 und F_2 nach Richtung und Größe (Maßstab: 1 cm ≙ 1 kN) und Ermittlung der resultierenden Kraft.

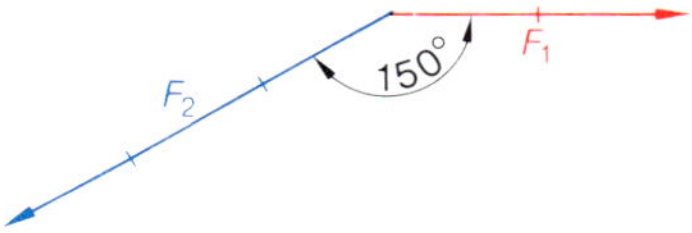

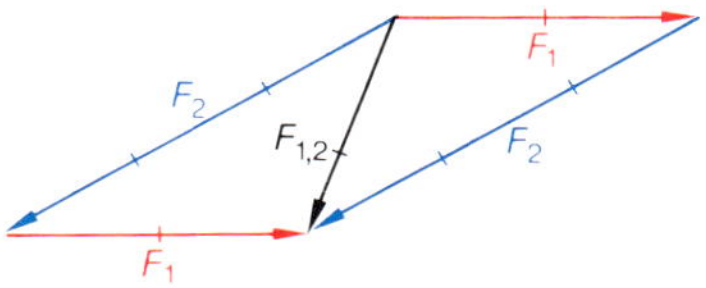

- Die Kraft $F^*_{1,2}$ muß so groß sein wie die Resultierende, sie muß aber in entgegengesetzter Richtung wirken.

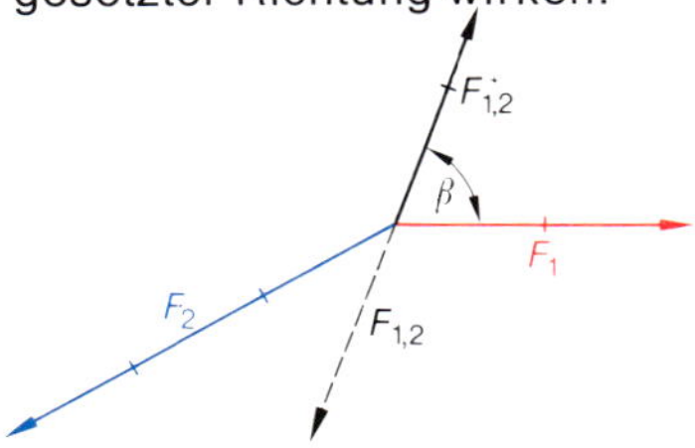

- Messen der Länge des Vektors von $F^*_{1,2}$. Messen des Winkels zwischen F_1 und $F^*_{1,2}$. $\beta = 68°$; $l \mathrel{\widehat{=}} F^*_{1,2}$; $l = 1{,}6$ cm; $F^*_{1,2} = 1{,}6$ kN

Die Kräfte F_1, F_2 und $F_{1,2}$ bilden ein Krafteck.

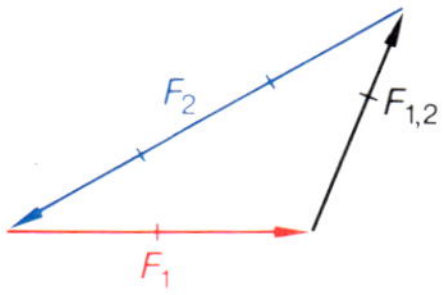

Die Summe aller Kräfte in einem Krafteck ist immer Null!

Aufgaben

1. Die Kraft $F_2 = 500$ N und die resultierende Kraft $F = 1{,}5$ kN bilden einen Winkel von 50°. Wie groß ist die Kraft F_1?

2. An einem Mast wirken zwei Freileitungen mit $F_1 = 15$ kN und $F_2 = 18$ kN unter einem Winkel von 120°.
Gesucht sind Größe und Richtung der Kraft F_3, die die beiden Kräfte im Gleichgewicht halten soll.

3. An einem Mast greifen drei Kräfte an. $F_1 = 1{,}2$ kN; $F_2 = 1{,}5$ kN; $F_3 = 1{,}8$ kN. Die Kräfte F_2 und F_3 bilden einen Winkel von 150° und die Kräfte F_1 und F_3 einen Winkel von 120°.
a) Wie groß muß die Kraft F_4 sein, die die Wirkungen der anderen drei Kräfte aufhebt?
b) Welchen Winkel bildet sie mit der Kraft F_2?

4. Wie groß sind die Kräfte, die auf die Befestigungsseile ausgeübt werden? Wie ändern sich die Kräfte, wenn die Lampe weniger durchhängen soll?

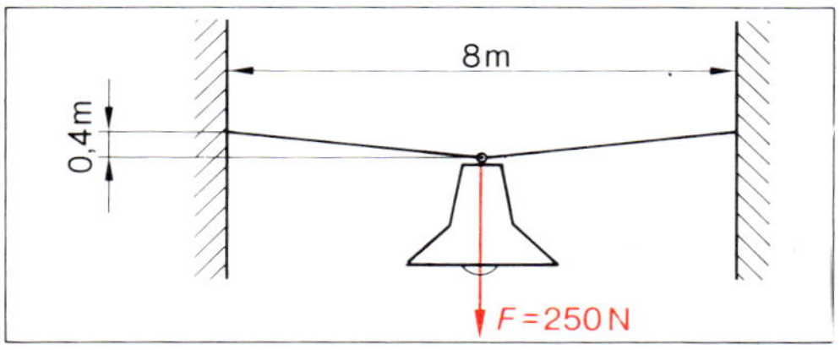

Abb. 1

5. Zwei Kräfte $F_1 = F_2 = 150$ N bilden einen Winkel von
a) 30°, b) 60°, c) 90°, d) 120°.
Bestimmen Sie jeweils die resultierende Kraft F!

6. An einem Mast wirken die Zugkräfte von 2 Freileitungen $F_1 = 12$ kN und $F_2 = 15$ kN unter einem Winkel von 100°. Bestimmen Sie Größe und Richtung der Kraft F, die beide Teilkräfte im Gleichgewicht hält!

7. Eine Last ($F = 8$ kN) wird durch zwei Stahlseile, die einen Winkel von 40° bilden, von einem Kran angehoben (Abb. 2). Ermitteln Sie die Zugkräfte in den beiden Seilen!

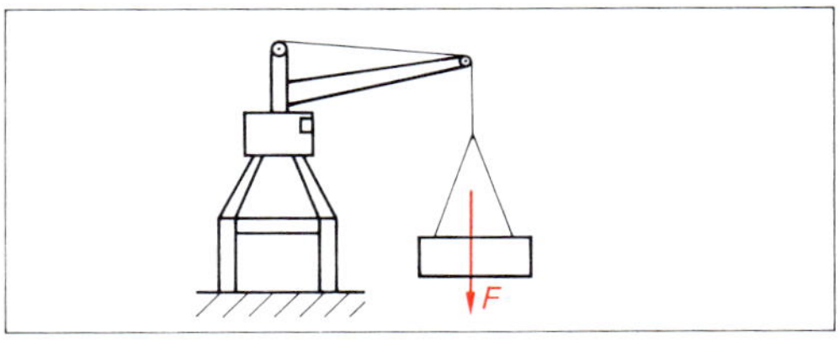

Abb. 2

8. Eine Lampe ($F = 360$ N) hängt, wie in Abb. 3 dargestellt, an zwei Seilen.
a) Wie groß sind die Zugkräfte F_1 und F_2 in den Seilen?
b) Wie groß sind die Zugkräfte, wenn die Lampe in der Mitte zwischen den Befestigungspunkten A und B hängt?

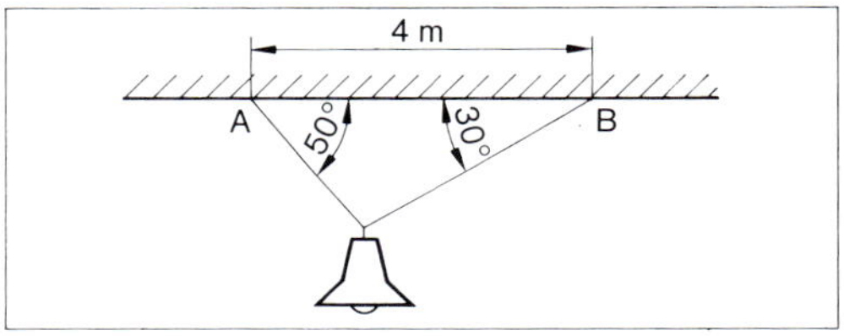

Abb. 3

9. Die Befestigungspunkte A und B in Abb. 3 werden durch die beiden Seilkräfte jeweils auf waagerechten (F_w) und senkrechten (F_s) Zug beansprucht.
Bestimmen Sie die Teilkräfte F_w und F_s in den beiden Punkten A und B!

2.1.2 Kräfte im rechtwinkligen Dreieck

► Der in der Abbildung 4 dargestellte Ausleger wird mit einer Gewichtskraft von $F = 5$ kN belastet.
a) Welcher Stab muß Druck- und welcher Stab muß Zugkraft aushalten?
b) Wie groß sind die Kräfte, die in den beiden Stäben auftreten?

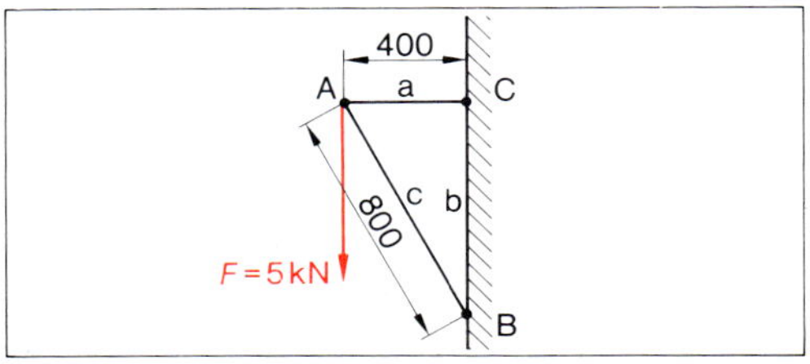

Abb. 4

In jedem rechtwinkligen Dreieck ist das Quadrat über der Hypotenuse gleich der Summe der Quadrate über den Katheten. **(Lehrsatz des Pythagoras).**

Seite a, b — Katheten
Seite c — Hypotenuse (liegt immer dem rechten Winkel gegenüber)

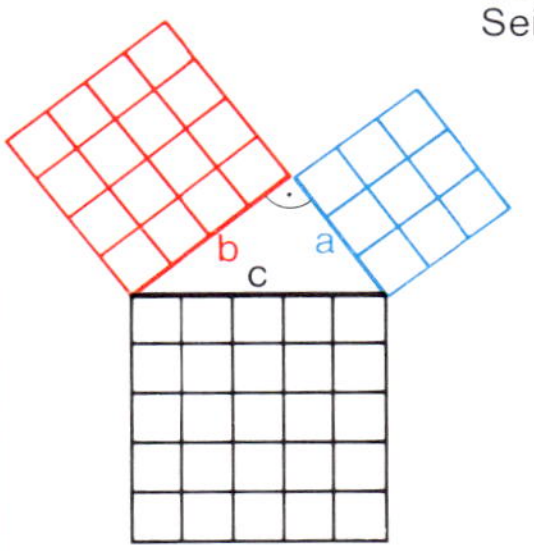

$c^2 = a^2 + b^2$

$c = \sqrt{a^2 + b^2}$

Beispiellösung:

Gegeben: Maße in Abb. 4
Gesucht: Richtung und Größe der Teilkräfte

a) Der Stab a muß Zugkraft aushalten. Dementsprechend muß auch die Befestigung an der Mauer ausgelegt sein. Hält die Befestigung die Zugkraft nicht aus, reißt der Ausleger an der Wand ab und dreht sich um den Punkt B.

Der Stab c muß Druckkraft aushalten. Auch hier muß die Befestigung an der Mauer diese Kraft aushalten. Bei zu dünnem Mauerwerk könnte z.B. der Stab c die Mauer durchstoßen, und der Ausleger würde sich um den Punkt C drehen.

Zug- und Druckkraft wirken in Richtung der Stäbe (Abb. 5a).

Die Kräfte F, F_a und F_c müssen durch Gegenkräfte im Gleichgewicht gehalten werden. Verschiebt man F_c^* parallel, so erhält man ein Krafteck (Abb. 5b).

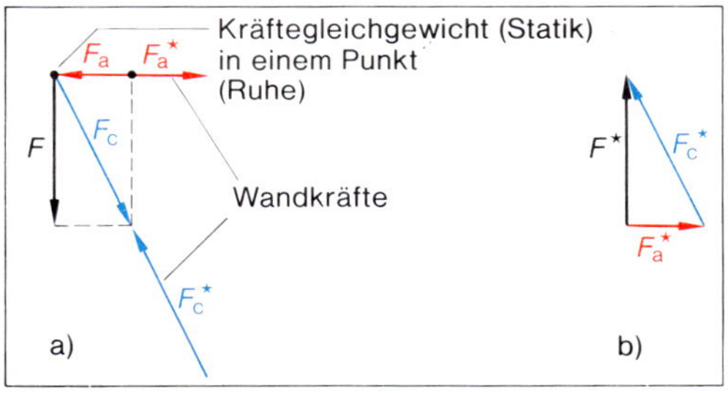

Abb. 5

Dieses Dreieck aus den Kräften F^*, F_a^* und F_c^* ist dem Dreieck ähnlich, das aus den Stäben (a, c) und der Mauer (b) gebildet wird.

Dreiecke sind dann ähnlich, wenn sie in den Winkeln bzw. im Verhältnis der Seiten übereinstimmen.

In dem Dreieck mit den Seiten a, b und c kann die Seite b bestimmt werden.

$b = \sqrt{c^2 - a^2}$

$b = \sqrt{800^2\,\text{mm}^2 - 400^2\,\text{mm}^2}$

$b = \sqrt{640\,000\,\text{mm}^2 - 160\,000\,\text{mm}^2}$

$b = 692{,}82\,\text{mm}$

Eingabe	Anzeige
800	800
x^2	640000
−	640000
400	400
x^2	160000
=	480000
$\sqrt{x}$	692.82032

Zwischen beiden Dreiecken gilt folgende Beziehung: a $\mathrel{\hat=}$ F_a^*; b $\mathrel{\hat=}$ $F^* = 5$ kN; c $\mathrel{\hat=}$ F_c^*

Aus der Beziehung Seite b $\mathrel{\hat=}$ F^* ergibt sich der Kräftemaßstab: $\dfrac{5000\,\text{N}}{692{,}82\,\text{mm}}$;

1 mm $\mathrel{\hat=}$ 7,22 N

Damit ergeben sich für F_a^* und F_c^*:

$$F_a^* = 400\,\text{mm} \cdot 7{,}22\,\frac{\text{N}}{\text{mm}} = \underline{\underline{2888\,\text{N}}}$$

$$F_c^* = 800\,\text{mm} \cdot 7{,}22\,\frac{\text{N}}{\text{mm}} = \underline{\underline{5776\,\text{N}}}$$

Aufgaben

1. Zwei Kräfte $F_1 = 800$ N und $F_2 = 1{,}5$ kN greifen im rechten Winkel an einem Punkt an. Wie groß ist die resultierende Kraft?

2. Mit einem Kran soll ein Eisenträger angehoben werden. Die Länge der beiden Befestigungsseile am Eisenträger beträgt je 1,5 m.
a) In welchem Abstand müssen die beiden Seile am Träger befestigt werden, damit zwischen ihnen ein Winkel von 90° entsteht?
b) Wie groß sind die Kräfte in den Seilen, wenn der Träger eine Gewichtskraft von 1,88 kN hat?

3. Eine Wandkonsole wird durch ein Gewicht ($F = 1{,}2$ kN) belastet. Bestimmen Sie die Zug- und Druckkräfte, wenn die Konstruktionen nach Abb. 1 und Abb. 2 vorliegen!

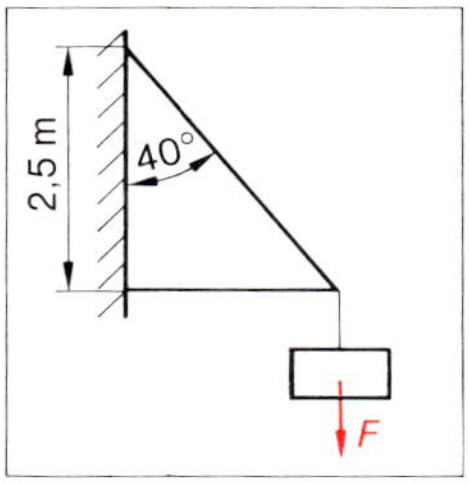

Abb. 1

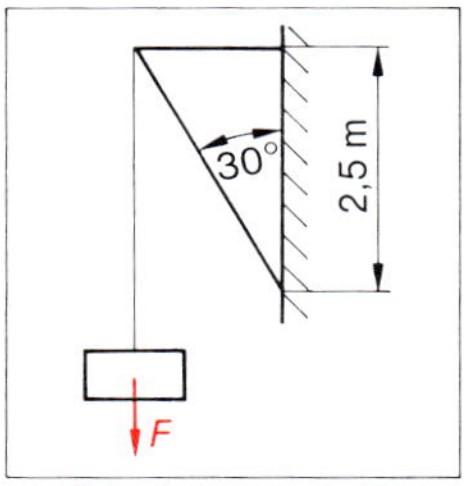

Abb. 2

4. Im rechtwinkligen Dreieck nach Abb. 3 ist die fehlende Seite zu bestimmen, wenn gegeben sind:

a) $a = 1{,}8$ dm, $b = 4{,}2$ dm
b) $a = 3{,}6$ cm, $c = 12{,}6$ cm
c) $b = 0{,}4$ m, $c = 0{,}8$ m
d) $a = b = 0{,}88$ dm

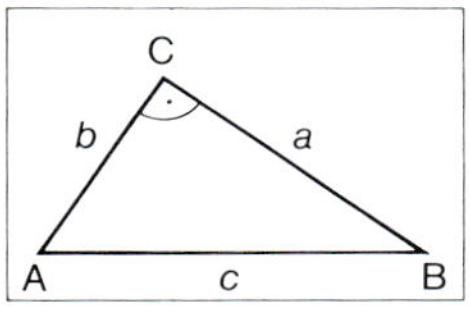

Abb. 3

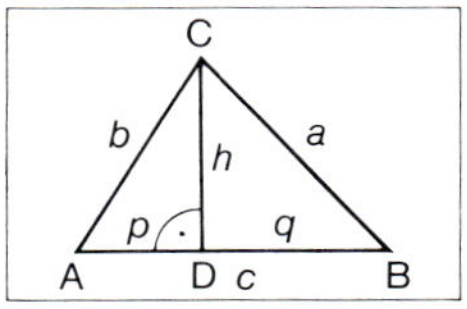

Abb. 4

5. Berechnen Sie im Dreieck nach Abb. 4 die fehlenden 3 Längen, wenn folgende Größen gegeben sind:

a) $a = 6{,}6$ cm
$b = 3{,}4$ cm
$h = 2{,}4$ cm

b) $c = 14{,}5$ cm
$q = 4{,}5$ cm
$h = 3$ cm

c) $p = 1{,}6$ dm
$q = 0{,}7$ dm
$a = 2{,}8$ dm

d) $a = 4{,}9$ cm
$p = 2{,}3$ cm
$b = 3{,}8$ cm

6. Der Abspanndraht eines Mastes ($h = 6{,}6$ m) wird im Abstand $a = 4{,}2$ m im Erdboden befestigt. Wie lang muß der Abspanndraht sein?

7. Eine Hoflampe hängt an zwei gleichlangen Seilen, die auf gleicher Höhe an 2 Haken befestigt sind. Der Abstand zwischen den Haken beträgt $a = 9$ m. Der Verbindungspunkt beider Seile hängt gegenüber der Waagerechten um $b = 0{,}5$ m durch. Berechnen Sie die Länge eines Seiles!

2.2 Geschwindigkeit

2.2.1 Geradlinige Bewegung

► In dem Diagramm (Abb. 5) ist die zurückgelegte Wegstrecke eines Personen- und eines Lastaufzuges in Abhängigkeit von der dafür benötigten Zeit dargestellt. Bestimmen Sie mit Hilfe des Diagramms die Geschwindigkeiten der beiden Aufzüge!

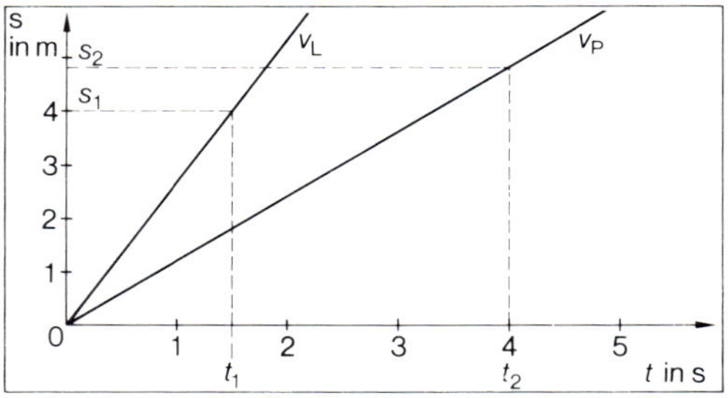

Abb. 5: Weg-Zeit-Diagramm

Geschwindigkeit v		$v = \frac{s}{t}$
Weg s	$[s] = \text{m}$	
Zeit t	$[t] = \text{s}$	$[v] = \frac{\text{m}}{\text{s}}$

Beispiellösung:

Gegeben: Werte für s und t im Diagramm.
Gesucht: v_P und v_L.

Für die Werte $t_1 = 1{,}5$ s und $t_2 = 4$ s werden aus dem Diagramm die entsprechenden Werte für den Weg abgelesen.

$s_1 = 4$ m und $s_2 = 4{,}8$ m

$$v = \frac{s}{t}$$

$$v_P = \frac{4{,}8 \text{ m}}{4 \text{ s}}$$

$$\underline{\underline{v_P = 1{,}2 \frac{\text{m}}{\text{s}}}}$$

$$v_L = \frac{4 \text{ m}}{1{,}5 \text{ s}}$$

$$\underline{\underline{v_L = 2{,}67 \frac{\text{m}}{\text{s}}}}$$

Aufgaben

1. Ein Pkw legt in 3,5 Stunden eine Strecke von 270 km zurück. Wie groß ist seine durchschnittliche Geschwindigkeit in $\frac{km}{h}$?

2. Wieviel Stunden benötigt ein Pkw für eine Strecke von 420 km, wenn er mit einer mittleren Geschwindigkeit von 90 $\frac{km}{h}$ fährt?

3. Ein Motorradfahrer legt in 5 s einen Weg von 139 m zurück. Wie groß ist die mittlere Geschwindigkeit des Motorrades in $\frac{km}{h}$?

4. Die Bandgeschwindigkeit bei einem Tonbandgerät beträgt 9,5 $\frac{cm}{s}$. Welche Länge hat das Band bei einer Spieldauer von 45 Minuten?

5. Ein Cassettenrecorder hat laut Herstellerangabe die Bandgeschwindigkeit von 4,75 cm/s. Die Spielzeit für eine C 60-Cassette beträgt 60 min.
a) Wie groß ist die Aufnahmelänge in m?
b) Welche Bandlänge liegt vor?

6. Eine C 90-Cassette enthält ein Band mit der Länge von 135 m. Bestimmen Sie die Bespielzeit bei einer Bandgeschwindigkeit von 4,75 cm/s!

7. Zwei Fahrzeuge haben die durchschnittliche Geschwindigkeit $v_1 = 75$ km/h und $v_2 = 90$ km/h. In welcher Zeit legen die Fahrzeuge die Strecke von 60 km zurück?

8. Stellen Sie zur Aufgabe Nr. 7 im *s-t*-Diagramm die beiden Graphen für v_1 und v_2 dar. Lesen Sie die jeweiligen Zeiten der beiden Fahrzeuge für weitere Wegstrecken (10 km, 20 km, ... 100 km) ab!
(Maßstab: 10 km ≙ 1 cm, 10 min ≙ 1 cm)

9. Ein Fahrzeug fährt die Strecke von 150 km mit den Geschwindigkeiten $v_1 = 50$ km/h für $s_1 = 30$ km und $v_2 = 60$ km/h für $s_2 = 120$ km. Welche Zeit benötigt das Fahrzeug insgesamt für die Strecke?

10. Die Orte A und B sind 660 km voneinander entfernt. Zwei Pkw starten in A und B gleichzeitig und fahren mit der durchschnittlichen Geschwindigkeit von $v_1 = 80$ km/h und $v_2 = 120$ km/h.
a) Welche Zeit wird jeweils benötigt?
b) In welcher Entfernung von den Orten A und B begegnen sich die Fahrzeuge?

2.2.2 Kreisförmige Bewegung

► Auf einer Trennscheibe für einen Winkelschleifer sind die Angaben nach Abb. 6 aufgedruckt. Wie groß darf die Drehzahl bei der angegebenen Umfangsgeschwindigkeit genau sein?

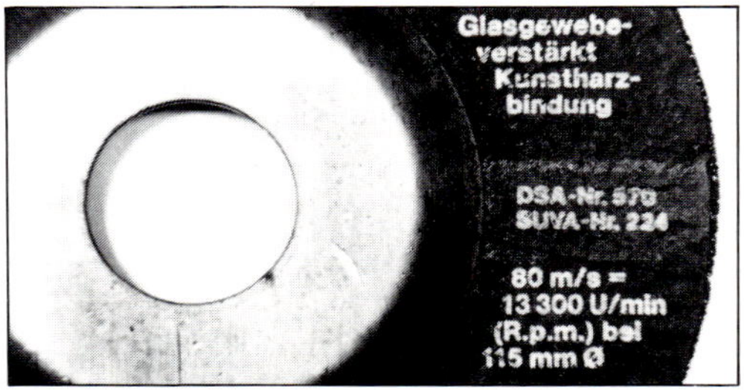

Abb. 6: Trennscheibe für Winkelschleifer

Umfangsgeschwindigkeit	$v = d \cdot \pi \cdot n$
Kreisumfang	$s = d \cdot \pi$
Drehzahl n	$n = \frac{1}{T}$
	$[n] = \frac{1}{s}$
Zeit für eine Umdrehung T	$T = \frac{1}{n}$
Kreisdurchmesser d	

Beispiellösung:

Gegeben: $d = 115$ mm; $v = 80\ \frac{m}{s}$
Gesucht: n

$$v = d \cdot \pi \cdot n$$

$$n = \frac{v}{d \cdot \pi}$$

$$n = \frac{80\ \frac{m}{s}}{115 \cdot 10^{-3}\ m \cdot \pi}$$

$$n = 221{,}4\ \frac{1}{s}; \qquad n = 13286\ \frac{1}{min}$$

Aufgaben

1. Die Antriebswelle für das Band eines Cassettenrecorders hat einen Durchmesser von 2 mm. Wie hoch muß die Drehzahl in $\frac{1}{\text{min}}$ des Motors sein, wenn das Band mit einer Geschwindigkeit von 4,75 $\frac{\text{cm}}{\text{s}}$ abgespielt wird?

2. Bei einem 10 mm-Spiralbohrer soll die Umfangsgeschwindigkeit (Schnittgeschwindigkeit) 16 $\frac{\text{m}}{\text{min}}$ betragen. Mit welcher Drehzahl in $\frac{1}{\text{min}}$ muß der Motor der Bohrmaschine laufen?

3. Welchen Durchmesser in Metern hat eine Schleifscheibe mit einer Unfangsgeschwindigkeit von 12 $\frac{\text{m}}{\text{s}}$, die von einem Motor mit der Drehzahl 1500 $\frac{1}{\text{min}}$ angetrieben wird?

4. Ein 4 mm-Spiralbohrer wird mit einer Drehzahl von 1480 $\frac{1}{\text{min}}$ angetrieben. Wie groß ist die Schnittgeschwindigkeit des Bohrers in $\frac{\text{m}}{\text{s}}$?

5. Eine Turbine hat einen Läufer mit 1,6 m Durchmesser. Die zulässige Umfangsgeschwindigkeit beträgt 200 m/s. Berechnen Sie die Drehzahl der Turbine!

6. Eine Handbohrmaschine hat die beiden Drehzahlen $n_1 = 1500/\text{min}$ und $n_2 = 3300/\text{min}$. Berechnen Sie die jeweiligen Schnittgeschwindigkeiten in m/s für Bohrer mit den Durchmessern:
a) $d = 2{,}5$ mm, c) $d = 6{,}5$ mm
b) $d = 4{,}5$ mm, d) $d = 13$ mm

7. Die Drehzahl einer Drehmaschine beträgt 82/min. Zur Bearbeitung eines Werkstückes ist eine Schnittgeschwindigkeit von 0,4 m/s zulässig. Bei welchem Durchmesser des Werkstückes wird diese Geschwindigkeit eingehalten?

8. Die Antriebsscheibe eines Motors hat den Durchmesser von $d = 230$ mm und die Umfangsgeschwindigkeit von 12 m/s. Wie groß ist die Scheibendrehzahl?

9. Wie groß ist die Scheibendrehzahl in Aufgabe Nr. 8 bei gleicher Umfangsgeschwindigkeit, wenn Antriebsscheiben mit folgenden Durchmessern verwendet werden:
a) $d = 150$ mm c) $d = 220$ mm
b) $d = 180$ mm d) $d = 280$ mm

10. Der Durchmesser des Rades bei einem Rennrad beträgt 70 cm.
a) Wieviel Umdrehungen je Minute macht das Rad bei einer Geschwindigkeit von 60 km/h?
b) Wie groß ist die Zahl der Umdrehungen, wenn eine Strecke von 180 km gefahren wird?

11. In einer Seiltrommel soll ein 180 m langes Seil einlagig aufgerollt werden. Die Seiltrommel wird mit einer Drehzahl von 36/min angetrieben und hat einen Durchmesser von 300 mm.
a) Wie groß ist die Geschwindigkeit v, mit der das Seil aufgerollt wird?
b) Berechnen Sie die benötigte Zeit!

12. Wie groß werden Geschwindigkeit und Zeit aus Aufgabe Nr. 11, wenn bei gleicher Seillänge und Drehzahl der Seiltrommel nachfolgende Durchmesser gegeben sind:
a) $d = 360$ mm c) $d = 220$ mm
b) $d = 250$ mm d) $d = 150$ mm

13. Ein Kran hat eine Seiltrommel mit dem Durchmesser $d = 180$ mm. Die Drehzahl beträgt 34/min.
a) Mit welcher Geschwindigkeit wird eine Last angehoben?
b) Wie groß ist die Hubzeit, wenn die Last 24 m hoch gehoben wird?

14. Die Entfernung zwischen Mond und Erde beträgt 384 400 km. Ein Funksignal legt in einer Sekunde ca. 300 000 km zurück.
Nach welcher Zeit kann man ein Funksignal, das von der Erde ausgesendet wird, wieder empfangen?

15. Die Umfangsgeschwindigkeit eines Stromwenders darf bei einer Drehzahl von 1600/min maximal 30 m/s betragen. Welchen Durchmesser darf der Stromwender haben?

2.3 Beschleunigung

▶ In Abb. 1 ist der zurückgelegte Weg eines anfahrenden Aufzuges und in Abb. 2 die Geschwindigkeit des mit konstanter Beschleunigung anfahrenden Aufzuges dargestellt.

Bei linearer Zunahme der Geschwindigkeit ist die Beschleunigung konstant.

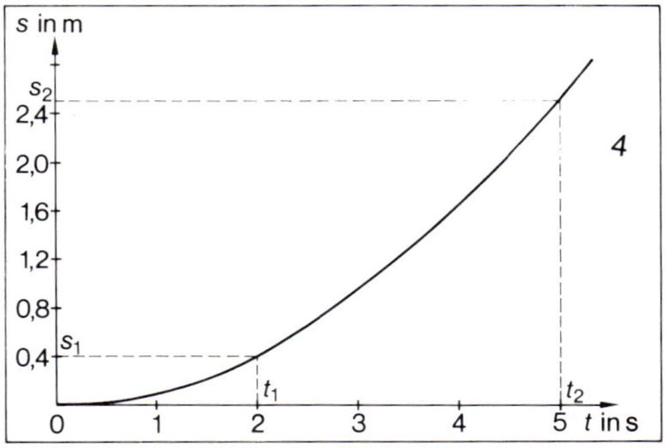

Abb. 1: Weg-Zeit-Diagramm

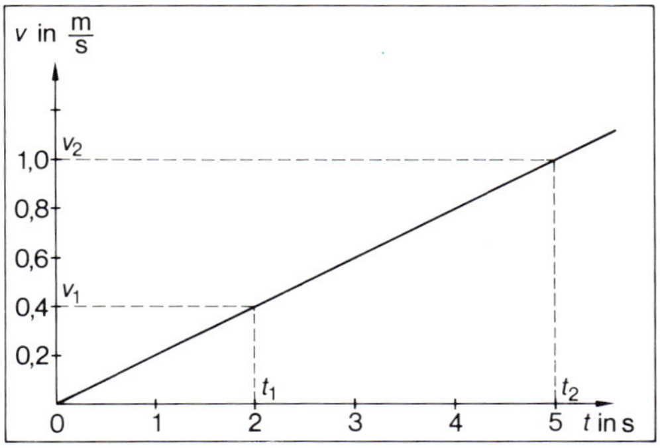

Abb. 2: Geschwindigkeit-Zeit-Diagramm

a) Welchen Weg hat der Aufzug nach 2 und nach 5 Sekunden zurückgelegt?
b) Wie groß ist die Beschleunigung des Aufzuges?

Beschleunigung a $\quad [a] = \frac{m}{s^2}$

$a = \frac{v}{t}$

Zurückgelegter Weg bei konstanter Beschleunigung

$s = \frac{1}{2} a \cdot t^2$

Beispiellösung:

Gegeben: Weg-Zeit- und Geschwindigkeit-Zeit-Diagramm
Gesucht: s nach 2 und 5 Sekunden; a

a) Aus dem Diagramm wird abgelesen:
Für die 2. Sekunde $s_1 = 0{,}4$ m
Für die 5. Sekunde $s_2 = 2{,}5$ m
Man sieht an diesen Ergebnissen, daß der zurückgelegte Weg pro Sekunde immer größer wird, je länger der Aufzug mit konstanter Beschleunigung fährt.

b) $a = \frac{v}{t}$

$$a_1 = \frac{0{,}4\,\frac{m}{s}}{2\,s}; \quad \underline{\underline{a_1 = 0{,}2\,\frac{m}{s^2}}}$$

$$a_2 = \frac{1\,\frac{m}{s}}{5\,s}; \quad \underline{\underline{a_2 = 0{,}2\,\frac{m}{s^2}}}$$

Aufgaben

1. Welche konstante Beschleunigung muß ein Pkw haben, wenn er aus dem Stillstand in 3 s eine Geschwindigkeit von 50 $\frac{km}{h}$ erreichen soll?

2. Nach wieviel Sekunden erreicht ein Auto eine Geschwindigkeit von 50 $\frac{km}{h}$, wenn es aus dem Stillstand mit 2,77 $\frac{m}{s^2}$ konstant beschleunigt?

3. Ein Pkw fährt mit einer konstanten Beschleunigung von 0,12 $\frac{m}{s^2}$ aus dem Stillstand an.

a) Welche Strecke legt er nach 15 s zurück?

b) Welche Geschwindigkeit hat er nach dieser Zeit erreicht?

c) Wieviel Meter rollt der Wagen in den nächsten 5 s, wenn er nicht mehr beschleunigt wird und der Luft- und Rollwiderstand vernachlässigbar sind (gleichförmige Bewegung)?

4. Ein Elektromotor beschleunigt über einen Riementrieb eine Arbeitsmaschine in den ersten 6 s nach dem Anlassen mit einer konstanten Beschleunigung von $1{,}94\ \frac{\text{m}}{\text{s}^2}$. Wie groß ist dann die Drehzahl der angetriebenen Riemenscheibe mit dem Durchmesser von 300 mm?

5. Ein Aufzug fährt mit konstanter Beschleunigung an. Nach 2 s hat er eine Geschwindigkeit von $3\ \frac{\text{m}}{\text{s}^2}$ erreicht.

a) Wie groß ist die Beschleunigung?

b) Welchen Weg hat der Aufzug nach 2 s zurückgelegt?

c) Welche Zeit benötigt der Aufzug für den doppelten Weg, wenn er weiterhin konstant beschleunigt?

6. Ein Schnellzug beschleunigt gleichmäßig mit $a = 0{,}2\ \text{m/s}^2$ und erreicht die Geschwindigkeit von 124 km/h.
a) Wie lange dauert der Beschleunigungsvorgang?
b) Welche Wegstrecke wird zurückgelegt?

7. Ein Fahrzeug wird in 10 s von der Geschwindigkeit $v_1 = 40$ km/h auf $v_2 = 120$ km/h beschleunigt.
a) Wie groß ist die Geschwindigkeitsänderung?
b) Welche Beschleunigung liegt vor?
c) Welcher Weg wird in der angegebenen Zeit zurückgelegt?

8. Ein Pkw wird von der Geschwindigkeit a) 140 km/h, b) 100 km/h, c) 50 km/h auf 30 km/h abgebremst. Die gleichmäßige Verzögerung beträgt $4\ \text{m/s}^2$. Bestimmen Sie die jeweilige Geschwindigkeitsänderung, die Zeit und den Bremsweg!

9. Wie groß wird der Bremsweg, wenn das Fahrzeug nach Aufgabe Nr. 8 von den angegebenen Geschwindigkeiten bis zum Stillstand abgebremst werden soll?

10. Stellen Sie im Geschwindigkeit-Zeit-Diagramm die Graphen für die Beschleunigungen
a) $a_1 = 0{,}2\ \text{m/s}^2$ und b) $a_2 = 0{,}1\ \text{m/s}^2$ dar. Lesen Sie die jeweiligen Geschwindigkeiten ab, die nach 1 s, 2 s und 3 s erreicht werden!
(Maßstab: 0,1 m/s ≙ 1 cm; 1 s ≙ 1 cm)

11. Die Geschwindigkeit eines Laufkranes beträgt 1,1 m/s. Nach Abschalten des Antriebsmotors läuft der Kran noch gleichmäßig verzögert die Strecke $s = 3{,}8$ m bis zum Stillstand.
a) Wie groß ist die Verzögerung?
b) Welche Auslaufzeit wird benötigt?

12. Ein Fahrzeug wird aus dem Stillstand während der Zeit $t = 14$ s gleichmäßig beschleunigt und legt dabei einen Weg von $s = 154$ m zurück.
a) Berechnen Sie die Beschleunigung!
b) Welche Geschwindigkeit wird nach 14 s erreicht?

2.4 Masse und Gewichtskraft

► Mit welcher Gewichtskraft wird ein Astronaut mit einer Masse von 75 kg auf der Erde und auf dem Mond angezogen?

Masse m	$[m] = \text{kg}$
Gewichtskraft F_G	$[F_G] = \text{N}$
$F_G = m \cdot g$	$1\ \text{N} = \frac{1\ \text{kg} \cdot 1\ \text{m}}{\text{s}^2}$
Erdbeschleunigung	$g = 9{,}81\ \frac{\text{m}}{\text{s}^2}$
Mondbeschleunigung	$a = 1{,}62\ \frac{\text{m}}{\text{s}^2}$

Beispiellösung:

Gegeben: $m = 75\ \text{kg};\ g = 9{,}81\ \frac{\text{m}}{\text{s}^2};\ a = 1{,}62\ \frac{\text{m}}{\text{s}^2}$

Gesucht: F_{GE} und F_{GM}

$F_{GE} = m \cdot g$
$F_{GE} = 75\ \text{kg} \cdot 9{,}81\ \frac{\text{m}}{\text{s}^2}$
$\underline{\underline{F_{GE} = 735{,}75\ \text{N}}}$

$F_{GM} = m \cdot a$
$F_{GM} = 75\ \text{kg} \cdot 1{,}62\ \frac{\text{m}}{\text{s}^2}$
$\underline{\underline{F_{GM} = 121{,}5\ \text{N}}}$

Aufgaben

1. Von welcher Höhe fällt ein Stein in
a) 2 s, b) 4 s, c) 8 s, . d) 12 s?

2. Welche Kraft ist erforderlich, um die Masse von
a) 50 kg, b) 150 kg, c) 500 kg
anzuheben?

3. Welche Gewichtskraft übt ein Eimer mit 10 Liter Wasser auf seine Unterlage aus? (1 Liter Wasser $\triangleq$ 1 kg; Masse des Eimers: 0,5 kg).

4. Zwei Kräfte $F_1 = 100$ N und $F_2 = 60$ N greifen unter einem Winkel von 90° an einem Punkt an. Welche Masse muß ein Gegengewicht haben, damit in dem Punkt Gleichgewicht der Kräfte herrscht?

5. Ein Personenaufzug mit einer Masse von 1 *t* befördert 10 Personen mit einer durchschnittlichen Masse von je 75 kg. Welche Gewichtskraft muß ein Gegengewicht aufbringen, wenn 70% der gesamten Last (Aufzug und Personen) ausgeglichen werden sollen?

6. Drei Kräfte $F_1 = 200$ N; $F_2 = 500$ N und $F_3 = 700$ N greifen in einem Punkt an. Der Winkel zwischen F_1 und F_2 beträgt 45° und zwischen F_2 und F_3 90°. Welche Masse muß ein Gegengewicht haben, um die Kräfte F_1, F_2 und F_3 im Gleichgewicht zu halten?

7. Mit welcher Gewichtskraft würde ein Astronaut auf dem Jupiter $a_J = 24{,}62 \frac{\text{m}}{\text{s}^2}$ angezogen, wenn er auf der Erde mit einer Gewichtskraft von 686, 7 N angezogen wird?

8. Bei einem belasteten Wandkran treten folgende Kräfte auf: Im waagerechten Arm ($l = 90$ cm) beträgt die Zugkraft 540 N. In der schrägen Stütze ($l = 134{,}5$ cm) beträgt die Druckkraft 807 N.

a) Zeichnen Sie den Wandkran im Maßstab 1 : 10.

b) Wie groß ist der Abstand der Befestigungspunkte an der Mauer?

c) Mit welcher Kraft wirkt die angehängte Last senkrecht nach unten?

d) Wie groß ist die Masse der angehängten Last?

e) Wie groß darf die angehängte Last höchstens werden, wenn die Befestigung des waagerechten Wandarmes für eine maximale Belastung von 800 N ausgelegt ist?

9. Ein Wandkran nach Abb. 1 wird mit der Masse $m = 204$ kg belastet.
a) Wie groß ist die Gewichtskraft F_G?
b) Bestimmen Sie die Größe der Teilkräfte F_1 und F_2!

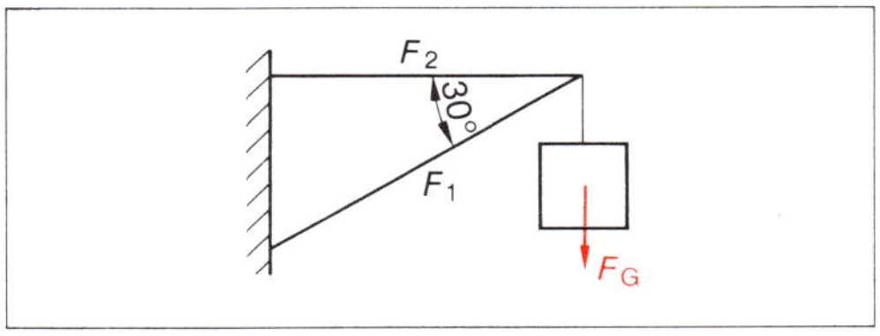

Abb. 1

10. Ein Fahrstuhl hat die Masse 1800 kg und wird sowohl beim Anfahren nach oben als auch nach unten mit $a = 1{,}14$ m/s² beschleunigt. Wie groß ist die Kraft im Seil beim Hochfahren und Hinunterfahren?

11. Die Masse von 650 kg soll in 6 s auf die Höhe 12 m gebracht werden. Bis zur halben Höhe erfolgt die Bewegung gleichmäßig beschleunigt, dann gleichmäßig verzögert. Bestimmen Sie die Kräfte für die beiden Wegstrecken!

12. In einem Wandkran treten die Druckkraft $F_1 = 4$ kN und die Zugkraft $F_2 = 4{,}62$ kN auf (Abb. 1).
a) Wie groß ist die resultierende Gewichtskraft F_G?
b) Mit welcher Masse wird der Kran belastet?
c) Wie groß darf die angehängte Last höchstens werden, wenn die Befestigung des waagerechten Wandarmes für eine maximale Belastung von 5 kN ausgelegt ist?
d) Wie groß werden Druck- und Zugkraft, wenn die unter a) berechnete Gewichtskraft angenommen wird und der Winkel zwischen den Streben 45° beträgt?

2.5 Mechanische Arbeit und Leistung

▶ Ein Kran hebt eine Palette mit Steinen mit der Masse 400 kg vom Boden in das 5. Stockwerk eines Neubaus ($s = 15$ m). Welche Arbeit verrichtet der Kran?

Abb. 1: Baukran

Mechanische Arbeit W	$[W] = \text{Nm}$
$W = F \cdot s$	$1\ \text{Nm} = 1\ \text{J} = 1\ \text{Ws}$

Beispiellösung:

Gegeben: $m = 400$ kg; $s = 15$ m
Gesucht: W

$W = F \cdot s$; $F = m \cdot g$
$W = m \cdot g \cdot s$

$$W = 400\ \text{kg} \cdot 9{,}81\ \frac{\text{m}}{\text{s}^2} \cdot 15\ \text{m}$$

$$\underline{\underline{W = 58860\ \text{Nm}}}$$

$$\underline{\underline{W = 58{,}86\ \text{kNm}}}$$

Aufgaben

1. Um wieviel Meter wurde Leitungsmaterial mit einer Masse von 30 kg angehoben, wenn dabei eine Arbeit von 1,8 kNm verrichtet wurde?

2. Ein Monteur mit der Masse von 60 kg trägt einen Ring Kabel mit einer Masse von 12 kg in die dritte Etage eines Neubaus (Etagenhöhe: 2,8 m). Wie groß ist die dabei verrichtete physikalische Arbeit?

3. Während der Nachtzeit wird mit einer Pumpe Wasser in ein 100 m höher gelegenes Staubecken gepumpt. Wieviel kg Wasser werden in jeder Nacht hochgepumpt, wenn die dafür benötigte Arbeit $6 \cdot 10^9$ Nm beträgt?

4. Ein Elektroinstallateur mit der Masse von 65 kg trägt Installationsmaterial mit einer Masse von 20 kg in einem Neubau nach oben. Wie hoch hat er das Material getragen, wenn die dabei verrichtete physikalische Arbeit $8{,}34 \cdot 10^3$ Nm beträgt?

5. Ein Staubecken enthält 8000 m³ Wasser. Wie groß ist die gespeicherte mechanische Arbeit, wenn das Staubecken auf der Höhe von
a) 20 m, b) 50 m, c) 80 m liegt?

▶ Ein Kran soll eine Palette mit Steinen mit einer Masse von 400 kg in 15 s 20 m hoch befördern. Welche Leistung ist aufzubringen?

Mechanische Leistung P	$[P] = \frac{\text{Nm}}{\text{s}}$
$P = \frac{W}{t}$	
$P = \frac{F \cdot s}{t}$	
$P = F \cdot v$	

Beispiellösung:

Gegeben: $m = 400$ kg; $s = 20$ m; $t = 15$ s
Gesucht: P

$P = \frac{F \cdot s}{t}$; $F = m \cdot g$

$$P = \frac{400\ \text{kg} \cdot 9{,}81\ \frac{\text{m}}{\text{s}^2} \cdot 20\ \text{m}}{15\ \text{s}} \qquad P = \frac{m \cdot g \cdot s}{t}$$

$$\underline{\underline{P = 5232\ \frac{\text{Nm}}{\text{s}}}}$$

Aufgaben

6. Welche Leistung muß eine Pumpe haben, die stündlich 720 m³ Wasser in einen 30 m höher gelegenen Behälter pumpt?

7. Ein Fahrstuhl kann eine Masse von 600 kg befördern. Die Gewichtskraft des Fahrstuhls wird durch Gegenkräfte aufgehoben. Die Fahrstuhlgeschwindigkeit beträgt $2{,}6\,\frac{m}{s}$. Welche Leistung muß der Antriebsmotor des Fahrstuhls besitzen, wenn die Verluste vernachlässigt werden?

8. Ein Aufzug befördert in 20 s eine Masse von 500 kg bei einer Geschwindigkeit von $2\,\frac{m}{s}$. Welche Leistung hat der Aufzugsmotor?

9. Wieviel Liter Wasser fördert eine Pumpe mit der Leistung $4\,\frac{kNm}{s}$ in 2 min, um einen Höhenunterschied von 20 m zu überwinden?

10. Eine Turbine befindet sich 120 m tiefer als das Staubecken. Die der Turbine zugeführte Leistung beträgt $7{,}5 \cdot 10^6\,\frac{Nm}{s}$. Wieviel Kubikmeter Wasser müssen der Turbine in jeder Sekunde zugeführt werden?

11. Eine Elektrolokomotive entwickelt bei einer Geschwindigkeit von $120\,\frac{km}{h}$ eine Kraft von 30 kN. Wie groß ist die Leistung der Lokomotive?

12. Wie groß muß die Leistung eines Motors sein, der eine Masse von 80 kg mit einer Geschwindigkeit von $3{,}2\,\frac{m}{s}$ heben soll?

13. Der Antriebsmotor eines Kranes hebt eine Masse von 250 kg in 1 min mit einer konstanten Geschwindigkeit von $1{,}7\,\frac{m}{s}$. Wie groß ist die dabei verrichtete Arbeit?

14. Wie lange braucht der Motor eines Aufzuges, um eine Masse von 600 kg bei einer Fördergeschwindigkeit von $2{,}5\,\frac{m}{s}$ zu befördern? Die dabei verrichtete Arbeit beträgt 320 kNm.

15. Eine Pumpe mit der Leistung $21{,}6\,\frac{kNm}{s}$ pumpt 3 m^3 Wasser in ein höher gelegenes Becken. Wie groß ist die dabei erreichte Fördergeschwindigkeit?

16. Ein Pkw und ein Schlepper haben je einen Motor mit einer Leistung von $48\,\frac{kNm}{s}$. Wie groß sind die Kräfte, die beide Fahrzeuge im 3. Gang entwickeln, wenn die Geschwindigkeit des Pkw $70\,\frac{km}{h}$ und die des Schleppers $12\,\frac{km}{h}$ betragen?

17. Der Motor eines Aufzuges hat eine Leistung von $60\,\frac{kNm}{s}$. Beim Anfahren beträgt die Beschleunigung während der ersten 2 Sekunden $2\,\frac{m}{s^2}$ (konstant). Wie groß ist die Masse, die der Motor befördern muß?

18. Die Masse eines Förderkorbes beträgt 150 kg. Der Inhalt des Förderkorbes hat eine Masse von 1400 kg. In 20 s wird der Korb 18 m nach oben befördert (konstante Geschwindigkeit angenommen).

a) Mit welcher Geschwindigkeit wird der Korb befördert?

b) Wie groß muß die Leistung des Motors sein?

19. Ein Kran mit Lasthebemagnet hebt eine Masse von 250 kg in 5 s auf eine Höhe von 5 m (konstante Geschwindigkeit). Die Masse des Magneten beträgt 120 kg. Welche Leistung muß der Antriebsmotor aufbringen?

20. Der Antriebsmotor eines Krans hat eine Leistung von $30\,\frac{kNm}{s}$. Welche Masse kann er anheben, wenn die konstante Hubgeschwindigkeit $0{,}6\,\frac{m}{s}$ betragen soll?

21. Ein Wasserbehälter, der 4 m^3 Wasser aufnehmen kann, soll mit Hilfe einer Pumpe innerhalb von 15 min gefüllt werden. Das Wasser muß 6 m hoch gepumpt werden. Wie groß muß die Leistung des Pumpenmotors sein?

22. Der Elektromotor eines Aufzuges hat die Leistung von 12 kW. Er soll in 16 s 24 m hoch fahren. Wie groß darf die Gewichtskraft sein, wenn die Verluste unberücksichtigt bleiben?

23. Eine Elektrolokomotive hat bei einer Geschwindigkeit von 55 km/h eine Zugkraft von 105 kN. Berechnen Sie die mechanische Leistung!

24. Die Leistung einer Wasserturbine beträgt 10500 kW. Das Gefälle des Wassers beläuft sich auf 7,5 m. Welche Wassermenge muß in 1 s in die Turbine strömen? Die Verluste bleiben unberücksichtigt!

25. Ein Kran soll eine Last von 4500 kg um 15 m hoch ziehen. Der Kranmotor hat eine Leistung von 24 kW. Berechnen Sie die Zeit t, wenn die Verluste unberücksichtigt bleiben!

26. Ein Aufzug muß die Masse von 2500 kg befördern. Die gleichmäßige Beschleunigung von 1,5 m/s² wird in der Zeit von 2 s entwickelt. Welche Leistung muß der Aufzugsmotor haben?

27. Der Antriebsmotor eines Förderbandes hat eine Leistung von 14,5 kW. Berechnen Sie die Zugkraft im Band, wenn die Bandgeschwindigkeit 1,2 m/s beträgt! Die Verluste bleiben unberücksichtigt.

28. Die Masse von 900 kg soll durch einen Aufzug mit der Fördergeschwindigkeit von 2,2 m/s befördert werden. Die verrichtete Arbeit beträgt 280 kNm.
a) Berechnen Sie die Gewichtskraft!
b) Welche Zeit benötigt der Motor des Aufzuges?
c) Bestimmen Sie die Wegstrecke!

29. Wie groß ist die Leistung einer Pumpe, die stündlich 420 m³ Wasser 35 m hochpumpt?

30. Zum Anheben einer Last von 12 kN wird eine Arbeit von 186 kNm benötigt. Um wieviel Meter wird die Last angehoben?

31. Der Motor eines Krans hat eine Leistung von 7,2 kW. Mit welcher Geschwindigkeit kann er eine Last von 2000 kg anheben?

32. Ein Motor mit einer Leistung von 5,2 kW hebt eine Last von 800 kg 15 m hoch. Welche Zeit wird dafür benötigt?

2.6 Drehmoment

2.6.1 Hebel

▶ Wie groß ist das Drehmoment, das am Seitenschneider auftritt? Wie groß muß die Kraft F_2 sein?

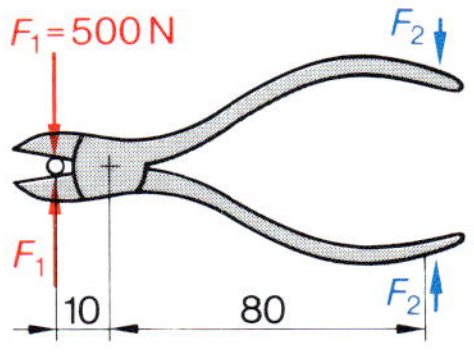

Abb. 1

Drehmoment M $[M] = \text{Nm}$

$M = F \cdot s$

Nach Lage des Drehpunktes unterscheidet man

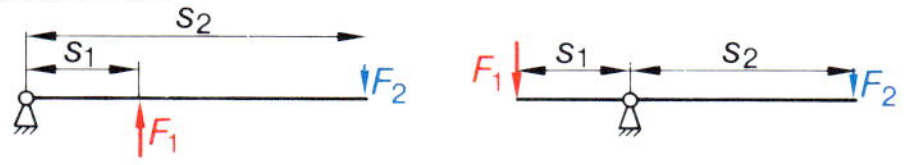

Einseitiger Hebel Zweiseitiger Hebel

$F_1 \cdot s_1 = F_2 \cdot s_2$

Beispiellösung:

Gegeben: $F_1 = 500\,\text{N}$; $s_1 = 10\,\text{mm}$; $s_2 = 80\,\text{mm}$

Gesucht: M und F_2

$M = F \cdot s$; $M = 500\,\text{N} \cdot 10\,\text{mm}$; $\underline{\underline{M = 5000\,\text{Nmm}}}$

$F_1 \cdot s_1 = F_2 \cdot s_2$

$F_2 = \frac{F_1 \cdot s_1}{s_2}$; $F_2 = \frac{500\,\text{N} \cdot 10\,\text{mm}}{80\,\text{mm}}$; $\underline{\underline{F_2 = 62{,}5\,\text{N}}}$

Aufgaben

1. An einer Riemenscheibe mit dem Durchmesser 600 mm entsteht ein Drehmoment von 480 Nm. Wie groß ist die am Umfang der Scheibe wirkende Kraft?

2. Ein 1 m langer Hebel liegt mit dem einen Ende auf einer Mauer auf. 30 cm von diesem Auflagepunkt hängt ein Motor mit der Masse von 50 kg. Wie groß muß die Kraft am Ende des Hebels sein, damit Gleichgewicht besteht?

3. Bei einem Drehstrommotor beträgt das Nennmoment 80 Nm. Welchen Durchmesser darf die Riemenscheibe höchstens haben, wenn an ihrem Umfang eine Kraft von 850 N benötigt wird?

4. An einem einseitigen Hebel wirkt im Abstand von 130 cm vom Drehpunkt eine Kraft von 520 N. Wie groß muß die Gegenkraft sein, die im Abstand von
a) 20 cm, b) 40 cm, c) 80 cm wirkt?

5. Ein zweiseitiger Hebel wird auf einer Seite im Abstand von 0,6 m vom Drehpunkt mit der Kraft $F_1 = 440$ N belastet.
a) In welchem Abstand wirkt die Kraft $F_2 = 550$ N?
b) Wie groß ist das Drehmoment?

6. Die Antriebsscheibe eines Motors hat einen Durchmesser von
a) 8 cm und b) 15 cm. Welche Kräfte entstehen, wenn das Nennmoment 78 Nm beträgt?

7. Ein zweiseitiger Hebel soll durch die Kräfte $F_1 = 1{,}2$ kN und $F_2 = 0{,}8$ kN im Gleichgewicht gehalten werden. Die Gesamtlänge des Hebels beträgt 1,6 m.
a) An welcher Stelle muß sich der Drehpunkt befinden?
b) Wie groß ist das Drehmoment?
c) In welchem Verhältnis stehen die beiden Längen der Hebelarme bzw. die Kräfte?

8. An einem zweiseitigen Hebel verhalten sich die beiden Längen der Hebelarme $s_1 : s_2 = 2 : 5$. Die Kraft F_1 beträgt 2,2 kN.
a) Wie groß ist die Kraft F_2?
b) Bestimmen Sie die Längen der Hebelarme, wenn die Gesamtlänge des Hebels 2,8 m beträgt!
c) Wie groß ist das Drehmoment?

9. Am zweiseitigen Hebel verhalten sich die Kräfte $F_1 : F_2 = 4 : 3$. Die Gesamtlänge des Hebels beträgt 1,4 m, das Drehmoment ist 2,2 kNm.
a) Berechnen Sie die beiden Längen der Hebelarme!
b) Wie groß sind die Kräfte F_1 und F_2?

10. Zum Anheben eines Motors mit der Masse 125 kg steht ein Hebel mit 2 m Länge zur Verfügung. Wo muß der Drehpunkt des Hebels liegen, wenn zum Anheben des Motors eine Kraft von 450 N vorhanden ist? Wo liegt der Drehpunkt, wenn die Masse des Hebels (4 kg) berücksichtigt wird?

2.6.2 Rolle

▶ Ein Transformator mit einer Masse von 250 kg soll mit einem Flaschenzug angehoben werden. Mit welcher Kraft muß am Seilende gezogen werden, wenn der Flaschenzug aus drei festen und drei losen Rollen besteht?

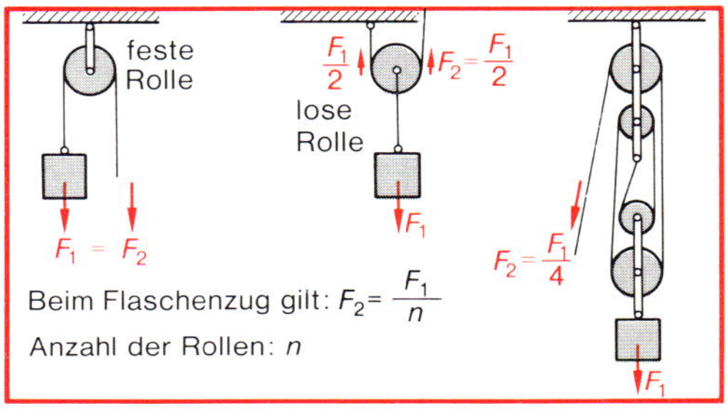

Beim Flaschenzug gilt: $F_2 = \frac{F_1}{n}$

Anzahl der Rollen: n

Beispiellösung:

Gegeben: $m = 250$ kg; $n = 6$
Gesucht: F_2

$$F_2 = \frac{F_1}{n}; \quad F_1 = m \cdot g$$

$$F_2 = \frac{m \cdot g}{n}$$

$$F_2 = \frac{250\ \text{kg} \cdot 9{,}81\ \text{m}}{6\ \text{s}^2}; \quad \underline{\underline{F_2 = 409\ \text{N}}}$$

Aufgaben

1. Wie groß ist die Masse, die an einer losen Rolle hängt, wenn am Seilende mit einer Kraft von 250 N gezogen werden muß, damit Gleichgewicht besteht?

2. Mit einer losen Rolle, die eine Masse von 8,15 kg hat, soll eine Masse von 55 kg angehoben werden. Infolge der Reibungsverluste kann eine zusätzliche Masse von 5% der Gesamtmasse angenommen werden. Mit welcher Kraft muß am Seil gezogen werden, damit Gleichgewicht besteht?

3. Mit einem 6-Rollen-Flaschenzug soll eine Masse von 200 kg angehoben werden. Die Masse jeder Rolle beträgt 0,5 kg: Welcher zusätzlichen Masse entsprechen die Reibungsverluste, wenn an dem Seil mit einer Kraft von 340 N gezogen werden muß, damit Gleichgewicht besteht?

4. Mit einem Flaschenzug aus 6 Rollen kann die Masse 660 kg angehoben werden. Welche Masse kann bei gleicher Zugkraft mit einem 8-Rollen-Flaschenzug bewegt werden?

5. Die Masse eines Gewichtes beträgt 85 kg. Die Reibungsverluste sind mit 4% der Masse zusätzlich zu berücksichtigen. Bestimmen Sie die Zugkraft bei Verwendung
a) einer losen Rolle,
b) eines Flaschenzuges mit 6 Rollen,
c) eines Flaschenzuges mit 8 Rollen.

6. Mit der Zugkraft von 450 N wird eine Masse von 350 kg angehoben. Die Verluste werden mit ca. 3% der Masse angenommen. Wieviel Rollen muß der Flaschenzug mindestens haben?

7. Bei einem Flaschenzug verhalten sich die Zugkraft zu der Gewichtskraft wie 1 : 4. Die bewegte Masse einschließlich der Verluste beträgt
a) 580 kg und b) 860 kg.
Bestimmen Sie die Größe der Gewichtskraft, der Zugkraft und die Anzahl der Rollen des Flaschenzuges!

8. Ein Motor mit der Gewichtskraft von 1200 N soll mit Hilfe
a) einer losen Rolle,
b) eines Flaschenzuges (6 Rollen)
angehoben werden. Wie groß ist jeweils die Zugkraft, wenn die Verluste mit 2% der Gewichtskraft berücksichtigt werden?

9. Über einen einseitigen Hebel soll im Abstand 0,6 m vom Drehpunkt die Gewichtskraft 500 N angehoben werden. Die Zugkraft wirkt über einen Flaschenzug mit 4 Rollen im Abstand 0,9 m vom Drehpunkt. Wie groß ist die Zugkraft?

10. Bei der in Aufgabe Nr. 9 beschriebenen Anordnung wird
a) die Gewichtskraft verdoppelt,
b) die Gewichtskraft halbiert.
Wie groß ist die jeweilige Zugkraft?

11. Wie ändert sich bei der in Aufgabe Nr. 9 beschriebenen Anordnung die Zugkraft, wenn der Abstand vom Drehpunkt
a) von 0,9 m auf 1,2 m vergrößert,
b) von 0,9 m auf 0,75 m verkleinert wird?

12. Berechnen Sie zu den Aufgaben Nr. 10 und 11 jeweils das Verhältnis der Drehmomente von a) und b)!

3 Elektrische Spannung und Stromstärke

3.1 Elektrische Spannung

▶ Im homogenen elektrischen Feld zwischen zwei geladenen Platten wird auf eine eingebrachte Ladung Q längs des Weges s eine Kraft F ausgeübt.

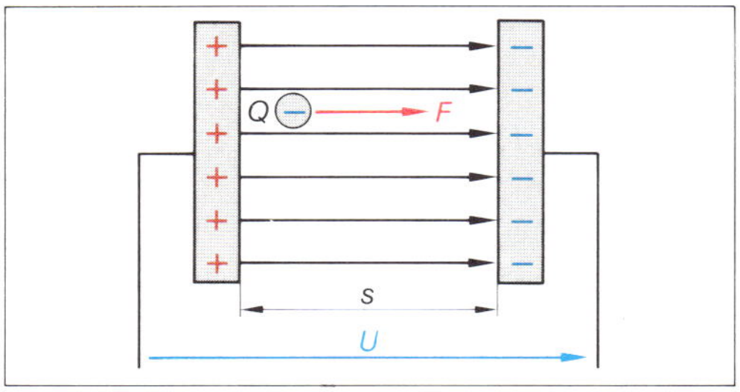

Abb. 1

a) Wie groß ist die verrichtete Arbeit W, wenn die Kraft 1,2 mN und der Weg 15 cm betragen?

b) Wie groß ist die elektrische Spannung, wenn die transportierte Ladung die Größe von 6 nC hat?

Arbeit W	
$W = F \cdot s$	$[W] = \text{Nm}$
	$[W] = \text{Ws}$
$W = Q \cdot U$	$[W] = \text{J}$
Elektrische Ladung Q	
	$[Q] = \text{C}$
	$[Q] = \text{As}$
Elektrische Spannung U	
$U = \dfrac{W}{Q}$	$[U] = \dfrac{\text{Nm}}{\text{C}}$
	$[U] = \text{V}$

Beispiellösung:

Gegeben: $F = 1{,}2$ mN; $s = 15$ cm (Umrechnung: $s = 0{,}15$ m)
$Q = 6$ nC (Umrechnung: $Q = 6 \cdot 10^{-9}$ C)

Gesucht: W, U

a) $W = F \cdot s$

$W = 1{,}2 \cdot 10^{-3}\ \text{N} \cdot 0{,}15\ \text{m}$ $\quad \underline{\underline{W = 0{,}18\ \text{mNm}}}$

b) $U = \dfrac{W}{Q}$

$U = \dfrac{0{,}18 \cdot 10^{-3}\ \text{Nm}}{6 \cdot 10^{-9}\ \text{C}}$ $\quad U = 0{,}03 \cdot 10^{6}\ \text{V}$ $\quad \underline{\underline{U = 30\ \text{kV}}}$

Aufgaben

1. Im homogenen elektrischen Feld wird die Ladung von 0,025 mC mit der Kraft von 0,012 N über 45 cm transportiert. Wie groß sind Arbeit und elektrische Spannung?

2. Welche Ladung muß bewegt werden, wenn zur Erzeugung einer Spannung von 120 V eine Arbeit von 0,2 Nm verrichtet wird?

3. Eine Ladung von 0,2 mC wird über die Strecke von 240 mm bewegt. Es entsteht die Spannung von 550 V. Wie groß sind Arbeit und Kraft zur Bewegung der Ladung?

4. Bestimmen Sie die Strecke s, über die eine Ladung von 0,08 mC mit der Kraft von 0,24 N bewegt wird! Wie groß ist die Spannung, wenn die Arbeit 0,075 Nm beträgt?

5. Ein Kondensator hat eine elektrische Ladung von 500 C bei einer Spannung von 50 V. Welche Arbeit war zur Ladung des Kondensators notwendig?

6. Mit welcher Kraft muß eine Ladung von 275 C über einen Weg von 2 mm transportiert werden, damit die Spannung 20 V beträgt?

7. Welche elektrische Spannung wird erzeugt, wenn eine Ladung von 25 C mit der Kraft 1,5 kN über einen Weg von 1 cm transportiert wird?

8. Welche Ladung wurde bewegt, wenn bei einer Arbeit von 15,75 kNm eine elektrische Spannung von 75 V entsteht?

9. Um welchen Weg s wurde eine Ladung von 0,5 mC bewegt, wenn die Kraft 33 N beträgt und eine elektrische Spannung von 10 μV entstanden ist?

Erläuterungen zur Schreibweise großer und kleiner Zahlen und Größen

In der Technik ist es üblich, große und kleine Zahlen als Produkt aus einer Zahl und einer Zehnerpotenz zu schreiben und damit zu rechnen.

Beispiele:

$2\,300\,000 = 23 \cdot 10^{5}$
$451\,800\,000 = 4{,}518 \cdot 10^{8}$
$0{,}001\,257 = 12{,}57 \cdot 10^{-4}$
$0{,}000\,004\,25 = 42{,}5 \cdot 10^{-7}$

Dabei werden häufig Zehnerpotenzen mit durch drei teilbaren Exponenten verwendet.

Beispiele:

$23 \cdot 10^{5} = 2{,}3 \cdot 10^{6}$
$4{,}518 \cdot 10^{8} = 0{,}4518 \cdot 10^{9}$
$12{,}57 \cdot 10^{-4} = 1{,}257 \cdot 10^{-3}$
$42{,}5 \cdot 10^{-7} = 4{,}25 \cdot 10^{-6}$

Positive Exponenten		
Vorsatzname	Vorsatzzeichen	Zehnerpotenz
Tera	T	10^{12}
Giga	G	10^{9}
Mega	M	10^{6}
Kilo	k	10^{3}
Hekto	H	10^{2}
Deka	D	10^{1}

Negative Exponenten		
Vorsatzname	Vorsatzzeichen	Zehnerpotenz
dezi	d	10^{-1}
centi	c	10^{-2}
milli	m	10^{-3}
mikro	µ	10^{-6}
nano	n	10^{-9}
pico	p	10^{-12}
femto	f	10^{-15}

Bei physikalischen Größenwerten können die Zehnerpotenzen durch Vorsatznamen zu den Einheiten angegeben und durch Vorsatzzeichen abgekürzt werden.

Beispiele:

$0{,}0012\ \text{N} = 1{,}2 \cdot 10^{-3}\ \text{N} = 1{,}2\ \text{mN}$
$0{,}000\,000\,006\ \text{C} = 6 \cdot 10^{-9}\ \text{C} = 6\ \text{nC}$
$30\,000\ \text{V} = 30 \cdot 10^{3}\ \text{V} = 30\ \text{kV}$
$0{,}000\,025\ \text{A} = 25 \cdot 10^{-6}\ \text{A} = 25\ \mu\text{A}$

Beim Rechnen mit Potenzen sind folgende Regeln zu beachten:

- Nur physikalische Größenwerte mit dem gleichen Vorsatzzeichen können addiert und subtrahiert werden.
- Vor der Multiplikation und Division von physikalischen Größenwerten müssen die Vorsatzzeichen durch die entsprechende Zehnerpotenz ersetzt werden.

  $4{,}4\ \text{m} + 63\ \text{cm} - 250\ \text{mm}$
  $= 4{,}4\ \text{m} + 0{,}63\ \text{m} - 0{,}25\ \text{m} = 4{,}78\ \text{m}$

  $45\ \text{mA} \cdot 60\ \text{kV} = 0{,}045\ \text{A} \cdot 60\,000\ \text{V} = 2700\ \text{VA}$

  $$\frac{220\ \text{kVA}}{220\ \text{V}} = \frac{220\,000\ \text{VA}}{220\ \text{V}} = 1000\ \text{A} = 1\ \text{kA}$$

- Mit dem Taschenrechner können Zehnerpotenzen ohne vorherige Umwandlung addiert, subtrahiert, multipliziert und dividiert werden.

$0{,}33 \cdot 10^{3} + 67 \cdot 10^{-2}$
$= 330{,}67$

Eing.	Anzeige
0,33	0.33
[×]	0.33
1	1
[EE]	1 00
3	1 03
[+]	3.3 02
67	67
[×]	6.7 01
1	1
[EE]	1 00
2	1 02
[+/-]	1-02
[=]	3.3067 02
	($\triangleq 3{,}3067 \cdot 10^{2}$)

$45 \cdot 10^{-2} \cdot 0{,}04 \cdot 10^{4}$
$= 180$

Eing.	Anzeige
45	45
[×]	45.
1	1
[EE]	1 00
2	1 02
[+/-]	1-02
[×]	4.5-01
0,04	0.04
[×]	1.8-02
1	1
[EE]	1 00
4	1 04
[=]	1.8 02

Aufgaben

1. Schreiben Sie folgende Zahlen als Produkt aus einer Zahl und einer Zehnerpotenz mit durch drei teilbarem Exponenten.

a) 6 543 700
b) 72 341
c) 483 412
d) 56 400 000
e) 1 357
f) 987
g) 0,000 000 275
h) 0,001 47
i) 0,037 4
k) 0,000 034 675
l) 0,438 275
m) 0,000 003 276

2. a) $5{,}3 \cdot 10^3 + 7{,}25 \cdot 10^2$
b) $2{,}37 \cdot 10^{-5} + 0{,}26 \cdot 10^{-3}$
c) $1{,}025 \cdot 10^{-2} - 3{,}5 \cdot 10^{-4}$
d) $6{,}24 \cdot 10^{-2} - 8{,}74 \cdot 10^{-3}$

3. a) $7{,}68 \cdot 10^3 \cdot 1{,}05 \cdot 10^3$
b) $6{,}54 \cdot 10^2 \cdot 8{,}5 \cdot 10^{-2}$
c) $5{,}6 \cdot 10^{-4} \cdot 1{,}75 \cdot 10^{-2}$
d) $2{,}85 \cdot 10^{-5} \cdot 1{,}6 \cdot 10^3$
e) $1{,}6 \cdot 10^9 \cdot 2{,}5 \cdot 10^{-12}$
f) $22{,}5 \cdot 10^{-6} \cdot 0{,}8 \cdot 10^9$

4. a) $4{,}2 \cdot 10^2 : 0{,}14 \cdot 10^4$
b) $22 \cdot 10^{-4} : 4{,}4 \cdot 10^{-6}$
c) $1{,}8 \cdot 10^6 : 1{,}5 \cdot 10^{-3}$
d) $0{,}54 \cdot 10^{-6} : 1{,}2 \cdot 10^{-3}$
e) $12{,}5 \cdot 10^9 : 2{,}5 \cdot 10^{12}$
f) $3{,}3 \cdot 10^2 : 66 \cdot 10^{-12}$

5. a) 500 kW = W
b) 75 kΩ = Ω
c) 350 μV = V
d) 55 μA = A
e) 76,5 mV = V
f) 650 mΩ = Ω

6. a) 78 kA = mA
b) 0,25 μV = kV
c) 66,5 μW = mW
d) 0,02 S = mS
e) 0,25 ms = s
f) 75,5 μC = nC

7. a) 6750 A = kA
b) 17 500 000 Ω = MΩ
c) 380 000 V = kV
d) 0,000 27 A = mA
e) 0,000 72 V = μV
f) 0,000 000 43 F = nF

8. a) 25 GHz = Hz
b) 6,8 MΩ = Ω
c) 125 hl = l
d) 12,7 cm = m
e) 3,745 dm = m
f) 4,8 pF = F

9. a) 44,5 m + 63,5 cm − 2,5 m − 350 cm
b) (42 V − 120 mV) − (24 V + 32 mV)
c) (3 kNm + 500 Nm) − (0,27 Nm − 3,3 kNm)
d) $3\ \text{dm}^2 + 2{,}5\ \text{m}^2 + 32\ \text{cm}^2 + 3800\ \text{mm}^2$
e) $1{,}75\ \text{m}^3 + 0{,}25\ \text{dm}^3 + 475\ \text{cm}^3 - 5000\ \text{mm}^3$
f) 24 N − 0,02 kN + 4500 mN + 0,12 kN

10. a) 25 cm + 0,44 m − 32 mm
b) (420 μV − 22 mV) + (1,57 kV − 250 V)
c) 25 mA − 2,5 μA + 36,5 A − 1,5 kA
d) 1,25 km − 2,25 dm + 4,75 m − 3,5 cm
e) 2,5 MΩ + 220 kΩ + 47 Ω
f) 247 N − 2,57 kN + 375 mN

11. a) 35 mA · 110 kV
b) 45 V · 0,736
c) 250 cm · 0,35 m
d) 76 mm · 1,25 cm

12. a) $\dfrac{1{,}25\ \text{kA}}{760\ \text{mA}}$ b) $\dfrac{728\ \mu\text{W}}{310\ \text{mV}}$
c) $\dfrac{726\ \text{mNm}}{(15\ \text{cm} + 22\ \text{mm})}$ d) $\dfrac{22\ \text{kVA}}{220\ \text{V}}$

13. a) $\dfrac{450}{250\ \text{ms}}$ b) $\dfrac{432\ \text{kNm}}{1{,}52\ \text{m} - 32{,}5\ \text{cm}}$
c) $\dfrac{425\ \text{MW}}{3750}$ d) $0{,}25\ \text{mA} \cdot 3{,}7 \cdot 10^3$
e) 425 kN (2,75 cm − 42,5 mm)
f) 776 V · 0,257 mA

14. Ein Plattenkondensator wird in verschiedenen Versuchen aufgeladen. Dabei ergeben sich folgende Ladungen: 0,5 nC; 15 mC; 0,02 μC; 20 μC und 0,1 mC.
a) Rechnen Sie die Werte in C um!
b) Geben Sie die Werte in der Potenzschreibweise an!

15. Bei der Aufladung eines Plattenkondensators ergaben sich folgende Spannungen zwischen den Platten: 0,9 kV, 50 kV, 120 kV, 750 kV, 1000 kV.
a) Rechnen Sie die Werte in V um!
b) Geben Sie die Werte in der Potenzschreibweise an!

16. Folgende Spannungsangaben in Potenzschreibweise sollen in die Einheit Volt (V) umgerechnet werden:
$22 \cdot 10^{-2}$ kV; $0{,}4 \cdot 10^{-4}$ kV; $50 \cdot 10^2$ mV; $5 \cdot 10^4$ mV; $4{,}2 \cdot 10^5$ μV; $44 \cdot 10^5$ μV.

17. Die folgenden Angaben für die Ladungen in Potenzschreibweise sind in die Einheit mC umzurechnen:
$5 \cdot 10^3$ μC; $0{,}1 \cdot 10^6$ μC; $25 \cdot 10^5$ μC; $80 \cdot 10^3$ nC; $0{,}1 \cdot 10^7$ nC; $14{,}6 \cdot 10^5$ nC.

3.2 Elektrische Stromstärke

► Bei der Aufladung eines Akkumulators fließt in 2,5 Stunden die Ladung von 4500 C durch den Leiterquerschnitt der Zuleitung.
a) Wie groß ist die Ladestromstärke I?
b) Welche Anzahl n von Ladungsträgern fließt durch den Leiter?
c) Zeichnen Sie das I-t-Diagramm!

Abb. 1: Aufladen eines Akkumulators

Elektrische Stromstärke I

$I = \frac{Q}{t}$ $[I] = \text{A}$

Anzahl der Ladungen n

$n = \frac{Q}{e}$

Elementarladung eines Elektrons e
$e = -1{,}6 \cdot 10^{-19}\,\text{C}$

Beispiellösung:

Gegeben: $Q = 4500$ C; $t = 2{,}5$ h (Umrechnung: $t = 9000$ s)
Gesucht: I; n

a) $I = \frac{Q}{t}$

$I = \frac{4500\,\text{As}}{9000\,\text{s}}$

$\underline{\underline{I = 0{,}5\,\text{A}}}$

b) $n = \frac{Q}{e}$; $n = \frac{4{,}5 \cdot 10^{3}\,\text{C}}{1{,}6 \cdot 10^{-19}\,\text{C}}$

$\underline{\underline{n = 2{,}8 \cdot 10^{22}}}$

Das negative Vorzeichen entfällt, weil die Art der Ladungen für deren Anzahl unbedeutend ist!

c)

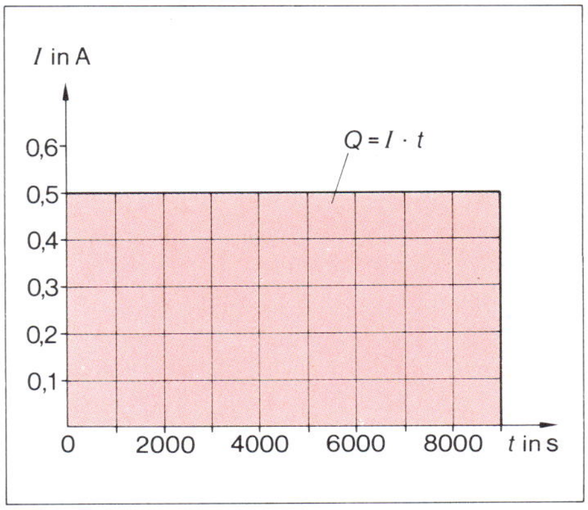

Der Flächeninhalt im I-t-Diagramm entspricht der Ladung Q.

Erläuterungen zum Diagramm

Graphische Darstellungen (Diagramme) stellen die Art der Zuordnung von zwei oder drei Größen dar. Diese Zuordnung besteht hier darin, daß verschiedenen Werten für die Zeit von 0 s ... 9000 s der sich nicht ändernde Wert (konstanter Wert) für die Stromstärke (0,5 A) zugeordnet werden kann. Die Funktionsgleichung im dargestellten I-t-Diagramm lautet also:
$I = 0{,}5$ A (Parallele zur t-Achse)

Allgemeine Darstellung

In der Mathematik kennzeichnet man die Achsen mit y (Ordinate, senkrechte Achse) und x (Abszisse, waagerechte Achse). Es bedeuten:
x die unabhängige Veränderliche, die beliebig groß gewählt werden kann, y die abhängige Veränderliche, die sich aufgrund der Funktionsgleichung ergibt.

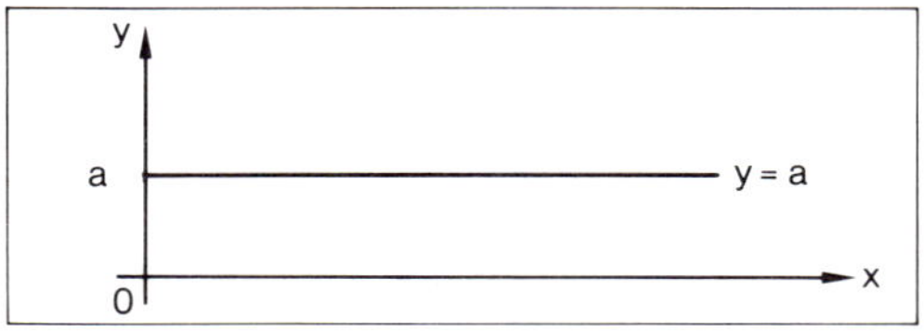

Abb. 2

Der Graph der Funktion, hier eine Gerade, ist eine Parallele zur x-Achse, weil a eine Konstante ist.

Aufgaben

1. Bei der Aufladung des Akkumulators eines Elektronen-Blitzgerätes fließt während der Zeit von 18 s die Ladung 0,26 As. Bei der Entladung (Blitzlicht) fließt während der Zeit von 0,002 s die gleiche Ladung zur Lampe. Wie groß sind die mittleren Stromstärken bei der Ladung und Entladung?

2. Durch eine Glühlampe fließt ein Strom von 450 mA.
a) Welche Ladung bewegt sich während 10 Minuten durch den Leiterquerschnitt?
b) Welcher Elektronenzahl entspricht diese Ladung?
c) Stellen Sie die Ladung Q im Diagramm dar!

3. Während der Zeit von 40 s steigt die Stromstärke gleichmäßig (linear) von 0 A auf 4 A an. Welche Ladung fließt durch den Leiterquerschnitt? Lösen Sie die Aufgabe zeichnerisch mit Hilfe des I-t-Diagramms!

4. Wie groß ist die Ladung eines Akkumulators, der 10 Stunden lang mit 5 A aufgeladen wurde?
Welcher Elektronenzahl entspricht diese Ladung?

5. Eine Fahrradglühlampe trägt die Aufschrift 0,5 A; 5 V.
a) Welche Ladung fließt während 10 Minuten?
b) Welche Arbeit war zur Erzeugung dieser Spannung bei der errechneten Ladung notwendig?

6. Mit welchem Strom muß ein Akkumulator aufgeladen werden, wenn die Ladung 48 Ah in 8 Stunden erreicht werden soll?

7. Ein Kondensator wurde 10 ms lang mit einem mittleren Strom von 25 μA geladen. Wie groß ist seine Ladung?

8. Eine Stromquelle liefert einen Strom von 10 A.
a) Tragen Sie in ein Diagramm den Strom in Abhängigkeit von der Zeit ein! ($t = 0 \ldots 20$ min)
b) Wie groß ist die Ladung nach 1 min; 5 min; 10 min und 20 min?
c) Welcher Elektronenzahl entsprechen jeweils die in b) errechneten Ladungen?
d) Welcher Zusammenhang besteht zwischen Elektronenzahl und Ladung?

9.

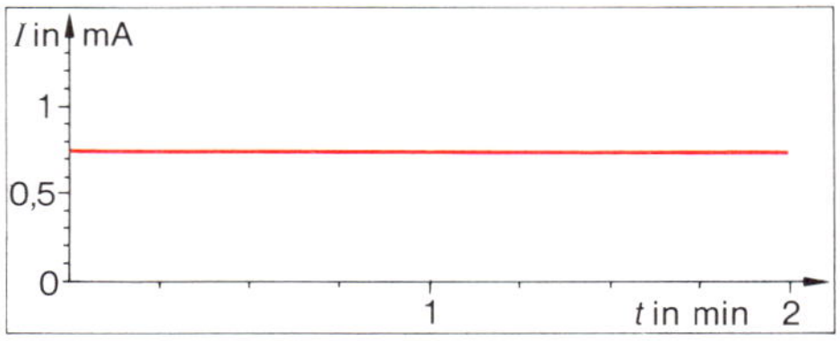

a) Welche Ladung wurde nach 30 s; 45 s; 1 min; $1\frac{1}{4}$ min; 1,5 min und 2 min transportiert?
b) Welcher Elektronenzahl entsprechen die errechneten Ladungen?

10. Aus einer Stromquelle fließt eine Ladung, die $3{,}65 \cdot 10^{25}$ Elektronen entspricht. Wie groß ist der Strom, wenn die Ladung 0,375 ms lang fließt?

11. In welcher Zeit fließt die Ladung von 2500 C durch den Leiter, wenn die Stromstärke I
a) 250 mA; b) 625 mA und c) 2,5 A beträgt? Zeichnen Sie die Funktion $I = f(t)$ im I-t-Diagramm! Kennzeichnen Sie durch Schraffur die jeweils transportierte Ladungsmenge!

12. In der Zeit von 50 s steigt die Stromstärke in folgenden Stufen an:
a) von 0 A bis 1 A in 10 s (linear),
b) von 1 A bis 3 A in 30 s (linear) und
c) konstante Stromstärke von 3 A während 10 s.
Welche Ladung fließt durch den Leiterquerschnitt? Lösen Sie die Aufgabe zeichnerisch mit Hilfe des I-t-Diagramms!

4 Einfacher Stromkreis

4.1 Grundgrößen des elektrischen Stromkreises

4.1.1 Ohmsches Gesetz

► Im Betriebszustand nimmt das Gewebeheizelement eines Toasters eine Stromstärke von 3,4 A auf. Das Gerät wird an der Spannung von 220 V betrieben.
a) Wie groß ist der elektrische Widerstand des Heizelements?
b) Wie groß ist sein Leitwert?

Abb. 1: Gewebeheizelement

Ohmsches Gesetz

$I = \frac{U}{R}$ $[R] = \Omega$ $1\,\frac{\text{V}}{\text{A}} = 1\,\Omega$

Elektrischer Widerstand R
Elektrischer Leitwert G

$G = \frac{1}{R}$ $[G] = \text{S}$ $1\,\frac{\text{A}}{\text{V}} = 1\,\text{S}$

Beispiellösung:

Gegeben: $I = 3{,}4$ A; $U = 220$ V
Gesucht: R; G

a) $R = \frac{U}{I}$

$R = \frac{220\,\text{V}}{3{,}4\,\text{A}}$;

$\underline{\underline{R = 64{,}7\,\Omega}}$

b) $G = \frac{I}{U}$

$G = \frac{3{,}4\,\text{A}}{220\,\text{V}}$;

$G = 0{,}0155$ S

$\underline{\underline{G = 15{,}5\,\text{mS}}}$

Aufgaben

1. Ein Glühlämpchen trägt die Aufschrift 3,2 V/0,3 A.
a) Berechnen Sie den Widerstand des Glühfadens für den Nennbetrieb!
b) Wie groß ist der Leitwert?

2. Die Heizwicklung eines Heißwasserbereiters hat bei Betrieb einen Widerstand von 24,2 Ω. Welcher Strom fließt bei 220 V?

3. An eine Spannung von 15 kV wird ein Widerstand von 25 Ω angeschlossen. Wie groß ist der Strom?

4. Ein Stellwiderstand trägt die Aufschrift 33 Ω/3,1 A. An welche Spannung darf das Gerät höchstens gelegt werden?

5. Die Wicklung eines Gleichstrommotors mit dem Widerstand 0,95 kΩ liegt an 1,5 kV. Wie groß ist der Erregerstrom?

6. Der Widerstand 750 Ω wird an 50 V angeschlossen.
a) Wie groß ist der Strom?
b) Um wieviel % ändert sich der Strom, wenn die Spannung auf die Hälfte gesenkt wird?
c) Um wieviel Ampere ändert sich der Strom, wenn die Spannung um 15% steigt?

7. An einen Stellwiderstand von 1 kΩ wird die Spannung von 42 V gelegt.
a) Welche Stromstärke fließt durch den Widerstand?
b) Wie ändert sich die Stromstärke, wenn die Spannung verdoppelt und der Widerstandswert halbiert wird bzw.
c) die Spannung verdreifacht und der Widerstandswert auf ein Viertel reduziert wird?

8. Durch einen Widerstand von 5 kΩ fließt ein Strom von 30 mA.
a) An welcher Spannung liegt der Widerstand?
b) Wie groß ist der Leitwert?

9. Ein Spannungsmesser zeigt bei Vollausschlag eine Spannung von 15 V an. Der Widerstand des Meßgerätes beträgt 150 kΩ. Welcher Strom fließt durch das Meßgerät?

10. Auf einem Schichtwiderstand ist die Widerstandsangabe unleserlich geworden. Eine Messung ergibt bei einer Spannung von 18,4 V die Stromstärke 40 mA. Wie groß sind Widerstand und Leitwert?

11. Ein Strommesser hat einen Innenwiderstand von 100 mΩ. Bei Vollausschlag zeigt das Meßgerät eine Stromstärke von 100 mA an. Welche Spannung liegt am Strommesser?

12. Ein Widerstand von 330 Ω liegt an einer Spannung von 30 V. Welche Stromstärken treten auf, wenn die Spannung erhöht wird a) um 25%, b) um 75% und c) um 150%?

13. Um wieviel Prozent des Ausgangswertes muß die Spannung vergrößert werden, damit durch den Widerstand von 1,2 kΩ statt 50 mA eine Stromstärke von 80 mA fließt?

14. Bei einer Messung an einem Stellwiderstand stellte sich bei einer Vervierfachung des Widerstandes eine Stromstärke ein, die nur ein Drittel so groß war wie zu Beginn der Messung. Wie muß sich die angelegte Spannung dann verändert haben?

15. Vier Widerstände sind durch folgende Farbringe gekennzeichnet:
a) gelb – violett – rot – gold,
b) orange – orange – gelb – silber,
c) braun – schwarz – rot – gold,
d) rot – grün – grün – silber.
Wie groß sind die Widerstände und welche Toleranzen gelten?

16. Welche Farbringe für Widerstandswert und Toleranz müssen folgende Schichtwiderstände tragen:
a) 10 kΩ, 1%; c) 270 kΩ, 5%;
b) 47 kΩ, 2%; d) 1 MΩ, 10%?

17. Welcher Strom kann höchstens durch einen Widerstand mit der Farbkennzeichnung gelb-violett-orange beim Anschluß an 15 V fließen?

18. Der Widerstand mit der Farbkodierung rot – violett – orange – silber wird von einem Strom von 0,75 μA durchflossen.
a) Wie groß sind Widerstands- und Leitwert?
b) In welchem Bereich kann die angelegte Spannung liegen?

19. An welche Höchstspannung darf ein Drahtwiderstand von 18 Ω angeschlossen werden, wenn er von Strömen bis 1,7 A durchflossen werden darf?

20. Wie groß ist die Spannung an der Erregerwicklung eines Gleichstrommotors mit $R = 450$ mΩ, wenn die Wicklung von dem Strom 400 A durchflossen wird?

21. In einer elektronischen Schaltung fließt durch einen Widerstand von 1,7 kΩ ein Strom von 0,25 A. Welche Spannung liegt an dem Widerstand?

22. Der Widerstand 1,8 MΩ wird von einem Strom von 4,75 μA durchflossen. Welche Spannung wird an dem Widerstand gemessen?

23. Eine Stromschiene hat einen Widerstand von 2,5 mΩ und wird von einem Strom von 17,5 kA durchflossen. Welche Spannung liegt an der Stromschiene?

24. Ein Widerstand mit der Farbkennzeichnung rot – rot – rot wird von einem Strom von 2,5 mA durchflossen.
a) In welchem Bereich kann die angelegte Spannung liegen?
b) Um wieviel V kann die Spannung von dem mittleren Wert abweichen?
c) Wie groß ist diese maximale Abweichung in % des Mittelwertes?

25. Der Widerstand mit der Farbkennzeichnung orange – weiß – braun – silber darf von Strömen bis 12,5 mA durchflossen werden. Wie groß darf die angelegte Spannung höchstens sein?

26. Wie groß ist der Leitwert nachfolgender Widerstände?
a) 560 Ω e) 680 kΩ
b) 125 mΩ f) 0,33 kΩ
c) 8,2 MΩ g) 1750 Ω
d) 0,36 mΩ h) 1,2 kΩ

27. Durch einen Verbraucher, der an 220 V angeschlossen ist, fließt ein Strom von 3,25 A.
Wie groß sind sein Widerstand und sein Leitwert?

28. Der Widerstandswert folgender Widerstände mit den angegebenen Leitwerten ist zu berechnen.

a) 25,7 S d) 750 μS
b) 0,27 S e) 480 S
c) 500 mS f) 0,75 mS

29. In einer elektronischen Schaltung fließt durch einen Widerstand, der an 0,25 V liegt, ein Strom von 3,7 μA.
Wie groß sind der Widerstand und der Leitwert?

30. Durch den Widerstand eines Industrieofens, der an 1,5 kV angeschlossen wird, fließt ein Strom von 25 A.
a) Wie groß ist der Widerstand?
b) Wie groß ist der Leitwert?

31. Durch einen Widerstand in einer elektronischen Schaltung fließt ein Strom von 20 μA. Wie groß sind der Widerstand und der Leitwert, wenn er dabei an einer Spannung von 115 mV liegt?

► Ein Widerstand von 330 Ω wird einmal an 110 V, dann an 137 V angeschlossen.
a) Berechnen Sie die jeweiligen Werte für die Stromstärke, wobei Sie einmal auf fünf Stellen, das andere Mal auf zwei Stellen hinter dem Komma runden!
b) Berechnen Sie für die beiden Angaben jeweils die Änderung der Stromstärke ΔI durch die Spannungserhöhung!
c) Berechnen Sie den prozentualen Fehler, der durch die Rundung für den gesuchten Endwert entstehen kann!

Beispiellösung:

Gegeben: $R = 330\ \Omega$; $U_1 = 110$ V; $U_2 = 137$ V
Gesucht: I_1; I_2; ΔI; $P_{\%}$

a) $I_1 = \frac{U_1}{R}$

$I_1 = \frac{110\ \text{V}}{330\ \Omega}$

$I_2 = \frac{U_2}{R}$

$I_2 = \frac{137\ \text{V}}{330\ \Omega}$

Ergebnis bei Rundung auf 5 Stellen bzw. 2 Stellen

0,33333 A	0,33 A
0,41515 A	0,42 A

b) $\Delta I = I_2 - I_1$

$\Delta I = 0{,}41515\ \text{A} - 0{,}33333\ \text{A}$

$\Delta I = 0{,}08182\ \text{A}$ nach Rundung $\underline{\underline{\Delta I = 0{,}08\ \text{A}}}$

oder

$\Delta I = 0{,}42\ \text{A} - 0{,}33\ \text{A}$ $\underline{\underline{\Delta I = 0{,}09\ \text{A}}}$

Werden bereits die Zwischenwerte auf zwei Stellen gerundet, so ergibt sich eine Abweichung von 0,01 A für die Änderung der Stromstärke.

c) $\frac{P_{\%}}{100\%} = \frac{0{,}01\ \text{A}}{0{,}08\ \text{A}}$

$P_{\%} = 100\% \cdot \frac{0{,}01\ \text{A}}{0{,}08\ \text{A}}$;

$\underline{\underline{P_{\%} = 12{,}5\%}}$

Die beiden Werte für ΔI weichen durch unterschiedliche Rundung der Zwischenwerte um 12,5% im Endwert voneinander ab.

Um Fehler bei der Angabe des Endwertes zu vermeiden, sollten jeweils nur die gesuchten Endwerte auf z. B. zwei Stellen gerundet werden.

Beispiele zur Stellenreduzierung

Rechenwert	Mögliche Rundung des Wertes
3,4108527 A 0,0045 A	3,4 A 4,5 mA
219,0045 V 0,0501 V	219 V 50,1 mV
5000,74 Ω 43,3333 Ω 6,4777 Ω	5 kΩ 43,3 Ω 6,5 Ω
0,0155038 S 0,00209 S	15,5 mS 2,1 mS

Technisch sinnvoll ist die Angabe eines Zahlenwertes, der meßtechnisch im entsprechenden Meßbereich noch ablesbar ist. Die Rundung kann sich auf zwei oder drei Stellen erstrecken.

4.1.2 Darstellung der Abhängigkeit von Größen durch Kennlinien

Lineare Funktionen

An einem Widerstand werden Messungen durchgeführt. Für die Stromstärke ergeben sich dabei die Werte 0,1 A und 0,4 A und für die Spannungen die Werte 10 V und 40 V.
a) Welchen Wert hat der Widerstand?
b) Wie verläuft die Kennlinie im I-U-Diagramm?

Beispiellösung:

Gegeben: $I_1 = 0{,}1$ A; $I_2 = 0{,}4$ A; $U_1 = 10$ V; $U_2 = 40$ V
Gesucht: R; Widerstandskennlinie

a) $R = \frac{U_1}{I_1}$ $\quad$ $R = \frac{U_2}{I_2}$

$R = \frac{10\,\text{V}}{0{,}1\,\text{A}}$ $\quad$ $R = \frac{40\,\text{V}}{0{,}4\,\text{A}}$

$R = 100\,\Omega$ $\quad$ $R = 100\,\Omega$

b)

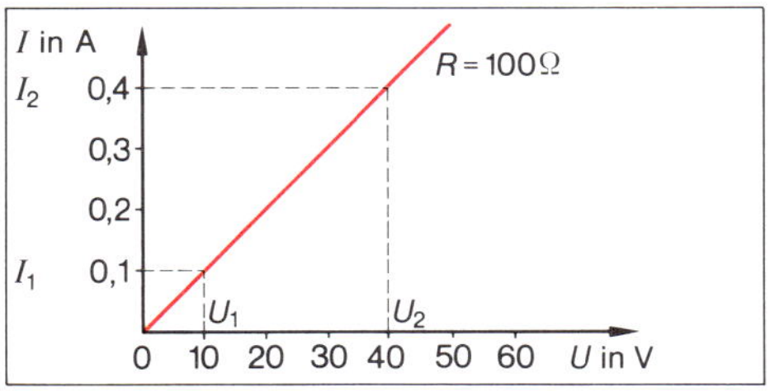

▶ Oben genannter Widerstand wird nun durch zwei andere konstante Widerstände mit den Angaben 50 Ω und 200 Ω ausgetauscht.
a) Wie groß sind die Stromstärken bei beliebig gewählten Spannungen?
b) Wie verlaufen die Widerstandskennlinien?

Beispiellösung:

Gegeben: $R_1 = 50\,\Omega$; $R_2 = 200\,\Omega$;
Gesucht: I_1; I_2; Widerstandskennlinien

a) Wertetabelle für R_1

U in V	10	30
I in A	0,2	0,6

(beliebig gewählt)

Wertetabelle für R_2

U in V	20	60
I in A	0,1	0,3

(beliebig gewählt)

b)

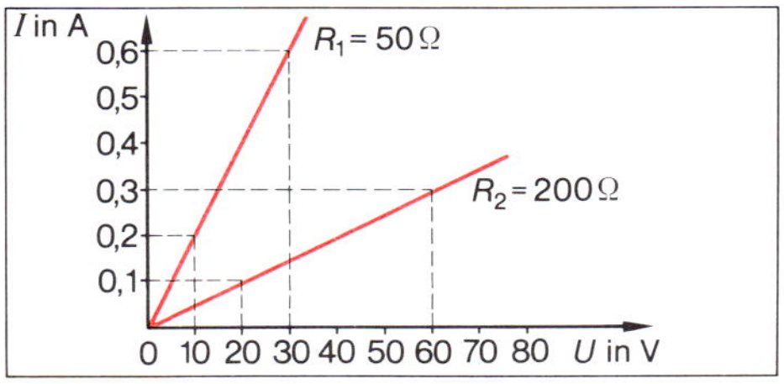

Erläuterungen zu den Diagrammen

In den Diagrammen ist die Abhängigkeit der Größe I von der Größe U dargestellt. Man nennt solche Zusammenhänge auch Relationen.
Eine Funktion $I = f(U)$ ist eine Relation zwischen zwei Mengen von Zahlenwerten.
Die Zahlenwerte für U bilden die Definitionsmenge (D).
Für die Zahlenwerte von U kann man durch Einsetzen in die Funktionsgleichung

$I = f(U)$ bzw. $I = \frac{U}{R}$ $\quad$ (R ist konstant)

entsprechende Zahlenwerte für I bestimmen.
Diese Zahlenwerte für I bilden dann die Wertemenge (W).
Die Zahlenwerte der Definitionsmenge und der Wertemenge sind in der Wertetabelle einander zugeordnet.

Allgemeine Darstellung

Im Koordinatensystem mit den x- und y-Achsen läßt sich dann folgende allgemeine Funktionsgleichung schreiben, wobei für die Konstante $\frac{1}{R}$ allgemein a geschrieben wird.

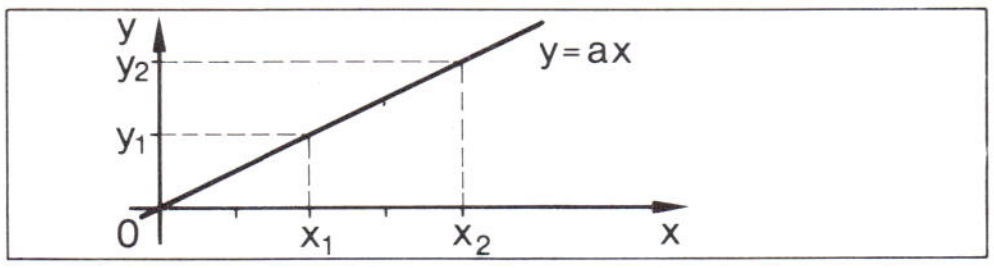

Abb. 1

Die Funktion ist ein Beispiel für eine lineare Funktion. Proportional ist die abgebildete Funktion, da eine Änderung der Größe x um einen bestimmten Faktor eine Änderung der Größe y um den gleichen Faktor bewirkt.

Nichtlineare Funktionen

▶ Legt man an einen veränderbaren Widerstand (Stellwiderstand) eine konstante Spannung von z. B. 60 V, so kann man durch Messung je nach Einstellung des Schleifkontaktes Stromstärken von z. B. 0,1 A, 0,2 A, 0,4 A und 0,6 A messen.

a) Wie groß sind die jeweils eingestellten Widerstände? Wertetabelle!

b) Wie verläuft die Kennlinie im I-R-Diagramm?

Beispiellösung:

Gegeben: $U = 60\,\text{V} = \text{konstant}$; $I_1 = 0{,}1\,\text{A}$; $I_2 = 0{,}2\,\text{A}$; $I_3 = 0{,}4\,\text{A}$; $I_4 = 0{,}6\,\text{A}$;

Gesucht: R_1, R_2, R_3, R_4, Kennlinie

a) Nach dem Ohmschen Gesetz ergeben sich bei $U = 60\,\text{V}$ für die Widerstände folgende Werte:

Wertetabelle

I in A	0,1	0,2	0,4	0,6
R in Ω	600	300	150	100

b)

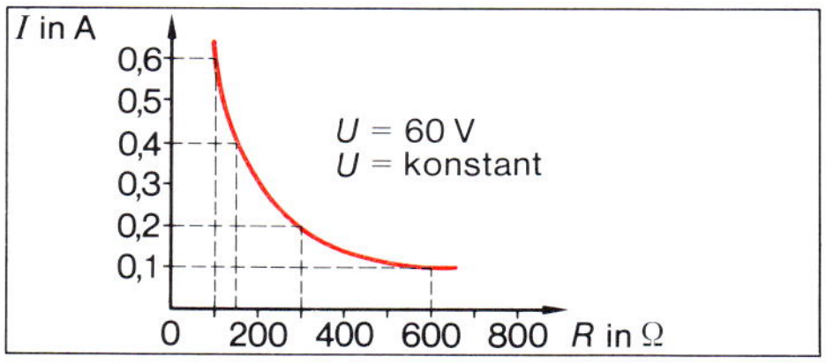

Erläuterungen zum Diagramm

In dem Diagramm ist die Abhängigkeit der Größe I von der Größe R dargestellt. Für die Zahlenwerte von R kann man durch Einsetzen in die Funktionsgleichung

$I = f(R)$ bzw. $I = \frac{U}{R}$ (U ist konstant)

entsprechende Zahlenwerte für I bestimmen.

Allgemeine Darstellung

Für die Darstellung im x-y-Koordinatensystem wird für die Konstante U allgemein a geschrieben.

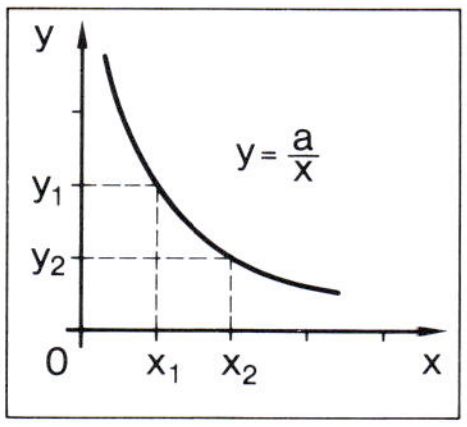

Abb. 1

Die Funktion ist ein Beispiel für eine nichtlineare Funktion. Antiproportional ist die abgebildete Funktion, da eine Änderung der Größe x um einen bestimmten Faktor eine Änderung der Größe y um den Kehrwert des gleichen Faktors bewirkt.

Aufgaben

1. Im I-U-Diagramm ist das Kennlinienfeld von Festwiderständen gegeben. Bestimmen Sie durch Ablesen entsprechender I-U-Wertepaare die Werte der einzelnen Widerstände!

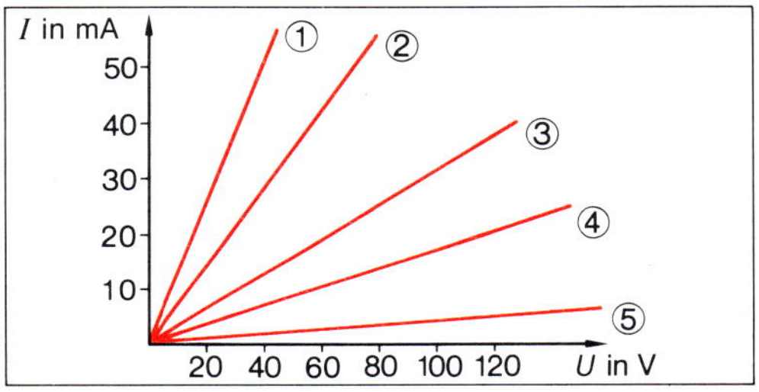

Abb. 2

2. Eine Strom-Spannungs-Messung an einem unbekannten Widerstand aus Konstantan ergab folgende Meßwerte:
$U = 45\,\text{V}$; $I = 1{,}5\,\text{A}$.
Stellen Sie weitere Wertepaare für U und I in einer Wertetabelle zusammen und zeichnen Sie die Widerstandskennlinie. (Maßstab: $10\,\text{V} \mathrel{\hat{=}} 1\,\text{cm}$; $0{,}5\,\text{A} \mathrel{\hat{=}} 1\,\text{cm}$)

3. Tragen Sie in das I-U-Diagramm von Aufgabe Nr. 2 weitere Widerstandskennlinien ein für:
a) $R_1 = 10\,\Omega$; b) $R_2 = 20\,\Omega$; c) $R_3 = 50\,\Omega$
Ermitteln Sie zuvor für jeden Widerstand zwei I-U-Wertepaare. Tragen Sie diese in eine Tabelle ein!

4. Ein verstellbarer Widerstand liegt an einer konstanten Spannung von 50 V. Eine Meßreihe liefert für die Stromstärken folgende Werte:
$I_1 = 2\,\text{A}$; $I_2 = 1\,\text{A}$; $I_3 = 0{,}67\,\text{A}$; $I_4 = 0{,}5\,\text{A}$; $I_5 = 0{,}33\,\text{A}$. Berechnen Sie die entsprechenden Werte für die eingestellten Widerstände und stellen Sie eine Wertetabelle auf. Zeichnen Sie die Kennlinie im I-R-Diagramm! (Maßstab: $25\,\Omega \mathrel{\hat{=}} 1\,\text{cm}$; $0{,}5\,\text{A} \mathrel{\hat{=}} 1\,\text{cm}$)

5. Welcher Strom fließt durch einen Drahtwiderstand von 150 Ω, wenn er an 220 V angeschlossen wird?
Tragen Sie die Widerstandskennlinie in ein I-U-Diagramm ein (20 V ≙ 1 cm, 1 A ≙ 10 cm)!

6. Der Widerstand 470 kΩ liegt an einer Spannung von 30 V.
a) Welcher Strom fließt?
b) Zeichnen Sie die Widerstandsgerade in ein I-U-Diagramm ein bei dem Maßstab 5 V ≙ 1 cm; 10 μA ≙ 1 cm!

7. An eine Spannung von 500 mV wird ein Widerstand von 2,7 kΩ angeschlossen.
a) Wie groß ist der Strom?
b) Tragen Sie die Widerstandsgerade in ein I-U-Diagramm ein (Maßstab selbstgewählt)!

8. In welchem Bereich liegt der Strom durch einen an eine Spannung von 50 V gelegten Widerstand, der von 1,5 kΩ bis 250 Ω verändert werden kann?
Tragen Sie die Widerstandsgeraden mit der größten und mit der kleinsten Steigung in ein I-U-Diagramm ein!

9. Ein veränderbarer Widerstand wird an 100 V angeschlossen. Je nach Einstellung werden folgende Ströme gemessen:
0,5 mA; 1 mA; 1,5 mA; 2 mA; 2,5 mA; 3 mA.
a) Wie groß sind in der jeweiligen Stellung die Widerstandswerte?
b) Zeichnen Sie ein I-U-Diagramm mit dem Maßstab 1 mA ≙ 1 cm und 20 V ≙ 1 cm. Tragen Sie die Widerstandskennlinien zu den errechneten Widerstandswerten ein!
c) Tragen Sie die obengenannten Ströme in Abhängigkeit von den Widerständen in ein I-R-Diagramm ein (1 mA ≙ 2 cm; 20 Ω ≙ 1 cm).
d) Welche Beziehung besteht zwischen dem I-R-Diagramm und der Senkrechten auf der U-Achse im Punkt $U = 100$ V des I-U-Diagrammes?
e) In welchem Bereich liegt der Leitwert?

10. Ein Widerstand mit der Farbkennzeichnung blau-grau-gelb wird an eine Spannung von 25 V angeschlossen.
a) In welchem Bereich liegt die Stromstärke?
b) Wie groß ist die Abweichung vom Mittelwert des Stromes in A und in %?
c) Tragen Sie den Strombereich in ein I-U-Diagramm ein für den Spannungsbereich 0 V . . . 20 V!

11. Der Leitwert eines Widerstandes ist 25 S. Wie groß ist der Strom beim Anschluß an eine Spannung von 15 V?
Tragen Sie die Abhängigkeit des Stromes von der Spannung in ein Diagramm ein für den Spannungsbereich 0 V . . . 20 V.

12. Die nachfolgende Abbildung zeigt das I-U-Diagramm eines veränderbaren Widerstandes bei den Stellungen 1 . . . 10.

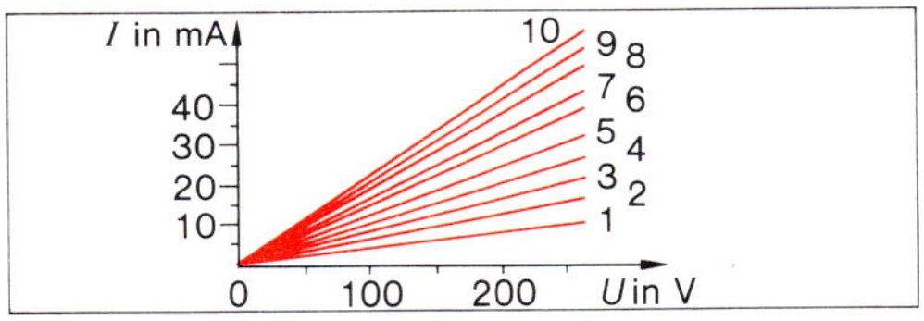

a) Berechnen Sie die Widerstandswerte in diesen Stellungen!
b) Zeichnen Sie ein I-R-Diagramm mit selbstgewähltem Maßstab für die Spannungen 50 V; 100 V; 150 V; 200 V und 250 V!
c) In welchem Bereich liegen die Leitwerte?

13. Im nachfolgenden Diagramm ist die Kennlinie eines Widerstandes eingetragen.

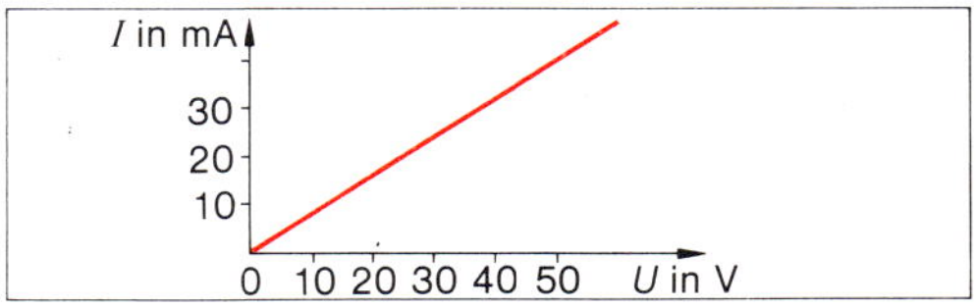

a) Welchem Normwert aus den IEC-Reihen ist dieser Widerstand zuzuordnen?
b) Welche Farbkennzeichnung müßte dieser Widerstand haben?

5 Elektrischer Widerstand

5.1 Widerstand von Leitern

▶Zur Herstellung eines Widerstandes soll Konstantandraht (Bezeichnung nach DIN 1700 – CuNi44) verwendet werden. Der Widerstandswert soll 50 Ω betragen, der Draht hat einen Durchmesser von 0,2 mm. Wieviel Meter Draht werden benötigt?

Elektrischer Widerstand R
Spezifische Leitfähigkeit $\varkappa$
Querschnittsfläche q

$R = \frac{l}{\varkappa \cdot q}$ $\quad [R] = \Omega \quad [\varkappa] = \frac{\text{m}}{\Omega \cdot \text{mm}^2}$

Nach DIN $\quad 1\,\frac{\text{m}}{\Omega \cdot \text{mm}^2} = \frac{1}{\mu\Omega\text{m}} = 1\,\frac{\text{MS}}{\text{m}}$

Spezifischer Widerstand ϱ

$\varrho = \frac{1}{\varkappa} \quad [\varrho] = \mu\Omega\text{m}$

Nach DIN $\quad 1\,\frac{\Omega \cdot \text{mm}^2}{\text{m}} = 1\,\mu\Omega\text{m}$

Beispiellösung:

Gegeben: $d = 0{,}2\,\text{mm}$; $R = 50\,\Omega$; $\varrho = 0{,}5\,\mu\Omega\text{m}$
Gesucht: q; l

$$q = \frac{d^2}{4} \cdot \pi$$

$$q = \frac{0{,}2\,\text{mm} \cdot 0{,}2\,\text{mm} \cdot 3{,}14}{4}; \quad \underline{\underline{q = 0{,}03 \cdot 10^{-6}\,\text{m}^2}}$$

$$R = \frac{\varrho \cdot l}{q}$$

$$l = \frac{R \cdot q}{\varrho} \quad l = \frac{50\,\Omega \cdot 0{,}03 \cdot 10^{-6}\,\text{m}^2}{0{,}5 \cdot 10^{-6}\,\Omega\text{m}}; \quad \underline{\underline{l = 3\,\text{m}}}$$

Werkstoffe der Elektrotechnik werden je nach Verwendungsart zu verschiedenen Formen verarbeitet. Dabei können verschiedene Querschnittsflächen entstehen, so z. B. das Rechteck als Querschnittsfläche von Stromschienen aus Aluminium und der Kreis als Querschnittsfläche von runden Kupferleitern.

Quadrat

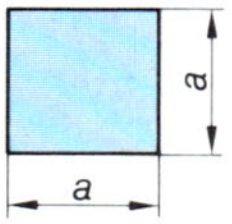

Kantenlänge a
Flächeninhalt:
$A = a \cdot a = a^2$

Rechteck

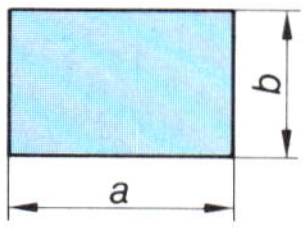

Kantenlängen a und b
Flächeninhalt:
$A = a \cdot b$

Parallelogramm

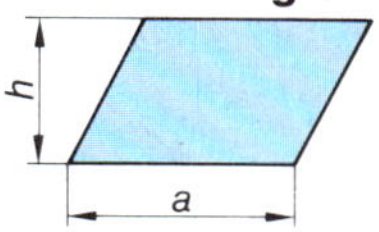

Kantenlänge a
Höhe h
Flächeninhalt:
$A = a \cdot h$

Trapez

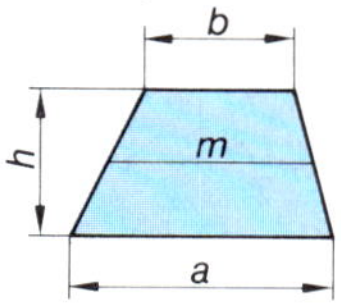

$m = \frac{a+b}{2}$

Kantenlängen a und b
Mittellinie m
Höhe h

Flächeninhalt:
$A = \frac{a+b}{2} \cdot h = m \cdot h$

Dreieck

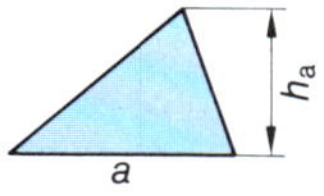

Kantenlänge a
Höhe h_a auf a
Flächeninhalt:
$A = \frac{1}{2} \cdot a \cdot h_a$

Kreis

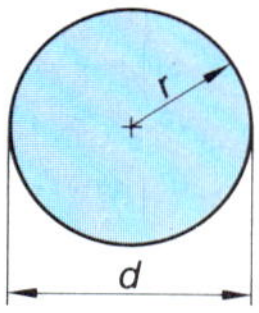

Radius r
Durchmesser d
Flächeninhalt:
$A = r^2 \cdot \pi$ oder $A = \frac{d^2}{4} \cdot \pi$
$A = 0{,}785 \cdot d^2$

Nach DIN gilt als Formelzeichen für den Leiterquerschnitt q oder S.

Kreisring

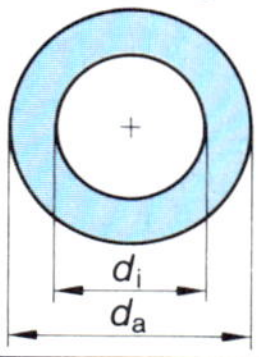

Außendurchmesser d_a
Innendurchmesser d_i
Flächeninhalt:
$A = 0{,}785 \cdot (d_a^2 - d_i^2)$

Aufgaben

1. Wie groß ist der Widerstand eines elektrischen Leiters aus Kupfer, der einen Querschnitt von 6 mm² und eine Länge von 8,5 m hat?

2. Wie lang ist ein Leiter aus Konstantandraht bei einem Durchmesser von 0,2 mm und einem Widerstand von 150 Ω?

3. Welchen Querschnitt hat ein Aluminiumleiter von 6,5 m Länge und einem Widerstand von 0,05 Ω? Wie heißt der nächsthöhere Normquerschnitt? (Vgl. Normquerschnitte auf S. 103.)

4. Wie groß ist der elektrische Widerstand eines Kupferleiters in der Leitung NYM von 1 m Länge und einem Querschnitt von 2,5 mm²? Welchen Widerstand hat ein Leiterstück einer anderen Leitung des Typs NYM von 1,5 mm² bzw. 4 mm² Querschnitt und 1 m Länge?

5. Eine Sammelschiene aus Aluminum hat einen rechteckigen Querschnitt von 5 mm × 40 mm. Die Länge beträgt 15 m.
a) Wie groß ist der Widerstand?
b) Wie groß ist der Widerstand, wenn die Sammelschiene aus Kupfer besteht?
c) Berechnen Sie das Widerstandsverhältnis $R_{Al} : R_{Cu}$!

6. Eine Zuleitung aus Kupfer zu einem elektrischen Verbraucher soll einen Gesamtwiderstand von 0,15 Ω nicht übersteigen. Die Länge beträgt 16 m.
a) Wie groß muß der Querschnitt sein?
b) Welcher Normquerschnitt ist einzusetzen?
c) Wie groß ist der Leiterdurchmesser?
d) Wie groß ist der Widerstand beim gewählten Normquerschnitt?

7. Der Bleimantel eines Erdkabels hat eine Dicke von 5 mm. Das Kabel hat einen Außendurchmesser von 50 mm.
a) Wie groß ist die Querschnittsfläche des Bleimantels?
b) Wie groß ist der Widerstand des Bleimantels auf 10 m Länge?

8. Ein Stellwiderstand von 33 Ω soll aus Konstantandraht mit einem Durchmesser von 0,45 mm gewickelt werden.
a) Wie groß ist der Querschnitt?
b) Welche Drahtlänge ist erforderlich?

9. Die Wicklung eines Transformators hat einen Leiterquerschnitt von 1,2 mm × 4 mm. Der Widerstand der Kupferwicklung soll 0,12 Ω betragen.
a) Wie groß ist der Leiterquerschnitt?
b) Welche Länge muß das Flachkupferband haben?

10. Ein Aluminiumkabel besteht aus 25 Einzelleitern, deren Querschnitt jeweils 6 mm² beträgt. Das Kabel hat eine Länge von 50 m.
a) Wie groß ist der Durchmesser eines Leiters?
b) Berechnen Sie den Widerstand des Kabels!
c) Wie groß ist die spezifische Leitfähigkeit des Kabels?

11. Ein Aluminium-Stahl-Leitungsseil besteht aus 6 Aluminiumdrähten mit einem Durchmesser von je 3,2 mm, die mantelförmig um einen Stahldraht von 3,2 mm Durchmesser gelegt sind.
a) Berechnen Sie den Gesamtquerschnitt der Aluminiumdrähte und den Querschnitt des Stahldrahtes.
b) Geben Sie die Normquerschnitte an!

12. Wie groß ist der Widerstand eines 100 m-Ringes H07V-U aus Kupfer, wenn der Querschnitt des Drahtes 2,5 mm² beträgt?

13. Welchen Widerstandswert haben 100 m Kupferdraht H07V-U mit dem Querschnitt 1,5 mm²?

Spezifischer Widerstand von Werkstoffen bei einer Temperatur von 20 °C:

Werkstoffe	Kupfer	Aluminium	Stahl
ϱ in µΩm	0,01786	0,02857	0,13

Werkstoffe	Blei	Nickel	Konstantan
ϱ in µΩm	0,208	0,43	0,5

14. Ein Kupferleiter einer Freileitung hat einen Querschnitt von 25 mm^2 und eine Länge von 5,4 km. Welchen Widerstand hat der Leiter?

15. Welchen Widerstand hat eine Meßschnur aus Kupferlitze bei einem Durchmesser von 1 mm und einer Länge von 1 m?

16. Zur Meßbereichserweiterung eines Strommeßgerätes soll ein Widerstand von 2 mΩ hergestellt werden. Wieviel Millimeter Konstantandraht mit dem Querschnitt 1 mm^2 sind erforderlich?

17. Der Widerstand einer Sammelschiene aus Kupfer soll 0,893 mΩ betragen. Welche Breite muß die rechteckige Sammelschiene haben, wenn ihre Länge 10 m und ihre Höhe 40 mm betragen?

18. Welchen Widerstand hat die Zuleitung zu einem Verbraucher, der in einer Entfernung von 26 m von der Steckdose über eine Kunststoffschlauchleitung H03VV-F 3 × 1,5 mm^2 angeschlossen ist?

19. Ein Kupferdraht hat eine Länge von 25 m und einen Durchmesser von 1,7 mm. Welchen Widerstand hat der Draht?

20. Zur Herstellung eines Meßwiderstandes soll Konstantandraht mit dem Durchmesser 0,2 mm verwendet werden. Der Widerstand soll einen Wert von 120 Ω haben. Wieviel Meter Draht sind erforderlich?

21. Ein defekter Drahtwiderstand aus Konstantandraht soll erneuert werden. Der ursprüngliche Widerstand hatte eine Länge von 10 m und einen Querschnitt von 0,1 mm^2. Zur Verfügung steht aber nur Konstantandraht mit dem Querschnitt 0,15 mm^2. Wieviel Meter länger muß der neue Draht gewählt werden, damit der ursprüngliche Widerstandswert erreicht wird?

22. Der Kupferdraht eines Widerstandes soll durch einen Aluminiumdraht ersetzt werden. Wievielmal länger muß der Aluminiumdraht werden, wenn der Querschnitt und der Widerstandswert gleich bleiben sollen?

23. Eine Schützspule ist aus Kupfer-Lackdraht mit dem Durchmesser 0,17 mm gewickelt und hat einen Widerstand von 60 Ω. Welche Länge hat der Draht?

24. Welchen Durchmesser hat ein 20 m langer Kupferdraht, der einen Widerstand von 238 mΩ hat?

25. Eine Relaisspule hat einen Widerstand von 1600 Ω. Wieviel Meter Kupferdraht mit dem Durchmesser 0,2 mm werden zu ihrer Herstellung verwendet?

26. Vier Meter eines Drahtes mit dem Durchmesser 0,4 mm haben einen Widerstand von 13,4 Ω. Welcher Werkstoff kann es sein?

27. Eine Relaisspule besteht aus 7000 Windungen Kupferdraht mit dem Durchmesser 0,12 mm. Welche Drahtlänge ergibt sich, wenn der Widerstand 350 Ω beträgt?

28. Ein 38 m langer Kupferdraht mit dem Querschnitt 10 mm^2 soll durch einen widerstandsgleichen Stahldraht gleicher Länge ersetzt werden. Welchen Durchmesser muß der Stahldraht haben?

29. Um wieviel Prozent muß die Länge eines Leiters geändert werden, wenn man seinen Durchmesser verdoppelt, der Widerstand aber gleich bleiben soll?

30. Um wieviel Prozent sinkt der Widerstand eines Leiters, wenn der ursprüngliche Aluminiumdraht durch einen Kupferdraht mit gleichen Abmessungen ersetzt wird?

31. Ein Widerstand nimmt beim Anschluß an eine Spannung von 10 V einen Strom von 100 mA auf. Wieviel Meter Konstantandraht mit dem Querschnitt 0,2 mm^2 müssen zu dem Widerstand geschaltet werden, damit die Stromstärke bei gleicher Spannung auf die Hälfte absinkt?

32. Die Spule für ein Relais soll aus Kupferlackdraht mit 0,5 mm Drahtdurchmesser hergestellt werden Die Spule soll an einer Spannung von 24 V einen Strom von 500 mA aufnehmen. Wieviel Meter Draht sind erforderlich?

33. Eine Spule nimmt an einer Spannung von 48 V einen Strom von 120 mA auf. Die Länge des Kupferdrahtes beträgt 176 m. Welchen Durchmesser hat der Draht?

34. Die Gleichstrommessung an der Sekundärseite eines Transformators ergab bei einer Spannung von 2 V einen Strom von 40 mA. Der Durchmesser des Kupferlackdrahtes wurde zu 1,784 mm ermittelt. Welche Länge hat der Draht der Wicklung?

35. An einer Spannung von 6 V nimmt eine Relaisspule einen Strom von 120 mA auf. Welchen Durchmesser hat der Kupferlackdraht der Spule, wenn er eine Länge von 560 m hat?

36. Ein Widerstand aus Konstantandraht mit dem Durchmesser 0,6 mm und der Länge 20 m ist an einer Spannung von 12 V angeschlossen. Wie groß ist die Stromstärke, die der Widerstand aufnimmt?

37. Wieviel Zentimeter müssen bei einem Widerstand aus Konstantandraht abgeschnitten werden, durch den bei einer Spannung von 12 V ein Strom von 250 mA fließt, wenn die Stromstärke bei gleicher Spannung um 50% steigen soll? Der Durchmesser des Drahtes beträgt 0,125 mm.

38. Welchen Widerstand haben 30 Windungen Kupferdraht H05V-U mit dem Querschnitt 1,5 mm², wenn der mittlere Windungsdurchmesser 20 cm beträgt?

39. Die 3800 Windungen eines Relais haben einen Widerstand von 35 Ω. Wie groß sind die Drahtlänge und der mittlere Windungsdurchmesser, wenn der Drahtdurchmesser des Kupferdrahtes 0,4 mm beträgt?

40. Folgende Kupferleiter haben die Normquerschnitte von 1,5 mm²; 2,5 mm²; 4 mm²; 6 mm²; 10 mm²; 16 mm² und 25 mm² sowie eine Länge von jeweils 1 m.
a) Berechnen Sie die einzelnen Leiterwiderstände!
b) Stellen Sie den Graph der Funktion $R = f(q)$ im R-q-Diagramm dar!
(Maßstab: 2 mΩ ≙ 1 cm; 2 mm² ≙ 1 cm)

5.2 Abhängigkeit des Widerstandes von der Temperatur

► Eine Schützspule hat bei 20 °C einen Widerstand von 750 Ω. Die Spule erwärmt sich nach längerer Betriebsdauer auf etwa 55 °C. Wie groß ist der Warmwiderstand R_T?

Warmwiderstand R_T

$R_T = R_{20} + \Delta R$

$\Delta R = R_{20} \cdot \Delta T \cdot \alpha$ $\quad [T] = \text{K}$

Temperatur T, ϑ

$\Delta T = \vartheta_2 - \vartheta_1$ $\quad [\vartheta] = °\text{C}$

Temperaturbeiwert α

$R_T = R_{20} \cdot (1 + \Delta T \cdot \alpha)$[1] $\quad [\alpha] = \frac{1}{\text{K}}$

Beispiellösung:

Gegeben: $\vartheta_1 = 20\,°\text{C}$; $\vartheta_2 = 55\,°\text{C}$;

$R_{20} = 750\,\Omega$; $\alpha_{Cu} = 0{,}0039\,\frac{1}{\text{K}}$

Gesucht: R_T

a) Lösung über ΔR

$\Delta T = \vartheta_2 - \vartheta_1$

$\Delta T = 55\,°\text{C} - 20\,°\text{C}$

$\Delta T = 35\,\text{K}$

$\Delta R = R_{20} \cdot \Delta T \cdot \alpha$

$\Delta R = 750\,\Omega \cdot 35\,\text{K} \cdot 0{,}0039\,\frac{1}{\text{K}}$

$\Delta R = 105\,\Omega$

$R_T = R_{20} + \Delta R$

$R_T = 750\,\Omega + 102{,}4\,\Omega$

$R_T = 852{,}4\,\Omega$

b) Lösung direkt

$R_T = R_{20} \cdot (1 + \Delta T \cdot \alpha)$

$R_T = 750\,\Omega \cdot \left(1 + 35\,\text{K} \cdot 0{,}0039\,\frac{1}{\text{K}}\right)$

$R_T = 852{,}4\,\Omega$

Eingabe	Anzeige
750	750
×	750.
(	750.
1	1
+	1.
35	35
×	35.
0,0039	0.0039
)	1.1365
=	852.375

[1] Für technische Berechnungen liefert die Gleichung hinreichend genaue Ergebnisse im Temperaturbereich von −20 °C bis etwa +200 °C.

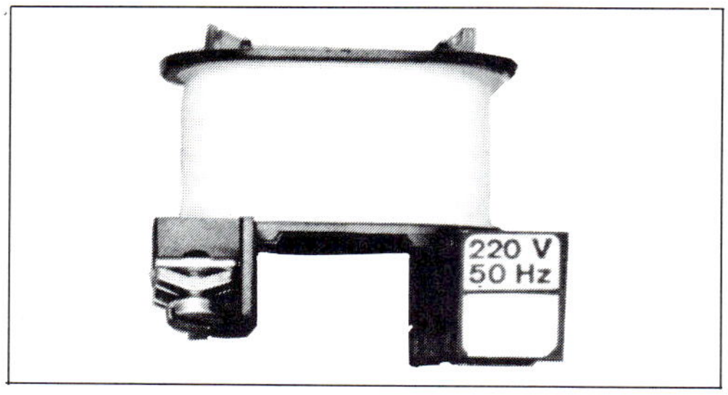

Abb. 1: Schützspule

Erläuterungen zur Lösung von Gleichungssystemen

Zur Bestimmung der Widerstandsänderung ΔR können zwei Gleichungen herangezogen werden:

$\Delta R = R_T - R_{20}$ oder $\Delta R = R_{20} \cdot \Delta T \cdot \alpha$

Außer ΔR kann ein weiterer Größenwert unbekannt sein. Wir nehmen im folgenden an, daß ΔR und R_{20} zu bestimmen sind.

Allgemeine Darstellung

Ein lineares Gleichungssystem kann aus zwei Gleichungen mit zwei Unbekannten bestehen. Für diese schreibt man allgemein x und y. Wir ordnen der unbekannten Größe ΔR die Variable y und der anderen Unbekannten R_{20} die Variable x zu.

Für die gegebenen Größen R_T, ΔT und α setzen wir die Variablen a, b und c ein.

Die Gleichungen lauten dann:

$y = a - x$ 1. Gleichung

$y = x \cdot b \cdot c$ 2. Gleichung

Für die Lösung eines solchen Gleichungssystems bieten sich drei Verfahren an:

a) Gleichsetzungsverfahren

Die linken Seiten beider Gleichungen sind gleich, also können die rechten Seiten gleichgesetzt werden.

$$a - x = x \cdot b \cdot c$$
$$a = x + x \cdot b \cdot c$$
$$a = x(1 + b \cdot c)$$
$$x = \frac{a}{1 + b \cdot c}$$

Die Berechnung von y erfolgt durch Einsetzen des ermittelten Zahlenwertes für x in eine der beiden oben genannten Gleichungen.

b) Einsetzungsverfahren

Die zweite Gleichung wird nach der Unbekannten x umgestellt, so daß die Größen anstelle von x in die erste Gleichung eingesetzt werden können.

$$x = \frac{y}{b \cdot c} \qquad y + \frac{y}{b \cdot c} = a$$
$$y = a - \frac{y}{b \cdot c} \qquad y\left(1 + \frac{1}{b \cdot c}\right) = a$$
$$y = \frac{a}{1 + \frac{1}{b \cdot c}}$$

Die Berechnung von x erfolgt durch Einsetzen des errechneten Wertes von y.

c) Additionsverfahren

Die Gleichungen werden nach sinnvoller Multiplikation addiert, so daß z.B. die Unbekannte y entfällt.

$$y = a - x \quad / \cdot (-1)$$
$$-y = -a + x$$
$$+y = x \cdot b \cdot c$$
$$0 = -a + x + x \cdot b \cdot c$$
$$a = x + x \cdot b \cdot c$$
$$x + x \cdot b \cdot c = a$$
$$x(1 + b \cdot c) = a; \qquad x = \frac{a}{1 + b \cdot c}$$

Die Berechnung von y erfolgt durch Einsetzen des errechneten Wertes von x.

Aufgaben

1. Die Wicklung eines Motors hat bei der Temperatur 20 °C einen Widerstand von 1,5 kΩ $\left(\alpha_{Cu} = 0{,}0039 \frac{1}{K}\right)$.

Die Betriebstemperatur beträgt 31,5 °C.

a) Berechnen Sie die Temperaturänderung!

b) Wie groß ist die Widerstandsänderung?

c) Welchen Warmwiderstand R_T hat die Motorwicklung?

2. Eine Aluminiumleitung hat bei 20 °C einen Widerstand von 5,5 Ω. Im Betrieb erhöht sich der Widerstand auf den Wert $R_T = 6{,}7\,\Omega$.

a) Wie groß ist die Widerstandsänderung?

b) Wie groß ist die Temperaturänderung?

c) Bestimmen Sie die Warmtemperatur der Aluminiumleitung!

Temperaturkoeffizienten von Werkstoffen bei einer Ausgangstemperatur von 20 °C:

Werkstoffe	Eisen	Zinn	Blei	Zink
α in $\frac{1}{K}$	0,005	0,0046	0,0042	0,0042

Werkstoffe	Gold	Platin	Silber	Kupfer
α in $\frac{1}{K}$	0,004	0,004	0,004	0,0039

Werkstoffe	Aluminium	Nickelin	Kohle
α in $\frac{1}{K}$	0,0036	0,00015	−0,00045

3. Ein Widerstand aus Nickelindraht hat bei Raumtemperatur (20 °C) einen Widerstand von 1000 Ω. Welchen Wert hat der Widerstand nach einer Temperaturerhöhung von 42 K?

4. Ein Gleichstrommotor nimmt an der Spannung 220 V einen Strom von 0,4 A auf ($\vartheta_1 = 20$ °C). Nach längerer Betriebsdauer sinkt die Stromaufnahme auf 0,35 A $\left(\alpha_{Cu} = 0{,}0039\ \frac{1}{K}\right)$.
a) Wie groß ist der Kaltwiderstand?
b) Wie groß ist der Warmwiderstand?
c) Welche Widerstandsänderung liegt vor?
d) Bestimmen Sie die Temperaturänderung!
e) Wie groß ist die Warmtemperatur?

5. Der Widerstand einer Kupferleitung hat bei 20 °C einen Widerstand von 1,2 Ω. Wie groß ist der Widerstand, wenn die Temperatur auf 0 °C absinkt?

6. Bei einer Temperatur von 12 °C hat die Kupferwicklung eines Motors den Widerstand von 440 Ω.
a) Welchen Widerstand hat die Wicklung bei 20 °C?
b) Wie groß ist der Warmwiderstand bei 60 °C?

7. Bei einem Elektromagneten erwärmt sich die Kupferwicklung von 20 °C auf 52 °C. Die Widerstandsänderung beträgt 3,9 Ω.
a) Wie groß ist der Kaltwiderstand?
b) Wie groß ist der Warmwiderstand?

8. Ein Kohleschichtwiderstand hat bei 20 °C einen Widerstand von 2 kΩ. Nach längerer Betriebsdauer beträgt der Widerstand nur noch 1,96 kΩ. Welche Temperatur hat die Kohleschicht?

9. Bei einem Kupferleiter mit dem Warmwiderstand von 1,8 Ω liegt eine Temperaturänderung von 45 K vor. Berechnen Sie nach einem der beiden beschriebenen mathematischen Verfahren die unbekannten Größen ΔR und R_{20}!

10. Der Widerstand einer Kupferleitung beträgt 12,5 Ω bei 20 °C. Welchen Widerstand hat die Leitung, wenn die Temperatur auf 50 °C ansteigt?

11. Bei einer Temperatur von 80 °C hat eine Kupferwicklung einen Widerstand von 250 Ω. Wie groß ist ihr Widerstand bei einer Temperatur von 18 °C?

12. Welchen Widerstand hat die Wicklung einer Schützspule bei 20 °C, wenn sich der Widerstand bei einer Änderung der Temperatur von 20 °C auf 60 °C um 4,2 Ω ändert?

13. Ein NTC-Widerstand hat bei einer Temperatur von 100 °C einen Widerstand von 25 Ω. Wie groß ist sein Widerstand, wenn die Temperatur auf 25 °C absinkt und der Temperaturkoeffizient −0,0125 1/K beträgt?

14. Eine Relaisspule besteht aus 7000 Windungen Kupferdraht mit dem Durchmesser 0,12 mm und der Länge 222 m. Um wieviel Ohm ändert sich der Widerstand der Spule, wenn sich die Temperatur um 45 Grad ändert?

15. Ein Widerstand aus Eisendraht wird als Meßfühler für Außentemperaturen verwendet. Bei 20 °C hat der Widerstand einen Wert von 1200 Ω.
a) Um welchen Wert ändern sich die Stromstärken im Meßstromkreis, wenn der Widerstand an eine Spannung von 15 V angeschlossen ist und sich die Temperaturen zwischen +45 °C und −25 °C ändern?
b) Um wieviel Ohm ändert sich der Widerstand pro Grad Temperaturänderung?

16. Bei einer Temperatur von 200°C beträgt der Widerstand eines Meß-Heißleiters 90 Ω. Welchen Wert hat der Widerstand bei 20°C, wenn der Temperaturkoeffizient −0,00549 1/*K* beträgt?

17. Eine Freileitung aus Kupfer ist 5,2 km lang und hat einen Querschnitt von 25 mm². Um wieviel Ohm ändert sich der Widerstand der Leitung, wenn sich die Temperaturen zwischen +40°C und −20°C ändern?

18. Ein Kohleschichtwiderstand hat bei 20°C einen Widerstand von 50 Ω. Um wieviel Prozent verändert sich der Widerstandswert, wenn die Temperatur um 30°C steigt?

19. Die Wicklung einer Relaisspule besteht aus 2000 Windungen Kupferdraht. Bei 20°C hat sie einen Widerstand von 240 Ω. Nach längerem Betrieb hat sich die Spule auf 40°C erwärmt.
a) Welchen Widerstand hat die Spule bei 40°C?
b) Um wieviel mA ändert sich die Stromaufnahme, wenn die Spule an eine Spannung von 12 V angeschlossen ist?

20. Eine Relaisspule hat eine Windungszahl von 8555. Der Durchmesser des Kupferlackdrahtes beträgt 0,3568 mm und der mittlere Windungsdurchmesser ist 15 mm. Welchen Widerstand hat die Spule bei einer Temperatur von 40°C?

21. Um wieviel Prozent ändert sich der Widerstand eines Nickelindrahtes mit $R_{20} = 1\ \Omega$, wenn sich die Temperatur von 20°C auf 80°C ändert?

22. Um wieviel Grad darf sich die Temperatur einer Kupferwicklung höchstens ändern, wenn bei einer Anschlußspannung von 220 V die Stromstärke von 100 mA auf 95 mA absinken darf?

23. Die Kupferwicklung einer Spule nimmt bei 20°C an einer Spannung von 48 V einen Strom von 400 mA auf. Nach längerem Betrieb sinkt die Stromstärke auf 350 mA ab. Um wieviel Grad ist die Temperatur angestiegen?

24. Um wieviel Grad muß sich die Temperatur ändern, wenn sich der Widerstand eines Kupferdrahtes verdoppeln soll?

25. Eine Relaisspule besteht aus 2815 m Kupfer-Lackdraht mit dem Durchmesser 0,2 mm. Um wieviel Grad wurde die Spule erwärmt, wenn sich der Widerstand um 200 Ω geändert hat?

26. Um wieviel Grad hat sich eine Kupferleitung erwärmt, wenn ihre Leitfähigkeit auf 53 m/Ω · mm² abgesunken ist?

27. Ein Widerstand aus Nickelindraht hat bei 20°C einen Wert von 400 Ω. Im Betrieb ändert sich sein Wert auf 405 Ω. Auf welche Temperatur hat sich der Widerstand erwärmt?

28. Bei 20°C beträgt der Widerstand einer Freileitung aus Kupfer 30 Ω. Durch Abkühlung sinkt der Widerstand auf 27 Ω. Auf welchen Wert ist die Temperatur gesunken?

29. Der Temperaturkoeffizient des Meß-Heißleiters K 18 wird mit −0,0046 1/K angegeben. Auf welche Endtemperatur darf der Heißleiter erwärmt werden, wenn sich der Anfangswiderstand bei 20°C von 100 kΩ auf den Warmwiderstand 600 Ω ändert?

30. Bei 20°C nimmt die Erregerspule eines Schützes an einer Spannung von 220 V einen Strom von 120 mA auf. Durch Erwärmung der Spule sinkt der Strom auf 100 mA ab. Auf welche Temperatur hat sich die Spule erwärmt?

31. Bei einem Strom von 2 A beträgt der Spannungsabfall an einer Aluminiumleitung 5 V. Auf welche Temperatur hat sich die Aluminiumleitung erwärmt, wenn der Strom nach längerer Betriebszeit um 10 mA abgesunken ist (Anfangstemperatur: 20°C)?

32. Der Kupferlackdraht einer Schützspule hat eine Länge von 76,3 m und einen Durchmesser von 0,17 mm. Während des Betriebes steigt die Temperatur von 20°C Anfangstemperatur an. Dabei ergibt sich eine Widerstandsänderung von 10 Ω. Auf welche Endtemperatur hat sich die Spule erwärmt?

33. Bei einer Temperatur von 10 °C hat eine Freileitung aus Kupfer einen Widerstand von 1,6 Ω. Bei welcher Temperatur ist der Widerstand auf 1,64 Ω angestiegen?

5.3 Darstellungen der Abhängigkeit des Widerstandes von der Temperatur

► Eine Schützspule hat bei 20 °C einen Widerstand von 720 Ω. Nach längerer Betriebsdauer ergibt die Widerstandsmessung einen Wert von 840 Ω.

a) Wie groß ist die Widerstandsänderung?

b) Welche Temperatur hat die Spule angenommen?

c) Zeichnen Sie das R-ϑ-Diagramm!

d) Lesen Sie im Diagramm die Widerstandswerte bei den Temperaturen 10 °C, 30 °C, 40 °C und 50 °C ab!

Beispiellösung:

Gegeben: $\vartheta_1 = 20\,°\text{C}$; $R_{20} = 720\,\Omega$; $R_T = 840\,\Omega$; $\alpha = 0{,}0039\,\frac{1}{\text{K}}$;

Gesucht: ΔR; ϑ_2; Kennlinie $R = f(\vartheta)$; R_{10}; R_{30}; R_{40}; R_{50}

a) $\Delta R = R_T - R_{20}$

$\Delta R = 840\,\Omega - 720\,\Omega$

$\Delta R = 120\,\Omega$

b) $\Delta R = R_{20} \cdot \Delta T \cdot \alpha$

$$\Delta T = \frac{\Delta R}{R_{20} \cdot \alpha}$$

$$\Delta T = \frac{120\,\Omega}{720\,\Omega \cdot 0{,}0039\,\frac{1}{\text{K}}}$$

$\Delta T = 42{,}7\,\text{K}$

$\Delta T = \vartheta_2 - \vartheta_1$

$\vartheta_2 = \Delta T + \vartheta_1$

$\vartheta_2 = 42{,}7\,\text{K} + 20\,°\text{C}$

$\vartheta_2 = 62{,}7\,°\text{C}$

c)

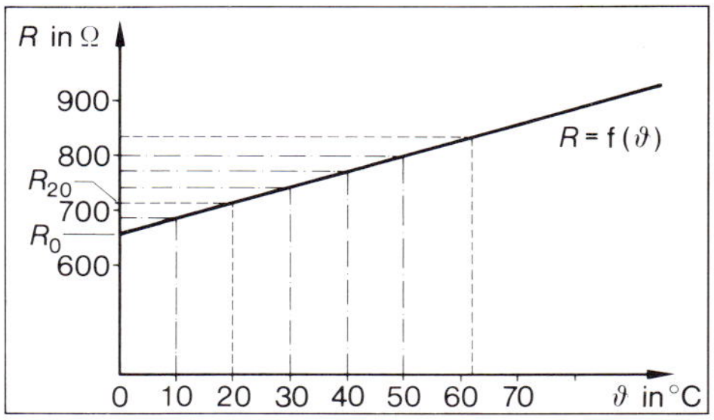

d) Wertetabelle:

ϑ in °C	10	30	40	50
R in Ω	685	740	770	800

Erläuterungen zum Diagramm

Auch in dieser graphischen Darstellung wird die Zuordnung von zwei Größen dargestellt. Der Veränderlichen ΔT bzw. $\Delta\vartheta$ wird die abhängige Veränderliche R zugeordnet. Da jedoch bei einer Temperatur von 0 °C der Widerstand eines Materials bereits einen bestimmten Wert R_0 hat, verläuft die Funktion nicht durch den Nullpunkt.

Die Funktionsgleichung lautet dann:

$R_T = R_0 + R_0 \cdot \Delta T \cdot \alpha$

Allgemeine Darstellung

Im Koordinatensystem mit den x- und y-Achsen läßt sich dann folgende allgemeine Funktionsgleichung schreiben.

Anstelle der Konstanten ($R_0 \cdot \alpha$) bei der Veränderlichen ΔT bzw. x setzt man a, für den Abschnitt R_0 auf der y-Achse vom Nullpunkt bis zum Schnittpunkt der Geraden setzt man allgemein b ein.

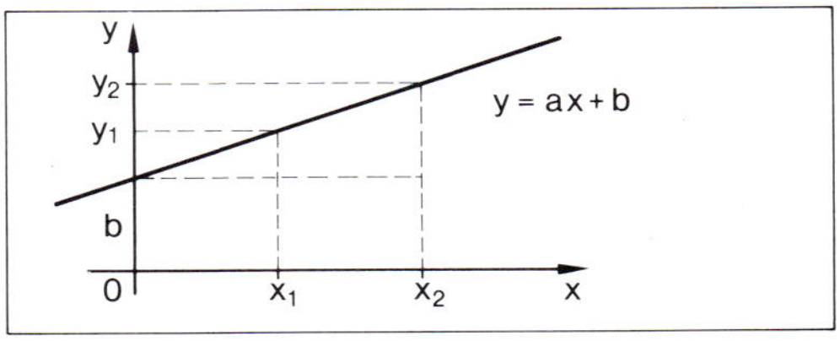

Abb. 1

Diese Funktion ist eine lineare Funktion, die jedoch gegenüber der Funktion $y = a \cdot x$ um den Abschnitt $+b$ oder $-b$ auf der y-Achse in positiver oder negativer Richtung verschoben sein kann.

Aufgaben

1. Bei einer Schützspule aus Kupfer erhöhte sich nach kurzer Betriebsdauer der Widerstand um 128 Ω. Bei 20 °C wurde der Kaltwiderstand von 776 Ω gemessen.

a) Welche Temperatur hat die Wicklung angenommen?

b) Zeichnen Sie die Kennlinie $R = f(\vartheta)$ im R-ϑ-Diagramm!
(Maßstab: 100 Ω ≙ 1 cm; 10 °C ≙ 1 cm)

c) Lesen Sie weitere Werte für den Warmwiderstand bei 10 °C, 30 °C, 40 °C und 50 °C ab! Stellen Sie eine Wertetabelle auf!

2. Die Kupferwicklung eines Elektromotors hat bei 20 °C den Kaltwiderstand von 73,8 Ω und bei 48 °C den Warmwiderstand von 82 Ω.

a) Zeichnen Sie die Kennlinie $R = f(\vartheta)$ im R-ϑ-Diagramm!
(Maßstab: 10 Ω ≙ 1 cm; 10 °C ≙ 1 cm)

b) Welche Temperatur hat die Wicklung, wenn der Warmwiderstand 75 Ω bzw. 85 Ω beträgt?

c) Bestimmen Sie den Temperaturbeiwert der Motorwicklung!

3. Die Heizwicklung eines Elektrogerätes hat bei 20 °C einen Widerstand von 24 Ω. Nach kurzer Betriebszeit wird ein Warmwiderstand von 25 Ω ermittelt.

a) Welche Temperatur hat die Heizwicklung aus Nickel-Eisen-Legierung $\left(\alpha = 0{,}003\,\frac{1}{\text{K}}\right)$?

b) Zeichnen Sie die Kennlinie $R = f(\vartheta)$ im R-ϑ-Diagramm!
(Maßstab: 5 Ω ≙ 1 cm; 10 °C ≙ 1 cm)

4. Ein Kohlefaden hat bei 20 °C einen Widerstand von 640 Ω. Nach kurzer Betriebszeit beträgt sein Warmwiderstand nur noch 620 Ω.

a) Bestimmen Sie die Widerstands- und Temperaturänderung!

b) Auf welche Temperatur hat sich der Kohlefaden erwärmt?

c) Zeichnen Sie die Kennlinie $R = f(\vartheta)$ im R-ϑ-Diagramm!
(Maßstab: 50 Ω ≙ 1 cm; 20 °C ≙ 1 cm)

5. Für den Kaltleiter P390-C11, der in der Temperaturmeß- und -regeltechnik eingesetzt wird, ergaben sich die in der Tabelle angegebenen Widerstandswerte bei den entsprechenden Temperaturen.

ϑ in °C	40	60	80	100	120	130	140
R in kΩ	0,065	0,058	0,052	0,06	0,12	0,7	100

a) Zeichnen Sie die Kennlinien $R = f(\vartheta)$ für den Kaltleiter für den Bereich 130 °C ... 140 °C (Maßstab: 10 kΩ ≙ 1 cm; 10 °C ≙ 5 cm) und für den Bereich 40 °C ... 130 °C (Maßstab: 100 Ω ≙ 1 cm; 10 °C ≙ 1 cm)!

b) Um welchen Wert ändert sich jeweils der Widerstand, wenn die Temperatur von 133 °C auf 135 °C, von 105 °C auf 115 °C und von 115 °C auf 125 °C erhöht wird?

6. Die Abbbildung 1 zeigt die Abhängigkeit des Stromes von der Spannung bei einer Kohlefadenlampe und einer Metallfadenlampe.

a) Ermitteln Sie aus dem Diagramm die Widerstände der beiden Lampen für den Spannungsbereich 20 V ... 200 V (Bestimmung für 10er-Werte der Spannung)!

b) Zeichnen Sie die Kennlinien $R = f(I)$ für beide Lampen!

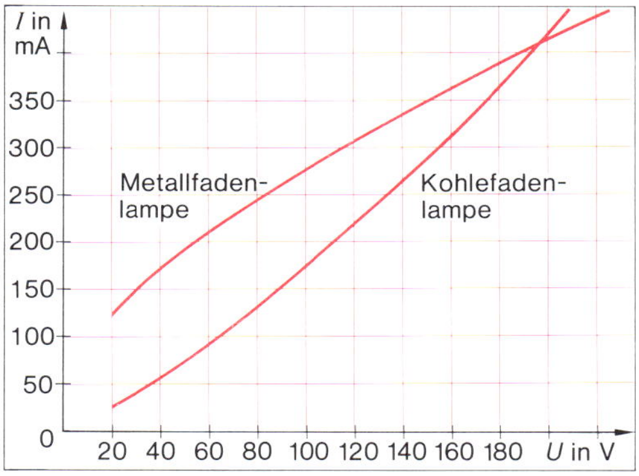

Abb. 1

7. In der Abbildung 2 ist die Abhängigkeit des Widerstandes eines Heißleiters von der Temperatur dargestellt.
Ermitteln Sie die Temperaturkoeffizienten für die Temperaturbereiche 20 °C bis 30 °C und 80 °C bis 90 °C!

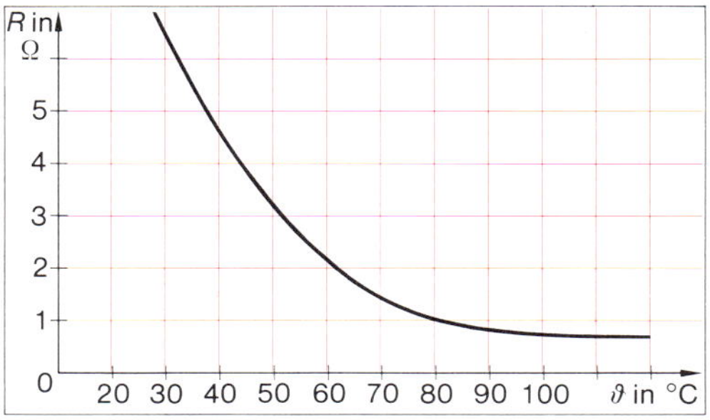

Abb. 2

8. Für einen Meß-Heißleiter werden die in der Tabelle angegebenen Werte gemessen:

R in kΩ	20	14	8	5,5	0,5	0,12	0,09
ϑ in °C	0	10	20	30	100	190	200

a) Zeichnen Sie die Kennlinie $R = f(\vartheta)$ für die gegebenen Werte!

b) Bestimmen Sie die Temperaturkoeffizienten für die Bereiche 0 °C bis 10 °C und 190 °C bis 200 °C!

9. Ein Kompensations- und Meß-Heißleiter (K 252) hat die in der Tabelle angegebenen Widerstandswerte bei den entsprechenden Temperaturen.

ϑ in °C	0	10	20	30	40	50	60
R in kΩ	120	65	40	25	17	10	5,6

ϑ in °C	70	80	90	100
R in kΩ	4,1	3	2,3	1,8

a) Zeichnen Sie die Kennlinie $R = f(\vartheta)$ für die Temperaturbereiche 0 °C ... 50 °C (Maßstab: 10 kΩ ≙ 1 cm; 10 °C ≙ 2 cm) und 60 °C ... 100 °C (Maßstab: 1 kΩ ≙ 2 cm; 10 °C ≙ 2 cm)!

b) Bestimmen Sie die Widerstandsänderungen, wenn sich die Temperatur von 5 °C auf 10 °C, von 25 °C auf 30 °C und von 95 °C auf 100 °C ändert!

c) Bestimmen Sie für die unter b) angegebenen Temperaturbereiche den Temperaturkoeffizienten!

d) Um wieviel Grad muß sich die Temperatur (von der Ausgangstemperatur 15 °C ausgehend) ändern, wenn sich der Widerstand um 20 kΩ ändern soll?

5.4 Darstellung der Abhängigkeit des Widerstandes von verschiedenen physikalischen Größen

▶ Mit einer Metallfaden- und einer Kohlefadenlampe wurde je eine Meßreihe (Strom-Spannungs-Messungen) aufgestellt.

a) Berechnen Sie den Widerstand des Leiters für jedes U-I-Wertepaar!

b) Stellen Sie den Verlauf der beiden Kennlinien im I-R-Diagramm dar!

Beispiellösung:

Gegeben: U-I-Wertepaare
Gesucht: R; Kennlinien

a) Meßreihe für die Metallfadenlampe:

U in V	2	8	28	50	82	112	158	200	247
I in mA	50	100	150	200	250	300	350	400	450
R in Ω	40	80	187	250	328	373	451	500	549

Meßreihe für die Kohlefadenlampe:

U in V	32	62	89	110	132	153	176	195	212
I in mA	50	100	150	200	250	300	350	400	450
R in Ω	640	620	593	550	528	510	502	488	471

b)

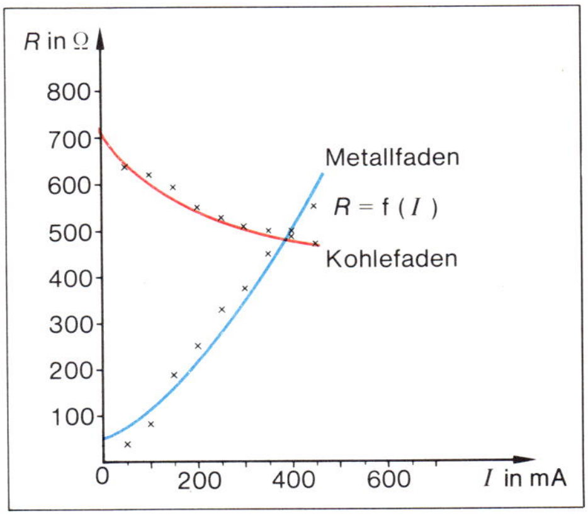

Kennlinien sollen durch ihren Verlauf ein bestimmtes Verhalten zum Ausdruck bringen.

Aufgrund von Meßfehlern können die einzelnen Punkte durchaus neben der Kennlinie liegen.

Allgemeine Darstellung zu arithmetisch und logarithmisch geteilten Achsen

Bei den vorhergehenden Diagrammen wurden ausschließlich arithmetisch geteilte Achsen verwendet. Hierbei ist die Entfernung des Nullpunktes von jedem der Teilstriche gleich der Anzahl der Zeicheneinheiten (ZE), z.B. von 0 . . . 1 mA : 1 cm gleich eine Zeicheneinheit, von 0 . . . 2 mA : 2 cm gleich zwei Zeicheneinheiten usw.

Um sehr große Zahlenbereiche, z.B. von 10 . . . 100000 darstellen zu können, wählt man die logarithmisch geteilte Achse. Die zweite Achse kann dann durchaus arithmetisch geteilt sein.

Legt man für z.B. 10Ω die Zeicheneinheit 10 cm (10Ω ≙ 10 cm) fest, so baut sich die logarithmische Teilung wie folgt auf:

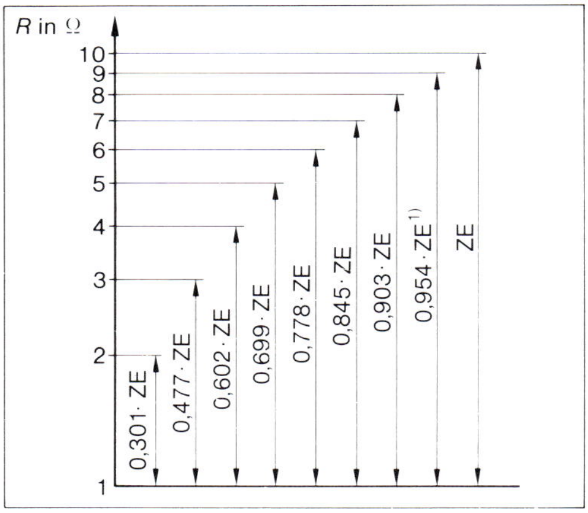

Abb. 1

Soll der Widerstandsbereich von 10Ω bis 100000Ω auf einer Achse logarithmisch aufgetragen werden, so verfährt man wie folgt:

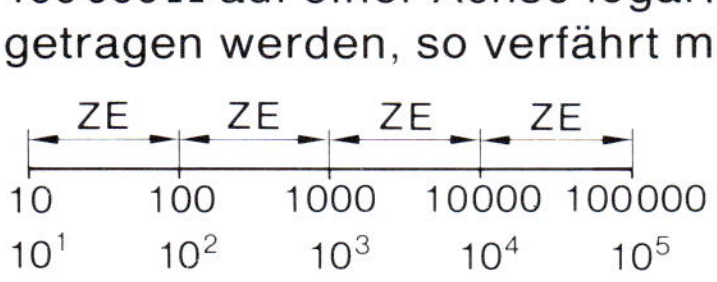

oder

Hier entspricht einer Zeicheneinheit 1 cm. Die Zeicheneinheit einer logarithmischen Teilung ermittelt man durch Ausmessen des Abstandes zwischen zwei Teilstrichen, deren Ziffern durcheinander dividiert 10 betragen.

¹) Werte sind auf drei Stellen hinter dem Komma gerundet!

Durch logarithmische Darstellung verändert sich der Graph der Funktion.

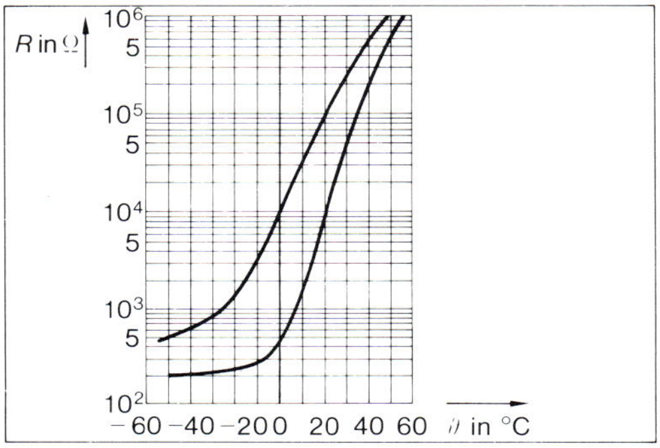

Abb. 2: Kaltleiterwiderstand als Funktion der Temperatur in logarithmischer Darstellung

Bei der Unterteilung, z.B. zwischen 100 und 1000, ist entsprechend dem vorhergehenden Beispiel (1 . . . 10) zu verfahren.

Das Eintragen bzw. das Ablesen von Zahlenwerten soll an folgenden Beispielen erklärt werden.

Beispiel 1:

Die ‚500-Markierung' ergibt sich durch Multiplikation der Zeicheneinheit (hier 1 cm) mit 0,699. Die Markierung muß also 0,699 cm von 100 aus nach rechts gezählt erfolgen.

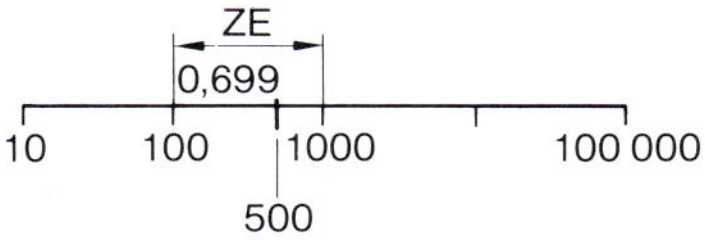

Beispiel 2:

Die Markierung liegt zwischen 1000 und 10000 bei 0,477 cm von 1000 aus nach rechts gezählt. Nach obiger Darstellung entspricht dies dem Wert von 3000.

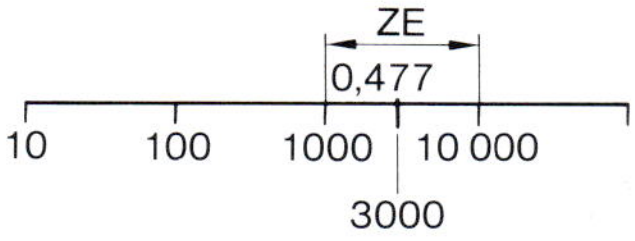

Beispiel 3:

Bei beliebigen Zwischenwerten, z.B. einem Wert von 0,8 im Bereich von 10000 und 100000 also 0,8 cm von 10000 aus nach rechts gezählt, kann man mit Hilfe des Taschenrechners den Wert auf der logarithmischen Skala bestimmen.

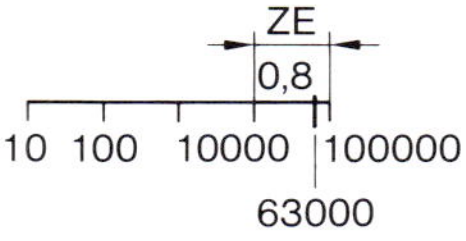

Eingabe	Anzeige
10	10
y^x	10
0,8	0.8
x	6.3095734
10000	10000
=	63095.734

Die Markierung entspricht 10000 × 6,3 gleich 63000.

Aufgaben

1. Im Diagramm ist die Kennlinie eines NTC-Widerstandes (Heißleiter) in Abhängigkeit von der Temperatur dargestellt. Bestimmen Sie den jeweiligen Widerstandswert auf der logarithmisch geteilten *R*-Achse für die Temperaturen von 10 °C ... 80 °C! (Bestimmung für 10er-Werte)

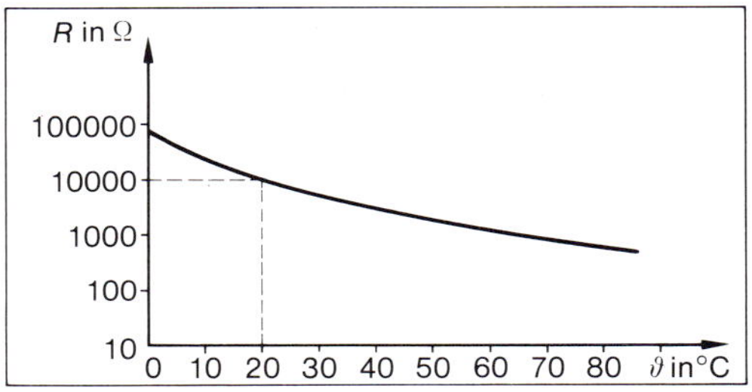

Abb. 3

2. Im folgenden Diagramm ist die Kennlinie eines PTC-Widerstandes in Abhängigkeit von der Temperatur dargestellt. Bestimmen Sie den jeweiligen Widerstandswert auf der logarithmisch geteilten *R*-Achse für die Temperaturen von 10 °C ... 90 °C! (Bestimmung nur für die 10er-Werte)

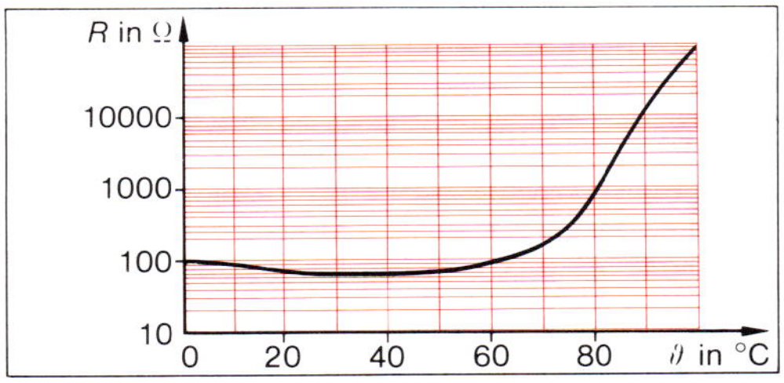

Abb. 4

3. Bei spannungsabhängigen Widerständen (VDR-Widerstände) verkleinert sich der Widerstandswert mit zunehmender Spannung. Wie groß ist der Widerstandswert auf der logarithmisch geteilten *R*-Achse für die Spannungen 100 V; 200 V; 300 V; 400 V; 500 V?

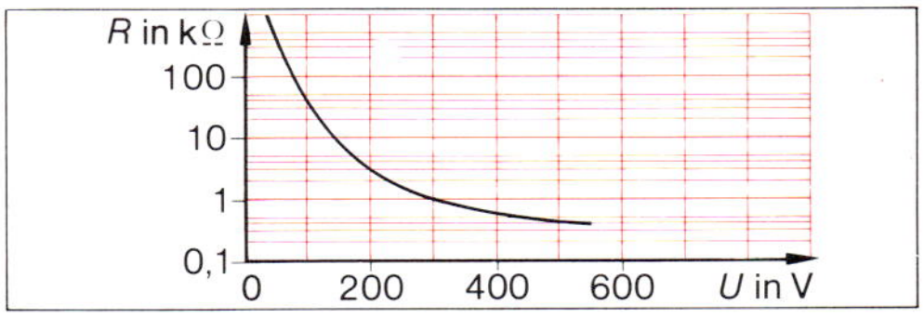

Abb. 5

4. Lichtabhängige Widerstände (LDR-Widerstände) verringern ihren Widerstandswert mit steigender Beleuchtungsstärke *E* in Lux (lx). Im folgenden Diagramm ist die Kennlinie eines solchen Widerstandes dargestellt. Bestimmen Sie für die Beleuchtungsstärken 1 lx; 100 lx und 10000 lx die jeweiligen Widerstandswerte auf der logarithmisch geteilten *R*-Achse!

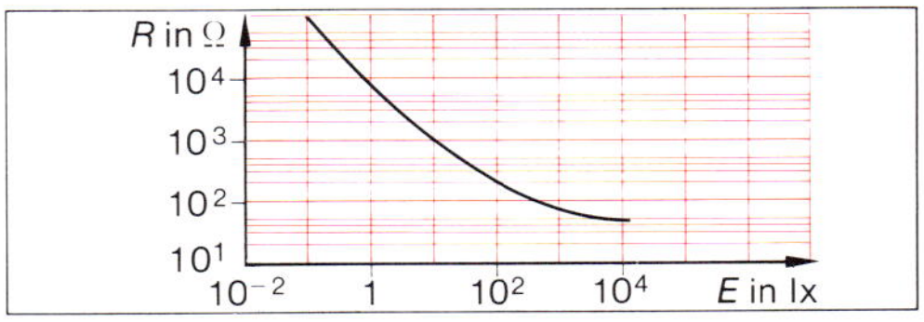

Abb. 6

5. Magnetfeldabhängige Widerstände (MDR-Widerstände) vergrößern ihren Widerstandswert mit steigender magnetischer Flußdichte *B* in Tesla (T). Das folgende Diagramm zeigt eine solche Kennlinie. Wie groß sind die Widerstandswerte auf der logarithmisch geteilten *R*-Achse für die magnetischen Flußdichten 0,5 T; 1 T und 1,5 T?

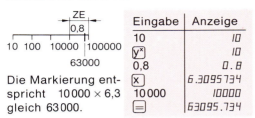

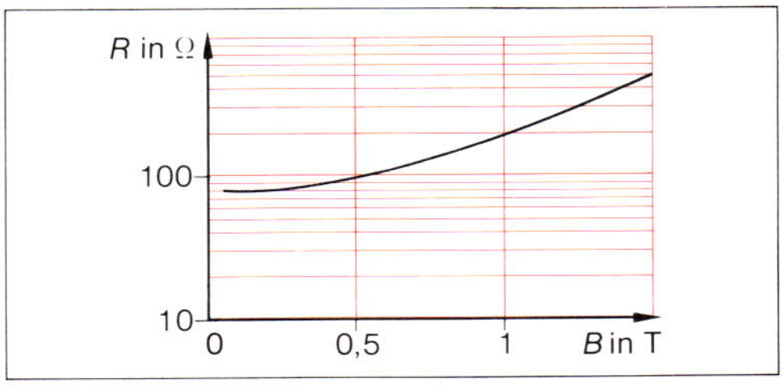

Abb. 7

6. Die Kennlinien stellen das Widerstandsverhältnis R_B/R_0 (R_B: Widerstand der Feldplatte in einem Magnetfeld; R_0: Grundwiderstand der Feldplatte bei 25 °C ohne Magnetfeld) in Abhängigkeit von der magnetischen Flußdichte B bei verschiedenen Halbleiterwerkstoffen von Feldplatten dar. Der Grundwiderstand R_0 beträgt 10 Ω.

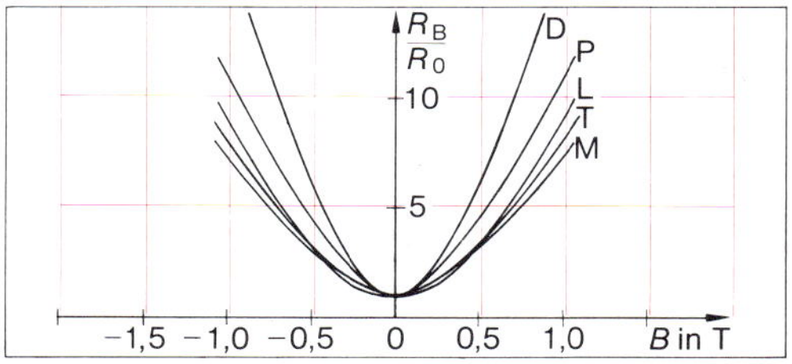

a) Zeichnen Sie die Kennlinien der Feldplatten D und M so in ein Koordinatensystem ein, daß die Abhängigkeit des Widerstandes R_B von der magnetischen Flußdichte B dargestellt wird.
b) Welche Widerstandswerte ergeben sich bei diesen Feldplatten für die magnetischen Flußdichten 0,25 T; 0,5 T und 0,75 T?

7. Die drei Kennlinien stellen den Strom I_{ca} durch einen Fototransistor im Abstand α zur Lichtquelle (hier: drei verschiedene Lumineszenzdioden) dar.
a) Ermitteln Sie aus der Kennlinie für die Lumineszenzdiode CQY31 die Stromstärken für I_{ca} für die Abstände $\alpha = 1$ mm ... 10 mm (Jeweils 1 mm-Abstand)!
b) Berechnen Sie mit den ermittelten Stromstärken und einer konstanten Spannung von 1 V die Widerstände des Fototransistors!

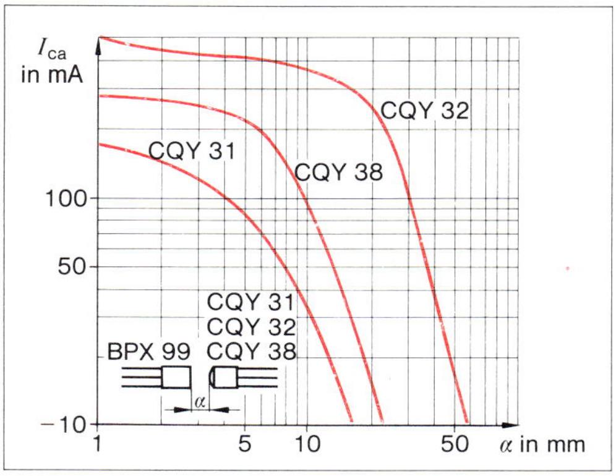

c) Zeichnen Sie die Kennlinie $R = f(\alpha)$ für den Bereich $\alpha = 1$ mm ... 10 mm (Lineares Koordinatensystem)!

8. Die Kennlinie zeigt die Abhängigkeit des Stromes I_{ca} durch den Fototransistor BPX99 in Abhängigkeit der Beleuchtungsstärke E.
a) Um wieviel Lux muß sich die Beleuchtungsstärke ändern, damit der Strom von 1 mA auf 10 mA ansteigt?
b) Um wieviel Milliampere ändert sich der Strom I_{ca}, wenn sich die Beleuchtungsstärke von 100 lx auf 30 lx ändert?
c) Bestimmen Sie für den Bereich 10 lx ... 100 lx (in 10 lx-Abständen) den Widerstand des Fototransistors bei einer konstanten Spannung von 5 V!
d) Zeichnen Sie die Kennlinie $R = f(E)$ für den Bereich 10 lx ... 100 lx! (Log. Teilung)

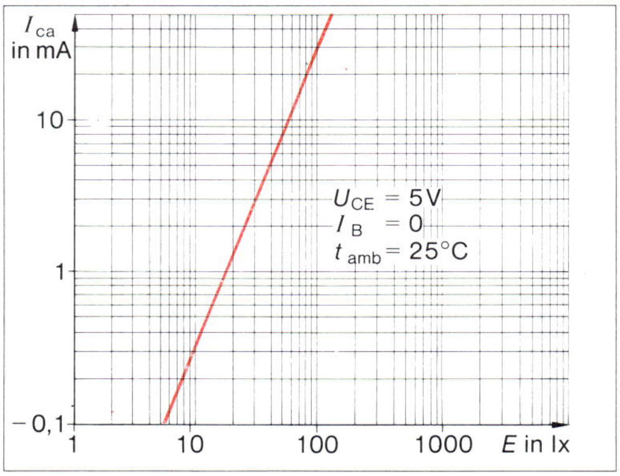

9. Ermitteln Sie aus der Kennlinie für den VDR-Widerstand die Widerstandsänderungen ΔR für Spannungsänderungen ΔU von jeweils 50 V im Bereich 50 V ... 550 V!
Stellen Sie mit Hilfe der ermittelten Werte die Kennlinie $I = f(U)$ für den VDR-Widerstand dar!

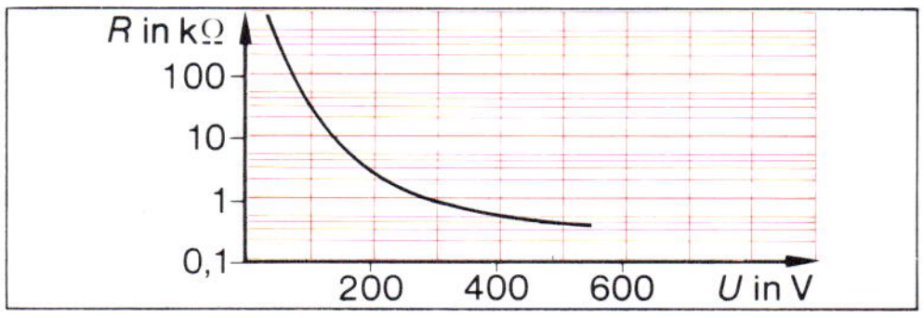

6 Schaltungen elektrischer Widerstände

6.1 Reihenschaltung von Widerständen

► Bei einer Kochplatte mit 7-Takt-Schalter (Abb. 1) sind in der Zwischenstufe 0 • 1 alle Widerstände in Reihe geschaltet. Gesucht sind
a) der Gesamtwiderstand,
b) die Stromstärke und
c) die Teilspannungen an den Einzelwiderständen.

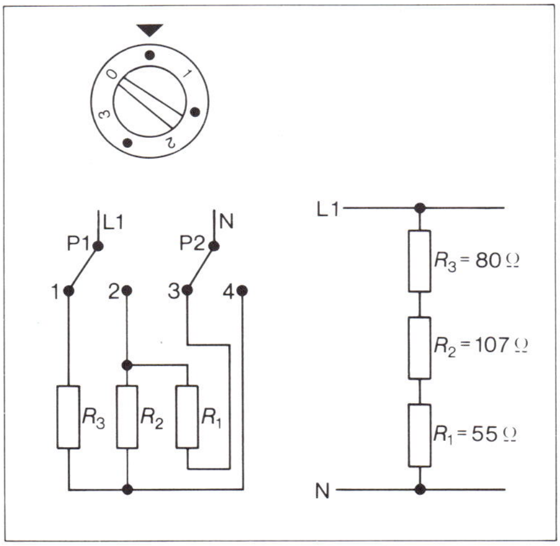

Abb. 1: Reihenschaltung in einer Herdplatte

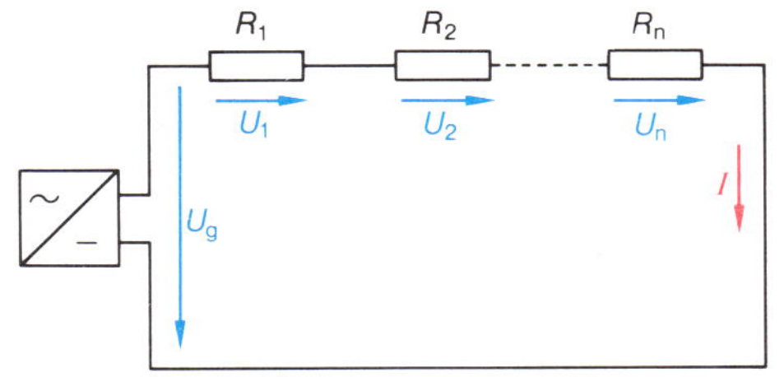

$$U_g = U_1 + U_2 + \ldots + U_n$$

$$R_g = R_1 + R_2 + \ldots + R_n$$

$$\frac{U_1}{U_2} = \frac{R_1}{R_2}; \quad \frac{U_n}{U_g} = \frac{R_n}{R_g}$$

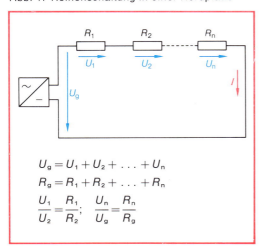

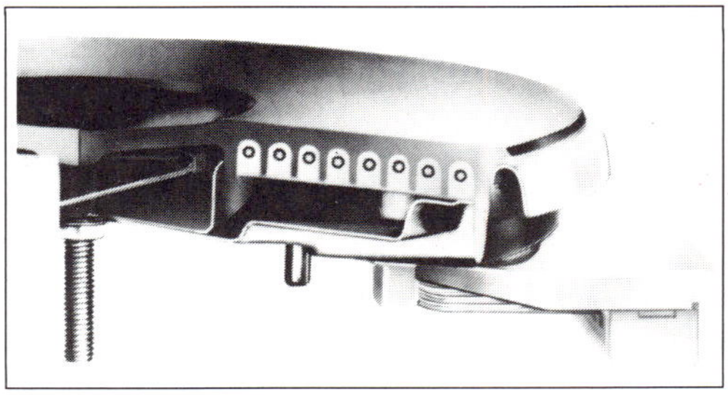

Abb. 2: Schnitt durch eine Herdplatte

Beispiellösung 1:

Gegeben: $R_1 = 55\,\Omega$; $R_2 = 107\,\Omega$; $R_3 = 80\,\Omega$; $U = 220\,\text{V}$;

Gesucht: R_g; I; U_1; U_2; U_3;

a) $R_g = R_1 + R_2 + R_3$
$R_g = 55\,\Omega + 107\,\Omega + 80\,\Omega$
$\underline{\underline{R_g = 242\,\Omega}}$

b) $I = \dfrac{U}{R_g}$
$I = \dfrac{220\,\text{V}}{242\,\Omega}$
$\underline{\underline{I = 0{,}91\,\text{A}}}$

c) $U = I \cdot R$
$U_1 = I \cdot R_1$
$U_1 = 0{,}91\,\text{A} \cdot 55\,\Omega$
$\underline{\underline{U_1 = 50\,\text{V}}}$

$U_2 = I \cdot R_2$
$U_2 = 0{,}91\,\text{A} \cdot 107\,\Omega$
$\underline{\underline{U_2 = 97\,\text{V}}}$

$U_3 = I \cdot R_3$
$U_3 = 0{,}91\,\text{A} \cdot 80\,\Omega$
$\underline{\underline{U_3 = 73\,\text{V}}}$

Beispiellösung 2 zu c):

$\dfrac{U_n}{U_g} = \dfrac{R_n}{R_g}$

$\dfrac{U_1}{U_g} = \dfrac{R_1}{R_g}$

$U_1 = \dfrac{R_1}{R_g} \cdot U_g$

$U_1 = \dfrac{55\,\Omega}{242\,\Omega} \cdot 220\,\text{V}$

$\underline{\underline{U_1 = 50\,\text{V}}}$

$U_2 = \dfrac{R_2}{R_g} \cdot U_g$

$U_2 = \dfrac{107\,\Omega}{242\,\Omega} \cdot 220\,\text{V}$

$\underline{\underline{U_2 = 97\,\text{V}}}$

$U_3 = \dfrac{R_3}{R_g} \cdot U_g$

$U_3 = \dfrac{80\,\Omega}{242\,\Omega} \cdot 220\,\text{V}$

$\underline{\underline{U_3 = 73\,\text{V}}}$

Aufgaben

1. In einer elektronischen Schaltung liegen zwei Widerstände $R_1 = 27\ \text{k}\Omega$ und $R_2 = 10\ \text{k}\Omega$ in Reihe an einer Gesamtspannung von 5 V. Berechnen Sie den Gesamtwiderstand, die Stromstärke und die Teilspannungen an R_1 und R_2!

2. Eine Reihenschaltung von drei Widerständen liegt an einer Spannung von 220 V. Die Stromstärke beträgt 1,4 A. Berechnen Sie den Wert von R_3, wenn $R_1 = 47\,\Omega$ und $R_2 = 68\,\Omega$ betragen! Welche Teilspannungen ergeben sich?

3. Ein Modellbau-Motor mit den Daten 6 V, 0,3 A liegt in Reihe mit einem Widerstand von 20 Ω an einer Gesamtspannung von 12 V. Wie groß sind Stromstärke und die Teilspannungen?

4. Eine Christbaumkette für 220 V besteht aus einer Reihenschaltung von 16 Kerzenlampen 14 V/0,214 A.

a) Wie groß ist der Gesamtwiderstand der Kette?

b) Welche Werte ergeben sich für die Stromstärke und die Teilspannungen?

5. In Abb. 1 ist das Widerstandsersatzschaltbild eines Reihenschlußmotors mit Anlaßwiderstand dargestellt. Der Motor wird an 220 V angeschlossen. Welcher Spannungsabfall tritt beim Anlassen am Anlaßwiderstand R_1 auf, wenn der Anlaßstrom das Doppelte des Nennstroms $I_N = 12$ A beträgt?

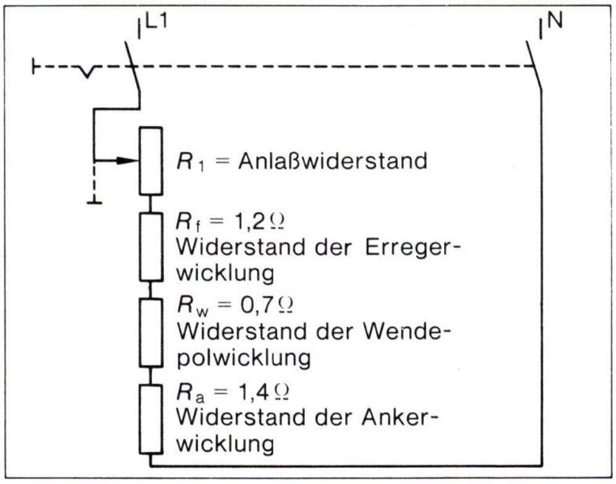

Abb. 1

6. Gegeben ist die Schaltung nach Abb. 2. Welchen Wert hat der Widerstand R und welche Teilspannung tritt an ihm auf?

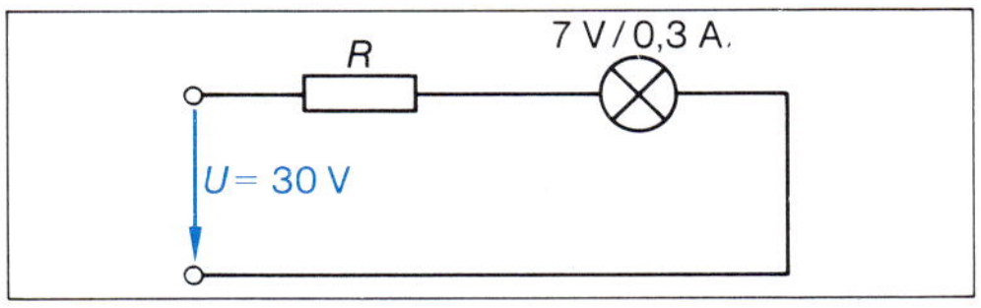

Abb. 2

7. Glimmlampen werden mit einem Widerstand in Reihe geschaltet, damit sie im Betrieb nicht zerstört werden.

a) Berechnen Sie den Gesamtwiderstand der Schaltung in Abb. 3!

b) Ermitteln Sie die Teilspannungen und den Widerstand der Glimmlampe!

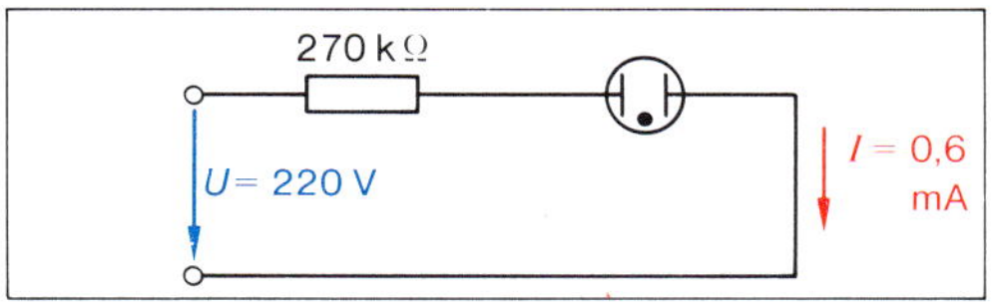

Abb. 3

8. Die Werte zweier Widerstände einer Reihenschaltung verhalten sich wie 1 : 3,133. Wie wird die Gesamtspannung von 220 V aufgeteilt?

9. Für die vier Widerstände einer Reihenschaltung gilt:

$R_1 : R_2 : R_3 : R_4 = 1 : 3{,}133 : 1{,}467 : 5.$

R_4 hat einen Wert von 75 kΩ.

a) Berechnen Sie die unbekannten Teilwiderstände und den Gesamtwiderstand der Schaltung!

b) Welche Werte ergeben sich für Stromstärke und Teilspannungen, wenn an die Schaltung eine Spannung von 380 V angelegt wird?

10. Drei Widerstände R_1, R_2 und R_3 sind in Reihe geschaltet. Es ergibt sich die Stromstärke I. Nacheinander werden nun jeweils die Widerstände R_1 oder R_2 oder R_3 überbrückt. Es ergeben sich dabei die Stromstärken I_{I}, I_{II} und I_{III}. Es ergibt sich weiterhin: $I : I_{\text{I}} : I_{\text{II}} : I_{\text{III}} = 1 : 1{,}27 : 1{,}85 : 1{,}47$. Wie groß sind die Teilwiderstände, wenn $R_g = 102\,\Omega$ beträgt?

11. In einer Schaltung zur Anzugsverzögerung von Relais (Abb. 4) wird ein Heißleiter mit dem Relais in Reihe geschaltet. Berechnen Sie mit Hilfe der Heißleiter-Kennlinie (Abb. 5) den Widerstand der Reihenschaltung bei einer Heißleitertemperatur von 20 °C bis 100 °C in Abständen von 10 K!
a) Bei welcher Temperatur des Heißleiters spricht das Relais an, wenn der Ansprechstrom 0,1 A beträgt?
b) Stellen Sie den Verlauf der Stromstärke als Funktion der Temperatur des Heißleiters dar!

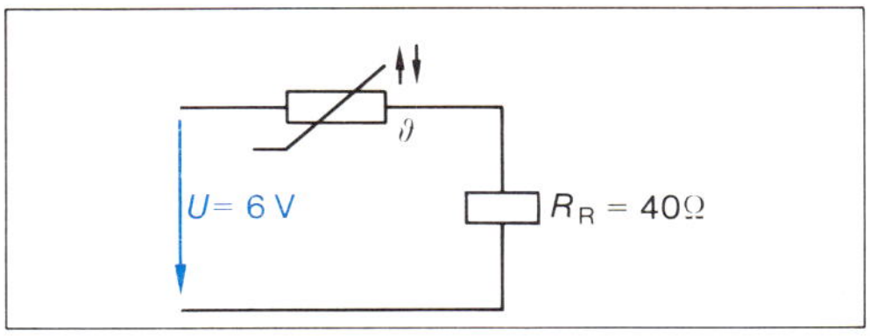

Abb. 4

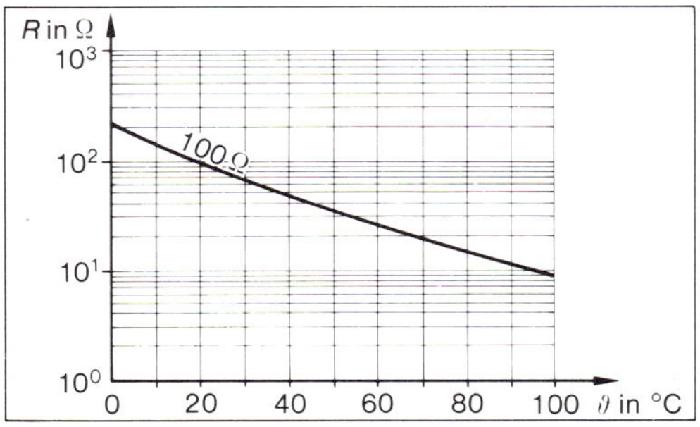

Abb. 5

▶ Der Klein-Getriebemotor zur Betätigung des Mischventils in einer Heizungsanlage soll mit Hilfe eines **Vorwiderstandes** an die Netzspannung von 220 V angepaßt werden (Abb. 6). Ermitteln Sie den Wert des Vorwiderstandes R_v!

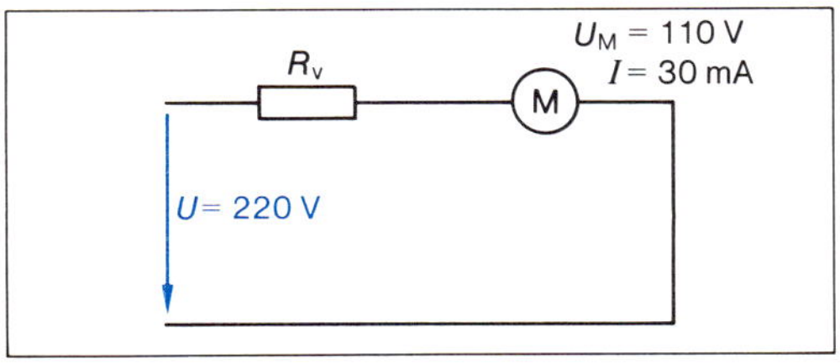

Abb. 6

Beispiellösung:

Gegeben: $U = 220\,\text{V}$; $U_M = 110\,\text{V}$; $I = 30\,\text{mA}$

Gesucht: R_v

$$U_g = U_1 + U_2$$
$$U = U_{Rv} + U_M$$
$$U_{Rv} = U - U_M$$
$$U_{Rv} = 220\,\text{V} - 110\,\text{V}$$
$$U_{Rv} = 110\,\text{V}$$

$$R_v = \frac{U_{Rv}}{I}$$
$$R_v = \frac{110\,\text{V}}{0{,}03\,\text{A}}$$
$$\underline{\underline{R_v = 3{,}67\,\text{k}\Omega}}$$

12. Gegeben ist die Schaltung nach Abb. 7. Welchen Wert muß der erforderliche Vorwiderstand haben?

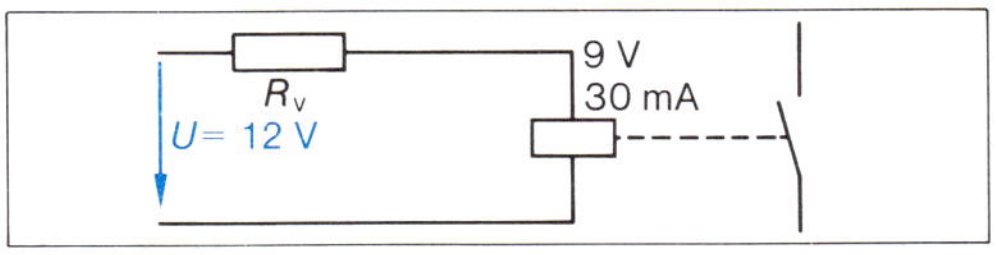

Abb. 7

13. Abb. 8 zeigt die übliche Betriebsschaltung mit einer Leuchtdiode.
a) Berechnen Sie den Wert des Vorwiderstandes!
b) Welchen Wert muß der Vorwiderstand erhalten, wenn zwei Leuchtdioden in Reihe geschaltet werden?

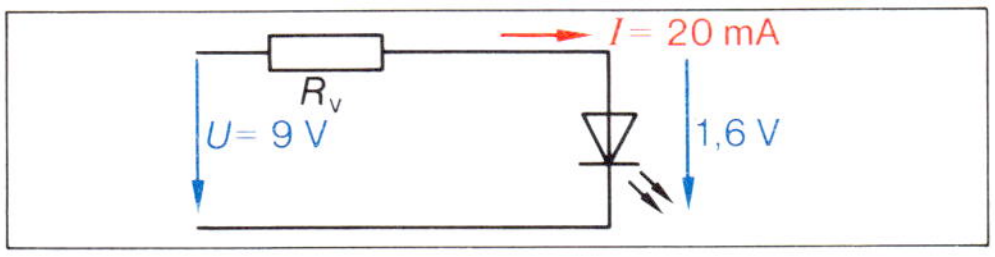

Abb. 8

14. In einer Schützschaltung (Abb. 9) wird der Strom durch das Schütz nach dem Anzug durch einen Vorwiderstand herabgesetzt. Dabei fällt an R_v eine Spannung von 21 V ab. Berechnen Sie die Größe des Vorwiderstandes und den Strom durch das Schütz nach dem Anziehen ($U = 220\,\text{V}$)!

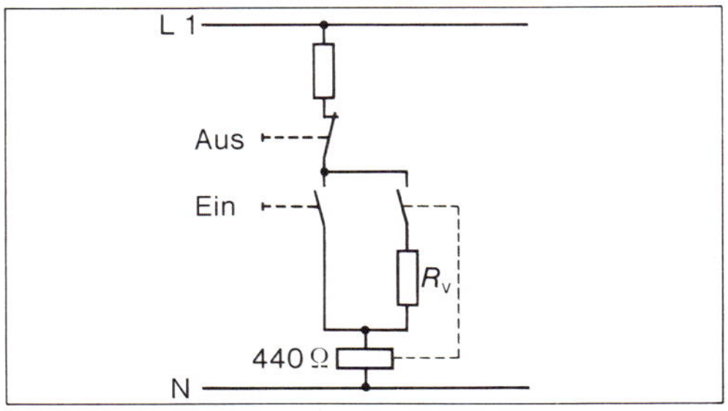

Abb. 9

15. Eine Halogenlampe 12 V/20 W nimmt einen Strom von 1,67 A auf. Berechnen Sie den Vorwiderstand, wenn die Lampe an 220 V angeschlossen werden soll!

16. Eine Fernsprechkleinlampe 60 V/20 mA soll mit einem Vorwiderstand von 4,7 kΩ an 220 V angeschlossen werden. Überprüfen Sie, ob der Vorwiderstand den richtigen Wert besitzt!

17. Abb.1 zeigt einen Teil einer Verstärkerschaltung. Berechnen Sie den Arbeitswiderstand R_a und die an ihm auftretende Spannung!

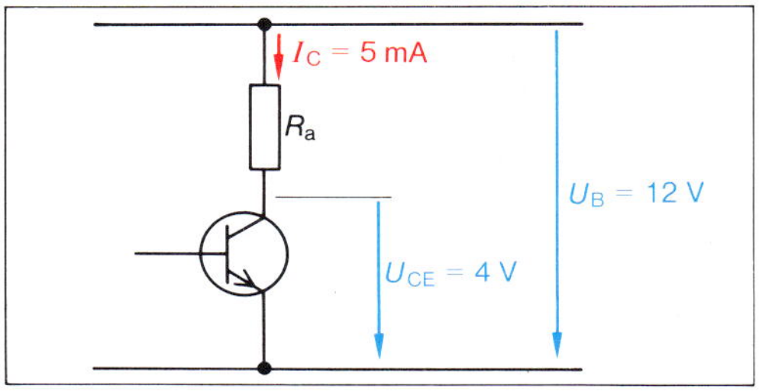

Abb.1

18. Im Verlauf von Instandsetzungsarbeiten soll der Wicklungswiderstand eines Schützes überprüft werden. Da kein Widerstandsmeßgerät zur Verfügung steht, wird das Schütz mit einem Vorwiderstand von 680 Ω (IEC-Reihe E 24) an 220 V geschaltet. Die Teilspannung an R_v wird mit einem Spannungsmeßgerät zu 134 V bestimmt. Zwischen welchen Werten liegt der Widerstand der Wicklung, wenn der Fehler bei der Spannungsmessung zu vernachlässigen ist?

▶ Durch **Meßbereichserweiterung** soll erreicht werden, daß mit dem Spannungsmesser aus Abb.2 Spannungen bis 300 V gemessen werden können. Welchen Wert muß der Vorwiderstand erhalten?

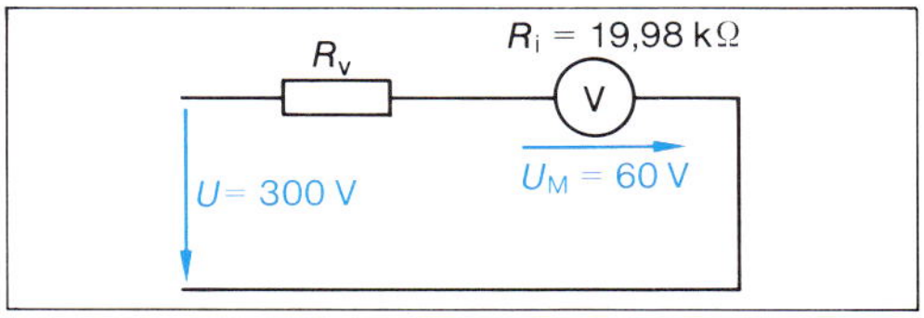

Abb.2

Beispiellösung:

Gegeben: $U = 300\,\text{V}$; $U_M = 60\,\text{V}$; $R_i = 19{,}98\,\text{k}\Omega$
Gesucht: R_v

$$U_g = U_1 + U_2 \qquad I = \frac{U_M}{R_i}$$

$$U = U_{Rv} + U_M \qquad I = \frac{60\,\text{V}}{19{,}98 \cdot 10^3\,\Omega}$$

$$U_{Rv} = U - U_M \qquad I = 3\,\text{mA}$$

$$U_{Rv} = 300\,\text{V} - 60\,\text{V}$$

$$U_{Rv} = 240\,\text{V}$$

$$R_v = \frac{U_{Rv}}{I}$$

$$R_v = \frac{240\,\text{V}}{3 \cdot 10^{-3}\,\text{A}}$$

$$\underline{\underline{R_v = 79{,}92\,\text{k}\Omega}}$$

▶ Bei einem Spannungsmesser mit mehreren umschaltbaren Meßbereichen ist statt des Innenwiderstandes der **Kennwiderstand** R_k mit $333\,\frac{\Omega}{\text{V}}$ angegeben. Wie groß ist der Innenwiderstand des Spannungsmessers bei einem Meßbereich von $U = 300\,\text{V}$?

Beispiellösung:

Gegeben: $R_k = 333\,\frac{\Omega}{\text{V}}$; $U = 300\,\text{V}$

Gesucht: R_i

$$R_k = \frac{R_i}{U}; \qquad R_i = 333\,\frac{\Omega}{\text{V}} \cdot 300\,\text{V}$$

$$R_i = R_k \cdot U; \qquad \underline{\underline{R_i = 99{,}9\,\text{k}\Omega}}$$

19. Ein Spannungsmesser mit einem Meßbereich von 300 V soll auf einen Meßbereich von 600 V erweitert werden. R_i beträgt 99,9 kΩ. Berechnen Sie den erforderlichen Vorwiderstand!

20. Ein Spannungsmesser hat einen Meßbereich von 10 V. Der Kennwiderstand beträgt $10\,\frac{\text{k}\Omega}{\text{V}}$. Der Meßbereich soll einmal auf 100 V und danach auf 300 V erweitert werden. Welche Vorwiderstände sind erforderlich?

21. Welche Spannung kann mit dem Spannungsmesser in Abb. 3 höchstens gemessen werden?

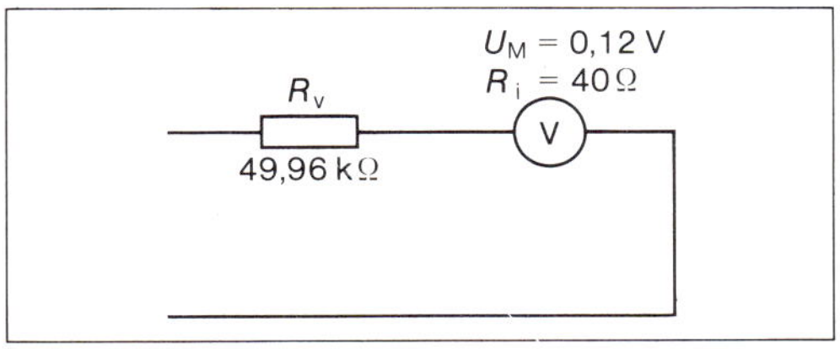

Abb. 3

22. Ein Spannungsmesser hat einen Kennwiderstand von 3,33 $\frac{k\Omega}{V}$ und einen Meßbereich von 300 V. Welcher Strom fließt bei einer Meßspannung von 220 V durch das Gerät?

23. Bei einem Spannungsmesser wurde infolge Überlastung der Vorwiderstand zerstört. In der Meßgerätewerkstatt wurden die Daten des Meßwerks wie folgt ermittelt: $R_i = 1{,}2\,k\Omega$, Vollausschlag bei $I = 50\,\mu A$. Welchen Wert muß der neu einzubauende Vorwiderstand haben, damit wieder 300 V gemessen werden können?

24. Ein Spannungsmesser hat bei einem Meßbereich von 150 mV dann Vollausschlag, wenn der Strom durch das Meßwerk 20 µA beträgt. Berechnen Sie den Kennwiderstand des Spannungsmessers!

25. Der Meßbereich eines Spannungsmessers (Abb. 4) soll mehrfach erweitert werden. Berechnen Sie die Vorwiderstände!

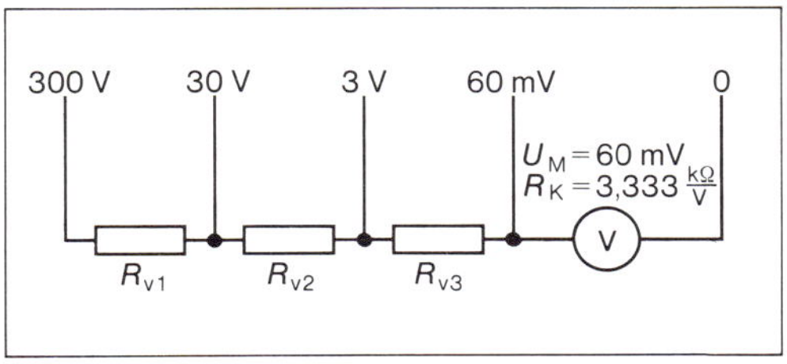

Abb. 4

26. Ein Spannungsmesser für 40 V zeigt 23 V an. Dabei fließt ein Strom von 0,23 mA.
a) Wie groß ist der Gesamtwiderstand des Spannungsmessers?
b) Welcher Strom fließt bei Vollausschlag?
c) Wie groß ist der Kennwiderstand des Spannungsmessers?
d) Welcher Vorwiderstand ist zu wählen, wenn der Meßbereich des Spannungsmessers auf 200 V erweitert werden soll?

27. Gegeben ist der Spannungsmesser in Abb. 5. Welche Meßbereiche hat das dargestellte Meßgerät?

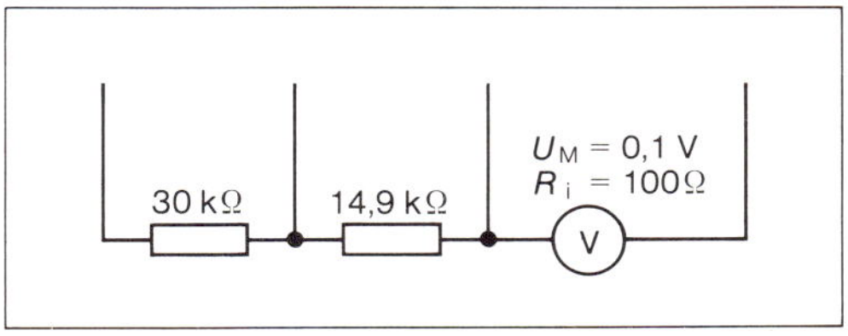

Abb. 5

28. Die Drehspule eines Meßwerks ($U_M = 0{,}12\,V$, $R_i = 40\,\Omega$) besteht aus Kupfer. Infolge unsachgemäßer Lagerung steigt die Innentemperatur des Meßwerks von 20 °C auf 40 °C.
a) Berechnen Sie den Strom durch das Meßwerk bei Vollausschlag und 20 °C!
b) Ermitteln Sie, welche Spannung U_M nach Erwärmung am Meßwerk anliegen muß, damit der zum Vollausschlag benötigte Strom fließt!
c) Wie groß ist der durch die Erwärmung hervorgerufene prozentuale Meßfehler?

29. In der defekten Anlage nach Abb. 6 (unterbrochener Schutzleiter) ist es zu einem Körperschluß gekommen. Nach Abschalten

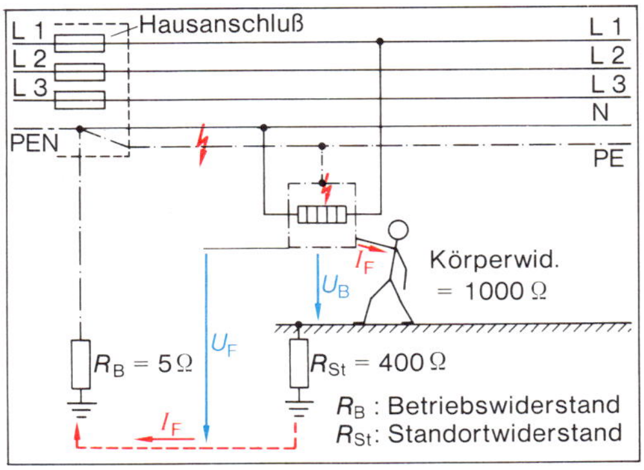

Abb. 6

der Anlage läßt sich zwischen L 1 und dem Gehäuse des Heizofens ein Widerstand von 5 Ω messen.
a) Zeichnen Sie das Widerstandsersatzschaltbild der Anlage, wenn ein Mensch (Körperwiderstand 1000 Ω) das Gehäuse des Ofens berührt!
b) Welche Größe hat die Fehlerspannung U_F?
c) Ermitteln Sie die Berührungsspannung U_B und den Fehlerstrom I_F! (Innenwiderstand der Spannungsquelle und der Leitungswiderstand werden nicht berücksichtigt!)
d) Welche Folge könnte das Berühren des Heizofengehäuses für einen Menschen haben?

30. Infolge eines Schaltfehlers wurden in einer elektrischen Anlage die Leiter L 1 und L 2 verbunden. Die Spannung zwischen L 1 und L 2 beträgt 380 V. Welcher Kurzschlußstrom fließt, wenn die Leiter eine Länge von je 80 m haben und der Querschnitt der Kupferleitungen 1,5 mm² beträgt? (Der Innenwiderstand der Spannungsquelle wird nicht berücksichtigt.)

31. Die Untersuchung eines Stromunfalles mit einem Haushaltsbügeleisen ergab folgendes:
Der Schutzleiter in der Bügeleisenzuleitung war unterbrochen. Außerdem bestand ein Körperschluß mit einem Fehlerwiderstand R_F von 50 Ω. Der Leitungswiderstand der Verbraucheranlage bis zum Bügeleisen betrug 0,6 Ω. Der Standortwiderstand wurde zu 1200 Ω ermittelt. Der Widerstand der Betriebserde war zu vernachlässigen. Das defekte Bügeleisen wurde von einer Hausfrau mit einem Körperwiderstand von ca. 1300 Ω berührt.
a) Zeichnen Sie den Fehlerstromkreis!
b) Welchen Wert erreichte der Fehlerstrom I_F?
c) Wie groß waren die Fehlerspannung U_F und die Berührungsspannung U_B?

32. Gegeben ist der Fehlerstromkreis nach Abb. 1.
a) Berechnen Sie den Gesamtwiderstand des Fehlerstromkreises und den Fehlerstrom I_F!
b) Wie groß waren Fehler- und Berührungsspannung?

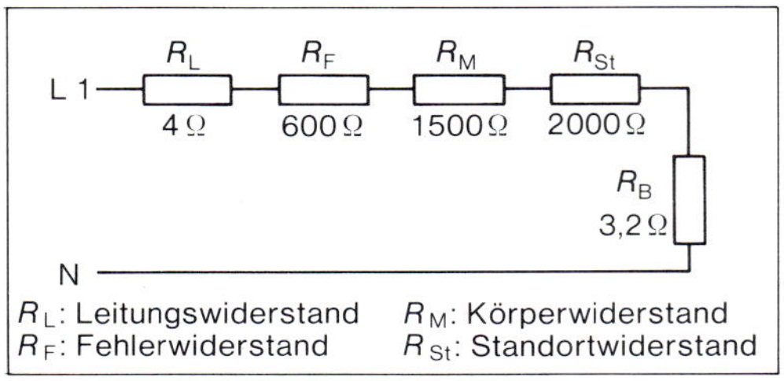

Abb. 1

c) Welchen Wert müßte der Standortwiderstand aufweisen, damit die zulässige Berührungsspannung nicht überschritten wird?

33. Welcher Gesamtwiderstand müßte in einem Fehlerstromkreis ($U_{Netz} = 220$ V) mindestens vorhanden sein, damit die zulässige Berührungsspannung in einem Fehlerfall nicht überschritten wird ($U_B = 65$ V; $R_M = 1500$ Ω)?

6.2 Parallelschaltung von Widerständen

► Überprüfen Sie, ob die in Abb. 2 dargestellte Kochplatte in Schalterstellung 3 an einer mit 16 A abgesicherten Steckdose betrieben werden kann!

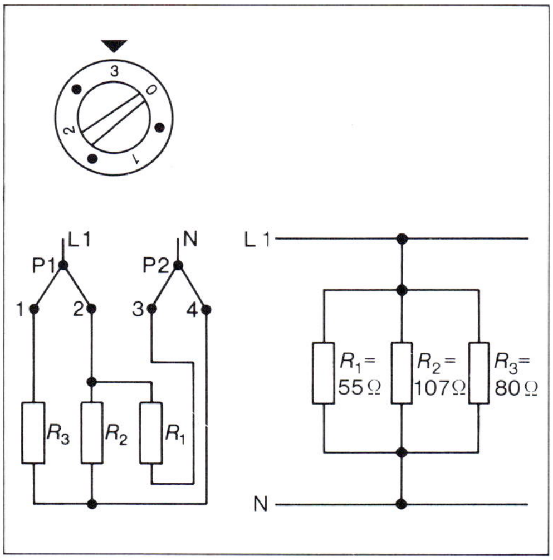

Abb. 2: Parallelschaltung in einer Herdplatte

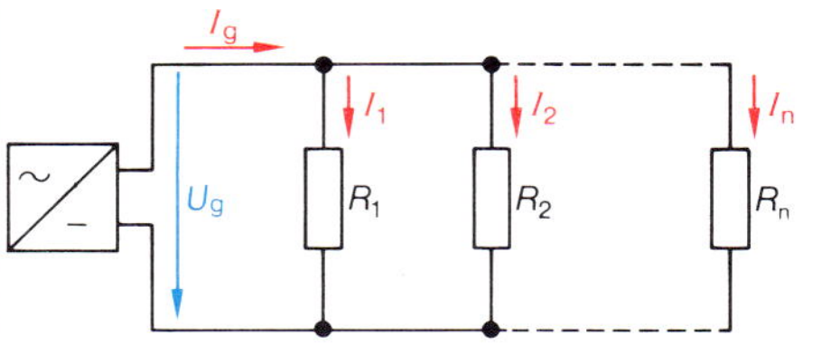

$$I_g = I_1 + I_2 + \ldots + I_n$$
$$G_g = G_1 + G_2 + \ldots + G_n$$
$$\frac{1}{R_g} = \frac{1}{R_1} + \frac{1}{R_2} + \ldots + \frac{1}{R_n}$$
$$\frac{I_1}{I_2} = \frac{R_2}{R_1} \qquad \frac{I_n}{I_g} = \frac{R_g}{R_n}$$

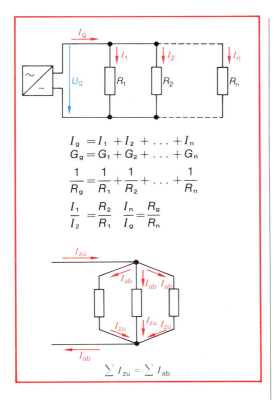

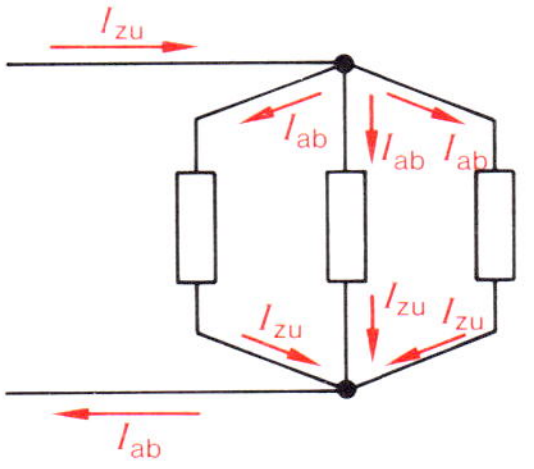

$$\sum I_{zu} = \sum I_{ab}$$

Beispiellösung:

Gegeben: $R_1 = 55\,\Omega$; $R_2 = 107\,\Omega$, $R_3 = 80\,\Omega$, $U = 220\,\text{V}$

Gesucht: I_g

Lösungsweg a)

$$\frac{1}{R_g} = \frac{1}{R_1} + \frac{1}{R_2} + \frac{1}{R_3}$$
$$\frac{1}{R_g} = \frac{1}{55\,\Omega} + \frac{1}{107\,\Omega} + \frac{1}{80\,\Omega}$$
$$\frac{1}{R_g} = \frac{8560 + 4400 + 5885}{470800\,\Omega}$$
$$\frac{1}{R_g} = \frac{18\,845}{470\,800\,\Omega}$$
$$R_g = 25\,\Omega$$
$$I_g = \frac{U}{R_g}$$
$$I_g = \frac{220\,\text{V}}{25\,\Omega}$$
$$\underline{\underline{I_g = 8{,}8\,\text{A}}}$$

Eing.	Anzeige
55	55
1/x	0.0181818
+	0.0181818
107	107
1/x	0.0093458
+	0.0275276
80	80
1/x	0.0125
=	0.0400276
×	0.0400276
220	220.
=	8.8060748

Lösungsweg b)

$$I_1 = \frac{U}{R_1} \qquad I_2 = \frac{U}{R_2}$$
$$I_1 = \frac{220\,\text{V}}{55\,\Omega} \qquad I_2 = \frac{220\,\text{V}}{107\,\Omega}$$
$$\underline{I_1 = 4\,\text{A}} \qquad \underline{I_2 = 2{,}06\,\text{A}}$$
$$I_3 = \frac{U}{R_3}$$
$$I_3 = \frac{220\,\text{V}}{80\,\Omega}$$
$$\underline{I_3 = 2{,}75\,\text{A}}$$
$$I_g = I_1 + I_2 + I_3$$
$$I_g = 4\,\text{A} + 2{,}06\,\text{A} + 2{,}75\,\text{A}$$
$$\underline{\underline{I_g = 8{,}81\,\text{A}}}$$

Die Kochplatte kann an der mit 16 A abgesicherten Steckdose betrieben werden.

Aufgaben

1. Drei Widerstände $R_1 = 22\,\Omega$, $R_2 = 47\,\Omega$ und $R_3 = 15\,\Omega$ liegen parallel an 220 V.
a) Wie groß ist der Gesamtwiderstand im Vergleich zum kleinsten Teilwiderstand?
b) Berechnen Sie die Stromstärke!

2. Vier Widerstände von $82\,\Omega$ liegen parallel.
a) Wie groß ist der Gesamtwiderstand?
b) Wie groß ist der Gesamtwiderstand im Vergleich zu den Teilwiderständen?
Überprüfen Sie, ob die gefundene Gesetzmäßigkeit auch für die Parallelschaltung beliebig vieler, gleich großer Widerstände gilt!

3. Durch die Parallelschaltung dreier Widerstände fließt bei einer Spannung von 220 V ein Gesamtstrom von 178 mA. Wie groß ist R_3, wenn $R_1 = 3{,}6\,\text{k}\Omega$ und $R_2 = 2{,}7\,\text{k}\Omega$ betragen?

4. Ein Stromkreis ist mit einer Sicherung von 16 A abgesichert. Wieviele Glühlampen 60 W/220 V mit einem Widerstand von je $807\,\Omega$ können an den Stromkreis parallel angeschlossen werden? Wie groß ist der Gesamtwiderstand des Stromkreises, wenn die höchstmögliche Anzahl von Glühlampen angeschlossen wird?

5. Vier Widerstände aus der IEC-Reihe E 24 stehen im Verhältnis 1 : 2 : 3 : 10. Werden die ersten drei Widerstände parallel an 220 V angeschlossen, so ergibt sich eine Gesamtstromstärke von 40,3 mA. Wird der vierte Widerstand hinzugeschaltet, steigt die Stromstärke um 5,4%. Wie groß sind die einzelnen Widerstände?

6. Der Wert eines unbekannten Widerstandes soll ermittelt werden. Zu dem unbekannten Widerstand wird ein Widerstand $R_2 = 200\,\Omega$ parallelgeschaltet. Durch R_2 fließt ein Strom von 0,18 A und der Gesamtstrom beträgt 0,233 A. Wie groß ist der unbekannte Widerstand?

7. Durch die parallelgeschalteten Widerstände $R_1 = 1{,}5\,\text{k}\Omega$, $R_2 = 1{,}8\,\text{k}\Omega$ und $R_3 = 3{,}3\,\text{k}\Omega$ fließt ein Gesamtstrom von 99 mA. Wie teilt sich der Strom auf die einzelnen Widerstände auf?

8. Bei der Reparatur eines Fernsehgerätes muß vorübergehend ein Widerstand von 27 kΩ ersetzt werden. Weil dieser Wert nicht vorrätig ist, werden zwei Widerstände von je 56 kΩ parallel geschaltet. Wie groß ist die prozentuale Abweichung vom geforderten Wert, wenn die Widerstandstoleranzen nicht berücksichtigt werden?

9. Gegeben ist die nachfolgende Schaltung. Wie groß ist der unbekannte Widerstand?

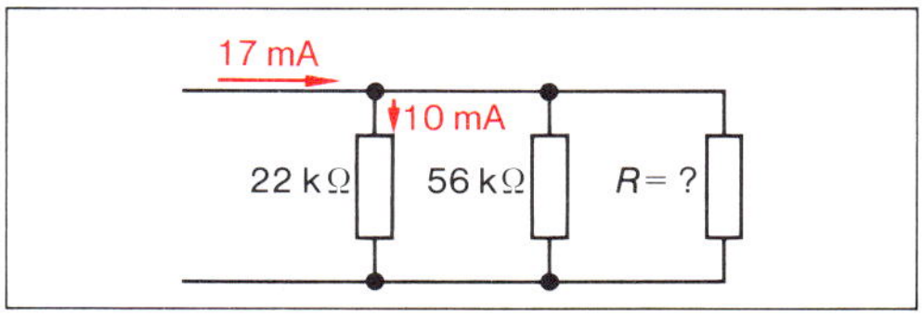

Abb. 1

10. Drei Widerstände aus der IEC-Reihe E 12 ($R_1 = 390\,\Omega$; $R_2 = 560\,\Omega$; $R_3 = 120\,\Omega$) sind parallelgeschaltet. Zwischen welchen Werten liegt der Gesamtwiderstand, wenn die Widerstandstoleranzen berücksichtigt werden?

11. Zu einer Kupferspule mit $R_{Cu} = 1975\,\Omega$ wird ein Metallschichtwiderstand $R_2 = 68\,\text{k}\Omega$ parallelgeschaltet.

a) Wie groß ist R_g bei 20 °C?

b) Welchen Wert nimmt R_{Cu} nach einer Temperaturerhöhung um 30 K an? $\alpha_{Cu} = 0{,}0039\,\frac{1}{\text{K}}$

c) Welcher Gesamtwiderstand ergibt sich für die Parallelschaltung nach der Temperaturerhöhung? $\alpha_{R2} = 0{,}015 \cdot 10^{-3}\,\frac{1}{\text{K}}$

12. Durch die drei parallel geschalteten Widerstände einer Heizung sollen die in der Abb. 2 angegebenen Ströme fließen. Berechnen Sie die Größen der einzelnen Widerstände, die Gesamtstromstärke und den Gesamtwiderstand!

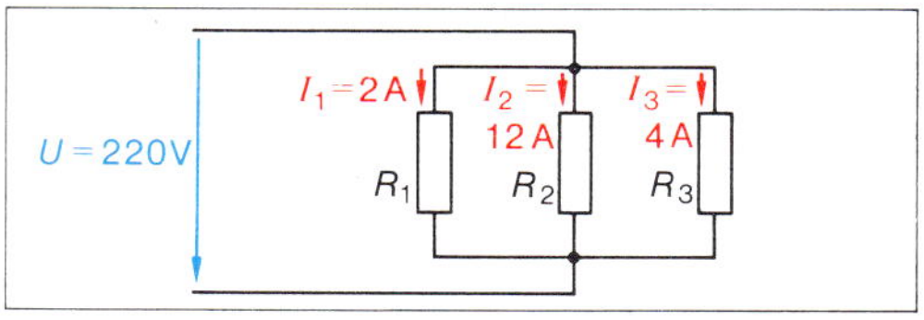

Abb. 2

13. Zu einem Widerstand von 0,33 Ω soll ein zweiter parallel geschaltet werden, so daß sich ein Gesamtwiderstand von 80 mΩ ergibt. Wie groß ist der zweite Widerstand?

14. a) Zeichnen Sie in ein I-U-Diagramm die Kennlinien der Einzelwiderstände $R_1 = 100\,\Omega$ und $R_2 = 200\,\Omega$ ($U = 10\,\text{V}$, 20 V und 30 V)!

b) Zeichnen Sie in das Diagramm die Kennlinie für den Gesamtwiderstand der Reihenschaltung!

c) Zeichnen Sie in das Diagramm die Kennlinie für den Gesamtwiderstand der Parallelschaltung!

15. Der Spannungsteiler der Abb. 3 enthält einen NTC-Widerstand, der sich aufgrund der Temperaturänderung von 100 Ω bis 165 Ω verändert. Zwischen welchen beiden Werten verändert sich die Größe des Widerstandes der Parallelschaltung?

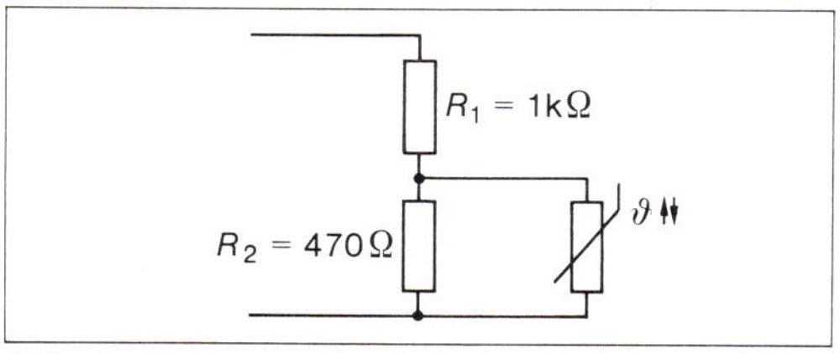

Abb. 3

16. Durch die Parallelschaltung eines zweiten Widerstandes zu einem Widerstand von $R_1 = 40\ \Omega$ soll sich die Gesamtstromstärke um 30% erhöhen. Berechnen Sie die Größe des zuschaltbaren Widerstandes, wenn die Schaltung an einer Spannung von 50 V liegt!

17. Zu einem Widerstand von 6,8 MΩ sollen zwei untereinander gleich große Widerstände parallel geschaltet werden, so daß der Gesamtwiderstand der Schaltung 2 MΩ beträgt. Wie groß sind die beiden zuschaltbaren Widerstände?

18. Von zwei parallel geschalteten Heizwiderständen, die an einer Spannung von 110 V liegen, fließt durch einen Widerstand ein Strom von 1,2 A. Der andere Widerstand hat einen Wert von 240 Ω. Wie groß ist die Stromstärke in der Zuleitung?

19. Vier parallel geschaltete Widerstände von 2,2 kΩ; 2,7 kΩ; 3,9 kΩ und 4,7 kΩ verursachen einen Gesamtstrom von 100 mA.

a) Wie groß ist die Spannung an den Widerständen?

b) Wie groß sind die Teilstromstärken?

20. Zwei Widerstände liegen in Reihe und an einer Gesamtspannung von 24 V. Die Teilspannungen verhalten sich wie 2:3. Es fließt ein Strom von 0,2 A.

a) Berechnen Sie die Größe der Einzelwiderstände!

b) Wie groß ist der Gesamtwiderstand der Schaltung, wenn die beiden Widerstände parallel geschaltet sind?

c) Wie verhalten sich die Teilströme zu den Widerständen bei der Parallelschaltung?

21. Gegeben ist die nachfolgend dargestellte Schaltung. Berechnen Sie die fehlenden Werte. Wie groß ist die Spannung, die an der Schaltung anliegt?

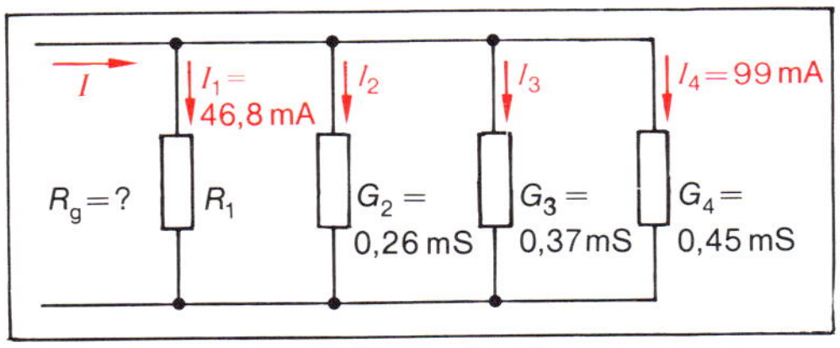

Abb. 4

▶ Mit einem Strommesser ($I_M = 10$ mA; $R_i = 10\ \Omega$) soll nach **Meßbereichserweiterung** ein Strom von höchstens 0,25 A gemessen werden. Welcher Nebenwiderstand R_{par} (Parallelwiderstand) ist zu wählen?

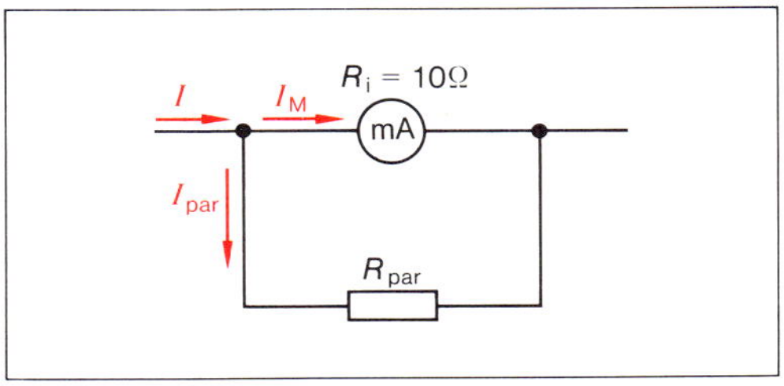

Abb. 5

Beispiellösung:

Gegeben: $R_i = 10\Omega$; $I_M = 10$ mA; $I = 0{,}25$ A;
Gesucht: R_{par}

$$\frac{R_{par}}{R_i} = \frac{I_M}{I_{par}};$$

$$I_{par} = I - I_M$$
$$I_{par} = 250\text{ mA} - 10\text{ mA}$$
$$I_{par} = 240\text{ mA}$$

$$R_{par} = \frac{I_M}{I_{par}} \cdot R_i$$

$$R_{par} = \frac{10\text{ mA}}{240\text{ mA}} \cdot 10\Omega$$

$$\underline{\underline{R_{par} = 417\text{ m}\Omega}}$$

22. Der Meßbereich eines Strommessers ($R_i = 2\Omega$; $I_M = 4$ A) soll auf 10 A erweitert werden. Welchen Wert muß der erforderliche Nebenwiderstand R_{par} erhalten? R_{par} soll aus Konstantandraht ($\varrho = 0{,}5\ \mu\Omega$m; $q = 0{,}5\text{ mm}^2$) hergestellt werden. Welche Drahtlänge ist erforderlich?

23. Gegeben ist die nachfolgende Schaltung. Welche Meßbereiche hat das Gerät?

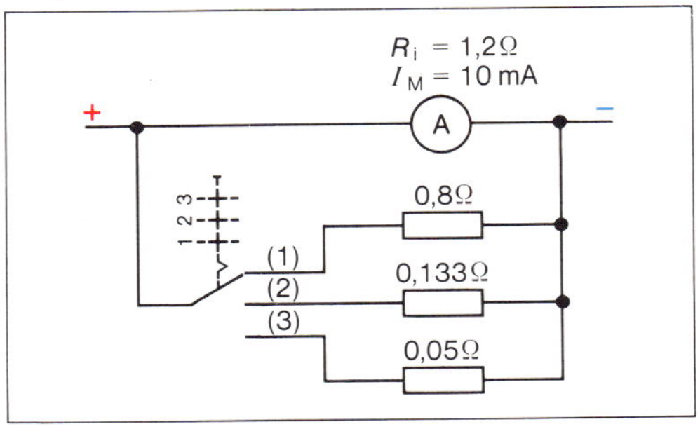

Abb. 6

24. Ein Strommesser ($R_i = 0{,}2\,\Omega$; $I_M = 1$ A) besitzt einen Nebenwiderstand $R_{par} = 0{,}022\,\Omega$. Welcher Strom I kann mit dem Gerät höchstens gemessen werden?

25. Ermitteln Sie die Widerstände $R_{par\,1}$, $R_{par\,2}$ und $R_{par\,3}$ der folgenden Schaltung!

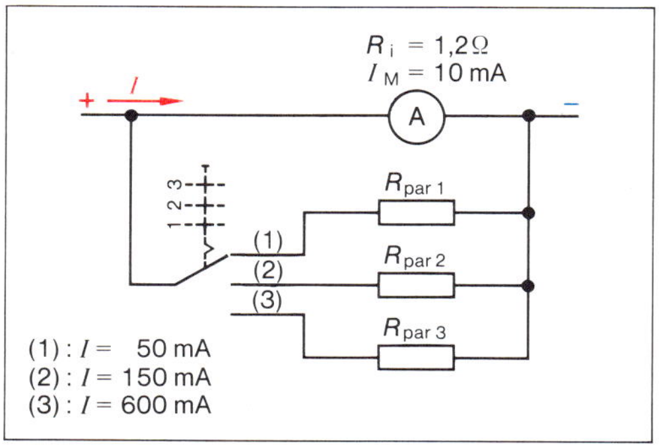

Abb. 1

26. Welche Größe müssen die Nebenwiderstände aus Aufgabe 25 haben, wenn folgende Meßbereiche erreicht werden sollen: $I_{(1)} = 100$ mA; $I_{(2)} = 250$ mA; $I_{(3)} = 600$ mA.

27. Welche Größe müssen die Nebenwiderstände aus Aufgabe 25 haben, wenn folgende Meßbereiche erreicht werden sollen: $I_{(1)} = 250$ mA; $I_{(2)} = 0{,}5$ A; $I_{(3)} = 0{,}75$ A?

28. Mit Hilfe der Schaltung aus Aufgabe 25 sollen folgende Meßbereiche eingerichtet werden:
$I_{(1)} = 2{,}5$ A; $I_{(2)} = 5$ A; $I_{(3)} = 7{,}5$ A.
Wie groß sind die Nebenwiderstände?

29. Gegeben ist die folgende Schaltung.
a) Welcher zusätzliche Widerstand ist zu R_{par} parallel zu schalten, damit Ströme bis 0,75 A gemessen werden können?
b) Der zusätzliche Widerstand soll aus Konstantandraht ($d = 0{,}75$ mm; $\varrho = 0{,}5\ \mu\Omega$m) hergestellt werden. Welche Drahtlänge ist erforderlich?

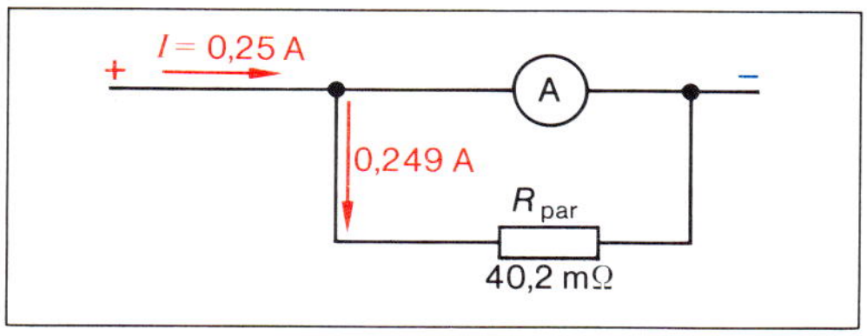

Abb. 2

6.3 Gruppenschaltung von Widerständen

► Berechnen Sie den Gesamtwiderstand des Meßgerätes (Abb. 3) in der gezeichneten Schalterstellung! Welcher Strom fließt bei Vollausschlag durch das Meßwerk?

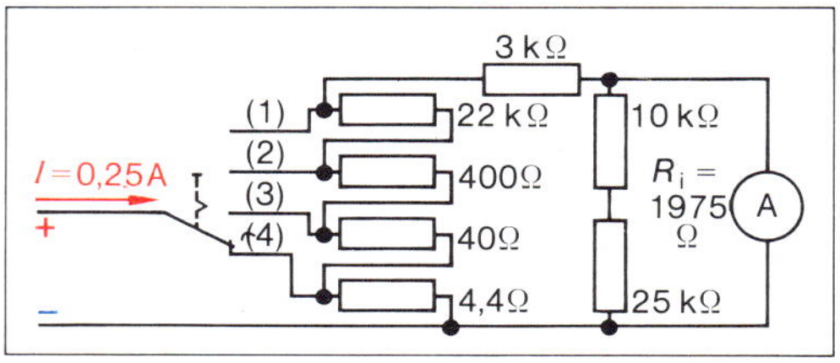

Abb. 3: Schaltungsauszug eines Vielfachmeßgerätes

Beispiellösung:

Gegeben: obenstehende Schaltung
Gesucht: R_g; I_M;

Umzeichnen der Schaltung (Ersatzschaltbild)

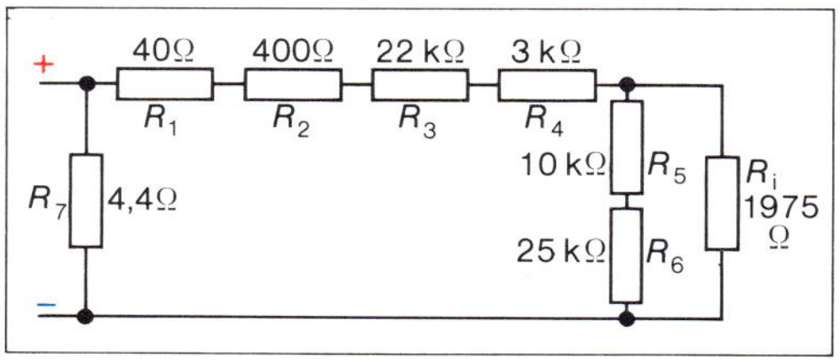

a) Berechnung des Gesamtwiderstandes:

- Reihenschaltung R_{I}:

$R_{\mathrm{I}} = R_1 + R_2 + R_3 + R_4$

$R_{\mathrm{I}} = 40\,\Omega + 400\,\Omega + 22\text{ k}\Omega + 3\text{ k}\Omega$

$\underline{\underline{R_{\mathrm{I}} = 25{,}44\text{ k}\Omega}}$

- Reihenschaltung R_{II}:

$R_{\mathrm{II}} = R_5 + R_6$

$R_{\mathrm{II}} = 10\text{ k}\Omega + 25\text{ k}\Omega$

$\underline{\underline{R_{\mathrm{II}} = 35\text{ k}\Omega}}$

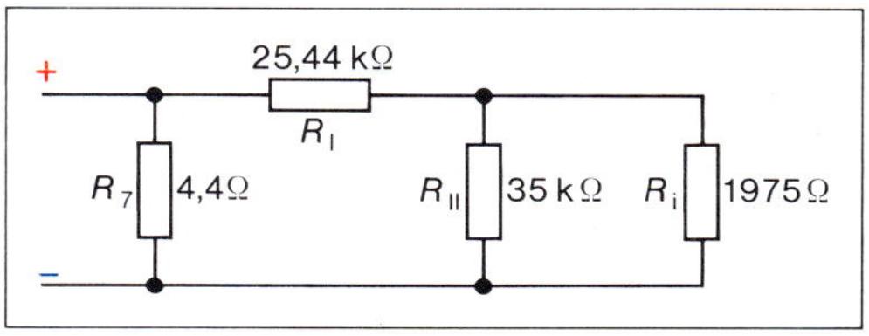

Vereinfachtes Ersatzschaltbild

- Parallelschaltung R_{III}:

$$\frac{1}{R_{III}} = \frac{1}{R_{II}} + \frac{1}{R_i}$$

$$\frac{1}{R_{III}} = \frac{1}{35\ \text{k}\Omega} + \frac{1}{1975\ \Omega}$$

$$\frac{1}{R_{III}} = 5{,}349 \cdot 10^{-4}\ \text{S}$$

$$R_{III} = \frac{1}{5{,}349 \cdot 10^{-4}\ \text{S}}; \quad \underline{\underline{R_{III} = 1{,}869\ \text{k}\Omega}}$$

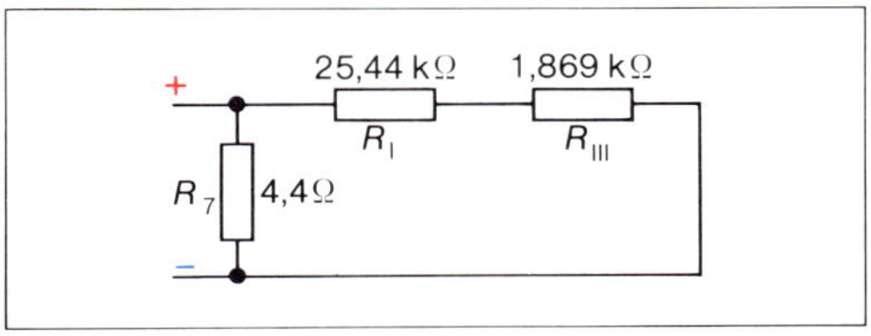

Vereinfachtes Ersatzschaltbild

- Reihenschaltung R_{IV}:

$R_{IV} = R_I + R_{III}$

$R_{IV} = 25{,}44\ \text{k}\Omega + 1{,}869\ \text{k}\Omega$

$\underline{\underline{R_{IV} = 27{,}309\ \text{k}\Omega}}$

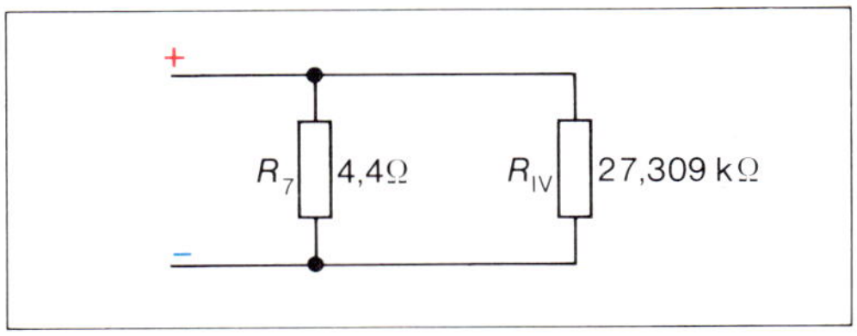

Vereinfachtes Ersatzschaltbild

- Parallelschaltung R_g:

$$\frac{1}{R_g} = \frac{1}{R_{IV}} + \frac{1}{R_7}$$

$$\frac{1}{R_g} = \frac{1}{27\,309\ \Omega} + \frac{1}{4{,}4\ \Omega}$$

$$\frac{1}{R_g} = 2{,}273 \cdot 10^{-1}\ \text{S}$$

$$R_g = \frac{1}{0{,}2273\ \text{S}}$$

$$\underline{\underline{R_g = 4{,}399\ \Omega}}$$

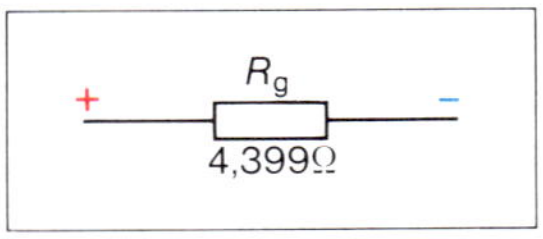

Im 0,25 A-Meßbereich beträgt der Gesamtwiderstand des Meßgerätes 4,399 Ω. (In der Meßtechnik werden Bauteile mit äußerst geringen Toleranzen verwendet. Deshalb ist es hier sinnvoll, mit drei Stellen nach dem Komma zu rechnen!)

b) Berechnung des Stromes durch das Meßwerk bei Vollausschlag

- Berechnung des Stromes durch R_{IV}:

$$\frac{I_{IV}}{I} = \frac{R_g}{R_{IV}}$$

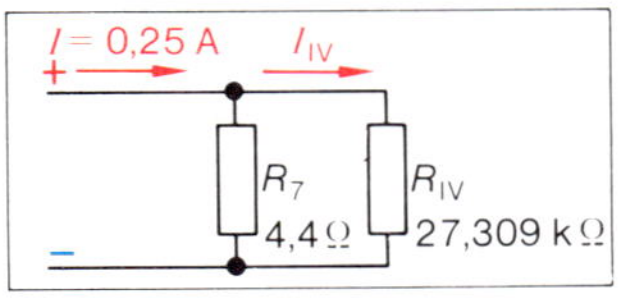

$$I_{IV} = \frac{R_g}{R_{IV}} \cdot I$$

$$I_{IV} = \frac{4{,}399\ \Omega}{27{,}309\ \text{k}\Omega} \cdot 0{,}25\ \text{A}$$

$$\underline{\underline{I_{IV} = 40{,}27 \cdot 10^{-6}\ \text{A}}}$$

- Berechnung von I_M:

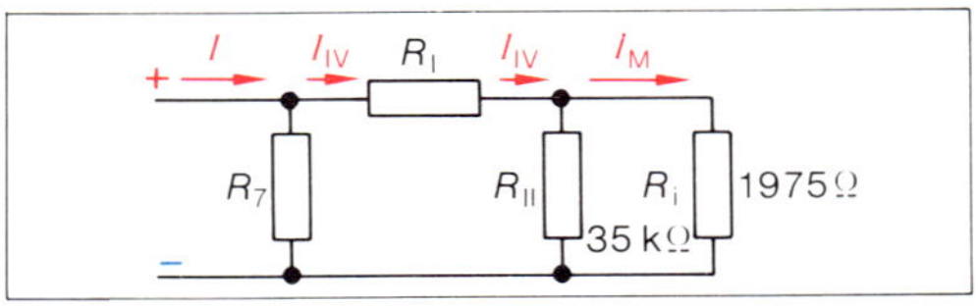

$$\frac{I_M}{I_{IV}} = \frac{R_{III}}{R_i} \qquad (I_{IV} = I_{III})$$

$$I_M = \frac{R_{III}}{R_i} \cdot I_{IV}$$

$$I_M = \frac{1869\ \Omega}{1975\ \Omega} \cdot 40{,}27 \cdot 10^{-6}\ \text{A}$$

$$\underline{\underline{I_M = 38{,}1\ \mu\text{A}}}$$

Der Strom durch das Meßwerk (R_i) beträgt bei Vollausschlag 38,1 µA.

Aufgaben

1.

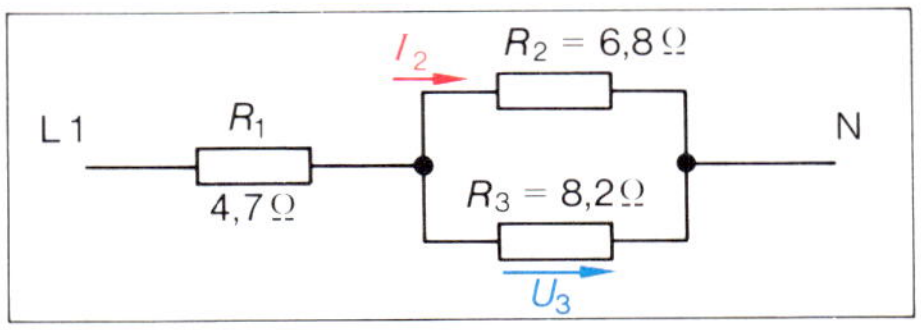

Berechnen Sie R_g; I_2 und U_3!

2.

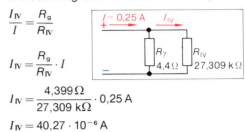

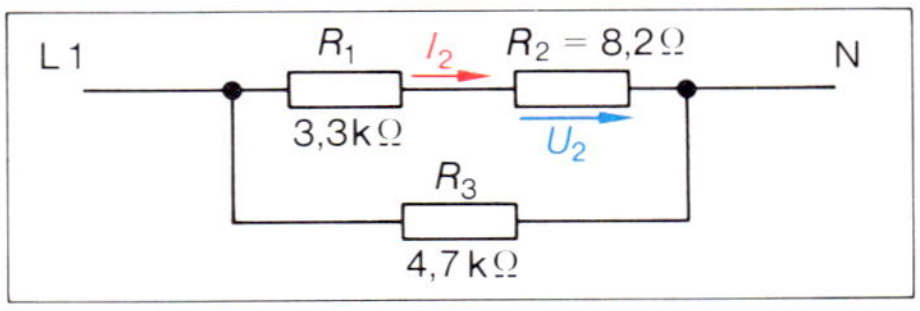

Berechnen Sie R_g; I_2 und U_2!

3. Abb. 1 zeigt den vereinfachten Schaltungsausschnitt eines Vielfachmeßgerätes. Welche Spannung kann mit dem Gerät höchstens gemessen werden?

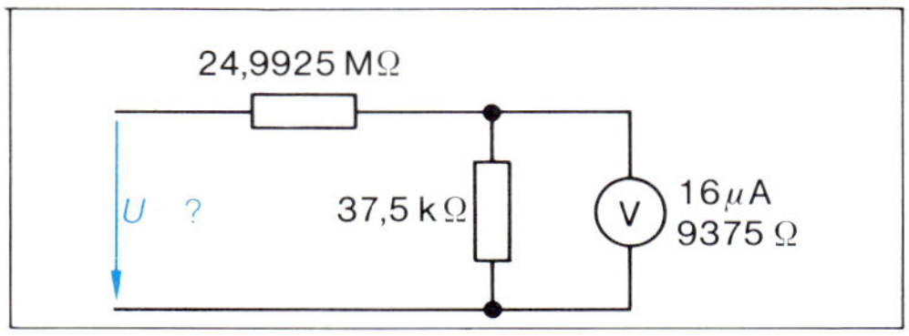

Abb. 1

4. Welcher Strom kann mit dem Meßgerät in Abb. 2 (vereinfachter Schaltungsauszug) höchstens gemessen werden?

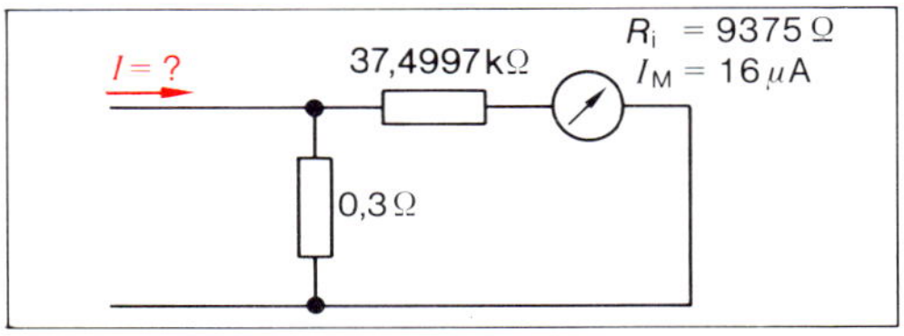

Abb. 2

5. Wie groß sind U_3 und I_3 in Abb. 3? Welchen Wert nimmt U_3 an, wenn R_2 aus der Schaltung entfernt wird?

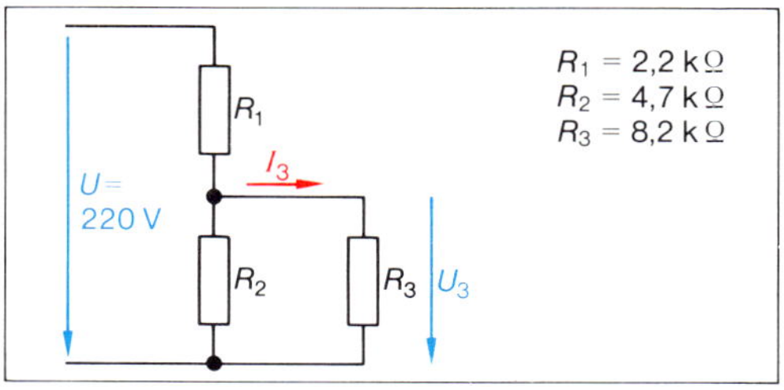

Abb. 3

6. Ermitteln Sie den Wert von U_2 in Abb. 4 bei geöffnetem und geschlossenem Schalter!

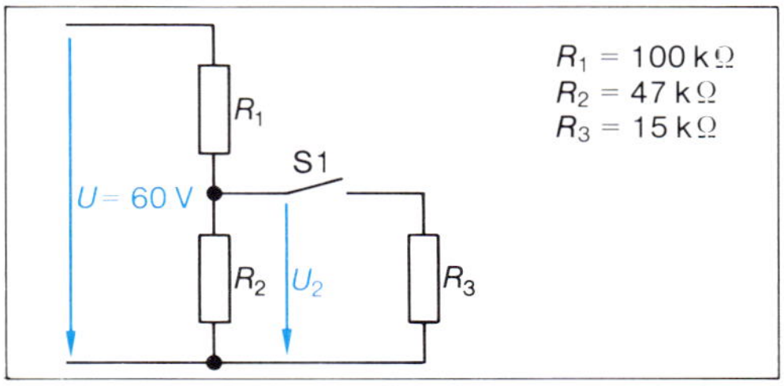

Abb. 4

7. Gegeben ist die nachfolgende Schaltung.
a) Welche Werte nimmt U_2 an, wenn sich die Umgebungstemperatur des Heißleiters von 20 °C ... 80 °C ändert? (Bestimmung für 10er-Werte; Heißleiterkennlinie Abb. 6).
b) Stellen Sie den Verlauf von U_2 grafisch dar!

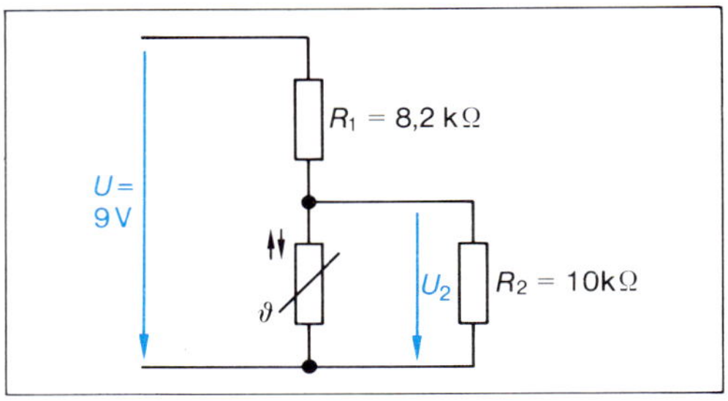

Abb. 5

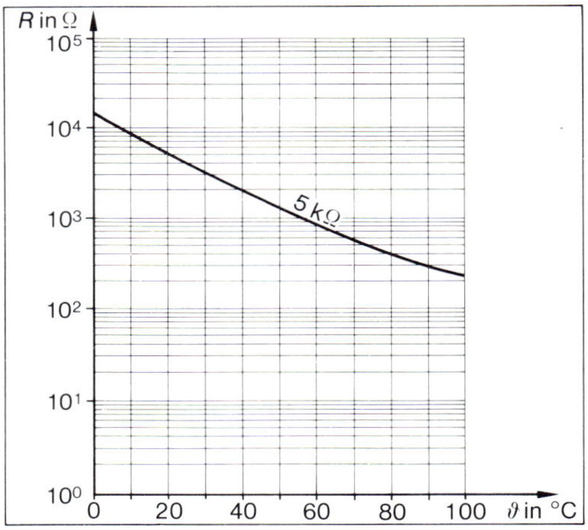

Abb. 6

8. Die Spannung U_2 in Abb. 7 soll bestimmt werden.
a) Welcher Wert ergibt sich, wenn S 1 geöffnet ist?
b) Welchen Wert zeigt das Meßgerät bei geschlossenem Schalter an?
c) Welche Spannung U_2 würde angezeigt, wenn ein anderes Meßgerät mit $R_k = 20\ \frac{k\Omega}{V}$ verwendet würde?
d) Erläutern Sie die gefundenen Ergebnisse!
e) Erklären Sie mit Hilfe der vorliegenden Ergebnisse, weshalb ein Spannungsmeßgerät einen möglichst hohen Innenwiderstand besitzen soll!

$R_1 = 150\,\text{k}\Omega$
$R_2 = 18\,\text{k}\Omega$
$U = 220\,\text{V}$

$R_k = 333\,\frac{\Omega}{V}$
$U_M = 30\,\text{V}$

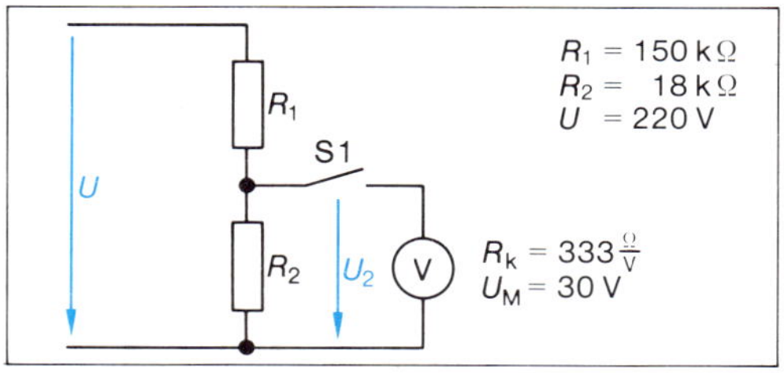

Abb. 7

9. Ermitteln Sie R_1; R_2; R_3 und R_g der Schaltung nach Abb. 8!

$U_2 = 10\,\text{V}$
$I_2 = 10\,\text{mA}$

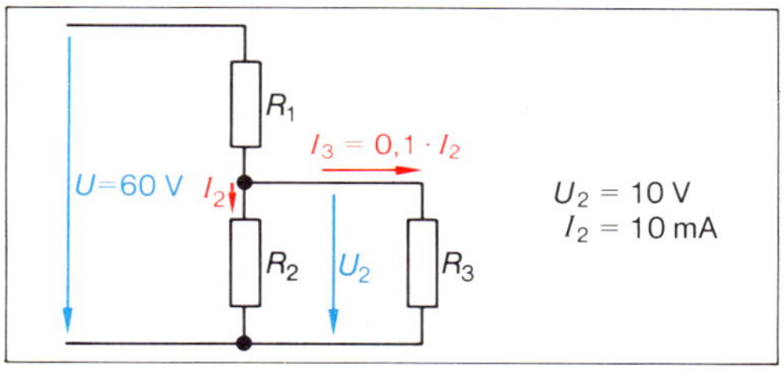

Abb. 8

10. Abb. 9 zeigt einen Ausschnitt aus einer Transistorschaltung. Dabei verhält sich der Transistor wie der gestrichelt gezeichnete Widerstand. Ermitteln Sie R_1 und R_2!

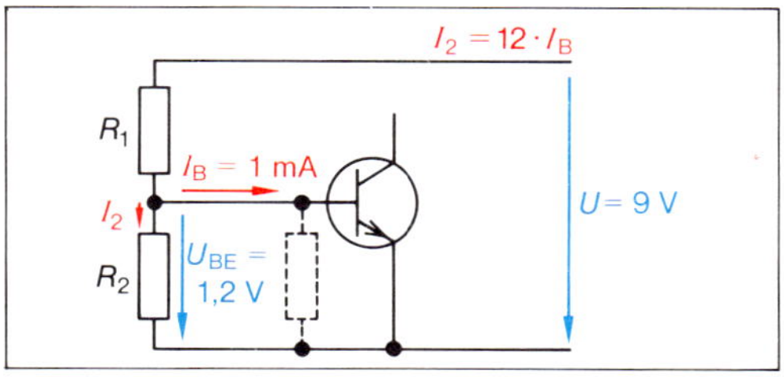

Abb. 9

11. Die Schaltung in Abb. 10 liegt an einer Spannung von 220 V. Berechnen Sie Ströme und Spannungen an allen Widerständen!

$R_1 = 47\,\Omega$
$R_2 = 68\,\Omega$
$R_3 = 82\,\Omega$
$R_4 = 30\,\Omega$
$R_5 = 120\,\Omega$

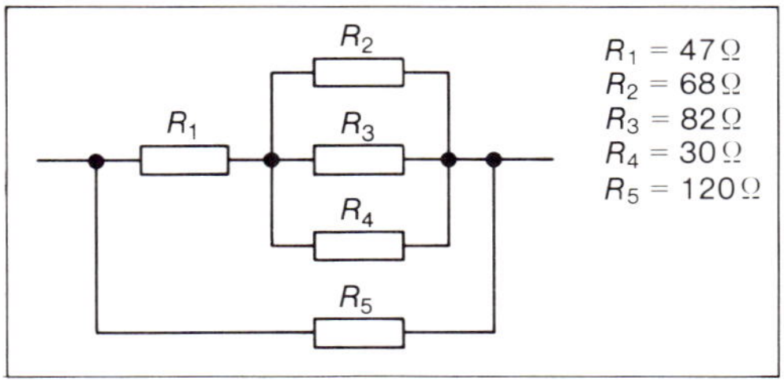

Abb. 10

12. Abb. 11 zeigt das Widerstandsersatzschaltbild eines Gleichstrom-Nebenschlußmotors. Ermitteln Sie den Wert des erforderlichen Anlaßwiderstandes R_1, wenn der Anlaufstrom den 1,5fachen Wert des Nennstromes I_N nicht überschreiten soll!

$R_w = 0,8\,\Omega$
$R_a = 1,2\,\Omega$
$R_f = 200\,\Omega$
$I_N = 8\,\text{A}$

$R_1 =$ Anlaßwid.

$R_w =$ Wid. der Wendepolwicklg.

$R_a =$ Wid. der Ankerwicklung

$R_f =$ Widerstand der Feldwicklung

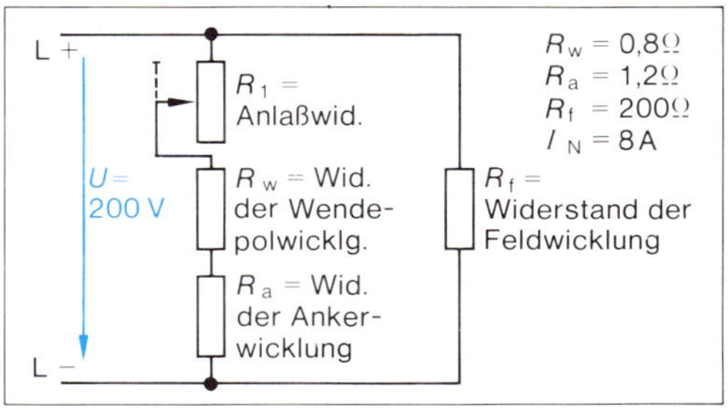

Abb. 11

13. Gegeben ist eine Schaltung nach Abb. 12. Die Schaltung liegt an 150 V.
a) Berechnen Sie den Gesamtwiderstand!
b) Welche Werte haben Strom und Spannung an R_7?

$R_n = 3,3\,\text{k}\Omega$

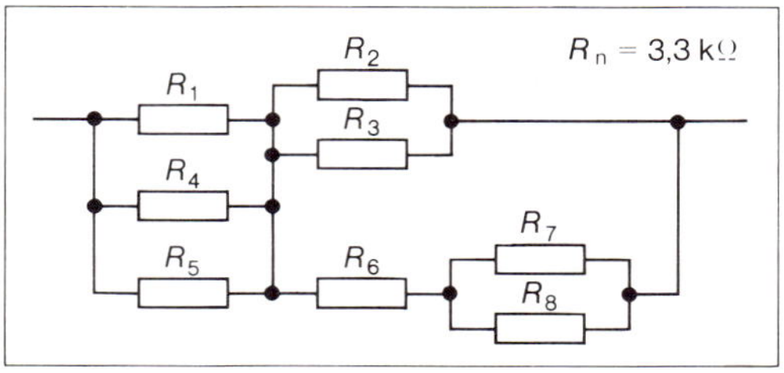

Abb. 12

14. In der Schaltung nach Abb. 13 haben die Widerstände $R_1 \ldots R_4$ jeweils einen Wert von $560\,\Omega$. $R_5 \ldots R_7$ betragen je $470\,\Omega$. R_8 und R_9 haben je $330\,\Omega$.
a) Berechnen Sie den Gesamtwiderstand der Schaltung!
b) Ermitteln Sie Strom und Spannung an R_6!

$U = 380\,\text{V}$

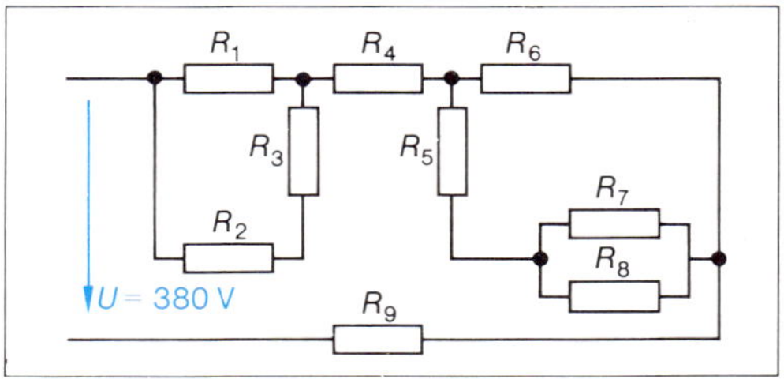

Abb. 13

15. Gegeben ist die Schaltung in Abb. 1.
a) Berechnen Sie den Gesamtwiderstand!
b) Welche Spannung liegt an R_8?
c) Welcher Strom fließt durch R_{10}?
d) Wie groß wird der Gesamtwiderstand, wenn R_6 überbrückt wird?

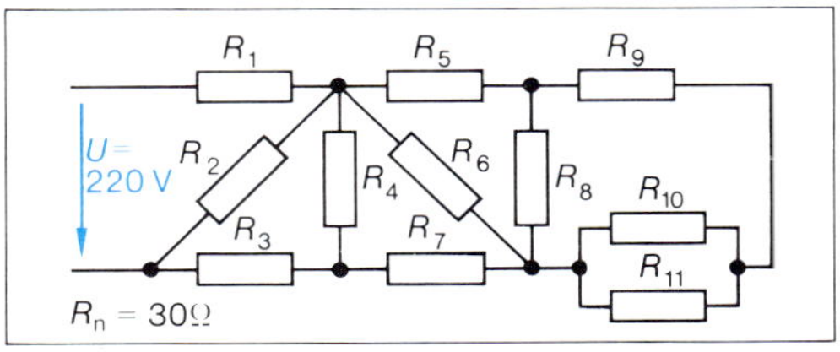

Abb. 1

16. Gegeben ist die Schaltung nach Abb. 2.
a) Berechnen Sie den Gesamtwiderstand der Schaltung!
b) Ermitteln Sie den Gesamtstrom I!
c) Ermitteln Sie die Ströme und Spannungen an allen Widerständen!
d) Wie groß ist der Strom durch die Verbindung A–B und welche Richtung hat er?

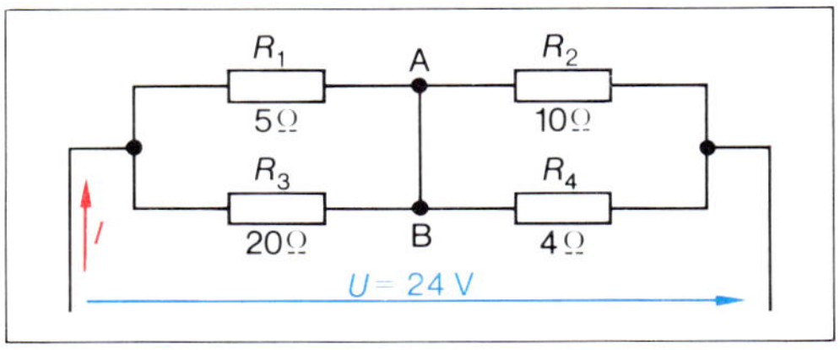

Abb. 2

17. Gegeben ist die nachfolgende Schaltung (Abb. 3).
a) Berechnen Sie den Gesamtwiderstand und den Gesamtstrom!
b) Ermitteln Sie die Ströme und Spannungen an jedem Einzelwiderstand!
c) Wie groß ist die Spannung U_{AB}?
d) Wie bezeichnet man die Schaltungen aus Aufgabe 16 und 17?

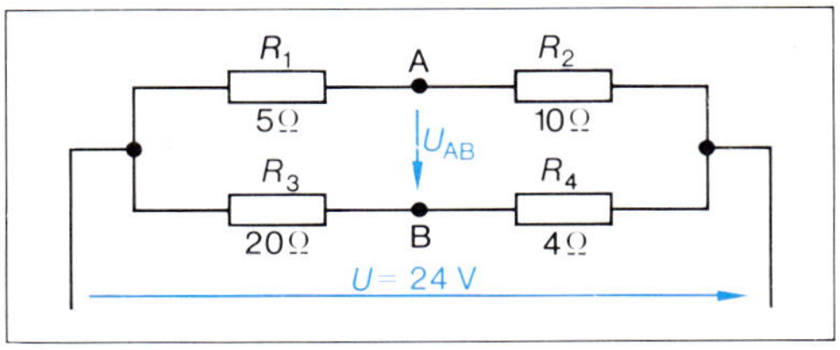

Abb. 3

18. Abb. 4 zeigt eine Schaltung zur Temperaturmessung mit einem in °C geeichten Spannungsmesser. Für die folgende Berechnung soll angenommen werden, daß der Innenwiderstand des Spannungsmessers unendlich groß ist.
a) Berechnen Sie den Verlauf von U_{AB} in Zehnerschritten für Temperaturen von 0 °C ... 80 °C! (NTC-Kennlinie siehe S. 56)
b) Stellen Sie den Verlauf von U_{AB} grafisch dar!

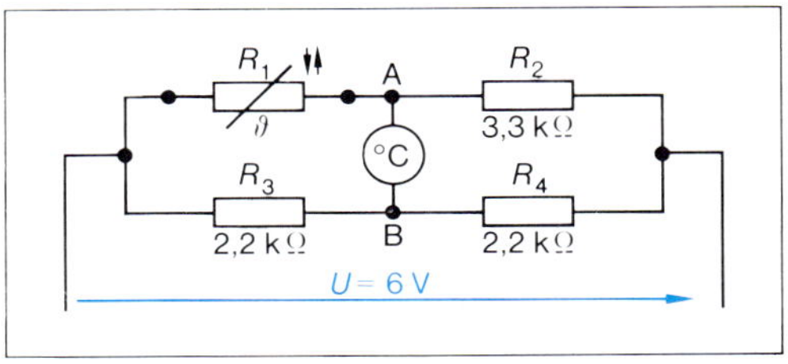

Abb. 4

19. Gegeben ist die nachfolgende Schaltung.
a) Wie groß ist der Strom durch R_5? (Lösungshinweis: Berechnen Sie zunächst U_{BD} ohne Berücksichtigung von R_5.)
b) Begründen Sie das Ergebnis!
c) Wie groß ist das Verhältnis von R_1 zu R_2 und R_3 zu R_4?

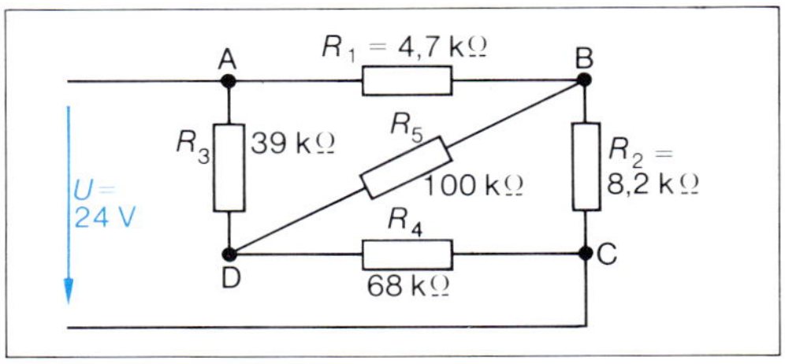

Abb. 5

20. Gegeben ist die nachfolgende Schaltung (Abb. 6). Welche Spannung wird durch den Spannungsmesser angezeigt?

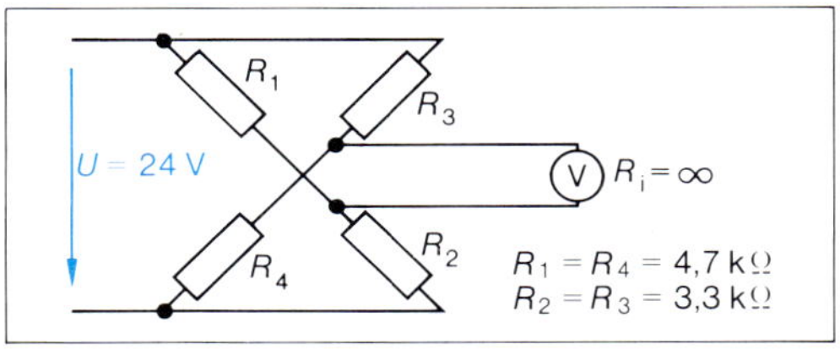

Abb. 6

21. Abb. 7 zeigt eine Schaltung zur Messung der magnetischen Flußdichte B.
a) Berechnen Sie U_{AB} für eine Flußdichte von 0 T; 0,5 T; 1 T; 1,5 T und 2 T (Kennlinie des MDR siehe S. 59).
b) Stellen Sie den prinzipiellen Verlauf von U_{AB} grafisch dar!

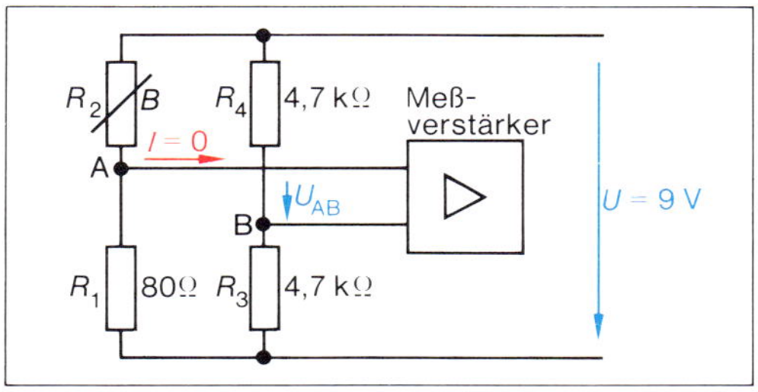

Abb. 7

22. Berechnen Sie die Stromstärke durch den Widerstand R_5, wenn zur Schaltung folgende Werte gegeben sind: $R_1 = 100\,\Omega$; $R_2 = 200\,\Omega$; $R_3 = 300\,\Omega$; $R_4 = 400\,\Omega$; $R_5 = 500\,\Omega$.

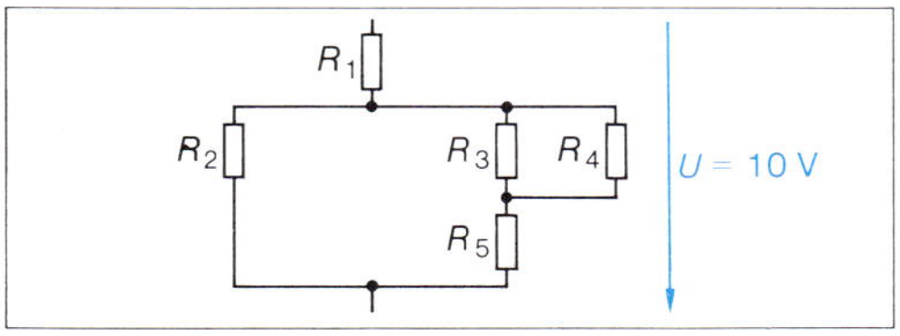

Abb. 8

23. Berechnen Sie den Gesamtwiderstand der Schaltung!

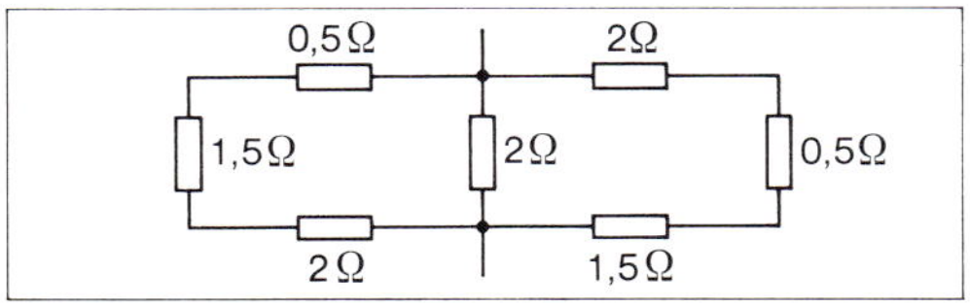

Abb. 9

24. Wie groß ist die Spannung zwischen den Punkten A und B der Schaltung?

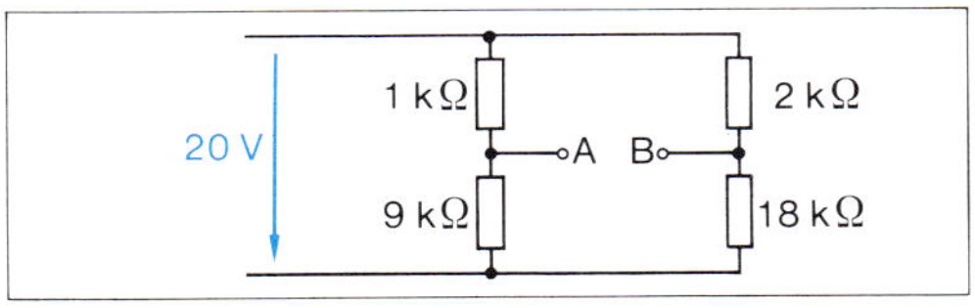

Abb. 10

25. Berechnen Sie für den Spannungsteiler in der Abb. 11 für drei verschiedene Belastungsfälle die Spannung U_L und den Strom I_L!
$R_{L1} = 10\ \Omega$; $R_{L2} = 100\ \Omega$; $R_{L3} = 820\ \Omega$

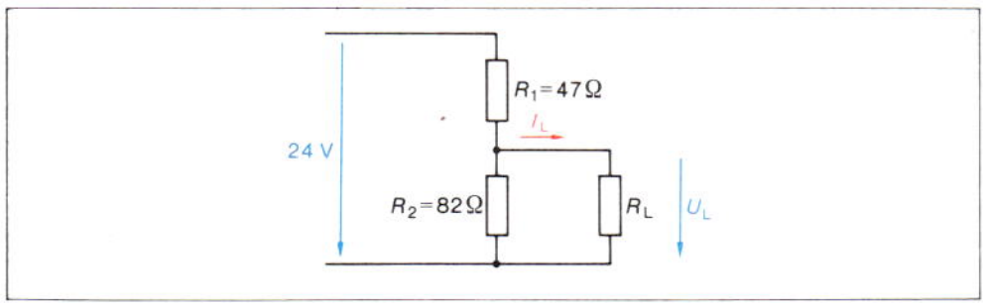

Abb. 11

26. Mit dem Spannungsmeßgerät wird die Spannung am 60 kΩ-Widerstand gemessen. Das Meßgerät besitzt einen Innenwiderstand von 120 kΩ. Welcher Spannungswert wird vom Meßgerät angezeigt?

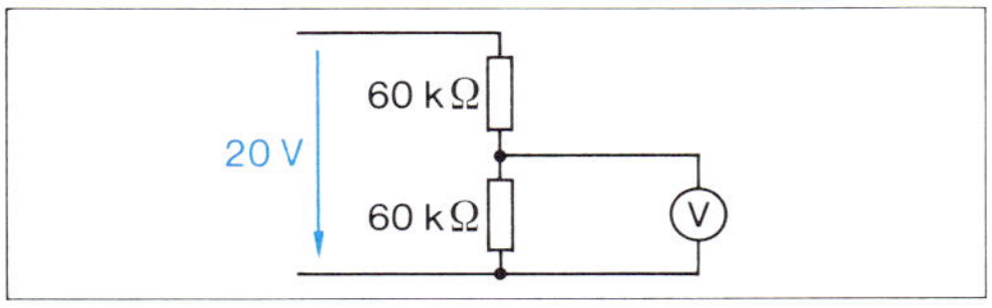

Abb. 12

27. In folgender Abb. werden drei Widerstände durch einen Schalter verschiedenartig zusammengeschaltet. Berechnen Sie für jede Schalterstellung den Gesamtstrom!

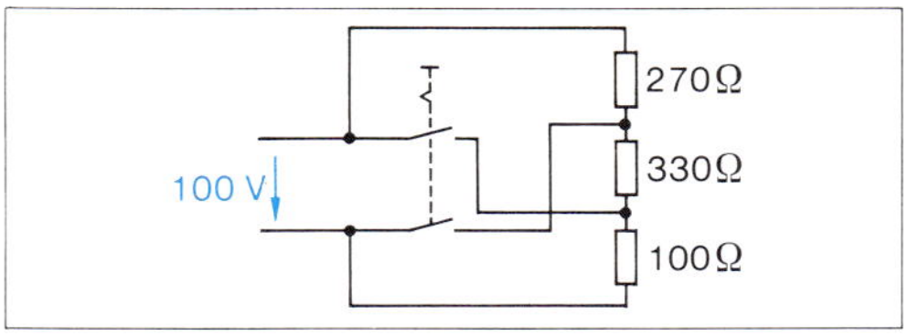

Abb. 13

28. Gegeben ist die nachfolgende Schaltung.
a) Berechnen Sie den Gesamtwiderstand!
b) Welcher Strom fließt durch R_9?
c) Wie groß ist die Spannung an R_8?
d) Wie ändert sich der Gesamtwiderstand, wenn R_6 unendlich hoch wird.
e) Welche Leistung nimmt R_7 auf?

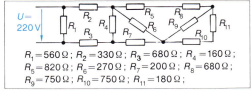

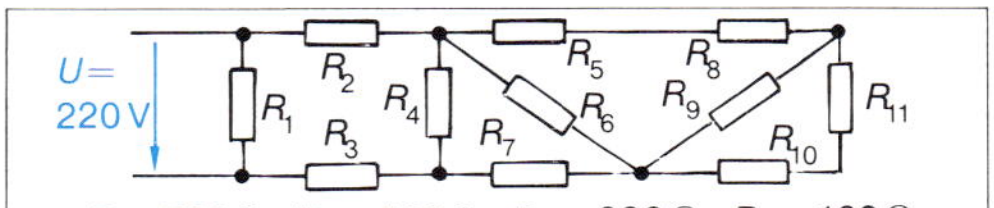

$R_1 = 560\,\Omega$; $R_2 = 330\,\Omega$; $R_3 = 680\,\Omega$; $R_4 = 160\,\Omega$;
$R_5 = 820\,\Omega$; $R_6 = 270\,\Omega$; $R_7 = 200\,\Omega$; $R_8 = 680\,\Omega$;
$R_9 = 750\,\Omega$; $R_{10} = 750\,\Omega$; $R_{11} = 180\,\Omega$;

Abb. 14

6.4 Bestimmung von Widerständen

► Der Wert eines unbekannten Widerstandes R_x soll mit Hilfe der abgeglichenen Brückenschaltung in Abb. 1 ermittelt werden. Welchen Wert hat der Widerstand?

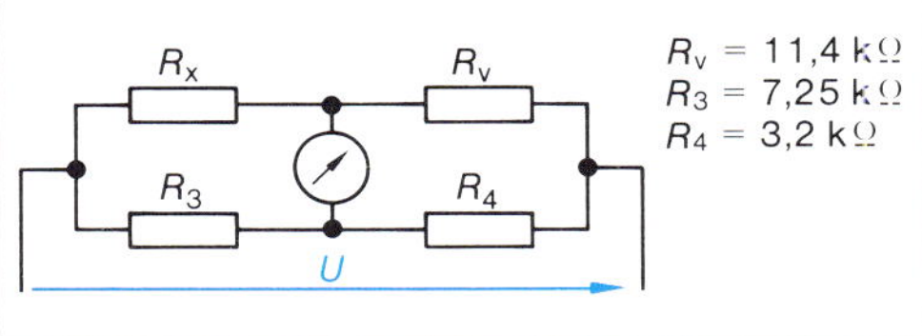

Abb. 1

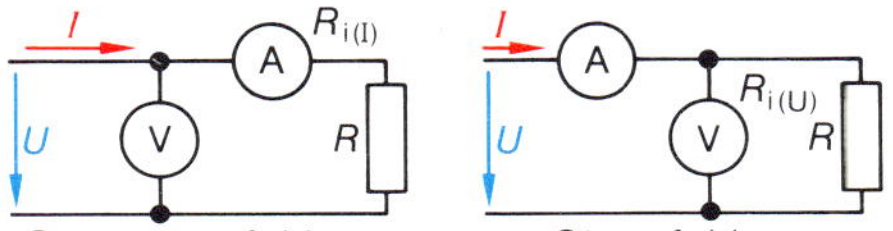

Spannungsfehlerschaltung

$$R = \frac{U - I \cdot R_{i(I)}}{I}$$

Stromfehlerschaltung

$$R = \frac{U}{I - \frac{U}{R_{i(U)}}}$$

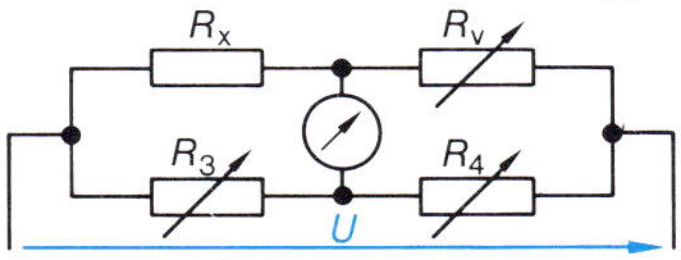

Brückenschaltung

Abgleichbedingung: $\frac{R_x}{R_v} = \frac{R_3}{R_4}$ $\qquad R_x = \frac{R_3}{R_4} \cdot R_v$

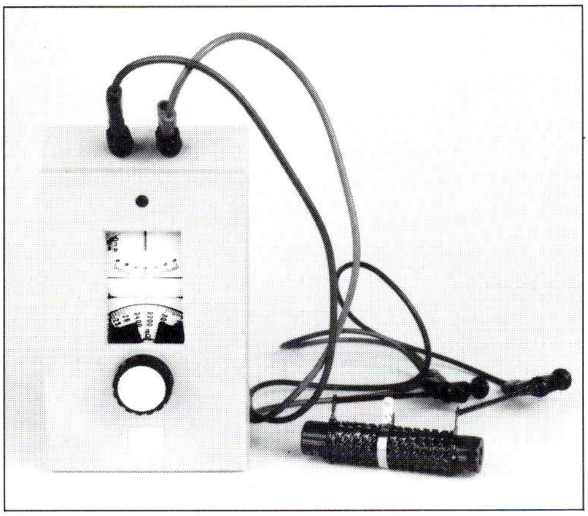

Abb. 2: Meßbrücke nach Wheatstone

Beispiellösung:

Gegeben: $R_v = 11{,}4\ \text{k}\Omega$; $R_3 = 7{,}25\ \text{k}\Omega$; $R_4 = 3{,}2\ \text{k}\Omega$

Gesucht: R_x

$$R_x = \frac{R_3}{R_4} \cdot R_v$$

$$R_x = \frac{7{,}25\ \text{k}\Omega}{3{,}2\ \text{k}\Omega} \cdot 11{,}4\ \text{k}\Omega$$

$$\underline{\underline{R_x = 25{,}83\ \text{k}\Omega}}$$

► In einem Ortsverbindungskabel des Telefonnetzes hat eine Ader Erdschluß (Abb. 3). Mit Hilfe einer Brückenschaltung (Meßverfahren nach Murray) wird der Fehlerort indirekt ermittelt. In welcher Entfernung vom Meßort liegt der Fehler, wenn das Brückeninstrument bei den angegebenen Werten von R_1 und R_2 keinen Ausschlag zeigt?

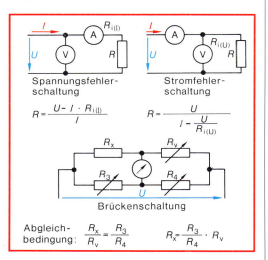

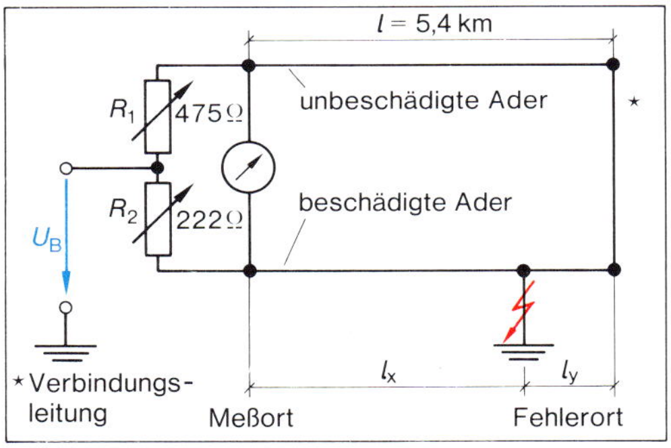

Abb. 3

Beispiellösung:

Gegeben: $l = 5{,}4\ \text{km}$; $R_1 = 475\ \Omega$; $R_2 = 222\ \Omega$

Gesucht: l_x

Bei gleichartigen Leitungen (gleicher Querschnitt, gleiches Material, gleiche Temperatur) verhalten sich die Leitungslängen wie die zugehörigen Widerstände. Daher gilt:

$$\frac{R_1}{l + l_y} = \frac{R_2}{l_x}; \qquad l_y = l - l_x$$

$$\frac{R_1}{l + l - l_x} = \frac{R_2}{l_x} \qquad \frac{R_1}{R_2} = \frac{2l - l_x}{l_x}$$

$$\frac{R_1}{2l - l_x} = \frac{R_2}{l_x} \qquad \frac{R_1}{R_2} = \frac{2l}{l_x} - 1$$

$$\frac{R_1}{R_2}+1 = \frac{2l}{l_x}$$

$$\frac{R_1+R_2}{R_2} = \frac{2l}{l_x}$$

$$l_x = \frac{R_2}{R_1+R_2}\cdot 2l$$

$$l_x = \frac{222\,\Omega}{475\,\Omega+222\,\Omega}\cdot 10\,800\ \text{m}$$

$$\underline{\underline{l_x = 3439{,}89\ \text{m}}}$$

Aufgaben

1. Der Wert eines unbekannten Widerstandes soll mit Hilfe der Spannungsfehlerschaltung bestimmt werden. Der Strommesser hat einen Innenwiderstand von 2 Ω, und es wird ein Strom von 22 mA angezeigt. Welchen Wert hat der unbekannte Widerstand, wenn mit einer Spannung von 9 V gemessen wird?

2. Gegeben ist die folgende Schaltung (Abb. 4). Bestimmen Sie die Größe des gesuchten Widerstandes!

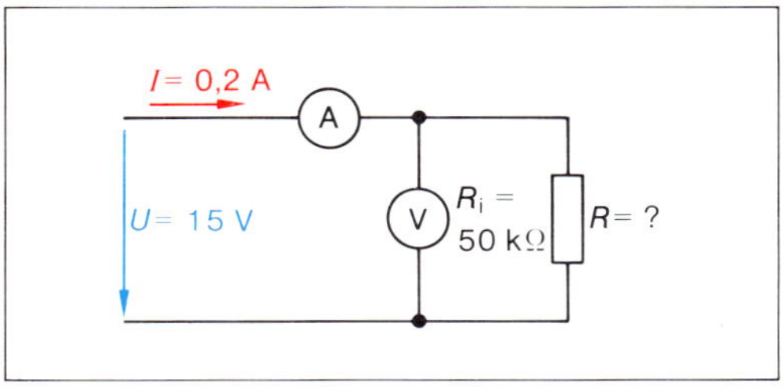

Abb. 4

3. Der Widerstand eines Telegrafenrelais soll durch Strom- und Spannungsmessung bestimmt werden. Der Innenwiderstand des Spannungsmessers beträgt 100 kΩ (Meßbereich: 60 V). Mit dem Strommesser (Meßbereich: 30 mA) wird bei einer Spannung von 60 V ein Strom von 20,6 mA gemessen.
a) Wie groß ist der unkorrigierte Wert des gesuchten Widerstandes?
b) Wie groß ist der korrigierte Wert?
c) In welchem Bereich bewegt sich der wahre Wert des Widerstandes, wenn Strom- und Spannungsmesser jeweils das Klassenzeichen 0,3 tragen?

4. Gegeben ist die nachfolgende Schaltung (Abb. 5). Welche Größe hat der gesuchte Widerstand?

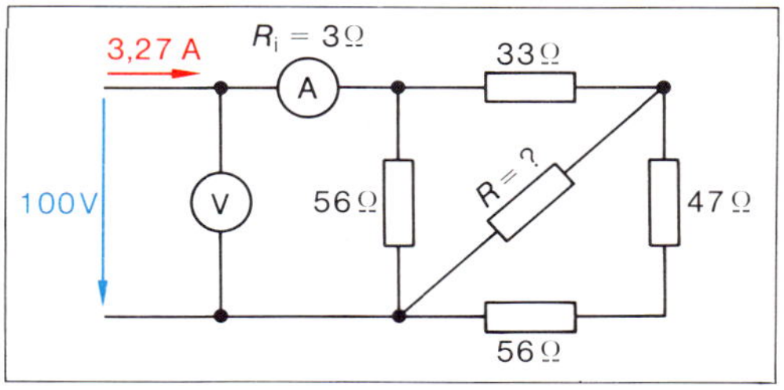

Abb. 5

5. Mit einer Brückenschaltung wird der Wert eines unbekannten Widerstandes ermittelt. Bei Brückenabgleich gilt: $R_v = 26{,}8$ kΩ; $R_3 = 47$ kΩ und $R_4 = 68$ kΩ.
Welchen Wert hat der gesuchte Widerstand?

6. Der Widerstand der unbeschädigten Feldwicklung eines Motors beträgt 40 Ω. Bei der Messung mit einer Meßbrücke ergaben sich folgende Werte: $R_v = 48\,\Omega$; $R_3 = 60\,\Omega$ und $R_4 = 85\,\Omega$. Ermitteln Sie, ob die Feldwicklung noch unbeschädigt ist!

7. Der Fehlerort eines Erdschlusses in einem Ortsverbindungskabel soll mit Hilfe der Meßschaltung nach Abb. 6 ermittelt werden. Der Aderdurchmesser beträgt 0,6 mm (Material: Kupfer).
a) Berechnen Sie den Widerstand einer Ader der Länge l bei 8 °C (Bodentemperatur).
b) Ermitteln Sie die Abgleichbedingung der Brückenschaltung (Hinweis: Berücksichtigen Sie an Stelle der Längenangaben die entsprechenden Widerstände.).
c) Berechnen Sie den Abstand des Fehlerorts vom Kabelanfang!

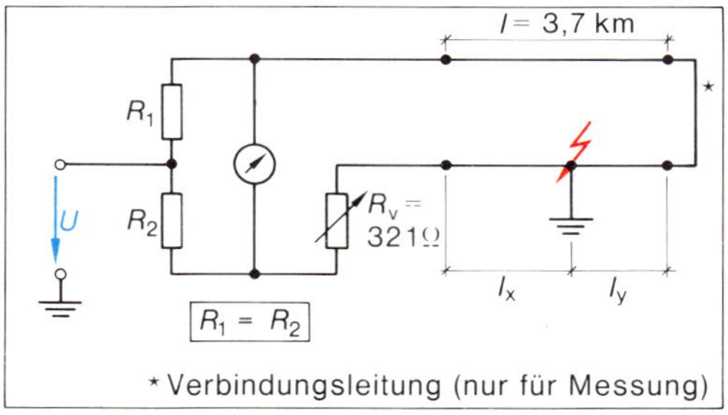

Abb. 6

8. Eine Ader eines 4-Leiter-Kupferkabels weist einen Erdschluß auf. Das Kabel hat eine Länge von 14 km und einen Querschnitt von 4 mal 50 mm². Die Entfernung des Fehlerorts vom Kabelanfang soll mit der Meßmethode nach Murray ermittelt werden. Es ergeben sich dabei folgende Werte: $R_1 = 935\,\Omega$; $R_2 = 763\,\Omega$.

a) Ermitteln Sie den Abstand des Fehlerorts von Kabelanfang.

b) Berechnen Sie den der Srecke l_x entsprechenden Widerstand bei einer Kabeltemperatur von 8 °C! (Der Übergangswiderstand Kabel–Erde wird vernachlässigt.)

9. Der Ort einer Aderberührung kann mit Hilfe der Meßschaltung in Abb. 1 ermittelt werden.

a) Ermitteln Sie die Abgleichbedingung der in Abb. 1 dargestellten Brückenschaltung, wenn der Übergangswiderstand zwischen den Adern zu vernachlässigen ist!

b) Berechnen Sie die Entfernung l_x!

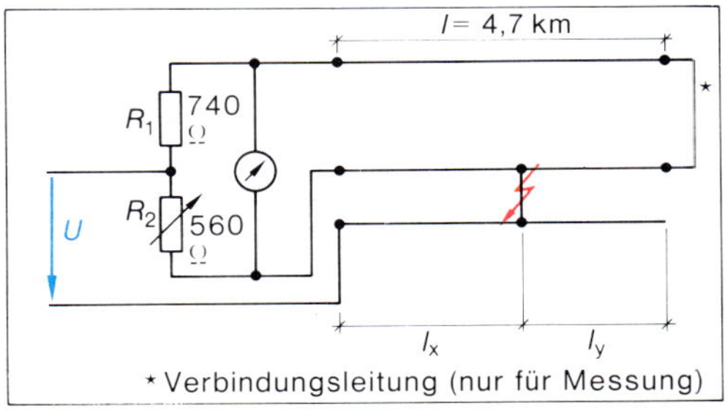

Abb. 1

10. Gegeben ist die nachfolgende Brückenschaltung.

Welchen Wert hat R_x, wenn die Brücke abgeglichen ist?

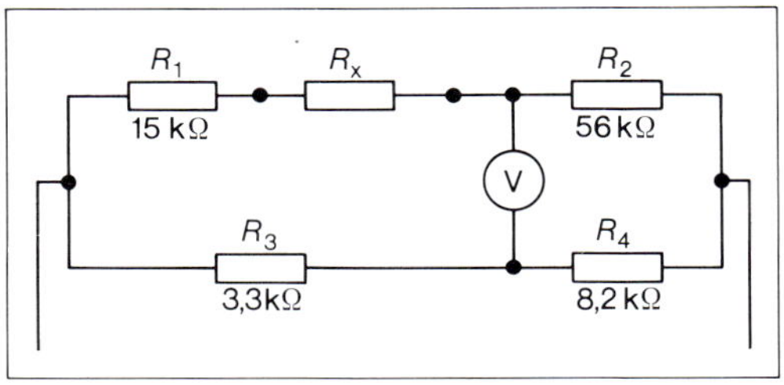

Abb. 2

11. Die nachfolgend dargestellte Brückenschaltung wird zur Bestimmung des Innenwiderstandes von Meßinstrumenten verwendet. R_4 wird dabei so lange verändert, bis das Öffnen und Schließen des Tasters keine Veränderung des Zeigerausschlages bei dem Meßgerät mehr bewirkt. Die Schaltung ist dann abgeglichen.

Ermitteln Sie den Innenwiderstand des Strommessers in der dargestellten Schaltung!

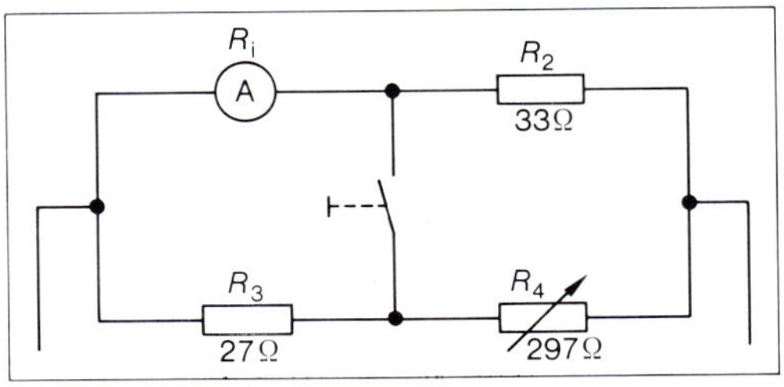

Abb. 3

12. Wie groß ist der Innenwiderstand der Spannungsquelle in Abb. 4? (Abgleichvorgang verläuft wie in Aufgabe 11.)

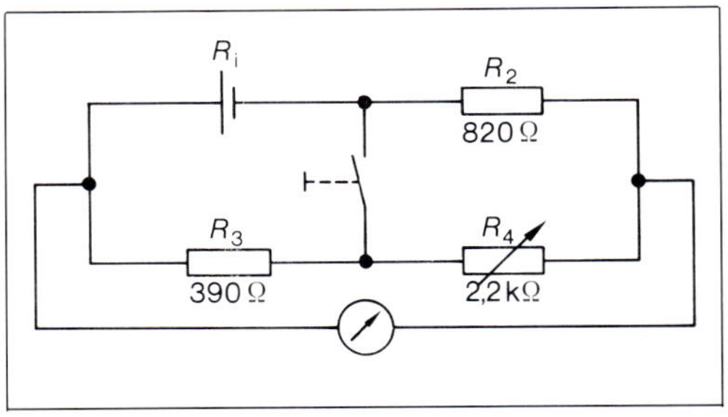

Abb. 4

13. Der Innenwiderstand einer Spannungsquelle wird mit Hilfe der Schaltung aus Abb. 4 ermittelt. Berechnen Sie den Wert des Innenwiderstands, wenn sich nach Brückenabgleich folgende Widerstandswerte ergeben:

$R_2 = 390\,\Omega$; $R_3 = 680\,\Omega$; $R_4 = 4{,}7\,\text{k}\Omega$!

14. Welchen Wert hat der Innenwiderstand des Strommessers aus Abb. 3, wenn nach Abgleich folgende Widerstände ermittelt werden:

$R_2 = 18\,\Omega$; $R_3 = 56\,\Omega$; $R_4 = 620\,\Omega$!

7 Elektrische Arbeit und Leistung, Wirkungsgrad

7.1 Elektrische Arbeit

▶ Bei einer Spannung von 6 V fließt durch einen Verbraucher während der Zeit 2,5 h eine Stromstärke von 0,4 A.

a) Berechnen Sie die elektrische Arbeit!
b) Stellen Sie die elektrische Arbeit in einem Schaubild dar!

Elektrische Arbeit W

$W = U \cdot I \cdot t$ $\qquad [W] = \text{VAs}$

$[W] = \text{Ws}$

$1\ \text{kWh} \mathrel{\hat{=}} 3{,}6 \cdot 10^6\ \text{Ws}$

$1\ \text{Wh} \mathrel{\hat{=}} 3{,}6 \cdot 10^3\ \text{Ws}$

$W = I^2 \cdot R \cdot t$

$W = \frac{U^2}{R} \cdot t$

Beispiellösung:

Gegeben: $U = 6$ V; $I = 0{,}4$ A; $t = 2{,}5$ h
(Umrechnung: $t = 9000$ s)

Gesucht: W; Schaubild

a) $W = U \cdot I \cdot t$

$W = 6\ \text{V} \cdot 0{,}4\ \text{A} \cdot 9000\ \text{s}$

$W = 21\,600\ \text{Ws}$

$\underline{\underline{W = 6\ \text{Wh}}}$

b)

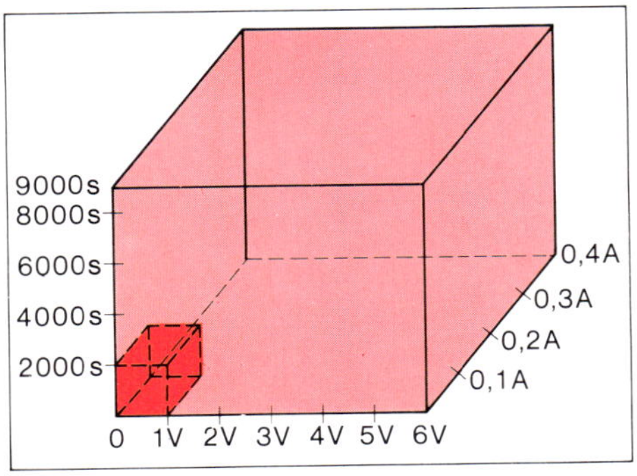

Aufgaben

1. Ein Elektrogerät nimmt an 220 V eine Stromstärke von 6,82 A auf. Das Gerät ist 35 min eingeschaltet. Wie groß ist die elektrische Arbeit?

2. Ein elektrischer Lötkolben hat an 220 V einen Betriebsstrom von 68,2 mA. Wie lange ist der Lötkolben in Betrieb, wenn die gemessene Arbeit 0,1 kWh beträgt?

3. An 220 V wird eine Glühlampe betrieben. Sie ist täglich 5,5 h eingeschaltet. Die Stromstärke beträgt 454,5 mA. Wie hoch ist der wöchentliche Energiebedarf?

4. Welche Stromstärke ist vorhanden, wenn ein Elektrogerät an 220 V in 45 min eine elektrische Arbeit von 0,6 kWh benötigt? Berechnen Sie den Heizwiderstand im Betriebszustand!

5. Die Heizwicklung eines Heißwasserbereiters hat bei Betrieb an 380 V einen Widerstand von 24,2 Ω.
a) Wie groß ist die elektrische Arbeit, wenn das Gerät 25 min eingeschaltet ist?
b) Berechnen Sie den Betriebsstrom!

6. Ein Schichtwiderstand von 2,2 kΩ wird 12 min lang von einer Stromstärke von 30 mA durchflossen.
a) Wie groß ist die elektrische Arbeit?
b) An welcher Spannung liegt der Widerstand?

7. Ein Zähler macht 600 Umdrehungen pro kWh. Welche elektrische Arbeit hat das angeschlossene Elektrogerät benötigt, wenn 36 Umdrehungen gezählt werden?

8. Bestimmen Sie die Stromstärke eines elektrischen Verbrauchers, bei dessen Anschluß die Zählerscheibe 18 Umdrehungen je Minute macht. Die Betriebsspannung beträgt 220 V, die Zählerscheibe macht 600 Umdrehungen pro kWh.

9. Die Zählerscheibe macht bei Anschluß eines Heizgerätes an 220 V 15 Umdrehungen in einer Minute. Je kWh macht die Zählerscheibe 600 Umdrehungen.
Berechnen Sie den Betriebswiderstand des Heizgerätes!

7.2 Elektrische Leistung

► Nach einer Zeit von 6 min wurde durch Ablesen am Zähler die elektrische Arbeit von 0,075 kWh festgestellt.
Wie groß ist die Leistung des angeschlossenen Elektrogerätes?

Elektrische Leistung P

$$P = \frac{W}{t} \qquad [P] = \mathrm{W} \qquad [P] = \mathrm{kW}$$

$$P = U \cdot I$$

$$P = I^2 \cdot R \qquad P = \frac{U^2}{R}$$

Beispiellösung:

Gegeben: $W = 0{,}075$ kWh; $t = 6$ min
(Umrechnung: $t = 0{,}1$ h)
Gesucht: P

$$P = \frac{W}{t}; \qquad P = \frac{0{,}075\ \mathrm{kWh}}{0{,}1\ \mathrm{h}}; \qquad \underline{\underline{P = 0{,}75\ \mathrm{kW}}}$$

Aufgaben

1. Welche Leistung haben Glühlämpchen mit folgenden Angaben:
a) 2,2 V/0,4 A
b) 3,7 V/0,3 A
c) 4,8 V/0,5 A
d) 6 V/0,4 A

2. Ein Drahtwiderstand, der an 112 V angeschlossen ist, wird von einer Stromstärke von 22,36 mA durchflossen.
a) Wie groß ist die elektrische Leistung?
b) Berechnen Sie die Größe des Widerstandes!

3. Berechnen Sie die höchstzulässige Stromstärke für folgende Kohle-Schichtwiderstände:
a) 4,7 kΩ /0,1 W
b) 220 kΩ /0,125 W
c) 1,2 MΩ /0,5 W
d) 3,3 MΩ/1 W
e) 15 kΩ /2 W
f) 3,3 Ω /0,25 W

4. Welche Betriebsstromstärke und welchen Widerstand haben Glühlampen mit folgenden Angaben:
a) 220 V/15 W
b) 220 V/25 W
c) 220 V/40 W
d) 220 V/ 60 W
e) 220 V/ 75 W
f) 220 V/100 W

Abb. 1: Leistungsschild eines Elektrogerätes

5. An welcher Spannung dürfen folgende Hochlast-Drahtwiderstände betrieben werden?
a) 15 Ω/5 W
b) 330 Ω/7 W
c) 1,2 kΩ/9 W
d) 2,2 kΩ/9 W
e) 220 Ω/11 W
f) 680 Ω/17 W

6. Berechnen Sie die höchstzulässige Stromstärke für folgende Hochlast-Drahtdrehwiderstände:
a) 500 Ω/10 W
b) 2,5 kΩ/50 W
c) 250 Ω/100 W
d) 5 kΩ/250 W

7. Ein Heizgerät trägt auf dem Typenschild die Angabe 220 V/4 kW. Das Gerät ist 40 min in Betrieb.
a) Wie groß ist der Heizwiderstand?
b) Berechnen Sie die elektrische Arbeit!

8. Ein Elektrogerät wird an der Spannung 220 V betrieben. Um wieviel Prozent ändert sich die Leistung, wenn die Spannung auf 210 V sinkt? Der Widerstand von 24,2 Ω soll konstant bleiben.

9. Ein Widerstand soll die dreifache Leistung haben. Um das Wievielfache muß sich die Spannung erhöhen, wenn der Widerstandswert konstant bleibt?

10. Ein Konstantandraht von 25 m Länge und 0,2 mm Durchmesser soll auf einen Spulenkörper gewickelt als Widerstand verwendet werden. Der Betriebsstrom beträgt 50 mA.
a) Berechnen Sie die elektrische Leistung.
b) An welche Spannung darf der Widerstand maximal gelegt werden?

11. Aufgrund eines Fehlers in einer elektrischen Anlage sinkt die Betriebsspannung 220 V um 15% ihres Wertes ab.
a) Wie ändert sich die Leistung eines Verbrauchers mit der Angabe 220 V/500 W?

b) Um wieviel Prozent ändert sich die elektrische Leistung?
Es wird angenommen, daß der Betriebswiderstand sich nicht verändert.

12. Eine Relaisspule für 6 V hat einen Widerstand von 80 Ω.
a) Welche Stromstärke fließt in der Spule?
b) Welche Leistung nimmt die Spule auf?

13. Bei einer Spannung von 12V nimmt eine Relaisspule einen Strom von 36,36 mA auf.
a) Welchen Wert hat der Spulenwiderstand?
b) Wie groß ist die aufgenommene Leistung?

14. Für welche Spannung ist eine Projektorlampe mit dem Aufdruck 250 W/10,4 A vorgesehen?

15. Wie groß darf die Stromstärke durch einen Widerstand 2,2 kΩ/0,5 W höchstens werden, damit die Leistung nicht überschritten wird?

16. An welche Spannung darf ein Widerstand von 5 kΩ/3 W höchstens angeschlossen werden, damit die Leistung nicht überschritten wird?

17. Die Kontakte eines Kartenrelais können bei einer Spannung von 250 V eine Leistung von 30 W schalten.
Für welche Stromstärke sind die Kontakte angelegt?

18. Für ein Kammrelais wird eine Spulenspannung von 5,5 V . . . 14 V angegeben. Der Spulenwiderstand beträgt 100 Ω.
a) Wie groß können der kleinste und der größte Spulenstrom werden?
b) Wie groß können die kleinste und die größte Leistung sein, die die Spule aufnimmt?

19. Ein Kupferdraht mit dem Querschnitt 1,5 mm² und der Länge 25 m wird von 12 A durchflossen.
a) Wie groß ist der Spannungsabfall an dem Leiter?
b) Wie hoch ist die Leistung, die am Leiter verloren geht?

20. Wie groß ist der Heizwiderstand eines Heizlüfters, der an einer Spannung von 220 V eine Leistung von 2 kW aufnimmt?

21. Eine Glühlampe 110 V/75 W soll mit Hilfe eines Vorwiderstandes an der Spannung 220 V betrieben werden.
a) Welchen Wert muß der Vorwiderstand haben?
b) Welche Leistung nimmt der Vorwiderstand auf?

22. Die Abbildung zeigt den Schaltungsauszug aus dem Netzteil eines Fernsehgerätes.

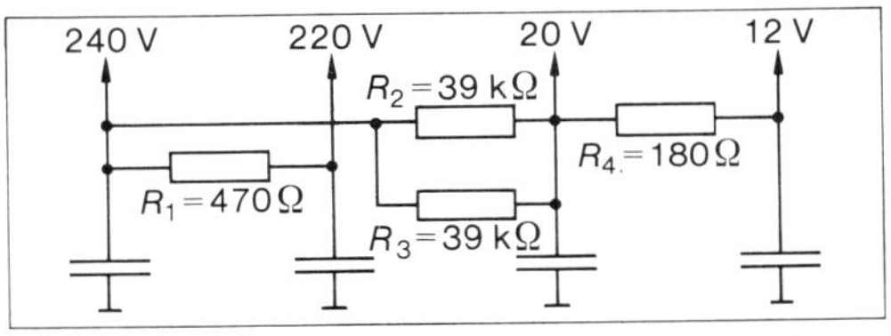

a) Bestimmen Sie die Stromstärken durch die Widerstände $R_1 \ldots R_4$!
b) Für welche Leistungen müssen die Widerstände $R_1 \ldots R_4$ bestimmt sein?

23. Zwei Signallampen 6 V/240 mW sind in Reihe an 12 V angeschlossen. Eine Lampe ist defekt und soll durch eine Lampe 6 V/500 mW ersetzt werden.
a) Welche Leistungen würden die Lampen jetzt aufnehmen?
b) Wie müßte ein zusätzlicher Widerstand geschaltet werden, damit beide Lampen ihre Nennleistung aufnehmen?
c) Welche Leistung nimmt der Widerstand auf?

24. In den Lötpausen soll die Leistung eines Lötkolbens für 220 V/30 W durch Vorschalten eines Widerstandes auf 20 W reduziert werden.
a) Welchen Wert muß der Vorwiderstand haben?
b) Welche Leistung nimmt der Vorwiderstand auf?

25. Auf wieviel Prozent steigt bzw. sinkt die Leistung an einem Widerstand, wenn die Spannung
a) auf den doppelten Wert ansteigt und
b) auf ein Drittel des ursprünglichen Wertes absinkt?

26. Ein Widerstand von 10 Ω wird an eine veränderbare Spannung von 0 V...60 V angeschlossen.
a) Wie groß sind die Stromstärken in diesem Bereich (jeweils 10 V-Schritte)?
b) Welche Leistungen nimmt der Widerstand in diesem Bereich auf (jeweils 10 V-Schritte)?
c) Zeichnen Sie die Kennlinie $P = f(U)$ für den Widerstand!

27. Um wieviel Prozent ändert sich die Leistung eines Heizgerätes für 220 V/1 kW, wenn bei einer Reparatur 5% der ursprünglichen Länge des Heizwendels abgeschnitten werden müssen?

28. Ein Lötkolben nimmt an 220 V eine Leistung von 50 W auf. Welche Leistung nimmt der Lötkolben noch auf, wenn die Spannung um 20% absinkt?

▶ Zwei Widerstände $R_1 = 60\,\Omega$ und $R_2 = 160\,\Omega$ werden
a) in Reihenschaltung und
b) in Parallelschaltung an die Gesamtspannung 110 V angeschlossen. Berechnen Sie zu jeder Schaltung die einzelnen Stromstärken, Leistungen und die Gesamtleistung.

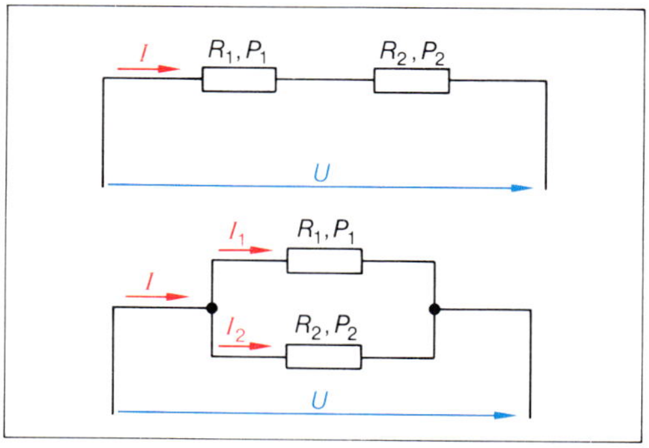

Abb. 1

Beispiellösung:

Gegeben: $R_1 = 60\,\Omega$; $R_2 = 160\,\Omega$; $U = 110\,\text{V}$
Gesucht: I_1; I_2; I; P_1; P_2; P_g

a) Reihenschaltung

$R_g = R_1 + R_2$

$R_g = 60\,\Omega + 160\,\Omega \qquad R_g = 220\,\Omega$

$I = \frac{U}{R_g}$

$I = \frac{110\,\text{V}}{220\,\Omega}; \qquad \underline{\underline{I_1 = I_2 = I = 0{,}5\,\text{A}}}$

$P_1 = I^2 \cdot R_1$

$P_1 = 0{,}5\,\text{A} \cdot 0{,}5\,\text{A} \cdot 60\,\Omega; \qquad \underline{\underline{P_1 = 15\,\text{W}}}$

$P_2 = I^2 \cdot R_2$

$P_2 = 0{,}5\,\text{A} \cdot 0{,}5\,\text{A} \cdot 160\,\Omega; \qquad \underline{\underline{P_2 = 40\,\text{W}}}$

$P_g = I^2 \cdot R_g$

$P_g = 0{,}5\,\text{A} \cdot 0{,}5\,\text{A} \cdot 220\,\Omega; \qquad \underline{\underline{P_g = 55\,\text{W}}}$

Bei der Reihenschaltung von Widerständen errechnet sich die Gesamtleistung aus der Summe der Teilleistungen.

b) Parallelschaltung

$\frac{1}{R_g} = \frac{1}{R_1} + \frac{1}{R_2}$

$\frac{1}{R_g} = \frac{1}{60\,\Omega} + \frac{1}{160\,\Omega}; \qquad \underline{\underline{R_g = 43{,}64\,\Omega}}$

$I = \frac{U}{R_g}$

$I = \frac{110\,\text{V}}{43{,}64\,\Omega} \qquad \underline{\underline{I = 2{,}52\,\text{A}}}$

$I_1 = \frac{U}{R_1}$

$I_1 = \frac{110\,\text{V}}{60\,\Omega} \qquad \underline{\underline{I_1 = 1{,}83\,\text{A}}}$

$I_2 = \frac{U}{R_2}$

$I_2 = \frac{110\,\text{V}}{160\,\Omega} \qquad \underline{\underline{I_2 = 0{,}69\,\text{A}}}$

$P_1 = \frac{U^2}{R_1}$

$P_1 = \frac{110\,\text{V} \cdot 110\,\text{V}}{60\,\Omega}; \qquad \underline{\underline{P_1 = 201{,}7\,\text{W}}}$

$P_2 = \frac{U^2}{R_2}$

$P_2 = \frac{110\,\text{V} \cdot 110\,\text{V}}{160\,\Omega}; \qquad \underline{\underline{P_2 = 75{,}63\,\text{W}}}$

$P_g = \frac{U^2}{R_g}$

$P_g = \frac{110\,\text{V} \cdot 110\,\text{V}}{43{,}64\,\Omega}; \qquad \underline{\underline{P_g = 277{,}3\,\text{W}}}$

Bei der Parallelschaltung von Widerständen errechnet sich die Gesamtleistung aus der Summe der Teilleistungen.

Aufgaben

29. Eine Glühlampe mit der Betriebsspannung von 125 V und einer Leistung von 75 W soll über einen Vorwiderstand an 220 V angeschlossen werden.
a) Berechnen Sie den Vorwiderstand!
b) Welche Leistung hat der Vorwiderstand?
c) Wie groß ist die Gesamtleistung?

30. Fünf gleiche Widerstände mit einer Einzelleistung von je 5 W werden in Reihenschaltung an 250 V gelegt.
a) Wie groß ist jeder Einzelwiderstand?
b) Berechnen Sie die Stromstärke!

31. Kann man Glühlampen mit den Betriebswerten 110 V/40 W und 110 V/60 W in Reihenschaltung an eine Gesamtspannung von 220 V legen?
a) Bestimmen Sie zunächst die Widerstände der Glühfäden für die Betriebsspannung 110 V!
b) Berechnen Sie den Betriebsstrom für jede Lampe!
c) Wie groß wird der Gesamtstrom bei Anschluß an 220 V?
d) Vergleichen Sie die einzelnen Werte für die Stromstärken und beurteilen Sie die Anschlußmöglichkeit!

32. Drei Widerstände mit den Werten 25 Ω; 50 Ω und 100 Ω werden in Parallelschaltung an 12 V angeschlossen.
a) Berechnen Sie die Einzelleistungen!
b) Wie groß ist die Gesamtleistung?
c) Berechnen Sie den Gesamtstrom!
d) Wie ändern sich die Gesamtleistung und der Gesamtstrom, wenn der Widerstand 100 Ω abgeschaltet wird?

33. Drei Glühlampen mit den Betriebswerten 220 V/60 W; 220 V/75 W und 220 V/100 W befinden sich in einem Wohnraum und sind gleichzeitig eingeschaltet. Die Netzspannung beträgt 220 V.
a) Wie groß ist die Gesamtleistung?
b) Berechnen Sie den Gesamtstrom!
c) Berechnen Sie die Gesamtleistung und die Gesamtstromstärke, wenn ein Elektrogerät mit den Betriebswerten 220 V/1000 W zu den Lampen parallel zugeschaltet wird?

34. Ein Elektrowärmegerät hat zwei Heizwiderstände von je 1613 Ω, die in drei Schaltstufen an 220 V angeschlossen werden können. Berechnen Sie die Heizleistung für jede Schaltstufe, wenn folgende Schaltungen vorliegen:
a) beide Widerstände in Reihe,
b) ein Widerstand allein und
c) beide Widerstände parallel.

35. Berechnen Sie die einzelnen Heizleistungen eines Gerätes, das die Heizwiderstände $R_1 = 55{,}6\,\Omega$ und $R_2 = 146{,}1\,\Omega$ hat. Das Gerät wird an der Spannung 220 V betrieben, es sind folgende Schaltstufen einstellbar:
a) beide Heizwiderstände in Reihe,
b) Heizwiderstand R_1 allein und
c) beide Heizwiderstände parallel.

36. An der Netzspannung 220 V wird die Leistungsaufnahme einer Kochplatte mit 7-Takt-Schalter eingestellt. In den ersten 3 Schaltstufen beträgt die Leistung 140 W, 220 W und 300 W.

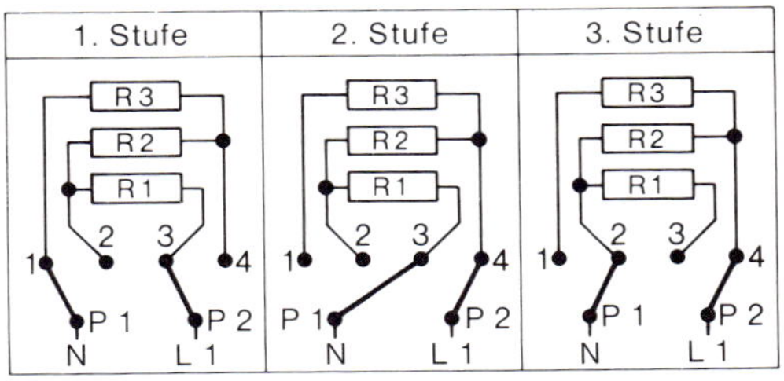

Abb. 2

a) Berechnen Sie mit Hilfe der Schaltbilder in der Abb. 2 die 3 Heizwiderstände.
b) Wie groß sind die Heizleistungen in den weiteren 3 Schaltstufen, wenn folgende Schaltungen vorliegen:
Schaltstufe 4: R_1 allein,
Schaltstufe 5: R_1 und R_2 parallel,
Schaltstufe 6: R_1, R_2 und R_3 parallel.

▶ Bestimmen Sie die Leistung, wenn die Zählerscheibe des Zählers $c_z = 180 \frac{1}{\text{kWh}}$ 4 Umdrehungen in 22 s macht.

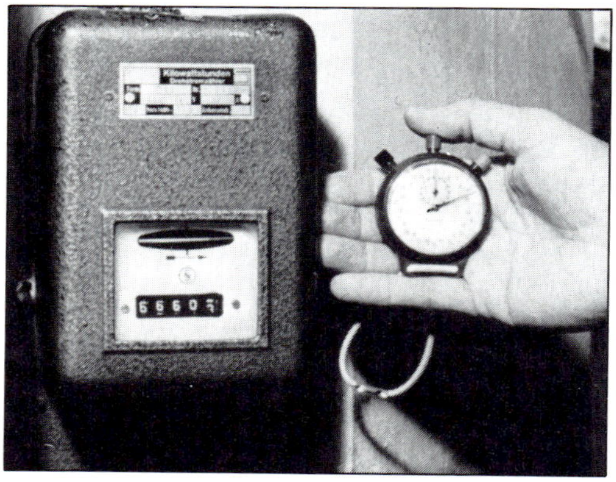

Abb. 1: Leistungsbestimmung mit Zähler und Stoppuhr

Zählerkonstante c_z

$$P = \frac{n \cdot 3600}{t \cdot c_z} \qquad [P] = \text{kW} \quad [t] = \text{s} \quad [c_z] = \frac{1}{\text{kWh}}$$

Beispiellösung:

Gegeben: $c_z = 180 \frac{1}{\text{kWh}}$; $n = 4$; $t = 22$ s;
Gesucht: P

$$P = \frac{n \cdot 3600}{t \cdot c_z}$$

$$P = \frac{4 \cdot 3600}{22 \text{ s} \cdot 180 \frac{1}{\text{kWh}}}; \qquad \underline{\underline{P = 3{,}64 \text{ kW}}}$$

37. Zwei Heizwiderstände $R_1 = 75\ \Omega$ und $R_2 = 150\,\Omega$ werden an der Spannung 380 V betrieben.
a) Wieviel verschiedene Schaltmöglichkeiten gibt es für die Widerstände?
b) Berechnen Sie die jeweilige Leistungsaufnahme!

38. Wie groß ist die elektrische Leistung, wenn die Zählerscheibe des Zählers $\left(c_z = 180 \frac{1}{\text{kWh}}\right)$ 2 Umdrehungen in 15 s macht? Berechnen Sie die elektrische Arbeit!

39. Der Anschlußwert eines Warmwassergerätes soll bestimmt werden. Die Zählerscheibe des Zählers $\left(c_z = 120 \frac{1}{\text{kWh}}\right)$ macht 18 Umdrehungen in 45 s.

40. In einem Haushalt sind eine Anzahl verschiedener Elektrogeräte in Betrieb. Die Zählerscheibe des Zählers $\left(c_z = 75 \frac{1}{\text{kWh}}\right)$ macht in einer Minute 25 Umdrehungen.
a) Wie groß ist die eingeschaltete Gesamtleistung?
b) Berechnen Sie die elektrische Arbeit, die in der angegebenen Zeit zum Betrieb der Elektrogeräte benötigt wurde!

41. In einer elektrischen Anlage sind folgende Geräte gleichzeitig in Betrieb:
3 Glühlampen 220 V/40 W,
1 Glühlampe 220 V/100 W,
1 Heißwasserspeicher 220 V/2 kW,
1 Tiefkühltruhe 220 V/180 W.
a) Wieviel Umdrehungen macht die Zählerscheibe des Zählers $\left(c_z = 150 \frac{1}{\text{kWh}}\right)$ in einer Minute.
b) Wie groß ist die elektrische Arbeit?
c) Berechnen Sie die Gesamtstromstärke, die durch den Zähler zu den elektrischen Verbrauchern fließt!

42. Eine Zählerscheibe $\left(c_z = 180 \frac{1}{\text{kWh}}\right)$ macht 4 Umdrehungen in 10 s. Wie ändert sich die Leistung der angeschlossenen Verbraucher, wenn
a) 6 Umdrehungen in 20 s,
b) 8 Udrehungen in 25 s,
c) 9 Umdrehungen in 15 s gemacht werden.

43. Zur Bestimmung der unleserlich gewordenen Zählerkonstanten werden zwei Glühlampen mit je 100 W und eine Glühlampe mit 60 W eingeschaltet. Wie groß ist die Zählerkonstante, wenn die Zählerscheibe 2 Umdrehungen in 46 s macht?

44. Beim Einschalten eines Elektrogerätes, das an 220 V betrieben wird, macht die Zählerscheibe des Zählers $\left(c_z = 180 \frac{1}{\text{kWh}}\right)$ in 32 s 5 Umdrehungen.
a) Berechnen Sie die Betriebsstromstärke!
b) Wie groß ist die elektrische Arbeit bei einer Betriebsdauer von 1,5 h?

45. Die elektrische Leistung in kW der angeschlossenen Verbraucher kann schnell bestimmt werden, wenn die Umdrehungen der Zählerscheibe je Minute bekannt sind. Bestimmen Sie den Faktor, mit dem die Umdrehungszahl der Zählerscheibe je Minute multipliziert werden muß für die Zähler mit folgenden Konstanten:

a) $150\ \frac{1}{\text{kWh}}$; b) $180\ \frac{1}{\text{kWh}}$; c) $600\ \frac{1}{\text{kWh}}$

46. Eine Reihenschaltung besteht aus den Widerständen
$R_1 = 220\ \Omega/5\ \text{W}$ und $R_2 = 330\ \Omega/5\ \text{W}$.
a) Welche Nennspannung haben jeweils die beiden Widerstände?
b) Welche Leistungsaufnahme haben jeweils die beiden Widerstände, wenn die Gesamtspannung 50 V beträgt?
c) In welchem Verhältnis stehen die beiden Widerstände bzw. die Leistungen?

7.3 Kosten der elektrischen Arbeit

► In einem 4-Personen-Haushalt werden monatlich 548 kWh elektrischer Energie benötigt. Die elektrische Arbeit wird mit einem Drehstromzähler gemessen. Der Haushalt hat 6 Tarifräume.
a) Wie hoch sind die Arbeitskosten bei Berechnung nach Tarif I?
b) Berechnen Sie die Arbeitskosten nach Tarif II!
c) Stellen Sie im K-*W*-Diagramm die Arbeitskosten K_I und K_{II} als Kennlinien dar!
d) Bei welchem Energieverbrauch sind die Arbeitskosten gleich groß?
Die Mehrwertsteuer bleibt unberücksichtigt.

Elektrische Arbeitskosten K

$K = K_G + K_Z + K_V$ K in DM

K_G: Kosten für Grundgebühr nach Anzahl der Tarifräume

K_Z: Kosten für Art der Arbeitsmessung (Zähler)

K_V: Kosten pro kWh mal Anzahl der kWh

Aus der Tariftabelle für den Versorgungsbereich der RWE:

1 Grundpreistarife

Das Entgelt wird errechnet aus dem Arbeitspreis für die bezogenen Kilowattstunden nach Ziffer 1.1, aus dem zugehörigen Bereitstellungspreis für die jeweilige Bedarfsart nach Ziffer 1.2 sowie aus dem Verrechnungspreis nach Ziffer 1.3.

		Tarif I	Tarif II
1.1	Arbeitspreise je Kilowattstunde	13,80 Pf.	10,80 Pf.
1.2	Bereitstellungspreise je Abrechnungsjahr		
1.2.1	für Haushaltsbedarf für die ersten 2 Tarifräume	je Monat 4,60 DM	9,10 DM
	für jeden weiteren Tarifraum	0,85 DM	1,70 DM
1.3	Verrechnungspreis	je Monat	
	Wechselstromzähler	1,50 DM	
	Drehstromzähler	2,30 DM	
	Drehstrom-Zweitarifzähler	2,50 DM	
	Drehstrom-Maximumzähler	6,00 DM	
	Stromwandlersatz	3,50 DM	
	Tarifschaltung	2,00 DM	

Beispiellösung:

Gegeben: $W = 548\ \text{kWh}$;

Nach Tariftabelle: $K_Z = 2{,}30\ \text{DM}$

Tarif I: $K_{G1} = 4{,}60\ \text{DM}$ (2 Räume)
(Kosten K_I) $K_{G2} = 3{,}40\ \text{DM}$ (4 weitere Räume)

$13{,}80\ \frac{\text{Pfg.}}{\text{kWh}}$

Tarif II: $K_{G1} = 9{,}10\ \text{DM}$ (2 Räume)
(Kosten K_{II}) $K_{G2} = 6{,}80\ \text{DM}$ (4 weitere Räume)

$10{,}80\ \frac{\text{Pfg.}}{\text{kWh}}$

Gesucht: K_I; K_{II}; K-W-Diagramm; W mit gleichen Stromkosten

a) $K_I = K_G + K_Z + K_V$

$K_I = 4{,}60\ \text{DM} + 3{,}40\ \text{DM} + 2{,}30\ \text{DM} + 0{,}138\ \frac{\text{DM}}{\text{kWh}} \cdot 548\ \text{kWh}$

$\underline{\underline{K_I = 85{,}92\ \text{DM}}}$

b) $K_{II} = K_G + K_Z + K_V$

$K_{II} = 9{,}10\ \text{DM} + 6{,}80\ \text{DM} + 2{,}30\ \text{DM} + 0{,}108\ \frac{\text{DM}}{\text{kWh}} \cdot 548\ \text{kWh}$

$\underline{\underline{K_{II} = 77{,}38\ \text{DM}}}$

c)

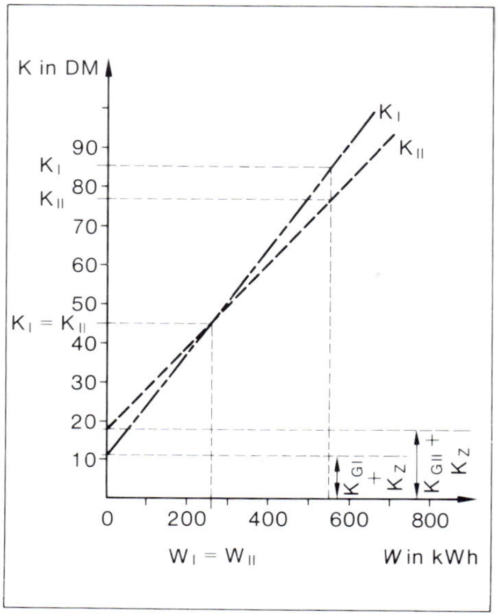

d) $K_I = K_{II} = 46$ DM (Ablesewert)
$\underline{\underline{W_{I,\,II} = 260\ \text{kWh}}}$ (Ablesewert)

Aus dem Diagramm wird ersichtlich, daß bei einem Energieverbrauch von 0 bis 260 kWh der Tarif I und bei einem größeren Verbrauch der Tarif II günstiger ist.

Aufgaben

1. In einem Haushalt mit Drehstromzähler beträgt der monatliche Energieverbrauch 450 kWh. Der Haushalt hat 4 Tarifräume.

a) Berechnen Sie die Stromkosten nach Tarif I und Tarif II!

b) Bestimmen Sie mit Hilfe des *K*-*W*-Diagramms den Energieverbrauch, bei dem die Stromkosten K_I und K_{II} gleich sind! (Maßstab: 10 DM ≙ 1 cm; 100 kWh ≙ 1 cm).

2. Im Jahresdurchschnitt werden in einem Haushalt 520 kWh monatlich benötigt. Der Haushalt hat 8 Tarifräume, die Messung der elektrischen Arbeit erfolgt mit einem Drehstromzähler.
Bestimmen Sie die jährlichen Stromkosten bei Berechnung nach Tarif I und Tarif II!

3. Für welchen monatlichen Energieverbrauch sind die Stromkosten nach Tarif I und Tarif II gleich groß, wenn die unveränderlichen Kosten für Tarifräume und Zähler zusammen 8,60 DM (Tarif I) und 14,80 DM (Tarif II) betragen?
Berechnen Sie auch die Stromkosten!

4. Die monatlichen Stromkosten von zwei Haushalten betragen
a) 45,00 DM und b) 25,00 DM.
Wie hoch ist der jeweilige Bedarf an elektrischer Arbeit, wenn jeweils unveränderliche Kosten von 8,60 DM (Tarif I) und 14,80 DM (Tarif II) zugrunde gelegt werden? Beurteilen Sie aufgrund der unter a) und b) errechneten Werte die Zweckmäßigkeit der Wahl für Tarif I oder Tarif II für die einzelnen Haushalte!

5. Wie hoch sind die Kosten für den Betrieb eines Heizlüfters 220 V/2 kW, der 40 Minuten in Betrieb ist, wenn für 1 kWh 0,138 DM berechnet werden?

6. Wie hoch sind die Kosten für einen Waschgang, wenn sich der Zählerstand vom Beginn bis zum Ende des Vorgangs von 45 194,2 kWh auf 45 197,3 kWh geändert hat? Der Arbeitspreis für 1 kWh beträgt 0,137 DM.

7. Als Dauerbeleuchtung ist in einem Geschäft eine Lampe 220 V/40 W Tag und Nacht eingeschaltet. Wie hoch sind die jährlichen Kosten zum Betrieb dieser Lampe, wenn für 1 kWh 13,7 Pf. berechnet werden?

8. Beim Betrieb einer Taschenlampe mit zwei in Reihe geschalteten Batterien von je 1,5 V wird festgestellt, daß die Lampe 2,5 V/0,2 A etwa 8 Stunden brennt. Eine Batterie kostet 3,80 DM.
Berechnen Sie den Arbeitspreis für 1 kWh bei einer mittleren Spannung von 2,5 V!

9. Eine Wohnung mit 5 Räumen ist über einen Drehstromzähler an das Netz angeschlossen. In einem Abrechnungsjahr werden 4632 kWh an elektrischer Energie verbraucht. Die Abrechnung erfolgt nach Tarif II.
a) Wie hoch sind die Kosten, die für elektrische Energie in einem Abrechnungsjahr entstehen?
b) Welche Kosten entstehen pro Tag?
c) Wie hoch sind die Kosten pro Kilowattstunde, wenn man die festen Kosten bei der Berechnung des Preises für eine Kilowattstunde mit berücksichtigt?

10. Die Grundgebühren für einen Haushalt mit 6 Tarifräumen betragen in einem Abrechnungsjahr 218,40 DM. Der gesamte Rechnungsbetrag des EVU beträgt für das Abrechnungsjahr 902,16 DM. Die Abrechnung erfolgt nach Tarif II.
a) Über welchen Zähler ist der Haushalt an das Netz angeschlossen?
b) Wieviel Kilowattstunden wurden während des Jahres verbraucht?
c) Wieviel Prozent der verbrauchten Energie werden für den Betrieb des Fernsehgerätes verwendet, wenn das Gerät täglich durchschnittlich 3 Stunden in Betrieb ist und an einer Spannung von 220 V einen Strom von 0,5 A aufnimmt?
d) Wie hoch sind die jährlichen Kosten für den Betrieb des Fernsehgerätes?

11. Die Energiekosten für ein Ferienhaus sind durch das EVU nach folgenden Positionen berechnet worden:

- $W_1 = 1442$ kWh (HT), Preis: $0{,}178 \frac{\text{DM}}{\text{kWh}}$
- $W_2 = 2937$ kWh (NT), Preis: $0{,}101 \frac{\text{DM}}{\text{kWh}}$
- gesamte Grundgebühren: $16{,}25 \frac{\text{DM}}{\text{Monat}}$

Auf den Verbrauchsbetrag und die Grundgebühren wird für die Ausgleichsabgabe „Strom" 3,4% berechnet.
a) Berechnen (überprüfen) Sie die Gesamtkosten unter Berücksichtigung des zur Zeit geltenden Mehrwertsteuersatzes!
b) Welcher monatliche Abschlagsbetrag wird dem Kunden im folgenden Abrechnungszeitraum (1 Jahr) in Rechnung gestellt werden?

7.4 Darstellung der Abhängigkeit von Größen durch Kennlinien

Quadratische Funktionen

► An den konstanten Widerstand 10 Ω werden verschiedene Spannungen von 0 V ... 10 V gelegt.
a) Berechnen Sie die jeweiligen Leistungen!
b) Wie verläuft die Kennlinie im *P*-*U*-Diagramm?

Beispiellösung:

Gegeben: $R = 10\,\Omega$; $U_0 = 0\,\text{V}$; $U_1 = 1\,\text{V} \ldots U_{10} = 10\,\text{V}$;

Gesucht: P_0; $P_1 \ldots P_{10}$; Kennlinie

a) $P = \frac{U^2}{R}$ – Wertetabelle für $P = f(U^2)$

U in V	0	1	2	3	4	5	6	7	8	9	10
P in W	0	0,1	0,4	0,9	1,6	2,5	3,6	4,9	6,4	8,1	10

b)

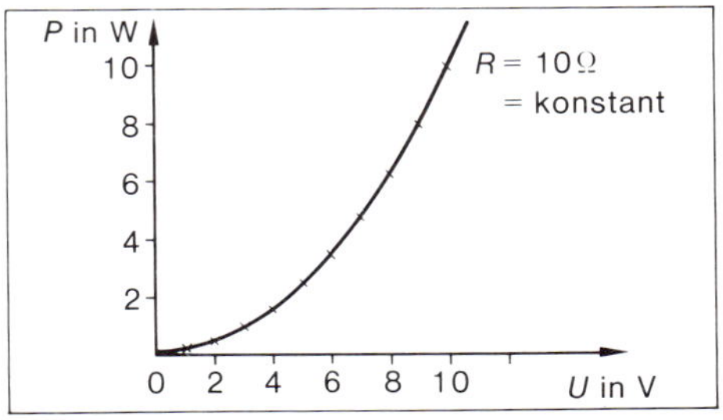

Eine ähnliche Kennlinie erhält man, wenn die Funktion $P = f(I^2)$ bzw. $P = I^2 \cdot R$ bei konstantem Widerstand im *P*-*I*-Diagramm dargestellt wird.

Erläuterungen zum Diagramm

Im Diagramm ist die Abhängigkeit der Größe *P* von der Größe *U* dargestellt. Für die Zahlenwerte von *U* kann man durch Einsetzen in die Funktionsgleichung $P = f(U^2)$ bzw. $P = \frac{U^2}{R}$ (*R* ist konstant) entsprechende Zahlenwerte für *P* bestimmen.

Allgemeine Darstellung

Für die Darstellung im x-y-Koordinatensystem wird für die Konstante *R* allgemein a geschrieben.

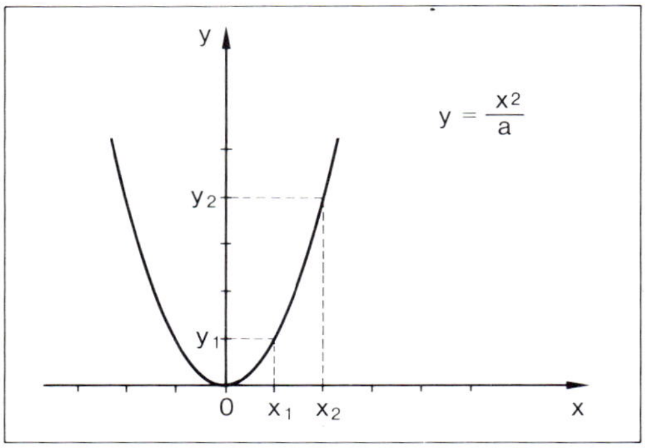

Abb. 1

Die Funktion ist ein Beispiel für eine quadratische Funktion.
Bei der abgebildeten Funktion ergibt die Verdopplung der Größe x einen vierfachen Wert für die Größe y.

Bei der Darstellung im *P*-*I*-Diagramm erhält man die Funktionsgleichung $y = a \cdot x^2$.

Aufgaben

1. Eine Strom-Spannungsmessung an einem unbekannten Widerstand aus Konstantan ergab die Meßwerte $U = 4{,}5\,V$ und $I = 0{,}15\,A$.
a) Wie groß ist der elektrische Widerstand?
b) Stellen Sie Wertepaare für *U* und *P* in einer Wertetabelle zusammen!
c) Zeichnen Sie die *P*-*U*-Kennlinie!
(Maßstab: 1 V ≙ 1 cm; 0,1 W ≙ 1 cm)

2. Tragen Sie in das *P*-*U*-Diagramm der Aufgabe Nr. 1 weitere Kennlinien für die konstanten Widerstände $R_1 = 20\,\Omega$ und $R_2 = 40\,\Omega$ ein!
Ermitteln Sie zuvor für jeden Widerstand einige *U*-*P*-Wertepaare und tragen Sie diese in eine Wertetabelle ein!

3. In einer Meßreihe an dem Widerstand $R = 1{,}5\,k\Omega$ werden folgende Werte für die Stromstärke gemessen:
$I_1 = 10$ mA; $I_2 = 20$ mA; $I_3 = 40$ mA; $I_4 = 60$ mA.
a) Berechnen Sie die entsprechenden Werte für die Leistung bei konstantem Widerstand!
b) Stellen Sie eine Wertetabelle auf!
c) Zeichnen Sie die Kennlinie im *P*-*I*-Diagramm! (Maßstab: 10 mA ≙ 1 cm, 1 W ≙ 1 cm)

4. Die Kennlinie in Abb. 2 zeigt die Abhängigkeit der Leistung an einem Widerstand von der angelegten Spannung.
a) Bestimmen Sie mit Hilfe des Diagramms den Wert des Widerstandes!
b) Tragen Sie in das Koordinatensystem die Kurve $P = f(U)$ für den doppelten Widerstandswert ein!
c) Zeichnen Sie das Diagramm um in ein Diagramm mit einer logarithmischen Teilung für *P* (10 W . . . 100 W ≙ 10 cm)!
d) Vergleichen Sie die beiden Darstellungen! Machen Sie eine Aussage über den Zusammenhang von Teilung und Form der Kurve.
e) In welchem Koordinatensystem können die Werte einfacher abgelesen werden?

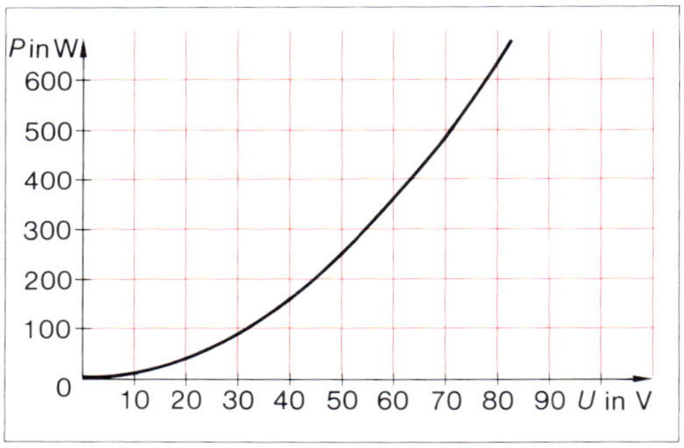

Abb. 2

5. Die Beleuchtungsstärke *E* ist dem Quadrat der Entfernung (r^2) umgekehrt proportional.

Zeichnen Sie die Funktion $E = f\left(\frac{1}{r^2}\right)$ für den Bereich $r = 1$ cm . . . 10 cm
a) in einem Koordinatensystem mit linearer Teilung (0,1 lx ≙ 1 cm)!
b) in einem Koordinatensystem mit logarithmischer Teilung für *E* (0,1 lx . . . 1 lx ≙ 5 cm)!
Bei $r = 1$ cm ist $E = 1$ lx.

6. Bei einer gleichmäßig beschleunigten Bewegung ist der zurückgelegte Weg *s* proportional dem Quadrat der Zeit *t* ($s = \frac{1}{2} a t^2$, vergl. Kap. 2.3; $a = 9{,}81\,m/s^2$).
Stellen Sie den zurückgelegten Weg in Abhängigkeit von der Zeit in einem
a) Koordinatensystem mit linearer Teilung (100 m ≙ 2 cm) und in einem
b) Koordinatensystem mit logarithmischer Teilung (10 m . . . 100 m ≙ 5 cm) dar!

7.5 Wirkungsgrad

► Ein Elektromotor nimmt während seiner Betriebszeit 2,82 kW Leistung aus dem Netz auf und gibt 2,2 kW Leistung (Nutzleistung, Nennleistung) ab. Er treibt eine Pumpe mit einem Wirkungsgrad von 0,72 an.

a) Wie groß ist die Verlustleistung des Motors?

b) Wie groß ist der Wirkungsgrad des Motors?

c) Welche Leistung gibt die Pumpe ab?

d) Wie groß ist der Gesamtwirkungsgrad?

Verlustleistung P_v

$P_v = P_{zu} - P_{ab}$ $[P_v] = W$, $[P_v] = kW$

Wirkungsgrad η

$\eta = \frac{P_{ab}}{P_{zu}}$ $[\eta] = 1$

Gesamtwirkungsgrad η_g

$\eta_g = \eta_1 \cdot \eta_2$

Beispiellösung:

Gegeben: $P_{zu} = 2{,}82$ kW; $P_{ab} = 2{,}2$ kW; $\eta_p = 0{,}72$

Gesucht: P_v; η_M; P_{P2}; η_g

a) $P_v = P_{zu} - P_{ab}$

$P_v = 2{,}82\text{ kW} - 2{,}2\text{ kW}$; $\underline{\underline{P_v = 0{,}62\text{ kW}}}$

b) $\eta_M = \frac{P_{ab}}{P_{zu}}$

$\eta_M = \frac{2{,}2\text{ kW}}{2{,}82\text{ kW}}$; $\underline{\underline{\eta_M = 0{,}78}}$

c) $P_{P2} = P_{P1} \cdot \eta_P$

$P_{P2} = 2{,}2\text{ kW} \cdot 0{,}72$; $\underline{\underline{P_{P2} = 1{,}58\text{ kW}}}$

d) $\eta_g = \eta_M \cdot \eta_P$

$\eta_g = 0{,}78 \cdot 0{,}72$; $\underline{\underline{\eta_g = 0{,}56}}$

Der Wirkungsgrad kann als Dezimalzahl, z.B. 0,78 oder in Prozent 78% geschrieben werden. Er ist immer kleiner als 1,0 bzw. 100%.

Aufgaben

1. Ein Elektromotor nimmt 3750 W auf und gibt 3000 W ab.

a) Wie groß ist die Verlustleistung?

b) Berechnen Sie den Wirkungsgrad!

2. Welche Leistung gibt ein Motor ab, der bei einem Wirkungsgrad von 0,8 eine Leistung von 4200 W aufnimmt?

3. Berechnen Sie die abgegebene Leistung eines Motors, der bei einem Wirkungsgrad von 75% an 220 V 6,4 A aufnimmt!

4. Der Motor eines Elektroaufzugs soll in 30 s eine Last um 6 m anheben. Die abgegebene Leistung (Nennleistung) des Motors beträgt 7,2 kW.

a) Welche Last kann der Motor heben?

b) Welche Leistung nimmt der Motor bei einem Wirkungsgrad von 0,81 auf?

5. Eine Dampflokomotive ($\eta_{Da} = 0{,}2$) hat eine Nennleistung von 1450 kW, eine Diesellokomotive ($\eta_{Di} = 0{,}6$) eine Nennleistung von 1400 kW und eine Elektrolokomotive ($\eta_E = 0{,}85$) eine Nennleistung von 2280 kW. Berechnen Sie jeweils die zugeführte Leistung und die Verlustleistung.

6. Eine Pumpe mit einem Wirkungsgrad von 0,77 wird von einem Motor mit einem Wirkungsgrad von 0,86 angetrieben. Der Motor hat eine Nennleistung von 2,4 kW.

a) Berechnen Sie den Gesamtwirkungsgrad!

b) Welche Leistung nimmt der Motor auf?

c) Welche Leistung gibt die Pumpe ab?

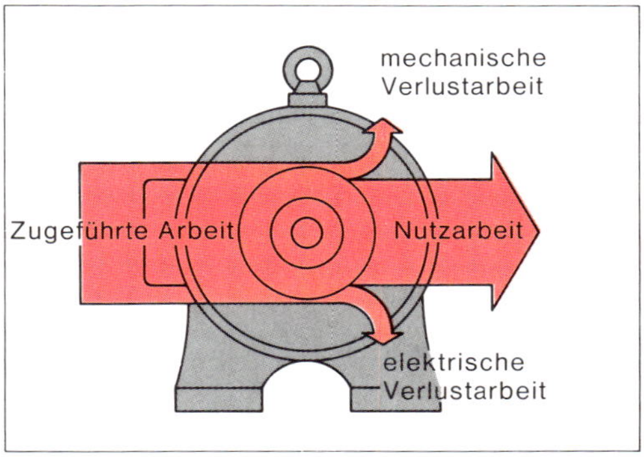

Abb. 3

7. Wie groß ist der Gesamtwirkungsgrad bei der Energieübertragung von einem
a) Wärmekraftwerk ($\eta_W = 0{,}34$),
b) Pumpspeicherkraftwerk ($\eta_P = 0{,}77$) und vier hintereinander geschalteten Transformatoren (jeweils $\eta_T = 0{,}95$) ohne Berücksichtigung des Wirkungsgrades der Übertragungsleitungen? Die angegebenen Wirkungsgrade sind mittlere Werte.

8. Eine Pumpe mit einem Wirkungsgrad von 0,71 wird von einem Motor angetrieben, dessen Wirkungsgrad 0,74 beträgt. Der Motor hat eine Nennleistung von 1,5 kW.
a) Wie groß ist der Gesamtwirkungsgrad?
b) Welche Leistung gibt die Pumpe ab?
c) Wie groß ist die gesamte Verlustleistung?

9. Auf dem Leistungsschild eines Gleichstrommotors ist die Angabe für die Nennleistung unleserlich geworden. Die übrigen Angaben lauten:
Wirkungsgrad: 0,82; Nennspannung: 440 V; Nennstrom: 7,5 A.
Wie groß ist die Nennleistung?

10. Ein Motor hat eine Nennleistung von 720 W. Sein Wirkungsgrad beträgt 75%.
a) Wie groß ist die aufgenommene Leistung des Motors?
b) Wie groß sind die Verluste in Watt?

11. Wie groß ist der Wirkungsgrad eines Motors, der bei einer Nennleistung von 5,4 kW Verluste von 880 W hat?

12. Wie groß sind die Kosten für eine Betriebsstunde eines Elektromotors, der bei einer Nennleistung von 2,5 kW einen Wirkungsgrad von 83% hat? Der Preis für eine Kilowattstunde beträgt 0,137 DM.

13. Eine Pumpe fördert bei einem Wirkungsgrad von 0,8 in einer Stunde 50 m³ Wasser 10 m hoch.
a) Wie hoch ist die von der Pumpe abgegebene Leistung in kW?
b) Welche Nennleistung muß der Antriebsmotor haben?
c) Wie hoch ist die Stromstärke, die der Antriebsmotor am 220 V-Netz bei einem Wirkungsgrad von 78% aufnimmt?
d) Wie groß ist der Gesamtwirkungsgrad?

14. Bei einem Wirkungsgrad von 70% hat eine Pumpe eine Leistung von 2,2 kW. Der 220 V-Gleichstrommotor, der die Pumpe antreibt, nimmt einen Strom von 16,5 A auf.
a) Welchen Wirkungsgrad hat der Motor?
b) Wie hoch ist der Gesamtwirkungsgrad der Anlage?

15. Ein Generator wird bei einer Klemmenspannung von 220 V mit 30 A belastet. Die Leistungsverluste im Generator betragen 1200 W. Der Generator wird von einem 220 V-Gleichstrommotor angetrieben, dessen Wirkungsgrad 86% ist.
a) Wie groß ist die vom Motor aufgenommene Leistung?
b) Wie groß ist die Stromaufnahme des Motors?
c) Welchen Gesamtwirkungsgrad hat die Anlage?

16. Ein Gleichstromgenerator wird bei einer Klemmenspannung von 110 V mit 3,5 A belastet. Welche mechanische Antriebsleistung ist erforderlich, wenn der Generator mit einem Wirkungsgrad von 0,76 arbeitet?

17. Ein Generator hat eine Klemmenspannung von 440 V und wird mit 24 A belastet. Die Leistungsverluste im Generator betragen 1840 W. Der Generator wird von einem 220 V-Gleichstrommotor angetrieben, dessen Wirkungsgrad 84% beträgt.
a) Wie groß sind aufgenommene Leistung und Stromstärke des Motors?
b) Welchen Gesamtwirkungsgrad hat die Anlage?
c) Wie groß ist die gesamte Verlustleistung?

18. Die Messung an einem Maschinensatz aus Gleichstrommotor und -generator ergibt folgende Werte:
Motor: $U = 224$ V; $I = 31{,}5$ A
Generator: $U = 440$ V; $I = 12{,}4$ A
a) Berechnen Sie den Gesamtwirkungsgrad und den Leistungsverlust!
b) Wie groß ist der Wirkungsgrad des Generators, wenn für den Motor ein Wirkungsgrad von 87% gilt?

19. Ein Gleichstrommotor hat eine Verlustleistung von 250 W und einen Wirkungsgrad von 86%. Gesucht: P_{zu} und P_{ab}!

8 Elektrowärme

8.1 Bestimmung der Wärmemenge

► Ein Heißwasserspeicher hat den Wasserinhalt von 0,08 m³ (80 Liter). Das Wasser soll von 12 °C auf 55 °C erwärmt werden. Die spezifische Wärmekapazität von Wasser beträgt 4190 $\frac{\text{J}}{\text{kg} \cdot \text{K}}$.
Wie groß ist die erforderliche Wärmemenge?

Wärmemenge Q	
$Q = m \cdot c \cdot \Delta T$	$[Q] = \text{J}$ $[m] = \text{kg}$
Spezifische Wärmekapazität c	$[c] = \frac{\text{J}}{\text{kg} \cdot \text{K}}$
	$[\Delta T] = \text{K}$

Beispiellösung

Gegeben: $m = 80$ kg (80 l); $\vartheta_1 = 12\,°\text{C}$;
$\vartheta_2 = 55\,°\text{C}$; $c = 4190 \frac{\text{J}}{\text{kg} \cdot \text{K}}$

Gesucht: Q

$\Delta T = \vartheta_2 - \vartheta_1$

$\Delta T = 55\,°\text{C} - 12\,°\text{C}$; $\underline{\Delta T = 43\text{ K}}$

$Q = m \cdot c \cdot \Delta T$

$Q = 80\text{ kg} \cdot 4190 \frac{\text{J}}{\text{kg} \cdot \text{K}} \cdot 43\text{ K}$

$Q = 14\,414\,000\text{ J}$; $\underline{\underline{Q = 14{,}414\text{ MJ}}}$

Aufgaben

1. Durch einen Temperaturwähler (warm – mittel – heiß) eingestellt, kann ein Heißwassergerät 15 Liter Wasser von 12 °C auf a) 35 °C, b) 60 °C und c) 85 °C aufheizen. Wie groß ist jeweils die im Wasser enthaltene Wärmemenge?

2. Die Wassermenge von 0,003 m³ soll mit einem Tauchsieder von der Anfangstemperatur 10 °C auf die Endtemperatur 95 °C gebracht werden. Berechnen Sie die erforderliche Wärmemenge!

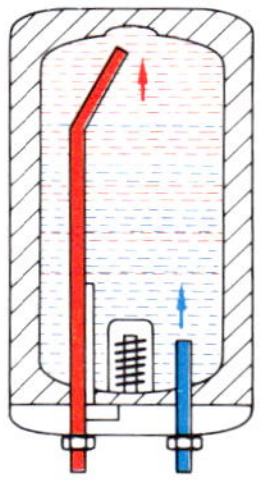

Abb. 1: Speicher

3. Welche Wassermenge wird durch Zuführung der Wärmemenge von 835 kJ von 20 °C zum Sieden gebracht?

4. Ein Kupferkessel (0,5 kg) wird durch das zum Sieden gebrachte Wasser von 20 °C auf 100 °C erwärmt. Wie groß ist die im Kupfer enthaltene Wärmemenge (abgestrahlte Wärmemenge bleibt unberücksichtigt)?

5. Auf welche Temperatur erwärmen sich 5 Liter Wasser von 20 °C, wenn die zugeführte Wärmemenge 1200 kJ beträgt? Wie hoch ist ϑ_2, wenn die Wassermenge verdoppelt wird?

6. Zur Bestimmung von c bzw. der Art des Materials eines festen Körpers wird folgendes Experiment gemacht. Der unbekannte Körper (0,8 kg, $\vartheta_1 = 20\,°\text{C}$) wird in eine Wassermenge von 2 kg getaucht, deren Temperatur daraufhin nach einer gewissen Zeit von 52,63 °C auf 50 °C absinkt.
a) Welche Wärmemenge gibt die Wassermenge an den Körper ab bzw. welche Wärmemenge nimmt der Körper auf?
b) Aus welchem Material ist der Körper?

Spezifische Wärmekapazität einiger Stoffe:

Material	Kupfer	Messing	Nickel	Stahl
c in $\frac{\text{J}}{\text{kg} \cdot \text{K}}$	390	390	460	500

Material	Aluminium	Luft	Eis	Wasser
c in $\frac{\text{J}}{\text{kg} \cdot \text{K}}$	920	1000	2100	4190

7. In einer Kaffeemaschine wird Wasser für 10 Tassen (je $\frac{1}{8}\,l$) von 20°C auf ca. 100°C erwärmt. Welche Wärmemenge wird dazu benötigt?

8. Ein Transformator hat eine Ölfüllung von 150 hl Transformatorenöl ($c = 2\,\frac{kJ}{kg \cdot K}$; $\varrho = 0{,}85\,\frac{kg}{dm^3}$).
Wie groß ist die Wärmeverlustleistung, wenn das Öl bei Belastung von 20°C auf 60°C erwärmt wird?

9. Ein Föhn wird 10 min lang benutzt. Während dieser Zeit wird pro Minute 0,6 m^3 Luft von 20°C auf 50°C erwärmt. ($\varrho = 1{,}29\,\frac{kg}{m^3}$).
Welche Wärmemenge wird dazu benötigt?

10. Welche Wärmemenge nimmt eine Kupferfreileitung von 25 km Länge und 35 mm^2 Querschnitt auf, wenn sie durch die Sonneneinstrahlung von 10°C Nachttemperatur auf 60°C Mittagstemperatur erwärmt wird?

11. Einer Kupferschiene mit den Abmessungen 5 mm × 15 mm × 4550 mm wird bei einem Kurzschluß eine Wärmemenge von 250 kJ zugeführt.
a) Um wieviel Kelvin erwärmt sich die Kupferschiene?
b) Auf welche Temperatur erwärmt sich die Schiene, wenn sie vorher eine Temperatur von 15°C hatte und die Wärmeabgabe an die Luft vernachlässigt werden kann?

12. Welche Wärmemenge wird abgeführt, wenn 100 hl Wasser von 80°C auf 10°C abgekühlt werden?

13. Bei der Abkühlung eines Aluminiumkühlkörpers (2,5 kg) auf 15°C wird eine Wärmemenge von 25 kJ abgeführt.
a) Um welchen Betrag wird die Temperatur gesenkt?
b) Welche Temperatur hatte der Aluminiumkörper vor der Abkühlung?

14. Die Freileitung aus Kupfer mit dem Querschnitt 50 mm^2 und der Länge 36 km hat sich am Tage auf 55°C erwärmt. Welche Wärmemenge wird abgegeben, wenn sie sich nachts auf 10°C abkühlt?

15. Der Kühlkörper mit dem Gewicht 0,25 kg wird von 60°C auf 20°C abgekühlt. Dabei wird eine Wärmemenge von 9,2 kJ frei. Aus welchem Material besteht der Kühlkörper?

16. Welche Wärmemenge wird benötigt, um 200 l Badewasser von 14°C auf 45°C zu erwärmen?

17. Ein Edelstahltopf (0,4 kg) mit dem Inhalt 1,5 l Wasser wird von 20°C auf 75°C erwärmt.
a) Welche Wärmemenge wird zur Erwärmung des Wassers benötigt?
b) Mit welcher Wärmemenge wurde der Edelstahltopf erwärmt?
c) Wie groß ist die insgesamt benötigte Wärmemenge?

18. Die Luft in einem Raum von 50 m^3 soll von −4°C auf 22°C erwärmt werden. Welche Wärmemenge ist dazu notwendig? ($\varrho = 1{,}29\,\frac{kg}{m^3}$)

19. Eine Mantelleitung 5 × 2,5 mm^2 der Länge 26,5 m erwärmt sich um 40 K. Welche Wärmemenge war dazu notwendig?

20. Ein Konstantanleiter ($c = 420\,\frac{J}{kg \cdot K}$; $\varrho = 8{,}9\,\frac{kg}{dm^3}$) der Länge 1,5 m und mit dem Durchmesser 1,2 mm wird um die Temperatur 70 K erwärmt.
Welche Wärmemenge ist dazu erforderlich?

21. Das Öl eines Ölschützes (4 l; $c = 2\,\frac{kJ}{kg \cdot K}$; $\varrho = 0{,}85\,\frac{g}{cm^3}$) erwärmt sich bei Belastung von 18°C auf 35°C.
Welche Verlustwärmemenge ist entstanden?

22. Die Flüssigkeitsmenge von 15 kg erwärmt sich von 15°C auf 66°C, wenn eine Wärmemenge von 1,3 MJ zugeführt wird.
Wie groß ist die spezifische Wärmekapazität der Flüssigkeit?

23. Um welche Temperatur wird die Luft eines Raumes (4,7 m × 6,2 m × 2,55 m) erwärmt, wenn eine Wärmemenge von 2400 kJ zugeführt wird?
Auf welchen Wert steigt die Lufttemperatur, wenn diese zu Beginn der Erwärmung −3°C betragen hat?

24. Welche Wärmemenge benötigt man, um 35 kg Eis von −30 °C auf −5 °C zu erwärmen?

25. Das Becken einer Badeanstalt hat die Abmessungen 12 m · 25 m · 2 m. Das darin befindliche Wasser soll von 8 °C auf 26 °C erwärmt werden. Wieviel *l* Wasser befinden sich im Becken und welche Wärmemenge muß zugeführt werden?

8.2 Wärmewirkungsgrad

► Beim Vergleich einer Elektrokochplatte mit Kochtopf und einem Schnellkocher ergaben sich folgende Werte:

	P in W	t in s	m in kg	ΔT in K
Elektrokochpl.	1200	300	1	40
Schnellkocher	1800	120	1	40

Bestimmen Sie für beide Geräte den Wärmewirkungsgrad!

Zugeführte Wärmemenge W_{zu}

$W_{zu} = P \cdot t$ $\quad [W_{zu}] = \text{Ws}$, $[P] = \text{W}$, $[t] = \text{s}$

Abgegebene Wärmemenge W_{ab}

$W_{ab} = m \cdot c \cdot \Delta T$ $\quad [W_{ab}] = \text{J} = \text{Ws}$, $[m] = \text{kg}$

Wärmewirkungsgrad η_{th} $\quad [c] = \frac{\text{J}}{\text{kg} \cdot \text{K}}$

$\eta_{th} = \frac{W_{ab}}{W_{zu}}$ $\quad [\Delta T] = \text{K}$

Beispiellösung:

Gegeben: Elektrokochplatte: $P = 1200$ W; $t = 300$ s; $m = 1$ kg; $\Delta T = 40$ K;
Schnellkocher: $P = 1800$ W; $t = 120$ s; $m = 1$ kg; $\Delta T = 40$ K;

Gesucht: a) η_{th} für Elektrokochplatte
b) η_{th} für Schnellkocher

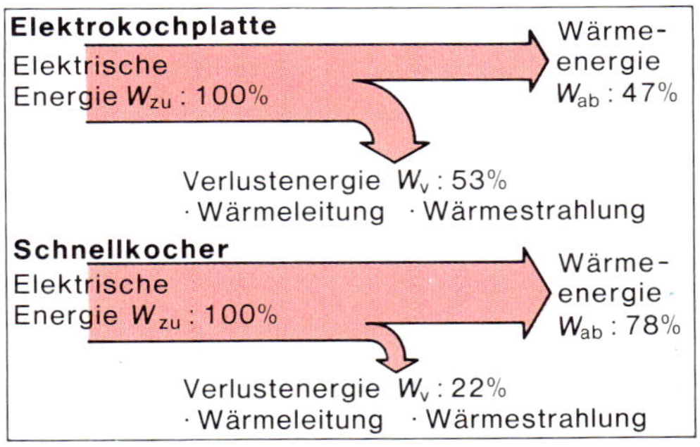

Abb. 1

a) $$\eta_{th} = \frac{W_{ab}}{W_{zu}}$$

$$\eta_{th} = \frac{m \cdot c \cdot \Delta T}{P \cdot t}$$

$$\eta_{th} = \frac{1\ \text{kg} \cdot 4190\ \frac{\text{J}}{\text{kg} \cdot \text{K}} \cdot 40\ \text{K}}{1200\ \text{W} \cdot 300\ \text{s}}$$

$$\underline{\underline{\eta_{th} = 0{,}47}}$$

b) $$\eta_{th} = \frac{W_{ab}}{W_{zu}}$$

$$\eta_{th} = \frac{m \cdot c \cdot \Delta T}{P \cdot t}$$

$$\eta_{th} = \frac{1\ \text{kg} \cdot 4190\ \frac{\text{J}}{\text{kg} \cdot \text{K}} \cdot 40\ \text{K}}{1800\ \text{W} \cdot 120\ \text{s}}$$

$$\underline{\underline{\eta_{th} = 0{,}78}}$$

Aufgaben

1. Ein Schnellkocher mit einer Nennleistung von 2000 W bringt in 5 min 1,5 Liter Wasser von 19 °C zum Sieden. Wie groß ist der Wärmewirkungsgrad?

2. Eine Elektrokochplatte mit einer Nennleistung von 700 W erwärmt in der Zeit von 16 min die im Topf befindliche Wassermenge von 1 Liter von 18 °C auf 100 °C. Wie groß ist der Wärmewirkungsgrad?

3. Ein Tauchsieder hat die Nennleistung von 600 W und soll 1,5 Liter Wasser von 18 °C in 15 min zum Sieden bringen. Wie groß ist der Wärmewirkungsgrad?

4. Ein Heißwassergerät mit Wärmeisolation besitzt einen Wärmewirkungsgrad von 0,98. In welcher Zeit heizt das Gerät mit der Nennleistung von 2 kW 5 Liter Wasser von 12 °C auf
a) 35 °C, b) 60 °C und c) 85 °C?

5. In welcher Zeit erwärmt ein 80-Literspeicher mit 4 kW Nennleistung und 0,97 Wärmewirkungsgrad Wasser von 12 °C auf:
a) 35 °C, b) 60 °C und c) 85 °C?

6. Ein Elektrowärmegerät mit dem Wärmewirkungsgrad 0,85 bringt 2 Liter Wasser von 12 °C zum Sieden. Wie groß ist die elektrische Arbeit in kWh?

7. Ein Schnellkocher mit einer Nennspannung von 220 V erwärmt 1,5 Liter Wasser bei einem Wärmewirkungsgrad von 0,86 in 5,5 min von 19 °C auf 100 °C.
a) Wie groß ist die Nennleistung?
b) Welchen Wert hat der Widerstand der Heizwicklung?

8. Mit einem Tauchsieder von 2000 W werden in 15 min 8 Liter Wasser von 12 °C auf 63 °C erwärmt.
a) Wie groß ist die zugeführte Wärmemenge?
b) Wie groß ist die abgegebene Wärmemenge?
c) Welchen Wirkungsgrad hat der Tauchsieder?

9. Eine Kaffeemaschine erzeugt aus Wasser mit 12 °C in 20 min 12 Tassen (je $\frac{1}{8}$ l) Kaffee. Die Leistung der Maschine ist 1 kW.
a) Welche Wärmemenge wird zur Erzeugung des Kaffees benötigt?
b) Welche Wärmemenge wird zugeführt?
c) Wie groß ist der Wirkungsgrad?

10. Welchen Wärmewirkungsgrad hat ein Heißwassergerät mit der Nennleistung 2 kW, das in 15 min 5 Liter Wasser von 10 °C auf 90 °C erwärmt?

11. Eine Elektrokochplatte nimmt an 220 V einen Strom von 4,5 A auf. Mit dieser Kochplatte wird in einem Topf $\frac{3}{4}$ l Wasser von 15 °C in 10 min auf 100 °C erwärmt.
Wie groß ist der Wirkungsgrad?

12. Ein Industrieofen erwärmt in 15 min 1500 kg Eisen von 20 °C auf 800 °C. Der Ofen nimmt an 500 V einen Strom von 2 kA auf. Wie groß ist der Wirkungsgrad?

13. Ein Schnellkocher mit der Leistung 2 kW hat einen Wirkungsgrad von 0,85. Er wird 5 min lang betrieben und soll 2 l Wasser von 9 °C erwärmen.
a) Wie groß ist die aufgenommene Wärmeenergie?
b) Um wieviel Kelvin wird das Wasser erwärmt?
c) Welche Endtemperatur wird erreicht?

14. Ein Heißwassergerät mit dem Wärmewirkungsgrad 95% hat eine Leistung von 7,5 kW und ist mit 20 l Wasser gefüllt.
Welche Temperatur hat das vorher 11 °C warme Wasser nach a) 5 min; b) 10 min und c) 15 min?

15. Wieviel Liter Wasser werden von einem Heißwasserspeicher mit der Leistung 4 kW in 25 min von 15 °C auf 60 °C erwärmt. Der Wirkungsgrad ist 92%.

16. Ein Edelstahltopf (0,5 kg), der mit Wasser gefüllt ist, wird von 16 °C auf 88 °C von einer Kochplatte (800 W) mit dem Wirkungsgrad 0,48 in 15 min erwärmt.
Wieviel Liter Wasser sind im Topf?

17. Es sollen 500 l Wasser von 17 °C auf 80 °C erwärmt werden. Das Heizgerät hat einen Wirkungsgrad von 0,84.
a) Welche Wärmemenge muß das Heizgerät an das Wasser abgeben?
b) Welche Energie muß zugeführt werden?

18. Ein Frittiergerät hat eine Leistung von 2,5 kW und eine Ölfüllung von 4 l. Das Öl soll von 15 °C auf 180 °C erwärmt werden.
a) Welche Wärmemenge wird zur Erwärmung des Öles benötigt? ($\varrho = 0{,}9\ \frac{\text{kg}}{\text{dm}^3}$; $c = 1680\ \frac{\text{J}}{\text{kg} \cdot \text{K}}$).
b) Welche elektrische Arbeit muß aufgebracht werden, wenn der Wirkungsgrad 75% beträgt?
c) Nach welcher Zeit ist die Endtemperatur erreicht?

9 Spannungsquellen

9.1 Innenwiderstand von Spannungsquellen

▶ Der Innenwiderstand eines Netzteils soll über Meßwerte bestimmt werden. Die Messung der Urspannung ist nicht möglich, da ständig eine Belastung angeschlossen ist. Es können lediglich der Strom bei dieser Belastung und die dabei herrschende Klemmenspannung gemessen werden. Durch zusätzliche Belastungen sind Klemmenspannung und Gesamtstrom veränderbar.

Meßwerte: a) $U_{Kl1} = 9{,}3\,\text{V}$ b) $U_{Kl2} = 8{,}9\,\text{V}$
$I_1 = 0{,}72\,\text{A}$ $I_2 = 1{,}25\,\text{A}$

Wie groß ist der Innenwiderstand der Spannungsquelle?

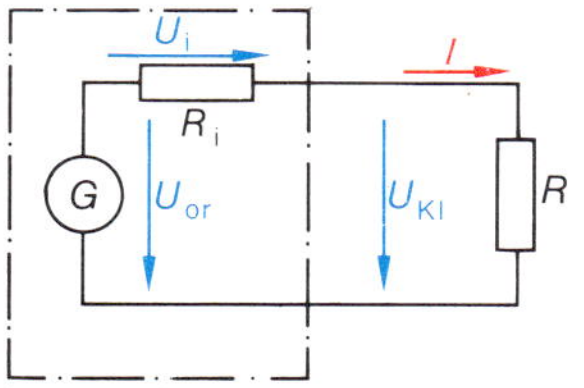

$U_{or} = U_i + U_{Kl}$

$R_i = \frac{U_i}{I}$

$I_k = \frac{U_{or}}{R_i}$

Leerlaufspannung, Urspannung,
Quellenspannung: U_{or}
Innenwiderstand: R_i
Klemmenspannung: U_{Kl}
Kurzschlußstrom: I_K

Beispiellösung:

Gegeben:
Schaltung 1

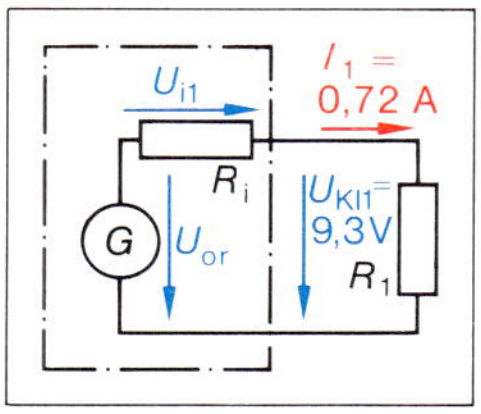

Schaltung 2

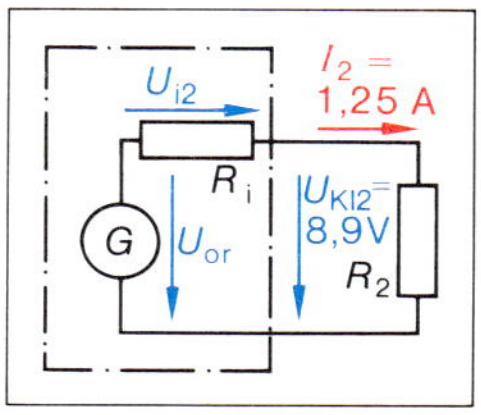

Gesucht: R_i

$U_{or} = U_{i1} + U_{Kl1}$
$U_{or} = I_1 \cdot R_i + U_{Kl1}$

$$R_i = \frac{U_{or} - U_{Kl1}}{I_1}$$

$U_{or} = U_{i2} + U_{Kl2}$
$U_{or} = I_2 \cdot R_i + U_{Kl2}$

$$R_i = \frac{U_{or} - U_{Kl2}}{I_2}$$

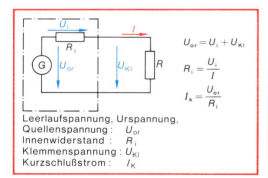

Abb. 1: Spannungsquellen

In den beiden Gleichungen für R_i ist noch die weitere Unbekannte U_{or} vorhanden. Es stehen also zwei Gleichungen mit zwei Unbekannten zur Verfügung.

Lösen läßt sich diese Aufgabe, indem man die Gleichungen nach U_{or} umstellt und dann gleichsetzt (Gleichsetzungsverfahren vgl. S. 54). Man erhält so eine einzelne Bestimmungsgleichung für R_i.

$I_1 \cdot R_i = U_{or} - U_{Kl1}$ $I_2 \cdot R_i = U_{or} - U_{Kl2}$
$I_1 \cdot R_i + U_{Kl1} = U_{or}$ $I_2 \cdot R_i + U_{Kl2} = U_{or}$

$$I_1 \cdot R_i + U_{Kl1} = I_2 \cdot R_i + U_{Kl2}$$
$$U_{Kl1} - U_{Kl2} = I_2 \cdot R_i - I_1 \cdot R_i$$
$$U_{Kl1} - U_{Kl2} = R_i (I_2 - I_1)$$

$$\boxed{R_i = \frac{U_{Kl1} - U_{Kl2}}{I_2 - I_1}}$$

$$R_i = \frac{9{,}3\,\text{V} - 8{,}9\,\text{V}}{1{,}25\,\text{A} - 0{,}72\,\text{A}}$$

$$R_i = \frac{0{,}4\,\text{V}}{0{,}53\,\text{A}}$$

$$\underline{\underline{R_i = 0{,}755\,\Omega}}$$

Aufgaben

1. Berechnen Sie zu der Beispiellösung
a) die Leerlaufspannung der Spannungsquelle,
b) die Größe der Belastungswiderstände.

2. Die Abb. 1 zeigt die Abhängigkeit der Klemmenspannung von der Belastungsstromstärke bei einer Spannungsquelle.
a) Wie groß ist die Änderung der Spannung an den Klemmen, wenn sich der Belastungsstrom von 0 A auf 0,6 A vergrößert?
b) Wie groß ist der Innenwiderstand der Spannungsquelle?
c) Wie groß ist der Belastungswiderstand bei einer Klemmenspannung von 7 V?
d) Wie groß ist der rechnerische Kurzschlußstrom der Spannungsquelle?

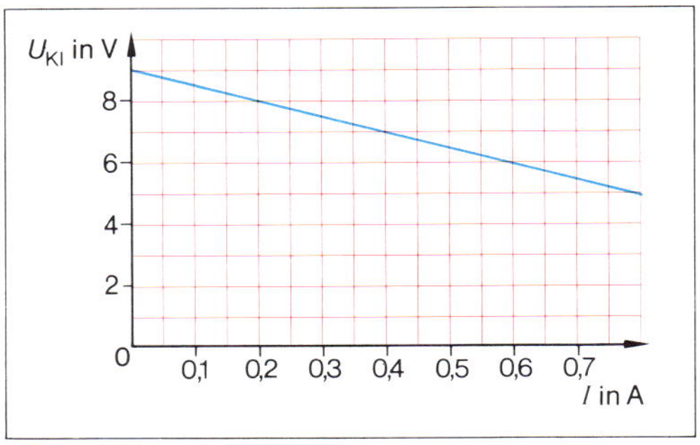

Abb. 1

3. An einem Akkumulator werden folgende Meßwerte ermittelt:
Spannung an den Klemmen ohne Belastung: 12,0 V
Spannung an den Klemmen bei Belastung mit 4,7 Ω: 11,8 V.
Berechnen Sie den Innenwiderstand der Spannungsquelle.

4. Eine Spannungsquelle mit einem Innenwiderstand von 0,4 Ω und einer Leerlaufspannung von 6,2 V wird mit einem Widerstand von 8,2 Ω belastet.
a) Wie groß sind die Klemmenspannung und die Spannung am Innenwiderstand?
b) Wie groß sind die in den Widerständen umgesetzten Leistungen.

5. Bei einem Akkumulator ändert sich der Belastungsstrom von 16,3 A auf 28,5 A. Dabei ändert sich die Klemmenspannung von 24,0 V auf 23,7 V.
a) Wie groß ist der Innenwiderstand?
b) Wie groß sind die Belastungswiderstände?
c) Wie groß ist die Leerlaufspannung?

6. An dem Innenwiderstand einer Spannungsquelle fällt bei Belastung mit einem Strom von 0,75 A eine Spannung von 3 V ab. Wie groß ist der Innenwiderstand?

7. Welcher Kurzschlußstrom ergibt sich bei einem Bleisammler mit $U_{or} = 6$ V, wenn der Innenwiderstand 60 mΩ beträgt und der Akkumulator kurzgeschlossen wird?

8. Der Bleisammler eines Kraftfahrzeugs hat einen Innenwiderstand von 25 mΩ. Die Leerlaufspannung beträgt 13,2 V. Wie groß ist die Klemmenspannung des Sammlers, wenn der Laststrom beim Anlassen 120 A beträgt?

9. Ein Zink-Kohle-Element ($U_{or} = 1{,}5$ V; $R_i = 0{,}35$ Ω) wird mit einem Widerstand von 20 Ω belastet. Welche Werte erreichen Klemmenspannung und Laststrom?

10. Der Bleiakkumulator eines Kraftfahrzeugs hat eine Leerlaufspannung von ca. 12 V. Zur Funktionsprüfung wird er mit einem Widerstand von 0,1 Ω belastet. Dabei fällt an dem Widerstand eine Spannung von 10 V ab. Berechnen Sie
a) den während der Funktionsprüfung fließenden Belastungsstrom und
b) den Innenwiderstand des Bleisammlers!

11. Eine Spannungsquelle mit einem Innenwiderstand von 1,5 Ω und einer Leerlaufspannung von 9 V soll so belastet werden, daß die Klemmenspannung um maximal 1 V sinkt. Wie groß darf der Laststrom höchstens werden?

12. Ein Zink-Kohle-Element ($U_{or} = 1{,}5$ V und $R_i = 0{,}4$ Ω) wird widerstandslos kurzgeschlossen. Welche Leistung fällt an dem Innenwiderstand ab?

13. Die Alterung von Bleiakkumulatoren hat unter anderem eine Erhöhung des Innenwiderstands zur Folge. Wie groß darf bei einem Bleisammler in einer Notstromanlage der Innenwiderstand höchstens werden, damit im Notfall bei einem Laststrom von 18 A die Klemmenspannung des Sammlers um nicht mehr als 0,5 V gegenüber der Leerlaufspannung ($U_{or} = 12$ V) absinkt?

14. Eine Batterie aus drei Zink-Kohle-Elementen hat eine Leerlaufspannung von 4,5 V und einen Innenwiderstand von 1,2 Ω. Über eine insgesamt 12 m lange Zuleitung (Hin- und Rückleitung) soll ein Lämpchen mit einem Widerstand von 40 Ω betrieben werden. Der Querschnitt der aus Kupfer bestehenden Leitung beträgt 0,5 mm² ($\varrho_{Cu} = 0{,}01786$ μΩm). Berechnen Sie a) die Klemmenspannung der Batterie und b) die Spannung an dem Lämpchen!

15. Der Ausgang eines bestimmten Verstärkers kann als Spannungsquelle mit einem Innenwiderstand von 4 Ω aufgefaßt werden. Bei Belastung mit einem Lautsprecher von 4 Ω entsteht am Verstärkerausgang eine Klemmenspannung von 5,65 V. Welche Klemmenspannung ergibt sich, wenn zwei Lautsprecher von 4 Ω parallel an den Ausgang des Verstärkers angeschlossen werden?

16. Die Klemmenspannung einer Spannungsquelle wird nacheinander mit Hilfe zweier Spannungsmesser bestimmt. Bei der ersten Messung (R_A des Meßgerätes 333 $\frac{\Omega}{V}$ und 15 V-Meßbereich) wird eine Klemmenspannung von 11 V gemessen. Bei der zweiten Messung ($R_K = 1{,}5\ \frac{k\Omega}{V}$; 15 V-Meßbereich) ergibt sich ein Wert von 11,6 V.
a) Wie groß ist der Innenwiderstand der Spannungsquelle?
b) Wie groß ist die Leerlaufspannung?

17. Ein Niederfrequenzverstärker mit $R_i = 5\ \Omega$ gibt bei Belastung mit einem Lautsprecher von 5 Ω eine Leistung von 100 W ab. Irrtümlich wird die ursprüngliche Lautsprecherzuleitung durch ein Kabel von 8 m (einfache Länge) mit 0,3 mm² Querschnitt (Kupfer) ersetzt ($\varrho_{Cu} = 0{,}01786$ μΩm). Berechnen Sie für den Zustand nach der Änderung
a) den Strom in der Lautsprecherzuleitung,
b) die vom Verstärker abgegebene Leistung
c) die vom Lautsprecher aufgenommene Leistung!

18. Ein Akkumulator wird belastet. Die Klemmenspannung beträgt dabei 11,3 V und die Stromstärke 350 mA. Bei einer anderen Belastung mißt man: $U_{Kl} = 10{,}9$ V und $I = 420$ mA. Wie groß ist der Innenwiderstand?

9.2 Reihenschaltung von Spannungsquellen

► In einem Notstromaggregat ist ein 24 V Akkumulator ausgefallen. Die Anlage soll vorübergehend durch einen 12 V und zwei 6 V-Akkumulatoren betriebsbereit gehalten werden.
Von der alten Anlage sind folgende Werte bekannt: $U_{or} = 24{,}0$ V; $R_i = 10$ mΩ.

Von den neuen Akkumulatoren wurden folgende Werte festgestellt:
$U_{or1} = 12{,}2$ V; $U_{or2} = 6{,}1$ V; $U_{or3} = 6{,}2$ V
$R_{i1} = 8{,}0$ mΩ; $R_{i2} = 3{,}2$ mΩ; $R_{i3} = 3{,}1$ mΩ

Durch die neue Anlage muß gewährleistet sein, daß die Klemmenspannung bei einer Belastung mit 120 A um höchstens 10% der Leerlaufspannung der alten Anlage sinkt. Überprüfen Sie, ob mit den Daten der neuen Akkumulatoren dieses erreicht wird.

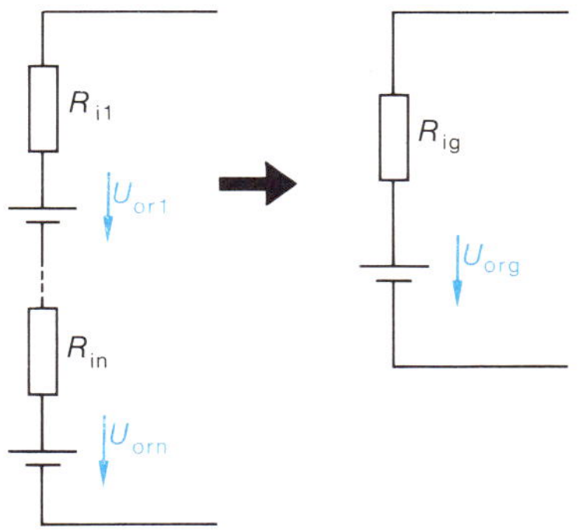

$U_{org} = U_{or1} + U_{or2} + \ldots + U_{orn}$

$R_{ig} = R_{i1} + R_{i2} + \ldots + R_{in}$

Beispiellösung:

Gegeben: 3 Spannungsquellen: $U_{or1} = 12{,}2$ V; $U_{or2} = 6{,}1$ V; $U_{or3} = 6{,}2$ V
$R_{i1} = 8{,}0$ mΩ; $R_{i2} = 3{,}2$ mΩ; $R_{i3} = 3{,}1$ mΩ
Ursprüngliche Spannungsquelle: $U_{or} = 24$ V; $R_i = 10$ mΩ
Bedingung: Bei $I = 120$ A darf U_{Kl} um höchstens 10% sinken.

Gesucht: Alle Werte zur Überprüfung der Bedingung.

- Belastungswiderstand bei 120 A:

$$R_L = \frac{24\,V}{120\,A}; \quad R_L = 0,2\,\Omega$$

$R_{ig} = R_{i1} + R_{i2} + R_{i3}$
$R_{ig} = (8,0 + 3,2 + 3,1)\,m\Omega$
$R_{ig} = 14,3\,m\Omega$

$U_{org} = U_{or1} + U_{or2} + U_{or3}$
$U_{org} = (12,2 + 6,1 + 6,2)\,V$
$U_{org} = 24,5\,V$

$R_{ig} = 14,3\,m\Omega$
$U_{org} = 24,5\,V$
$R_L = 0,2\,\Omega$

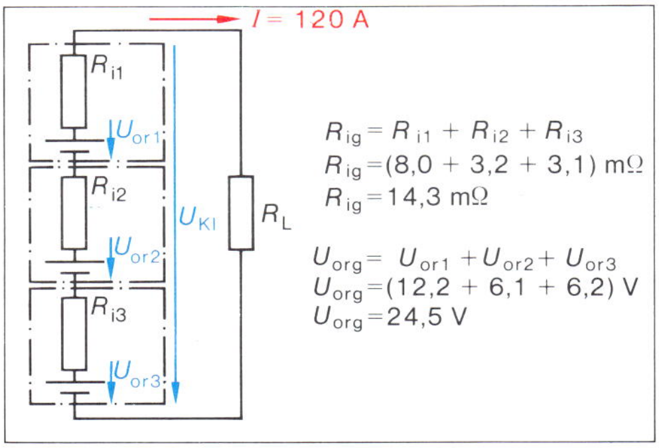

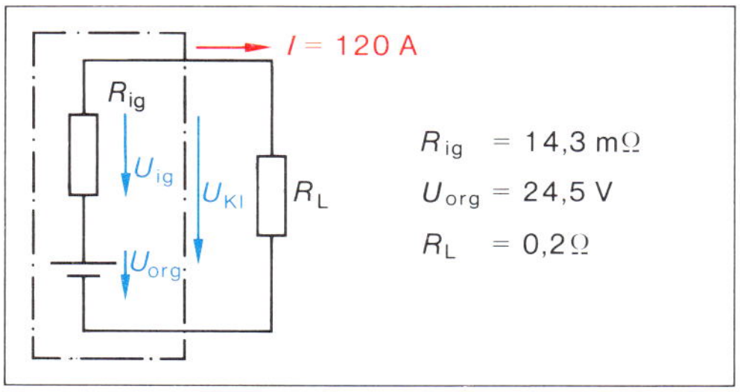

- Zulässiger Spannungsabfall am Innenwiderstand:
  10% von 24 V
  $U_i = 2,4\,V$

- Spannungsabfall am Innenwiderstand der neuen Anlage:
  $U_{ig} = I \cdot R_{ig}$
  $U_{ig} = 120\,A \cdot 14,3\,m\Omega$
  $U_{ig} = 1,72\,V$

Ergebnis: Die Änderung um 1,72 V ist geringer als die zulässige Änderung von 2,4 V. Die neue Anlage erfüllt also die Bedingungen.

Aufgaben

1. Zwei Netzteile werden zur Spannungserhöhung in Reihe geschaltet. Es sind folgende Werte bekannt:

$U_{or1} = 30\,V$; $\qquad U_{or2} = 24\,V$
$R_{i1} = 1,2\,\Omega$; $\qquad R_{i2} = 0,9\,\Omega$

a) Zeichnen Sie das Ersatzschaltbild der Reihenschaltung und berechnen Sie den Gesamtwiderstand sowie die Gesamtleerlaufspannung.

b) Wie groß ist die Klemmenspannung, wenn die Reihenschaltung mit einem Widerstand von 47 Ω belastet wird?

2. Vier Trockenelemente mit einer Nennspannung von 1,5 V sind in Reihe geschaltet und befinden sich in einem Transistorgerät. Bei nicht eingeschaltetem Gerät wird eine Leerlaufspannung von 6,8 V gemessen. Bei maximaler Lautstärke sinkt die Klemmenspannung auf 5,7 V. Die Stromstärke hat dabei einen Wert von 0,3 A.
a) Berechnen Sie den Innenwiderstand der Reihenschaltung und die Einzelwiderstände. Die Einzelquellen sollen als gleichwertig angenommen werden (gleiche Leerlaufspannungen und Innenwiderstände).
b) Berechnen Sie die Leerlaufspannungen der Trockenelemente.

3. Zwei Spannungsquellen mit gleichen Leerlaufspannungen aber unterschiedlichen Innenwiderständen werden in Reihe geschaltet.
$U_{or1} = 12,4\,V$; $\qquad U_{or2} = 12,4\,V$
$R_{i1} = 0,2\,\Omega$; $\qquad R_{i2} = 4,8\,\Omega$
Es fließt ein Belastungsstrom von 1,3 A.
a) Berechnen Sie die Klemmenspannung.
b) Berechnen Sie den Belastungswiderstand.
c) Berechnen Sie die Leistung in den Innenwiderständen und im Belastungswiderstand.
d) Berechnen Sie den Kurzschlußstrom.

4. An die Gleichspannungsquelle von Abb. 1 ist ein veränderbarer Belastungswiderstand geschaltet. Mit diesem werden folgende Fälle eingestellt:
$R_{L1} = 0\,\Omega$; $R_{L2} = 100\,\Omega$; $R_{L3} = 200\,\Omega$
Wie groß sind Ströme und Klemmenspannungen bei diesen Belastungsfällen?

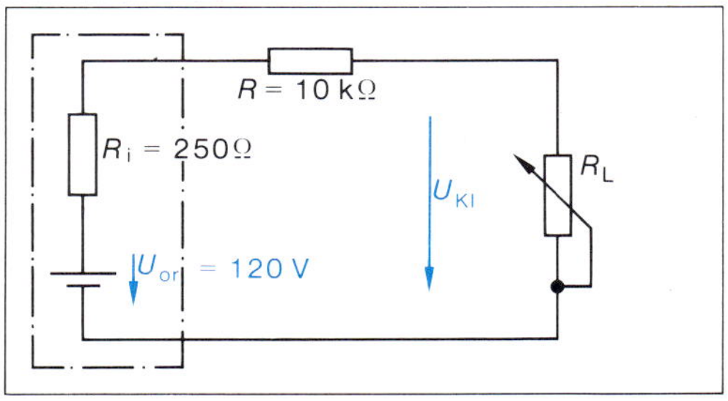

Abb. 1

5. Wieviel 4,5 V-Batterien werden benötigt, um eine Spannungsquelle mit einer Leerlaufspannung von 27 V zu bauen? Wie müssen die Batterien geschaltet werden? Wie groß wird der Kurzschlußstrom der Spannungsquelle, wenn der Innenwiderstand der einzelnen Batterien 0,6 Ω beträgt?

6. Gegeben ist die folgende Schaltung. Berechnen Sie a) die Leerlaufspannung, b) die Klemmspannung bei Belastung mit dem Widerstand R und c) den Kurzschlußstrom der Anlage!

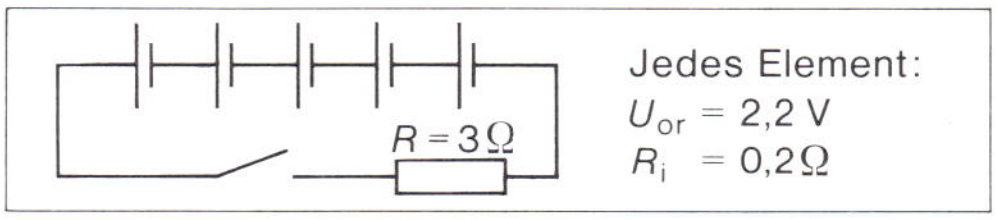

Abb. 2

7. Eine Notstromanlage soll eine Spannung von 220 V liefern. Sie besteht aus einer Reihenschaltung von 110 Bleisammlern mit einer Leerlaufspannung von je 2 V. a) Wie groß ist der Innenwiderstand der Notstrombatterie, wenn der einzelne Sammler einen Innenwiderstand von 2,5 mΩ aufweist? b) Welcher Strom darf der Notstrombatterie entnommen werden, wenn die Klemmenspannung auf einen Wert von 90% der gesamten Leerlaufspannung sinken darf?

8. Für eine Telefonanlage wird eine Betriebsspannung von mindestens 58,8 V benötigt. Die Stromaufnahme der Anlage beträgt 30 A. Zum Bau der Spannungsversorgung stehen Akkumulatoren mit einer Nennspannung von 12 V und 6 V zur Verfügung. Der Innenwiderstand der Akkumulatoren beträgt einheitlich 40 mΩ. Die Spannungsversorgung soll so aufgebaut werden, daß die Leerlaufspannung möglichst nahe bei der Mindestbetriebsspannung liegt.
a) Ermitteln Sie überschlägig Art und Anzahl der erforderlichen Sammler!
b) Wie müssen diese geschaltet werden (Zeichnung)?
c) Kontrollieren Sie die richtige Auswahl der Sammler durch Berechnung der Klemmenspannung bei Nennlast!
d) Wie groß ist der Kurzschlußstrom der Anlage?

9.3 Parallelschaltung von Spannungsquellen

► Für den Antrieb eines Elektrofahrzeugs sind zwei Akkumulatoren parallel geschaltet. Die Parallelschaltung erfolgt erst dann, wenn das Fahrzeug anfährt. Durch diese Maßnahme soll verhindert werden, daß bei geringfügig abweichenden Daten der Akkumulatoren zu hohe Ausgleichsströme bei Nichtbetrieb fließen.
a) Wie groß würde der Ausgleichsstrom zwischen den Quellen sein, wenn in Abb. 3 der Schalter S 1 nicht vorhanden wäre?
b) Wie groß ist der Innenwiderstand der Parallelschaltung?

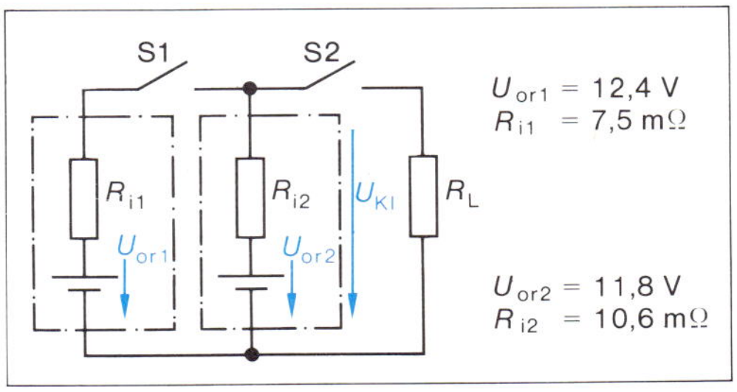

Abb. 3: Parallelschaltung zweier Spannungsquellen

Beispiellösung:

Gegeben: Parallelschaltung zweier Spannungsquellen
$U_{or1} = 12{,}4$ V; $R_{i1} = 7{,}5$ mΩ
$U_{or2} = 11{,}8$ V; $R_{i2} = 10{,}6$ mΩ

Gesucht: Ausgleichsstrom und Innenwiderstand

a) Durch Umzeichnen des Schaltbildes wird erkennbar, daß für die Parallelschaltung die beiden Spannungen gegeneinander wirken. Die für den Ausgleichsstrom verantwortliche Spannung ist die Differenz der Einzelspannungen.

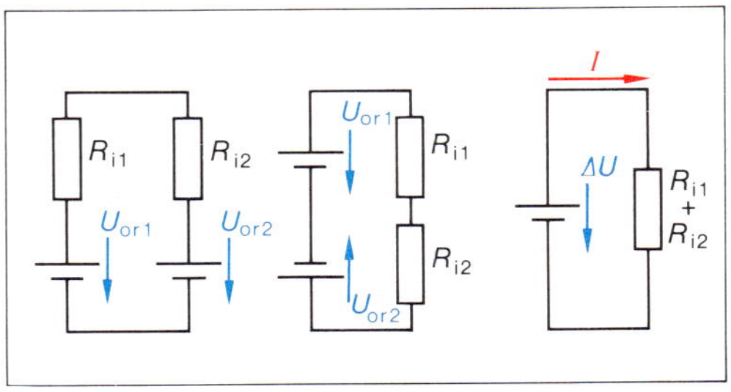

$\Delta U = U_{or1} - U_{or2}$ $\quad I = \frac{\Delta U}{R_{i1} + R_{i2}}$

$\Delta U = 12{,}4\,V - 11{,}8\,V$ $\quad I = \frac{0{,}6\,V}{7{,}5\,m\Omega + 10{,}6\,m\Omega}$

$\Delta U = 0{,}6\,V$ $\quad \underline{\underline{I = 33{,}1\,A}}$

b) Bei der Parallelschaltung von Spannungsquellen liegen die Innenwiderstände der Spannungsquellen parallel. Es läßt sich deshalb mit der Formel für die Parallelschaltung von Widerständen der gesamte Innenwiderstand berechnen.

$$\frac{1}{R_{ig}} = \frac{1}{R_{i1}} + \frac{1}{R_{i2}}$$

$$\frac{1}{R_{ig}} = 133{,}3\,S + 94{,}3\,S; \qquad \frac{1}{R_{ig}} = 227{,}6\,S$$

$$R_{ig} = \frac{1}{227{,}6\,S}; \qquad \underline{\underline{R_{ig} = 4{,}39\,m\Omega}}$$

Aufgaben

1. Berechnen Sie zu Abb. 3, S. 101 die Klemmenspannung bei Leerlauf. Wie groß ist die Leistung an den Innenwiderständen?

2. Zwei Akkumulatoren mit Spannungen von 24 V sind parallel geschaltet. Jeder Akkumulator besteht aus einer Reihenschaltung von 12 Einzelzellen von jeweils 2 V. Durch einen Kurzschluß im Innern wird eine Zelle kurzgeschlossen.
Berechnen Sie für diesen Fehlerfall den zwischen den Akkumulatoren fließenden Ausgleichsstrom, wenn folgende Werte gegeben sind: Funktionsfähiger Akkumulator: $R_i = 2{,}2\,m\Omega$
Defekter Akkumulator: $R_i = 2{,}0\,m\Omega$

3. In einer Telefonanlage sind 3 Akkumulatoren parallel geschaltet. Es ergeben sich folgende Daten:
$U_{or1} = U_{or2} = U_{or3} = 12{,}4\,V$
$R_{i1} = R_{i2} = R_{i3} = 60\,m\Omega$
Die Anlage wird mit einem Widerstand von $0{,}83\,\Omega$ belastet.
a) Wie groß ist der Innenwiderstand der gesamten Anlage?
b) Wie groß ist die Klemmenspannung?
c) Wie groß sind die von den einzelnen Akkumulatoren gelieferten Stromstärken?

4. Vier Spannungsquellen mit der gleichen Leerlaufspannung werden parallelgeschaltet. Die Innenwiderstände haben die Werte $R_{i1} = 0{,}8\,\Omega$; $R_{i2} = 0{,}6\,\Omega$; $R_{i3} = 1{,}3\,\Omega$ und $R_{i4} = 0{,}7\,\Omega$. Die Leerlaufspannung U_{or} beträgt 1,5 V.
a) Berechnen Sie den gesamten Innenwiderstand der Schaltung!
b) Wie groß ist der Kurzschlußstrom der Anlage?

5. Für einen bestimmten Zweck wird eine Spannungsquelle mit einem Innenwiderstand von $0{,}04\,\Omega$ benötigt. Zur Verfügung stehen Zink-Kohle-Elemente mit $U_{or} = 1{,}5\,V$ und einem Innenwiderstand von $R_i = 0{,}2\,\Omega$.
a) Wie müssen die Elemente geschaltet werden, damit der gewünschte Innenwiderstand erreicht wird?
b) Welche Anzahl von Elementen ist erforderlich?
c) Wie groß wird die Klemmenspannung bei Belastung mit einem Widerstand von $3\,\Omega$?

6. Eine Notstromversorgungsanlage besteht aus 48 Elementen mit $U_{or} = 2\,V$ und $R_i = 0{,}02\,\Omega$. Je 24 Elemente sind in Reihe geschaltet. Die beiden Reihenschaltungen liegen wiederum parallel zueinander. Berechnen Sie
a) die Leerlaufspannung der Anlage,
b) den Innenwiderstand der Stromversorgung,
c) die Klemmenspannung bei einer Belastung mit einem Widerstand von $7\,\Omega$.

7. Gegeben ist die nachfolgend dargestellte Schaltung. Berechnen Sie
a) den gesamten Innenwiderstand,
b) die Leerlaufspannung und
c) den Kurzschlußstrom der Anlage!
d) Welche Klemmenspannung ergibt sich, wenn die Stromversorgung mit $16\,\Omega$ belastet wird?

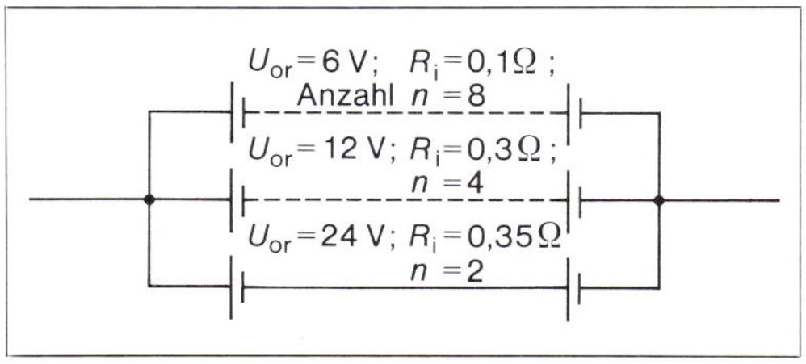

Abb. 1

9.4 Leistungsanpassung

▶ An einen Verstärker soll ein Lautsprecher angeschlossen werden. Er ist so auszuwählen, daß maximale Leistung abgegeben wird. Der Verstärker kann wie eine Spannungsquelle mit Innenwiderstand und der Lautsprecher wie ein Belastungswiderstand aufgefaßt werden. Wie groß ist im Vergleich zum Innenwiderstand der Belastungswiderstand zu wählen?

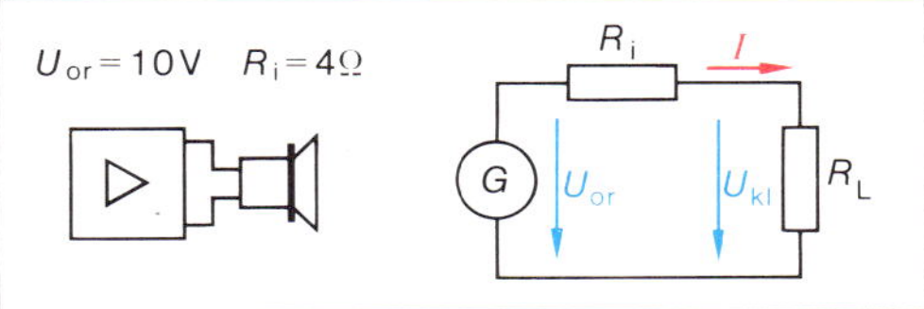

Abb. 2

Beispiellösung

Gegeben: $U_{or} = 10\,V$; $R_i = 4\,\Omega$
Gesucht: R_L für maximale Leistungsabgabe

Zur Problemlösung wird die im Belastungswiderstand umgesetzte Leistung für verschieden große Belastungswiderstände berechnet.

Berechnungsformeln:

$$I = \frac{U_{or}}{R_i + R_L}; \quad U_{Kl} = \frac{U_{or} \cdot R_L}{R_i + R_L}; \quad P_L = U_{Kl} \cdot I$$

Tab. 9.1: I, U_{Kl} und P_L in Abhängigkeit vom Belastungswiderstand R_L

R_L in Ω	I in A	U_{Kl} in V	P_L in W
1,0	2,00	2,00	4,00
2,0	1,67	3,33	5,56
3,0	1,43	4,29	6,12
3,5	1,33	4,67	6,22
4,0	1,25	5,00	6,25
4,5	1,18	5,29	6,23
5,0	1,11	5,56	6,17
6,0	1,00	6,00	6,00
7,0	0,91	6,36	5,79

Die Tabelle zeigt, daß bei $R_L = R_i$ maximale Leistung abgegeben wird.

Für diesen Fall der Leistungsanpassung lassen sich folgende Berechnungsformeln aufstellen.

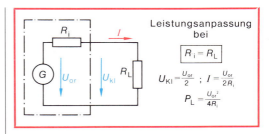

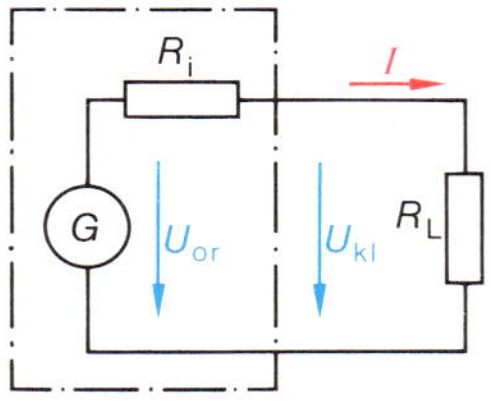

Leistungsanpassung bei

$R_i = R_L$

$$U_{Kl} = \frac{U_{or}}{2}; \quad I = \frac{U_{or}}{2R_i}$$

$$P_L = \frac{U_{or}^2}{4R_i}$$

Aufgaben

1. Ein Verstärker ist an ein Mikrofon mit dem Innenwiderstand von 200 Ω angeschlossen. Es besteht Leistungsanpassung. Die Leerlaufspannung des Mikrofons bei konstanter Schalländerung ist 3,6 mV. Wie groß sind Klemmenspannung, Stromstärke und Leistungabgabe?

2. Um wieviel % verändert sich bei einer belasteten Spannungsquelle die abgegebene Leistung gegenüber der maximal möglichen Leistung, wenn sich der Belastungswiderstand um 20% verändert? $U_{or} = 100\,V$; $R_i = 24\,\Omega$.

3. An einem leistungsangepaßten Generator werden folgende Meßwerte ermittelt: $U_{kl} = 36\,V$; $R_L = 1{,}2\,k\Omega$.
Wie groß sind Leerlaufspannung, Stromstärke und abgegebene Leistung?

4. An einen Verstärker mit $R_i = 8\,\Omega$ und $U_{or} = 12\,V$ sollen zwei Lautsprecher mit je $5\,\Omega$ angeschlossen werden. Wie groß sind die abgegebenen Leistungen bei
a) Parallelschaltung,
b) Reihenschaltung der Lautsprecher?

5. Drei Lautsprecher mit $4\,\Omega$, $8\,\Omega$ und $16\,\Omega$ sollen so zusammengeschaltet werden, daß sie bei folgendem Verstärker maximale Leistung abgeben: $U_{or} = 10\,V$; $R_i = 6\,\Omega$. Wie sind die drei Lautsprecher zu schalten? Begründen Sie die Schaltung durch eine Berechnung.

6. Berechnen Sie bei einer Verstärkeranlage mit $U_{or} = 10\,V$ und $R_i = 2\,\Omega$ für die Belastungswiderstände $0{,}5\,\Omega$; $1{,}0\,\Omega$; $1{,}5\,\Omega$; $2{,}0\,\Omega$; $2{,}5\,\Omega$; $3{,}0\,\Omega$; $4{,}0\,\Omega$; $5{,}0\,\Omega$ und $6{,}0\,\Omega$ die abgegebene Leistung. Stellen Sie die abgegebene Leistung in Abhängigkeit vom Belastungswiderstand graphisch dar.

7. Ein Verstärker liefert am Ausgang eine Leerlaufspannung von $U_{or} = 5$ V. Der Kurzschlußstrom beträgt 1,25 A. Welchen Widerstandswert muß der anzuschließende Lautsprecher bei Leistungsanpassung haben?

8. Ein Antennenverstärker liefert an seinem Ausgang eine Leerlaufspannung von 563,6 mV. Faßt man den Ausgang des Verstärkers als Spannungsquelle auf, so beträgt deren Innenwiderstand 75 Ω.
a) Berechnen Sie die Leistung, die der Verstärker bei Leistungsanpassung abgibt!
b) Ermitteln Sie die abgegebenen Leistungen, wenn der Verstärker mit 37,5 Ω; 25 Ω und 18,75 Ω belastet wird!

9. Ein Niederfrequenzverstärker liefert bei Leistungsanpassung mit einem Lautsprecher von 8 Ω eine Leistung von 30 W. Berechnen Sie
a) die Klemmenspannung bei Leistungsanpassung,
b) den Laststrom bei Leistungsanpassung
c) den Kurzschlußstrom, den der Verstärker liefert!
d) Wie groß ist der Kurzschlußstrom im Vergleich zum Laststrom bei Leistungsanpassung?
e) Prüfen Sie mit Hilfe der Aufgaben 1 und 2 nach, ob das gefundene Verhältnis auch allgemein gilt!

10. Eine Spannungsquelle $U_{or} = 4{,}5$ V und $R_i = 5$ Ω soll mit verschiedenen Widerständen belastet werden. Die Lastwiderstände haben die Werte von 1 Ω bis 10 Ω (Einerschritte).
a) Berechnen Sie die jeweils am Innenwiderstand R_i abfallende Leistung!
b) Welche Folgen hat die Fehlanpassung der Spannungsquelle mit kleinen Widerständen?

11. Der Verstärker eines Kassettenrecorders ($U_{or} = 2{,}19$ V) muß mit einem Lautsprecher von 4 Ω belastet werden, damit er die größte Leistung abgibt.
a) Berechnen Sie die abgegebene Leistung P_L bei Leistungsanpassung!
b) Bei einer Reparatur wird fälschlich ein Lautsprecher mit einem Widerstand von 18 Ω eingebaut. Wie groß ist die abgegebene Leistung nach der Reparatur?
c) Welche Folgen hat die Reparatur?

10 Bemessung von elektrischen Leitungen

► Eine elektrische Heizung mit $P = 4$ kW; $U_N = 220$ V soll über eine NYM-Leitung (Cu) der Länge 26 m angeschlossen werden.
a) Wie groß muß der Querschnitt gewählt werden, damit die Leitung nicht überlastet wird und der Spannungsfall 3% nicht überschreitet?
b) Wie groß sind der Spannungsfall und die Verlustleistung bei dem gewählten Normquerschnitt?

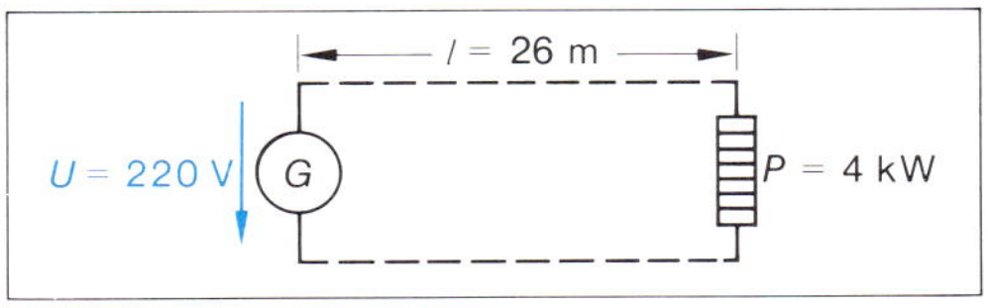

Abb. 1

Verlustleistung P_v

$$P_v = \frac{I^2 \cdot 2 \cdot l}{\varkappa \cdot q} \qquad [P_v] = \mathrm{W}$$

Verlustleistung in %
der Nennleistung in $P_{v\%}$

$$P_{v\%} = \frac{P_v \cdot 100}{P} \qquad P_{v\%} \text{ in } \%$$

Spannungsfall ΔU

$$\Delta U = \frac{2 \cdot l \cdot I}{\varkappa \cdot q} \qquad [\Delta U] = \mathrm{V}$$

Spannungsfall in % Δu

$$\Delta u = \frac{U_v \cdot 100}{U_N} \qquad \Delta u \text{ in } \%$$

Stromdichte J

$$J = \frac{I}{q} \qquad [J] = \frac{\mathrm{A}}{\mathrm{m}^2}$$

Beispiellösung:

Gegeben: $P = 4$ kW; $U_N = 220$ V; $l = 26$ m;
$\varkappa = 56 \frac{\mathrm{MS}}{\mathrm{m}}$; $\Delta u = 3\%$

Gesucht: a) q_{Norm}
b) ΔU und P_v bei q_{Norm}

Tab. 10.1: Auszug aus Tabelle 1 der DIN 57100 Teil 430/VDE 0100 Teil 430 „Zuordnung von Leitungsschutzsicherungen und Leitungsschutzschaltern"

Nennquerschnitt mm²	Gruppe 1		Gruppe 2		Gruppe 3	
	Cu A	Al A	Cu A	Al A	Cu A	Al A
0,75	—	—	6	—	10	—
1	6	—	10	—	10	—
1,5	10	—	10[1])	—	20	—
2,5	16	10	20	16	25	20
4	20	16	25	20	35	25
6	25	20	35	25	50	35
10	35	25	50	35	63	50
16	50	35	63	50	80	63
25	63	50	80	63	100	80
35	80	63	100	80	125	100
50	100	80	125	100	160	125

[1]) Für Leitungen mit nur 2 belasteten Adern kann bis zur endgültigen internationalen Festlegung von deren Strombelastbarkeit weiterhin ein Schutzorgan von 16 A gewählt werden.

Gruppe 1: Eine oder mehrere in Rohr verlegte Leitungen

Gruppe 2: Mehraderleitungen, z. B. Mantelleitungen, Rohrdrähte, Stegleitungen, bewegliche Leitungen

Gruppe 3: Einadrige, frei in Luft verlegte Leitungen und Kabel, wobei diese mit einem Zwischenraum, der mindestens ihrem Durchmesser entspricht, verlegt sind.

a) 1. Querschnittsberechnung bei Berücksichtigung der zulässigen Strombelastbarkeit:

$$P = U_N \cdot I \qquad I = \frac{P}{U_N}$$

$$I = \frac{4000\ \mathrm{W}}{220\ \mathrm{V}} \qquad I = 18{,}2\ \mathrm{A}$$

Laut Tabelle 10.1 muß für Mantelleitung (Cu) (Gruppe 2) bei einer Belastung mit 18,2 A ein Querschnitt von $q = 2{,}5$ **mm²** gewählt werden.

2. Berechnung des Querschnittes bei Berücksichtigung des Spannungsfalles:

$$\Delta u = \frac{\Delta U \cdot 100}{U_N}$$

$$\Delta U = \frac{\Delta u \cdot U_N}{100}$$

$$\Delta U = \frac{3 \cdot 220\,\text{V}}{100}$$

$$\Delta U = 6{,}6\,\text{V}$$

$$\Delta U = \frac{2 \cdot l \cdot I}{\varkappa \cdot q}$$

$$q = \frac{2 \cdot l \cdot I}{\varkappa \cdot \Delta U}$$

$$q = \frac{2 \cdot 26\,\text{m} \cdot 18{,}2\,\text{A}}{56\,\frac{\text{MS}}{\text{m}} \cdot 6{,}6\,\text{V}}$$

$$\underline{\underline{q = 2{,}6\,\text{mm}^2}}$$

Nächsthöherer Normquerschnitt:
$\mathbf{q_{Norm} = 4\,mm^2}$.

3. Auswahl des Leiterquerschnittes:
Es muß der größere der beiden bestimmten Querschnitte aus 1. und 2. verwendet werden, d. h. $\mathbf{q_{Norm} = 4\,mm^2}$.

b) $$\Delta U = \frac{2 \cdot l \cdot I}{\varkappa \cdot q}$$

$$\Delta U = \frac{2 \cdot 26\,\text{m} \cdot 18{,}2\,\text{A}}{56\,\frac{\text{MS}}{\text{m}} \cdot 4\,\text{mm}^2}$$

$$\underline{\underline{\Delta U = 4{,}2\,\text{V}}}$$

$$\Delta u = \frac{\Delta U \cdot 100}{U_N}$$

$$\Delta u = \frac{4{,}2\,\text{V} \cdot 100}{220\,\text{V}}$$

$$\underline{\underline{\Delta u = 1{,}9\,\%}}$$

$$P_v = \frac{I^2 \cdot 2 \cdot l}{\varkappa \cdot q}$$

$$P_v = \frac{(18{,}2\,\text{A})^2 \cdot 2 \cdot 26\,\text{m}}{56\,\frac{\text{MS}}{\text{m}} \cdot 4\,\text{mm}^2}$$

$$\underline{\underline{P_v = 76{,}9\,\text{W}}}$$

$$P_{v\%} = \frac{P_v \cdot 100}{P}$$

$$P_{v\%} = \frac{76{,}9\,\text{W} \cdot 100}{4000\,\text{W}}$$

$$\underline{\underline{P_{v\%} = 1{,}9\,\%}}$$

Aufgaben

1. Eine Bohrmaschine 400 W/220 V wird über ein 100 m langes Verlängerungskabel (Cu) NSH 3 × 0,75 mm² an eine Schukosteckdose angeschlossen.
a) Wie groß ist die Spannung an der Bohrmaschine, wenn an der Schukosteckdose 209 V anliegen?
b) Wie hoch ist der Spannungsfall in %?

2. In einem Krankenhaus soll die Operationslampe ($P = 300\,\text{W}$) im neuen Operationssaal bei Netzausfall aus dem vorhandenen Akkumulator ($U = 42\,\text{V}$) gespeist werden. Welchen Querschnitt muß die 22,5 m lange NYM-Leitung (Cu) haben, wenn der Spannungsfall von 3% nicht überschritten werden darf?

3. Ein 8 kW-Gleichstrommotor mit $U = 200\,\text{V}$ wird über eine 10 m lange NYM-Leitung (Cu) an die Gleichstromverteilung angeschlossen.
a) Wie groß ist der Betriebsstrom?
b) Bestimmen Sie den Leiterquerschnitt nach Tab. 10.1!
c) Berechnen Sie den Spannungsfall in V und %!

4. Eine Stromschiene aus Flachkupfer mit dem Querschnitt 100 × 5 mm² darf mit 1350 A belastet werden. Wie groß ist die Stromdichte?

5. Die Stromdichte in der Wicklung eines Motors darf $6\,\frac{\text{A}}{\text{mm}^2}$ nicht überschreiten. Welchen Durchmesser muß der Leiter haben, wenn der Strom maximal 2,5 A beträgt?

6. Bei einer 10 kV-Aluminiumfreileitung ($q = 120\,\text{mm}^2$) entsteht bei einem Strom von 35 A ein Spannungsfall von 1,53%. Wie lang ist die Freileitung?

7. An einer Cu-Leitung (NYM, 3 × 1,5 mm²) der Länge 24 m werden am Anfang 223,5 V und am Ende 217 V gemessen. Wie groß ist die übertragene Leistung?

8. Der Spannungsfall an einer Leitung (NYIF 3 × 1,5 mm²) der Länge 18 m in einem 220 V-Netz beträgt bei einem Strom von 10 A $\Delta u = 2\%$. Wie groß ist die spezifische Leitfähigkeit?

9. Welcher Spannungsfall ΔU bzw. Δu und welche Verlustleistung in P_v bzw. $P_{v\%}$ entstehen in der Zuleitung zu einer Lichtunterverteilung

($U = 220\,\text{V}$; $\varkappa = 56\,\frac{\text{MS}}{\text{m}}$; $l = 34\,\text{m}$; $q = 2{,}5\,\text{mm}^2$)?

Angeschlossen sind 24 Leuchtstofflampen 65 W, 14 Leuchtstofflampen 40 W, 10 Glühlampen 100 W und 5 Glühlampen 60 W.

10. Eine Kochplatte mit der Nennleistung 1,2 kW ist über eine Cu-Leitung mit 1,5 mm² Querschnitt an die Spannung von 230 V angeschlossen. Die Leitungslänge zwischen Zähler und Kochplatte beträgt 25 m.
a) Bestimmen Sie den Spannungsfall in Volt und Prozent!
b) Wie groß ist der Leistungsverlust in Watt und Prozent?

11. In einer elektrischen Anlage (220 V) wird ein elektrischer Verbraucher (2,5 kW) über eine 32 m lange Leitung aus Kupfer betrieben. Der Spannungsfall soll 3% der Netzspannung nicht überschreiten.
a) Welcher Leitungsquerschnitt muß gewählt werden? (Verlegung nach Gruppe 2)
b) Wie groß ist der Leistungsverlust in W?

12. Ein Gleichstrommotor mit der Nennleistung von 12 kW und dem Wirkungsgrad von 0,8 wird in einer elektrischen Anlage an der Spannung 440 V betrieben. Die Leitungslänge (Cu, NYM) beträgt 24 m.
a) Welcher Leiterquerschnitt ist nach Tab. 10.1 zu wählen?
b) Wie groß ist der Leiterquerschnitt, wenn der Spannungsfall 3% nicht überschreiten darf?
c) Berechnen Sie den Leistungsverlust in Prozent für den gewählten Leiterquerschnitt!

13. Die Zuleitung aus Kupfer von einem Gleichstromgenerator zum Gleichstrommotor hat einen Leiterquerschnitt von 4 mm². Die Stromaufnahme des Motors wird mit 32 A gemessen, die Spannung am Generator beträgt 446 V, am Motor 440 V.
a) Wie groß ist der Spannungsfall in %?
b) Welche Länge hat die Leitung?
c) Welche Leistung nimmt der Motor auf?
d) Wie groß ist der Leistungsverlust in Watt und Prozent?

14. Ein elektrischer Verbraucher mit der Leistung 4,4 kW wird an 220 V über eine NYM-Leitung (Cu) angeschlossen. Die Leitungslänge von der Verteilung bis zum Standort des Verbrauchers beträgt 16 m.
a) Bestimmen Sie den Spannungsfall, wenn der Leitungsquerschnitt 2,5 mm² beträgt!
b) Berechnen Sie den Spannungsfall in %!
c) Ist der gewählte Leiterquerschnitt ausreichend, wenn der Spannungsfall 3% nicht überschreiten darf?

15. An einem Gleichstromgenerator liegt über eine Zuleitung aus Kupfer und 26 m Länge ein Gleichstrommotor. Die Stromaufnahme beträgt 38 A, die Spannung am Generator 224 V. Der Spannungsfall von 3% soll nicht überschritten werden.
a) Welcher Leiterquerschnitt muß nach Tab. 10.1 bei Verlegung nach Gruppe 2 gewählt werden?
b) Welcher Spannungsfall ergibt sich beim gewählten Leiterquerschnitt?
c) Welche Spannung liegt am Motor?
d) Wie groß ist der Leistungsverlust in Watt und Prozent?
e) Berechnen Sie den Gesamtwiderstand von Hin- und Rückleitung!

16. Ein Heißwassergerät mit der Leistung 3 kW ist über eine NYM-Leitung (Cu) an die Netzspannung 220 V angeschlossen. Der Spannungsfall auf der 12 m langen Leitung von der Verteilung aus darf 3% nicht überschreiten.
a) Wie groß ist der Leiterquerschnitt?
b) Überprüfen Sie den Querschnitt hinsichtlich des zulässigen Spannungsfalles!
c) Berechnen Sie den Leistungsverlust in Watt und Prozent!
d) Ist der Leiterquerschnitt ausreichend, wenn ein weiteres Heizgerät in gleicher Entfernung mit der Leistung 1,8 kW angeschlossen wird?

17. Zwei Elektrogeräte mit einer Nennleistung von je 2,2 kW werden über eine 18 m lange Leitung (Verlegung nach Gruppe 2, Cu) über die Verteilung an die Netzspannung 230 V angeschlossen. Der Spannungsfall soll 3% nicht überschreiten.
a) Wie groß ist der Leiterquerschnitt nach Tab. 10.1?
b) Kontrollrechnung!
c) Wie groß ist der Leistungsverlust in Watt und % beim gewählten Leiterquerschnitt?

18. Die 3adrige Zuleitung (Gruppe 2) in einer Anlage zu einer Unterverteilung besteht aus Kupfer und ist 25 m lang. Der Leiterquerschnitt beträgt 4 mm². Der Spannungsfall soll 3% der Netzspannung (220 V) nicht übersteigen.
a) Bestimmen Sie die max. Stromstärke in der Leitung!
b) Welche Leistung darf insgesamt über die Leitung angeschlossen werden?

19. Eine Zuleitung besteht aus Kupfer. Der Leiterquerschnitt beträgt 6 mm². Bei Verlegung nach Gruppe 2 beträgt die maximale Stromstärke 35 A. Der Spannungsfall soll bei einer Netzspannung von 220 V den Wert von 5 V nicht überschreiten.
a) Berechnen Sie die Leitungslänge!
b) Wie groß ist die maximal übertragbare Leistung?
c) Wie groß ist der Leistungsverlust in Watt und Prozent?
d) Wie groß ist die Stromdichte in der Leitung?

20. In einer Gleichspannungsanlage mit der Netzspannung 440 V ist ein elektrischer Verbraucher (21 kW) über ein 32 m langes Kabel (Verlegung nach Gruppe 3, Al) angeschlossen. Der Spannungsfall darf maximal 3% betragen.
a) Bestimmen Sie den Leiterquerschnitt!
b) Kontrollrechnung!
c) Wie groß sind Spannungsfall und Leistungsverlust in Prozent beim gewählten Normquerschnitt?

21. Über eine Verlängerungsleitung aus Kupfer ($q = 1{,}5\,mm^2$) soll ein elektrisches Gerät mit der Leistung 2,4 kW an die Netzspannung 220 V angeschlossen werden. Der maximale Spannungsfall darf 3% betragen.
a) Wie lang darf die Verlängerungsleitung sein?
b) Wie groß ist der Leistungsverlust in Watt und Prozent?

22. In einem Lichtstromkreis fließt ein Strom von 2,91 A. Die Leitung aus Cu hat die Länge von 22 m, der Querschnitt beträgt 1,5 mm² (Netzspannung: 220 V).
a) Wie groß ist der Spannungsfall in Volt und Prozent?
b) Bestimmen Sie den Leistungsverlust in Watt und Prozent!

23. Eine Stromschiene aus Kupfer hat einen Durchmesser von 8 mm und die zulässige Belastung von 159 A (Länge: 14 m).
a) Berechnen Sie die Stromdichte!
b) Wie groß sind Spannungsfall und Verlustleistung bei voller Belastung?

24. Laut Tab. 10.1 beträgt die maximale Strombelastbarkeit beim Leitungsquerschnitt 2,5 mm² (Cu) nach Gruppe 1 16 A.
a) Bestimmen Sie die größte Leitungslänge bei einem maximalen Spannungsfall von 3% der Netzspannung (220 V)!
b) Welche Leistung kann übertragen werden?
c) Berechnen Sie die unter a) und b) gefragten Werte, wenn die Leitung nach Gruppe 2 bzw. Gruppe 3 verlegt wird!

25. Berechnen Sie die Stromdichten von Leitungen aus Cu mit folgenden Querschnitten, die nach Gruppe 2 verlegt werden:

a) 1,5 mm²	f) 16 mm²
b) 2,5 mm²	g) 25 mm²
c) 4 mm²	h) 35 mm²
d) 6 mm²	i) 50 mm²
e) 10 mm²	

Bestimmen Sie die entsprechenden Stromdichten für Leitungen aus Aluminium, wenn wieder nach Gruppe 2 verlegt werden soll!

26. Eine Stromschiene mit den Abmessungen 15 mm × 3 mm hat eine zulässige Dauerbelastung bei Kupfer mit 162 A und bei Aluminium mit 126 A.
a) Berechnen Sie die jeweilige Stromdichte!
b) Welcher Spannungsfall entsteht jeweils bei einer Länge von 8 m und voller Belastung?

27. Die Dauerbelastung einer Stromschiene ($l = 12$ m) aus Aluminium mit den Abmessungen 25 mm × 3 mm beträgt 190 A. Berechnen Sie die Verlustleistung in Watt und den Spannungsfall in Volt bei 3/4 der zulässigen Belastung!

28. Der Anschlußwert einer Gleichstromanlage (Verlegung nach Gruppe 2) beträgt 25 kW bei einer Spannung von 220 V. Die Hauptleitung aus Cu zur Verteilung hat eine Länge von 36 m. Der Spannungsfall darf 3% nicht überschreiten.
a) Bestimmen Sie den Leiterquerschnitt!
b) Kontrollrechnung!
c) Wie hoch darf die angeschlossene Leistung sein, wenn nach Gruppe 1 verlegt wird?

29. In der unter Aufgabe 28 beschriebenen Anlage soll die Hauptleitung statt in Kupfer mit Al-Leitern ausgeführt werden.
a) Bestimmen Sie den Leiterquerschnitt!
b) Kontrollrechnung!

30. Zur Strombelastbarkeit blanker Widerstandsdrähte aus Konstantan sind folgende Angaben gegeben:
a) $d = 0{,}1$ mm, $J_{max} = 9{,}9$ A/mm²
b) $d = 0{,}5$ mm, $J_{max} = 5{,}6$ A/mm²
c) $d = 1{,}2$ mm, $J_{max} = 4{,}1$ A/mm²
d) $d = 1{,}6$ mm, $J_{max} = 3{,}8$ A/mm²
e) $d = 2{,}0$ mm, $J_{max} = 3{,}5$ A/mm².
Die Angaben zur Stromdichte gelten für Dauerbetrieb. Berechnen Sie die maximale Strombelastung!

31. Zur zulässigen Belastung lackisolierter Wickeldrähte aus Kupfer sind folgende Angaben gegeben:
a) $J = 1{,}5$ A/mm², $d = 0{,}9$ mm
b) $J = 2$ A/mm², $d = 1$ mm
c) $J = 2{,}5$ A/mm², $d = 1{,}4$ mm
d) $J = 3$ A/mm², $d = 1{,}8$ mm
e) $J = 3{,}5$ A/mm², $d = 2{,}24$ mm.
Berechnen Sie die zulässige Belastung in A!

32. Eine Metallfadenlampe mit den Angaben 60 W/235 V hat einen Glühfaden mit einem Durchmesser von 0,032 mm. Es werden folgende Stromstärken gemessen:
a) beim Einschalten 0,34 A
b) bei Nennbetrieb 0,255 A.
Wie groß ist die jeweilige Stromdichte im Glühfaden?

33. Berechnen Sie mit den in Aufgabe 31 gegebenen und errechneten Werten den jeweiligen Spannungsfall bei einer Drahtlänge von 2,5 m.

34. Berechnen Sie den jeweiligen Querschnitt einer Sammelschiene
a) aus Kupfer und b) aus Aluminium,
die mit 688 A belastet werden soll. Die Stromdichten betragen 2,3 A/mm² (Cu) und 1,72 A/mm² (Al).

35. Ein Metallblech mit den Abmessungen 20 mm × 12 mm soll beidseitig vernickelt werden. Die Stromdichte soll maximal nur 0,55 A/dm² betragen. Wie groß muß die Stromstärke sein?

36. Eine Glühlampe (40 W) liegt an der Netzspannung 223 V. Der Glühdraht hat einen Durchmesser von 0,178 mm.
a) Berechnen Sie die Stromdichte im Glühdraht!
b) Welche Stromdichte herrscht in der Zuleitung (1,5 mm²)?

37. Zwei Leitungen mit den Durchmessern $d_1 = 1{,}785$ mm und $d_2 = 2{,}257$ mm werden von dem Strom 15 A durchflossen.
a) Berechnen Sie die beiden Stromdichten!
b) In welchem Verhältnis stehen die Stromdichten zu den Leiterquerschnitten?

38. Zwei gleich lange Kupfer- und Aluminiumleitungen haben jeweils den Querschnitt von 6 mm². Sie werden je von einem Strom $I = 21$ A durchflossen.
a) Berechnen Sie die Stromdichte!
b) Bestimmen Sie das maximal mögliche Verhältnis der Stromdichten, wenn die Leitfähigkeiten beider Leitermaterialien zugrunde gelegt werden!

39. Überprüfen Sie nach den Werten der Tab. 10.1 für eine Kupfer- und Aluminiumleitung mit dem Querschnitt 2,5 mm² (Gruppen 1, 2 und 3), inwieweit das unter 38 b) errechnete maximal mögliche Verhältnis bei der Strombelastbarkeit eingehalten wird!

11 Elektrisches Feld

11.1 Elektrische Feldstärke

► Das Diagramm zeigt das Ergebnis einer Versuchsreihe. Die Kraft auf eine Ladung in Abhängigkeit von der Feldstärke im homogenen Feld eines Plattenkondensators wurde gemessen. Wie groß war die Ladung auf der Kugel?

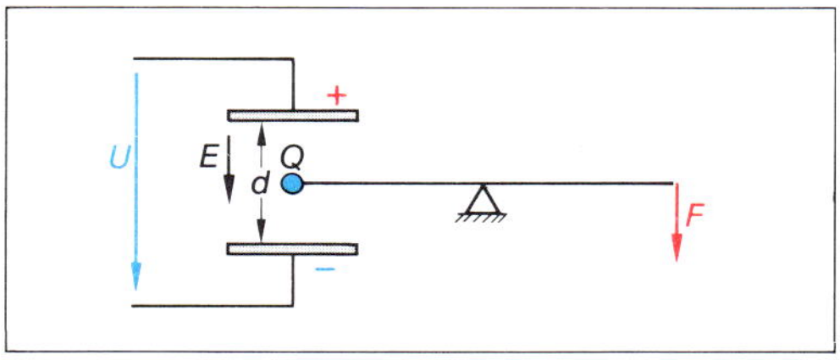

Abb. 1

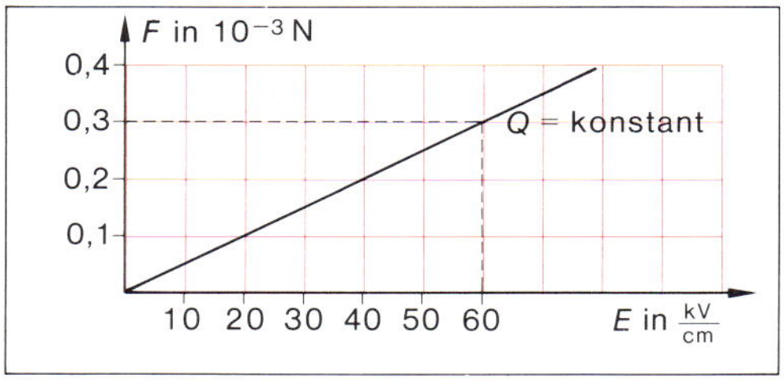

Abb. 2

Elektrische Feldstärke E $\quad [E] = \frac{N}{C}$

$E = \frac{F}{Q}$ $\quad [E] = \frac{N}{As}$

Feldstärke des Plattenkondensators E $\quad [E] = \frac{V}{m}$

$E = \frac{U}{d}$

Beispiellösung

Gegeben: Diagramm

Gesucht: Q

$E = \frac{F}{Q}$ abgelesene Werte: $F = 0{,}3 \cdot 10^{-3}$ N;

$E = 60 \frac{kV}{cm}$

$Q = \frac{F}{E}$; $\quad Q = \frac{0{,}3 \cdot 10^{-3}\,N}{60 \frac{kV}{cm}}$

$Q = \frac{0{,}3 \cdot 10^{-3} \cdot 10^{-3}\,N \cdot cm}{60\,V}$; $\quad Q = \frac{3 \cdot 10^{-9}\,Nm}{60\,V}$

$\underline{\underline{Q = 50 \cdot 10^{-12}\,As}}$ $\quad$ 1 Nm = 1 VAs

Aufgaben

1. In das homogene Feld eines elektrostatischen Luftfilters gelangen aufgeladene Staubteilchen. Die Feldstärke im Filter beträgt $50 \frac{kV}{m}$ und die durchschnittliche Ladungsmenge ist $3 \cdot 10^{-12}$ As. Berechnen Sie die Kraft auf die Ladungen.

2. An einen Plattenkondensator wird eine Spannung von 120000 V gelegt. Der Abstand der Platten ist 8,3 cm. Wie groß ist die Feldstärke in $\frac{V}{m}$ und $\frac{V}{mm}$?

3. Die Durchbruchfeldstärke (Durchschlagsfestigkeit) der Luft beträgt $3 \frac{kV}{mm}$. An einen Plattenkondensator mit Luft als Dielektrikum soll eine Spannung von 500 kV gelegt werden. Bei welchem Mindestabstand können Überschläge eintreten?

4. Im Oszilloskop bewegen sich Elektronen zwischen zwei parallelen Platten (vgl. Abb. 3), an die eine Spannung gelegt ist. Durch das entstehende Feld werden sie abgelenkt. Wie groß ist die Kraft auf ein einzelnes Elektron, wenn über die Anordnung folgende Werte bekannt sind:

Spannung zwischen den Platten $U = 4$ kV;
Plattenabstand $d = 3$ cm;
Elementarladung $e = 1{,}6 \cdot 10^{-19}$ As.

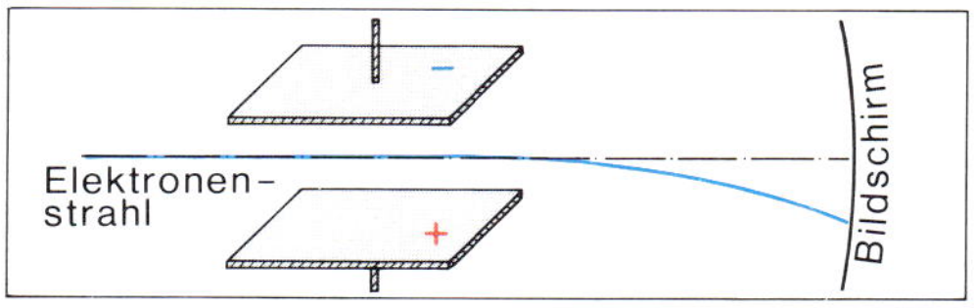

Abb. 3

11.2 Ladung, Kapazität und Spannung

▶ In einem Physiklabor werden Materialien durch kurzzeitige Entladevorgänge getestet. Zur Versuchsdurchführung wird stets die gleiche Ladungsmenge eines Kondensators verwendet. Die Aufladung des Kondensators erfolgt über eine Spannungsquelle.

Ladung: $Q = 2\,\text{As}$;

Kapazität: $C = 100\,\mu\text{F}$

Wie groß ist die Spannung des Kondensators?

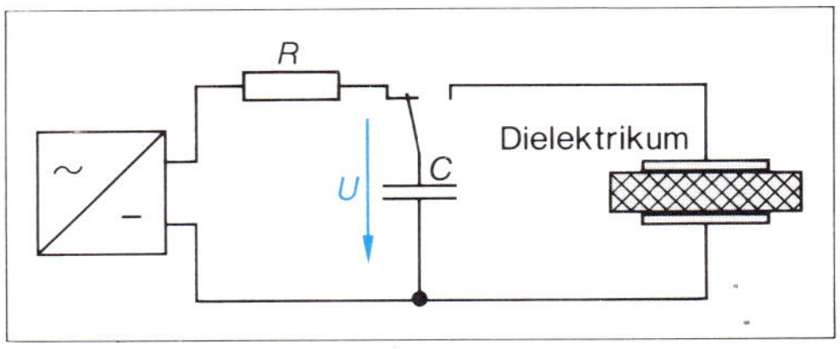

Abb. 4

Kapazität des Kondensators C $\quad [C] = \frac{\text{As}}{\text{V}}$

$Q = C \cdot U$

$C = \frac{Q}{U} \qquad 1\,\frac{\text{As}}{\text{V}} = 1\,\text{F}$

$1\,\mu\text{F} = 10^{-6}\,\text{F}$; $1\,\text{nF} = 10^{-9}\,\text{F}$; $1\,\text{pF} = 10^{-12}\,\text{F}$

Beispiellösung:

Gegeben: $Q = 2\,\text{As}$; $C = 100\,\mu\text{F}$

Gesucht: U

$Q = C \cdot U$

$U = \frac{Q}{C}$;

$U = \frac{2\,\text{As}}{100\,\mu\text{F}}$;

$U = \frac{2\,\text{As}}{100 \cdot 10^{-6}\,\frac{\text{As}}{\text{V}}}$

$U = \frac{2 \cdot 10^{6}\,\text{V}}{100}$;

$\underline{\underline{U = 20\,\text{kV}}}$

Aufgaben

1. Die im folgenden dargestellte Siebkette einer Gleichrichterschaltung enthält einen Lade- und Siebkondensator. Die Spannungen an den Kondensatoren $C_1 = 50\,\mu\text{F}$ und $C_2 = 200\,\mu\text{F}$ werden mit $U_1 = 380\,\text{V}$ und $U_2 = 340\,\text{V}$ gemessen.

a) Wie groß sind die in den Kondensatoren gespeicherten Ladungen?

b) Wie groß ist die Anzahl der gespeicherten Elektronen, wenn die Ladung eines Elektrons $= 1{,}6 \cdot 10^{-19}\,\text{As}$ beträgt?

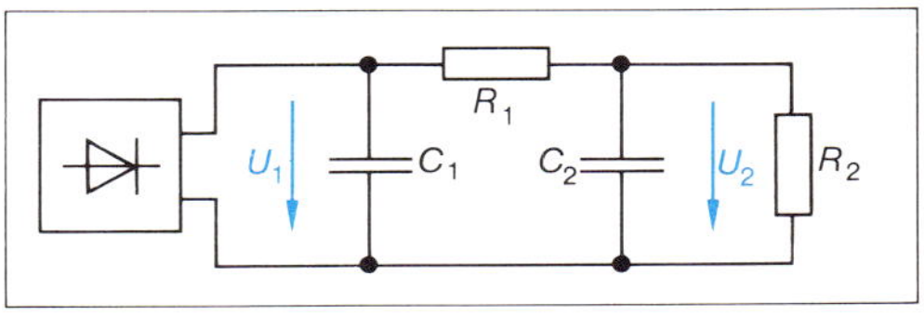

Abb. 5

2. Die folgende Abbildung zeigt zwei Schaltungen mit Kondensatoren, Relais und Widerständen. Beide Schaltungen haben folgende Werte: $U = 12\,\text{V}$; $R = 470\,\Omega$; $C = 220\,\mu\text{F}$; Relais: $200\,\Omega$.

a) Auf welche Endspannung laden sich die Kondensatoren auf?

b) Wie groß ist die Ladung der Kondensatoren, wenn die Aufladevorgänge abgeschlossen sind?

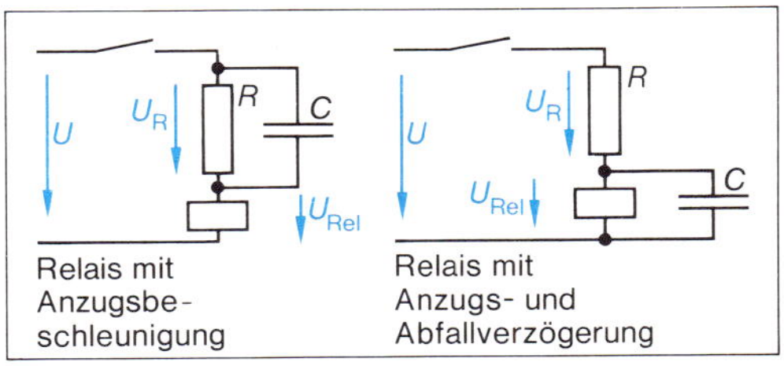

Abb. 6

3. Ein Kondensator von $12\,\mu\text{F}$ wird mit einem konstanten Ladestrom von 23 mA in der Zeit von 4,6 s aufgeladen. Wie groß ist die Endspannung?

4. Ein Kondensator mit unbekannter Kapazität wird 5 ms lang mit dem Strom von 2,86 mA aufgeladen. Die Spannung steigt auf den Wert von 530 V. Wie groß ist die Kapazität?

11.3 Kapazität des Kondensators

▶ In elektronischen Schaltungen werden abstimmbare Kondensatoren verwendet. Zwei halbkreisförmige Scheiben werden z. B. gegeneinander verschoben.

Über den Aufbau sind folgende Werte bekannt:
Durchmesser der Scheiben: 1,2 cm
Abstand der Scheiben: 2 mm
Art des Dielektrikums: Keramik, $\varepsilon_r = 31,4$
Berechnen Sie die maximal einstellbare Kapazität.

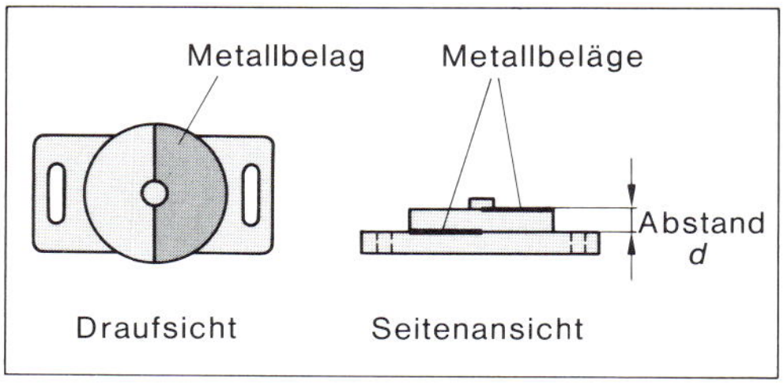

Abb. 1

Kapazität des Plattenkondensators

$$C = \frac{\varepsilon \cdot A}{d}$$

Dielektrizitätskonstante ε

$\varepsilon = \varepsilon_0 \cdot \varepsilon_r$

Elektrische Feldkonstante

$$\varepsilon_0 = 8,86 \cdot 10^{-12} \frac{\text{As}}{\text{Vm}}$$

Dielektrizitätszahl ε_r

Beispiellösung:

Gegeben: Scheibendurchmesser 1,2 cm; Scheibenabstand 2 mm; $\varepsilon_r = 31,4$; ε_0

Gesucht: C

$$C = \frac{\varepsilon_0 \cdot \varepsilon_r \cdot A}{d}; \quad A = \frac{r^2 \cdot \pi}{2}$$

$$C = \frac{8,86 \cdot 10^{-12} \frac{\text{As}}{\text{Vm}} \cdot 31,4 \cdot 0,6^2 \cdot (10^{-2})^2 \text{m}^2 \cdot 3,14}{2 \cdot 0,2 \cdot 10^{-2} \text{ m}}$$

$$C = \frac{8,86 \cdot 10^{-12} \text{As} \cdot 31,4 \cdot 0,36 \cdot 10^{-2} \cdot 3,14}{2 \cdot 1 \text{ V} \cdot 0,2}$$

$$C = 7,87 \cdot 10^{-12} \frac{\text{As}}{\text{V}}$$

$$\underline{\underline{C = 7,87 \text{ pF}}}$$

Aufgaben

1. Zur Anzeige des Füllstandes in Flüssigkeitstanks werden kapazitive Füllstandsmesser verwendet. Es handelt sich hierbei im Prinzip um zwei durch die Flüssigkeit voneinander isolierte Platten.
Eine für einen Öltank geeichte Sonde soll für einen Benzintank verwendet werden.

Angaben zur Sonde:
$a = 3$ cm
$b = 6$ cm
$d = 0,8$ cm
Öl: $\varepsilon_r = 2,0$
Benzin: $\varepsilon_r = 1,4$

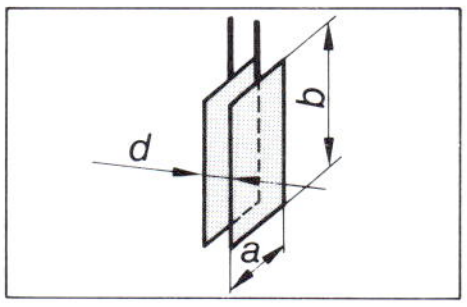

Um welchen Betrag ändert sich die Kapazität, wenn sich anstelle von Öl das Benzin zwischen den Platten befindet?

2. Auf einer beidseitig mit Leiterbahnen beschichteten Platine liegen einzelne Bahnen gegenüber. Sie wirken wie Platten von Kondensatoren. Die dadurch entstandenen Kondensatoren dürfen den Wert von 10 pF nicht überschreiten. Berechnen Sie die durch den Aufbau hervorgerufene Kapazität zwischen den Leiterbahnen, wenn folgende Werte bekannt sind:
Wirksame Leiterfläche: $A = 16 \text{ mm}^2$
Plattenabstand: $d = 2$ mm
Dielektrizitätszahl: $\varepsilon_r = 1,8$

3. Der Scheibenkondensator von Abb. 2 hat eine Kapazität von 4,7 nF. Berechnen Sie die Dielektrizitätszahl des Keramikmaterials!

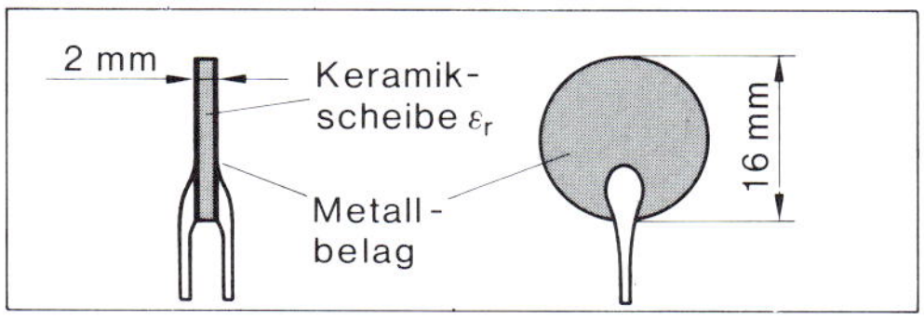

Abb. 2

4. Es sind folgende Werte gegeben:
a) $\varepsilon_r = 1$; $d = 8$ mm; $A = 100\ \text{cm}^2 \ldots 500\ \text{cm}^2$
b) $\varepsilon_r = 1$; $A = 200\ \text{cm}^2$; $d = 5\ \text{mm} \ldots 60\ \text{mm}$
Berechnen und zeichnen Sie den Kurvenverlauf für die
a) Kapazität in Abhängigkeit von der Fläche,
b) Kapazität in Abhängigkeit vom Plattenabstand!

5. Keramische Kondensatoren haben Dielektrika mit großen Dielektrizitätszahlen. Deshalb können auch bei großen Kapazitäten die Flächen klein sein. Über einen solchen Kondensator sind folgende Werte bekannt: $C = 47$ nF; $A = 1{,}3\ \text{cm}^2$. Wie groß muß die Fläche eines Folienkondensators der gleichen Kapazität in cm² sein, wenn $d = 0{,}05$ mm und $\varepsilon_r = 1{,}5$ groß sind?

6. In Abb. 3 ist die Kapazität in Abhängigkeit von der Fläche und in Abb. 4 die Kapazität in Abhängigkeit von dem Plattenabstand abgebildet. Berechnen Sie aus Abb. 3 den Plattenabstand und aus Abb. 4 die Fläche!

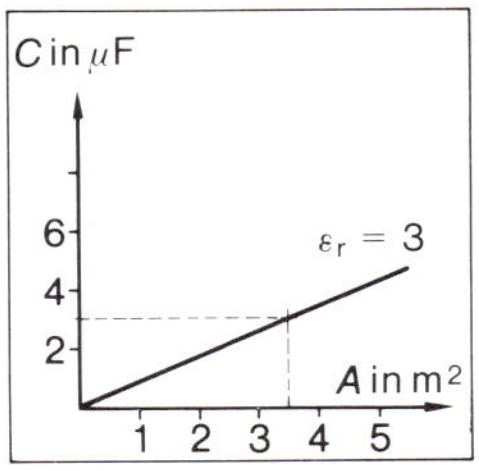

Abb. 3

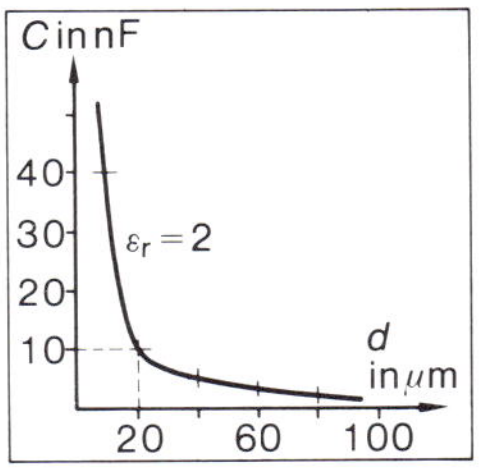

Abb. 4

7. Bei Elektrolytkondensatoren erreicht man durch Aufrauhen der Plattenfläche eine Oberflächenvergrößerung. Berechnen Sie die wirksame Plattenfläche, wenn folgende Werte bekannt sind: $C = 100\ \mu\text{F}$; $\varepsilon_r = 1{,}3$ (Gesamtwert)
Dicke der Oxidschicht: 0,7 μm
Dicke des Papierdielektrikums: 6 μm

8. Ein Experimentierkondensator wird aufgeladen und danach von der Spannungsquelle getrennt. Die Spannung beträgt 500 V. Die Isolation des Kondensators ist gut, so daß für die Dauer des Versuchs die Ladung konstant bleibt. Auf welchen Wert ändert sich die Spannung, wenn der Plattenabstand von 3 cm auf 9 cm vergrößert wird?

11.4 Auf- und Entladung von Kondensatoren

► Ein Kondensator mit $C = 470\ \mu\text{F}$ wird über einen Widerstand von 10 kΩ an eine Spannung von $U_o = 100$ V gelegt und aufgeladen.
a) Wie groß ist die Stromstärke im Einschaltmoment?
b) Auf welche Endspannung lädt sich der Kondensator auf?
c) Wieviel Zeit vergeht, bis der Kondensator aufgeladen ist?
d) Welche Spannung besitzt der Kondensator nach $t = 12$ s?

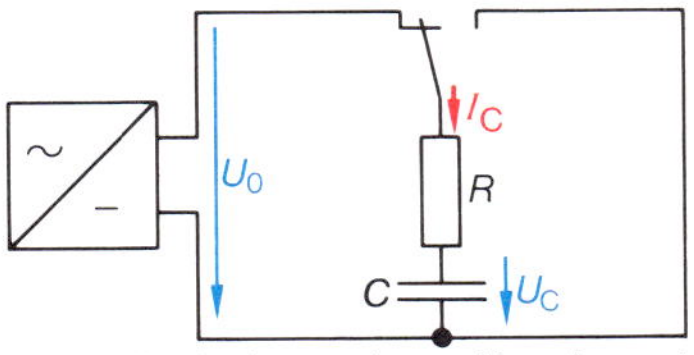

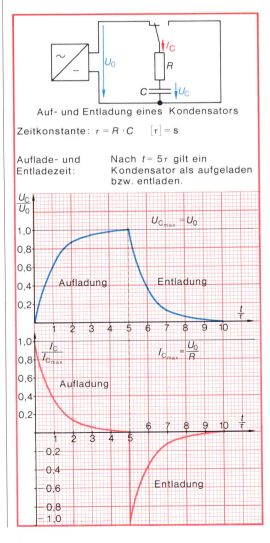

Auf- und Entladung eines Kondensators

Zeitkonstante: $\tau = R \cdot C \qquad [\tau] = \text{s}$

Auflade- und Entladezeit: Nach $t = 5\tau$ gilt ein Kondensator als aufgeladen bzw. entladen.

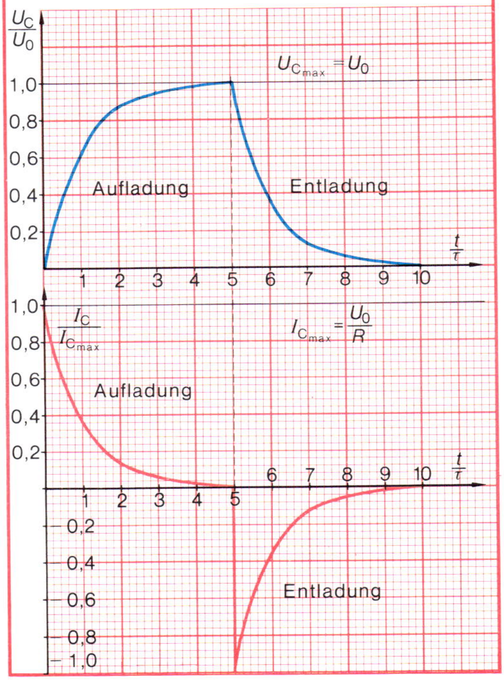

Beispiellösung:
Gegeben: $C = 470\ \mu F$; $R = 10\ k\Omega$; $U_0 = 100\ V$
Gesucht: U_C nach 12 s

a) Im Einschaltmoment kann der Kondensator als Kurzschluß aufgefaßt werden.

$I_{C\,max} = \frac{U_0}{R}$;

$I_{C\,max} = \frac{100\ V}{10\ k\Omega}$;

$\underline{\underline{I_{C\,max} = 10\ mA}}$

b) Ein als verlustfrei angesehener Kondensator lädt sich auf die Spannung des Netzteils auf.
$U_C = U_0$ $\underline{\underline{U_{C\,max} = 100\ V}}$

c) Nach $t = 5\tau$ kann der Kondensator als aufgeladen angesehen werden.
$\tau = R \cdot C$ $\tau = 10 \cdot 10^3\,\Omega \cdot 0{,}47 \cdot 10^{-3}\,F$; $1\ F = \frac{1\ As}{V}$
$\tau = 4{,}7\ s$
$t = 5\,\tau$
$\underline{\underline{t = 23{,}5\ s}}$

d) Zur Lösung dieser Teilaufgabe muß der Wert aus dem normierten Diagramm entnommen werden. Bei normierten Diagrammen sind die Größen an den Achsen Brüche. Beim Kondensator dividiert man z.B. die Kondensatorspannung durch die Quellenspannung und die Zeit durch die Zeitkonstante (vgl. S. 113).
Um Werte aus dem Diagramm entnehmen zu können, muß zunächst der Wert $\frac{t}{\tau}$ berechnet werden.

$\frac{t}{\tau} = \frac{12\ s}{4{,}7\ s}$;

$\frac{t}{\tau} = 2{,}55$

Mit diesem Wert wird aus dem Diagramm das Spannungsverhältnis $\frac{U_C}{U_0}$ bestimmt:

$\frac{U_C}{U_0} = 0{,}92$

$U_C = U_0 \cdot 0{,}92$
$U_C = 100\ V \cdot 0{,}92$
$\underline{\underline{U_C = 92\ V}}$

Aufgaben

1. Abb. 1 zeigt eine Schaltung zur Anzugs- und Abfallverzögerung von Relais. $U_0 = 12\ V$; $R = 220\ \Omega$; Relaiswiderstand: $500\ \Omega$.
a) Wie groß ist beim Einschalten und nach Beendigung des Aufladevorgangs die Stromstärke I?
b) Auf welche Spannung lädt sich der Kondensator auf?
c) Wie groß ist die Stromstärke durch das Relais eine Sekunde nach dem Abschalten?

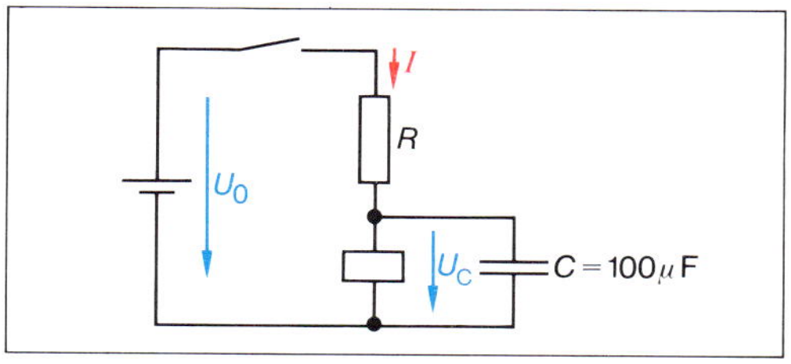

Abb. 1

2. Am Eingang der Transistorschaltung der Abb. 2 liegen Rechteckimpulse mit der Impulshöhe von 5 V. Es sind folgende Werte gegeben: $C = 68\ nF$; $R = 3{,}9\ k\Omega$; Widerstand des Transistors $R_{BE} = 2{,}4\ k\Omega$. Berechnen Sie den Maximalstrom!

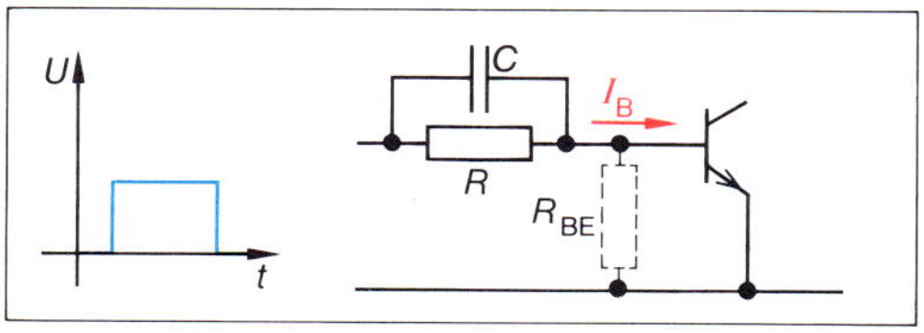

Abb. 2

3. Gegeben ist das Netzwerk von Abb. 3 mit den dort aufgeführten Werten. Der Schalter wird geschlossen und nach der Aufladung von C wieder geöffnet. Berechnen Sie I_1, I_2, I_3, U_C und U_2
a) im Einschaltmoment,
b) nach Aufladung des Kondensators und
c) im Ausschaltmoment.

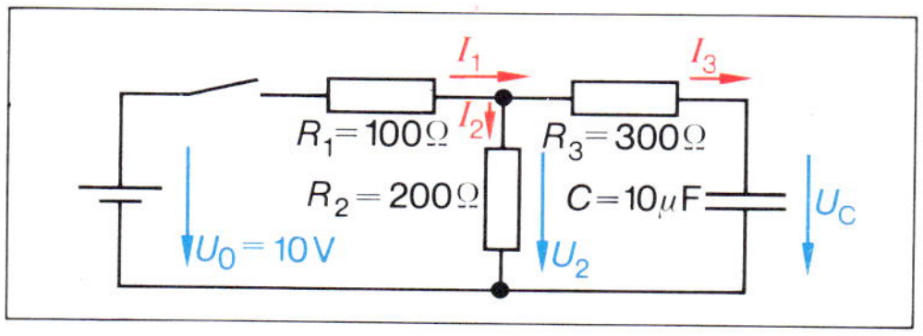

Abb. 3

4. An die Transistorstufe der Abb. 4 werden Rechteckimpulse gelegt. Widerstand des Transistors: $R_{BE} = 4{,}3\ \mathrm{k\Omega}$; $R_1 = 10\ \mathrm{k\Omega}$. Die Zeitkonstante der Eingangsschaltung soll 0,15 ms groß sein. Wie groß ist die Kapazität des Kondensators zu wählen (nächstliegenden Normwert wählen)?

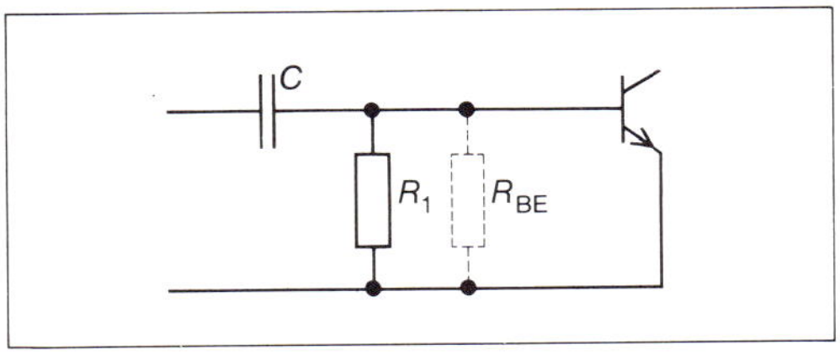

Abb. 4

5. Das *RC*-Glied der Abb. 5 arbeitet als Impulsformerstufe. Die Zeitkonstante der Schaltung reicht nicht aus. Sie soll durch Zuschalten eines Kondensators bzw. Widerstandes verdoppelt werden. Zeichnen Sie die Schaltungen mit dem zugeschalteten Widerstand und Kondensator. Berechnen Sie beide Werte!

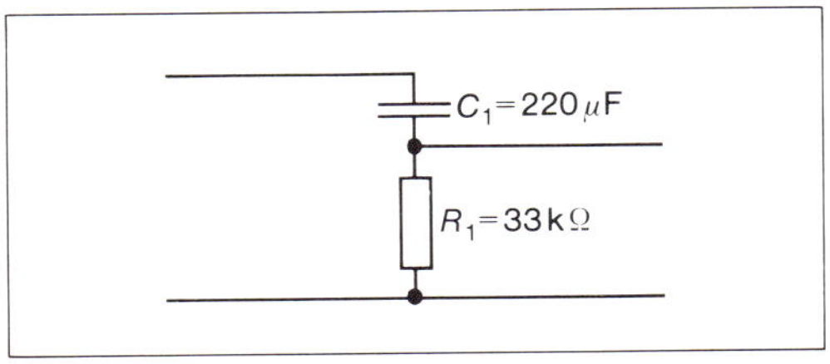

Abb. 5

6. Die Glimmlampe von Abb. 6 hat eine Zündspannung von 85 V. Im ungezündeten Zustand ist ihr Widerstand sehr groß im Vergleich zum Vorwiderstand. Nach welcher Zeit zündet die Glimmlampe?

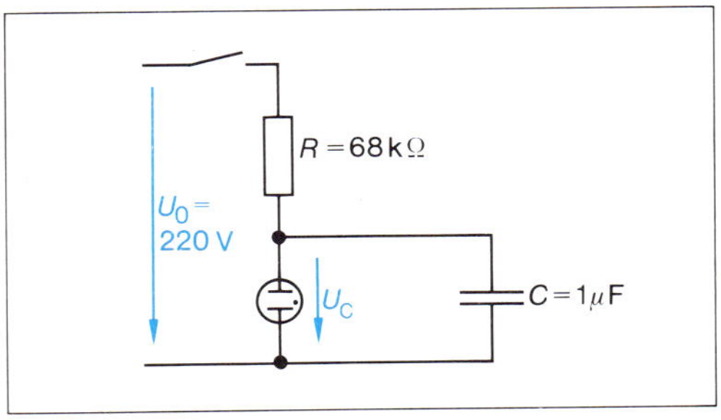

Abb. 6

11.5 Schaltungen mit Kondensatoren

11.5.1 Parallelschaltung

▶ Ein Netzteil mit Gleichrichter gibt eine pulsierende Gleichspannung ab. Durch parallel zu schaltende Kondensatoren soll eine Glättung der Spannung erreicht werden. $C_1 = 100\ \mu F$; $C_2 = 470\ \mu F$; $U = 24\ V$
Berechnen Sie die Gesamtkapazität und die insgesamt von den Kondensatoren gespeicherten Ladungen!

Parallelschaltung von Kondensatoren

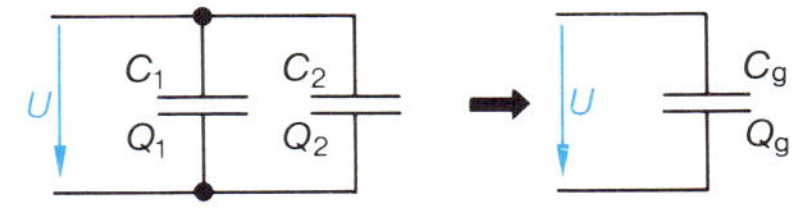

$Q_1 = C_1 \cdot U$ $\qquad Q_g = Q_1 + Q_2$

$Q_2 = C_2 \cdot U$ $\qquad C_g = C_1 + C_2$

Beispiellösung:

Gegeben: $C_1 = 100 \mu F$, $C_2 = 470\ \mu F$, $U = 24\ V$
Gesucht: C_g und Q_g

Gesamtkapazität

$C_g = C_1 + C_2$

$\underline{\underline{C_g = 570\ \mu F}}$

Gesamtladung:

$Q_g = Q_1 + Q_2$; $\quad Q = C \cdot U$

$Q_g = C_1 \cdot U + C_2 \cdot U$

$Q_g = (C_1 + C_2) \cdot U$

$Q_g = 570\ \mu F \cdot 24\ V$

$\underline{\underline{Q_g = 13{,}7 \cdot 10^{-3}\ As}}$

11.5.2 Reihenschaltung

▶ Durch eine Reihenschaltung von zwei Kondensatoren soll eine Anpassung an die Erfordernisse einer Schaltung vorgenommen werden. Über die Schaltung sind folgende Werte bekannt:
Gesamtkapazität: 32 nF
Eine Einzelkapazität: 0,1 µF
Wie groß ist die zweite Einzelkapazität (nächstliegenden Normwert wählen)?

Reihenschaltung von Kondensatoren

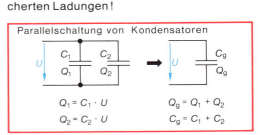

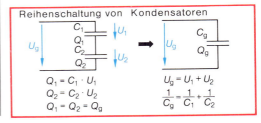

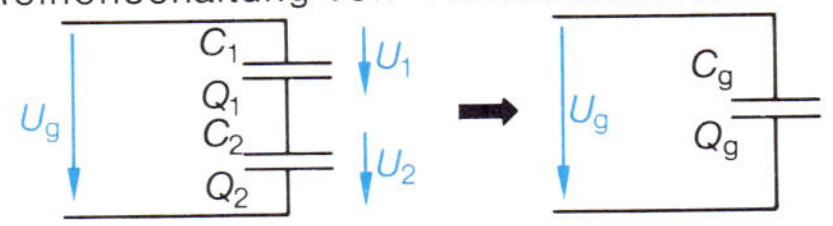

$Q_1 = C_1 \cdot U_1$ $\qquad U_g = U_1 + U_2$

$Q_2 = C_2 \cdot U_2$ $\qquad \frac{1}{C_g} = \frac{1}{C_1} + \frac{1}{C_2}$

$Q_1 = Q_2 = Q_g$

Beispiellösung:

Gegeben: $C_g = 32$ nF; $C_1 = 0{,}1$ µF
Gesucht: C_2

Gesamtkapazität:

$$\frac{1}{C_g} = \frac{1}{C_1} + \frac{1}{C_2}$$

Einzelkapazität:

$$\frac{1}{C_2} = \frac{1}{C_g} - \frac{1}{C_1}$$

$$\frac{1}{C_2} = (31{,}25 - 10)\,\frac{1}{\mu F}$$

$$\frac{1}{C_2} = \frac{21{,}25}{\mu F}$$

$$C_2 = 0{,}0471\ \mu F$$

gewählter Wert:
$C_2 = 47$ nF

Aufgaben

1. In Blitzlichtgeräten werden Kondensatoren über die Blitzlichtlampe entladen. Die zur Verfügung stehende Gesamtladung soll durch Parallelschalten eines weiteren Kondensators (vgl. Abb. 1) auf den Wert von $Q = 0{,}4$ As vergrößert werden. Berechnen Sie die Kapazität des Kondensators!

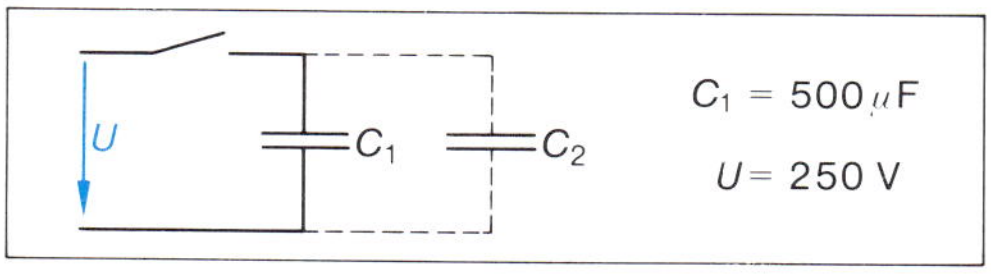

Abb. 1

2. Der Kondensator in Abb. 2 ist auf 120 V aufgeladen. Wenn der Schalter geschlossen wird, teilen sich die Ladungen auf beide Kondensatoren auf. Wie groß ist die Spannung an der Parallelschaltung der Kondensatoren?

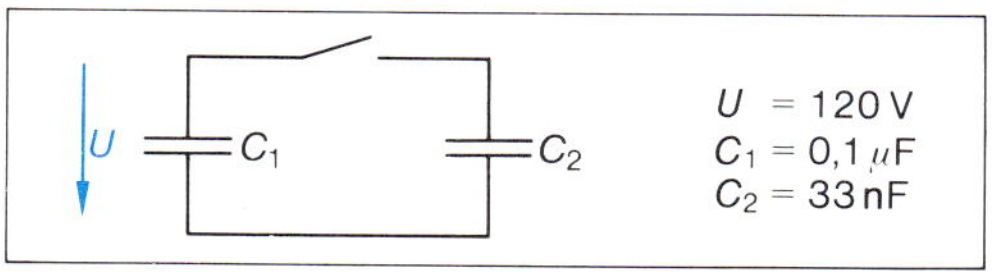

Abb. 2

3. Die Reihenschaltung in Abb. 3 liegt an einer Gesamtspannung von 20 kV. Die Kondensatoren haben folgende Nennspannungen: $U_{1N} = U_{2N} = 10$ kV. Berechnen Sie, ob in der gegebenen Schaltung diese Werte nicht überschritten werden!

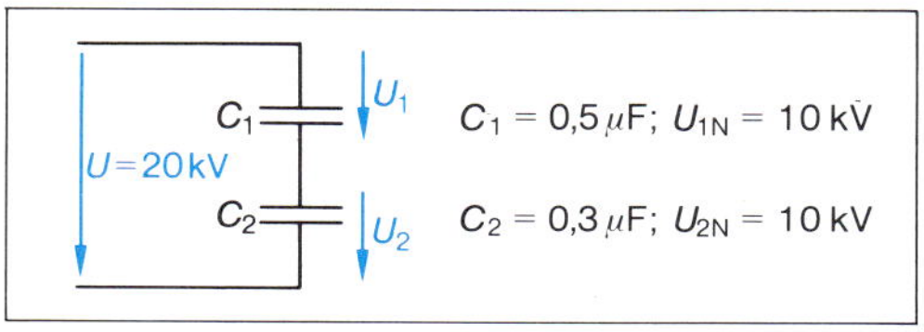

Abb. 3

4. Durch Vergleich der Spannungen an der Reihenschaltung lassen sich unbekannte Kapazitäten bestimmen. Dazu müssen die Teilspannungen und die Vergleichskapazität bekannt sein. Berechnen Sie mit den in Abb. 4 gegebenen Werten die unbekannte Kapazität C_x.

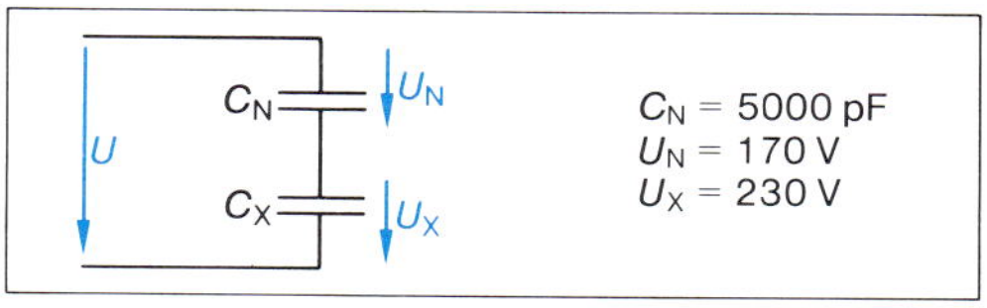

Abb. 4

5. In einem Rundfunkgerät befindet sich eine Gruppenschaltung aus zwei Festkondensatoren und einem Drehkondensator zur Abstimmung auf den Empfangssender. $C_1 = 47$ pF; $C_2 = 270$ pF; $C_3 = 25$ pF . . . 500 pF Zwischen welchen beiden Werten läßt sich die Gesamtkapazität der Schaltung verändern?

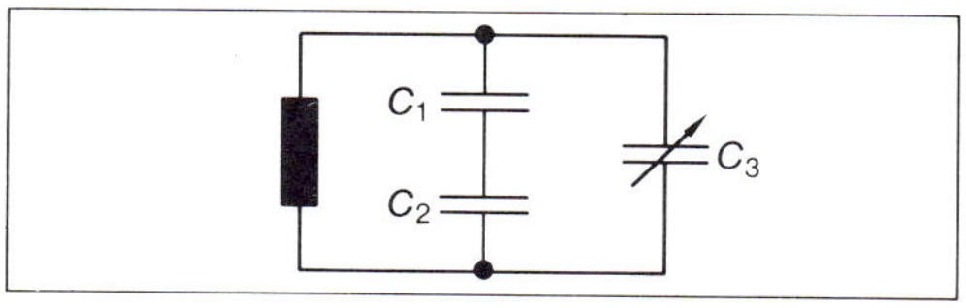

Abb. 5

6. Wie groß muß in Abb. 6 der Einstellbereich von C_2 sein, wenn die Gesamtkapazität der Schaltung von $C_g = 59$ pF . . . 114 pF änderbar sein soll?

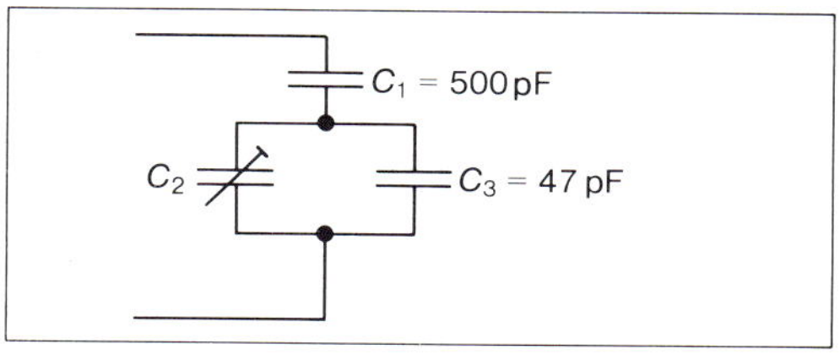

Abb. 6

7. Die elektrische Feldstärke zwischen zwei Ablenkplatten beträgt 30 $\frac{kV}{cm}$. Im Feld befinden sich Ladungen mit $Q = 2{,}5 \cdot 10^{-6}$ As. Berechnen Sie die Kraft auf die Ladungen!

8. Zu einem Kondensator von $C_1 = 1\ \mu F$, der an einer Spannung von 10 V liegt, wird ein zweiter von 2,2 µF parallel geschaltet.
a) Berechnen Sie die gespeicherte Ladung der Schaltung ohne C_2!
b) Berechnen Sie die gespeicherte Ladung der Schaltung mit C_2!

9. Die zwei Platten eines Experimentierkondensators werden mit einer Spannungsquelle aufgeladen. Dann entfernt man die Spannungsquelle. Die Isolation der Platten kann als sehr gut angenommen werden. Auf welchen Wert verändert sich die Spannung, wenn durch eine Abstandsvergrößerung die Kondensatorkapazität auf 1/3 verringert wird?

10. Die Kondensatoren mit $C_1 = 10$ nF und $C_2 = 30$ nF sind in Schalterstellung 1 aufgeladen worden. Beide Schalter werden danach in die Stellung 2 gebracht.
Wie groß ist die Spannung an den Kondensatoren, wenn Ausgleichsvorgänge abgeschlossen sind und Verluste vernachlässigt werden können?

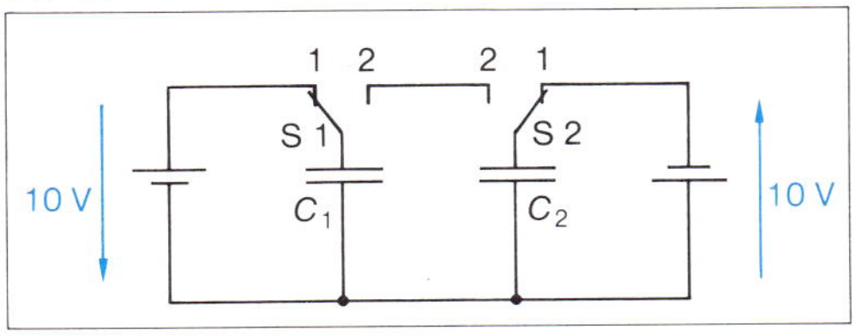

11. Ein Kondensator mit $C = 10$ nF ist an einer Spannungsquelle mit $U = 20$ V aufgeladen worden. Danach wurde er von der Spannungsquelle entfernt und zu ihm ein nicht aufgeladener Kondensator von ebenfalls 10 nF parallel geschaltet. Wie groß ist die Spannung an der Parallelschaltung, wenn Ausgleichsvorgänge abgeschlossen sind und Verluste vernachlässigt werden können?

12. Wie groß ist die Fläche eines Folienkondensators von $C = 10$ nF, wenn $\varepsilon_r = 2{,}3$ beträgt und der Abstand zwischen den Flächen mit $d = 0{,}01$ mm angenommen werden kann?

13. Die Reihenschaltung aus zwei Kondensatoren hat eine Kapazität von 16 µF. Der eine Kondensator hat eine Kapazität von 47 µF. Wie groß ist die Kapazität des zweiten Kondensators?

14. Drei Kondensatoren mit je 22 nF sind in Reihe geschaltet. Berechnen Sie die Gesamtkapazität der Schaltung!

15. Es stehen drei Kondensatoren mit $C_1 = 7\ \mu F$; $C_2 = 4\ \mu F$ und $C_3 = 12\ \mu F$ zur Verfügung. Mit ihnen soll möglichst genau der Wert von 10 µF verwirklicht werden. Zeichnen Sie die Schaltung und weisen Sie durch eine Berechnung die Richtigkeit der Schaltung nach!

16. Berechnen Sie die Gesamtkapazität der Schaltung!

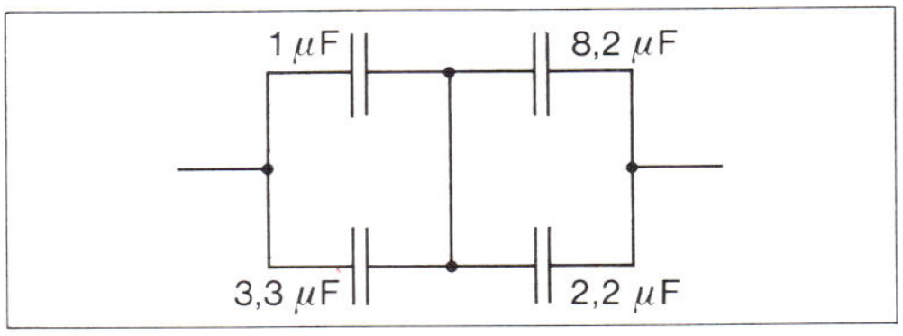

17. Berechnen Sie zur Schaltung die Spannungen an den Kondensatoren, die Gesamtkapazität und die Ladungen auf den Kondensatoren!

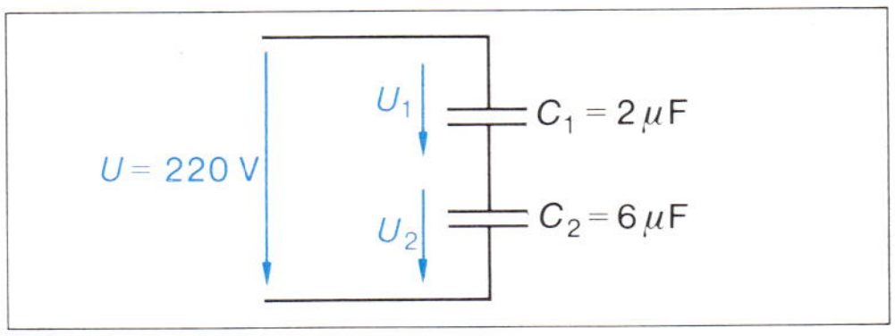

18. Drei Kondensatoren mit den Kapazitäten von 0,1 µF; 0,22 µF und 0,68 µF sind in Reihe geschaltet und liegen an einer Gesamtspannung von 100 V. Berechnen Sie
a) die Gesamtkapazität,
b) die Spannungen an den Einzelkondensatoren und
c) die Ladungen der Kondensatoren!

19. Die Gesamtkapazität einer Reihenschaltung aus drei Kondensatoren beträgt 120 nF. Zwei Kondensatoren haben die Werte 470 nF und 560 nF. Wie groß ist C_3?

12 Magnetisches Feld

12.1 Magnetische Feldgrößen

► Im Innern einer Ringspule ohne Eisenkern (Abb.) soll eine magnetische Feldstärke von 400 $\frac{A}{m}$ erzeugt werden. Wieviel Windungen muß die Spule erhalten, wenn die mittlere Feldlinienlänge 62,5 cm und die Stromstärke 0,5 A betragen sollen?

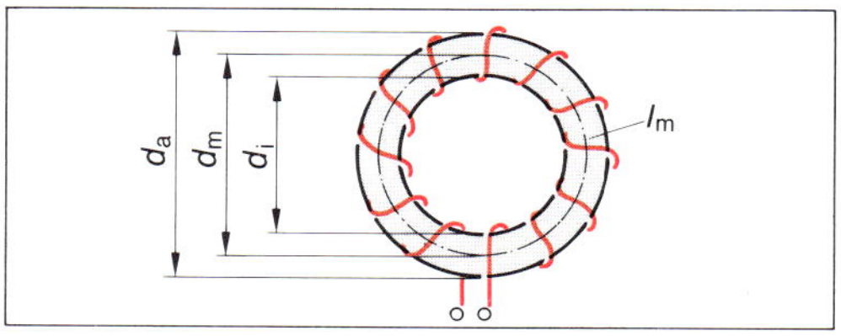

Abb. 1

Elektrische Durchflutung Θ	$[\Theta] = A$
$\Theta = I \cdot N$	
Windungszahl N	
Magnetische Feldstärke H	$[H] = \frac{A}{m}$
$H = \frac{\Theta}{l_m}$; $H = \frac{I \cdot N}{l_m}$	
Magnetische Flußdichte B	$[B] = T$
$B = \mu_0 \cdot \mu_r \cdot H$	$1\,T = 1\,\frac{Vs}{m^2}$
Magnetischer Fluß Φ	$[\Phi] = Wb$
$\Phi = B \cdot A$	$1\,Wb = 1\,Vs$
Permeabilität μ	
$\mu = \mu_0 \cdot \mu_r$	
Permeabilitätszahl μ_r	
Magnetische Feldkonstante μ_0	
$\mu_0 = 1{,}257 \cdot 10^{-6}\,\frac{Vs}{Am}$	

Beispiellösung:

Gegeben: $H = 400\,\frac{A}{m}$; $l_m = 62{,}5$ cm; $I = 0{,}5$ A

Gesucht: N

$$H = \frac{I \cdot N}{l_m};\quad N = \frac{H \cdot l_m}{I}$$

$$N = \frac{400\,\frac{A}{m} \cdot 0{,}625\,m}{0{,}5\,A};\quad \underline{\underline{N = 500}}$$

Aufgaben

1. Wie groß ist der Strom durch eine Relaisspule, die bei 1200 Windungen eine Durchflutung von 60 A hat?

2. Eine Relaisspule hat einen Widerstand von 48 Ω. Wie groß ist die Durchflutung, wenn die Spule mit ihren 1400 Windungen an eine Spannung von 6 V angeschlossen wird?

3. Der Widerstand einer Relaiswicklung mit 2000 Windungen beträgt 720 Ω. Bei Nennspannung besteht eine Durchflutung von 67 A. Für welche Spannung ist die Relaisspule bestimmt?

4. Eine Ringspule mit 300 Windungen hat einen inneren Durchmesser von 30 mm und einen äußeren Durchmesser von 38 mm. Wie groß muß die Stromstärke in der Spule sein, wenn eine Feldstärke von 85 $\frac{A}{m}$ erreicht werden soll?

5. Die magnetische Auslösevorrichtung eines Leitungsschutzautomaten hat 10 Windungen. Bei Kurzschluß wird die Wicklung von 25 A durchflossen. Wie groß ist die magnetische Druchflutung?

6. Wieviel Meter Kupferdraht von 0,8 mm^2 Querschnitt werden für eine Ringspule mit der mittleren Feldlinienlänge 35 cm benötigt, damit beim Anschluß der 1200 Windungen an 24 V eine Feldstärke von 4500 $\frac{A}{m}$ erzeugt wird?

7. In einer Ringspule soll eine Feldstärke von 2000 $\frac{A}{m}$ bestehen. Die Spule soll bei einer mittleren Feldlinienlänge von 25 cm 1500 Windungen erhalten. Welchen Durchmesser muß der 800 m lange Kupferdraht haben, wenn die Spule an eine Spannung von 12 V angeschlossen werden soll?

8. Bei einer mittleren Feldlinienlänge von 40 cm soll aus 700 m Kupferdraht mit dem Querschnitt 1 mm² eine Ringspule hergestellt werden, die beim Anschluß an 60 V eine Feldstärke von 2500 $\frac{A}{m}$ haben soll. Wieviel Windungen muß die Spule erhalten?

9. Wie groß ist die magnetische Flußdichte in einer Ringspule mit 10 cm² Querschnitt, wenn der magnetische Fluß $0{,}8 \cdot 10^{-3}$ Vs beträgt?

10. Eine Zylinderspule mit den Nenndaten 1 A, 12 Ω, 1200 Windungen hat die Abmessungen $l = 10$ cm; $d_m = 5$ cm. Wie groß sind beim Nennstrom
a) die Durchflutung,
b) die Feldstärke ($l_m = l$),
c) die magnetische Flußdichte und
d) der magnetische Fluß?

11. Welche Durchflutung und welche Feldstärke haben folgende Spulen bei Nennbetrieb? Zur Berechnung der Feldstärke sei $l_m = l = 11$ cm. Die Nenndaten sind:
a) 4 A; 0,4 Ω; 150 Windungen
b) 2 A; 2,5 Ω; 300 Windungen
c) 2 A; 2,5 Ω; 600 Windungen
d) 1,5 A; 8 Ω; 900 Windungen
e) 1 A; 12 Ω; 1200 Windungen
f) 0,3 A; 150 Ω; 1800 Windungen.

12. Ein Relais hat eine Spule mit 1200 Windungen. Sie nimmt an 60 V eine Leistung von 4,5 W auf.
a) Wie groß sind der Strom und der Spulenwiderstand?
b) Wie groß ist die Durchflutung?
c) Wie groß ist die Feldstärke bei $l_m = 12{,}4$ cm?

13. Der Eisenkern einer Spule hat die in der untenstehenden Abbildung gezeichneten Abmessungen. Wird die Spule (1800 Windungen) von 250 mA durchflossen, dann hat das Eisen eine relative Permeabilität von 600.

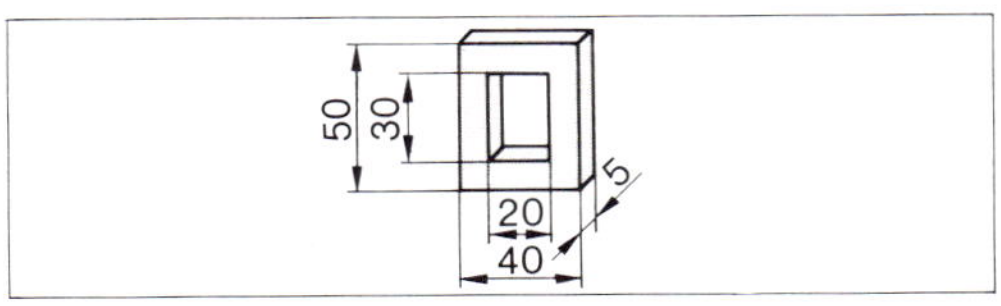

a) Wie groß ist die Durchflutung?
b) Welche Feldstärke hat die Spule?
c) Wie groß ist die magnetische Flußdichte?
d) Welchen magnetischen Fluß hat die Spule im Eisenkern?

14. In einer Zylinderspule soll bei einem Strom von 75 mA eine Flußdichte von 1,5 mT herrschen. Die Spule hat einen Durchmesser von $d = 14$ mm und 800 Windungen.
a) Wie groß ist der magnetische Fluß?
b) Wie lang muß die Spule sein ($l_m = l$)?

12.2 Kraftwirkung im Magnetfeld

► Die Stromstärke in der Ankerwicklung eines Gleichstromnebenschlußmotors beträgt 25 A. Die Ankerwicklung besteht aus 80 Leitern mit einer wirksamen Leiterlänge von je 300 mm. Die magnetische Flußdichte des Erregerfeldes beträgt 0,8 $\frac{Vs}{m^2}$. Wie groß ist die Kraft, die am Ankerumfang wirkt?

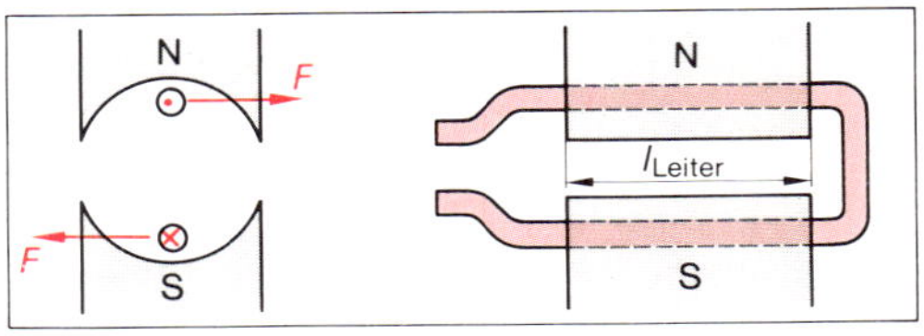

Abb. 2

Kraft F	$F = B \cdot I \cdot l \cdot z$
wirksame Leiterlänge l	
Anzahl der Leiter z	
Kraft zwischen zwei stromdurchflossenen Leitern	$F = \frac{\mu_0 \cdot I_1 \cdot I_2 \cdot l}{2 \cdot \pi \cdot a}$
	$1\,N = \frac{1\,VAs}{m}$

Beispiellösung:
Gegeben: $I = 25$ A; $z = 80$; $l = 300$ mm; $B = 0{,}8$ T
Gesucht: F

$F = B \cdot I \cdot l \cdot z$
$F = 0{,}8\,T \cdot 25\,A \cdot 0{,}3\,m \cdot 80$
$F = 480\,N$

► Mit welcher Kraft ziehen sich zwei Stromschienen von 2 m Länge an, wenn sie im Kurzschlußfall von je 20 kA durchflossen werden? Der Abstand der Stromschienen beträgt 10 cm.

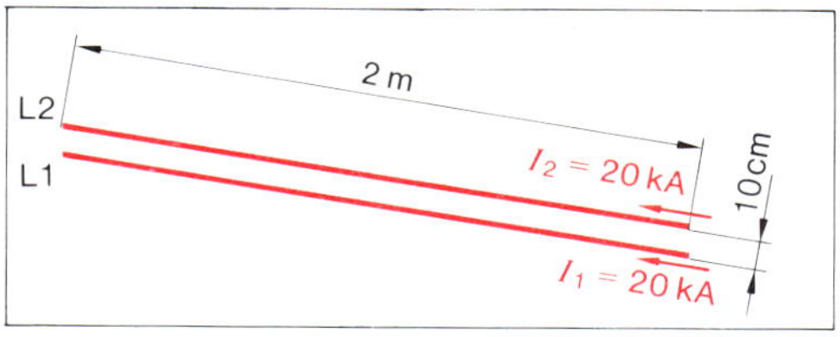

Abb. 2

Beispiellösung:

Gegeben: $l = 2$ m; $I_1 = I_2 = 20$ kA; $a = 10$ cm.
Gesucht: F

$$F = \frac{\mu_0 \cdot I_1 \cdot I_2 \cdot l}{2 \cdot \pi \cdot a}$$

$$F = \frac{1{,}257 \cdot 10^{-6}\,\frac{\text{Vs}}{\text{Am}} \cdot 20 \cdot 10^3\,\text{A} \cdot 20 \cdot 10^3\,\text{A} \cdot 2\,\text{m}}{2 \cdot 3{,}14 \cdot 0{,}1\,\text{m}}$$

$F = 1600$ N

Aufgaben

1. Das Erregerfeld eines Gleichstrommotors hat eine magnetische Flußdichte von 0,85 T. Die wirksame Leiterlänge der 300 Leiter beträgt je Leiter 22 cm. Wie groß ist die Kraft am Ankerumfang, wenn der Ankerstrom 32 A beträgt?

2. Am Ankerumfang eines Gleichstrommotors wird eine Kraft von 800 N gemessen. Die Stromstärke in der Ankerwicklung beträgt 50 A. Wie groß ist die magnetische Flußdichte des Erregerfeldes, wenn die 150 Leiter der Ankerwicklung von je 20 cm Länge nur zu 75% im Erregerfeld wirksam sind?

3. Das Drehmoment eines Gleichstrommotors beträgt 808 Nm. Welchen Strom nimmt der Motor auf, wenn die magnetische Flußdichte des Erregerfeldes 0,95 T beträgt? Auf dem Anker mit dem Durchmesser von 30 cm befinden sich 450 Leiter mit je 28 cm wirksamer Leiterlänge.

4. Zwei Sammelschienen von je 3 m Länge waren im Abstand von 10 cm parallel befestigt. Durch Kurzschluß wurde eine Schiene aus der Verankerung gerissen. Wie groß muß die Kurzschlußstromstärke mindestens gewesen sein, wenn die Verankerung für eine Kraft von 2200 N berechnet war?

5. Die Windungen einer Spule sind im Abstand von 3 mm nebeneinander auf einen Keramikkörper aufgewickelt. Wie groß ist die Kraft zwischen zwei nebeneinander liegenden Windungen, wenn sie von 50 A durchflossen werden? Der Windungsdurchmesser beträgt 6 cm.

► Auf einem geschlossenen Graugußkern ist eine Wicklung mit 500 Windungen aufgebracht. Die mittlere Feldlinienlänge beträgt 40 cm. Wie groß sind die magnetische Flußdichte und die Permeabilitätszahl, wenn die Spule von 2 A durchflossen wird?

Beispiellösung:

Gegeben: Magnetisierungskurve für Grauguß (Abb. 2); $N = 500$; $l_m = 40$ cm; $I = 2$ A
Gesucht: B und μ_r

$B = \mu_0 \cdot \mu_r \cdot H$; $\mu_r = \frac{B}{\mu_0 \cdot H}$

$H = \frac{I \cdot N}{l_m}$; $H = \frac{2\,\text{A} \cdot 500}{0{,}4\,\text{m}}$; $H = 2500\,\frac{\text{A}}{\text{m}}$

Zu diesem H-Wert kann man aus der Magnetisierungskurve den B-Wert ablesen:

$B = 0{,}6$ T

$$\mu_r = \frac{0{,}6\,\text{T}}{1{,}257 \cdot 10^{-6}\,\frac{\text{Vs}}{\text{Am}} \cdot 2500\,\frac{\text{A}}{\text{m}}}; \quad \mu_r = 190{,}9$$

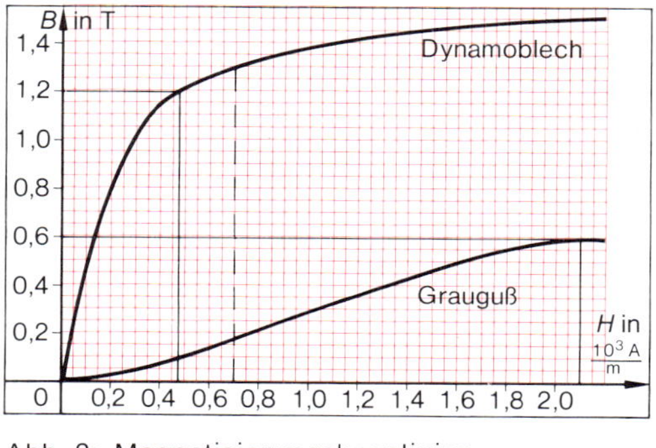

Abb. 2: Magnetisierungskennlinien

▶ In dem dargestellten UI-Kern aus Dynamoblech soll eine magnetische Flußdichte von 1,2 T erzeugt werden. Die Wicklung besteht aus 800 Windungen. Der Luftspalt hat eine Länge von 0,05 mm. Für die Isolation der einzelnen Bleche gegeneinander werden 2% der Kernbreite benötigt.
a) Welchen Strom nimmt die Wicklung auf?
b) Wie groß ist der magnetische Fluß?

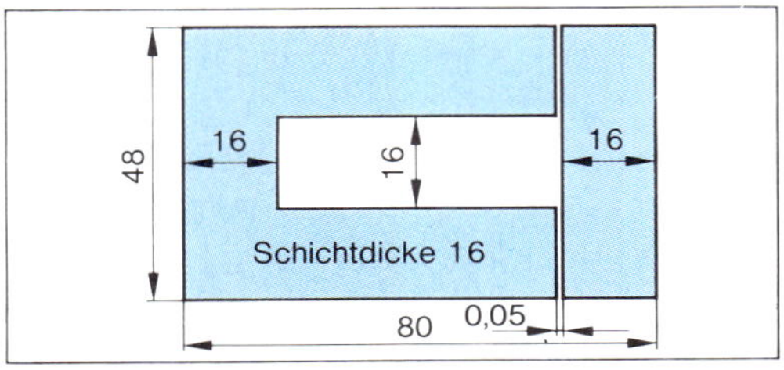

Abb. 3: UI-Kern

Beispiellösung:

Gegeben: $B = 1{,}2$ T; $N = 800$ Windungen; Maße des Kernes; Magnetisierungskurve für Dynamoblech (Abb. 2).

Gesucht: a) I b) Φ

a) Die Stromstärke ist in der Durchflutung enthalten

$$\Theta = I \cdot N \rightarrow I = \frac{\Theta}{N}$$

$$\Theta = \Theta_{Fe} + \Theta_{Luft}; \quad \Theta = H_{Fe} \cdot l_{mFe} + H_{Luft} \cdot l_{Luft}$$

H_{Fe} aus der Magnetisierungskurve ablesen:

$$H_{Fe} = 0{,}47 \cdot 10^3 \, \frac{A}{m}$$

$$H_{Luft} = \frac{B}{\mu_0}; \; H_{Luft} = \frac{1{,}2\,T}{1{,}257 \cdot 10^{-6} \, \frac{Vs}{Am}};$$

$$H_{Luft} = 954{,}6 \cdot 10^3 \, \frac{A}{m}$$

$$\Theta = 0{,}47 \cdot 10^3 \, \frac{A}{m} \cdot 191{,}9 \cdot 10^{-3} \, m$$

$$+ 954{,}6 \cdot 10^3 \, \frac{A}{m} \cdot 0{,}1 \cdot 10^3 \, m$$

$$\Theta = 90{,}19\,A + 95{,}46\,A; \quad \underline{\underline{\Theta = 185{,}65\,A}}$$

$$I = \frac{185{,}65\,A}{800}; \quad \underline{\underline{I = 0{,}232\,A}}$$

b) $\Phi = B \cdot A$; $\Phi = 1{,}2\,T \cdot 16 \cdot 10^{-3}\,m \cdot 16 \cdot 10^{-3}\,m \cdot 0{,}98$
$\underline{\underline{\Phi = 301 \cdot 10^{-6}\,Vs}}$

6. Stellen Sie in einem Diagramm die Permeabilitätszahl von Dynamoblech in Abhängigkeit von der magnetischen Flußdichte im Bereich 0,2 T ... 1,4 T dar. Bestimmen Sie aus diesem Diagramm μ_r bei einer Flußdichte von 1,3 T.

7. Wieviel Windungen muß ein UI-Kern aus Dynamoblech erhalten, damit ein magnetischer Fluß von $250 \cdot 10^{-6}$ Vs entsteht? Der Kern hat die Maße: Länge: 120 mm, Breite: 72 mm, Schenkelbreite: 24 mm und Schichtdicke: 24 mm. Für die Isolation gehen 2,4% der Schichtdicke verloren. Die Luftspaltbreite beträgt insgesamt 0,1 mm und die Stromstärke 43 mA.

8. In einem Schnittbandkern vom Typ SM besteht eine magnetische Flußdichte von 1,4 T. Die mittlere Feldlinienlänge beträgt 156,8 mm und der Querschnitt des Kernes 270 mm². Die Wicklung mit 1500 Windungen nimmt eine Stromstärke von 500 mA auf. Um wieviel % muß die Stromstärke erhöht werden, wenn an den Kontaktflächen der beiden Hälften ein Luftspalt von insgesamt 0,15 mm entsteht, die Flußdichte aber erhalten bleiben soll?

9. In einem Eisenkern aus Grauguß besteht eine magnetische Flußdichte von 1 T. Man stellte nach einiger Zeit fest, daß zur Erreichung dieser Flußdichte die Stromstärke in den 800 Windungen der Wicklung um 250 mA erhöht werden mußte. Die Erhöhung der Stromstärke war durch einen Riß notwendig geworden. Welche Breite hat dieser Riß des Kernes?

10. Im Joch eines UI-Kernes (vgl. Abb. 3) soll eine magnetische Flußdichte von 0,5 T erzeugt werden. Das U-Stück besteht aus massivem Grauguß und das Joch aus Dynamoblech. Für die Isolation der Bleche werden 1,5% der Jochbreite benötigt. Der Abstand zwischen Kern und Joch beträgt 0,01 mm. Die Wicklung auf dem Kern nimmt eine Stromstärke von 245 mA auf.
Zu bestimmen sind:
a) Der magnetische Fluß.
b) Die magnetische Flußdichte im U-Kern.
c) Die magnetischen Durchflutungen, die für die einzelnen Abschnitte nötig sind.
d) Die Windungszahl der Spule.

11. Welche Kraft wirkt auf einen Leiter, der sich mit einer Länge von 2 cm in einem Magnetfeld mit der Flußdichte 0,75 T befindet? Der Leiter wird von dem Strom 2 A durchflossen.

12. Welche Flußdichte muß ein Magnetfeld haben, damit auf einen im Magnetfeld befindlichen Leiter eine Kraft von 100 mN ausgeübt wird? Der Leiter liegt in einer Länge von 4 cm im Magnetfeld und er wird von einem Strom der Größe 10 A durchflossen!

13. Ein Leiter befindet sich in einer Länge von 3,5 cm in einem Magnetfeld mit der Flußdichte 0,75 T. Welcher Strom muß durch den Leiter fließen, damit auf ihn eine Kraft von 1 N ausgeübt wird?

14. Ein Gleichstrommotor hat im Luftspalt eine magnetische Flußdichte von 1,25 T. In den 24 Nuten des Ankerblechpaketes liegen je 10 Leiter (Wirksame Leiterlänge 18 cm), die von einem Strom von 25 A durchflossen werden. Wie groß ist die Kraft am Ankerumfang?

15. Das Drehmoment eines Gleichstrommotors wird mit 450 Nm gemessen. In den 12 Nuten des Blechpaketes befinden sich je 20 Leiter (Wirksame Leiterlänge 300 mm), die von einem Strom von 30 A durchflossen werden. Der Anker hat einen Durchmesser von 360 mm. Wie groß ist die Flußdichte im Luftspalt?

16. Mit welcher Kraft stoßen sich zwei Leiter ab, die von Strömen von je 50 A gegensinnig durchflossen werden? Die Länge der Leiter ist 1500 mm und der Abstand 50 mm.

17. Zwei Stromschienen (Hin- und Rückleiter) der Länge 75 cm sind im Abstand von 10 cm auf Stützern befestigt. Von welchem Strom werden sie durchflossen, wenn sie mit einer Kraft von 1 N auseinandergedrückt werden?

18. Eine Freileitung (Hin- und Rückleiter) wird im Kurzschlußfall von 800 A durchflossen. Die beiden Leiter haben einen Abstand von 30 cm, der Mastabstand ist 18 m. Mit welcher Kraft stoßen sich die Leiter ab?

19. Der Eisenkern einer Spule hat die in der Abb. angegebenen Abmessungen. Die Spule hat einen Widerstand von 450 Ω und 1750 Windungen. Sie wird an 100 V angeschlossen.

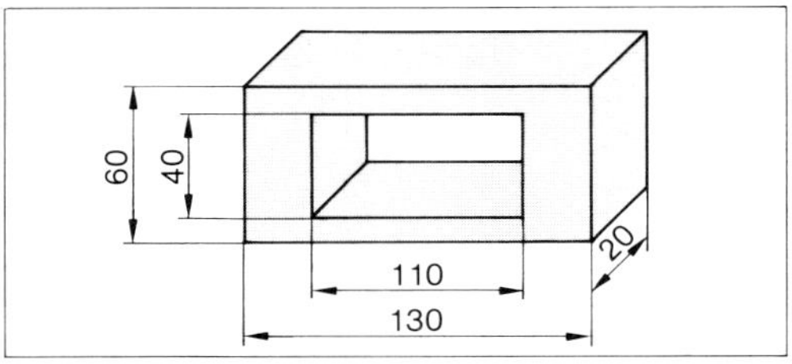

a) Welcher magnetische Fluß herrscht im Eisenkreis, wenn er aus Dynamoblech besteht?
b) Welcher magnetische Fluß ist im Eisenkern aus Grauguß? (Siehe Diagramm S. 120)

20. In dem Eisenkern aus Dynamoblech mit dem Querschnitt 10 mm × 15 mm soll ein magnetischer Fluß von 165 µWb herrschen. Die mittlere Feldlinienlänge ist 145 mm. Die Spule hat 1800 Windungen.
a) Welche magnetische Flußdichte ist im Eisenkern?
b) Wie groß ist die Feldstärke?
c) Welche Durchflutung ist zur Erreichung der Feldstärke notwendig?
d) Welcher Strom fließt dabei durch die Spule?

21. In dem in der nachfolgenden Abbildung dargestellten Schnittbandkern aus Dynamoblech soll ein magnetischer Fluß von 1,35 mWb erzeugt werden. Die Wicklung hat 1200 Windungen. Für die Isolation zwischen den Blechen wird 2,5% der Kernbreite benötigt.
a) Wie groß ist die magnetische Flußdichte?
b) Welchen Strom nimmt die Spule auf?

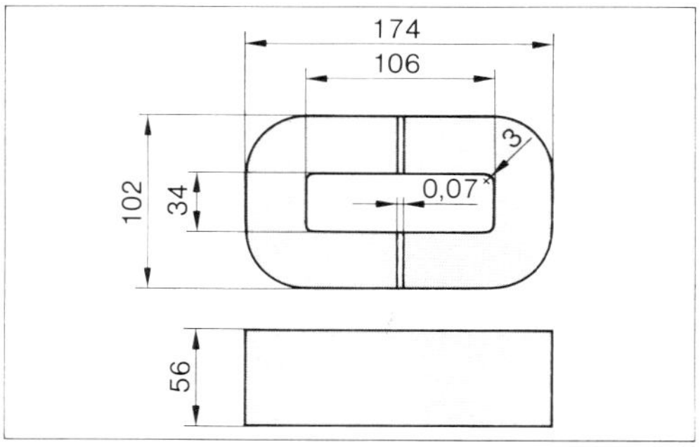

12.3 Elektromagnetische Induktion

► In einer Spule mit 40 Windungen ändert sich der magnetische Fluß nach Abb. 1. Bestimmen Sie die induzierte Spannung in den Abschnitten I ... VI.

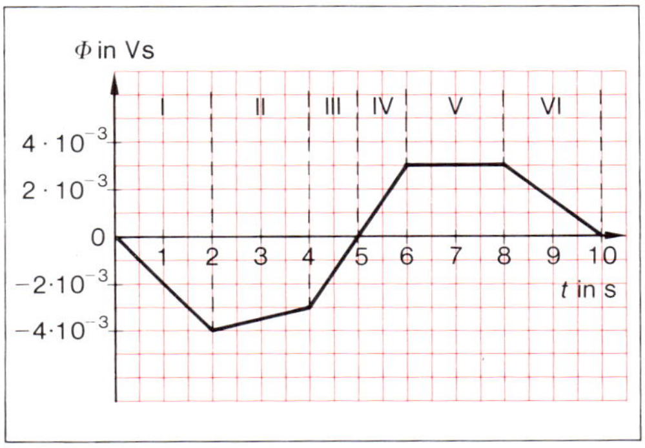

Abb. 1

> Induzierte Spannung $U = N \dfrac{\Delta\Phi}{\Delta t}$
>
> $U = B \cdot l \cdot v \cdot z$
>
> Geschwindigkeit des Leiters v
>
> Anzahl der bewegten Leiter z
>
> Wirksame Leiterlänge l
>
> Flußänderung $\Delta\Phi = \Phi_2 - \Phi_1$
>
> Zeitänderung $\Delta t = t_2 - t_1$

Beispiellösung:

Ermitteln der Werte für $\Delta\Phi$ und Δt.
Z. B. ändert sich der Fluß und die Zeit im Abschnitt II:

$\Delta\Phi = \Phi_2 - \Phi_1$

$\Delta\Phi = -3 \cdot 10^{-3}\,\text{Vs} - (-4 \cdot 10^{-3}\,\text{Vs})$

$\underline{\underline{\Delta\Phi = 1 \cdot 10^{-3}\,\text{Vs}}}$

$\Delta t = t_2 - t_1$

$\Delta t = 4\,\text{s} - 2\,\text{s}$

$\underline{\underline{\Delta t = 2\,\text{s}}}$

Für die induzierte Spannung ergibt sich:

$U = N \dfrac{\Delta\Phi}{\Delta t}$; $U = 40 \cdot \dfrac{1 \cdot 10^{-3}\,\text{Vs}}{2\,\text{s}}$

$\underline{\underline{U = 20 \cdot 10^{-3}\,\text{V}}}$

Eintragen der Werte in eine Tabelle:

Abschnitt	$\Delta\Phi$ in Vs	Δt in s	U in V
I	$-4 \cdot 10^{-3}$	2	$-80 \cdot 10^{-3}$
II	$1 \cdot 10^{-3}$	2	$+20 \cdot 10^{-3}$
III	$3 \cdot 10^{-3}$	1	$+120 \cdot 10^{-3}$
IV	$3 \cdot 10^{-3}$	1	$+120 \cdot 10^{-3}$
V	0	2	0
VI	$-3 \cdot 10^{-3}$	2	$-60 \cdot 10^{-3}$

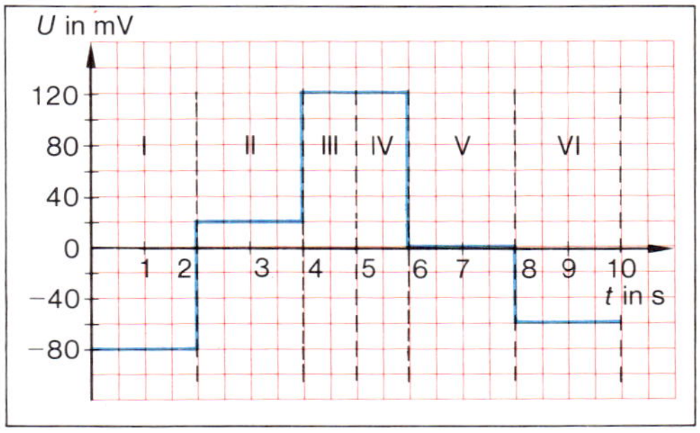

Aufgaben

1. Die Abb. 2 zeigt den Verlauf der induzierten Spannung für eine Zeit von 9 Sekunden. Zeichnen Sie den dafür notwendigen Flußverlauf, wenn die Wicklung 50 Windungen hat. Der magnetische Fluß zum Zeitpunkt 0 beträgt $0{,}8 \cdot 10^{-3}$ Vs.

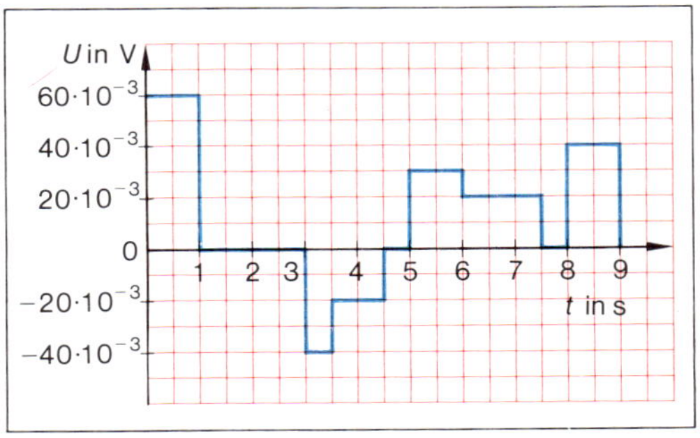

Abb. 2

2. Wieviel Windungen hat eine Spule, wenn sich der Fluß in 2 Sekunden von $3 \cdot 10^{-4}$ Vs auf $2 \cdot 10^{-3}$ Vs ändert. Die dabei induzierte Spannung beträgt 4,25 V.

3. Das Erregerfeld eines Generators hat eine magnetische Flußdichte von 0,86 T. Mit welcher Geschwindigkeit müssen die 200 auf dem Rotor befindlichen Leiter bewegt werden, wenn die wirksame Leiterlänge je Leiter 200 mm beträgt und die induzierte Spannung 220 V betragen soll?

4. Eine Turbine treibt den Rotor eines Generators mit einer Drehzahl von 800/min an. Der Rotor hat einen Durchmesser von 11,25 cm. Die Rotorwicklung besteht aus 350 Windungen. Die wirksame Leiterlänge einer Windung beträgt 500 mm. Das Erregerfeld hat eine magnetische Flußdichte von 0,8 T. Wie groß ist die induzierte Spannung?

5. Mit einem Generator soll eine Spannung von 220 V erzeugt werden. Der Rotor hat einen Durchmesser von 250 mm und besitzt eine Wicklung mit einer gesamten wirksamen Leiterlänge von 32 m. Die magnetische Flußdichte des Erregerfeldes beträgt 0,92 T. Mit welcher Drehzahl muß der Rotor angetrieben werden?

6. Welchen Durchmesser muß der Rotor eines Generators für 110 V haben, wenn er mit 750/min angetrieben wird? Die magnetische Flußdichte beträgt 1,2 T und die gesamte wirksame Leiterlänge 28,5 m.

7. Der Anker eines Gleichstromgenerators hat einen Durchmesser von 14 cm. Er wird mit 1500/min angetrieben. Die magnetische Flußdichte des Erregerfeldes beträgt 0,6 T. Die wirksame Leiterlänge der Ankerwicklung beträgt 26 m.
Zu bestimmen sind:
a) Die Umfangsgeschwindigkeit des Ankers.
b) Die induzierte Spannung.

8. Der magnetische Fluß in einer Spule mit 1200 Windungen wird in 0,5 s von 25 mWb auf Null verändert. Wie groß ist die in der Spule erzeugte Spannung?

9. In einer Spule wird eine Spannung von −25 V induziert, wenn der magnetische Fluß durch die Spule in 250 ms von 20 mWb auf 10 mWb ändert.
Welche Windungszahl hat die Spule?

10. In welcher Zeit muß der magnetische Fluß durch eine Spule mit 1500 Windungen von 0,75 mT auf 1,25 mT verändert werden, damit eine Spannung von 20 V induziert wird?

11. Die nachfolgende Abbildung zeigt das Diagramm, in dem der magnetische Fluß durch eine Spule in Abhängigkeit der Zeit eingetragen ist. Bestimmen Sie die Spannung in den jeweiligen Zeitbereichen und tragen Sie die in der Spule induzierte Spannung in Abhängigkeit von der Zeit in ein Diagramm ein! Die Spule hat 500 Windungen.

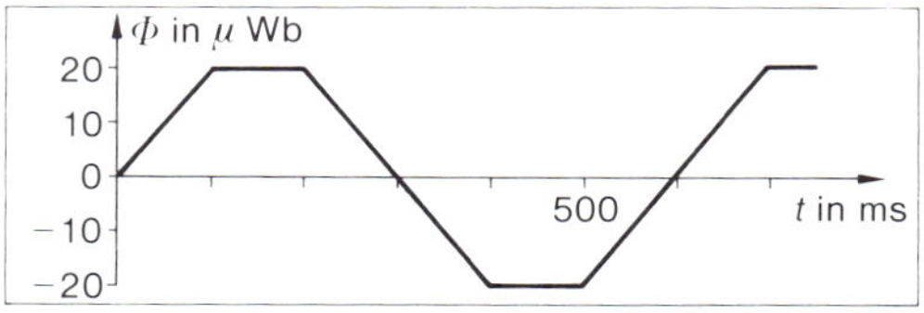

12. Die nachfolgende Abbildung zeigt die in einer Spule mit 500 Windungen erzeugte Spannung in Abhängigkeit von der Zeit. Zum Zeitpunkt $t=0$ ist auch der magnetische Fluß gleich Null. Zeichnen Sie den magnetischen Flußverlauf in Abhängigkeit von der Zeit in ein Diagramm!

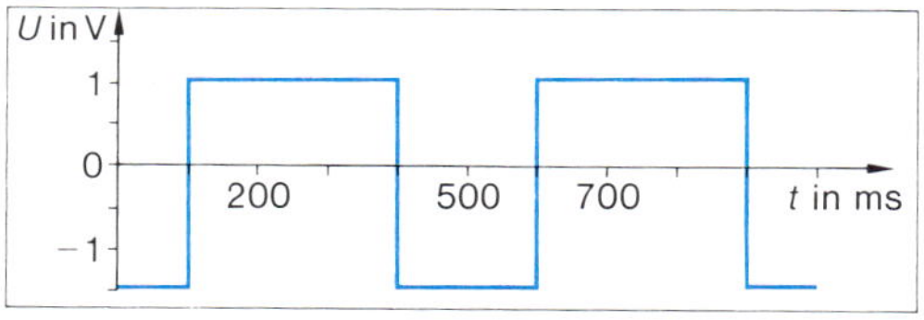

13. Durch ein Magnetfeld mit der Flußdichte 0,2 mT wird ein Leiter bei einer Länge von 0,5 m mit der Geschwindigkeit 10 $\frac{m}{s}$ bewegt. Welche Spannung wird induziert?

14. Der Anker eines Gleichstromgenerators hat einen Durchmesser von 28 cm. Auf ihm befinden sich 320 in Reihe geschaltete Leiter aus Kupfer von je 22 cm Länge. Die Stärke des Magnetfeldes ist mit 0,8 T angegeben. Die Ankerdrehzahl beträgt 750 $\frac{1}{\text{min}}$.
a) Wie groß ist die Umfangsgeschwindigkeit des Ankers?
b) Wie groß ist die im Anker induzierte Spannung, wenn 75% der Leiterlänge im Erregerfeld wirksam ist?
c) Wie groß ist der Widerstand der Ankerwicklung bei 1,5 mm² Drahtdurchmesser?

13 Elektrochemie

13.1 Massenabscheidung durch Elektrolyse

▶ Aus einer Silbernitratlösung soll in einer Galvanisieranlage in einer Zeit von 3 Stunden eine Masse von 56 g abgeschieden werden. Wie groß ist die Stromstärke zu wählen?

Elektrochemisches Äquivalent: $c = 4{,}025\ \frac{\text{g}}{\text{Ah}}$

Abgeschiedene Masse
$m = c \cdot I \cdot t$

Elektrochemisches Äquivalent c $[c] = \frac{\text{kg}}{\text{As}}$

$[c] = \frac{\text{g}}{\text{Ah}}$

Beispiellösung:

Gegeben: $t = 3$ h; $m = 56$ g; $c = 4{,}025\ \frac{\text{g}}{\text{Ah}}$
Gesucht: I

$m = c \cdot I \cdot t$

$$I = \frac{m}{c \cdot t};\quad I = \frac{56\ \text{g}}{4{,}025\ \frac{\text{g}}{\text{Ah}} \cdot 3\ \text{h}}$$

$\underline{\underline{I = 4{,}64\ \text{A}}}$

Aufgaben

1. Aus einem Bad mit Schwefelsäure und Kupfersulfat soll durch Elektrolyse Kupfer abgeschieden werden. Zwischen den Elektroden liegt eine Spannung von 1 V. Es fließt ein Strom von 200 A pro m². Die Fläche der Elektroden ist 0,8 m² groß. Wieviel Zeit vergeht, bis 30 kg Kupfer abgeschieden werden?

2. Aus einer unbekannten Salzlösung lagern sich durch Elektrolyse in 36 Minuten an der Katode 180 g eines Metalles ab. Die Elektroden sind über einen Vorwiderstand von 40 mΩ an die Spannungsquelle angeschlossen. Am Widerstand fällt eine Spannung von 9,83 V ab. Wie groß ist das elektrochemische Äquivalent des Metalles und um welches Metall handelt es sich dabei (vgl. Tab. 13.1)?

Abb. 1: Galvanisieranlage

3. In einer Tabelle für elektrochemische Äquivalente sind die Größen in $\frac{\text{mg}}{\text{As}}$ angegeben. Es soll eine neue Spalte für elektrochemische Äquivalente berechnet werden. Berechnen Sie für die Metalle der Tab. 13.1 die Werte in $\frac{\text{g}}{\text{Ah}}$!

4. Bei der Gewinnung von Aluminium durch die Schmelzflußelektrolyse wird eine Leistung von 420 kW bei einer Spannung von 6 V benötigt. Berechnen Sie, welche Masse in 24 Stunden abgeschieden wird!

5. In dem Einführungsbeispiel wurde die Stromstärke zum Galvanisieren berechnet. Wieviele Silbernitratatome haben sich an der Elektrode niedergeschlagen?
Elementarladung: $e = 1{,}6 \cdot 10^{-19}$ As.

6. Zum Vernickeln wird eine Stromdichte von $2\ \frac{\text{A}}{\text{dm}^2}$ 12 Stunden lang eingestellt. Die Oberfläche des Körpers ist 0,8 m² groß. Wie groß ist das abgeschiedene Volumen des Nickels?
Dichte des Nickels: $\varrho = 8{,}85\ \frac{\text{kg}}{\text{dm}^3}$.

Tab. 13.1: Elektrochemische Äquivalente

Metall	Silber	Gold	Zink	Kupfer	Nickel	Eisen	Aluminium
c in $\frac{\text{mg}}{\text{As}}$	1,118	0,681	0,339	0,329	0,304	0,289	0,093

13.2 Elektrochemische Spannungsquellen

► Die Entladung einer elektrochemischen Spannungsquelle erfolgt über eine konstant bleibende Belastung von 6,75 Ω. Die Klemmenspannung ist zu Beginn der Entladung 12 V. Sie fällt bis zur Entladeschlußspannung von 6 V in 18 Stunden und 30 Minuten konstant ab. Wie groß war die Kapazität der Spannungsquelle?

Kapazität $K = I \cdot t$ $[K] = \text{As}$; $[K] = \text{Ah}$

Wirkungsgrad der Ladung (Amperestunden-Wirkungsgrad) $\eta = \frac{Q_{ab}}{Q_{zu}}$; $Q = I \cdot t$

Wirkungsgrad der Energie (Wattstunden-Wirkungsgrad) $\eta = \frac{E_{ab}}{E_{zu}}$; $E = U \cdot I \cdot t$

Beispiellösung:

Gegeben: $R = 6{,}75\,\Omega$; $U_1 = 12\text{ V}$; $U_2 = 6\text{ V}$; $t = 18\text{ h }30\text{ min}$

Gesucht: K

Mittlere Stromstärke: $I_m = \frac{U_m}{R}$; $U_m = 9\text{ V}$

$$I_m = \frac{9\text{ V}}{6{,}75\,\Omega}$$

$$I_m = 1{,}33\text{ A}$$

Kapazität:

$$K = I \cdot t$$
$$K = 1{,}33\text{ A} \cdot 18{,}5\text{ h}$$
$$K = 24{,}7\text{ Ah}$$

Aufgaben

1. Ein Bleiakkumulator hat eine Nennkapazität $K_{20} = 36\text{ Ah}$. Er wird in 20 Stunden entladen. Welche mittlere Stromstärke kann entnommen werden?

2. Ein Stahlakkumulator hat eine Kapazität von 12 Ah. Es wird ein konstanter Strom von 0,37 A entnommen. Wie lange kann er betrieben werden?

3. Das Diagramm der Abb. 1 zeigt den Spannungsverlauf an einer elektrochemischen Spannungsquelle bei konstanter Belastung. Berechnen Sie aus der mittleren Stromstärke und der Entladezeit die Kapazität!

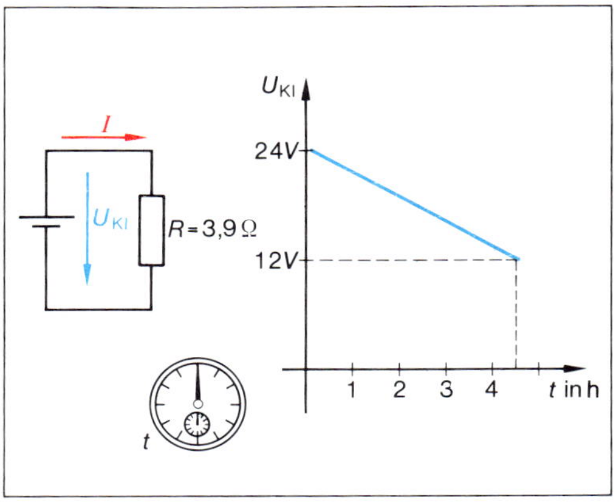

Abb. 1

4. Ein Bleiakkumulator hat eine Nennkapazität von 36 Ah. Er wird 24 Stunden lang mit einer konstant bleibenden Stromstärke von 1,7 A entladen. Wie groß ist sein Wirkungsgrad der Ladung?

5. Der Amperestunden-Wirkungsgrad eines Akkumulators beträgt 90%. Die Nennkapazität ist 28 Ah. Wie lange muß der Akkumulator mit einer konstanten Stromstärke von 2,8 A geladen werden?

6. Ein 12 V Akkumulator gibt bis zur Entladeschlußspannung von 6 V einen mittleren Strom von 3 A in 15 Stunden ab.

a) Wie groß ist die abgegebene elektrische Energie?

b) Dem Akkumulator muß beim Laden eine Energie von 0,54 kW zugeführt werden. Wie groß ist der Wirkungsgrad der Energie?

7. Ein 24 V Akkumulator soll mit einer konstanten Spannung aufgeladen werden, die nicht größer als die Gasungsspannung der Zellen ist (Gasungsspannung: 2,4 V/Zelle). Es steht eine Spannungsquelle mit 34 V zur Verfügung (Innenwiderstand vernachlässigbar). Wie groß muß der Vorwiderstand und seine Belastbarkeit sein, wenn mit einem Maximalstrom von 50 A gerechnet wird?

14 Werkstoffe

14.1 Berechnung zusammengesetzter Flächen

► Die Vorderseite des dargestellten Werkstücks (Abb. 2) soll verchromt werden. Um die Dicke der Chromschicht bestimmen zu können, benötigt man die genaue Größe der Fläche. Wie groß ist diese?

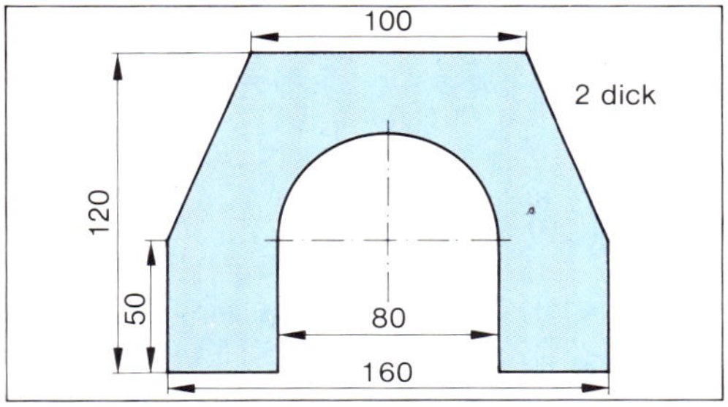

Abb. 2

Beispiellösung:

Um die Fläche des Werkstücks zu berechnen, unterteilt man das Werkstück in Teilflächen. Die gesamte Fläche ergibt sich dann aus der Summe der Teilflächen. (Flächenberechnung vgl. 5.1)

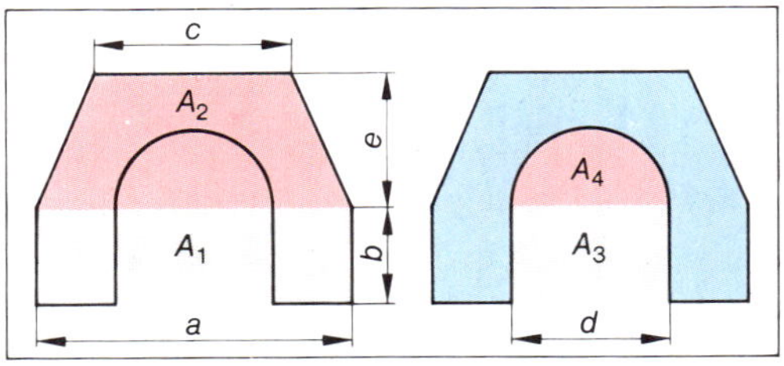

$$A = A_1 + A_2 - A_3 - A_4$$

$$A = a \cdot b + \frac{a + c}{2} \cdot e - d \cdot b - \frac{d^2 \cdot \pi}{2 \cdot 4}$$

$$A = 160 \text{ mm} \cdot 50 \text{ mm} + \frac{160 \text{ mm} + 100 \text{ mm}}{2} \cdot 70 \text{ mm} - 80 \text{ mm} \cdot 50 \text{ mm} - \frac{80^2 \text{ mm}^2 \cdot \pi}{2 \cdot 4}$$

$$\underline{\underline{A = 10\,586{,}8 \text{ mm}^2}}$$

Aufgaben

1. Wie groß ist die Oberfläche eines Banderders aus verzinktem Eisen, der 4 m lang ist und einen rechteckigen Querschnitt von 30 mm × 3 mm hat?

2. Wieviel Meter Leitung H07V-U befinden sich auf einer Rolle, wenn noch 20 Windungen mit einem Durchmesser von 18 cm vorhanden sind?

3. Wie groß ist die Oberfläche des in Abb. 3 dargestellten Transformatorenbleches?

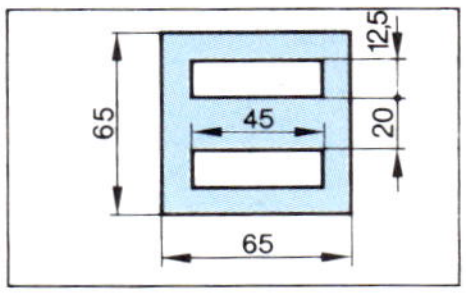

Abb. 3

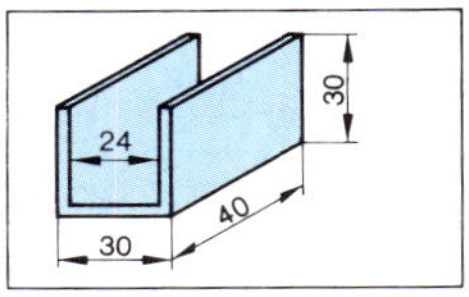

Abb. 4

4. Bestimmen Sie die Oberfläche (Innen- und Außenseite) des in der Abb. 4 dargestellten Profil-Kühlkörpers aus Aluminium!

5. Für ein Netzgerät soll ein Gehäuse aus 1 mm starkem Stahlblech hergestellt werden. Das Gehäuse soll 20,5 cm breit, 8,8 cm hoch und 14 cm lang sein. Wieviel Quadratmeter Blech werden benötigt?

6. Aus einem Stück Pertinax mit den Abmessungen 50 mm × 50 mm soll ein Befestigungswinkel nach Abb. 5 hergestellt werden. Wieviel Prozent der ursprünglichen Oberfläche hat der Befestigungswinkel noch?

7. Bestimmen Sie die Oberfläche des in Abb. 6 dargestellten Bleches!

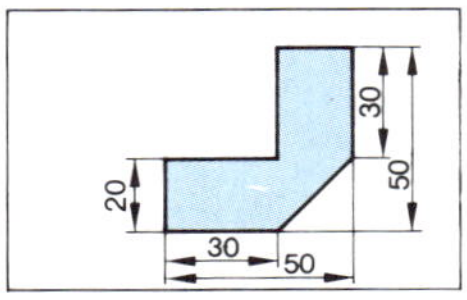

Abb. 5

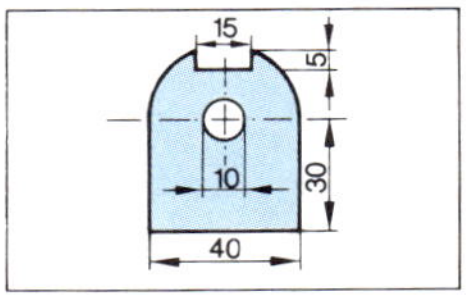

Abb. 6

8. Berechnen Sie die Flächen der in den Abbildungen dargestellten Werkstücke!

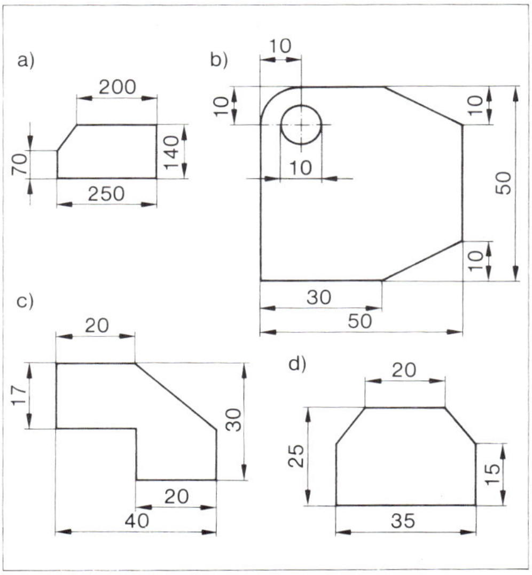

14.2 Volumen und Masse

▶ Der in Abb. 1 dargestellte Transformatorkern M 102/52 besteht aus einzelnen Dynamoblechen, die gegeneinander isoliert sind. Für diese Isolation werden 5% der Schichtdicke des Kernes benötigt.
a) Wie groß ist das Volumen des Eisens?
b) Welche Masse hat der Eisenkern (Masse der Isolation kann vernachlässigt werden; $\varrho_{\text{Dyn}} = 7{,}566\ \frac{\text{kg}}{\text{dm}^3}$)?

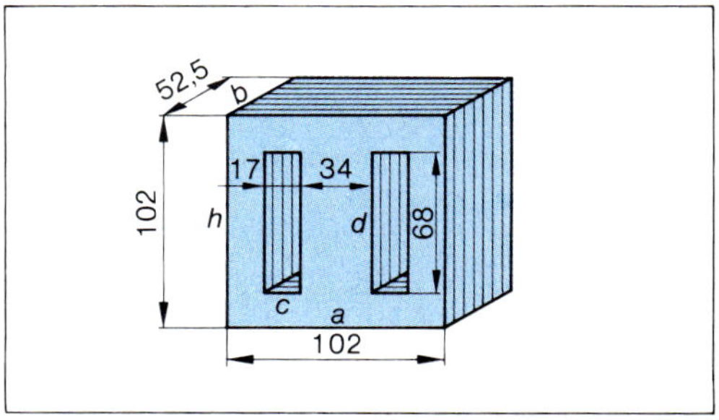

Abb. 1

Volumen-Rauminhalt V $[V] = \text{m}^3$

Würfel $V = a \cdot a \cdot a$ **Quader** $V = a \cdot b \cdot h$

Zylinder $V = A \cdot h$ **Kegel** $V = \frac{A \cdot h}{3}$ **Pyramide** $V = \frac{A \cdot h}{3}$

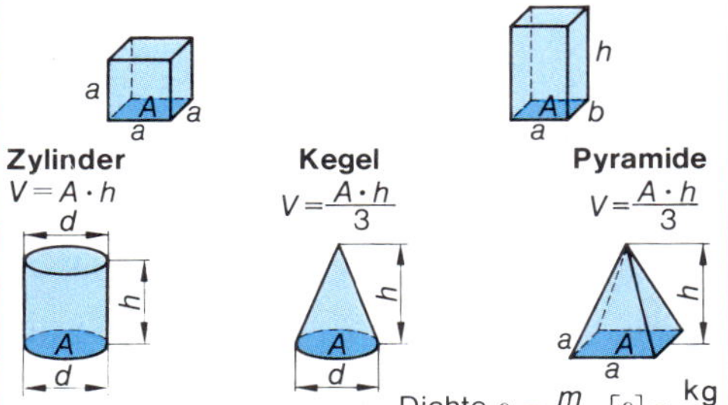

Dichte $\varrho = \frac{m}{V}$ $[\varrho] = \frac{\text{kg}}{\text{m}^3}$

Beispiellösung:

Gegeben: Abmessungen des Kernes;

$$\varrho_{\text{Dyn}} = 7{,}566\ \frac{\text{kg}}{\text{dm}^3}$$

Gesucht: a) V; b) m

a) $V = a \cdot h \cdot b \cdot 0{,}95 - 2(c \cdot d \cdot b \cdot 0{,}95)$

$V = 102\ \text{mm} \cdot 102\ \text{mm} \cdot 52{,}5\ \text{mm} \cdot 0{,}95$
$\quad - 2(17\ \text{mm} \cdot 68\ \text{mm} \cdot 52{,}5\ \text{mm} \cdot 0{,}95)$

$V = 403\,588{,}5\ \text{mm}^3$;

$\underline{\underline{V = 0{,}4\ \text{dm}^3}}$

b) $m = V \cdot \varrho$

$m = 0{,}4\ \text{dm}^3 \cdot 7{,}566\ \frac{\text{kg}}{\text{dm}^3}$;

$\underline{\underline{m = 3{,}05\ \text{kg}}}$

Aufgaben

1. Ein Rundstahl hat eine Länge von 1 m und einen Durchmesser von 100 mm.
a) Welches Volumen hat der Rundstahl?
b) Welche Masse hat der Rundstahl?

2. Ein Quader aus Aluminium hat eine Masse von 10,8 kg. Er ist 40 cm hoch. Wie lang sind die Seiten der quadratischen Grundfläche?

3. Eine Stromschiene aus Kupfer hat einen Querschnitt von 90 mm². Welche Masse hat die Schiene pro Meter Länge?

4. Ein Kupferrohr mit einem Außendurchmesser von 10 mm hat eine Wandstärke von 2 mm. Welche Masse hat 1 Meter dieses Rohres?

5. Ein Kupferrohr mit dem Außendurchmesser von 30 mm hat pro Meter eine Masse von 2,91 kg. Welche Wandstärke hat das Rohr?

6. Ein Rohr mit dem Außendurchmesser von 20 mm hat eine Wandstärke von 3 mm und eine Masse von $0{,}433\,\frac{\text{kg}}{\text{m}}$. Aus welchem Material kann das Rohr bestehen?

7. Ein Stahlblech mit den Abmessungen 60 cm × 40 cm hat die Masse 3,768 kg. Wie dick ist das Blech?

8. Ein PVC-Zylinder mit dem Außendurchmesser von 50 mm soll mit einer Längsbohrung mit einem Durchmesser von 20 mm versehen werden. Der Zylinder hat eine Länge von 20 cm.

a) Wieviel Prozent des gesamten Materials entfallen auf die Bohrung?
b) Welche Masse hat der verbleibende Zylinder?

9. Eine Sammelschiene aus Aluminium hat die Maße 10 mm × 120 mm und ist 3 m lang. Welche Masse hat die Schiene pro Meter Länge?

10. Die Trommel einer Waschmaschine hat einen Durchmesser von 45 cm und eine Tiefe von 22 cm. Berechnen Sie das Volumen der Wäschetrommel in Kubikmetern!

11. Ein Banderder mit den Maßen 20 mm × 5 mm hat eine Länge von 40 m. Wie groß ist seine Masse ($\varrho = 7{,}8$ kg/dm³)?

12. Aus welchem Material kann ein Würfel mit der Kantenlänge 7 cm und der Masse 926 g bestehen?

13. Welche Kantenlänge hat ein Würfel aus Kupfer, der 572 g wiegt?

Dichte einiger Werkstoffe

Material	Stahl	Stahlblech	Aluminium	Kupfer	PVC
ϱ in $\frac{\text{kg}}{\text{dm}^3}$	7,9	7,85	2,7	8,93	1,38

14. Ein Quader aus PVC hat eine Breite von 5 cm und eine Länge von 7,5 cm.
Wie hoch ist der Quader, wenn seine Masse 0,776 kg beträgt?

15. Welchen Durchmesser hat ein blanker Kupferdraht, der bei einer Länge von 50 m eine Masse von 2,68 kg hat?

16. Ein Würfel aus Aluminium soll die gleiche Masse wie ein Würfel aus Kupfer haben. Welche Kantenlänge muß der Aluminiumwürfel erhalten, wenn die Kantenlänge des Kupferwürfels 5 cm beträgt?

17. Berechnen Sie a) das Volumen und b) die Masse des dargestellten Werkstückes ($\varrho = 7{,}9\,\frac{\text{kg}}{\text{dm}^3}$).

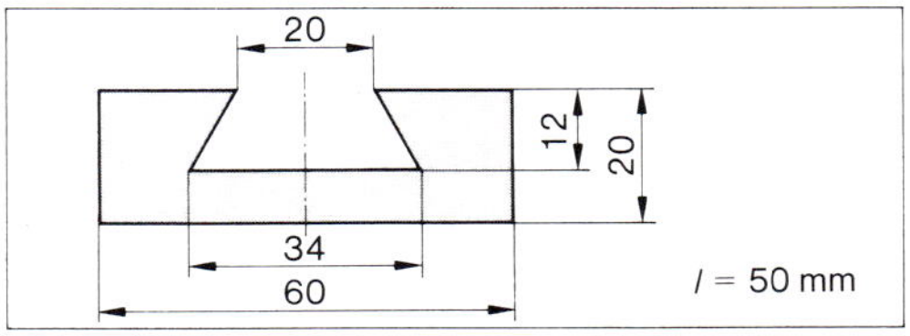

18. Eine Rolle mit Kupferlackdraht vom Durchmesser 0,55 mm wiegt 3,75 kg.
Wieviel Meter Draht sind auf der Rolle, wenn die Masse der Rolle 0,03 kg beträgt und die Masse des Lackes bei der Berechnung vernachlässigt wird?

19. Wieviel Kubikzentimeter Kupfer enthält ein 100 m-Ring NYA mit dem Drahtquerschnitt 1,5 mm²?
Wievielmal schwerer ist ein 100 m-Ring NYA mit dem Drahtquerschnitt 6 mm²? (Das Gewicht der Isolation soll bei der Berechnung vernachlässigt werden!)
Stellen Sie die Abhängigkeit des Gewichtes vom Drahtdurchmesser in einem Koordinatensystem für den Bereich $d = 1$ mm . . . 10 mm dar.

20. Wie groß ist das Volumen eines Quaders mit der Breite von 4 cm, der Länge von 3 cm und der Höhe von 8 cm?
Stellen Sie die Abhängigkeit des Volumens für diesen Quader von der Höhe in einem Koordinatensystem dar. Bereich für die Höhe 1 cm . . . 8 cm.

14.3 Berechnung von Spulen

Ein Wickelkörper (Abb. 1) soll einlagig mit CuL-Draht (Kupferlackdraht) bewickelt werden. Der Draht hat einen Durchmesser von 0,8 mm. Der Durchmesser des Wickelkörpers beträgt 40 mm.

a) Wieviel Windungen erhält die Wicklung?

b) Wieviel Meter Draht werden benötigt?

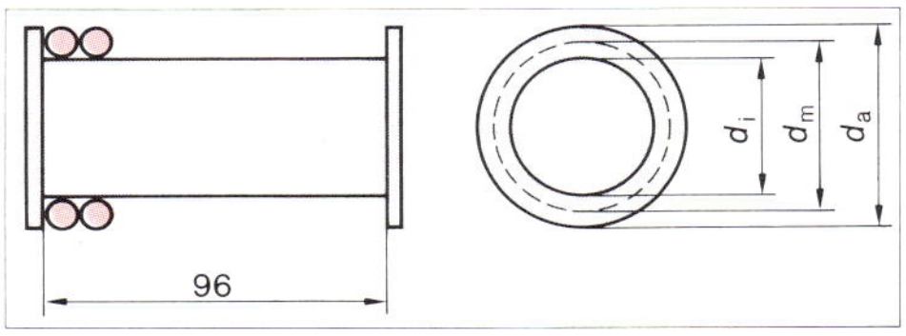

Abb. 1

Da das Leitermaterial innen gestaucht und außen gedehnt wird, berechnet man den Umfang einer Windung mit dem mittleren Durchmesser d_m.

Länge einer Windung	l_w
Innerer Durchmesser	d_i
Äußerer Durchmesser	d_a
Mittlerer Durchmesser	d_m
Drahtlänge	l_d

$$l_w = d_m \cdot \pi$$

$$d_m = \frac{d_i + d_a}{2} \cdot \pi$$

Beispiellösung:

Gegeben: Länge des Wickelkörpers $l = 96$ mm

$d_{CuL} = 0{,}8$ mm; $d_i = 40$ mm

Gesucht: a) Windungszahl N

b) Drahtlänge l_{CuL}

a) $N = \frac{l}{d_{CuL}}$; $N = \frac{96\text{ mm}}{0{,}8\text{ mm}}$; $\underline{\underline{N = 120}}$

b) $l_D = N \cdot l_w$ $\quad l_D = 120 \cdot \frac{40\text{ mm} + 40{,}8\text{ mm}}{2} \cdot \pi$

$l_D = N \cdot d_m \cdot \pi$ $\quad l_D = 120 \cdot 40{,}4\text{ mm} \cdot \pi$

$l_D = N \frac{d_i + d_a}{2} \cdot \pi$ $\quad \underline{\underline{l_D = 15\,230{,}4\text{ mm}}}$

$\underline{\underline{l_D = 15{,}23\text{ m}}}$

Aufgaben

1. Ein Wickelkörper hat eine Länge von 30 mm und einen Durchmesser von 15 mm. Die einlagige Wicklung soll aus 150 Windungen bestehen.

a) Welchen Durchmesser muß der Draht haben, damit die volle Länge des Wickelkörpers ausgenutzt wird?

b) Wieviel Meter Draht werden benötigt?

2. Ein Transformatorkern M 74/32 (Abb. 2) soll auf dem mittleren Schenkel mit einer Wicklung versehen werden. Die Wicklung soll aus CuL-Draht mit dem Durchmesser 0,35 mm hergestellt werden.

a) Wieviel Lagen erhält die Wicklung, wenn $\frac{1}{3}$ der Breite des Wickelraumes für den Wikkelkörper und für die Lagenisolation benötigt werden?

b) Wieviel Windungen erhält die Wicklung insgesamt?

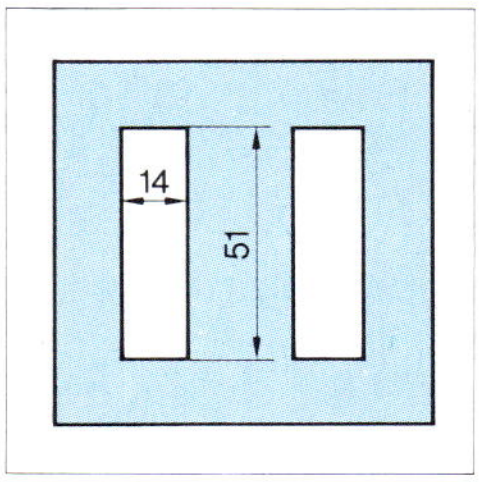

Abb. 2

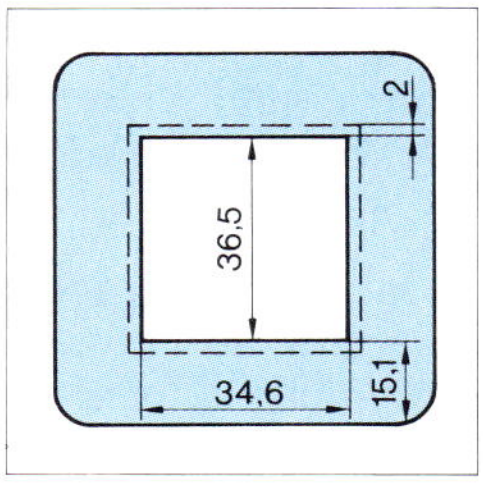

Abb. 3

3. Der Spulenkörper (Abb. 3) für einen Transformator M 102a soll mit zwei Wicklungen versehen werden. Die Länge des Wickelraumes beträgt 58 mm. Die erste Wicklung besteht aus 9 Lagen CuL-Draht mit dem Durchmesser 0,5 mm. Zwischen den einzelnen Lagen befindet sich jeweils eine Isolation von 0,1 mm Dicke. Für die zweite Wicklung (mit 8 Lagen) soll CuL-Draht mit dem Durchmesser 1 mm verwendet werden. Zwischen der ersten und der zweiten Wicklung ist eine Isolation von 0,2 mm Dicke. Nach je zwei Lagen der zweiten Wicklung soll eine Isolation von 0,1 mm vorhanden sein.

a) Wieviel Windungen erhält die erste Wicklung in jeder Lage?

b) Wieviel Windungen erhält die erste Wicklung insgesamt?

c) Wie lang ist der Draht für die erste Wicklung?

d) Wieviel Windungen erhält die zweite Wicklung in jeder Lage?

e) Wieviel Windungen erhält die zweite Wicklung insgesamt?

f) Wie lang ist der Draht für die zweite Wicklung?

15 Wechselspannung und Wechselstrom

15.1 Winkel, Winkelfunktionen, Einheitskreis

► In einem rechtwinkligen Dreieck mit den Seiten a, b, c ist $a = 15$ cm und $\sin\alpha = 0{,}6$.
a) Welche Werte haben α_B; α_G; $\cos\alpha$ und $\tan\alpha$?
b) Wie lang sind b und c?

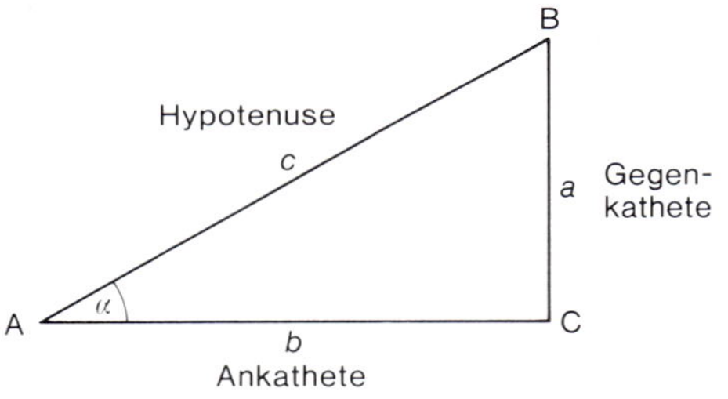

$$\sin\alpha = \frac{a}{c} = \frac{\text{Gegenkathete}}{\text{Hypotenuse}}$$

$$\cos\alpha = \frac{b}{c} = \frac{\text{Ankathete}}{\text{Hypotenuse}}$$

$$\tan\alpha = \frac{a}{b} = \frac{\text{Gegenkathete}}{\text{Ankathete}}$$

Satz des Pythagoras
$c^2 = a^2 + b^2$

Winkel im Gradmaß: α_G $[\alpha_G] = {}^\circ$
Winkel um Bogenmaß: α_B $[\alpha_B] = \text{rad}$

Zusammenhang zwischen α_G und α_B:

$$\frac{\alpha_G}{\alpha_B} = \frac{360^\circ}{2\cdot\pi} = \frac{57{,}4^\circ}{1\,\text{rad}};$$

$$\frac{\alpha_B}{\alpha_G} = \frac{2\cdot\pi}{360^\circ} = 0{,}0174\,\frac{1\,\text{rad}}{1^\circ}$$

Beispiellösung:

Gegeben: Rechtwinkliges Dreieck mit $a = 15$ cm und $\sin\alpha = 0{,}6$.
Gesucht: a) α_G; α_B; $\cos\alpha$; $\tan\alpha$
b) b, c

Rechnerische Lösung mit Hilfe des Taschenrechners

a)

	Eingabe	Anzeige
	0,6	0.6
	INV	0.6
$\alpha_G = 36{,}87^\circ$	sin	36.869898
$\alpha_B = 0{,}6435$ rad	R[1])	0.6435011
$\cos\alpha = 0{,}8$	cos	0.8
	INV	0.8
	cos	0.6435011
$\tan\alpha = 0{,}75$	tan	0.75

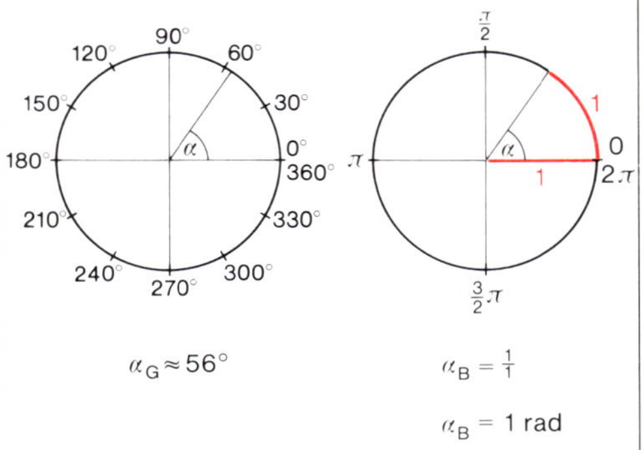

Abb. 4: Winkelteilung des Vollkreises im Gradmaß und im Bogenmaß

oder Berechnung von α_B

$$\frac{\alpha_G}{\alpha_B} = \frac{360^\circ}{2\pi} \qquad \frac{\alpha_B}{\alpha_G} = 0{,}0174\,\frac{1\,\text{rad}}{1^\circ}$$

$$\alpha_B = \frac{\alpha_G\cdot 2\pi}{360^\circ} \qquad \alpha_B = 0{,}0174\,\frac{1\,\text{rad}}{1^\circ}\cdot\alpha_G$$

$$\alpha_B = \frac{36{,}87^\circ\cdot 2\cdot\pi}{360^\circ} \qquad \alpha_B = 0{,}0174\,\frac{1\,\text{rad}}{1^\circ}\cdot 36{,}87^\circ$$

$$\underline{\underline{\alpha_B = 0{,}6435\,\text{rad}}} \qquad \underline{\underline{\alpha_B = 0{,}6435\,\text{rad}}}$$

[1]) Bei dem hier betrachteten Rechner muß zur Umwandlung die Taste R betätigt werden. Andere Rechner haben dazu andere Tasten. Entnehmen Sie diese aus deren Bedienungsanleitungen.

b) $\sin\alpha = \dfrac{a}{c}$

$c = \dfrac{a}{\sin\alpha}$

$c = \dfrac{15\ \text{cm}}{0{,}6}$

$\underline{\underline{c = 25\ \text{cm}}}$

$\cos\alpha = \dfrac{b}{c}$ oder $\tan\alpha = \dfrac{a}{b}$

$b = c \cdot \cos\alpha$ $\qquad b = \dfrac{a}{\tan\alpha}$

$b = 25\ \text{cm} \cdot 0{,}8$ $\qquad b = \dfrac{15\ \text{cm}}{0{,}75}$

$\underline{\underline{b = 20\ \text{cm}}}$ $\qquad \underline{\underline{b = 20\ \text{cm}}}$

oder

$c^2 = a^2 + b^2$

$b^2 = c^2 - a^2$

$b = \sqrt{c^2 - a^2}$

$b = \sqrt{(25\ \text{cm})^2 - (15\ \text{cm})^2}$

$\underline{\underline{b = 20\ \text{cm}}}$

Winkelfunktionen im Einheitskreis

Die Winkelfunktionen lassen sich mit Hilfe des Einheitskreises darstellen (Abb. 1). Der Einheitskreis hat den Radius $r = 1$. Im Koordinatensystem liegt sein Mittelpunkt im Null-Punkt, die Kreisbahn schneidet die x- und y-Achse in 1 und (-1).

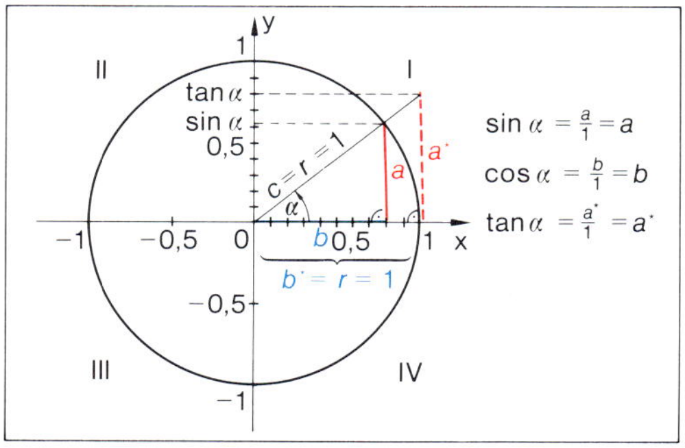

Abb. 1: Winkelfunktionen im Einheitskreis

In diesen Einheitskreis zeichnet man den Winkel α so ein, daß sein Scheitelpunkt im Nullpunkt des Koordinatensystems liegt und der eine Schenkel auf dem positiven Bereich der x-Achse. Der zweite Schenkel z.B. bei einem Winkel $\alpha < 90°$ schneidet den Kreisbogen im I. Quadranten. Fällt man von diesem Schnittpunkt das Lot auf die x-Achse, so erhält man ein rechtwinkliges Dreieck mit dem Winkel α und der Hypotenuse $c = r = 1$. In diesem Dreieck ist die Seite a ein Maß für $\sin\alpha$ und die Seite b ein Maß für $\cos\alpha$ (Abb. 1).
Verlängert man den zweiten Schenkel des Winkels α über den Kreisbogen hinaus und errichtet in $x = 1$ die Senkrechte, so ergibt sich ein weiteres rechtwinkliges Dreieck mit dem Winkel α und der Ankathete $b^* = r = 1$. In diesem Dreieck ist die Seite a^* ein Maß für $\tan\alpha$ (Abb. 1).
Entsprechend können die Winkelfunktionen für Winkel $\alpha > 90°$ bestimmt werden.

Die Werte für $\sin\alpha$ und $\tan\alpha$ werden an der y-Achse abgelesen. Die Werte für $\cos\alpha$ werden an der x-Achse abgelesen.

Mit Hilfe des Einheitskreises kann die **Sinuskurve** bzw. **Cosinuskurve** konstruiert werden. Hierzu werden auf der x-Achse (Abszisse) die Winkel und auf der y-Achse (Ordinate) die zugehörigen Sinus- bzw. Cosinuswerte abgetragen (vgl. Abb. 2).

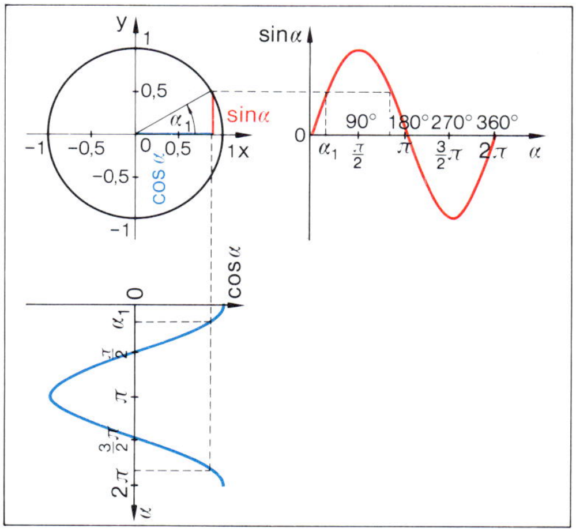

Abb. 2: Sinus- und Cosinuskurve

Zeichnerische Lösung der Beispielaufgabe a), S. 131, mit Hilfe des Einheitskreises
Man zeichnet den I. Quadranten des Einheitskreises und unterteilt die Koordinaten.

Auf der y-Achse wird der Wert für $\sin\alpha = 0{,}6$ aufgesucht und in diesem Abstand die Parallele zur x-Achse gezeichnet. Durch den Schnittpunkt mit dem Kreisbogen verläuft der Schenkel des Winkels α. Durch Messen mit dem Winkelmesser erhält man $\alpha_G = 37°$.

Die Länge s des Kreisbogens im Winkel α entspricht α_B. Die Werte für $\cos\alpha$ werden entsprechend der Abb. 3 bestimmt.

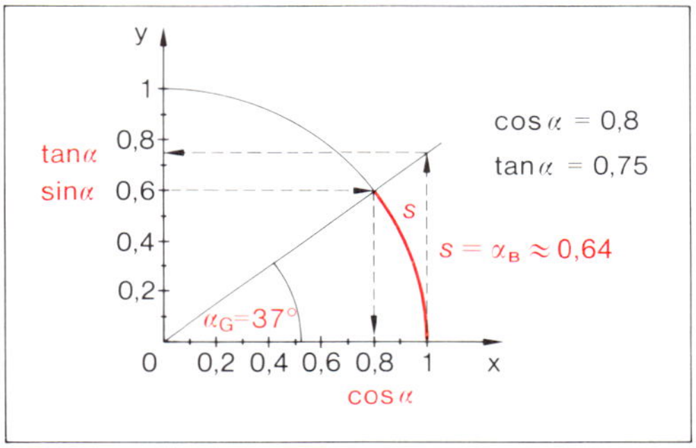

Abb. 3: Zeichnerische Ermittlung der Winkelfunktionen im Einheitskreis

Aufgaben

1. In einem rechtwinkligen Dreieck ist $\cos\alpha = 0{,}4$ und $b = 25$ cm. Bestimmen Sie zeichnerisch und rechnerisch α_G, α_B, $\sin\alpha$ und $\tan\alpha$!

2. Ein rechtwinkliges Dreieck hat die Seiten $a = 12$ m und $b = 16$ m.
a) Wie lang ist die Seite c?
b) Wie groß sind die Winkel in Grad und im Bogenmaß?

3. Bestimmen Sie zeichnerisch und rechnerisch die Winkel in Grad und im Bogenmaß für folgende Winkelfunktionen:

a) $\sin\alpha = 0{,}75$
b) $\cos\alpha = 0{,}5$
c) $\tan\varphi = 1$
d) $\cos\beta = 0{,}95$
e) $\sin\gamma = 0{,}25$
f) $\tan\alpha = 2{,}5$
g) $\sin\varphi = 0{,}5$
h) $\tan\beta = 0{,}3$

4. Bestimmen Sie die Winkelfunktionen (sin, cos, tan) und die Winkel in Grad für folgende Winkel:

a) $\alpha_B = \pi/2$
b) $\varphi_B = \pi/3$
c) $\gamma = \frac{3}{4}\pi$
d) $\beta_B = 1\frac{5}{6}\pi$
e) $\varphi_B = 1$
f) $\beta_B = 1{,}5$
g) $\alpha_B = 0{,}75$
h) $\gamma_B = 2{,}5$

5. Ermitteln Sie zu den folgenden Winkelfunktionen den $\cos\alpha$:

a) $\sin\alpha = -0{,}374$
b) $\sin\alpha = 0{,}176$
c) $\sin\alpha = 0{,}975$
d) $\sin\alpha = -0{,}658$
e) $\tan\alpha = -0{,}473$
f) $\tan\alpha = 1{,}756$
g) $\tan\alpha = 0{,}748$
h) $\tan\alpha = -2{,}845$

6. Bestimmen Sie zu folgenden Winkelfunktionen den $\tan\alpha$:

a) $\sin\alpha = -0{,}475$
b) $\sin\alpha = 0{,}273$
c) $\sin\alpha = 0{,}925$
d) $\sin\alpha = -0{,}743$
e) $\cos\alpha = 0{,}444$
f) $\cos\alpha = -0{,}178$
g) $\cos\alpha = 0{,}735$
h) $\cos\alpha = -0{,}876$

7. Bestimmen Sie in einem rechtwinkligen Dreieck die Katheten a und b, wenn
a) $\alpha = 20°$; $c = 3$ cm,
b) $\beta = 45°$; $c = 24$ cm,
c) $\alpha = 70°$; $c = 2{,}35$ m,
d) $\beta = 10°$; $c = 12{,}5$ mm,
e) $\alpha = 83°$; $c = 1{,}24$ km.

8. Berechnen Sie die fehlenden Seiten und Winkel eines rechtwinkligen Dreiecks mit:
a) $a = 6{,}5$ cm, $b = 3$ cm
b) $a = 45$ m, $\alpha = 40°$
c) $c = 5{,}8$ km, $\beta = 32°$
d) $a = 12$ m, $\alpha = 39{,}5°$
e) $b = 33{,}4$ mm, $c = 58{,}3$ mm
f) $a = 25{,}4$ cm, $c = 135$ cm

9. Eine Straßenlampe wird zwischen zwei Häusern aufgehängt (Abb. 4). Um wieviel m hängt die Lampe durch und wie groß ist der Winkel α zwischen der Waagerechten und den Spannseilen, wenn die Seile je 12 m lang sind und die Aufhängepunkte 23,80 m voneinander entfernt sind?

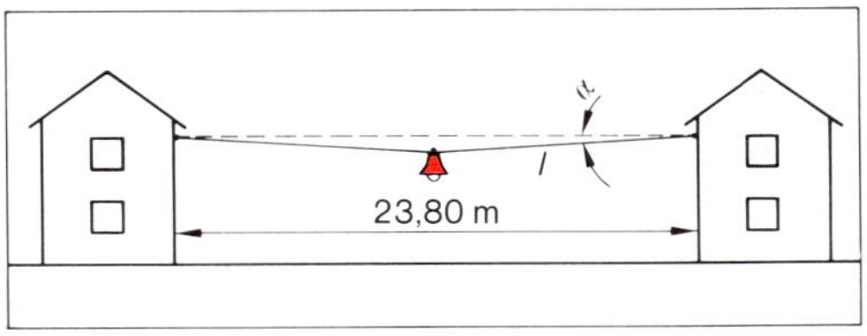

Abb. 4: Zu Aufgabe 9

10. Die Spitze eines Höchstspannungsmastes erblickt man aus einer Entfernung von 70 m unter einen Erhebungswinkel von 29,5°. Wie hoch ist der Mast, wenn die Augenhöhe 1,60 m beträgt?

11. Ein Mast ($h = 7{,}5$ m) wird mit einem Seil ($l = 7{,}6$ m) verankert (Abb. 1). Wieviel m vom Mast wird das Seil verankert und welcher Winkel besteht zwischen Seil und Mast?

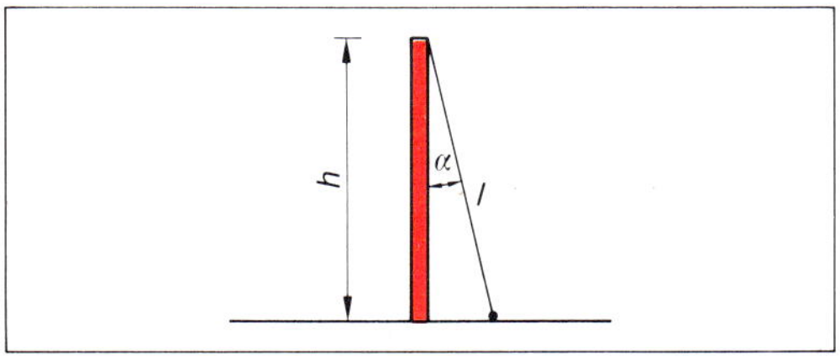

Abb. 1: Zu Aufgabe 11

12. Der Schatten eines Sendemastes ist 54,6 m lang. Wie hoch ist der Mast, wenn die Sonnenstrahlen mit einem Winkel von 23,5° auf den Erdboden treffen?

13. Ein 7 m hoher Freileitungsmast wirft einen Schatten von 5,4 m. Unter welchem Winkel treffen die Sonnenstrahlen auf den Erdboden auf?

14. Welchen Steigungswinkel hat eine Straße, die nach 1750 m um 17,5 m gestiegen ist?

15. Ein Kabelgraben mit dem nachfolgenden Querschnitt und der Länge 1,27 km soll ausgehoben werden. Wieviel m³ Erdreich müssen fortgeschafft werden?

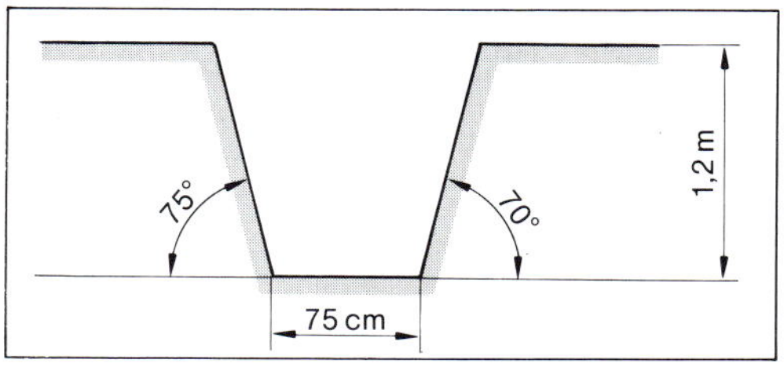

16. Berechnen Sie die Länge des Riemens!

$R = 850$ mm
$r = 280$ mm
$s = 1420$ mm

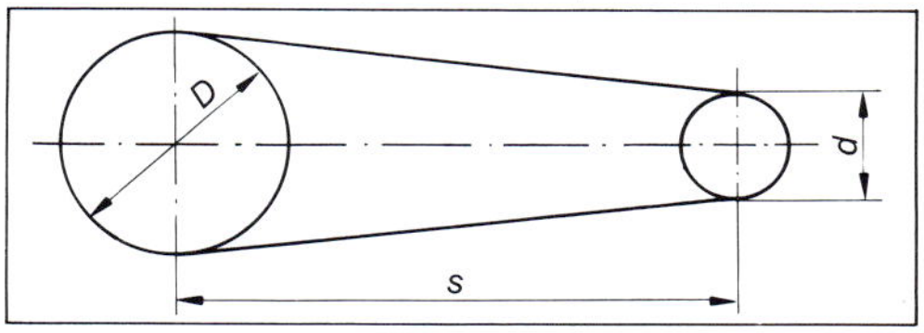

15.2 Drehzahl, Frequenz

► Die Abb. 2 zeigt das Oszillogramm der Spannung eines Wechselstrom-Generators mit der Drehzahl $n = 1500 \frac{1}{\text{min}}$. Wie groß sind

a) die Periodendauer,
b) die Frequenz,
c) die Kreisfrequenz und
d) die Polzahl?

Drehzahl	n	$[n] = \frac{1}{s}; \frac{1}{\text{min}}$
Polpaarzahl	p	
Frequenz	f	$[f] = \text{Hz} = \frac{1}{s}$
	$f = \frac{1}{T}$	
	$f = p \cdot n$	
Periodendauer	T	$[T] = \text{s; ms; } \mu\text{s}$
Kreisfrequenz	ω	$[\omega] = \frac{1}{s}$
	$\omega = \frac{2 \cdot \pi}{T}$	
	$\omega = 2 \cdot \pi \cdot f$	

Beispiellösung:

Gegeben: Abb. 1
$n = 1500 \frac{1}{\text{min}}$

Gesucht: a) T
b) f
c) ω
d) Polzahl

a) Aus der Abb. 2 ergeben sich für eine Periode 4 cm. Bei dem Maßstab 1 cm ≙ 5 ms ergibt sich für

$$T = 4\ \text{cm} \cdot 5 \frac{\text{ms}}{\text{cm}}$$

$$\underline{\underline{T = 20\ \text{ms}}}$$

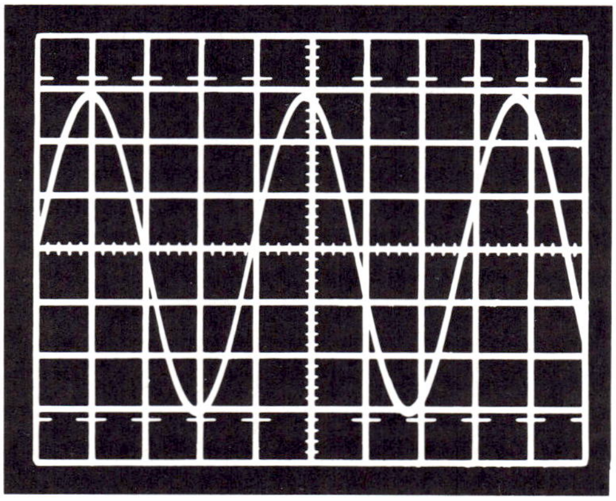

Abb. 2: Oszillogramm der Spannung eines Wechselstrom-Generators (1 Skt ≙ 5 ms)

b) $f = \frac{1}{T}$

$f = \frac{1}{20 \text{ ms}}$

$\underline{\underline{f = 50 \text{ Hz}}}$

c) $\omega = 2 \cdot \pi \cdot f$

$\omega = 2 \cdot \pi \cdot 50 \text{ Hz}$

$\omega = 2 \cdot \pi \cdot 50 \, \frac{1}{\text{s}}$

$\underline{\underline{\omega = 100\,\pi \, \frac{1}{\text{s}}}}$

$\underline{\underline{\omega \approx 314 \, \frac{1}{\text{s}}}}$

d) $f = p \cdot n$

$p = \frac{f}{n}$

$p = \frac{50 \text{ Hz}}{1500 \, \frac{1}{\text{min}}}$

$p = \frac{50 \text{ min}}{1500 \text{ s}}$

$p = \frac{50 \cdot 60 \text{ s}}{1500 \text{ s}}$

$p = 2$

Die Maschine hat $2 \cdot p = 4$ Pole.

Aufgaben

1. Welche Frequenz und Kreisfrequenz haben Wechselströme mit folgender Periodendauer?

a) 1 min
b) 1 s
c) 0,1 s
d) 0,02 s
e) 0,005 s
f) 0,5 ms
g) 20 ms
h) 10 µs
i) 0,04 µs
k) 0,25 µs

2. Die Frequenz in unserem Energie-Versorgungsnetz beträgt $f = 50$ Hz. Welche Drehzahlen haben Generatoren mit den Polzahlen 4; 8; 16; 24; 30?

3. Eine Wechselspannung zeigt auf dem Oszilloskop folgendes Bild.

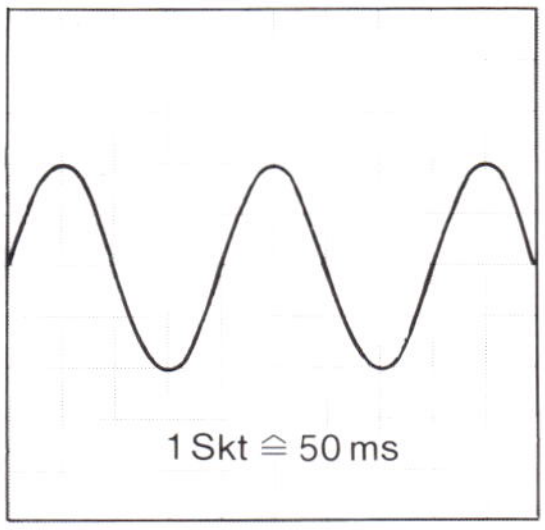

Wie groß sind
a) Periodendauer,
b) Frequenz und
c) Kreisfrequenz?

4. Mit welcher Drehzahl wird ein vierpoliger Bahngenerator angetrieben, der eine Wechselspannung mit $f = 16\frac{2}{3}$ Hz erzeugt?

5. Wieviel Pole besitzt ein Wechselstrom-Generator, der eine Wechselspannung mit $f = 400$ Hz erzeugt und mit einer Drehzahl von $n = 3000 \, \frac{1}{\text{min}}$ angetrieben wird?

6. Ein Generator in einem Wasserkraftwerk wird mit $n = 150 \, \frac{1}{\text{min}}$ angetrieben und erzeugt eine Wechselspannung mit $f = 60$ Hz. Wieviel Pole hat er?

7. Ein vierpoliger Generator wird mit $n = 1800 \, \frac{1}{\text{min}}$ angetrieben. Wie groß sind die Frequenz, die Periodendauer und die Kreisfrequenz?

8. Der vierzigpolige Generator in einem Laufwasserkraftwerk wird mit $n = 150 \, \frac{1}{\text{min}}$ angetrieben. Wie groß sind die Frequenz, die Periodendauer und die Kreisfrequenz der erzeugten Wechselspannung?

9. Ein achtpoliger Generator zur Versorgung von schnelldrehenden Werkzeugmaschinen wird mit $n = 3000 \, \frac{1}{\text{min}}$ angetrieben. Wie groß sind die Frequenz, die Periodendauer und die Kreisfrequenz?

10. In einem zweipoligen Generator wird eine Wechselspannung mit der Periodendauer $T = 60$ ms erzeugt. Wie groß ist die Drehzahl?

11. Wieviel Pole müßte ein Generator haben, der mit $n = 10\,000 \, \frac{1}{\text{min}}$ angetrieben wird, wenn er eine Wechselspannung mit $f = 1$ MHz erzeugen soll?

12. Welche Periodendauer und welche Kreisfrequenz haben Wechselspannungen mit folgenden Frequenzen:

a) 1 Hz	f) 100 kHz
b) $16\frac{2}{3}$ Hz	g) 1 MHz
c) 50 Hz	h) 10 MHz
d) 400 Hz	i) 100 MHz
e) 1 kHz	k) 1 GHz

13. Welche Drehzahl muß ein Generator mit 12 Polpaaren haben, um eine Wechselspannung mit folgenden Frequenzen zu erzeugen:

a) $16\frac{2}{3}$ Hz	d) 25 Hz
b) 50 Hz	e) 200 Hz
c) 60 Hz	f) 400 Hz

14. Welche Frequenzen haben die erzeugten Wechselspannungen eines Generators mit 4 Polpaaren bei folgenden Drehzahlen:

a) $250 \frac{1}{\text{min}}$	d) $900 \frac{1}{\text{min}}$
b) $375 \frac{1}{\text{min}}$	e) $3000 \frac{1}{\text{min}}$
c) $750 \frac{1}{\text{min}}$	f) $6000 \frac{1}{\text{min}}$

15. Ein vierpoliger Generator wird von einem polumschaltbaren Drehstrommotor mit den Drehzahlen $2850 \frac{1}{\text{min}}$ und $975 \frac{1}{\text{min}}$ angetrieben. Wie groß ist jeweils die Frequenz der erzeugten Wechselspannung?

16. Die Drehzahl der Antriebsmaschine eines achtpoligen Wechselstromgenerators schwankt aufgrund von Belastungsänderungen zwischen $810 \frac{1}{\text{min}}$ und $690 \frac{1}{\text{min}}$.
a) In welchem Bereich liegt die Frequenz der erzeugten Wechselspannung?
b) Um wieviel % weichen die Grenzwerte von der gewünschten Frequenz von 50 Hz ab?

17. Die Frequenz der Wechselspannung eines vierpoligen Notstromgenerators darf von der Nennfrequenz 50 Hz nur um $\pm 2\%$ abweichen.
a) Berechnen Sie die Grenzfrequenzen!
b) Zwischen welchen Werten darf die Drehzahl schwanken?

18. Wieviel Pole muß ein Wechselstromgenerator haben, damit er bei einer Drehzahl von $2000 \frac{1}{\text{min}}$ eine Wechselspannung mit der Frequenz 400 Hz erzeugt?

19. Eine zwölfpolige Drehstromlichtmaschine arbeitet im Drehzahlbereich $1000 \frac{1}{\text{min}}$ bis $4500 \frac{1}{\text{min}}$. In welchem Bereich liegt die Frequenz der erzeugten Wechselspannung?

20. Wie viele Schwingungen pro Minute macht ein Wechselstrom, der in einem 8poligen Wechselstromgenerator bei einer Drehzahl von $925 \frac{1}{\text{min}}$ erzeugt wird?

21. Ein Energie-Versorgungsnetz hat eine Spannung von 500 V bei der Frequenz 60 Hz. Welche Drehzahlen müssen die Antriebsmaschinen der einspeisenden Generatoren mit den Polpaarzahlen 1; 2; 3; 4; 8; 10; 12 haben?

22. Ein Generator wird mit einer Drehzahl von $875 \frac{1}{\text{min}}$ angetrieben. Die zwei Wicklungen haben die Polzahlen 4 und 6. Welche Frequenzen haben die erzeugten Spannungen?

23. Mit welcher Drehzahl muß eine 48polige Wechselspannungsmaschine angetrieben werden, damit eine Wechselspannung mit der Frequenz 400 Hz erzeugt wird?

24. Wie viele Polpaare muß ein Generator haben, damit bei einer Drehzahl von $500 \frac{1}{\text{min}}$ eine Wechselspannung mit der Frequenz 200 Hz erzeugt wird?

25. Der vierpolige Generator eines Notstromaggregates wird von einem Dieselmotor angetrieben, dessen Drehzahl je nach Belastung zwischen 1280 min^{-1} und 1620 min^{-1} schwankt.
a) Berechnen Sie den Frequenzbereich!
b) Um wieviel % schwankt die Frequenz um ihren Mittelwert?

26. Ein 20poliger Drehstromgenerator wird von einer Drehstrom-Asynchronmaschine mit den Drehzahlen 2850 min^{-1}; 1380 min^{-1}; 925 min^{-1} und 680 min^{-1} angetrieben. Berechnen Sie die Frequenzen der erzeugten Ströme!

27. Ein Generator wird von einem Verbrennungsmotor angetrieben, dessen Drehzahlbereich 1140 . . . 1260 min^{-1} ist. Wieviel Pole hat die Maschine bei einem Frequenzbereich von 200 Hz $\pm 5\%$?

15.3 Sinusförmige Wechselspannungen und Wechselströme

▶ Ein Oszillogramm zweier Wechselspannungen u_1 und u_2 zeigt die Abb. 1. Die Spannung u_1 eilt der Spannung u_2 voraus.
a) Wie groß sind $\hat{u}_1$; $\hat{u}_2$ und der Phasenverschiebungswinkel φ?
b) Wie groß ist der Momentanwert der Spannung u_1, wenn die Spannung u_2 aus dem Negativen kommend 0 V wird?
c) Wie groß ist die Gesamtspannung u der Reihenschaltung?
d) Wie groß ist die Phasenverschiebung zwischen u und u_1 bzw. u und u_2?
e) Wie groß sind die Effektivwerte der Spannungen?

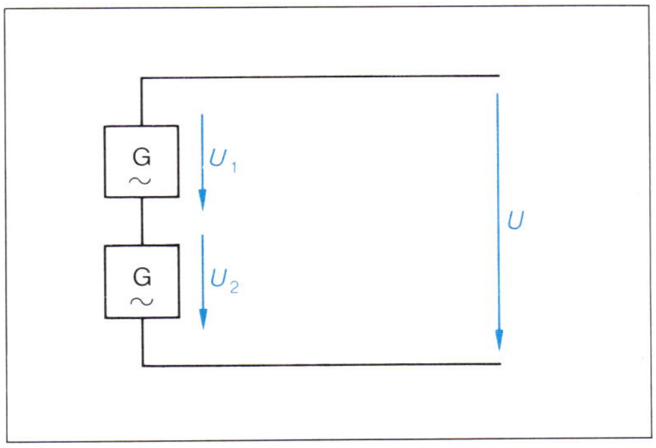

Scheitelwerte	$\hat{u}$; $\hat{i}$
Momentanwerte	u; i $u = \hat{u} \cdot \sin \alpha$ $i = \hat{i} \cdot \sin \alpha$ $\alpha = \omega \cdot t$
Phasenverschiebungswinkel	φ
Effektivwerte	U; I $U = \frac{\hat{u}}{\sqrt{2}}$; $I = \frac{\hat{i}}{\sqrt{2}}$

Reihenschaltung von Spannungsquellen:
$u = u_1 + u_2 + \ldots + u_n$

Knotenpunktregel:
$i = i_1 + i_2 + \ldots + i_n$

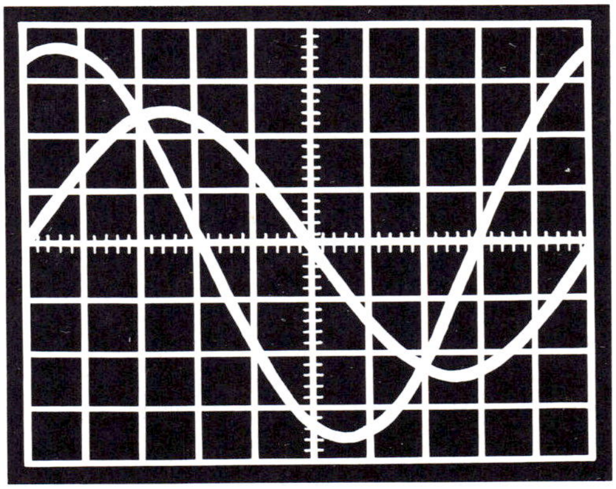

Abb. 1: Oszillogramm der Spannungen u_1 und u_2.
(1 Skt. ≙ 2 ms; 1 Skt. ≙ 5 V)

Beispiellösung:

Gegeben: Abb. 1
Gesucht: a) $\hat{u}_1$; $\hat{u}_2$; φ
b) u_1 bei φ
c) u
d) φ_1, φ_2
e) U_1, U_2, U

a) $\hat{u}_1 = 3{,}5\ \text{Skt.} \cdot 5\ \frac{\text{V}}{\text{Skt.}}$

$\underline{\underline{\hat{u}_1 = 17{,}5\ \text{V}}}$

$\hat{u}_2 = 2{,}5\ \text{Skt.} \cdot 5\ \frac{\text{V}}{\text{Skt.}}$

$\underline{\underline{\hat{u}_2 = 12\ \text{V}}}$

$\varphi = 2\ \text{Skt.} \cdot \frac{360^\circ}{10\ \text{Skt.}}$

$\underline{\underline{\varphi = 72^\circ}}$

b) $u_1 = \hat{u}_1 \cdot \sin \varphi$
$u_1 = 17{,}5\ \text{V} \cdot \sin 72^\circ$
$\underline{\underline{u_1 = 16{,}6\ \text{V}}}$

c)

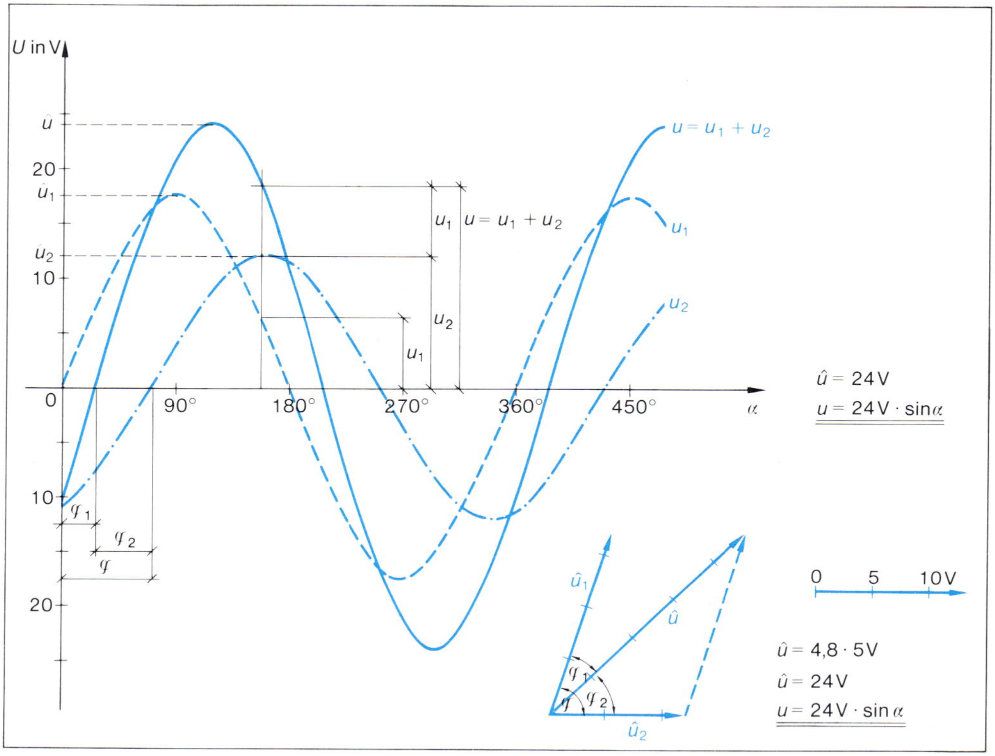

d) Aus den Diagrammen in c) folgt

$\varphi_1 = 28°$; $\varphi_2 = 44°$

u eilt u_1 um $\varphi_1 = 28°$ voraus und u_2 eilt u um $\varphi_2 = 44°$ nach.

e) $U_1 = \frac{\hat{u}_1}{\sqrt{2}}$; $U_2 = \frac{\hat{u}_2}{\sqrt{2}}$; $U = \frac{\hat{u}}{\sqrt{2}}$

$U_1 = \frac{17{,}5\,\text{V}}{\sqrt{2}}$; $U_2 = \frac{12\,\text{V}}{\sqrt{2}}$; $U = \frac{24\,\text{V}}{\sqrt{2}}$

$\underline{\underline{U_1 = 12{,}4\,\text{V}}}$; $\underline{\underline{U_2 = 8{,}5\,\text{V}}}$; $\underline{\underline{U = 17\,\text{V}}}$

Auch mit Effektivwerten kann das Zeigerbild gezeichnet werden und somit U bestimmt werden:

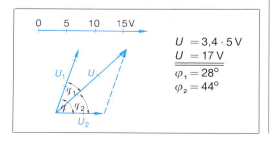

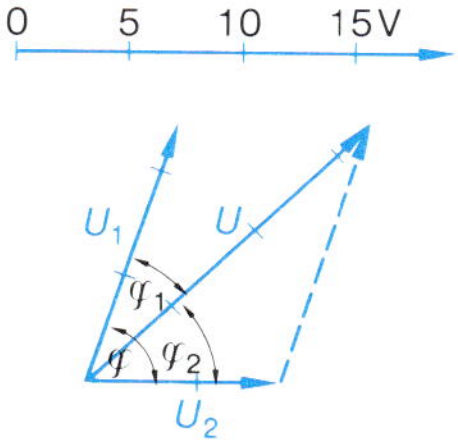

$U = 3{,}4 \cdot 5\,\text{V}$

$\underline{\underline{U = 17\,\text{V}}}$

$\varphi_1 = 28°$

$\varphi_2 = 44°$

Aufgaben

1. Wie groß sind die Momentanwerte der sinusförmigen Spannung für folgende Winkel α bei $\hat{u} = 50\,\text{V}$:

a) $\alpha = 15°$
b) $\alpha = 205°$
c) $\alpha = 270°$
d) $\alpha = 305°$
e) $\alpha = \pi/6$
f) $\alpha = \frac{13}{12}\pi$
g) $\alpha = 1{,}4$
h) $\alpha = 3$

2. Bestimmen Sie zu folgenden Scheitelwerten der Spannung die Effektivwerte:

a) $\hat{u} = 231\,\text{V}$
b) $\hat{u} = 537\,\text{V}$
c) $\hat{u} = 155{,}5\,\text{V}$
d) $\hat{u} = 14{,}1\,\text{kV}$
e) $\hat{u} = 28{,}2\,\text{kV}$
f) $\hat{u} = 7{,}1\,\text{kV}$
g) $\hat{u} = 200\,\text{kV}$
h) $\hat{u} = 100\,\text{kV}$

3. Berechnen Sie zu folgenden Strömen die Scheitelwerte:
a) $I = 10$ A
b) $I = 5$ A
c) $I = 3{,}5$ mA
d) $I = 12$ kA
e) $I = 75$ µA
f) $I = 125$ A
g) $I = 50$ mA
h) $I = 25$ A
i) $I = 0{,}375$ A
k) $I = 0{,}0014$ mA

4. Ein Wechselstrom hat bei $f = 50$ Hz nach 2 ms den Momentanwert 27 A.
Wie groß ist der Maximalwert?

5. Zwei Wechselspannungsquellen sind in Reihe geschaltet. Die Scheitelwerte betragen $\hat{u}_1 = 2{,}5$ V und $\hat{u}_2 = 4$ V. Die Spannung u_1 eilt der Spannung u_2 um 2 ms voraus, $f = 50$ Hz.
Bestimmen Sie graphisch die Gesamtspannung u und die Phasenverschiebungen zwischen u_1 und u bzw. u_2 und u!

6. Addieren Sie graphisch die Ströme i_1 und i_2 zu i. Die Scheitelwerte betragen $\hat{i}_1 = 10$ A und $\hat{i}_2 = 12$ A. Der Strom i_1 eilt dem Strom i_2 um 45° voraus.
Wie groß sind die Phasenverschiebungen zwischen i_1 und i bzw. i_2 und i?

7. Bei welcher Wechselspannung darf ein Kondensator für 500 V Gleichspannung betrieben werden?

8. Ein Wechselstrom hat den Scheitelwert $\hat{i} = 14$ A, $f = 50$ Hz. Wie groß sind die Momentanwerte für folgende Zeiten:
a) $t = 1$ ms
b) $t = 5$ ms
c) $t = 7$ ms
d) $t = 12$ ms
e) $t = 15$ ms
f) $t = 19$ ms
g) $t = 40$ ms
h) $t = 1$ s
i) $t = 3$ ms
k) $t = 4$ ms

9. Der Maximalwert einer sinusförmigen Wechselspannung mit $f = 50$ Hz beträgt $\hat{u} = 230$ V. Zu welchen Zeiten stellen sich folgende Momentanwerte ein:
a) $u = 12$ V
b) $u = 25$ V
c) $u = 75$ V
d) $u = -30$ V
e) $u = 160$ V
f) $u = 175$ V
g) $u = 200$ V
h) $u = -150$ V

10. Mit dem Oszilloskop wird der Scheitelwert einer Wechselspannung mit $\hat{u} = 21$ V gemessen. Welchen Wert zeigt ein Dreheisenmeßgerät an?

11. Zwei Wechselströme mit $I_1 = 30$ A und $I_2 = 50$ A bei einem Phasenverschiebungswinkel von $\varphi = 75°$ werden addiert.
Wie groß sind der Gesamtstrom I und die Phasenverschiebungswinkel zwischen I und I_1 bzw. I und I_2?

12. Welche Gesamtspannung ergibt sich bei einer Reihenschaltung von drei Spannungsquellen mit $U_1 = 20$ V, $U_2 = 30$ V, $U_3 = 50$ V, einem Phasenverschiebungswinkel zwischen U_1 und U_2 von $\varphi_1 = 30°$ und einem Phasenverschiebungswinkel zwischen U_1 und U_3 von $\varphi_2 = 60°$?
Wie groß ist der Phasenverschiebungswinkel φ_3 zwischen U_1 und U?

13. Die Isolation eines Wechselstrommotors mit $U = 5000$ V wird mit der 2,5fachen Nennspannung geprüft. Für welche maximale Spannung muß die Isolation ausgelegt sein?

14. Zwei Wechselströme mit $\hat{i}_1 = 5$ A und $\hat{i}_2 = 7$ A sollen addiert werden. Der Strom i_1 eilt dem Strom i_2 um 2,5 ms bei einer Frequenz von 50 Hz nach.
a) Wie groß ist der Maximalwert $\hat{i}$ des Gesamtstromes?
b) Wie groß ist i_2, wenn i_1 aus dem negativen kommend 0 A wird?
c) Wie groß ist die Phasenverschiebung zwischen i_1 und i bzw. i_2 und i?
d) Wie groß sind die Effektivwerte der Ströme?

15. Mit einem Oszilloskop wird das Oszillogramm nach Abb. 1 ermittelt. (1 Skt $\hat{=}$ 5 ms und 1 Skt $\hat{=}$ 10 V)

a) Wie groß sind die Scheitelwerte der Spannungen und der Phasenverschiebungswinkel?

b) Wie groß sind die Effektivwerte der Spannungen?

c) Wie groß sind Frequenz und Periodendauer?

d) Wie groß ist die Gesamtspannung, wenn die beiden Spannungsquellen in Reihe geschaltet werden? (Lösung mit dem Liniendiagramm und dem Zeigerbild)

e) Wie groß ist die Phasenverschiebung zwischen der Gesamtspannung und der Spannung der Spannungsquelle 1?

f) Welchen Effektivwert hat die Gesamtspannung?

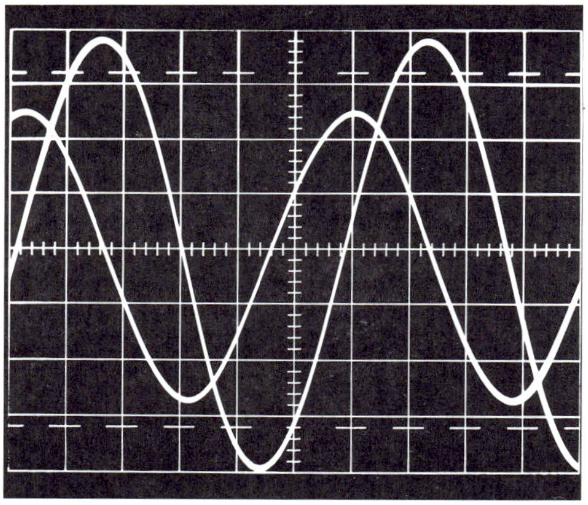

Abb. 1

16. Bestimmen Sie die Scheitelwerte der folgenden Wechselspannungen!

a) $U = 3$ V	f) $U = 100$ V
b) $U = 5$ V	g) $U = 110$ V
c) $U = 9$ V	h) $U = 220$ V
d) $U = 24$ V	i) $U = 380$ V
e) $U = 42$ V	k) $U = 500$ V

17. Berechnen Sie zu folgenden Scheitelwerten der Ströme die Effektivwerte!

a) $\hat{i} = 0{,}33\,\mu$A	f) $\hat{i} = 0{,}01\,\mu$A
b) $\hat{i} = 7{,}75$ mA	g) $\hat{i} = 0{,}2$ mA
c) $\hat{i} = 75$ kA	h) $\hat{i} = 37\,\mu$A
d) $\hat{i} = 0{,}25$ mA	i) $\hat{i} = 110$ A
e) $\hat{i} = 14{,}1$ A	k) $\hat{i} = 0{,}35$ A

18. Wie groß ist der Strom i_1 im Knotenpunkt der Abb. 2?

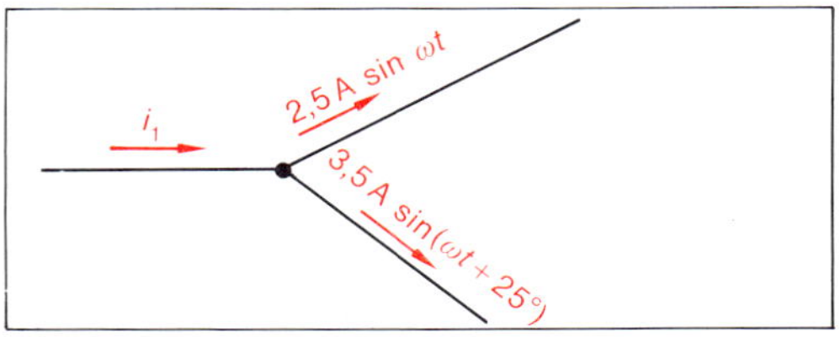

Abb. 2

19. Zwei Wechselspannungsquellen sind in Reihe geschaltet. In der ersten Spannungsquelle wird eine Spannung von $u_1 = 7{,}5\,\text{V}\ \sin\omega t$ erzeugt. Die Gesamtspannung ist $u = 12{,}5\,\text{V}\ \sin(\omega t + 15°)$. Welche Spannung wird in der zweiten Spannungsquelle erzeugt?

20. Drei Spannungsquellen mit $u_1 = 17\,\text{V} \cdot \sin\omega t$; $u_2 = 25\,\text{V} \cdot \sin(\omega t + 20°)$ und $u_3 = -15\,\text{V} \cdot \sin(\omega t - 20°)$ werden in Reihe geschaltet.

a) Bestimmen Sie die Gesamtspannung mit Hilfe des Liniendiagramms!

b) Lösen Sie die Aufgabe a) mit dem Zeigerdiagramm!

c) Berechnen Sie die Effektivwerte der Spannungen!

21. Bestimmen Sie für den nachfolgenden Knotenpunkt

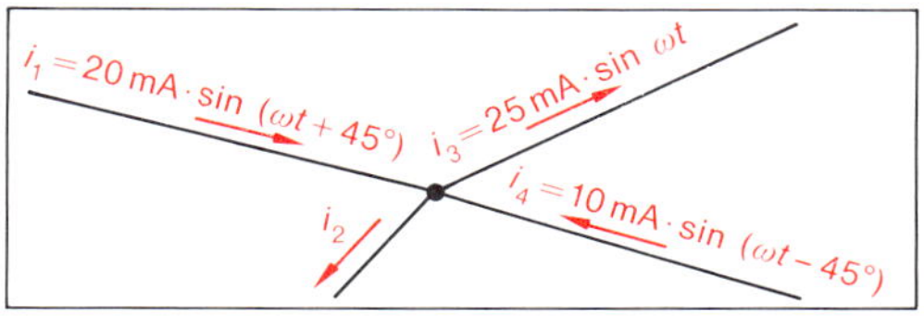

Abb. 3

a) die Effektivwerte der Ströme!

b) den Augenblick des Stromes i_2!

22. Zwei Wechselspannungsquellen mit $U_1 = 150$ V und $U_2 = 210$ V sind gegen einander und in Reihe geschaltet. U_1 eilt U_2 um 40° nach.

a) Bestimmen Sie den Augenblickswert und den Effektivwert der Gesamtspannung!

b) Wie groß ist die Phasenverschiebung zwischen U und U_1 bzw. U und U_2?

16 Wechselstromkreis

16.1 Induktivität

▶ Zur Messung großer Stromstärken befindet sich um einen Leiter der Durchsteck-Stromwandler von Abb. 4. In ihm befindet sich eine ringförmige Spule mit folgenden Daten: Durchmesser: 10 cm; Spulenfläche: 4 cm²; Windungszahl: 500; Permeabilitätszahl: 120.
Wie groß ist die Induktivität der Spule?

Induktivität L

$$L = \frac{\mu_0 \cdot \mu_r \cdot N^2 \cdot A}{l} \qquad [L] = \frac{\text{Vs}}{\text{A}} \qquad 1\,\frac{\text{Vs}}{\text{A}} = 1\,\text{H}$$

$$\mu_0 = 1{,}257 \cdot 10^{-6}\,\frac{\text{Vs}}{\text{Am}}$$

μ_0: Magnetische Feldkonstante $[\mu_0] = \frac{\text{Vs}}{\text{Am}}$

μ_r: Permeabilitätszahl $[\mu_r] = 1$

A: Fläche

l: Feldlinienlänge

Reihenschaltung

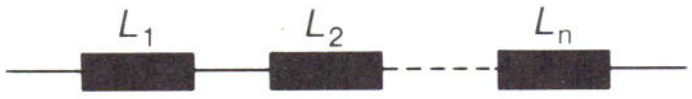

$$L_{ges} = L_1 + L_2 + \ldots + L_n$$

Parallelschaltung

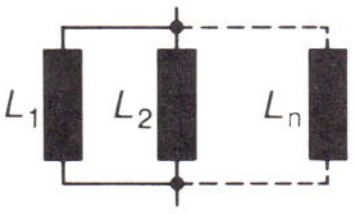

$$\frac{1}{L_{ges}} = \frac{1}{L_1} + \frac{1}{L_2} + \ldots + \frac{1}{L_n}$$

Beispiellösung:

Gegeben: $d_m = 10$ cm; $A = 4$ cm²; $N = 500$; $\mu_r = 120$

Gesucht: L

$$L = \frac{\mu_0 \cdot \mu_r \cdot N^2 \cdot A}{l}; \qquad l = d \cdot \pi$$

$$L = \frac{1{,}257 \cdot 10^{-6}\,\text{Vs} \cdot 120 \cdot 500^2 \cdot 4 \cdot 10^{-4}\,\text{m}^2}{\text{Am} \cdot 10 \cdot 10^{-2}\,\text{m} \cdot \pi}$$

$$L = 0{,}048\,\frac{\text{Vs}}{\text{A}}; \qquad \underline{\underline{L = 48\,\text{mH}}}$$

Abb. 4: Durchsteck-Stromwandler

Aufgaben

1. Eine Ringspule ohne Eisenkern hat die Daten: $L = 0{,}8$ H; $l = 25$ cm; $A = 16$ cm².
Wie groß ist die Windungszahl?

2. In Abb. 5 sind die Permeabilitätszahlen in Abhängigkeit von der Feldstärke H dargestellt. Es ist eine Feldstärke von $H = 0{,}4\,\frac{\text{A}}{\text{m}}$ vorgesehen. Das Produkt aus $\frac{\mu_0 \cdot N^2 \cdot A}{l}$ beträgt $1{,}5 \cdot 10^{-3}\,\frac{\text{Vs}}{\text{A}}$.
Wie groß ist die Induktivität der Spule?

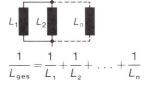

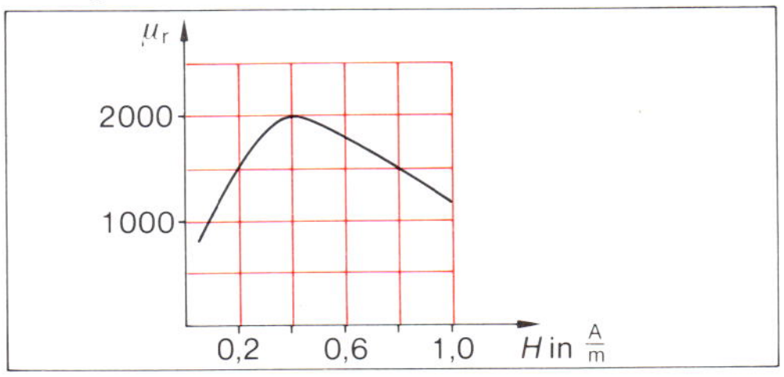

Abb. 5: Zu Aufgabe 2

3. Von einer Spule mit $L = 5$ H wird die Windungszahl von 500 auf 420 verringert. Wie groß ist die Induktivitätsänderung in Prozent?

4. Bei einer Spule wird das Kernmaterial mit $\frac{\mu_0 \cdot \mu_r \cdot A}{l} = 1{,}48 \cdot 10^{-6}\,\frac{\text{As}}{\text{V}}$ angegeben. Wie groß muß die Windungszahl sein, damit eine Induktivität von $L = 370$ mH entsteht?

5. Wie groß muß die Fläche bei einer Ringspule mit 60 mH ohne Eisenkern gewählt werden, wenn der Durchmesser $d = 8$ cm und die Windungszahl $N = 1200$ betragen?

6. Die Primärwicklungen von zwei Transformatoren sind parallel geschaltet.
$L_1 = 0{,}30$ H; $L_2 = 0{,}45$ H
Berechnen Sie die für das Netz wirksame Gesamtinduktivität!

7. Die Siebung durch eine Drossel mit $L = 1{,}5$ H reicht für eine Gleichrichterschaltung nicht aus. Für eine ausreichende Siebung wird eine Induktivität von $L = 2{,}3$ H benötigt. Wie ist die zuschaltbare Induktivität zu schalten und wie ist ihr Wert?

8. Berechnen Sie die Gesamtinduktivität der in Abb. 1 dargestellten Schaltung!

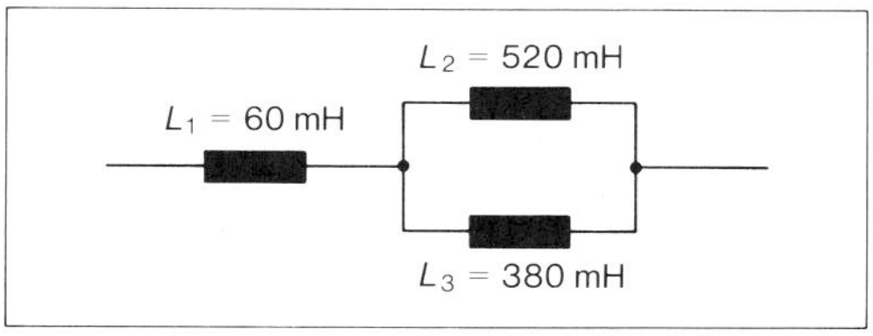

Abb. 1: Zu Aufgabe 8

9. Mit einem Induktivitätsmeßgerät wurde die Induktivität einer Spule mit $L = 68{,}7$ mH bei einer Windungszahl von $N = 280$ festgestellt. Die Permeabilitätszahl beträgt 1800. Wie groß ist das Verhältnis A/l, wenn eine Ringspule angenommen wird?

10. Berechnen Sie von einer Parallelschaltung aus L_1 und L_2 die Induktivität L_2, wenn folgende Werte gegeben sind:
$L_{ges} = 6{,}3$ H (Gesamtinduktivität)
$L_1 = 10{,}5$ H!

11. In einer Transformatorstation sind 5 gleiche Transformatoren primärseitig parallel geschaltet. Um welchen Faktor vergrößert bzw. verkleinert sich die wirksame Gesamtinduktivität?

12. Stellen Sie eine allgemeine Formel für die Reihen- und Parallelschaltung von gleichen Induktivitäten auf! Für die Anzahl der Induktivitäten wird der Faktor n verwendet.

13. Die Permeabilitätszahl von Elektroblechen für Transformatorkerne ist von der Stromstärke abhängig. Als Anfangspermeabilitätszahlen werden Werte von 250 bis 500 und als maximale Permeabilitätszahlen Werte von 10000 bis 12000 angegeben. Zwischen welchen Extremwerten kann sich die Induktivität in % verändern, wenn als mittlere Permeabilitätszahl ein Wert von 5000 angenommen wird (100%)?

14. Berechnen Sie die Gesamtinduktivität der in Abb. 2 dargestellten Schaltung!
$L_1 = 0{,}5$ H; $L_2 = 300$ mH; $L_3 = 200$ mH

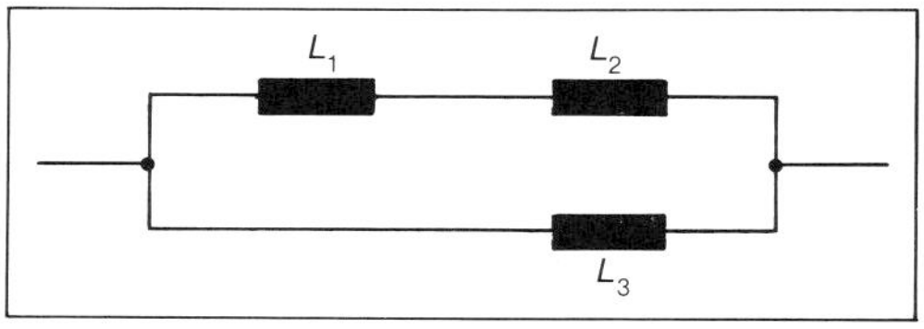

Abb. 2

15. Die Schaltung der Abb. 2 soll eine Gesamtinduktivität von 0,3 H besitzen. Es sind die Induktivitäten gegeben: $L_1 = 0{,}5$ H; $L_2 = 0{,}1$ H. Wie groß muß L_3 gewählt werden?

16. Die Induktivität einer Ringspule mit 356 Windungen wird mit 250 mH ermittelt. Die Permeabilitätszahl beträgt 4000. Berechnen Sie das Verhältnis von A/l!

17. Eine Ringspule mit Eisenkern besitzt eine Windungszahl von $N = 700$, einen Querschnitt von $A = 2\ \text{cm}^2$ und eine mittlere Feldlinienlänge von 13 cm. Welche Permeabilitätszahl besitzt das Kernmaterial, wenn eine Induktivität von 0,8 H angegeben ist?

18. Für einen weichmagnetischen Schalenkern aus Ferritmaterial wird ein Induktivitätsfaktor mit $A_L = 400$ nH angegeben. Die Berechnungsformel für die Induktivität lautet $L = A_L \cdot N^2$. Berechnen Sie die erforderliche Windungszahl für eine Induktivität von 500 mH!

19. Zwei Induktivitäten mit 30 mH und 60 mH sind parallel geschaltet. Wie groß ist die dritte in Reihe geschaltete Induktivität, damit sich eine Gesamtinduktivität von 80 mH ergibt?

16.2 Schein- und Blindwiderstand der Spule

► Bei einem Motor wird an 380 V eine Stromstärke von 11,7 A gemessen.
Wie groß ist sein Scheinwiderstand?

Scheinwiderstand Z Blindwiderstand X_L

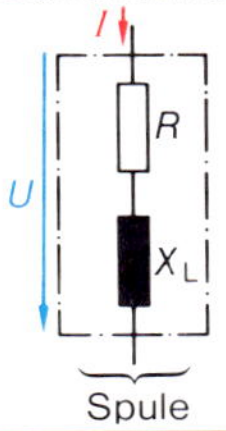

$[Z] = \Omega$

$Z = \frac{U}{I}$

$[X_L] = \Omega$

$X_L = 2\pi f \cdot L$

$X_L = \omega \cdot L$

Beispiellösung:

Gegeben: $U = 380\,\text{V}$; $I = 11{,}7\,\text{A}$
Gesucht: Z

$$Z = \frac{U}{I}$$

$$Z = \frac{380\,\text{V}}{11{,}7\,\text{A}}; \qquad \underline{\underline{Z = 32{,}5\,\Omega}}$$

Aufgaben

1. Eine Drosselspule wird zur Ermittlung des Scheinwiderstandes an eine Wechselspannung von 24 V gelegt. Die Stromstärke beträgt dabei 0,35 A. Wie groß ist der Scheinwiderstand?

2. Der Scheinwiderstand einer Lautsprecherspule beträgt 5 Ω bei 1 kHz. Sie liegt an einer Spannung von 3,8 V. Wie groß ist die Stromstärke?

3. Die Induktivität einer Spule wird mit 3 H angegeben.
a) Wie groß ist der Blindwiderstand bei 50 Hz?
b) Um wieviel Prozent verändert sich der Blindwiderstand, wenn sie an eine Spannung mit 60 Hz gelegt wird?

4. Die Steuersignale für Speicherheizungen werden mit Hilfe der Energieversorgungsleitungen übertragen. Die Frequenz der Wechselspannung beträgt 0,5 kHz. Wie groß sind die Blindwiderstände einer Drossel mit 6 H bei 0,5 kHz und 50 Hz?

5. Eine Spule mit einem vernachlässigbaren Wirkwiderstand liegt zu Meßzwecken an einer Wechselspannung von 24 V bei 50 Hz. Die Stromstärke beträgt 0,8 A.
Wie groß sind Blindwiderstand und Induktivität?

6. Die Induktivität einer Spule kann durch Umschalten von 500 mH auf 800 mH verändert werden. Zwischen welchen Werten ändert sich der induktive Blindwiderstand, wenn die Frequenz 50 Hz und 1 kHz beträgt?

7. Wie groß ist die Stromstärke durch eine Spule bei Vernachlässigung des Wirkwiderstandes, wenn folgende Werte gegeben sind: $L = 250\,\text{mH}$; $U = 110\,\text{V}$; $f = 100\,\text{Hz}$?

8. An eine Drosselspule (Wirkwiderstand vernachlässigbar) wird eine Wechselspannung von 12 V gelegt. Die Stromstärke beträgt 50 mA. Die Periodendauer der Wechselspannung beträgt 50 ms. Wie groß ist die Induktivität?

9. Der Scheinwiderstand und der Wirkwiderstand einer verlustbehafteten Spule sollen durch folgende Messungen näherungsweise bestimmt werden:
Gleichspannung: $U = 24\,\text{V}$; $I = 0{,}3\,\text{A}$
Wechselspannung: $U = 24\,\text{V}$; $I = 0{,}02\,\text{A}$

► Zwei Blindwiderstände mit $X_{L1} = 1{,}2\,\text{k}\Omega$ und $X_{L2} = 510\,\Omega$ werden parallel geschaltet. Wie groß ist der gesamte Blindwiderstand?

Reihenschaltung

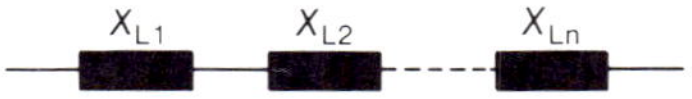

$$X_{L\,ges} = X_{L1} + X_{L2} + \ldots + X_{Ln}$$

Parallelschaltung

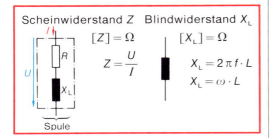

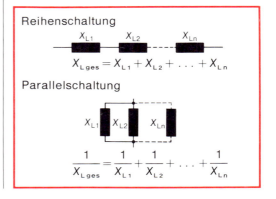

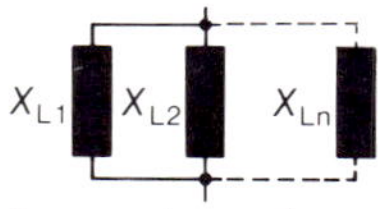

$$\frac{1}{X_{L\,ges}} = \frac{1}{X_{L1}} + \frac{1}{X_{L2}} + \ldots + \frac{1}{X_{Ln}}$$

Beispiellösung:

Gegeben: $X_{L1} = 1{,}2\ \text{k}\Omega$; $X_{L2} = 510\ \Omega$
Gesucht: $X_{L\,ges}$

$$\frac{1}{X_{L\,ges}} = \frac{1}{X_{L1}} + \frac{1}{X_{L2}}; \qquad \frac{1}{X_{L\,ges}} = \frac{1}{1200\ \Omega} + \frac{1}{510\ \Omega}$$

$$\frac{1}{X_{L\,ges}} = \frac{2{,}79 \cdot 10^{-3}}{\Omega}; \qquad \underline{\underline{X_{L\,ges} = 358\ \Omega}}$$

10. Zwei Drosselspulen mit $L_1 = 3{,}3$ H und $L_2 = 5{,}0$ H werden in Reihe geschaltet.
a) Wie groß ist der gesamte Blindwiderstand bei 50 Hz?
b) Die Reihenschaltung liegt an 220 V Wechselspannung und 50 Hz. Wirkwiderstände sind vernachlässigbar. Wie groß ist der Spannungsabfall an jeder Drossel?

11. Berechnen Sie den gesamten Blindwiderstand der Schaltung von Abb. 1!

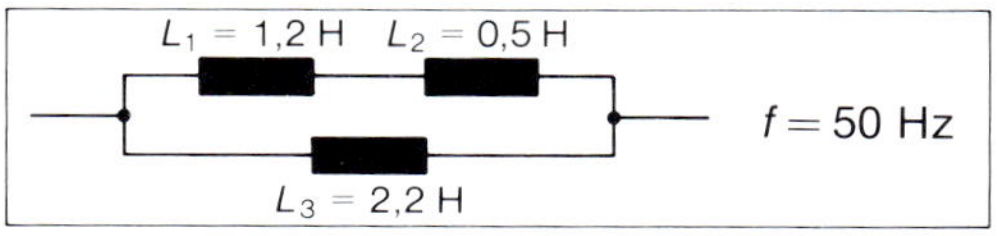

Abb. 1: Zu Aufgabe 11

12. Der Wirkwiderstand einer Drossel ist vernachlässigbar klein. Sie besitzt eine Induktivität von 720 mH. Bedingt durch die Drahtdicke darf ein Strom von 0,8 A nicht überschritten werden.
Wie groß darf die angelegte Wechselspannung höchstens sein bei a) $16\frac{2}{3}$ Hz, b) 50 Hz und c) 60 Hz?

13. Ermitteln Sie aus Abb. 2 die Induktivitäten von L_1 und L_2!

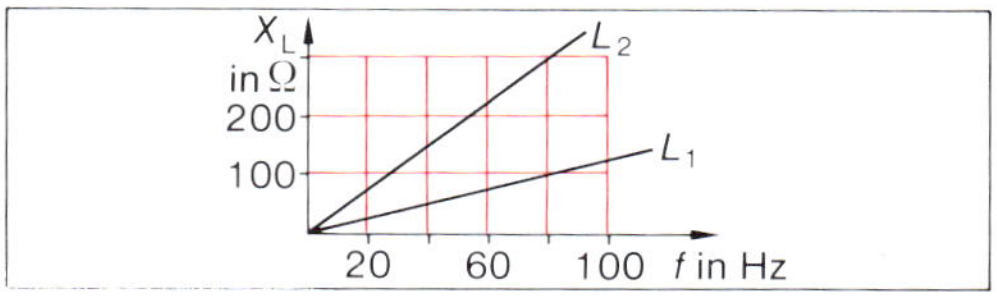

Abb. 2: Zu Aufgabe 13

14. Der Scheinwiderstand einer Spule beträgt 16,3 Ω. Wie groß ist der Scheitelwert des Stromes durch die Spule, wenn eine Wechselspannung mit einem Effektivwert von 24 V angelegt wird?

15. Eine verlustlos angenommene Spule hat bei 50 Hz einen induktiven Blindwiderstand von 38 Ω. Bei welchen Frequenzen haben die induktiven Blindwiderstände die Werte 16 Ω, 120 Ω und 200 Ω?

16. Berechnen Sie den Blindwiderstand X_{L3} der Schaltung von Abb. 3 bei 50 Hz!

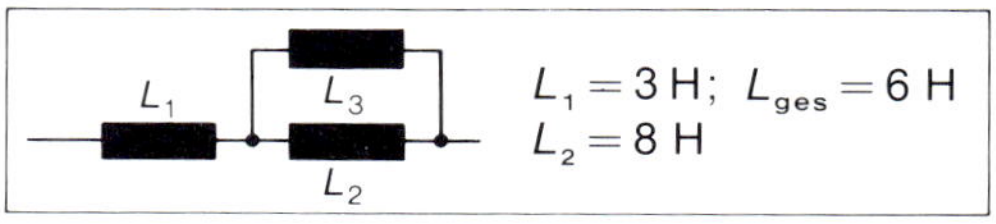

Abb. 3: Zu Aufgabe 16

17. Die Ringspule mit den Abmessungen von Abb. 4 hat 2500 Windungen. Der Kern besteht aus Kunststoff. Es wird eine Spannung von 24 V (50 Hz) angelegt. Wie groß ist der Blindwiderstand?

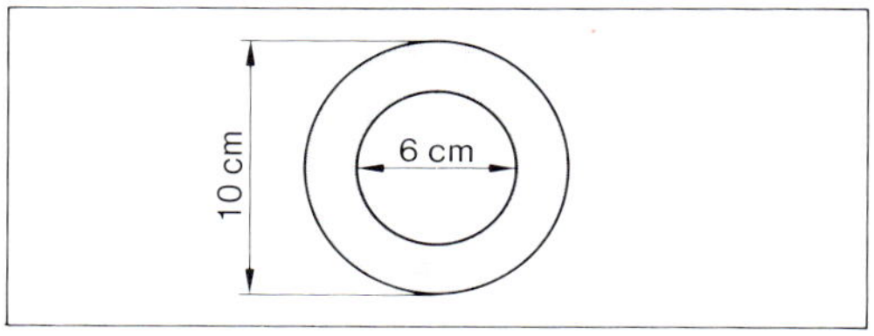

Abb. 4: Zu Aufgabe 17

18. An einer Wechselspannung von 220 V und 50 Hz liegt eine als verlustlos angenommene Spule mit einer Induktivität von 750 mH. Durch Hinzuschalten einer zweiten, ebenfalls als verlustlos anzusehenden Spule, soll die Gesamtstromstärke auf 3 A steigen. Berechnen Sie die Induktivität der hinzugeschalteten Spule!

19. Zwei Induktivitäten mit 0,5 H und 0,6 H sind in Reihe geschaltet. Für welche Frequenz ergibt sich ein Blindwiderstand von 3140 Ω?

20. Zu zwei parallel geschalteten Induktivitäten mit je 80 mH werden drei weitere mit je 0,12 H parallel geschaltet.
a) Berechnen Sie die Gesamtinduktivität!
b) Wie groß ist der Gesamtblindwiderstand bei 50 Hz?
c) Welcher Gesamtstrom fließt bei einer Wechselspannung von 100 V?

16.3 Reihenschaltung von induktiven Blindwiderständen und Wirkwiderständen

▶ An einer Spule liegt eine Spannung von 220 V/50 Hz. Die Stromstärke beträgt 0,8 A. Zwischen Strom und Spannung herrscht eine Phasenverschiebung von 68°.
a) Wie groß sind die Spannungen am Wirk- und am Blindwiderstand?
b) Wie groß sind Schein-, Wirk- und Blindwiderstand?

Reihenschaltung von R und X_L

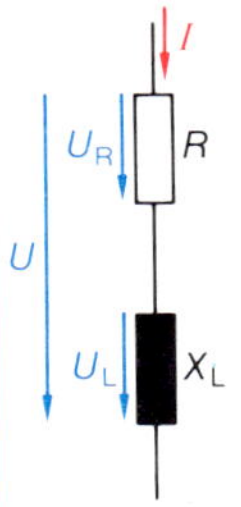

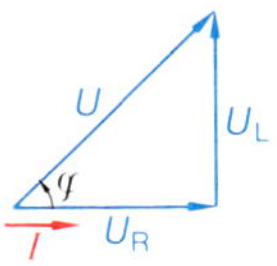

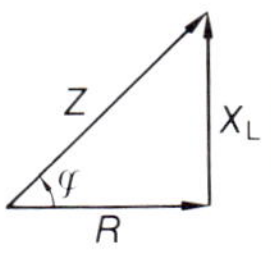

$U^2 = U_R^2 + U_L^2$ $\qquad Z^2 = R^2 + X_L^2$

$\tan\varphi = \frac{U_L}{U_R}$ $\qquad \tan\varphi = \frac{X_L}{R}$

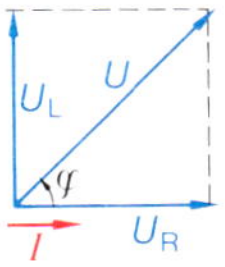

$\sin\varphi = \frac{U_L}{U}$ $\qquad \sin\varphi = \frac{X_L}{Z}$

$\cos\varphi = \frac{U_R}{U}$ $\qquad \cos\varphi = \frac{R}{Z}$

Leistungsfaktor

Beispiellösung:

Gegeben: $U = 220\,\text{V}/50\,\text{Hz}$; $I = 0{,}8\,\text{A}$; $\varphi = 68°$
Gesucht: U_R; U_L; Z; R; X_L

a) $\sin\varphi = \frac{U_L}{U}$

$U_L = U \cdot \sin\varphi$

$U_L = 220\,\text{V} \cdot \sin 68°$

$\underline{\underline{U_L = 204\,\text{V}}}$

Eingabe	Anzeige
220	220
[×]	220.
68	68
[sin]	0.927183
[=]	203.98

$U_R = U \cdot \cos\varphi$

$U_R = 220\,\text{V} \cdot \cos 68°$

$U_R = 82{,}4\,\text{V}$

Eingabe	Anzeige
220	220
[×]	220.
68	68
[cos]	0.374606
[=]	82.413

b) $Z = \frac{U}{I}$

$Z = \frac{220\,\text{V}}{0{,}8\,\text{A}}$

$\underline{\underline{Z = 275\,\Omega}}$

$X_L = Z \cdot \sin\varphi$

$X_L = 275\,\Omega \cdot \sin 68°$

$\underline{\underline{X_L = 255\,\Omega}}$

$R = Z \cdot \cos\varphi$

$R = 275\,\Omega \cdot \cos 68°$

$\underline{\underline{R = 103\,\Omega}}$

Aufgaben

1. Ein Relais wird über einen Vorwiderstand betrieben. Die Gesamtwechselspannung beträgt 24 V. Der Wirkwiderstand der Spule soll vernachlässigt werden. Am Vorwiderstand wird eine Spannung von 6 V gemessen.
a) Ermitteln Sie zeichnerisch die Spannung am Relais!
b) Berechnen Sie die Spannung am Relais!

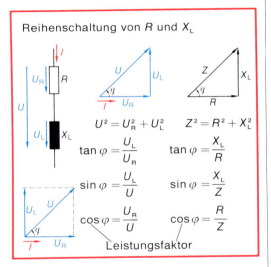

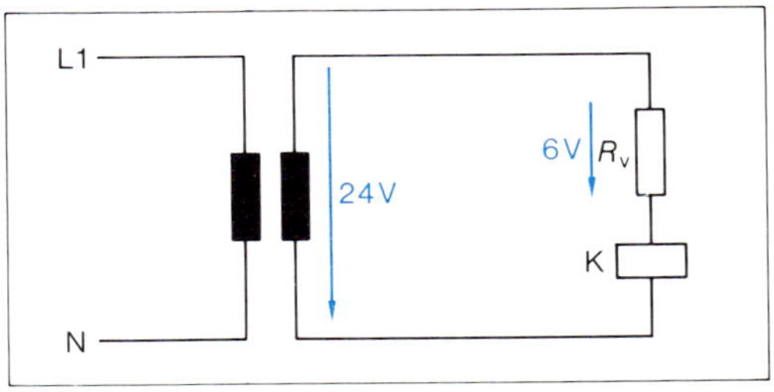

Abb. 5: Zu Aufgabe 1

2. Eine Spule hat einen Wirkwiderstand von 45 Ω und eine Induktivität von 22 mH. Bei Anschluß an eine Wechselspannung von 800 Hz wird eine Stromstärke von 78,3 mA gemessen. Wie groß sind U; U_R und U_L?

3. Von einer Spule ohne Eisenkern wird der Wirkwiderstand mit 76,3 Ω ermittelt. Legt man die Spule an eine Wechselspannung von 220 V/50 Hz, dann fließt ein Strom von 1,2 A.
Wie groß sind der Scheinwiderstand, der Blindwiderstand und der Phasenverschiebungswinkel zwischen Stromstärke und Gesamtspannung?

4. Eine Spule ist an eine Wechselspannung von 60 V/50 Hz angeschlossen. Es fließt ein Strom von 300 mA. Der Phasenverschiebungswinkel zwischen Stromstärke und Spannung beträgt 83°.
Wie groß sind U_R; U_L; X_L und R?

5. Wie groß sind der Phasenverschiebungswinkel und der Scheinwiderstand, wenn über eine Reihenschaltung aus R und X_L folgende Werte bekannt sind:
$R = 0{,}7\ \Omega$; $X_L = 3{,}0\ \Omega$ (zeichnerische und rechnerische Lösung)!

6. Über eine Reihenschaltung liegen folgende Werte vor:
$f = 60$ Hz; $\varphi = 55°$; $R = 167\ \Omega$.
Wie groß sind Scheinwiderstand und Induktivität der Reihenschaltung?

7. Durch eine Drosselspule fließt bei einer Wechselspannung von 10 V/50 Hz ein Strom von 48 mA. Der Wirkwiderstand beträgt 26 Ω. Eisenverluste sind vernachlässigbar. Berechnen Sie Z und X_L!

8. Zwei Spulen mit $L_1 = 0{,}8$ H; $R_1 = 200\ \Omega$ und $L_2 = 1{,}3$ H; $R_2 = 150\ \Omega$ sind in Reihe geschaltet.
Berechnen Sie den Scheinwiderstand der Reihenschaltung bei 50 Hz.

9. Von einer Reihenschaltung aus R und X_L sind die Werte der Abb. 1 bekannt.
Berechnen Sie R; X_L; L; Z und φ.

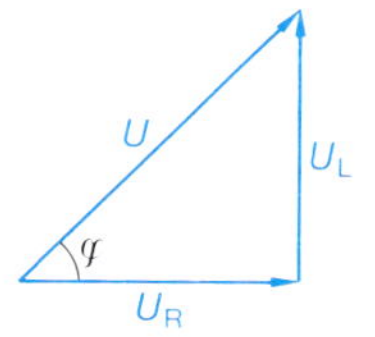

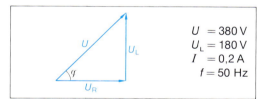

$U = 380$ V
$U_L = 180$ V
$I = 0{,}2$ A
$f = 50$ Hz

Abb. 1: Zu Aufgabe 9

10. Zu einer Drossel mit 2,5 H (Wirkwiderstand vernachlässigbar), soll ein Wirkwiderstand so in Reihe geschaltet werden, daß eine Phasenverschiebung zwischen Gesamtspannung und der Stromstärke von 45° entsteht. Berechnen Sie bei $f = 50$ Hz
a) den Wirkwiderstand und b) den Scheinwiderstand!

11. Eine Drosselspule hat einen Wirkwiderstand von 98 Ω. Bei Anschluß an 220 V/50 Hz fließt ein Strom von 1,3 A. Durch einen Vorschaltwiderstand soll die Stromstärke auf 0,8 A reduziert werden. Wie groß ist der Vorschaltwiderstand R_V?

12. An einer Drosselspule mit $R = 1{,}2$ kΩ und $L = 3{,}3$ H liegt eine Wechselspannung von 100 V/50 Hz. Berechnen Sie X_L; Z; I; U_R; U_L und φ.

13. An einer Quecksilberdampflampe mit vorgeschalteter Drossel werden folgende Werte gemessen:
$I = 3{,}5$ A; $U = 220$ V (Gesamtspannung);
Spannung an der Drossel: $U_L = 180$ V.
Die Drossel wird für die Berechnung als verlustlos angenommen.
Berechnen Sie
a) die Spannung an der Lampe,
b) den Blindwiderstand der Drossel,
c) den Phasenverschiebungswinkel zwischen Stromstärke und Gesamtspannung!

14. Gegeben ist die Schaltung mit den Werten von Abb. 2.
a) Wie groß sind die Spannungen an den Blind- und Wirkwiderständen der Anlage?
b) Wie groß ist der cos φ der Anlage?
c) Wie groß ist die Gesamtspannung?

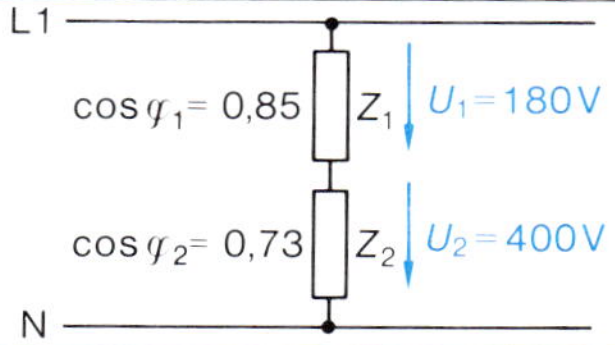

Abb. 2: Zu Aufgabe 14

15. An einer verlustbehafteten Spule wurde der Leistungsfaktor mit 0,63 und der Wirkwiderstand mit 41 Ω ermittelt.
a) Berechnen Sie den Blind- und Scheinwiderstand!
b) Wie groß ist die Stromstärke, wenn 220 V/50 Hz anliegen?
c) Berechnen Sie die Spannungen an den Teilwiderständen!

16. Ein Wirkwiderstand mit $R = 120\ \Omega$ und eine Induktivität sind in Reihe geschaltet. Es werden ein cos φ von 0,53 und eine Wirkspannung von 68 V gemessen. Berechnen Sie
a) die Stromstärke,
b) den Blindwiderstand der Induktivität,
c) die Spannung am Blindwiderstand und
d) die Gesamtspannung!

17. Eine verlustbehaftete Spule verursacht bei Anlegen an eine Wechselspannung von 220 V und 50 Hz eine Phasenverschiebung von 22,5°. Es fließt dabei ein Strom von 0,3 A.
a) Wie groß ist der Scheinwiderstand?
b) Wie groß sind die Einzelwiderstände?
c) Welche Spannungen würden sich an den einzelnen Widerständen ergeben?

18. Der Scheinwiderstand aus einer Reihenschaltung mit R und X_L wird mit $Z = 570\ \Omega$ angegeben. Die Induktivität beträgt 0,8 H. Berechnen Sie die Frequenz, bei der $R = X_L$ wird!

19. Über die Schaltung der Abb. 3 sind folgende Größen bekannt:
$L_1 = 0{,}3$ H; $R = 200\ \Omega$; $L_2 = 0{,}5$ H; $f = 50$ Hz; $U = 220$ V.
a) Berechnen Sie Z; I; U_L und U_R bei geöffnetem Schalter!
b) Berechnen Sie Z; I; U_L und U_R bei geschlossenem Schalter!

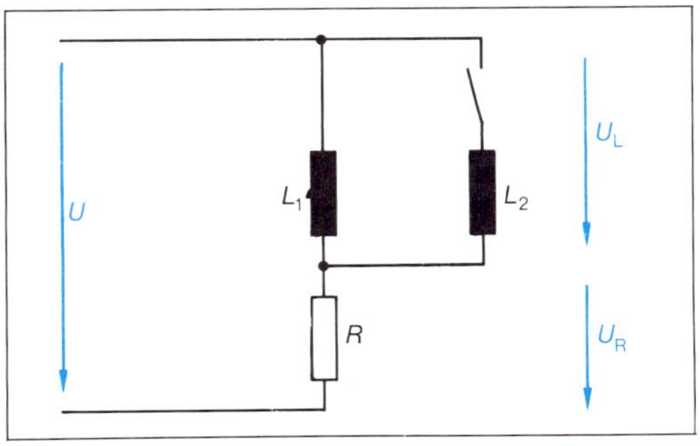

Abb. 3: Zu Aufgabe 19

20. Zu einer verlustbehafteten Spule mit dem Verlustfaktor $\cos\varphi = 0{,}3$ und $Z = 580\ \Omega$ soll ein Wirkwiderstand so in Reihe hinzugeschaltet werden, daß sich ein Phasenverschiebungswinkel von 60° ergibt. Wie groß ist der Wirkwiderstand?

21. Eine Induktivität mit $X_L = 100\ \Omega$ (verlustlos anzusehen) und ein Wirkwiderstand von 220 Ω liegen in Reihe an einer Wechselspannung von 50 Hz. Die Einzelspannung wird mit $U_L = 7{,}2$ V ermittelt. Berechnen Sie die Stromstärke, die Spannung am Wirkwiderstand, den Gesamtwiderstand, die Gesamtspannung und den Phasenverschiebungswinkel!

22. Ein Wechselspannungsgenerator für 50 Hz besitzt eine Induktivität von 31 mH und einen Wirkwiderstand von 1,75 Ω. Von ihm geht eine Leitung zu einem Verbraucher, der aus einem Wirkwiderstand von 30,7 Ω besteht. Über die Leitung ist folgendes bekannt: $l = 20$ km (einfache Länge), $d = 0{,}8$ cm; $\varrho = 0{,}02\ \mu\Omega$m. Am Verbraucher soll eine Spannung von 10 kV liegen.
a) Berechnen Sie die Stromstärke und den Spannungsfall auf der Leitung!
b) Wie groß ist die Generatorspannung und der Phasenverschiebungswinkel (Reihenschaltung der Widerstände des Generators annehmen)?

23. Die Leerlaufspannung eines Wechselspannungsgenerators beträgt 100 V (50 Hz). Als Wirkwiderstand des Generators wird ein Wert von 2,1 Ω ermittelt. Bei Belastung mit einem Wirkwiderstand sinkt die Klemmenspannung auf 70 V bei 6,2 A. Berechnen Sie die Induktivität des Generators!

24. a) Wie groß ist der Scheinwiderstand der Schaltung bei geöffnetem Schalter?
b) Welchen Wert muß R_2 haben, damit sich bei geschlossenem Schalter der Scheinwiderstand um 15% verringert?

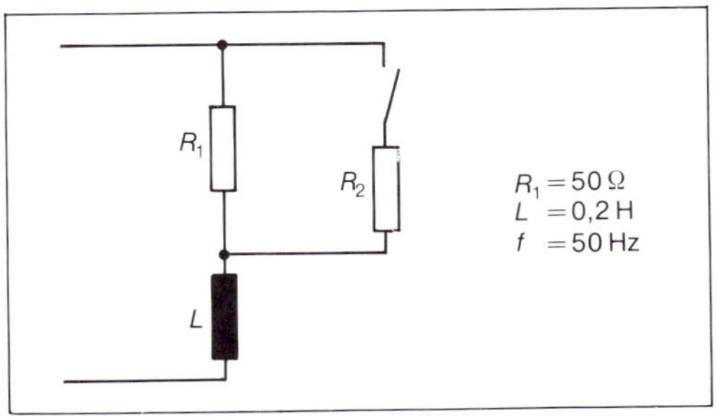

Abb. 4: Zu Aufgabe 24

25. Eine verlustbehaftete Schützspule besitzt einen induktiven Blindwiderstand von 520 Ω. Bei Anlegen an eine Wechselspannung von 220 V (50 Hz) fließt ein Strom von 0,28 A. Berechnen Sie
a) den Wirkwiderstand und den Scheinwiderstand der Spule!
b) die Induktivität und den Phasenverschiebungswinkel!
c) die Stromstärke, wenn ein Wirkwiderstand von 120 Ω in Reihe geschaltet wird!

16.4 Parallelschaltung von induktiven Blindwiderständen und Wirkwiderständen

▶ Zwischen Stromstärke und Spannung eines elektrischen Gerätes gibt es die im Oszillogramm abgebildete Phasenverschiebung (Abb. 1). Es sind die anliegende Spannung mit $U = 24\ \text{V}$ (50 Hz) und $I = 68\ \text{mA}$ bekannt.

a) Wie groß ist der Scheinwiderstand?

b) Wie groß sind R und X_L?

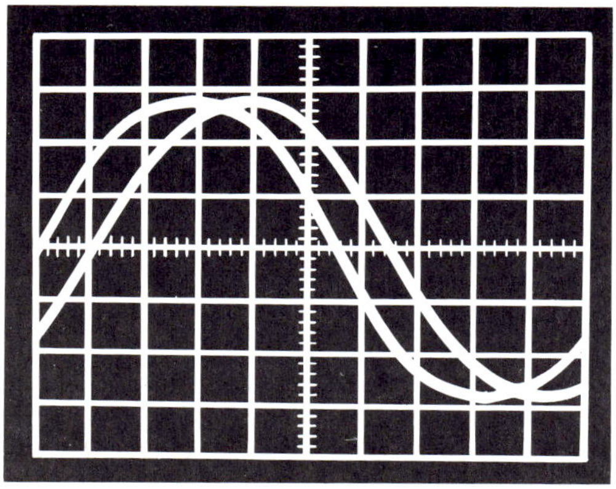

Abb. 1: Phasenverschiebung

Parallelschaltung von R und X_L

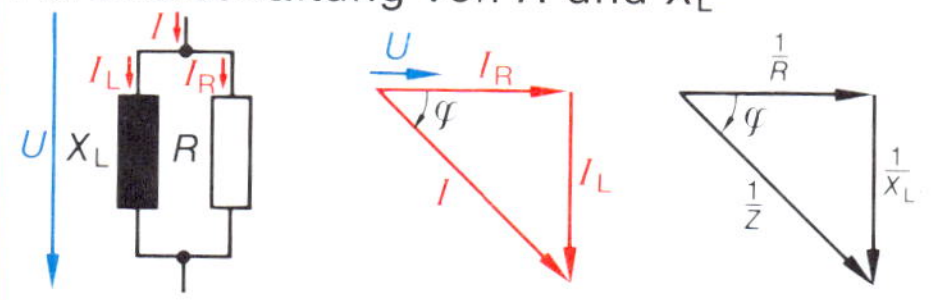

$$I^2 = I_R^2 + I_L^2 \qquad \left(\frac{1}{Z}\right)^2 = \left(\frac{1}{R}\right)^2 + \left(\frac{1}{X_L}\right)^2$$

$$Y^2 = G^2 + B_L^2$$

$$\tan\varphi = \frac{I_L}{I_R} \qquad \tan\varphi = \frac{R}{X_L}$$

$$\sin\varphi = \frac{I_L}{I} \qquad \sin\varphi = \frac{Z}{X_L}$$

$$\cos\varphi = \frac{I_R}{I} \qquad \cos\varphi = \frac{Z}{R}$$

Beispiellösung:

Gegeben: $U = 24\ \text{V}$; $I = 68\ \text{mA}$; $\varphi = 30°$
Gesucht: Z; R; X_L

a) $Z = \frac{U}{I}$; $Z = \frac{24\ \text{V}}{68\ \text{mA}}$; $\underline{\underline{Z = 353\ \Omega}}$

b) $\sin\varphi = \frac{Z}{X_L}$

$X_L = \frac{Z}{\sin\varphi}$

$X_L = \frac{353\ \Omega}{\sin 30°}$

$\underline{\underline{X_L = 706\ \Omega}}$

Eingabe	Anzeige
353	353
[÷]	353.
30	30
[sin]	0.5
[=]	706

$\cos\varphi = \frac{Z}{R}$

$R = \frac{Z}{\cos\varphi}$

$R = \frac{353\ \Omega}{\cos 30°}$

$\underline{\underline{R = 408\ \Omega}}$

Eingabe	Anzeige
353	353
[÷]	353.
30	30
[cos]	0.866025
[=]	407.609

Aufgaben

1. Parallel zu einer Induktivität mit $L = 0{,}5\ \text{H}$ und vernachlässigbarem Wirkwiderstand liegt ein Heizwiderstand mit $R = 180\ \Omega$. Die Versorgungsspannung beträgt 220 V/50 Hz. Wie groß sind die Einzelströme, der Gesamtstrom und der Scheinwiderstand der Gesamtschaltung?

2. Von der Parallelschaltung aus R und X_L sind die Werte der Abb. 2 gegeben. Berechnen Sie I; X_L; L; Z und φ!

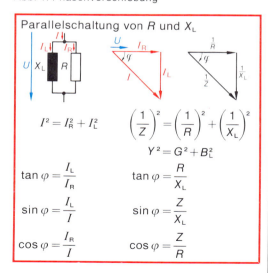

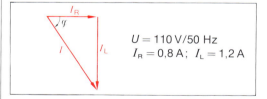

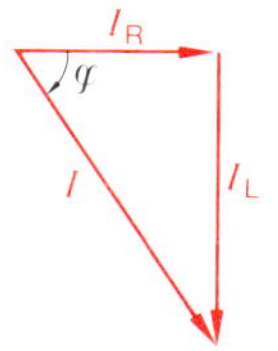

$U = 110\ \text{V/50 Hz}$
$I_R = 0{,}8\ \text{A}$; $I_L = 1{,}2\ \text{A}$

Abb. 2: Zu Aufgabe 2

3. Über eine Parallelschaltung aus R und X_L sind folgende Werte gegeben: $R = 175\ \Omega$; $I = 80\ \text{mA}$; $U = 12\ \text{V/50 Hz}$. Wie groß sind Z; I_R; I_L und φ?

4. Der Scheinwiderstand einer Parallelschaltung beträgt 760 Ω. Der Wirkwiderstand ist 920 Ω groß. Wie groß sind Blindwiderstand und Phasenverschiebungswinkel (zeichnerische/rechnerische Lösung)?

5. Der Phasenverschiebungswinkel zwischen Spannung und Gesamtstrom beträgt bei einer Parallelschaltung aus R und X_L 60°. Der Scheinwiderstand wird mit 25 Ω angegeben. Wie groß sind R und X_L?

6. Berechnen Sie für die Parallelschaltung der Abb. 3 folgende Größen: U; R_2; X_L; I_L; I; Z und φ!

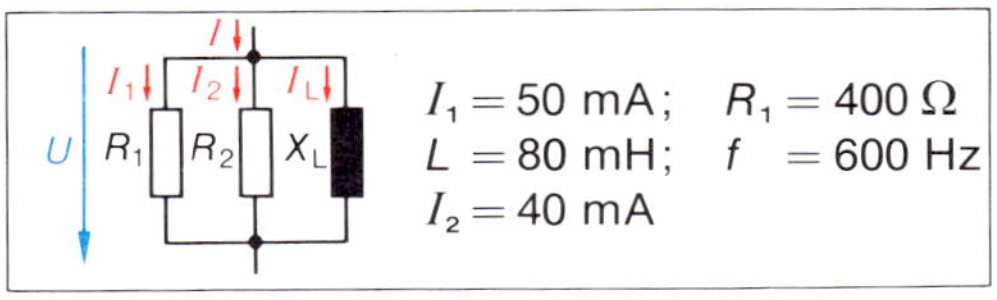

Abb. 3: Zu Aufgabe 6

7. Berechnen Sie für die Parallelschaltung der Abb. 4 folgende Größen: f; X_{L1}; I_L; I_{L1}; I und Z!

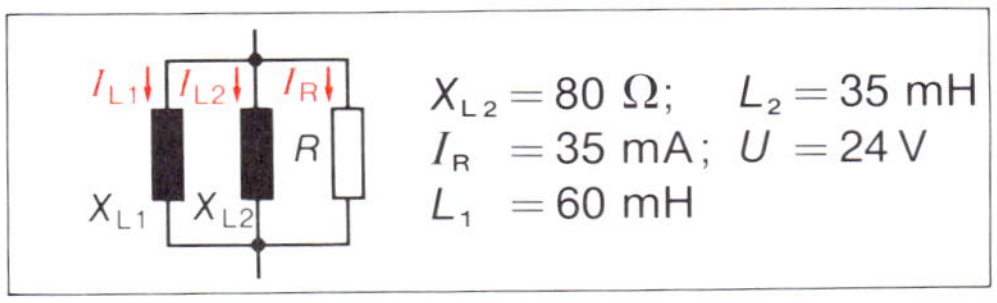

Abb. 4: Zu Aufgabe 7

8. Der Gesamtwirkwiderstand einer Schaltung besitzt einen Wert von 637 Ω. Durch Parallelschalten einer als verlustlos aufzufassenden Spule soll der Scheinwiderstand auf 280 Ω bei 50 Hz verringert werden. Wie groß ist die Induktivität der Spule?

9. Das Relais der Abb. 5 arbeitet mit einer Wechselspannung von 110 V/50 Hz. Der Wirkwiderstand kann vernachlässigt werden. Wenn der Schalter offen ist, fließt ein Strom von 0,3 A. Berechnen Sie bei geschlossenem Schalter

a) den Scheinwiderstand der Schaltung,
b) den Strom I,
c) den Phasenverschiebungswinkel zwischen Gesamtstrom und Spannung!

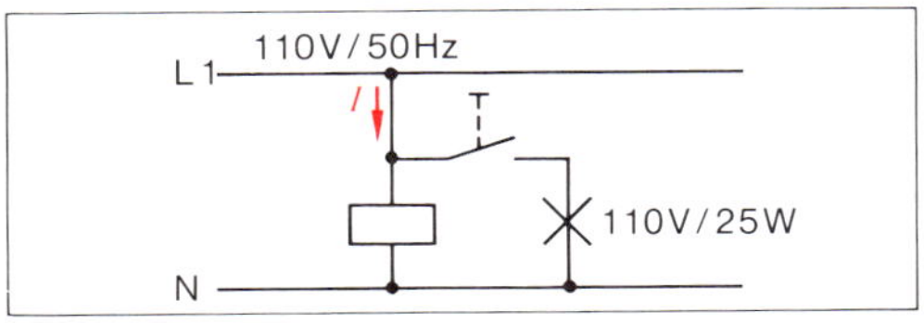

Abb. 5: Zu Aufgabe 9

10. Parallel zu einem Heizwiderstand von 23,8 Ω liegt eine Drossel mit $X_L = 17{,}5$ Ω (Wirkwiderstand vernachlässigbar). Die Schaltung liegt an 220 V/50 Hz. Berechnen Sie

a) den Scheinwiderstand der Schaltung,
b) den Gesamtstrom und die Teilströme,
c) den Phasenverschiebungswinkel zwischen Stromstärke (Gesamtstrom) und Spannung!

11. Der Strom durch einen Einphasenmotor beträgt bei 220 V/50 Hz 1,8 A. Der cos φ des Motors beträgt 0,73. Parallel zum Motor liegen zwei Glühlampen von 100 W. Berechnen Sie

a) Wirk- und Blindwiderstand des Motors (Parallelschaltung), b) den Gesamtstrom und c) den cos φ der Gesamtschaltung!

12. Berechnen Sie zu der Schaltung in Abb. 6 die fehlenden Größen!

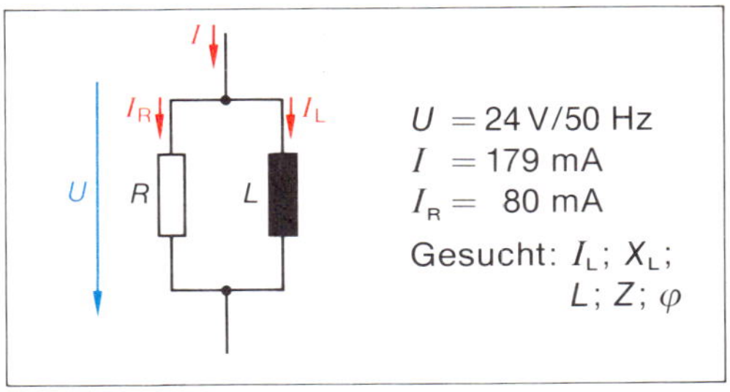

Abb. 6: Zu Aufgabe 12

13. Zwei Relais liegen parallel und werden über einen Vorwiderstand betrieben. In Abb. 7 sind die Relais als reine Blindwiderstände dargestellt. Berechnen Sie

a) die Spannung an den Relais,
b) die Induktivitäten der Relais und
c) den Scheinwiderstand der Anlage!

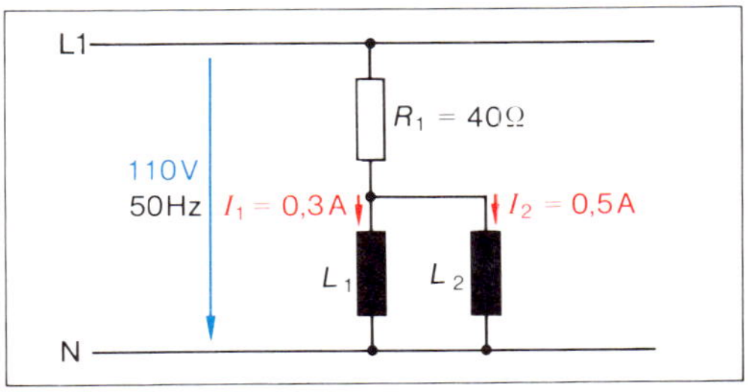

Abb. 7: Zu Aufgabe 13

14. Parallel zu einem Wirkwiderstand von 40 Ω liegt eine Induktivität mit $L = 0{,}3$ H (verlustlos anzusehen). Die Schaltung liegt an einer Wechselspannung von 220 V (50 Hz).
a) Berechnen Sie den Scheinwiderstand, die Einzelströme und den Gesamtstrom!
b) Wie groß muß eine parallel zu schaltende zusätzliche Induktivität sein, damit sich ein Phasenverschiebungswinkel von 45° ergibt?

15. Eine elektrische Anlage besitzt einen $\cos\varphi$ von 0,8. Bei 220 V Wechselspannung fließt ein Strom von 1,2 A.
a) Berechnen Sie den Wirkwiderstand und den induktiven Blindwiderstand einer Parallelschaltung!
b) Berechnen Sie den Wirkwiderstand und den induktiven Blindwiderstand einer Reihenschaltung!

16. a) Berechnen Sie für Abb. 1 Gesamtstromstärke und Phasenverschiebung bei geöffnetem und geschlossenem Schalter!
b) Wie groß sind die Teilströme durch die vier Bauteile?

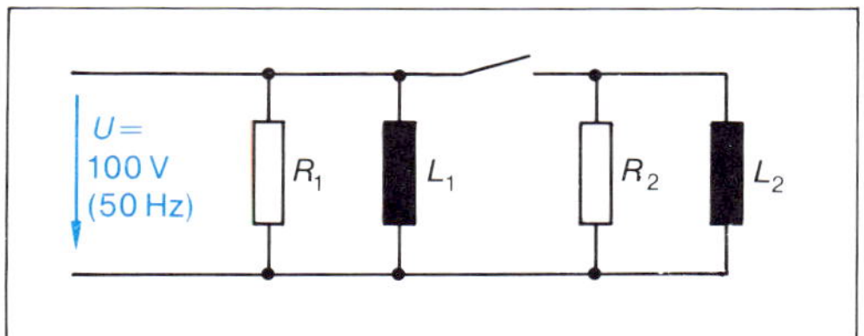

Abb. 1

17. Eine Schaltung aus Wirkwiderständen besitzt einen Gesamtwiderstand von 400 Ω. Durch Parallelschalten einer Induktivität (verlustlos anzusehen) soll sich bei 100 Hz ein Scheinwiderstand von 180 Ω ergeben. Wie groß ist die Induktivität?

18. Eine Spule in einer Hochfrequenzschaltung besitzt folgende Werte:
$Z = 1200\,\Omega$; $L = 2$ mH ($f = 100$ kHz)
a) Berechnen Sie den Wirkwiderstand der Spule (Parallelschaltung ansetzen)!
b) Auf welchen Wert ändert sich der Scheinwiderstand, wenn sich die Frequenz verdoppelt?

19. Zur Schaltung von Abb. 2 sind folgende Werte gegeben:
Glühlampe: 100 W
Motor: $\cos\varphi = 0{,}8$; $I_2 = 0{,}3$ A
a) Berechnen Sie den Wirkwiderstand und den induktiven Blindwiderstand (Parallelschaltung) des Motors!
b) Wie groß sind Gesamtstromstärke und Phasenverschiebungswinkel der Anlage?

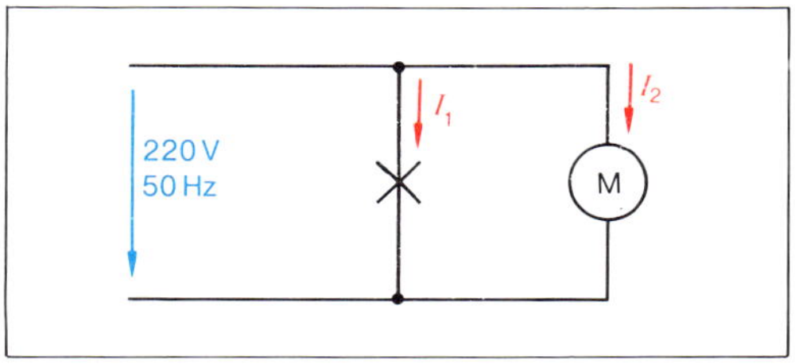

Abb. 2

20. Für eine elektrische Anlage wird ein induktiver Blindstrom von 1,5 A und ein Wirkstrom von 2,8 A ermittelt. Die Anlage wird mit 220 V Wechselspannung (50 Hz) betrieben.
a) Wie groß ist der Phasenverschiebungswinkel?
b) Berechnen Sie den Scheinwiderstand, den Wirkwiderstand und den Blindwiderstand (Parallelschaltung annehmen)!
c) Welche Widerstandswerte ergeben sich für eine Reihenschaltung?

21. Durch eine Spule mit $L = 0{,}2$ H und $R = 450\,\Omega$ (Parallelschaltung) darf ein Maximalstrom von 0,9 A fließen.
a) Wie groß darf die Wechselspannung bei 50 Hz und bei 1 kHz sein?
b) Wie groß sind die Phasenverschiebungswinkel bei 50 Hz und bei 1 kHz?

22. Wie groß muß die Induktivität gewählt werden, um bei einer Parallelschaltung mit einem Wirkwiderstand von $R = 560\,\Omega$ bei einer Frequenz von 800 Hz einen Phasenverschiebungswinkel von 75° zu erreichen?

23. Ein Wirkwiderstand von 270 Ω und eine Induktivität von 1,2 H sind parallel geschaltet und liegen an einer Spannungsquelle mit 100 Hz. Durch den Wirkwiderstand fließt ein Strom von 180 mA. Wie groß sind Gesamtstrom und Gesamtwiderstand?

▶ Ein Motor nimmt an 220 V/50 Hz einen Strom von 3,2 A auf; $\cos\varphi = 0{,}72$. Die Spulen des Motors lassen sich sowohl als eine Reihenschaltung von einem Wirk- und einem Blindwiderstand als auch als Parallelschaltung auffassen. Berechnen Sie die Widerstände des Motors bei

a) einer angenommenen Reihenschaltung und

b) einer angenommenen Parallelschaltung!

Umrechnung von Schaltungen

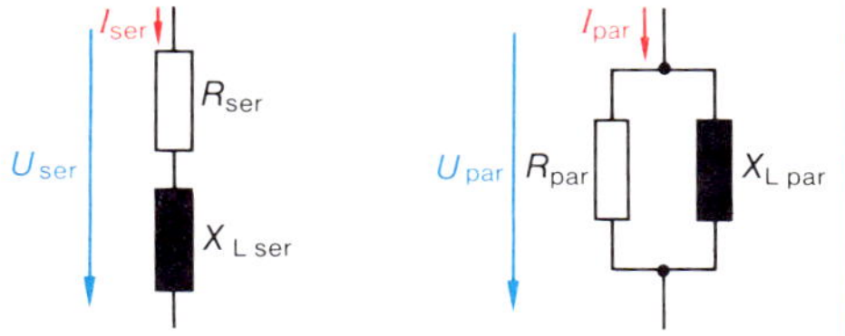

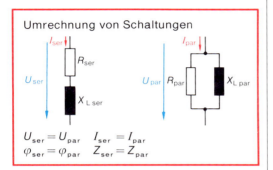

$U_{ser} = U_{par}$ $I_{ser} = I_{par}$

$\varphi_{ser} = \varphi_{par}$ $Z_{ser} = Z_{par}$

Beispiellösung:

Gegeben: $U_{ser} = U_{par} = 220\,\text{V}$

$I_{ser} = I_{par} = 3{,}2\,\text{A}$

$\cos\varphi_{ser} = \cos\varphi_{par} = 0{,}72$

Gesucht: Z; R_{ser}; $X_{L\,ser}$; R_{par}; $X_{L\,par}$

a)

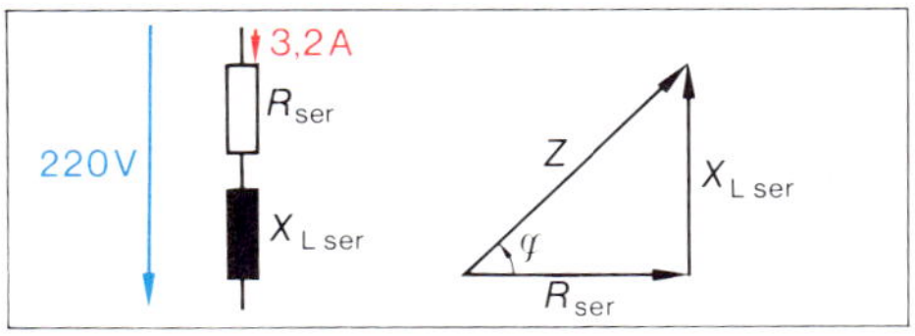

$Z = \dfrac{U}{I}$; $Z = \dfrac{220\,\text{V}}{3{,}2\,\text{A}}$

$\underline{\underline{Z = 68{,}75\,\Omega}}$

$\cos\varphi = \dfrac{R_{ser}}{Z}$

$R_{ser} = Z \cdot \cos\varphi$

$R_{ser} = 68{,}75\,\Omega \cdot 0{,}72$

$\underline{\underline{R_{ser} = 49{,}5\,\Omega}}$

$\sin\varphi = \dfrac{X_{L\,ser}}{Z}$; $X_{L\,ser} = Z \cdot \sin\varphi$

$\cos\varphi = 0{,}72$; $\varphi = 43{,}95°$

$X_{L\,ser} = 68{,}75\,\Omega \cdot \sin 43{,}95°$;

$\underline{\underline{X_{L\,ser} = 47{,}7\,\Omega}}$

b)

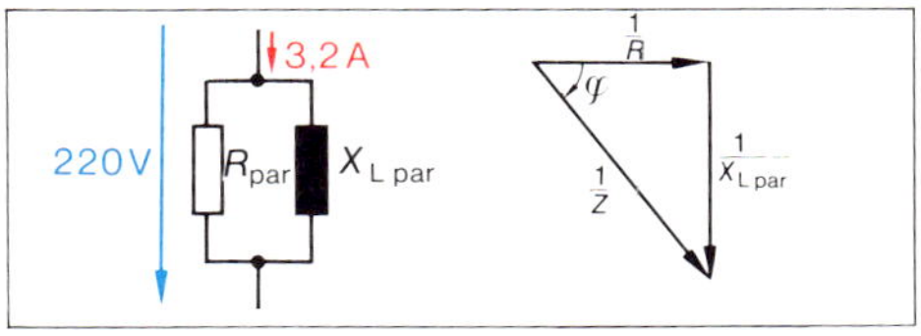

$Z = \dfrac{U}{I}$; $Z = \dfrac{220\,\text{V}}{3{,}2\,\text{A}}$; $\underline{\underline{Z = 68{,}75\,\Omega}}$

$\cos\varphi = \dfrac{Z}{R_{par}}$; $R_{par} = \dfrac{Z}{\cos\varphi}$; $R_{par} = \dfrac{68{,}75\,\Omega}{0{,}72}$;

$\underline{\underline{R_{par} = 95{,}5\,\Omega}}$

$\sin\varphi = \dfrac{Z}{X_{L\,par}}$; $X_{L\,par} = \dfrac{Z}{\sin\varphi}$; $X_{L\,par} = \dfrac{68{,}75\,\Omega}{\sin 44°}$;

$\underline{\underline{X_{L\,par} = 99{,}1\,\Omega}}$

Aufgaben

24. Eine verlustbehaftete Spule hat einen Wirkwiderstand $R_{ser} = 125\,\Omega$ und einen Blindwiderstand von $X_{L\,ser} = 68{,}3\,\Omega$. Parallel zur Spule wird ein Heizwiderstand von $32\,\Omega$ geschaltet. Die Gesamtschaltung liegt an 24 V/ 50 Hz. Berechnen Sie

a) den Scheinwiderstand,

b) die Widerstände einer Parallelschaltung,

c) die Gesamtstromstärke!

25. Gegeben sind folgende Größen einer als Parallelschaltung von Widerständen aufgefaßten Spule: $R_{par} = 47\,\Omega$; $X_{L\,par} = 120\,\Omega$. Berechnen Sie die Widerstände der Reihenschaltung!

26. Die Spulen von Abb. 3 und der Wirkwiderstand sind parallel geschaltet. Berechnen Sie

a) die Widerstände der Serienschaltung und den Gesamtscheinwiderstand,

b) den Gesamtstrom und

c) den Phasenverschiebungswinkel der Gesamtschaltung!

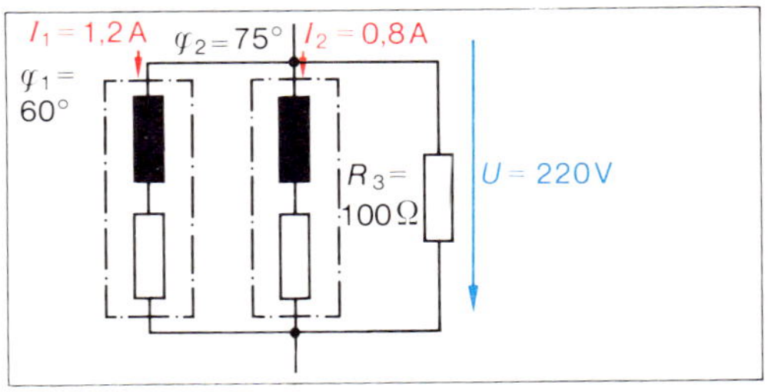

Abb. 3: Zu Aufgabe 26

16.5 Leistungen in Stromkreisen mit induktiven Blindwiderständen und Wirkwiderständen

▶ Aus dem Leistungsschild eines Motors sind folgende Größen entnommen worden: $P = 0{,}8$ kW; $U = 220$ V; $\cos\varphi = 0{,}83$; $f = 50$ Hz; $I = 6{,}4$ A

a) Wie groß sind Schein-, Wirk- und Blindleistung?

b) Wie groß ist der Wirkungsgrad?

Leistungen bei der Reihen- und Parallelschaltung

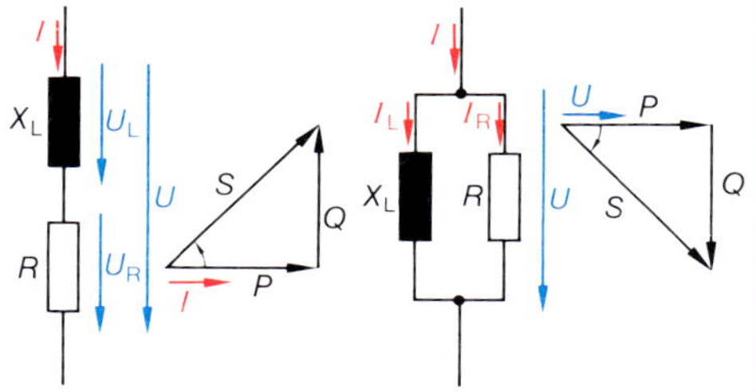

$[P] = \text{W}$

$[S] = \text{VA}$

$[Q] = \text{var}$

$$S = U \cdot I$$
$$S^2 = P^2 + Q^2$$

$P = U_R \cdot I$	$P = S \cdot \cos\varphi$	$P = U \cdot I_R$
$Q_L = U_L \cdot I$	$Q = S \cdot \sin\varphi$	$Q = U \cdot I_L$

Leistungsfaktor: $\cos\varphi = \dfrac{P}{S}$

Wirkungsgrad: $\eta = \dfrac{P_{ab}}{P_{zu}}$

Beispiellösung:

Gegeben: $P = 0{,}8$ kW; $U = 220$ V; $\cos\varphi = 0{,}83$; $f = 50$ Hz; $I = 6{,}4$ A

Gesucht: S, P, Q, η

a) $S = U \cdot I$; $\quad S = 220\,\text{V} \cdot 6{,}4\,\text{A}$

$\underline{\underline{S = 1408\,\text{VA}}}$

$P = S \cdot \cos\varphi$; $\quad P = 1408\,\text{W} \cdot 0{,}83$

$\underline{\underline{P = 1169\,\text{W}}}$

$Q = S \cdot \sin\varphi$; $\quad Q = 1408\,\text{var} \cdot 0{,}558$

$\underline{\underline{Q = 786\,\text{var}}}$

b) $\eta = \dfrac{P_{ab}}{P_{zu}}$; $\quad \eta = \dfrac{800\,\text{W}}{1169\,\text{W}}$

$\underline{\underline{\eta = 0{,}68}}$

Aufgaben

1. An einer Schützspule wird eine Scheinleistung von 320 VA und eine Wirkleistung von 140 W gemessen. Berechnen Sie den Leistungsfaktor!

2. Über einen Motor sind folgende Größen bekannt: $U = 220$ V; $I = 3{,}8$ A; $\cos\varphi = 0{,}7$. Wie groß ist die Wirkleistung?

3. Eine Schützspule nimmt an 220 V Wechselspannung (50 Hz) eine Wirkleistung von 75 W auf. Der Leistungsfaktor beträgt 0,45. Wie groß ist der Strom durch die Spule?

4. Durch eine Spule ohne Eisenkern mit $L = 0{,}3$ H und vernachlässigbarem Wirkwiderstand fließt ein Strom von 0,86 A ($f = 50$ Hz).

a) Wie groß ist die anliegende Spannung?

b) Wie groß ist die Blindleistung?

5. Der Motor einer Wasserpumpe mit 1,4 kW nimmt an 220 V/50 Hz einen Strom von 11,7 A auf. Der Leistungsfaktor beträgt 0,85. Wie groß sind

a) Scheinleistung, b) Wirkleistung,

c) Blindleistung und d) der Wirkungsgrad?

6. Berechnen Sie mit Hilfe der Größen aus dem Leistungsschild S; P; Q und η!

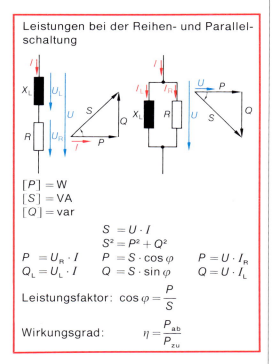

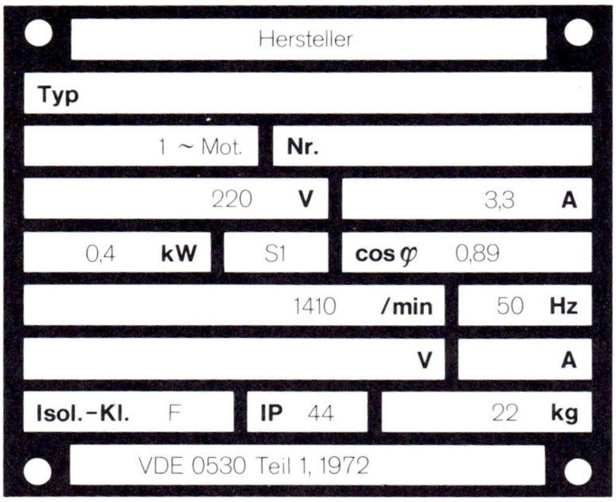

Hersteller
Typ
1 ~ Mot.
Nr.
220 V
3,3 A
0,4 kW
S1
cos φ 0,89
1410 /min
50 Hz
V
A
Isol.-Kl. F
IP 44
22 kg
VDE 0530 Teil 1, 1972

7. Eine Leuchtstofflampe nimmt an 220 V (50 Hz) einen Strom von 0,7 A auf. Die insgesamt gemessene Wirkleistung (Lampe und Drossel) beträgt 80 W. Wie groß sind
a) Scheinleistung,
b) Blindleistung und
c) der Leistungsfaktor?

8. Ermitteln Sie für zwei parallel geschaltete Motoren folgende Gesamtgrößen: P, S und Q!
Gegeben sind: $S_1 = 900$ VA; $Q_1 = 533$ var;
$S_2 = 720$ VA; $Q_2 = 470$ var.

9. Ein Schütz besitzt folgende Daten: $U = 220$ V; $S = 10$ VA; $P = 6{,}5$ W. Wie groß sind
a) Leistungsfaktor, b) Blindleistung, c) Blind- und Wirkwiderstand, wenn eine Parallelschaltung angenommen wird?

10. Der Phasenverschiebungswinkel zwischen Stromstärke und Spannung bei einer Leuchtstofflampenanlage (Lampe und Drossel) beträgt 65°. Sie wird an 220 V/50 Hz betrieben. Es fließt ein Strom von 7,7 A. Berechnen Sie
a) die Wirk- und Blindspannung,
b) die Schein-, Wirk- und Blindwiderstände,
c) die Schein-, Wirk- und Blindleistung!

11. Der Scheinwiderstand einer Spule beträgt 65 Ω und der Wirkwiderstand 26 Ω (Serienwiderstand).
a) Wie groß ist der Blindwiderstand?
b) Wie groß sind die Schein-, Wirk- und Blindleistung bei 380 V?

12. Berechnen Sie für eine Reihenschaltung aus R und X_L die Wirkleistung (Gesamtspannung 220 V/50 Hz), wenn der Scheinwiderstand 172 Ω groß ist und der Phasenverschiebungswinkel 19° beträgt!

13. Bei einer Reihenschaltung beträgt der Spannungsabfall am Wirkwiderstand 4,2 V. Die Gesamtspannung ist 9 V groß und es fließt ein Strom von 86 mA bei 50 Hz. Wie groß sind U_L; R; L; P; Q und S?

14. Eine Spule hat einen Scheinwiderstand von 1,2 kΩ und einen Wirkwiderstand von 820 Ω.
a) Wie groß ist der Leistungsfaktor?
b) Wie groß ist die Wirkleistung bei einem Strom von 0,3 A?

15. Mit der Spule von Abb. 1 ist ein Wirkwiderstand R_x in Reihe geschaltet. Er soll so groß gewählt werden, daß sich bei $f = 50$ Hz ein gesamter Scheinwiderstand von 30 Ω ergibt.
a) Wie groß muß R_x sein?
b) Wie groß ist der Leistungsfaktor?

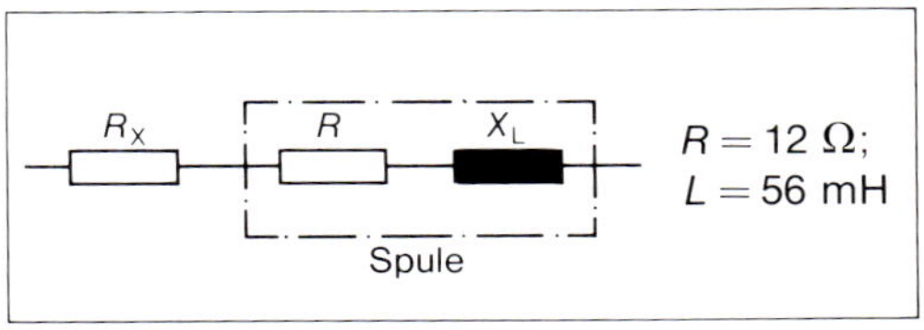

Abb. 1: Zu Aufgabe 15

16. Ermitteln Sie aus den gegebenen Daten (Abb. 2)
a) die Schein-, Wirk- und Blindleistungen der einzelnen Motoren sowie
b) den Gesamtleistungsfaktor und die Gesamtstromstärke.

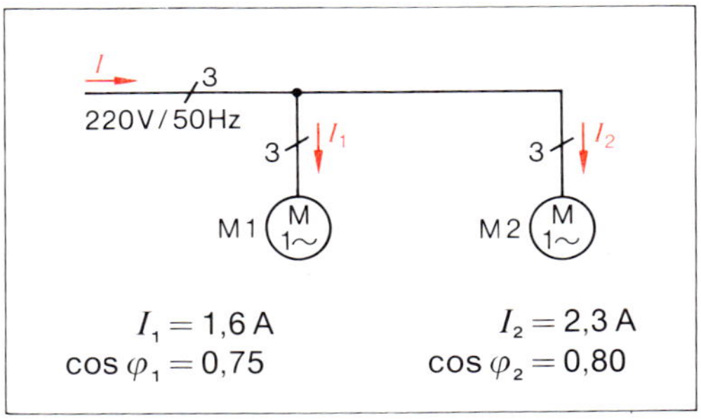

Abb. 2: Zu Aufgabe 16

17. Ein Wechselstrommotor hat folgende Daten: $P = 300$ W (abgebbare Leistung); $U = 220$ V/50 Hz; $\cos\varphi = 0{,}9$ und $\eta = 0{,}7$. Wie groß sind
a) Stromstärke,
b) Scheinleistung,
c) Blindleistung und
d) Blindwiderstand und Wirkwiderstand (Parallelschaltung).

18. Zwei verlustbehaftete Drosselspulen sind in Reihe geschaltet. Sie besitzen die Werte: $R_1 = 21\ \Omega$; $L_1 = 0{,}5\ \mathrm{H}$; $R_2 = 5{,}3\ \Omega$; $L_2 = 120\ \mathrm{mH}$. In der Reihenschaltung fließt ein Strom von 2,9 A (Frequenz 50 Hz).
a) Wie groß sind die Spannungen an den einzelnen Spulen?
b) Wie groß ist die Gesamtspannung?
c) Wie groß sind die Wirk-, Blind- und die Scheinleistung der Schaltung?

19. Die Abb. 1 zeigt die Schaltung einer Projektionslampe mit einer Drosselspule. Die Lampe benötigt zur einwandfreien Funktion eine Spannung von 120 V. Die Leistung beträgt dabei 150 W. Von der verlustbehafteten Spule ist lediglich der Wirkwiderstand mit 22,6 Ω bekannt.
a) Berechnen Sie die Induktivität der Drosselspule!
b) Wie groß sind Wirk-, Blind- und Scheinleistung der Schaltung?

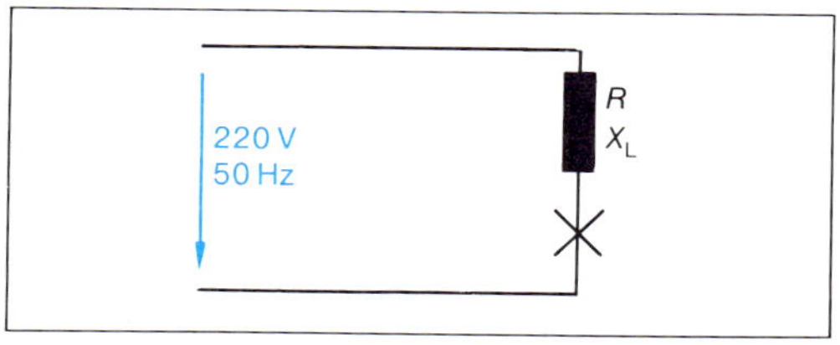

Abb. 1

20. Eine Leuchtstofflampe mit 65 W nimmt bei Anschluß mit einer Drosselspule eine Wirkleistung von 80 W auf. Die Lampenschaltung wird an 220 V (50 Hz) betrieben. Es fließt ein Strom von 0,68 A.
a) Wie groß sind Blind- und Scheinleistung?
b) Berechnen Sie den Leistungsfaktor!
c) Wie groß ist die Spannung an der Lampe und an der verlustbehafteten Spule?

21. An 220 V (50 Hz) liegen mehrere Glühlampen und ein Elektromotor parallel. Der Gesamtstrom für die Glühlampen beträgt 11,7 A und der für den Motor 10,4 A. Der Gesamtstrom in der Zuleitung wird mit 19,8 A ermittelt.
a) Ermitteln Sie zeichnerisch den Blind- und den Wirkstrom durch den Motor!
b) Berechnen Sie mit den zeichnerischen Werten die Wirk-, die Blind- und die Scheinleistung der Anlage!

22. Durch eine Reihenschaltung von R und X_L fließt ein Strom von 3,5 A. Es werden am Wirkwiderstand 85 V, am Blindwiderstand 67 V gemessen. Berechnen Sie U; S; P; Q!

23. Ein induktiver Blindwiderstand mit $L = 200\ \mathrm{mH}$ (verlustlos angenommen) liegt parallel zu $R = 560\ \Omega$. Die Schaltung liegt an einer Spannung von 3,5 V bei 1 kHz.
Gesucht sind: I; Z; $\cos\varphi$; P; S; Q!

24. Durch eine Spule ohne Eisenkern mit $L = 0{,}3\ \mathrm{H}$ und vernachlässigbarem Wirkwiderstand fließt ein Strom von 0,86 A ($f = 50\ \mathrm{Hz}$).
a) Wie groß ist die anliegende Spannung?
b) Wie groß ist die Blindleistung?

25. Berechnen Sie für eine Reihenschaltung aus R und X_L die Wirkleistung (Gesamtspannung 220 V und 50 Hz), wenn der Scheinwiderstand 172 Ω groß ist und der Phasenverschiebungswinkel 19° beträgt!

26. Die Abb. 2 zeigt eine Meßschaltung mit einer verlustbehafteten Spule. Berechnen Sie aus den Meßwerten die Induktivität der Spule!

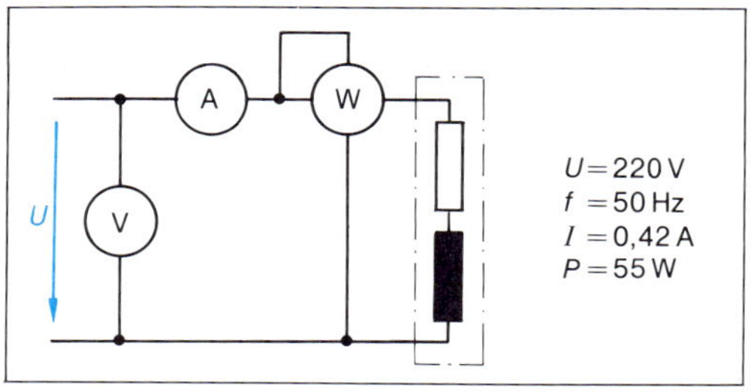

Abb. 2

27. Eine Glühlampe hat bei 110 V eine Leistung von 40 W. Sie soll an 220 V und 50 Hz betrieben werden.
a) Wie groß ist der Vorwiderstand?
b) Wie groß muß die in Reihe zu schaltende Induktivität sein ($f = 50\ \mathrm{Hz}$)?

28. Durch eine Spule fließt bei 220 V und 50 Hz ein Strom von 0,9 A. Der Leistungsfaktor beträgt 0,72.
a) Wie groß sind Wirk-, Blind- und Scheinleistung?
b) Wie groß ist die Induktivität der Spule?

16.6 Blindwiderstand des Kondensators

▶ In einer Leuchtstofflampenschaltung befindet sich ein Kondensator, dessen Beschriftung unleserlich geworden ist. Durch Strom- und Spannungsmessung soll die Kapazität ermittelt werden.

Meßwerte: $U = 220\,\text{V}/50\,\text{Hz}$; $I = 138\,\text{mA}$.

Blindwiderstand X_C $[X_C] = \Omega$

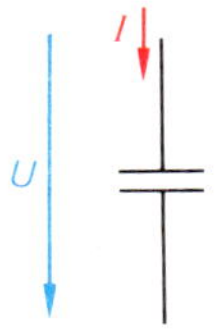

$$X_C = \frac{U}{I} \qquad X_C = \frac{1}{2\pi \cdot f \cdot C}$$

$$X_C = \frac{1}{\omega \cdot C}$$

Reihenschaltung

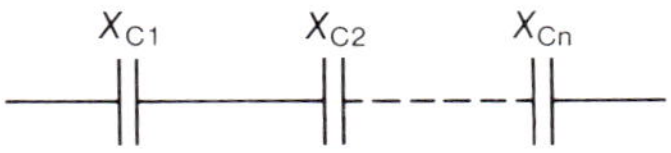

$$X_{C\,ges} = X_{C1} + X_{C2} + \ldots + X_{Cn}$$

Parallelschaltung

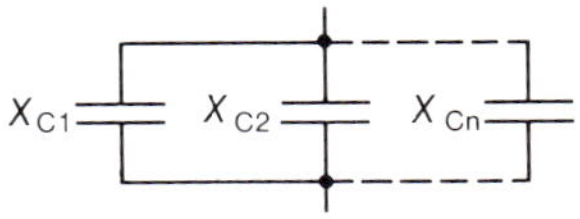

$$\frac{1}{X_{C\,ges}} = \frac{1}{X_{C1}} + \frac{1}{X_{C2}} + \ldots + \frac{1}{X_{Cn}}$$

Beispiellösung:

Gegeben: $U = 220\,\text{V}/50\,\text{Hz}$; $I = 138\,\text{mA}$
Gesucht: C

$$X_C = \frac{U}{I}; \quad X_C = \frac{1}{2\pi \cdot f \cdot C}$$

$$\frac{U}{I} = \frac{1}{2\pi \cdot f \cdot C}; \quad C = \frac{I}{U \cdot 2\pi \cdot f}$$

$$C = \frac{138 \cdot 10^{-3}\,\text{A}}{220\,\text{V} \cdot 2 \cdot \pi \cdot \frac{50}{\text{s}}}; \quad \underline{\underline{C = 2\,\mu\text{F}}}$$

Aufgaben

1. Wie groß ist der Blindwiderstand eines Kondensators von 4,7 µF bei a) $16\frac{2}{3}$ Hz, b) 50 Hz und c) 60 Hz?

2. Zur Kompensation werden in einer Anlage drei Kondensatoren von 4,7 µF, 6,8 µF und 10 µF parallel geschaltet. An ihnen liegt eine Spannung von 380 V/50 Hz. Wie groß sind die Ströme durch die Kondensatoren?

3. Berechnen Sie die Kapazität eines Kondensators, der an 380 V/50 Hz einen Strom von 1,25 A aufnimmt!

4. Für eine Filterschaltung wird bei 1 kHz ein Blindwiderstand von 420 Ω benötigt. Wie groß muß der Kondensator dafür sein?

5. Ermitteln Sie die Gesamtkapazität der Kondensatorschaltung aus Abb. 3 und den Gesamtblindwiderstand!

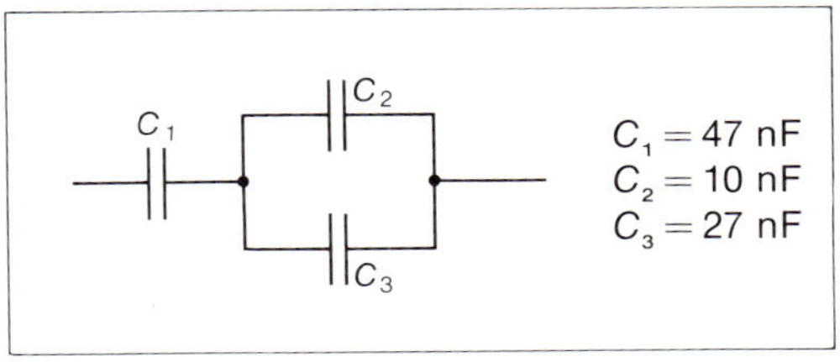

Abb. 3: Zu Aufgabe 5

6. Drei Kondensatoren mit $C_1 = 10\,\mu\text{F}$, $C_2 = 4{,}7\,\mu\text{F}$ und $C_3 = 6{,}8\,\mu\text{F}$ liegen in Reihe an $U = 220\,\text{V}$. Wie groß sind
a) der Blindwiderstand der Schaltung,
b) die Spannungen an den Kondensatoren,
c) der Gesamtstrom?

7. Ermitteln Sie aus dem Diagramm von Abb. 4 die Kapazität des Kondensators.

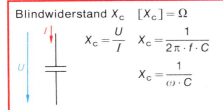

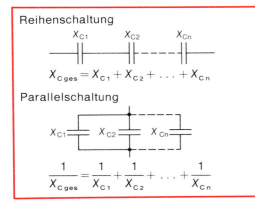

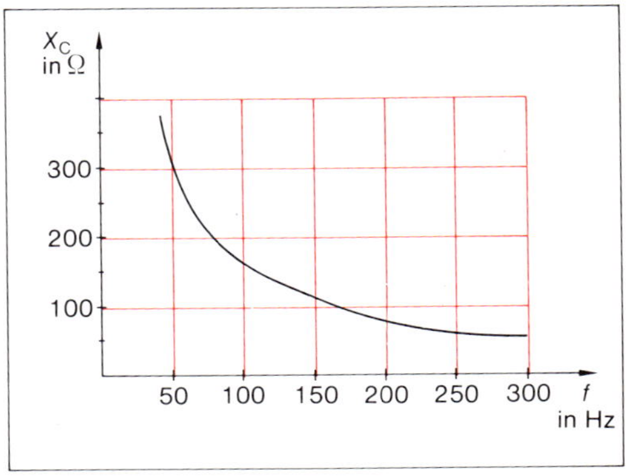

Abb. 4: Zu Aufgabe 7

8. Ein Kompensationskondensator mit 4,7 μF liegt parallel zu einem Motor und an einer Spannung von 220 V (50 Hz). Seine Toleranz beträgt ±20%. Zwischen welchen Werten kann die Stromstärke liegen?

9. Ein Entstörkondensator von 1 μF wird irrtümlich gegen einen Kondensator von 0,5 μF ausgetauscht. Berechnen Sie die Blindwiderstände beider Kondensatoren für 50 Hz und 100 kHz!

10. a) Berechnen Sie die Gesamtkapazität und den Gesamtblindwiderstand ($f = 50$ Hz) der Schaltung von Abb. 1!
b) Wie groß sind die Stromstärke und die Einzelspannungen an den Kondensatoren, wenn die Schaltung an einer Gesamtspannung von 220 V (50 Hz) liegt?

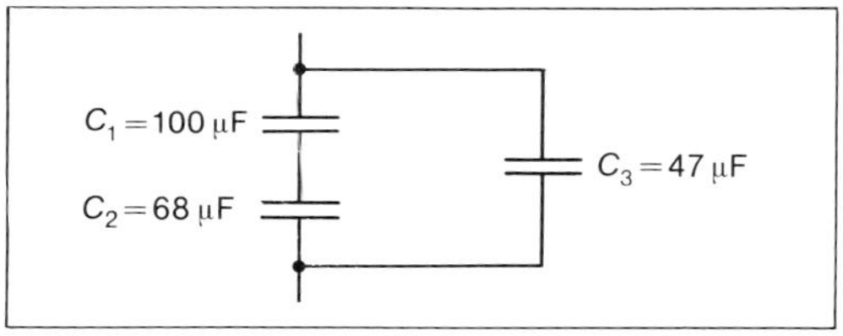

Abb. 1

11. Ermitteln Sie für die drei Kondensatoren von 1 μF; 5 μF und 10 μF die Frequenzen, bei denen der kapazitive Blindwiderstand 100 Ω beträgt!

12. Kondensatoren mit unbekannten Werten werden an 220 V Wechselspannung (50 Hz) gelegt und die Stromstärke gemessen. Welche Kapazitäten ergeben sich, wenn
a) 5,3 mA; b) 17,5 mA und c) 120 mA fließen?

13. Durch einen Kondensator von 10 μF mit einer Toleranz von ±20% darf nur ein effektiver Wechselstrom von 120 mA fließen. Wie groß darf höchstens der Scheitelwert der Wechselspannung werden? ($f = 50$ Hz)

14. Mit drei Kondensatoren soll ein Gesamtblindwiderstand von etwa 154 Ω bei 50 Hz realisiert werden. Es stehen bereits zwei Kondensatoren von 47 μF und 10 μF zur Verfügung. Zeichnen Sie das Schaltbild und berechnen Sie die Kapazität des zuschaltbaren Kondensators!

15. Ein Kondensator von 10 μF wird an einen Generator mit veränderbarer Frequenz angeschlossen. Bei einer gleichbleibenden Spannung ändert sich die Stromstärke von 30 mA bis 110 mA. Um wieviel Prozent hat sich dabei die Frequenz verändert?

16. Ein Kondensator mit einer Kapazität von 22 μF und einer Toleranz von ±20% liegt an einer Wechselspannung von 380 V (50 Hz). Zwischen welchen Werten liegt der Blindwiderstand des Kondensators?

17. An dem Kondensator C_1 von Abb. 2 wird eine Spannung von 117 V (50 Hz) gemessen.
a) Wie groß ist der Strom durch C_1?
b) Wie groß sind die Ströme durch C_2 und C_3?
c) Wie groß ist die Spannung an C_2 und C_3?

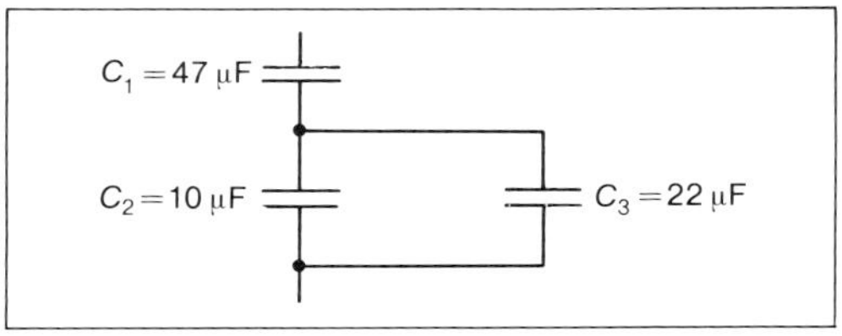

Abb. 2

18. Durch einen Kondensator mit unbekannten Werten fließt bei 220 V (50 Hz) ein Strom von 0,1 A.
a) Wie groß ist die Kapazität des Kondensators entsprechend der E6-Reihe?
b) Wie groß ist die prozentuale Abweichung vom Nennwert?

19. Um wieviel Prozent ändert sich der Blindwiderstand eines Kondensators von 2,2 μF, wenn sich die Frequenz von 50 Hz auf 60 Hz erhöht?

20. Die Abhängigkeit des Blindwiderstandes von der Kapazität wird in einer Versuchsschaltung untersucht. Dazu werden vier Kondensatoren mit den Kapazitäten 0,5 μF; 1,5 μF; 2 μF; 5 μF und 10 μF an eine konstant bleibende Wechselspannung von 12 V (50 Hz) gelegt. Es werden dazu folgende Ströme gemessen:
$I_1 = 1{,}9$ mA; $I_2 = 5{,}7$ mA; $I_3 = 7{,}5$ mA; $I_4 = 19$ mA; $I_5 = 38$ mA
Zeichnen Sie in ein Diagramm X_C in Abhängigkeit von C!

16.7 Reihenschaltung von kapazitiven Blindwiderständen und Wirkwiderständen

▶ Zur Leistungsverminderung eines Lötkolbens ist ein Kondensator in Reihe geschaltet. Die Spannung am Lötkolben wird durch eine Messung bestimmt. Sie beträgt jetzt 180 V. Die Gesamtspannung ist 220 V/50 Hz. Wie groß ist die Spannung am Kondensator?

Reihenschaltung von R und X_C

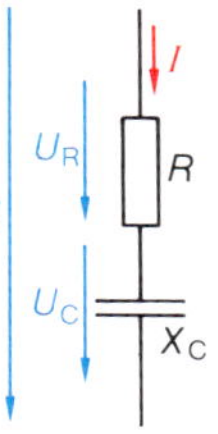

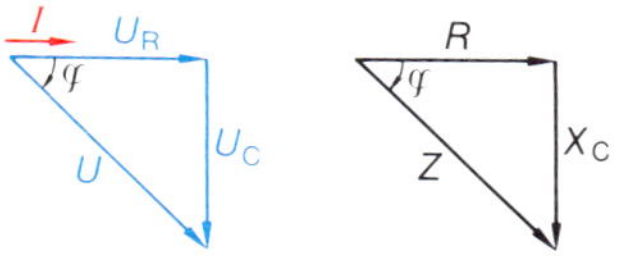

$$U^2 = U_R^2 + U_C^2 \qquad Z^2 = R^2 + X_C^2$$

$$\tan\varphi = \frac{U_C}{U_R} \qquad \tan\varphi = \frac{X_C}{R}$$

$$\sin\varphi = \frac{U_C}{U} \qquad \sin\varphi = \frac{X_C}{Z}$$

$$\cos\varphi = \frac{U_R}{U} \qquad \cos\varphi = \frac{R}{Z}$$

Beispiellösung:

Gegeben: $U = 220\,\text{V}/50\,\text{Hz}$; $U_R = 180\,\text{V}$
Gesucht: U_C

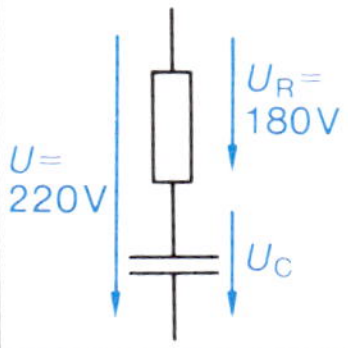

$$U^2 = U_R^2 + U_C^2$$

$$U_C = \sqrt{U^2 - U_R^2}$$

$$U_C = \sqrt{(220\,\text{V})^2 - (180\,\text{V})^2}$$

$$\underline{\underline{U_C = 126{,}5\,\text{V}}}$$

Aufgaben

1. Ein Wirkwiderstand von 120 Ω und ein Kondensator mit einem Blindwiderstand von 300 Ω liegen in Reihe an einer Wechselspannung. Die Stromstärke beträgt 63 mA.
a) Wie groß sind die Spannungen an R und an X_C?
b) Wie groß ist die angelegte Spannung und der Phasenverschiebungswinkel?

2. An dem Siebglied der Abb. 3 werden die angegebenen Spannungen gemessen. Berechnen Sie für die Frequenz von 100 Hz die Werte für U_R; I; Z; X_C; und C!

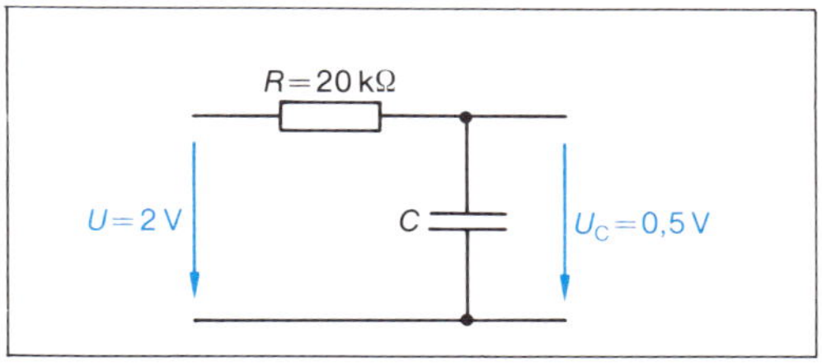

Abb. 3

3. Ein Wirkwiderstand und ein Kondensator sind in Reihe geschaltet. Bei Anschluß an 24 V Wechselspannung von 50 Hz wird eine Stromstärke von 720 mA gemessen. Die Spannung am Wirkwiderstand beträgt 6,8 V. Wie groß sind R; U_C; C und φ?

4. Wie groß ist der Scheinwiderstand einer Reihenschaltung von $R = 1\,\text{k}\Omega$ und $C = 3{,}3\,\mu\text{F}$ bei $f = 50$ Hz?

5. Wie groß ist der Strom durch einen Kondensator von 0,5 µF, wenn er in Reihe mit einem Wirkwiderstand von 3,9 kΩ liegt? Die Gesamtspannung beträgt 110 V/50 Hz.

6. Die Schaltung der Abb. 4 zeigt eine Siebschaltung einer Gleichrichterschaltung.
a) Berechnen Sie den Scheinwiderstand der Schaltung für 50 Hz und 100 Hz.
b) Wie groß ist die Spannung am 100 µF-Kondensator, wenn als Restwechselspannung eine Spannung von 3 V bei 100 Hz angenommen wird.

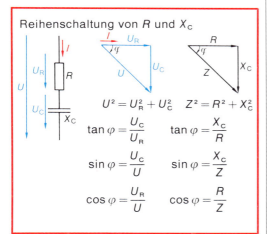

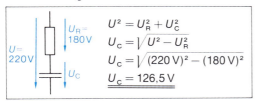

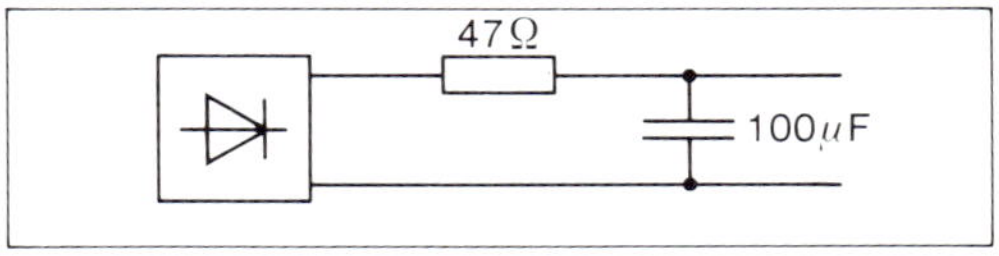

Abb. 4: Zu Aufgabe 6

7. Ein Kondensator liegt an einer Wechselspannung von 50 Hz mit einem Wirkwiderstand von 270 Ω in Reihe. Infolge eines Durchschlags wird der Kondensator kurzgeschlossen. Der Strom steigt dabei auf den 5fachen Wert. Welche Kapazität hatte der Kondensator?

8. Wie groß sind Z; I; U_{R1}; U_{R2}; U_C und φ in der Schaltung von Abb. 1?

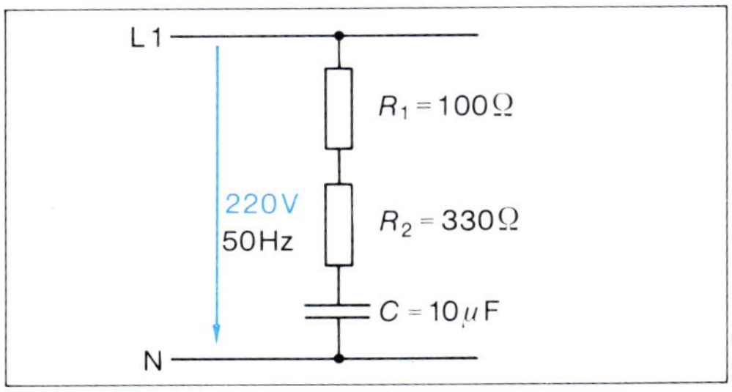

Abb. 1: Zu Aufgabe 8

9. Zwei Transistorstufen sind kapazitiv gekoppelt (Abb. 2). Der Eingangswiderstand der nachfolgenden Stufe ist durch den Widerstand R gekennzeichnet. Die Schaltung wird mit einem Wechselspannungsgenerator untersucht. Dazu wird die Spannung U mit 10 mV konstant gehalten. Berechnen Sie X_C; Z; I; U_R und den Phasenverschiebungswinkel für die Grenzfrequenzen von 30 Hz und 15 kHz!

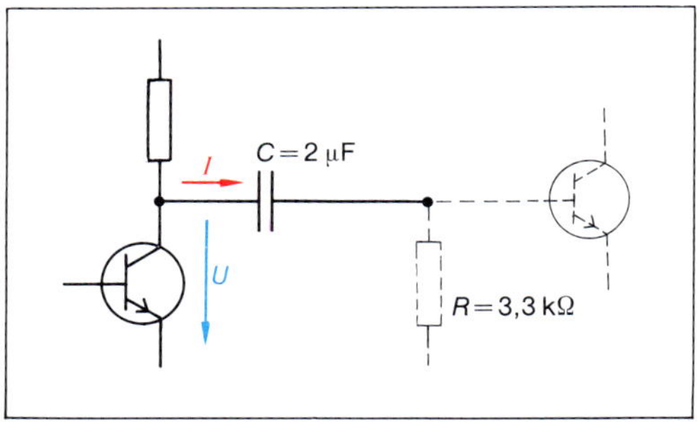

Abb. 2

10. Eine Glühlampe hat die Nennwerte 220 V und 60 W. Sie liegt mit einem Kondensator von 2,2 µF in Reihe an der Gesamtspannung von 220 V (50 Hz). Der Widerstand der Glühlampe soll für die Berechnung als unabhängig von der Stromstärke angenommen werden. Berechnen Sie Z; I; U_R; U_C; φ!

11. Eine Reihenschaltung aus einem Wirkwiderstand und einem Kondensator soll so bemessen werden, daß bei 220 V Gesamtspannung (50 Hz) an jedem Bauteil gleichgroße Spannungen abfallen. Der Wirkwiderstand hat einen Wert von 220 Ω. Wie groß ist die zuschaltbare Kapazität?

12. An einer Reihenschaltung aus $C = 0{,}47\,\mu F$ und $R = 6{,}8\,k\Omega$ liegt eine Wechselspannung von 150 V. Es fließt ein Strom von 13,8 mA. Wie groß ist die Frequenz der Wechselspannung?

13. Eine Glühlampe von 125 V und 15 W soll durch eine Reihenschaltung mit einem Kondensator an 220 V/50 Hz betrieben werden. Sie soll dabei normal leuchten. Welche Kapazität muß der Kondensator deswegen haben?

14. Ein Wirkwiderstand von 4,7 kΩ und ein Kondensator von 0,6 µF sind in Reihe geschaltet. Die Gesamtspannung beträgt 90 V. Bei welcher Frequenz fließt ein Strom von 12 mA?

15. Die Frequenzabhängigkeit der Reihenschaltung aus R und X_C soll mit der Schaltung von Abb. 3 untersucht werden. Zeichnen Sie zwei Diagramme mit U_R und φ in Abhängigkeit von der Frequenz für die Werte: $f = 20$ Hz; 40 Hz; 60 Hz; 80 Hz; 100 Hz!

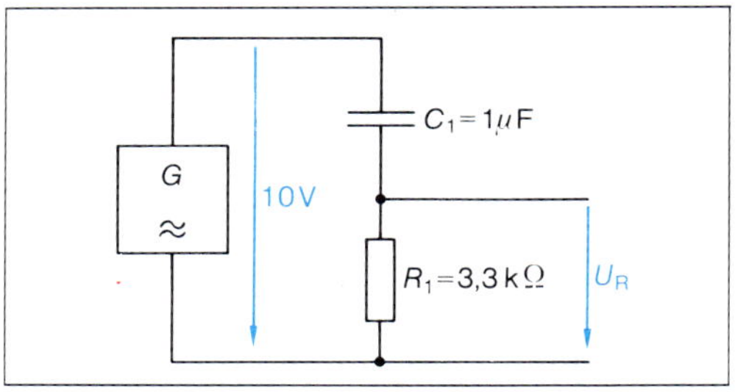

Abb. 3: Zu Aufgabe 15

16. Ein Wirkwiderstand von 1 kΩ liegt in Reihe mit einem Kondensator an einer Wechselspannung von 50 Hz. An beiden Bauteilen wird eine gleich große Spannung gemessen. Wie groß ist die Kapazität des Kondensators?

17. Auf einem Wirkwiderstand steht die Widerstandsangabe in 40 W/220 V. Er liegt mit einem Kondensator von 5 µF in Reihe an einer Gesamtspannung von 220 V/50 Hz. Wie groß sind
a) der Scheinwiderstand,
b) die Stromstärke,
c) die Spannungen an R und X_C sowie
d) der Phasenverschiebungswinkel?

16.8 Parallelschaltung von kapazitiven Blindwiderständen und Wirkwiderständen

► Der Verlustfaktor eines MP-Kondensators wird mit $7 \cdot 10^{-3}$ bei 50 Hz angegeben. Die Nennkapazität beträgt 47 µF.

a) Wie groß ist der parallele Verlustwiderstand?

b) Wie groß sind Blind- und Wirkstrom bei einer Spannung von 220 V/50 Hz?

c) Wie groß ist der Scheinwiderstand der Schaltung, wenn zur Entladung ein Wirkwiderstand von 10 kΩ parallel geschaltet wird?

Parallelschaltung von R und X_C

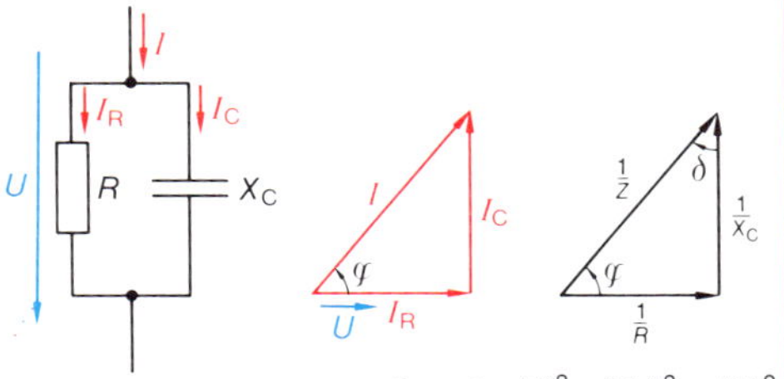

$I^2 = I_R^2 + I_C^2$ $\quad \left(\frac{1}{Z}\right)^2 = \left(\frac{1}{X_C}\right)^2 + \left(\frac{1}{R}\right)^2$

Verlustfaktor:

$\tan\delta = \frac{X_C}{R}$ $\quad \tan\varphi = \frac{I_C}{I_R}$ $\quad \tan\varphi = \frac{R}{X_C}$

$\sin\varphi = \frac{I_C}{I}$ $\quad \sin\varphi = \frac{Z}{X_C}$

$\cos\varphi = \frac{I_R}{I}$ $\quad \cos\varphi = \frac{Z}{R}$

Beispiellösung:

Gegeben: $\tan\delta = 7 \cdot 10^{-3}$; $f = 50$ Hz; $C = 47$ µF
Gesucht: a) R; b) I_C; I_R; c) Z

a) $\tan\delta = \frac{X_C}{R}$; $\quad R = \frac{X_C}{\tan\delta}$;

$$R = \frac{1}{2\pi \cdot \frac{50}{\text{s}} \cdot 47 \cdot 10^{-6}\,\frac{\text{As}}{\text{V}} \cdot 7 \cdot 10^{-3}}$$

$\underline{\underline{R = 9{,}68\ \text{k}\Omega}}$

b) $X_C = \frac{1}{2\pi \cdot f \cdot C}$; $\quad X_C = \frac{1}{2\pi \cdot \frac{50}{\text{s}} \cdot 47 \cdot 10^{-6}\,\frac{\text{As}}{\text{V}}}$;

$X_C = 67{,}7\ \Omega$

$I_C = \frac{U}{X_C}$; $\quad I_C = \frac{220\ \text{V}}{67{,}7\ \Omega}$; $\quad \underline{\underline{I_C = 3{,}25\ \text{A}}}$

$I_R = \frac{U}{R}$; $\quad I_R = \frac{220\ \text{V}}{9{,}68\ \text{k}\Omega}$; $\quad \underline{\underline{I_R = 22{,}7\ \text{mA}}}$

c) $\frac{1}{Z} = \sqrt{\left(\frac{1}{X_C}\right)^2 + \left(\frac{1}{R_P}\right)^2}$;

$\frac{1}{R_P} = \frac{1}{R} + \frac{1}{R_{10}}$; $\quad \frac{1}{R_P} = \frac{1}{9{,}68\ \text{k}\Omega} + \frac{1}{10\ \text{k}\Omega}$

$$\frac{1}{Z} = \sqrt{\left(\frac{1}{67{,}7\ \Omega}\right)^2 + \left(\frac{1}{4\,920\ \Omega}\right)^2}$$

$\underline{\underline{Z = 67{,}7\ \Omega}}$, keine entscheidende Änderung

Aufgaben

1. Ein Elektrolytkondensator von 0,1 µF hat bei 100 Hz einen $\tan\delta$ von $250 \cdot 10^{-3}$.
a) Wie groß ist der parallele Verlustwiderstand?
b) Wie groß sind Wirk- und Blindstrom bei einer Spannung von 10 V ($f = 100$ Hz)?

2. Welcher Wirkwiderstand wurde bei $f = 50$ Hz einem Kondensator von 1 µF parallel geschaltet, wenn sich ein Phasenverschiebungswinkel von 35° ergibt?

3. Ein Kondensator von 2,2 µF und ein Wirkwiderstand von 500 Ω sind parallel geschaltet. Die Gesamtspannung beträgt 220 V/50 Hz. Wie groß sind Z; I_C; I_R; I; φ?

4. An einer unbekannten Schaltung wird bei Anlegen einer Wechselspannung von 100 V und 50 Hz ein Gesamtstrom von 125 mA gemessen. Es wird eine Phasenverschiebung zwischen Gesamtstrom und Spannung von 23° gemessen. Der Strom eilt der Spannung voraus. Welche Werte haben die Bauteile in a) Parallelschaltung, b) Reihenschaltung?

5. Bei Anschalten einer Gleichspannung von 60 V an eine Parallelschaltung aus R und X_C fließt ein Strom von 0,3 A. Bei Anlegen einer Wechselspannung (50 Hz) von ebenfalls 60 V verdoppelt sich die Stromstärke. Wie groß sind R und X_C?

6. Die Abb. 1 zeigt einen Transistor in einem NF-Verstärker. Er wird für einen Frequenzbereich von 50 Hz bis 15 kHz verwendet. Zwischen welchen Werten ändert sich der Scheinwiderstand der Parallelschaltung?

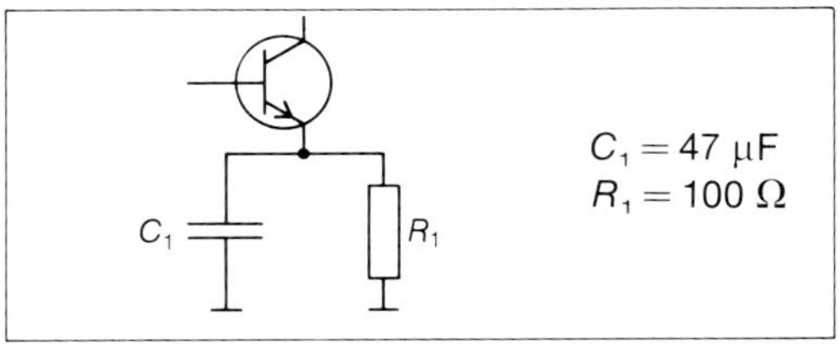

Abb. 1: Zu Aufgabe 6

7. Ein MP-Kondensator von 10 µF hat bei 50 Hz einen parallelen Verlustwiderstand von 86 kΩ. Wie groß ist der Verlustfaktor und der Phasenverschiebungswinkel φ?

8. Berechnen Sie zum Schaltbild von Abb. 2 den Scheinwiderstand und die Spannungen an C_1 und C_2, wenn die Gesamtspannung 100 V/50 Hz beträgt.

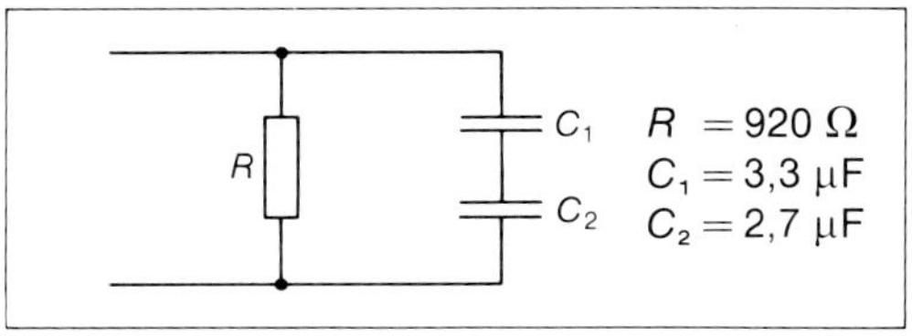

Abb. 2: Zu Aufgabe 8

9. Ein Kondensator von 2,2 nF und ein Wirkwiderstand von 1 kΩ sind parallel geschaltet. Bei welcher Frequenz beträgt der Scheinwiderstand 500 Ω?

10. Durch Zuschalten von C_2 (Abb. 3) soll eine Phasenverschiebung zwischen Spannung und Gesamtstrom von 35° erreicht werden. Wie groß ist die Kapazität des Kondensators C_2?

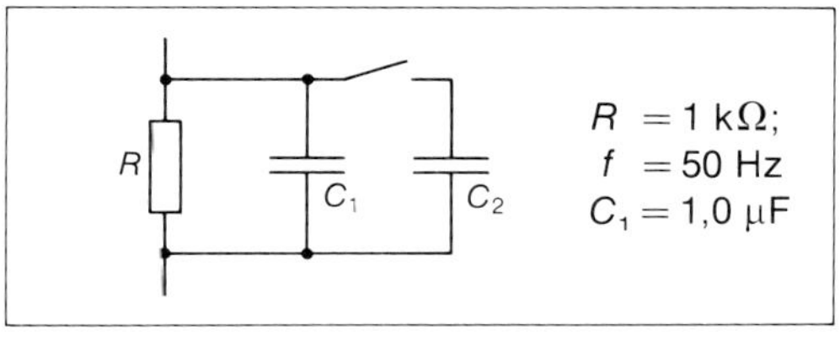

Abb. 3: Zu Aufgabe 10

11. Zu einem Wirkwiderstand von 1 kΩ liegen zwei Kondensatoren parallel. Der eine Kondensator besitzt eine Kapazität von 2,2 µF. Wie groß muß die zweite Kapazität sein, damit sich bei 50 Hz eine Phasenverschiebung von 45° ergibt?

12. Berechne zu Abb. 4 den Scheinwiderstand und den Phasenverschiebungswinkel, wenn folgende Werte bekannt sind:
$R = 820\,\Omega$; $C_1 = 2{,}2\ \mu F$; $C_2 = 3{,}3\ \mu F$; $f = 50$ Hz

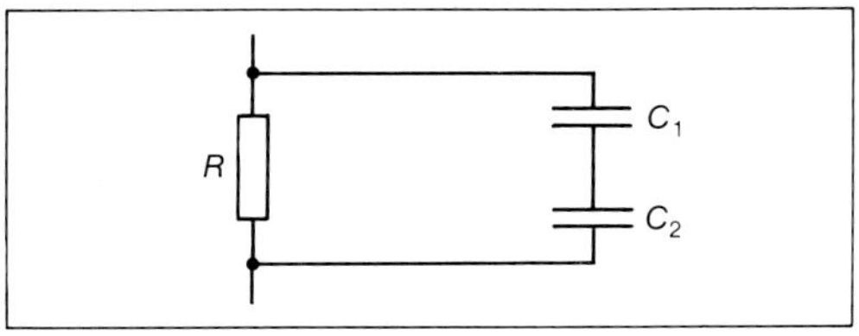

Abb. 4: Zu Aufgabe 12

13. Ein Aluminium-Elektrolytkondensator von 470 µF hat bei 50 Hz einen $\tan\delta$ von $250 \cdot 10^{-3}$.
a) Berechnen Sie den parallelen Verlustwiderstand!
b) Wie groß sind Blind-, Wirk- und Gesamtstrom, wenn der Kondensator an 22 V Wechselspannung (50 Hz) betrieben wird?

14. Ein Kondensator von 4,7 µF und ein Wirkwiderstand von 22 kΩ liegen parallel. Es wird bei $f = 1$ kHz eine Spannung von 5,3 V gemessen. Berechnen Sie I_R; X_C; I_C; Z und φ!

15. Zu einem Wirkwiderstand von 18 kΩ soll ein Blindwiderstand (Kondensator) so parallel geschaltet werden, daß sich eine Phasenverschiebung von 30° bei $f = 10$ kHz ergibt. Wie groß ist die Kapazität?

16. Bei Anschalten einer Gleichspannung von 60 V an eine Parallelschaltung aus R und X_C fließt ein Strom von 0,3 A. Bei Anlegen einer Wechselspannung von 50 Hz und ebenfalls 60 V verdoppelt sich die Stromstärke. Wie groß sind R; X_C und C?

17. Bei welcher Frequenz beträgt der Scheinwiderstand 1 kΩ, wenn ein Kondensator von 2,2 µF und ein Wirkwiderstand von 4,7 kΩ parallel liegen?

16.9 Leistungen in Stromkreisen mit kapazitiven Blindwiderständen und Wirkwiderständen

▶ Die Laborschaltung der Abb. 5 nimmt an 220 V/50 Hz eine Leistung von $P = 60\,W$ auf. Es fließt ein Strom von 0,5 A.
Wie groß sind U_R; U_C; S und Q?

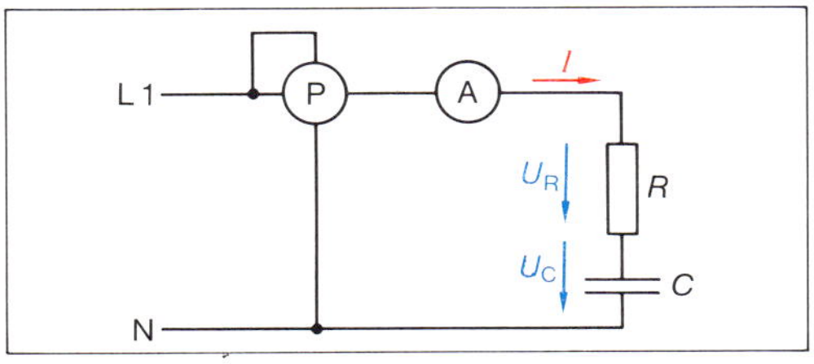

Abb. 5: Meßschaltung

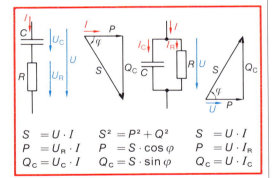

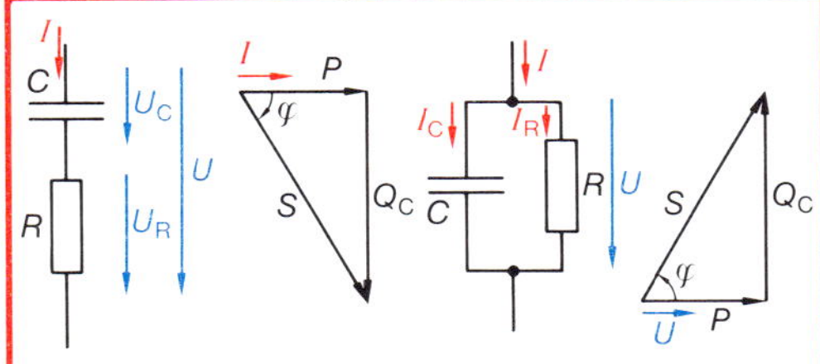

$S = U \cdot I$ $\quad S^2 = P^2 + Q^2 \quad S = U \cdot I$

$P = U_R \cdot I \quad P = S \cdot \cos\varphi \quad P = U \cdot I_R$

$Q_C = U_C \cdot I \quad Q_C = S \cdot \sin\varphi \quad Q_C = U \cdot I_C$

Beispiellösung:

Gegeben: $U = 220\,V/50\,Hz$; $P = 60\,W$; $I = 0{,}5\,A$

Gesucht: U_R, U_C, S, Q

$$P = U_R \cdot I$$

$$U_R = \frac{P}{I}; \quad U_R = \frac{60\,W}{0{,}5\,A}; \quad \underline{\underline{U_R = 120\,V}}$$

$$U^2 = U_R^2 + U_C^2$$

$$U_C = \sqrt{U^2 - U_R^2}$$

$$U_C = \sqrt{(220\,V)^2 - (120\,V)^2}; \quad \underline{\underline{U_C = 184{,}4\,V}}$$

$$S = U \cdot I; \quad S = 220\,V \cdot 0{,}5\,A; \quad \underline{\underline{S = 110\,VA}}$$

$$Q = U_C \cdot I$$

$$Q = 184{,}4\,V \cdot 0{,}5\,A; \quad \underline{\underline{Q = 92{,}2\,var}}$$

Aufgaben

1. Wie groß muß die Kapazität eines Kondensators im 220 V/50 Hz Netz sein, damit er eine Blindleistung von 1 kvar aufnehmen kann?

2. Ein Kondensator soll in einer Schaltanlage eine Blindleistung von $Q_C = 250$ kvar bei einer Spannung von 220 V/50 Hz liefern. Wie groß sind Stromstärke und Kapazität des Kondensators?

3. Durch die Reihenschaltung eines 10 µF-Kondensators wird die Wirkleistung eines kleinen Heizgerätes herabgesetzt. Ohne Kondensator beträgt die Leistungsaufnahme 100 W bei einer Spannung von 220 V/50 Hz. Wie groß ist die Wirkleistung des Heizgerätes mit Kondensator? Der Widerstand des Heizgerätes bleibt konstant.

4. Eine Glühlampe von 110 V/60 W soll an 220 V/50 Hz betrieben werden. Berechnen Sie die Kapazität des in Reihe zu schaltenden Kondensators!

5. Parallel zu einem Wirkwiderstand von 330 Ω ist ein Kondensator von 6 µF geschaltet. Die Schaltung liegt an 220 V/50 Hz. Berechnen Sie:
a) den Blindwiderstand des Kondensators,
b) die Scheinleistung,
c) die Teilströme und den Gesamtstrom,
d) die Wirk- und Blindleistung und
e) den Leistungsfaktor!

6. Zu einem Wirkwiderstand von 100 Ω soll ein Kondensator parallel geschaltet werden, damit sich bei Anlegen an 220 V/50 Hz eine Scheinleistung von 620 VA ergibt. Berechnen Sie
a) die Stromstärken,
b) die Wirk- und Blindleistung und
c) die Kapazität des Kondensators!

7. Bei einem Kondensator von 47 µF wurde bei 220 V/50 Hz eine Verlustleistung von 5,7 W gemessen. Berechnen Sie
a) den Verlustfaktor und
b) den Parallelwiderstand!

8. Ein verlustbehafteter Kondensator von 220 µF und einem $\tan\delta = 6 \cdot 10^{-3}$ wird an 380 V (50 Hz) betrieben.
a) Berechnen Sie den parallelen Verlustwiderstand!
b) Wie groß sind Wirk-, Blind- und Scheinleistung?

9. Zu einem 12 µF Kondensator wird eine Verlustleistung von 1,5 W angegeben. Er wird an 220 V (50 Hz) betrieben. Wie groß ist der Verlustfaktor des Kondensators?

10. Zu einer 60-W-Glühlampe, die an 220 V (50 Hz) betrieben wird, ist ein Kondensator von 4,7 µF parallel geschaltet. Berechnen Sie
a) den Gesamtstrom und die Teilströme,
b) die Blind- und die Scheinleistung und
c) den Phasenverschiebungswinkel!

11. Eine Reihenschaltung aus einem Wirkwiderstand und einem Kondensator liegt an 220 V (50 Hz). Die Schaltung wird meßtechnisch untersucht. Dabei wird eine Stromstärke von 3,5 A und ein $\cos\varphi$ von 0,6 gemessen.
a) Wie groß sind die Widerstände der Schaltung?
b) Welche Kapazität besitzt der Kondensator?
c) Wie groß sind die einzelnen Leistungen und die Scheinleistung?

13. Zu einem 330 µF Kompensationskondensator ist ein Entladewiderstand von 1,2 MΩ parallel geschaltet. Die Spannung beträgt 380 V (50 Hz).
a) Berechnen Sie die Ströme!
b) Wie groß sind die Leistungen?

14. Ein Lötkolben hat bei einer Netzspannung von 220 V und 50 Hz eine Leistung von 80 W. Er soll durch einen Vorkondensator in seiner Leistung auf 40 W verringert werden. Berechnen Sie die Kapazität des Kondensators, die Blindleistung und die Scheinleistung!

15. Der Wirkwiderstand von 820 Ω eines Heizgerätes und ein Kondensator von 4 µF sind an 220 V und 50 Hz in Reihe geschaltet. Berechnen Sie S; P; Q!

16.10 Reihenschaltung von induktiven und kapazitiven Blindwiderständen und Wirkwiderständen

► In der abgebildeten Hälfte der Duoschaltung (Abb. 1) werden folgende Meßwerte ermittelt:
$I = 0{,}42$ A; $U_R = 125$ V.
Es sind außerdem folgende Größen gegeben:
$C = 2{,}2$ µF;
Betriebsspannung $U = 220$ V/50 Hz.
Berechnen Sie
a) die Spannung am Kondensator,
b) die Spannung an der Drossel und
c) die Induktivität der Drossel (Wirkwiderstand vernachlässigbar)!

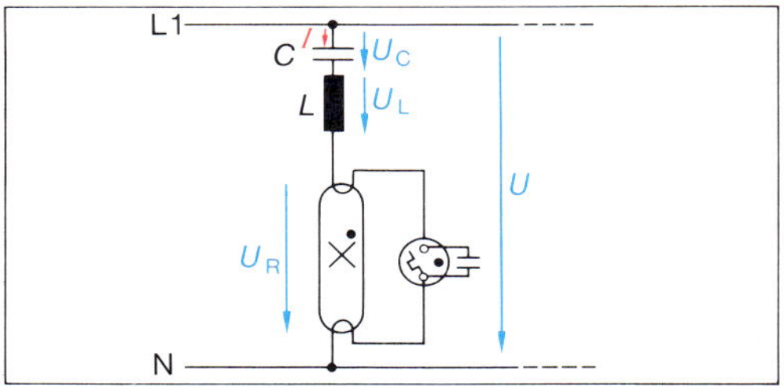

Abb. 1: Kapazitiver Teil der Duoschaltung

Reihenschaltung

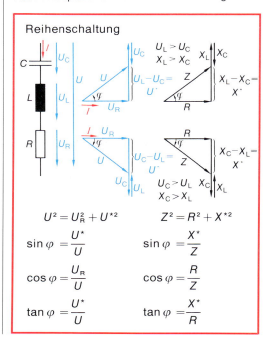

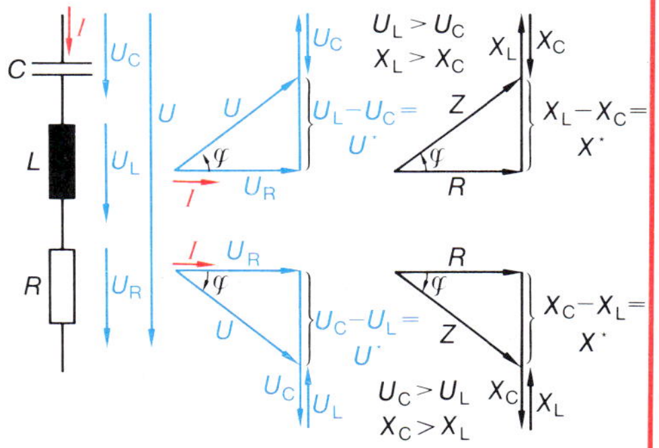

$$U^2 = U_R^2 + U^{*2} \qquad Z^2 = R^2 + X^{*2}$$

$$\sin\varphi = \frac{U^*}{U} \qquad \sin\varphi = \frac{X^*}{Z}$$

$$\cos\varphi = \frac{U_R}{U} \qquad \cos\varphi = \frac{R}{Z}$$

$$\tan\varphi = \frac{U^*}{U} \qquad \tan\varphi = \frac{X^*}{R}$$

Beispiellösung:

Gegeben: $I = 0{,}42\,\text{A}$; $U_R = 125\,\text{V}$;
$U = 220\,\text{V}/50\,\text{Hz}$; $C = 2{,}2\,\mu\text{F}$

Gesucht: U_C; L; U_L

a) $X_C = \dfrac{1}{2\pi \cdot f \cdot C}$; $X_C = \dfrac{1}{2\pi \cdot \dfrac{50}{\text{s}} \cdot 2{,}2 \cdot 10^{-6}\,\dfrac{\text{As}}{\text{V}}}$

$X_C = 1447\,\Omega$

$U_C = I \cdot X_C$; $U_C = 0{,}42\,\text{A} \cdot 1447\,\dfrac{\text{V}}{\text{A}}$; $\underline{\underline{U_C = 608\,\text{V}}}$

b) Für den kapazitiven Teil der Duoschaltung gilt: $U_C > U_L$

$$U^2 = U_R^2 + (U_C - U_L)^2$$

$$U_C - U_L = \sqrt{U^2 - U_R^2}$$

$$U_L = U_C - \sqrt{U^2 - U_R^2}$$

$$U_L = 608\,\text{V} - \sqrt{(220\,\text{V})^2 - (125\,\text{V})^2}$$

$$\underline{\underline{U_L = 427\,\text{V}}}$$

c) $X_L = 2\pi \cdot f \cdot L$; $X_L = \dfrac{U_L}{I}$

$L = \dfrac{U_L}{2\pi \cdot f \cdot I}$; $L = \dfrac{427\,\text{V}}{2\pi \cdot \dfrac{50}{\text{s}} \cdot 0{,}42\,\text{A}}$

$\underline{\underline{L = 3{,}24\,\text{H}}}$

Aufgaben

1. Wie groß muß die Kapazität eines Kondensators sein, der in Reihe mit einer Spule ($R = 500\,\Omega$ und $L = 2\,\text{H}$) einen Phasenverschiebungswinkel zwischen Stromstärke und Gesamtspannung von 43° ergibt ($f = 50\,\text{Hz}$)? Der Strom eilt dabei der Spannung nach.

2. Der Scheinwiderstand einer Spule beträgt $30\,\Omega$. Schaltet man einen Kondensator von $47\,\mu\text{F}$ in Reihe, dann erhöht sich der Scheinwiderstand auf $57\,\Omega$. Berechnen Sie den Wirkwiderstand und die Induktivität der Spule bei $f = 50\,\text{Hz}$!

3. Eine Spule mit einem Wirkwiderstand von $520\,\Omega$ und einer Induktivität von 0,7 H liegt mit einem Kondensator von $1\,\mu\text{F}$ in Reihe. Die Wechselspannung hat eine Frequenz von 100 Hz. In der Zuleitung wird eine Stromstärke von 17,3 mA gemessen.
Berechnen Sie: X_C; X_L; U_R; U_C; U_L und den Phasenverschiebungswinkel φ!

4. Eine Spule hat eine Induktivität von 0,6 H und einen Wirkwiderstand von $48\,\Omega$. In Reihe dazu wird ein Kondensator von $12\,\mu\text{F}$ geschaltet. Die Gesamtspannung beträgt 220 V/50 Hz.
a) Wie groß ist die Stromstärke?
b) Wie groß sind die Spannungen an R; X_L und X_C?

5. Der Strom durch eine Spule mit $L = 0{,}8\,\text{H}$ und $R = 56\,\Omega$ soll durch einen in Reihe zu schaltenden Kondensator so verringert werden, daß bei 20 V und 50 Hz der Gesamtspannung ein Strom von 0,1 A fließt. Wie groß ist die Kondensatorkapazität?

6. Eine Spule verursacht eine Phasenverschiebung von 35° (verlustbehaftete Spule). Schaltet man einen Kondensator von $1{,}6\,\mu\text{F}$ in Reihe, wird die Phasenverschiebung auf 8° verkleinert. Wie groß sind R und L bei einer Frequenz von 50 Hz?

7. Eine verlustbehaftete Spule liegt in Reihe mit einem Kondensator. Bei einer Stromstärke von 350 mA wird an der Spule (R und X_L) eine Spannung von 16 V gemessen. Am Kondensator liegt eine Spannung von 230 V. Die Gesamtspannung beträgt 220 V bei 50 Hz. Wie groß sind R und X_L der Spule?

8. Durch eine Drosselspule fließt bei 110 V/50 Hz ein Strom von 1,8 A. Der Wirkwiderstand beträgt $8{,}3\,\Omega$. Durch eine Reihenschaltung eines Kondensators sinkt der Strom auf 0,5 A. Berechnen Sie die Kapazität des Kondensators und die Induktivität der Spule.

9. In Abb. 2 sind R, L und C in Reihe geschaltet. Die Spannungen U_1 und U_2 sollen sich wie 1 : 2 verhalten, $R = 50\,\Omega$; $L = 0{,}1\,\text{H}$.
a) Wie groß ist die Kapazität des Kondensators?
b) Wie groß ist die Stromstärke?

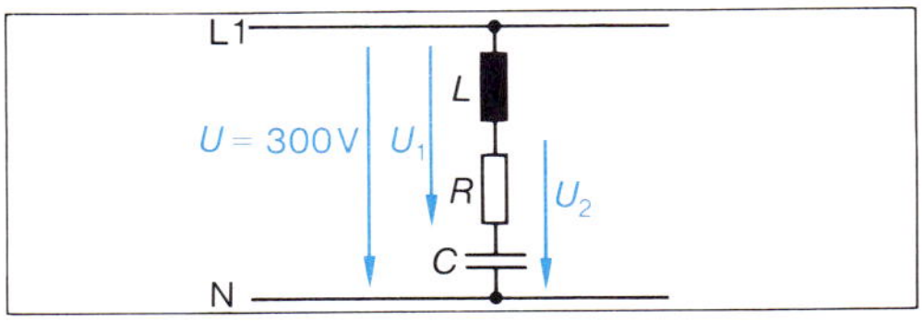

Abb. 2: Zu Aufgabe 9

10. Durch die Reihenschaltung aus einem Kondensator und einer verlustbehafteten Spule fließt ein Strom von 0,4 A. An der Spule wird eine Spannung von 12 V und am Kondensator eine Spannung von 230 V gemessen. Berechnen Sie den Wirkwiderstand und den induktiven Blindwiderstand der Spule, wenn die Schaltung an einer Gesamtspannung von 220 V (50 Hz) liegt!

11. Zwei Spulen mit 0,7 H und 1,3 H sind in Reihe geschaltet. Der Verlustwiderstand der beiden Spulen beträgt zusammen 35,8 Ω.
a) Wie groß ist die Stromstärke, wenn die Schaltung an 220 V (50 Hz) liegt?
b) Welcher Phasenverschiebungswinkel ergibt sich?
c) Wie verändern sich die Leistungen, wenn ein Kondensator von 10 µF in Reihe geschaltet wird?

12. Ein Wirkwiderstand von 330 Ω, ein induktiver Blindwiderstand von 900 Ω und ein kapazitiver Blindwiderstand von 500 Ω liegen in Reihe an 100 V Wechselspannung (50 Hz).
a) Wie groß ist die Stromstärke?
b) Wie groß sind die Teilspannungen?
c) Wie groß ist der Phasenverschiebungswinkel?
d) Wie groß sind die Leistungen in der Schaltung?

13. Eine verlustbehaftete Spule verursacht eine Phasenverschiebung von 35°. Wenn man einen Kondensator von 22 µF in Reihe schaltet, verkleinert sich der Phasenverschiebungswinkel auf 5° (induktiv). Berechnen Sie R und L bei 50 Hz!

14. Der Wirkwiderstand einer verlustbehafteten Spule beträgt 14 Ω. Bei Anschluß an eine Wechselspannung von 100 V (50 Hz) fließt ein Strom von 2,8 A. Durch einen in Reihe zugeschalteten Kondensator sinkt der Strom auf 200 mA (kapazitiv). Wie groß sind die Kapazität und die Induktivität?

15. Durch eine Spule ($R = 58\ \Omega$ und $L = 1{,}2$ mH) und einen in Reihe liegenden Kondensator von 330 nF fließt bei $f = 10$ Hz ein Strom von 180 mA. Wie groß sind die Spannungen und der Scheinwiderstand?

16.11 Parallelschaltung von induktiven und kapazitiven Blindwiderständen und Wirkwiderständen

► Ein Wirkwiderstand von 500 Ω, eine Kapazität von 4,7 µF und eine Induktivität von 3 H liegen parallel an einer Spannung von 220 V/50 Hz. Berechnen Sie
a) die Größe der Blindwiderstände,
b) den Scheinwiderstand und
c) die Einzelströme und den Gesamtstrom!

Parallelschaltung

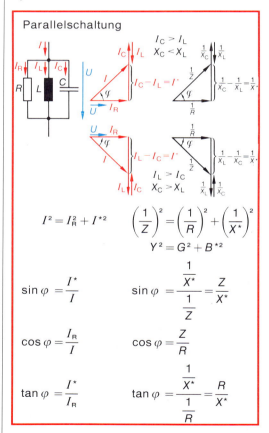

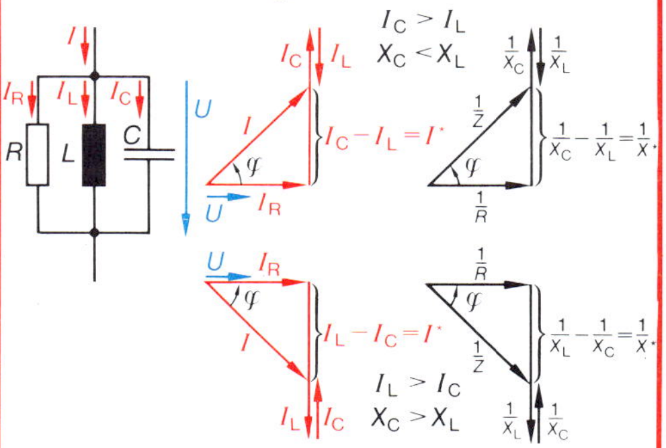

$$I^2 = I_R^2 + I^{*2} \qquad \left(\frac{1}{Z}\right)^2 = \left(\frac{1}{R}\right)^2 + \left(\frac{1}{X^*}\right)^2$$

$$Y^2 = G^2 + B^{*2}$$

$$\sin\varphi = \frac{I^*}{I} \qquad \sin\varphi = \frac{\frac{1}{X^*}}{\frac{1}{Z}} = \frac{Z}{X^*}$$

$$\cos\varphi = \frac{I_R}{I} \qquad \cos\varphi = \frac{Z}{R}$$

$$\tan\varphi = \frac{I^*}{I_R} \qquad \tan\varphi = \frac{\frac{1}{X^*}}{\frac{1}{R}} = \frac{R}{X^*}$$

Beispiellösung:

Gegeben: $R = 500\ \Omega$; $C = 4{,}7\ \mu F$; $L = 3$ H; $U = 220$ V/50 Hz

Gesucht: X_L; X_C; Z; I_R; I_C; I_L; I

a) $X_L = 2\pi \cdot f \cdot L$; $\quad X_L = 2\pi \cdot \frac{50}{\text{s}} \cdot 3\ \frac{\text{As}}{\text{V}}$

$$\underline{\underline{X_L = 942\ \Omega}}$$

$$X_C = \frac{1}{2\pi \cdot f \cdot C}; \quad X_C = \frac{1}{2\pi \cdot \frac{50}{s} \cdot 4{,}7 \frac{As}{V} \cdot 10^{-6}}$$

$$\underline{\underline{X_C = 677\ \Omega}}$$

b) $$\frac{1}{Z} = \sqrt{\left(\frac{1}{R}\right)^2 + \left(\frac{1}{X_C} - \frac{1}{X_L}\right)^2};$$

$$\frac{1}{Z} = \sqrt{\left(\frac{1}{500\ \Omega}\right)^2 + \left(\frac{1}{677\ \Omega} - \frac{1}{943\ \Omega}\right)^2};$$

$$\underline{\underline{Z = 490\ \Omega}}$$

c) $$I_R = \frac{U}{R}; \quad I_R = \frac{220\ V}{500\ \Omega}; \quad \underline{\underline{I_R = 0{,}440\ A}}$$

$$I_C = \frac{U}{X_C}; \quad I_C = \frac{220\ V}{677\ \Omega}; \quad \underline{\underline{I_C = 0{,}325\ A}}$$

$$I_L = \frac{U}{X_L}; \quad I_L = \frac{220\ V}{943\ \Omega}; \quad \underline{\underline{I_L = 0{,}233\ A}}$$

$$I = \sqrt{I_R^2 + (I_C - I_L)^2}$$

$$I = \sqrt{(0{,}44\ A)^2 + (0{,}325\ A - 0{,}233\ A)^2};$$

$$\underline{\underline{I = 0{,}450\ A}}$$

Aufgaben

1. Über eine Parallelschaltung aus R, X_L und X_C sind folgende Größen gegeben: $R = 200\ \Omega$; $I_R = 30$ mA; $I_L = 100$ mA; $I_C = 60$ mA
Berechnen Sie U; I; X_L; X_C und Z!

2. Ein Wirkwiderstand von 300 Ω, eine Induktivität von 63,3 mH und ein Kondensator mit einer Kapazität von 1 μF sind parallel geschaltet. Wie groß sind bei einer Frequenz von 1 kHz der Scheinwiderstand und der Phasenverschiebungswinkel der Schaltung?

3. Bei einer Parallelschaltung von R, X_L und X_C sind folgende Größen gegeben: $R = 120\ \Omega$; $f = 100$ Hz; $U = 24$ V; $I_L = 68$ mA und $I_C = 50$ mA. Berechnen Sie I; I_R; C; L; Z und φ!

4. Zwei Verbraucher mit induktiven Blindwiderständen liegen parallel an 500 V/50 Hz. Es sind folgende Größen gegeben:
$P_1 = 30$ kW; $\cos\varphi_1 = 0{,}7$; $P_2 = 20$ kW; Gesamtleistungsfaktor $\cos\varphi_g = 0{,}5$.
a) Berechnen Sie die Teilströme und den Gesamtstrom!
b) Auf welchen Wert ändert sich der Gesamtstrom und der Gesamtleistungsfaktor, wenn ein Kondensator von 680 μF parallel geschaltet wird?

5. Berechnen Sie zu Abb. 1 die Parallelersatzschaltung der Spule und den Gesamtleitwert!

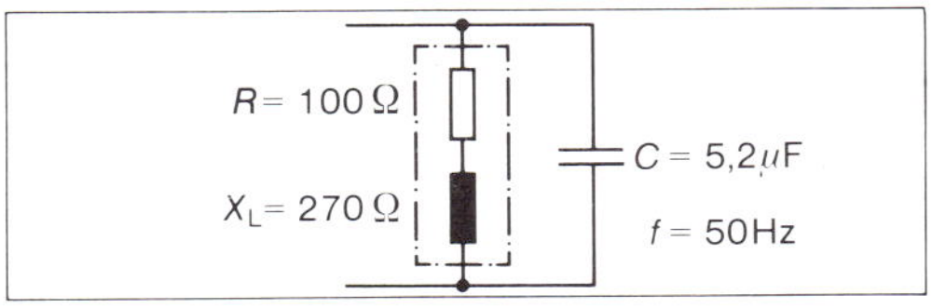

Abb. 1: Zu Aufgabe 5

6. Wie groß sind in der Schaltung (Abb. 2)
a) die Einzelströme und der Gesamtstrom,
b) der Gesamtleitwert?

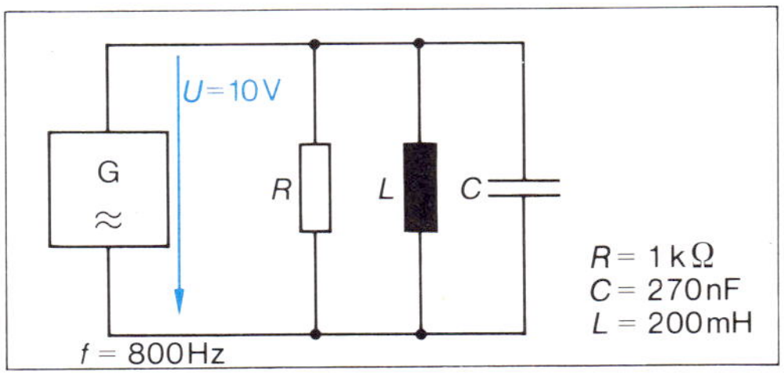

Abb. 2: Zu Aufgabe 6

7. Eine Parallelschaltung aus R, L und C liegt an 220 V/50 Hz. Der Kondensator hat eine Kapazität von 16 μF und die Spule eine Induktivität von 1,2 H (Wirkwiderstand vernachlässigbar). Es fließt ein Gesamtstrom von 1,5 A.
a) Wie groß sind die Teilströme I_C und I_L?
b) Wie groß sind der Wirkwiderstand und I_R?
c) Welche Phasenverschiebung besteht zwischen Gesamtspannung und Gesamtstrom?

8. Ein Motor wird an 220 V/50 Hz betrieben. Es fließt ein Strom von 2,3 A bei einem $\cos\varphi = 0{,}6$. Zur Kompensation der Blindleistung wird ein Kondensator von $C = 16$ μF parallel geschaltet. Berechnen Sie
a) den Wirk- und Blindwiderstand des Motors,
b) den Gesamtstrom nach Zuschalten des Kondensators,
c) den resultierenden Blindwiderstand X^*,
d) den $\cos\varphi$ der Anlage!

9. Parallel zu einem Verbraucher mit induktiven Blindwiderständen liegt ein Kondensator (Abb. 1). Für Steuerungszwecke werden auf die Energieleitungen Spannungen mit 500 Hz gegeben. Berechnen Sie dafür den resultierenden Blindwiderstand der Anlage und den Scheinwiderstand!

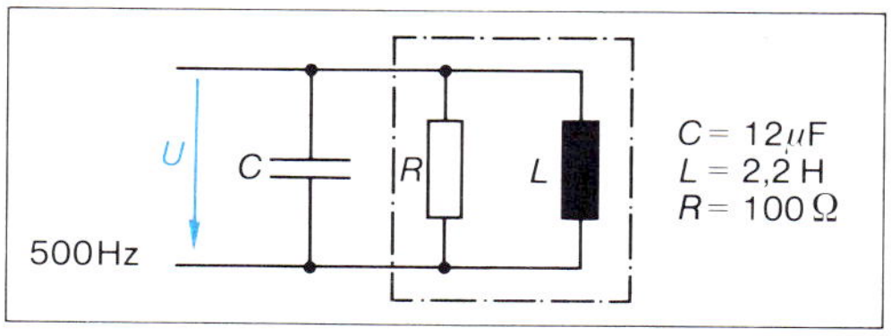

Abb. 1: Zu Aufgabe 9

10. Zu einem verlustbehafteten Kondensator von 22 μF mit einem $\tan\delta = 6 \cdot 10^{-3}$ bei 50 Hz liegt eine Induktivität von 0,5 H parallel. Die Schaltung wird an einer Wechselspannung von 220 V (50 Hz) betrieben.
a) Wie groß ist der parallele Verlustwiderstand des Kondensators?
b) Wie groß sind die Ströme?
c) Welche Leistungen sind vorhanden?

11. Der Leistungsfaktor der verlustbehafteten Spule von Abb. 2 beträgt 0,8. In die Spule fließt ein Strom von 0,5 A. Die Spannung beträgt 220 V (50 Hz). Der Kondensator hat eine Kapazität von 3,3 μF.
a) Rechnen Sie die Reihenschaltung aus R und X_L in eine Parallelschaltung um.
b) Wie groß sind die Ströme der Parallelschaltung?
c) Welchen Wert hat der Phasenverschiebungswinkel der Gesamtschaltung?

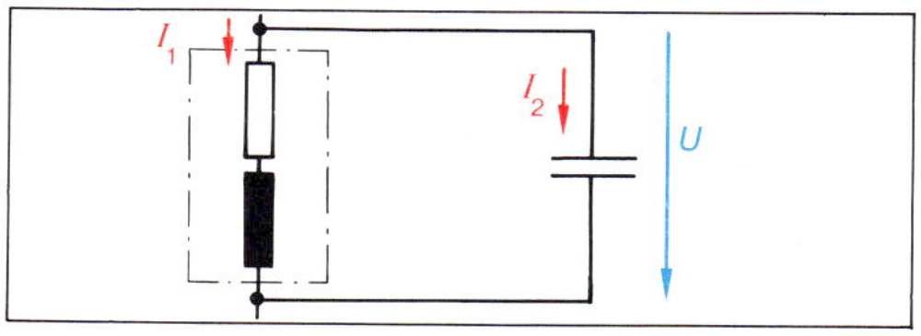

Abb. 2

12. Ein Wirkwiderstand von 100 Ω, eine Induktivität von 0,4 H und ein Kondensator liegen parallel. Wie groß muß die Kapazität eines Parallelkondensators sein, damit sich ein Leistungsfaktor von 0,8 ergibt ($f = 50$ Hz; $X_C < X_L$)?

13. Ein Wirkwiderstand, ein induktiver Blindwiderstand (verlustlos angenommen) und ein kapazitiver Blindwiderstand sind parallel geschaltet. Die Schaltung liegt an einer Wechselspannung von 220 V (50 Hz). Es werden folgende Ströme ermittelt:
$I_R = 3{,}5$ A; $I_C = 1{,}8$ A und $I_L = 0{,}5$ A.
a) Berechnen Sie den Gesamtstrom!
b) Wie groß sind die Widerstände, die Induktivität und die Kapazität?
c) Wie groß sind die einzelnen Leistungen?

16.12 Leistungen in Stromkreisen mit Spulen, Kondensatoren und Wirkwiderständen

► In Reihe mit einer Leuchtstofflampe liegen eine Drossel und ein Kondensator. Es wird eine Wirkleistung von 48 W ermittelt. Bei 220 V/50 Hz fließt ein Strom von 0,25 A. Der Kondensator hat eine Kapazität von 2,2 μF. Wie groß sind S; Q^*, Q_C, Q_L und der Leistungsfaktor?

Leistungen

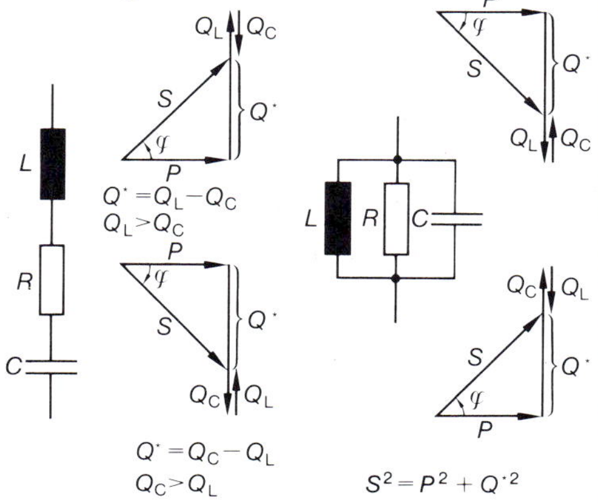

$S^2 = P^2 + Q^{*2}$

$$\tan\varphi = \frac{Q^*}{P}; \quad \sin\varphi = \frac{Q^*}{S}; \quad \cos\varphi = \frac{P}{S}$$

Beispiellösung:

Gegeben: $P = 48\,\text{W}$; $U = 220\,\text{V}$; $f = 50\ \text{Hz}$; $I = 0{,}25\,\text{A}$; $C = 3{,}9\ \mu\text{F}$

Gesucht: S; Q^*; Q_C; Q_L; $\cos\varphi$

$$S = U \cdot I; \quad S = 220\,\text{V} \cdot 0{,}25\,\text{A}; \quad \underline{\underline{S = 55\,\text{VA}}}$$

$$S^2 = P^2 + Q^{*2}$$

$$Q^* = \sqrt{S^2 - P^2}; \quad Q^* = \sqrt{(55\,\text{VA})^2 - (48\,\text{W})^2}$$

$$\underline{Q^* = 26{,}9\ \text{var}}$$

$$Q_C = I^2 \cdot X_C; \quad Q_C = \frac{I^2}{2\pi \cdot f \cdot C}$$

$$Q_C = \frac{(0{,}25\,\text{A})^2}{2\pi \cdot \frac{50}{\text{s}} \cdot 2{,}2\,\frac{\text{As}}{\text{V}} \cdot 10^{-6}}; \quad \underline{\underline{Q_C = 90{,}5\ \text{var}}}$$

$$Q^* = Q_C - Q_L; \quad Q_L = Q_C - Q^*$$

$$Q_L = 90{,}5\ \text{var} - 26{,}9\ \text{var}$$

$$\underline{\underline{Q_L = 63{,}6\ \text{var}}}$$

$$\cos\varphi = \frac{P}{S}; \quad \cos\varphi = \frac{48\,\text{W}}{55\,\text{VA}}; \quad \underline{\underline{\cos\varphi = 0{,}87}}$$

Aufgaben

1. Über die Teilschaltung der Duoschaltung von Abb. 1 auf S. 162 sind folgende Größen bekannt: Gesamtspannung $U = 220\,\text{V}/50\ \text{Hz}$, Wirkleistung der Schaltung: $P_2 = 80\,\text{W}$; Stromstärke: $I = 0{,}4\,\text{A}$; Kapazität: $C = 5{,}6\ \mu\text{F}$. Gesucht sind: S; Q_L; Q_C; Q (resultierende Blindleistung); $\cos\varphi$.

2. Ein an 220 V/50 Hz betriebenes Gerät nimmt eine Wirkleistung von 680 W auf. Es fließt ein Strom von 4,3 A. In der Schaltung befinden sich induktive Blindwiderstände.
a) Berechnen Sie die Scheinleistung und den Leistungsfaktor!
b) Wie groß sind der Wirk- und Blindwiderstand?
c) Wie groß muß eine Kapazität sein, die die Wirkung der Induktivität kompensiert?

3. Eine Spule mit der Induktivität von 0,3 H (Wirkwiderstand vernachlässigbar), ein Wirkwiderstand von 200 Ω und ein Kondensator von 2,2 µF liegen parallel an einer Spannung von 24 V/50 Hz. Berechnen Sie
a) die Ströme der Schaltung,
b) den Scheinwiderstand der Schaltung,
c) den Phasenverschiebungswinkel,
d) die Leistungen der Bauteile und die Scheinleistung!

4. An 220 V/50 Hz liegen drei Motoren. Es fließen folgende Ströme: $I_1 = 2{,}2\,\text{A}$; $I_2 = 3{,}8\,\text{A}$; $I_3 = 7{,}1\,\text{A}$. Die Motoren besitzen folgende Leistungsfaktoren: $\cos\varphi_1 = 0{,}6$; $\cos\varphi_2 = 0{,}8$; $\cos\varphi_3 = 0{,}75$. Parallel liegt ein Kondensator von 100 µF. Berechnen Sie
a) die Wirkleistungen,
b) die einzelnen und die gesamte Blindleistung,
c) den Gesamtstrom,
d) den Gesamtleistungsfaktor!

5. Eine Leuchtstofflampenschaltung nimmt bei 220 V/50 Hz eine Wirkleistung von 55 W auf. Es fließt ein Strom von 0,48 A.
a) Wie groß ist der Leistungsfaktor?
b) Wie ändert sich der Gesamtstrom, wenn ein Kondensator von 4 µF zur Kompensation parallel geschaltet wird?

6. Zu einem Asynchronmotor mit 150 kW und einem Leistungsfaktor von 0,7 wird ein Kondensator parallel geschaltet. Die Blindleistung des Kondensators beträgt 110 kvar.
a) Wie groß ist die Scheinleistung vor und nach der Parallelschaltung?
b) Auf welchen Wert verändert sich der Leistungsfaktor durch die Parallelschaltung?

7. Ein Motor für 220 V (50 Hz) mit einer Leistung von 1 kW besitzt einen Leistungsfaktor von 0,76. Gleichzeitig sind Glühlampen mit einer Leistung von insgesamt 760 W parallel geschaltet.
a) Wie groß ist der Gesamtstrom und der Gesamtleistungsfaktor?
b) Auf welchen Wert ändert sich der Strom, wenn ein Kondensator von 33 µF parallel geschaltet wird?
c) Berechnen Sie die Leistungen für die Schaltung mit dem Kondensator!

8. Ein Schweißtransformator wird an 220 V (50 Hz) betrieben. Es fließt ein Strom von 3,1 A. Seine Blindleistung beträgt 61% der Scheinleistung. Hinzugeschaltet wird ein Kondensator. Die Anlage besitzt jetzt einen Leistungsfaktor von 0,9.
Berechnen Sie die Kapazität des Kondensators!

9. Berechnen Sie zu der Schaltung von Abb. 1 die Größen Z; I; U_R; U_C; U_L; P; Q; S und den $\cos\varphi$.

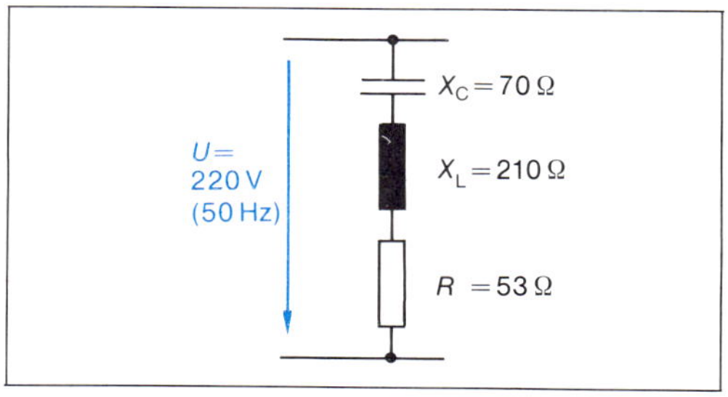

Abb. 1

10. In einer Anlage für 220 V (50 Hz) sind folgende Geräte parallel geschaltet: Glühlampen mit 150 W, Leuchtstofflampen mit 100 W und einem $\cos\varphi = 0{,}6$ sowie ein Wechselstrommotor mit 3,2 A und einem $\cos\varphi = 0{,}77$. Berechnen Sie

a) Wirk-, Blind- und Scheinleistung der Anlage!

b) die Einzelströme und den Gesamtstrom,

c) den Leistungsfaktor und

d) die Kapazität des Kondensators, der den Leistungsfaktor auf einen Wert von 0,9 verändert!

11. Eine Reihenschaltung liegt an einer Wechselspannung von 220 V (50 Hz). Es fließt ein Strom von 7,5 A. Der Leistungsfaktor wird mit 0,8 (kapazitiv) angegeben. Berechnen Sie die Schein-, Wirk- und Blindleistung!

12. Berechnen Sie zu der Parallelschaltung von Abb. 2

a) den Gesamtstrom,

b) die Leistungen,

c) den Leistungsfaktor und

d) die Induktivität und die Kapazität!

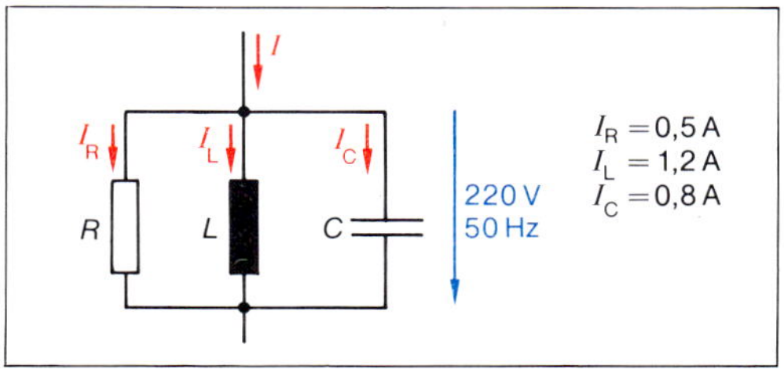

Abb. 2

13. Zu einer verlustbehafteten Spule mit einem $\cos\varphi = 0{,}6$ liegt ein Kondensator parallel. Es fließt bei einer Spannung von 220 V (50 Hz) ein Gesamtstrom von 9,3 A und durch die Spule ein Strom von 15 A.

a) Berechnen Sie den Wirkwiderstand und den induktiven Blindwiderstand als Parallelschaltung!

b) Wie groß ist die Induktivität der Parallelschaltung?

c) Wie groß ist die Kapazität? (induktive Phasenverschiebung)

d) Wie groß sind die einzelnen Leistungen der Schaltung?

e) Berechnen Sie den Leistungsfaktor der Schaltung!

16.13 Schwingkreise

► Ein Reihenschwingkreis mit $R = 330\,\Omega$ und $L = 5$ H liegt an einer Spannung von 380 V. Induktivität und Kapazität sind so aufeinander abgestimmt, daß bei 50 Hz Resonanz herrscht.

a) Wie groß ist die Kapazität?

b) Wie groß ist die Stromstärke?

c) Welche Spannungen liegen an den Bauteilen?

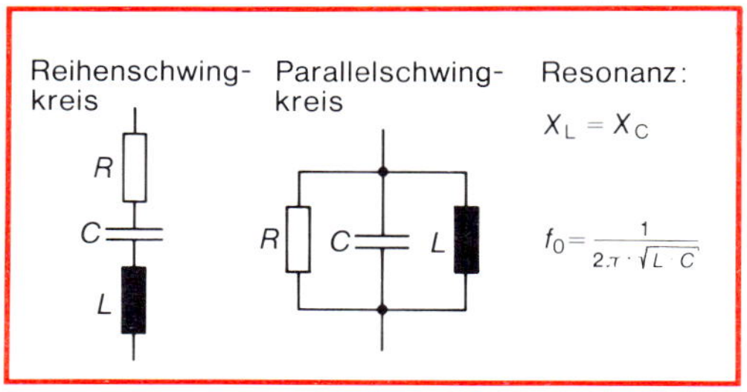

Beispiellösung:

Gegeben: $R = 330\,\Omega$; $L = 5$ H; $U = 380$ V; $f_0 = 50$ Hz

Gesucht: a) C; b) I; c) U_R; d) U_C

a) $X_L = X_C \quad 2\pi \cdot f_0 \cdot L = \dfrac{1}{2\pi \cdot f_0 \cdot C}$

$$C = \frac{1}{4\pi^2 \cdot f_0^2 \cdot L}; \quad C = \frac{1}{4\pi^2 \cdot \dfrac{50^2}{\mathrm{s}^2} \cdot 5\,\dfrac{\mathrm{Vs}}{\mathrm{A}}}$$

$\underline{\underline{C = 2{,}0\,\mu\mathrm{F}}}$

b) $I = \frac{U}{R}$; $I = \frac{380\,\text{V}}{330\,\Omega}$;

$\underline{\underline{I = 1{,}15\,\text{A}}}$

c) $\underline{\underline{U_R = 380\,\text{V}}}$

$U_C = I \cdot X_C$;

$\underline{\underline{U_C = 1830\,\text{V}}}$; $\underline{\underline{U_C = U_L}}$

Aufgaben

1. Welchen Wert muß die Induktivität eines Schwingkreises haben, wenn eine Kapazität von 16 µF eingebaut ist? Die Resonanzfrequenz liegt bei 60 Hz.

2. Berechnen Sie bei einer Reihenschaltung die Resonanzfrequenz, den Strom im Resonanzfall und die Spannungen an L und C, wenn $R = 22\,\Omega$; $L = 0{,}4$ H; $C = 18$ µF und $U = 110$ V groß sind!

3. Berechnen Sie die Resonanzfrequenz eines Parallelschwingkreises, wenn folgende Größen gegeben sind: $C = 1$ µF; $L = 10$ H!

4. In einer Hochfrequenzschaltung befindet sich eine Induktivität von 0,76 mH. Parallel dazu liegt ein Kondensator. Wie groß ist seine Kapazität, wenn der Schwingkreis bei 1,63 MHz seine Resonanzfrequenz haben soll?

5. Zwischen welchen Werten läßt sich in der Schaltung von Abb. 3 die Resonanzfrequenz verändern?

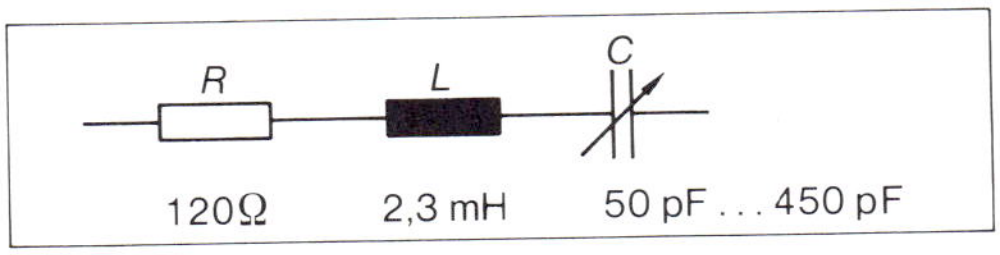

Abb. 3: Zu Aufgabe 5

7. Der Verlustwiderstand eines Parallelschwingkreises wird mit $R = 853\,\Omega$ ermittelt. Die Resonanzfrequenz liegt bei 1 kHz. Es ist ein Kondensator von 3,7 nF parallel geschaltet. Die Schaltung liegt an einer Spannung von 24 V.
a) Wie groß ist die Gesamtstromstärke?
b) Wie groß ist die Induktivität?
c) Wie groß sind die Ströme durch X_L und X_C im Resonanzfall?

8. Welcher Wert muß die Kapazität eines Kondensators haben, damit er die von Spule mit $L = 4{,}3$ H verursachte Phasenverschiebung bei 50 Hz gerade aufhebt?

9. Eine Reihenschaltung aus $R = 50\,\Omega$; $L = 3$ H und $C = 2$ µF liegt an einer Spannung von 120 V. Wie groß sind die Stromstärken und die Scheinwiderstände bei 63 Hz; 65 Hz und 67 Hz?

10. Bei einer Reihenschaltung von R; L und $C = 12$ µF ($f = 50$ Hz) soll bei Resonanz an L und C eine Spannung liegen, die doppelt so groß wie die Gesamtspannung ist. Wie groß sind R und L?

11. Ein Parallelschwingkreis besteht aus $L = 0{,}2$ mH, einem parallelen Ersatzwiderstand der Spule mit $R = 5{,}7\,\text{k}\Omega$ und einem Kondensator mit $C = 220$ pF. Es fließt bei Resonanz ein Gesamtstrom von 2,5 mA.
a) Wie groß ist die Spannung?
b) Welchen Wert besitzt die Resonanzfrequenz?

12. An einem Schwingkreis wird mit einem Oszilloskop die Periodendauer der Schwingungen mit $T = 16$ µs festgestellt. Die Schwingkreiskapazität beträgt 120 pF. Berechnen Sie die Resonanzfrequenz sowie die Induktivität der Spule!

13. In einer Hochfrequenzschaltung befindet sich eine Induktivität von 0,76 mH. Parallel liegt ein Kondensator. Wie groß ist die Kapazität, wenn der Schwingkreis bei 1,63 MHz seine Resonanzfrequenz haben soll?

14. An der Reihenschaltung mit $R = 27\,\Omega$; L und C liegt eine Spannung von 100 V (50 Hz). Es herrscht Resonanz. Am induktiven und kapazitiven Blindwiderstand wird eine Spannung von je 800 V gemessen. Am Kondensator darf jedoch nur eine Maximalspannung von 300 V liegen.
a) Wie groß muß die Kapazität sein, wenn sich die Stromstärke nicht verringern soll?
b) Auf welchen Wert muß die Gesamtspannung verringert werden?

17 Dreiphasenwechselstrom (Drehstrom)

17.1 Sternschaltung

► Die drei Heizwiderstände eines Wärmespeichers sind in Sternschaltung an das Drehstrom-Vierleiternetz 380/220 V angeschlossen. Die Anschlußleistung des Wärmespeichers beträgt 6 kW.

a) Wie hoch ist die Spannung (Strangspannung), die an jedem Heizwiderstand (Strangwiderstand) anliegt?

b) Welche Leistung (Strangleistung) nimmt jeder Heizwiderstand auf?

c) Wie groß sind die Ströme durch die Heizwiderstände (Strangströme)?

d) Wie groß sind die Ströme in den Zuleitungen (Leiterströme)?

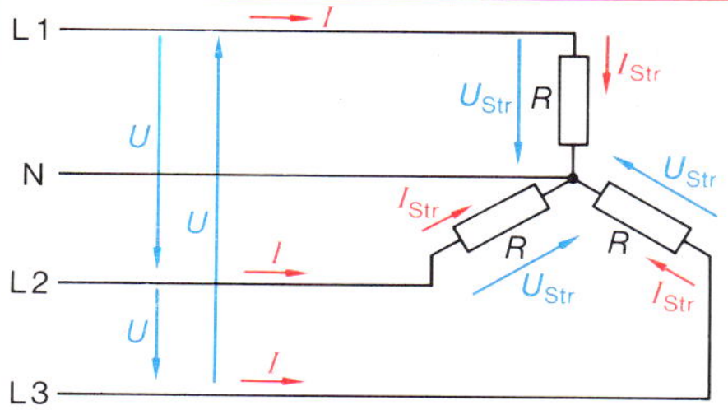

Strangspannung	U_{Str}
Leiterspannung	U
Strangstrom	I_{Str}
Leiterstrom	I
$I = I_{Str}$	$U = \sqrt{3} \cdot U_{Str}$
Scheinleistung	$S = \sqrt{3} \cdot U \cdot I$
	$[S] = \text{VA}$
	$S = \sqrt{P^2 + Q^2}$
Wirkleistung	$P = \sqrt{3} \cdot U \cdot I \cdot \cos\varphi$
	$[P] = \text{W}$
Blindleistung	$Q = \sqrt{3} \cdot U \cdot I \cdot \sin\varphi$
	$[Q] = \text{var}$
	$S = 3 \cdot S_{Str}$
	$P = 3 \cdot P_{Str}$
	$Q = 3 \cdot Q_{Str}$

Beispiellösung:

Gegeben: Netz 380/220 V; Sternschaltung; $P = 6$ kW.

Gesucht: a) U_{Str}; b) P_{Str}; c) I_{Str}; d) I.

a) $\underline{\underline{U_{Str} = 220\ \text{V}}}$

b) $P_{Str} = \frac{P}{3}$; $\quad P_{Str} = \frac{6000\ \text{W}}{3}$; $\quad \underline{\underline{P_{Str} = 2000\ \text{W}}}$

c) $I_{Str} = \frac{P_{Str}}{U_{Str}}$; $\quad I_{Str} = \frac{2000\ \text{W}}{220\ \text{V}}$; $\quad \underline{\underline{I_{Str} = 9{,}09\ \text{A}}}$

d) $I = I_{Str}$; $\quad \underline{\underline{I = 9{,}09\ \text{A}}}$

Aufgaben

1. Zwischen einem Außenleiter und dem Neutralleiter eines Drehstromnetzes wird eine Spannung von 127 V gemessen. Wie groß sind die Leiterspannungen?

2. Die drei Widerstände eines Heizofens sind in Sternschaltung an das Drehstromnetz 380/220 V angeschlossen. Jeder Widerstand hat einen Wert von 12,1 Ω.

a) Wie groß ist die Stromstärke in jedem Außenleiter?

b) Wie groß sind die Strangleistungen?

c) Wie groß ist die gesamte Nennleistung des Ofens?

d) Um wieviel Prozent ändert sich die Nennleistung, wenn die Netzspannung um 3,5% absinkt?

3. Die Leistungsaufnahme eines Heizgerätes für Drehstromanschluß beträgt am 380/220 V-Netz in Sternschaltung 6 kW. (Der Neutralleiter ist angeschlossen.)

a) Welche Leistung nimmt das Gerät noch auf, wenn ein Heizwiderstand defekt ist?

b) Welche Leistung nimmt das Gerät noch auf, wenn zwei Sicherungen defekt sind?

4. Ein Drehstrommotor wird an das Netz 380/220 V in Sternschaltung angeschlossen. Der Motor hat folgende Daten: 7,2 kW; $\cos\varphi = 0{,}8$; $\eta = 0{,}75$. Wie groß ist die Stromstärke, die in jedem Außenleiter fließt?

5. Ein Drehstrommotor hat auf seinem Leistungsschild folgende Daten: 5,5 kW; 20 A; $\cos\varphi = 0{,}86$; $\eta = 0{,}84$. Wie hoch muß die Strangspannung eines Drehstromnetzes sein, wenn der Motor in Sternschaltung angeschlossen werden soll?

Ist das Leistungsschild eines Verbrauchers gegeben, so müssen ihm die für die Rechnung benötigten Werte entnommen und unter „Gegeben" aufgeführt werden.

6. Wie groß sind Scheinleistung, Wirkleistung, Blindleistung und Wirkungsgrad des Schleifringläufer-Motors, dessen Leistungsschild abgebildet ist, wenn er an das Drehstromnetz 380/220 V in Sternschaltung angeschlossen wird?

220/380 **V**	370 **W**
2,2/1,2 **A**	50 **Hz**
cos φ 0,65	1340 **/min**
65 **V** 4 **A**	

7. Ein vierpoliger Käfigläufermotor hat folgende Daten: Y 380 V; 1485/min; 118,4 A; $\cos\varphi = 0{,}86$; $\eta = 94{,}7\%$.
a) Wie groß ist die aufgenommene Scheinleistung?
b) Wie groß ist die aufgenommene Wirkleistung?
c) Wie groß ist die Blindleistung?

8. Ein Käfigläufermotor hat folgende Daten: Y 380 V; 75 kW; 2935/min; $\eta = 91{,}5\%$; $\cos\varphi = 0{,}9$.
a) Wie groß ist die aufgenommene Wirkleistung?
b) Wie groß ist die Stromstärke in den Zuleitungen?
c) Wie groß ist die Blindleistung?

9. Ein Drehstrommotor hat das dargestellte Leistungsschild. Welchen Wert hat der $\cos\varphi$ des Motors, wenn ein Wirkungsgrad von 64,7% angenommen wird und der Motor an das Drehstromnetz 380/220 V in Sternschaltung angeschlossen wird?

3 ~ **Mot.**	
220/380 **V** Δ Y	1,9/1,1 **A**
0,37 **kW**	**cos φ**
2750 **/min**	50 **Hz**
VDE 0530/66	**kl.** 16

Die Leistungsschilder sind der Praxis entnommen. Sie entsprechen nicht alle der Norm!

10. Welche Stromstärke nimmt der Drehstrommotor einer Bandsäge in Sternschaltung am Drehstromnetz 380/220 V auf, wenn er einen Wirkungsgrad von 67,5% hat?

Typ AM 80 K4	
3 ~ **Mot. Nr.** 8806262	
Δ Y 220/380 **V**	2,9/ **A**
0,55 **kW**	**cos φ** 0,75
1400 **/min**	50 **Hz**
VDE 0530/1.66	**P** 33

11. Der in Dänemark hergestellte Drehstrommotor für eine Fräsmaschine hat das dargestellte Leistungsschild. Bestimmen Sie für beide Drehzahlen des Motors:
a) die Scheinleistungen und
b) den Wirkungsgrad.

Typ UM – 400	3 ~ **Phase**	50 **Hz**
No. 1670	**kW** 0,18/0,11	**Amp.** 0,55/0,4
Volt 380	**R/Min** 2660/1380	**cos φ** 0,76

12. Berechnen Sie für einen Drehstrommotor, der die Spindel einer Standbohrmaschine antreibt für beide Drehzahlen:
a) die Scheinleistungen,
b) die aufgenommenen Wirkleistungen,
c) die Blindleistungen und
d) die Wirkungsgrade.

3 ~ **Mot.**		
YY 380 **V**		4,8/5,1 **A**
1,4/2,2 **kW**		**cos φ** 0,66/0,75
720/2950 **/min**		
Is. Kl. B	**IP** 44	VDE 0530/72

13. Wie groß sind Scheinleistung, Wirkleistung und Blindleistung des Drehstrommotors einer kleinen Standbohrmaschine, der in Sternschaltung an das Drehstromnetz 380/220 V angeschlossen ist?

Mot. 3 ~	50 **Hz**	**IEC** 34
MT 71 **A** – 4	**IP** 54	**Class.** f
0,37 **kW**	1320 **/min.**	
380 **V** Y/1,5 **A**	220 **V** Δ/2 **A**	
cos φ 0,84		

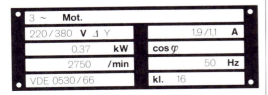

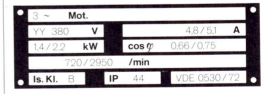

14. Wie groß ist die abgegebene Wirkleistung eines Schleifringläufer-Motors mit dem dargestellten Leistungsschild, wenn er in Sternschaltung am 380/220 V-Netz einen Wirkungsgrad von 78% hat?

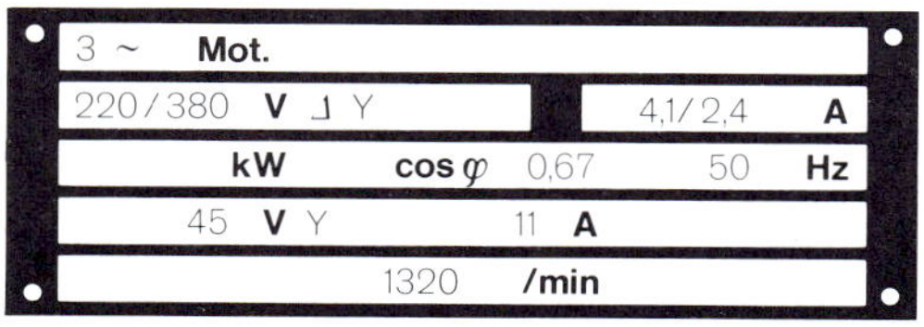
3 ~ Mot.
220/380 V ⅃ Y
4,1/2,4 A
kW cos φ 0,67
50 Hz
45 V Y
11 A
1320 /min

17.2 Dreieckschaltung

► Die drei Heizwiderstände eines Durchlauferhitzers sind in Dreieckschaltung an das Drehstromnetz 380/220 V angeschlossen. Jeder Heizwiderstand hat einen Wert von 24,1 Ω.

a) Wie groß sind die einzelnen Strangströme?

b) Wie groß sind die Leiterströme?

c) Wie groß sind die Strangleistungen?

d) Wie groß ist die Gesamtleistung?

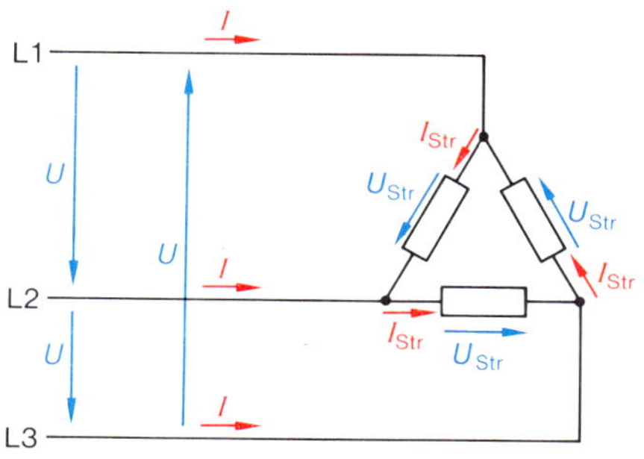

$U = U_{Str}$

$I = \sqrt{3} \cdot I_{Str}$

Für die Leistungen gelten die gleichen Berechnungsformeln wie bei der Sternschaltung.

Beispiellösung:

Gegeben: $U = U_{Str} = 380\,V$; $R_{Str} = 24{,}1\,\Omega$
Gesucht: a) I_{Str}; b) I; c) P_{Str}; d) P

a) $I_{Str} = \frac{U_{Str}}{R_{Str}}$; $I_{Str} = \frac{380\,V}{24{,}1\,\Omega}$; $\underline{\underline{I_{Str} = 15{,}77\,A}}$

b) $I = \sqrt{3} \cdot I_{Str}$; $I = \sqrt{3} \cdot 15{,}77\,A$; $\underline{\underline{I = 27{,}3\,A}}$

c) $P_{Str} = U_{Str} \cdot I_{Str} \cdot \cos\varphi$

$P_{Str} = 380\,V \cdot 15{,}77\,A \cdot 1$

$\underline{\underline{P_{Str} = 5993\,W}}$

d) $P = \sqrt{3} \cdot U \cdot I \cdot \cos\varphi$

$P = \sqrt{3} \cdot 380\,V \cdot 27{,}3\,A \cdot 1$

$\underline{\underline{P = 17\,968\,W}}$; $\underline{\underline{P = 17{,}968\,kW}}$

oder

$P = 3 \cdot P_{Str}$; $P = 3 \cdot 5993\,W$; $\underline{\underline{P = 17\,979\,W}}$

Die unterschiedlichen Ergebnisse für P ergeben sich durch Auf- bzw. Abrundung.

Abb. 1: Klemmbrett eines in Dreieck geschalteten Motors

Aufgaben

1. Ein Federdruck-Bremsmotor hat folgende Daten: △ 380 V; 7,5 kW; 14,9 A; $\eta = 87\%$.

a) Wie groß ist die aufgenommene Wirkleistung des Motors?

b) Wie groß ist der Leistungsfaktor des Motors?

c) Wie groß ist die Blindleistung?

2. Die Heizung eines Badespeichers hat eine Leistung von 7,5 kW. In den Zuleitungen der in Dreieck geschalteten Widerstände fließen jeweils 11,39 A. An welche Spannung ist der Badespeicher angeschlossen?

3. Ein Heißwasserspeicher hat drei Heizwiderstände mit je 72,2 Ω, die in Dreieckschaltung an das Drehstrom-Vierleiternetz 380/220 V angeschlossen sind.
a) Wie groß sind die Strangströme?
b) Wie groß sind die Leiterströme?
c) Wie groß sind die Strangleistungen?
d) Wie groß ist die Gesamtleistung?
e) Wie groß wird die Gesamtleistung, wenn eine Sicherung ausfällt?

4. Ein 6poliger Bremsmotor hat folgende Daten: △ 380 V; 5,5 kW; 960/min; $\eta = 84\%$; $\cos\varphi = 0{,}76$.
a) Wie groß ist die aufgenommene Scheinleistung?
b) Wie groß ist die aufgenommene Wirkleistung?
c) Wie groß ist die Blindleistung?
d) Wie groß sind die Stromstärken in den Zuleitungen und in den Strängen?

5. Ein Wärmespeicher hat eine Nennleistung von 3 kW. Die drei Heizwiderstände sind in Dreieckschaltung an das Drehstromnetz 380/220 V angeschlossen.
a) Welchen Wert haben die einzelnen Strangwiderstände?
b) Wie groß sind die Stromstärken in den Zuleitungen?

▶ Die drei Heizwiderstände eines Wärmespeichers können sowohl in Stern- als auch in Dreieckschaltung an das Drehstromnetz 380/220 V angeschlossen werden. Die Widerstände haben einen Wert von je 72,2 Ω. Zu berechnen sind:
a) Die Strangströme für Stern- und Dreieckschaltung.
b) Die Leiterströme für Stern- und Dreieckschaltung.
c) Die Strangleistungen für Stern- und Dreieckschaltung.
d) Die Gesamtleistung für Stern- und Dreieckschaltung.

Beispiellösung:

Gegeben: $R_{str} = 72{,}2\,\Omega$; $U = 380\,\text{V}$; Stern- und Dreieckschaltung

Gesucht: a) $I_{str\curlyvee}$ und $I_{str\triangle}$; b) $I_{\curlyvee}$ und $I_{\triangle}$; c) $P_{str\curlyvee}$ und $P_{str\triangle}$; d) $P_{\curlyvee}$ und $P_{\triangle}$

a) $I_{str\curlyvee} = \dfrac{U_{str}}{R_{str}}$; $I_{str\curlyvee} = \dfrac{220\,\text{V}}{72{,}2\,\Omega}$; $\underline{\underline{I_{str\curlyvee} = 3{,}047\,\text{A}}}$

$I_{str\triangle} = \dfrac{U_{str}}{R_{str}}$; $I_{str\triangle} = \dfrac{380\,\text{V}}{72{,}2\,\Omega}$; $\underline{\underline{I_{str\triangle} = 5{,}263\,\text{A}}}$

oder $I_{str\triangle} = \sqrt{3} \cdot I_{str\curlyvee}$; $I_{str\triangle} = \sqrt{3} \cdot 3{,}047\,\text{A}$

$\underline{\underline{I_{str\triangle} = 5{,}28\,\text{A}}}$

b) $I_{\curlyvee} = I_{str\curlyvee}$; $\underline{\underline{I_{\curlyvee} = 3{,}047\,\text{A}}}$

$I_{\triangle} = \sqrt{3} \cdot I_{str\triangle}$; $I_{\triangle} = \sqrt{3} \cdot 5{,}263\,\text{A}$

$\underline{\underline{I_{\triangle} = 9{,}116\,\text{A}}}$

c) $P_{str\curlyvee} = U_{str\curlyvee} \cdot I_{str\curlyvee}$; $P_{str\curlyvee} = 220\,\text{V} \cdot 3{,}047\,\text{A}$

$\underline{\underline{P_{str\curlyvee} = 670{,}34\,\text{W}}}$

$P_{str\triangle} = U_{str\triangle} \cdot I_{str\triangle}$; $P_{str\triangle} = 380\,\text{V} \cdot 5{,}263\,\text{A}$

$\underline{\underline{P_{str\triangle} = 2000\,\text{W}}}$

oder $P_{str\triangle} = 3 \cdot P_{str\curlyvee}$; $P_{str\triangle} = 3 \cdot 670{,}34\,\text{W}$

$\underline{\underline{P_{str\triangle} = 2011\,\text{W}}}$

d) $P_{\curlyvee} = \sqrt{3} \cdot U \cdot I \cdot \cos\varphi$

$P_{\curlyvee} = \sqrt{3} \cdot 380\,\text{V} \cdot 3{,}047\,\text{A} \cdot 1$

$\underline{\underline{P_{\curlyvee} = 2005\,\text{W}}}$

oder $P_{\curlyvee} = 3 \cdot P_{str\curlyvee}$; $P_{\curlyvee} = 3 \cdot 670{,}34\,\text{W}$

$\underline{\underline{P_{\curlyvee} = 2011\,\text{W}}}$

$P_{\triangle} = \sqrt{3} \cdot U \cdot I \cdot \cos\varphi$;

$P_{\triangle} = \sqrt{3} \cdot 380\,\text{V} \cdot 9{,}105\,\text{A} \cdot 1$; $\underline{\underline{P_{\triangle} = 5993\,\text{W}}}$

oder $P_{\triangle} = 3 \cdot P_{str\triangle}$; $P_{\triangle} = 3 \cdot 2000\,\text{W}$

$\underline{\underline{P_{\triangle} = 6000\,\text{W}}}$

Die Abweichungen bei den einzelnen Ergebnissen ergeben sich aus der Auf- bzw. Abrundung

Für den gleichen Verbraucher gilt:

$$I_{\triangle} = 3 \cdot I_{\curlyvee}$$
$$P_{\triangle} = 3 \cdot P_{\curlyvee}$$

6. Die drei Heizwiderstände eines Heißwasserspeichers haben einen Widerstand von je 36,1 Ω. Sie können sowohl in Stern- als auch in Dreieckschaltung an das Drehstrom-Vierleiternetz 380/220 V angeschlossen werden.
a) Wie groß sind die Leiterströme in Stern- und Dreieckschaltung?
b) Wie groß sind die Leistungen in beiden Schaltungen?

7. Die drei Heizwiderstände eines 1000-Liter-Standspeichers nehmen in Dreieckschaltung an dem Drehstrom-Vierleiternetz 380/220 V eine Gesamtleistung von 24 kW auf.
a) Wie groß ist die aufgenommene Leistung, wenn die Widerstände in Sternschaltung umgeschaltet werden?
b) Wie groß sind die Leiterströme in Stern- und Dreieckschaltung?
c) Wie groß sind die Heizleistungen noch, wenn in Stern- und Dreieckschaltung je eine Sicherung defekt ist?
d) Auf wieviel Prozent der ursprünglichen Leistung sinkt die Leistung ab, wenn bei der Sternschaltung zwei Sicherungen ausfallen?

8. Die drei Heizwiderstände eines 30-Liter-Heißwasserspeichers nehmen in Dreieckschaltung am Drehstrom-Vierleiternetz 380/220 V eine Gesamtleistung von 6 kW auf. Durch geeignete Umschaltung kann die Gesamtleistung auf 4 kW, 3 kW und 2 kW reduziert werden.
a) Wie müssen die Widerstände für die einzelnen Leistungen geschaltet werden?
b) Wie groß sind bei den einzelnen Leistungen die Leiterströme?

9. Schaltet man die drei Heizwiderstände eines Härteofens in Dreieckschaltung an das Drehstrom-Vierleiternetz 380/220 V, so steigt die Leiterstromstärke um 5 A gegenüber der Leiterstromstärke bei Sternschaltung. Welchen Wert haben die Heizwiderstände?

10. Ein Durchlauferhitzer ist an das Drehstromnetz 380/220 V angeschlossen. Bei Dreieckschaltung werden in den drei Außenleitern je 36,5 A gemessen.
a) Wie groß sind die Strangströme?
b) Wie groß sind die Strangwiderstände?
c) Wie groß sind die Strangleistungen?
d) Wie groß ist die Gesamtleistung?
e) Wie groß wird die Gesamtleistung, wenn eine Sicherung ausfällt?
f) Wie groß wird die Gesamtleistung, wenn die Widerstände in Sternschaltung an das Netz angeschlossen werden?
g) Wie groß wird die Gesamtleistung, wenn in Sternschaltung eine Sicherung ausfällt?

11. Wie groß sind die Stromstärken des Drehstrommotors eines Schleifbocks in Stern- und in Dreieckschaltung, wenn der Wirkungsgrad in Sternschaltung 81,2% und in Dreieckschaltung 87,3% beträgt?

Typ	DS1	**No.**	123740
Amp.	I	**Volt**	220/380
kW	0.33	**n**	3000
cos φ	0.82	**f**	50

12. Ein Drehstrom-Käfigläufermotor hat folgende Daten: 7,5 kW; 380 V$\triangle$; $\cos\varphi = 0{,}84$; $\eta = 0{,}87$.
a) Wie groß ist die aufgenommene Wirkleistung des Motors?
b) Wie groß ist die Blindleistung?
c) Wie groß sind die Leiterströme in Dreieckschaltung bei Nennbetrieb?
d) Wie groß ist der Anlaufstrom in Sternschaltung, wenn der Anlaufstrom den 7fachen Wert des Nennstromes in Sternschaltung hat?

13. Die Heizwiderstände eines Backofens können mit Hilfe eines Stern-Dreieckschalters am 380/220 V-Drehstromnetz umgeschaltet werden. Jeder Widerstand hat einen Wert von 35 Ω.
a) Wie groß sind die Strangströme bei beiden Schaltungen?
b) Wie groß sind die Leiterströme bei beiden Schaltungen?
c) Wie groß sind die Strangleistungen bei beiden Schaltungen?
d) Wie groß sind die Gesamtleistungen bei beiden Schaltungen?
e) Wie groß sind die Gesamtleistungen bei beiden Schaltungen, wenn ein Widerstand defekt ist?

14. Die Heizwiderstände eines Heißwasserspeichers ergeben beim Anschluß an ein 380/220 V-Drehstromnetz in Dreieckschaltung eine Gesamtleistung von 12 kW.
a) Wie groß sind die Strangwiderstände?
b) Wie groß sind die Strang- und Leiterströme?
c) Wie groß wird die Leistung, wenn die Widerstände in Sternschaltung angeschlossen werden?

17.3 Unsymmetrische Belastung des Drehstromnetzes (Sternschaltung)

▶ An ein Drehstrom-Vierleiternetz 380/220 V sind in Sternschaltung folgende Verbraucher angeschlossen:
Zwischen L 1 und N: Ein Heizofen mit einer Stromaufnahme von 9,1 A.
Zwischen L 2 und N: Ein Motor, der bei einem $\cos\varphi_2 = 0{,}86$ einen Strom von 8 A aufnimmt.
Zwischen L 3 und N: Ein Motor, der bei einem $\cos\varphi_3 = 0{,}75$ einen Strom von 6,5 A aufnimmt.
a) Wie groß ist die Stromstärke im Neutralleiter?
b) Wie groß sind die einzelnen Wirkleistungen und die gesamte aufgenommene Wirkleistung?

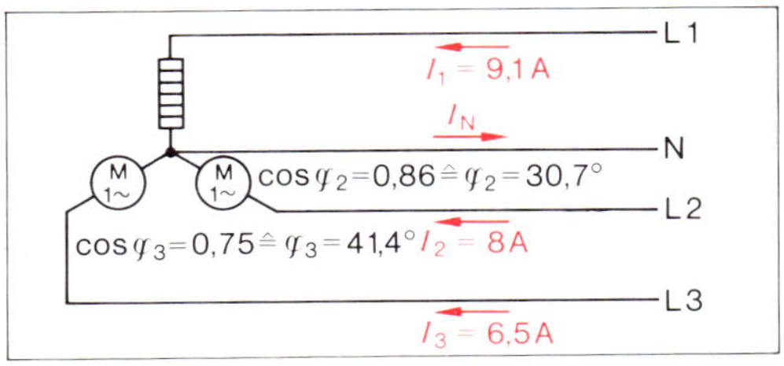

Abb. 1

Beispiellösung:

Gegeben: Werte laut Abb. 1
Gesucht: a) I_N; b) P_1; P_2; P_3; P_{ges}.

a) Man zeichnet das Zeigerbild der Spannungen und trägt die Strangströme nach Größe und Phasenlage maßstabsgerecht ein (Abb. 2a). Durch geometrische Addition der Strangströme ermittelt man den Strom im Neutralleiter (Abb. 2b).

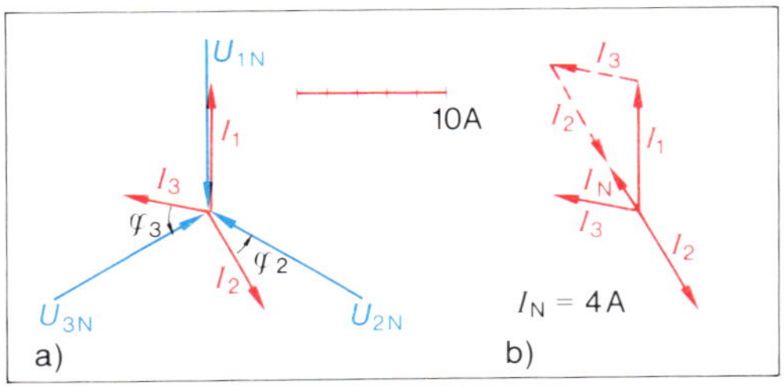

Abb. 2

b) $P_1 = U \cdot I \cdot \cos\varphi$; $P_1 = 220\,\text{V} \cdot 9{,}1\,\text{A} \cdot 1$

$\underline{\underline{P_1 = 2\,\text{kW}}}$

$P_2 = U \cdot I \cdot \cos\varphi_2$; $P_2 = 220\,\text{V} \cdot 8\,\text{A} \cdot 0{,}86$

$\underline{\underline{P_2 = 1{,}5\,\text{kW}}}$

$P_3 = U \cdot I \cdot \cos\varphi_3$; $P_3 = 220\,\text{V} \cdot 6{,}5\,\text{A} \cdot 0{,}75$

$\underline{\underline{P_3 = 1{,}07\,\text{kW}}}$

$P_{ges} = P_1 + P_2 + P_3$; $\underline{\underline{P_{ges} = 4{,}57\,\text{kW}}}$

Aufgaben

1. In einem Drehstrom-Vierleiternetz 380/220 V werden in den Außenleitern folgende Ströme und Leistungsfaktoren gemessen:
In L 1: 30 A bei einem $\cos\varphi_1 = 0{,}707$ induktiv.
In L 2: 25 A bei einem $\cos\varphi_2 = 0{,}5$ induktiv.
In L 3: 20 A bei einem $\cos\varphi_3 = 0{,}866$ kapazitiv.
Bestimmen Sie den Strom im Neutralleiter!

2. Die Installation eines Einfamilienhauses ist wie folgt auf das Drehstrom-Vierleiternetz 380/220 V aufgeteilt: Zwischen L 1 und N: Lampen und Heizgeräte mit einer Gesamtleistung von 4,5 kW. Zwischen L 2 und N: Lampen und Motoren (Kühlschrank usw.), die bei einer Gesamtlast von 3 kW einen $\cos\varphi$ von 0,88 verursachen. Zwischen L 3 und N: Warmwassergeräte mit einem Gesamtanschlußwert von 2 kW. Außerdem sind die drei Heizwiderstände des Durchlauferhitzers mit der Gesamtleistung von 18 kW in Sternschaltung an das Netz angeschlossen.
a) Skizzieren Sie die Schaltung mit den angeschlossenen Verbrauchern!
b) Bestimmen Sie die Ströme in den drei Außenleitern, wenn alle Geräte eingeschaltet sind!
c) Bestimmen Sie den Strom im Neutralleiter!

3. In den Außenleitern L 1 und L 2 werden die Ströme $I_1 = 20$ A bei einem $\cos\varphi_1 = 0{,}8$ induktiv und $I_2 = 18$ A bei einem $\cos\varphi_2 = 0{,}5$ induktiv gemessen. Im Neutralleiter wird ein Strom von 10 A gemessen, der mit der Spannung U_{2N} in Phase ist. Wie groß ist der Strom im Außenleiter L 3?

4. Ein Drehstromnetz 380/220 V ist mit folgenden Verbrauchern belastet:

- Zwischen L 1 und N: a) Ein Motor mit den Daten 220 V; $\cos\varphi = 0{,}86$; $\eta = 0{,}8$; $P = 1{,}5$ kW. b) Eine Reihenschaltung aus $R = 15\ \Omega$ und $C = 125\ \mu$F.
- Zwischen L 2 und N: a) Ein Motor mit den Daten 1,7 kW; $\cos\varphi = 0{,}8$; $\eta = 0{,}75$. b) Eine Beleuchtungsanlage mit einer Gesamtleistung von 1,5 kW (Glühlampen).
- Zwischen L 3 und N: a) Ein Motor mit den Daten 220 V; 10,5 A; $\cos\varphi = 0{,}85$. b) Ein Heizofen, dessen Widerstand aus 12,1 m Konstantandraht von 1 mm² Querschnitt besteht ($\rho = 2\ \Omega\text{mm}^2/\text{m}$).

a) Skizzieren Sie die Schaltung!
b) Bestimmen Sie die Stromstärken der einzelnen Geräte!
c) Bestimmen Sie die Stromstärken in den Außenleitern und im Neutralleiter!

5. Die Installation eines Wohnhauses ist wie folgt auf das Drehstromnetz 380/220 V aufgeteilt:

- Zwischen L 1 und N: Ein Lichtstromkreis mit insgesamt 660 W.
- Zwischen L 2 und N: Ein Steckdosenkreis, der mit 3,3 kW belastet werden kann.
- Zwischen L 3 und N: Ein kombinierter Licht-Steckdosenkreis, der mit 2,2 kW belastet werden kann.
- Ein Drehstrommotor, der in Sternschaltung angeschlossen ist. Er verursacht bei einer aufgenommenen Leistung von 2,2 kW einen $\cos\varphi = 0{,}83$.
- Ein Elektroherd, der in Sternschaltung angeschlossen ist. Seine Leistung von 7,5 kW verteilt sich gleichmäßig auf die drei Außenleiter.
- Ein Durchlauferhitzer, der in Sternschaltung angeschlossen ist und eine Leistung von 18 kW hat.

a) Skizzieren Sie die Schaltung!
b) Bestimmen Sie die Stromstärken in den einzelnen Stromkreisen bei voller Belastung!
c) Wie groß sind die Stromstärken in den drei Außenleitern und im Neutralleiter?

6. In einem Drehstrom-Vierleiternetz 380/220 V sind die folgenden Verbraucher angeschlossen.
Zwischen L 1 und N: Ein Heizgerät mit einer Leistung von 4 kW.
Zwischen L 2 und N: Ein Wechselstrommotor mit den Daten 220 V; 5,5 kW; $\eta = 86\%$; $\cos\varphi = 0{,}74$.
Zwischen L 3 und N: Ein Wechselstrommotor mit den Daten 220 V; 3 kW; $\eta = 79\%$; $\cos\varphi = 0{,}83$. Dieser Motor ist durch einen Kondensator von 120 µF kompensiert (Parallelkompensation).
a) Wie groß sind die Stromstärken in den drei Außenleitern?
b) Wie groß ist die Stromstärke im Neutralleiter?

7. An ein Drehstromnetz 380/220 V sind folgende Verbraucher angeschlossen:

- zwischen L 1 und N: ein Heizaggregat mit einer Leistung von 2 kW.
- Zwischen L2 und N: ein Wechselstrommotor mit den Daten: 715 $\frac{1}{\text{min}}$; $\eta = 0{,}76$; $\cos\varphi = 0{,}73$; $P_{ab} = 1{,}3$ kW.
- Ein Drehstrommotor mit den Daten: 380 $V_{\curlyvee}$; 960 $\frac{1}{\text{min}}$; $\eta = 83\%$; $\cos\varphi = 0{,}76$; $P_{ab} = 5{,}5$ kW.

a) Bestimmen Sie die Stromstärken in den Zuleitungen zu den einzelnen Verbrauchern und die Phasenverschiebungswinkel dieser Ströme zu den dazugehörenden Strangspannungen!
b) Zeichnen Sie das Zeigerbild der Ströme!
c) Wie groß sind die Ströme in den drei Außenleitern und im Neutralleiter?

8. In einer Werkstatt sind folgende Verbraucher an ein Drehstromnetz 380/220 V angeschlossen:

- ein Drehstrommotor M 1: $P_{ab} = 2{,}2$ kW; 220 $V_{\triangle}$; 945 $\frac{1}{\text{min}}$; $\eta = 78\%$; $\cos\varphi = 0{,}74$.
- Ein Drehstrommotor M 2: $P_{ab} = 3$ kW; 380 $V_{\curlyvee}$; 955 $\frac{1}{\text{min}}$; $\eta = 80\%$; $\cos\varphi = 0{,}76$.
- Zwischen L 1 und N ein Wechselstrommotor M3: $P_{zu} = 1{,}5$ kW; 2760 $\frac{1}{\text{min}}$; $\eta = 0{,}7$; $\cos\varphi = 0{,}64$.
- Zwischen L 2 und N: ohmsche Belastung mit einer Gesamtleistung von 1,2 kW.

a) Berechnen Sie die Ströme, die die einzelnen Geräte aufnehmen!
b) Zeichnen Sie das Zeigerbild der Ströme!
c) Bestimmen Sie die Ströme in den Außenleitern und im Neutralleiter!

9. An ein Drehstromnetz 380/220 V sind jeweils in Sternschaltung ein Durchlauferhitzer (9 kW), ein Boiler (9 kW) und ein Ofen (4 kW) angeschlossen.
a) Berechnen Sie die Strangwiderstände der drei Geräte!
b) Berechnen Sie die Strangströme der einzelnen Geräte!
c) Zeichnen Sie das Zeigerbild und ermitteln Sie die Leiterströme in der gemeinsamen Zuleitung!
d) Auf welche Werte ändern sich die Leiterströme und der Strom im Neutralleiter, wenn eine Sicherung ausfällt?
e) Auf welche Werte ändern sich die Leiterströme und der Strom im Neutralleiter, wenn ein Strangwiderstand des Durchlauferhitzers defekt ist?

17.4 Unsymmetrische Belastung des Drehstromnetzes (Dreieckschaltung)

▶ An ein Drehstromnetz 380/220 V sind folgende Verbraucher angeschlossen:

- Zwischen L 1 und L 2: Ein Heizgerät mit der Leistung 1500 W.
- Zwischen L 2 und L 3: Ein Heizgerät mit der Leistung 1000 W.
- Zwischen L 3 und L 1: Ein Badestrahler mit der Leistung 500 W.

a) Wie groß sind die einzelnen Strangströme?
b) Wie groß sind die Leiterströme?
c) Wie groß ist die Gesamtleistung?

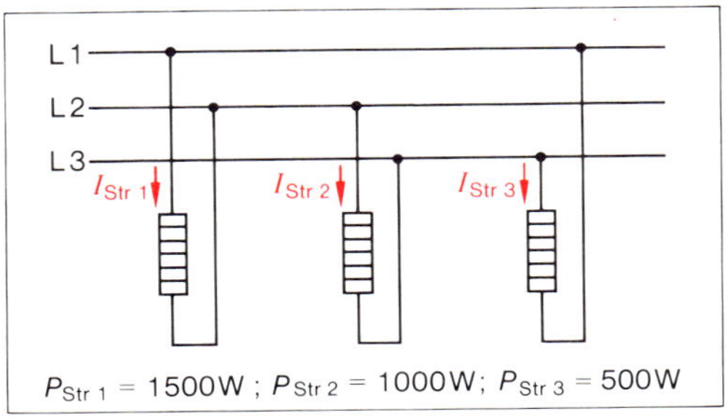

Abb. 1

Beispiellösung:

Gegeben: $U = 380\,V$; $P_{Str1} = 1500\,W$
$P_{Str2} = 1000\,W$; $P_{Str3} = 500\,W$

Gesucht: a) I_{Str1}; I_{Str2}; I_{Str3}.
b) I_1; I_2; I_3.

a) $I_{Str1} = \frac{P_{Str}}{U_{Str}}$; $I_{Str1} = \frac{1500\,W}{380\,V}$; $\underline{\underline{I_{Str1} = 3{,}947\,A}}$

$I_{Str2} = \frac{1000\,W}{380\,V}$; $\underline{\underline{I_{Str2} = 2{,}632\,A}}$

$I_{Str3} = \frac{500\,W}{380\,V}$; $\underline{\underline{I_{Str3} = 1{,}316\,A}}$

Die Strangströme sind mit den Strangspannungen in Phase (reine Wirklast). Da die Strangspannungen um je 120° phasenverschoben sind, sind auch die Strangströme gegeneinander phasenverschoben. Man kann das Zeigerbild der Strangströme zeichnen (Abb. 2a).

Die Leiterströme ergeben sich aus der Differenz zweier um 120° phasenverschobener Strangströme (Abb. 2b).

Aus Abb. 2b) ergeben sich folgende Werte:
$I_1 = 4{,}7\,A$
$I_2 = 5{,}7\,A$
$I_3 = 3{,}5\,A$

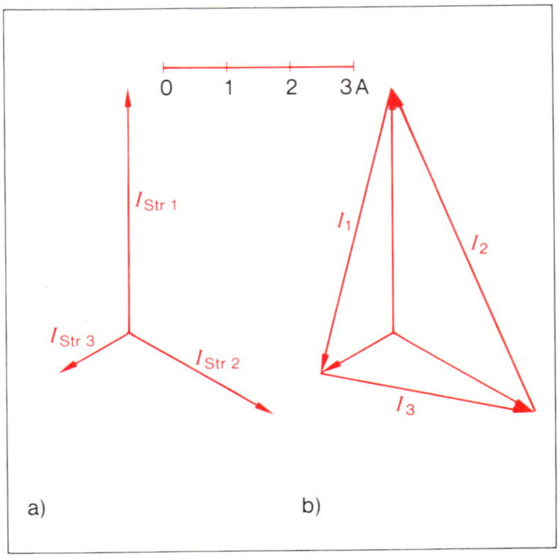

Abb. 2

b) $P_{ges} = P_1 + P_2 + P_3$
$P_{ges} = 1{,}5\,kW + 1\,kW + 0{,}5\,kW$;
$\underline{\underline{P_{ges} = 3\,kW}}$

Aufgaben

1. In einem Drehstromnetz 380/220 V sind folgende Verbraucher im Dreieck angeschlossen:

- Zwischen L 1 und L 2: Ein Motor mit der Induktivität 0,1 H und dem Wirkwiderstand 21,4 Ω.
- Zwischen L 2 und L 3: Ein Heizofen mit der Leistung 4 kW.
- Zwischen L 3 und L 1: Eine Parallelschaltung aus dem Widerstand 64 Ω und einem Kondensator mit der Kapazität von 42 μF.

a) Skizzieren Sie die Schaltung!
b) Bestimmen Sie die drei Strangströme!
c) Bestimmen Sie die drei Leiterströme!

2. An das Drehstromnetz 380/220 V sind folgende Verbraucher angeschlossen:

- Ein Drehstrommotor mit den Daten 380 V △; 11 kW; 1460/min; $\eta = 89\%$, $\cos\varphi = 0{,}88$;
- Ein Härteofen mit einer Leistung von 9 kW (Dreieckschaltung).
- Ein Heizgerät mit einer Gesamtleistung von 12 kW (Dreieckschaltung), bei dem der Heizwiderstand zwischen L 1 und L 2 defekt ist.

Bestimmen Sie:
a) Die aufgenommene Schein- und Wirkleistung des Drehstrommotors!
b) Die Strang- und Leiterströme des Motors!
c) Die Widerstände des Härteofens!
d) Die Strang- und Leiterströme des Härteofens!
e) Die Strangwiderstände des Heizgerätes!
f) Die noch vorhandene Leistung des Heizgerätes!
g) Die Strang- und Leiterströme des Heizgerätes!
h) Die Leiterströme, die in der Zuleitung zu diesen drei Geräten fließen!

3. In einem Drehstromnetz 380/220 V fließen bei unsymmetrischer Belastung mit Wirkwiderständen folgende Ströme: $I_1 = 13{,}9$ A; $I_3 = 13{,}1$ A; $I_{\text{Str 1}} = 7$ A.
Bestimmen Sie
a) $I_{\text{Str 2}}$, $I_{\text{Str 3}}$ und I_2;
b) die Strangwiderstände und die Gesamtleistung!

4. In den Außenleitern eines Drehstromnetzes fließen je 4,55 A. Die drei Widerstände von je 48,4 Ω sind im Dreieck geschaltet.
a) Wie groß ist die Leiterspannung des Drehstromnetzes?
b) Auf welche Werte ändern sich die Strang- und die Leiterströme, wenn die Sicherung im Außenleiter L1 ausfällt?

5. Zwischen den Außenleitern L1 und L2 ist ein Widerstand von 50 Ω, zwischen L2 und L3 ein Widerstand von 40 Ω und zwischen L3 und L1 ein Widerstand von 30 Ω angeschlossen. Die Leiterspannung beträgt 220 V.
a) Berechnen Sie die Strangströme!
b) Zeichnen Sie das Zeigerbild der Ströme!
c) Bestimmen Sie die Leiterströme!
d) Wie groß sind die Strang- und die Leiterströme, wenn die Sicherung im Außenleiter L2 ausfällt?

6. Ein Drehstromnetz mit der Leiterspannung 220 V ist mit drei Widerständen von je 55 Ω in Dreieckschaltung belastet.
a) Wie groß sind die Strangströme?
b) Wie groß sind die Leiterströme?
c) Auf welche Werte ändern sich die Strang- und Leiterströme, wenn ein Außenleiter ausfällt?
d) Auf welche Werte ändern sich die Strang- und Leiterströme, wenn der Widerstand zwischen L1 und L2 ausfällt?

7. An ein Drehstromnetz mit der Außenleiterspannung 220 V sind drei Widerstände in Dreieckschaltung angeschlossen. Der Strangwiderstand zwischen L1 und L2 hat einen Wert $R_1 = 44$ Ω. In den Außenleitern L2 und L3 fließen Ströme von je 10 A.
a) Wie groß ist der Strom im Außenleiter L1?
b) Wie groß sind die Strangströme in den Strängen 2 und 3?
c) Welche Werte haben die Strangwiderstände R_2 und R_3?

8. In einem Drehstromnetz mit der Leiterspannung 220 V werden die Leiterströme $I_2 = 9$ A und $I_3 = 11$ A gemessen. Im Strang 3 fließt ein Strom von 7 A.
Bestimmen Sie den Leiterstrom I_1 und die Ströme in den Strängen 1 und 2!

9. Ein Drehstromnetz mit der Leiterspannung 220 V ist zwischen L1 und L2 mit einem Widerstand $R_1 = 44\ \Omega$ und zwischen L2 und L3 mit einem Widerstand $R_2 = 22\ \Omega$ belastet. In den Außenleitern L2 und L3 sind die Leiterströme gleich groß.
a) Wie groß ist der Strangstrom durch den Widerstand R_3?
b) Welchen Wert hat der Widerstand zwischen den Außenleitern L3 und L1?
c) Welchen Wert hat der Leiterstrom im Außenleiter L1?

10. In einem Drehstromnetz mit der Außenleiterspannung 220 V sind drei Widerstände in Dreieckschaltung angeschlossen. Folgende Ströme werden gemessen:
$I_{Str1} = 6$ A; $I_2 = 15$ A; $I_3 = 13$ A.
a) Wie groß ist der Leiterstrom I_1?
b) Wie groß sind die beiden Strangströme?
c) Welche Werte haben die Strangwiderstände?

11. An ein Drehstromnetz 220/127 V sind folgende Verbraucher in Dreieck angeschlossen:
- Ein Drehstrommotor M1 mit den Daten: $P_{ab} = 1{,}5$ kW; $\eta = 78\%$; $\cos\varphi = 0{,}75$.
- Ein Drehstrommotor M2 mit den Daten: $P_{ab} = 2{,}2$ kW; $\eta = 73\%$; $\cos\varphi = 0{,}74$.
- Ein Heizgerät mit der Leistung 6 kW.
- Zwischen L1 und L2 ein Härteofen mit einer Leistung von 4 kW.

a) Berechnen Sie die Strangströme der einzelnen Geräte!
b) Zeichnen Sie das Zeigerbild der Strangströme!
c) Ermitteln Sie die Leiterströme in der gemeinsamen Zuleitung!

12. Ein Drehstromnetz 380/220 V ist mit folgenden Verbrauchern belastet:
- Zwischen L1 und L2: Ein Heizgerät mit der Leistung 4 kW.
- Zwischen L2 und L3: Ein Härteofen mit der Leistung 9 kW.
- Zwischen L3 und L1: Ein Wechselstrommotor mit den Daten: $P_{zu} = 3{,}5$ kW; $\eta = 0{,}7$; $\cos\varphi = 0{,}86$.

a) Berechnen Sie die Strangströme!
b) Zeichnen Sie das Zeigerbild der Strangströme!
c) Bestimmen Sie die Leiterströme!

13. An ein Drehstromnetz 220/127 V sind folgende Verbraucher in Dreieckschaltung angeschlossen ($f = 50$ Hz):
- zwischen L1 und L2: Ein Heizwiderstand mit der Leistung 3,5 kW.
- Zwischen L2 und L3: Ein Motor, dessen induktiver Widerstand 10 Ω und dessen Wirkwiderstand 5,5 Ω betragen. Parallel zu diesem Motor ist ein Kondensator mit der Kapazität 75 μF geschaltet.
- Zwischen L3 und L1: Ein Motor mit den Daten: $P_{ab} = 4$ kW; $\cos\varphi = 0{,}86$; $\eta = 0{,}75$.

a) Skizzieren Sie die Schaltung!
b) Errechnen Sie die Strangströme!
c) Bestimmen Sie die Leiterströme in den drei Außenleitern!

14. Ein Drehstromnetz 220/127 V (50 Hz) ist mit folgenden Verbrauchern belastet:
- zwischen L1 und L3: Ein Wirkwiderstand, der eine Leistung von 1,5 kW aufnimmt.
- Zwischen L1 und L2: Ein Motor, der eine Induktivität von 61 mH und einen Wirkwiderstand von 25,46 Ω hat.
- Zwischen L2 und L3: Ein Motor der einen Wirkwiderstand von 20,255 Ω hat.

a) Skizzieren Sie die Schaltung!
b) Berechnen Sie die Strangströme durch den Widerstand und den ersten Motor!
c) Bestimmen Sie den Strangstrom durch den zweiten Motor, wenn die Leiterströme gleich groß sein sollen!
d) Berechnen Sie die Induktivität des zweiten Motors!

15. In einem Drehstromnetz 220/127 V (50 Hz) verursacht ein Verbraucher, der zwischen L1 und L2 angeschlossen ist, bei einer Stromstärke von 10 A eine Phasenverschiebung von 6,5 Grad (kapazitiv).
Durch den Verbraucher zwischen L1 und L3 wird bei 8 A eine Phasenverschiebung von 30 Grad (induktiv) hervorgerufen.
Der zwischen L2 und L3 angeschlossene Motor nimmt einen Strom von 5,8 A auf. Zwischen Strom und Spannung besteht hierbei eine Phasenverschiebung von 48 Grad.
a) Skizzieren Sie die Schaltung!
b) Zeichnen Sie das Zeigerbild der Ströme!
c) Ermitteln Sie die Kapazität des Kondensators, der parallel zum Motor geschaltet werden muß, damit die drei Außenleiterströme gleich groß werden!

18 Transformatoren

18.1 Übersetzungsverhältnisse der Spannungen und Ströme

▶ Die Primärwicklung eines Klingeltransformators (Abb. 1) hat 1243 Windungen für eine Anschlußspannung von 220 V.
a) Wie viele Windungen muß die Sekundärwicklung haben, wenn die Sekundärspannung 8 V betragen soll?
b) Welche Spannungen können an der Sekundärwicklung zusätzlich gemessen werden, wenn ein Abgriff nach 17 Windungen vorhanden ist?

Primärspannung	U_1
Sekundärspannung	U_2
Primärwindungszahl	N_1
Sekundärwindungszahl	N_2
Windungszahl pro Volt	N^*
Primärstrom	I_1
Sekundärstrom	I_2
Übersetzungsverhältnis	$ü$

$$\frac{U_1}{U_2}=\frac{N_1}{N_2};\quad \frac{I_2}{I_1}=\frac{N_1}{N_2};\quad ü=\frac{U_1}{U_2}$$

Beispiellösung:

Gegeben: $U_1 = 220\,\text{V}$; $N_1 = 1243$; $U_{2.3} = 8\,\text{V}$; $N_{2.1} = 17$;
Gesucht: a) N_2; b) $U_{2.1}$ und $U_{2.2}$

a) 1. Möglichkeit

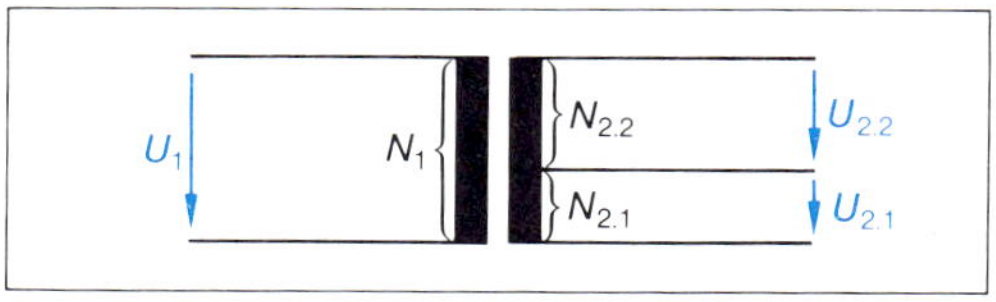

$$\frac{U_1}{U_2}=\frac{N_1}{N_2}\qquad N_2=\frac{N_1\cdot U_2}{U_1}\qquad N_2=\frac{1243\cdot 8\,\text{V}}{220\,\text{V}}$$

$\underline{\underline{N_2 = 45{,}2}}$ $\quad\underline{\underline{\text{gewählt: } N_2 = 46}}$

2. Möglichkeit:

$$N^*=\frac{N_1}{U_1};\quad N^*=\frac{1243}{220\,\text{V}};\quad \underline{\underline{N^*=5{,}65\,\frac{1}{\text{V}}}}$$

$$N_2 = N^*\cdot U_2;\quad N_2 = 5{,}65\,\frac{1}{\text{V}}\cdot 8\,\text{V};\quad \underline{\underline{N_2 = 45{,}2}}$$

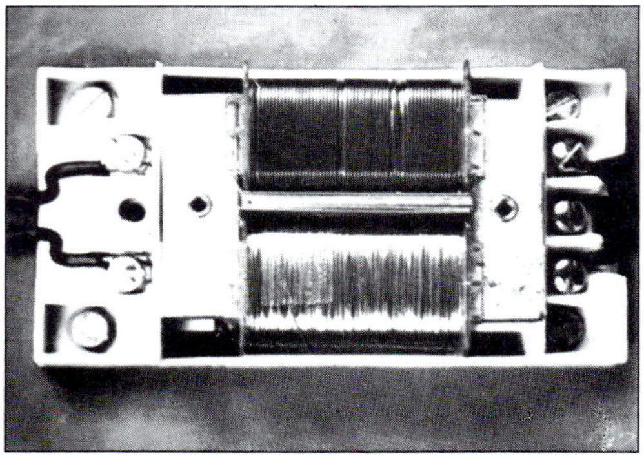

Abb. 1: Klingeltransformator

b) $$\frac{U_1}{U_{2.1}}=\frac{N_1}{N_{2.1}};\quad U_{2.1}=\frac{U_1\cdot N_{2.1}}{N_1}$$

$$U_{2.1}=\frac{220\,\text{V}\cdot 17}{1243}\qquad \underline{\underline{U_{2.1}=3\,\text{V}}}$$

$$U_{2.2}=U_2-U_{2.1};\quad U_{2.2}=8\,\text{V}-3\,\text{V};\quad \underline{\underline{U_{2.2}=5\,\text{V}}}$$

Aufgaben

1. Ein Transformator mit dem Kern M 55/21 soll eine Primärwicklung für 220 V erhalten. Für eine magnetische Flußdichte von 1,2 T sind bei diesem Kern 12,2 Windungen pro Volt erforderlich. Wie viele Windungen muß die Wicklung erhalten?

2. Die Netzspannung 220 V soll auf 24 V heruntertransformiert werden. Die Primärwicklung hat 770 Windungen. Wieviel Windungen muß die Sekundärwicklung erhalten?

3. Für den Transformatorkern M 42/15 wird eine Spannung pro Windung von 0,043 V angegeben. Für welche Spannung ist die Primärwicklung gewickelt, wenn sie eine Windungszahl von 2541 hat?

4. Die Primärwicklung eines Transformators nimmt bei 220 V Anschlußspannung einen Strom von 0,45 A auf. Mit welcher Stromstärke kann die Sekundärseite bei einer Sekundärspannung von 42 V belastet werden?

5. Bei einem Transformator mit dem Kern M 102/35 werden bei Belastung folgende Werte gemessen: $U_2 = 12\,V$; $I_2 = 8\,A$; $U_1 = 220\,V$. Im Leerlauf werden für $U_2 = 14\,V$ gemessen.
a) Welche Stromstärke nimmt der Transformator bei Belastung auf?
b) Wieviel Windungen haben die Primär- und Sekundärwicklungen, wenn für diesen Kern 3,5 Windungen pro Volt angegeben werden?

6. Für die Röhrenheizung einer Amateursenderendstufe wird eine Spannung von 6,3 V benötigt. Die Netzspannung beträgt 220 V und die Primärwicklung hat 630 Windungen.
a) Wie viele Windungen muß die Sekundärwicklung erhalten?
b) Beim Anschluß des Transformators zeigt eine Messung, daß die Sekundärspannung bei Belastung um 0,5 V absinkt. Wie viele Windungen muß die Sekundärwicklung zusätzlich erhalten?

18.2 Strom- und Spannungswandler

▶ An den Stromwandler, dessen Leistungsschild in der Abb. 2 dargestellt ist, ist ein Meßgerät mit dem Meßbereich 5 A angeschlossen. Das Meßgerät zeigt eine Stromstärke von 3,65 A an.
Wie groß ist die Stromstärke in der Primärwicklung des Stromwandlers?

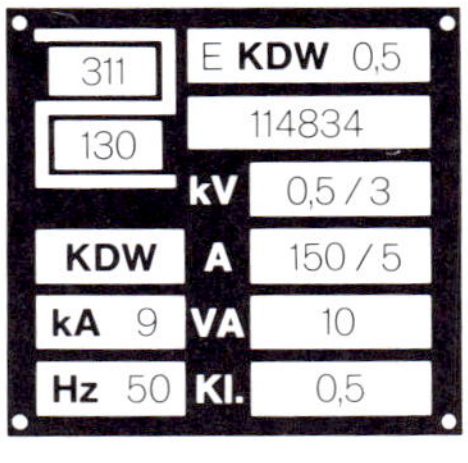

Abb. 2

Für Stromwandler gilt abweichend von den Gesetzmäßigkeiten bei Transformatoren:

Übersetzungsverhältnis $ü = \frac{I_1}{I_2}$

Beispiellösung:

Gegeben: Leistungsschild; $I_2 = 3{,}65\,A$
Gesucht: I_1

$I_1 = ü \cdot I_2$; $ü$ aus dem Leistungsschild: 150/5

$$I_1 = \frac{150\,A \cdot 3{,}65\,A}{5\,A}; \quad \underline{\underline{I_1 = 109{,}5\,A}}$$

Aufgaben

1. An einem Meßwandler 150/5 ist ein Meßgerät mit dem Meßbereich 5 A angeschlossen. Auf der Skala wird eine Stromstärke von 2,5 A abgelesen. Wie groß ist der Strom durch die Primärwicklung?

2. Ein Stromwandler hat folgende Beschriftung:
Primär: 15 A – 50 A – 100 A – 150 A – 200 A – 300 A – 600 A
Sekundär: 5 A
100 A: Leiter 6x durchführen
150 A: Leiter 4x durchführen
200 A: Leiter 3x durchführen
300 A: Leiter 2x durchführen
600 A: Leiter 1x durchführen
Wird der Leiter mit dem zu messenden Strom dreimal durch den Wandler durchgeführt, zeigt das angeschlossene Meßgerät – mit dem Meßbereich 5 A – eine Stromstärke von 4,68 A an. Wie groß ist der Primärstrom?

3. Der eingebaute Stromwandler eines Transformators hat auf seinem Leistungsschild folgende Angaben: 300 A/1 A; 30 VA; Klasse 3. Welchen Wert zeigt das Meßgerät an, wenn primärseitig ein Strom von 270 A fließt?

4. Durch die Primärwicklung eines Stromwandlers mit dem Übersetzungsverhältnis 1000 A/5 A fließt ein Strom von 775 A. Welche Stromstärke zeigt das Strommeßgerät (Meßbereich 5 A) sekundärseitig an?

5. Die Primärseite eines Spannungswandlers ist an eine Spannung von 4,3 kV angeschlossen. Welche Spannung zeigt das sekundärseitig angeschlossene Meßgerät (Meßbereich 100 V) an, wenn das Übersetzungsverhältnis des Wandlers 5000 V/100 V beträgt?

6. Am Meßgerät eines Spannungswandlers mit dem Übersetzungsverhältnis 1500 V/100 V wird eine Spannung von 83 V abgelesen. Wie hoch ist die Primärspannung?

7. Ein Klein-Schienenwandler (die Stromschiene wirkt als Primärwicklung) hat das Übersetzungsverhältnis 250 A/5 A. Welchen Wert zeigt das Meßgerät an, wenn die Stromschiene von 220 A durchflossen wird?

8. Ein Spannungswandler mit dem Übersetzungsverhältnis 5000 V/100 V hat eine Primärwicklung mit 17 500 Windungen.
a) Wie viele Windungen hat die Sekundärwicklung?
b) Wie groß ist die Primärspannung, wenn am Meßgerät eine Spannung von 87 V abgelesen wird?

9. Ein Aufsteckstromwandler hat das Übersetzungsverhältnis 400 A/5 A. Primärseitig fließt ein Strom von 350 A. Welchen Wert zeigt das sekundärseitig angeschlossene Meßgerät an?

10. Ein Durchsteckwandler hat folgende Beschriftung:

Vielfach-instrument	0,06 A	0,3 A	0,6 A	1,5 A	6 A
1 Durchsteck-windung	6 A	30 A	60 A	150 A	600 A

a) Welchen Wert zeigt ein Meßgerät mit dem Meßbereich 0,3 A an, wenn die Zuleitung 1mal durchgeführt ist, und in der Zuleitung ein Strom von 14 A fließt?
b) Welchen Wert zeigt das Meßgerät an, wenn die Zuleitung 2mal durch den Wandler geführt wird?
c) Wie oft müßte die Zuleitung durch den Wandler geführt werden, wenn ein Meßgerät mit dem Meßbereich 6 A bei einem Primärstrom von 30 A Vollausschlag haben sollte?

11. Die Sekundärwicklung eines Spannungswandlers hat 500 Windungen. Das Übersetzungsverhältnis beträgt 3 kV/100 V.
a) Wieviel Windungen hat die Primärwicklung?
b) Wie groß sind Primär- und Sekundärstrom, bei einer Nennleistung des Wandlers von 10 VA?

18.3 Kurzschlußspannung und Kurzschlußstrom

▶ Die Abb. 1 zeigt das Leistungsschild eines Drehstromtransformators.
Bestimmen Sie:
a) Die Kurzschlußspannung in Volt für die Nennspannung 20 000 V!
b) Den Dauerkurzschlußstrom für diese Nennspannung!

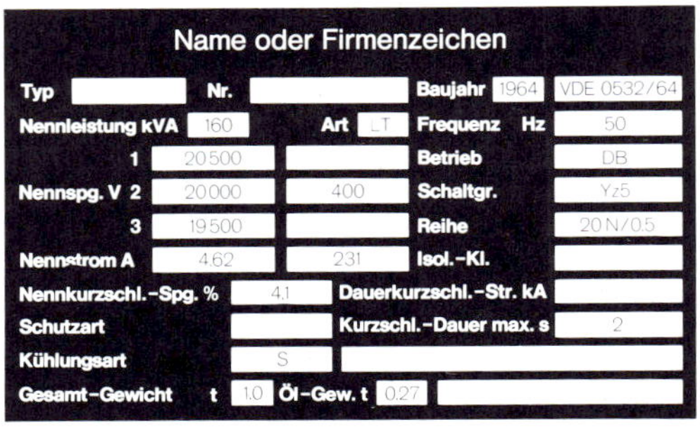
Name oder Firmenzeichen
Typ
Nr.
Baujahr 1964
VDE 0532/64
Nennleistung kVA 160
Art LT
Frequenz Hz 50
1 20500
Betrieb DB
Nennspg. V 2 20000 400
Schaltgr. Yz5
3 19500
Reihe 20N/0,5
Nennstrom A 4,62 231
Isol.-Kl.
Nennkurzschl.-Spg. % 4,1
Dauerkurzschl.-Str. kA
Schutzart
Kurzschl.-Dauer max. s 2
Kühlungsart S
Gesamt-Gewicht t 1,0
Öl-Gew. t 0,27

Abb. 1: Leistungsschild eines Transformators

Kurzschlußspannung	U_k	$[U_k] = \text{V}$
$u_k = \dfrac{U_k \cdot 100}{U_1}$	u_k	u_k in %
Dauerkurzschlußstrom	I_{kd}	$[I_{kd}] = \text{A}$
$I_{kd} = \dfrac{100 \cdot I}{u_k}$		

Beispiellösung:

Gegeben: Siehe Leistungsschild!
$U = 20\,000\ \text{V};\ u_k = 4{,}1\,\%;\ I = 4{,}62\ \text{A}$

Gesucht: a) U_k; b) I_{kd}

a) $U_k = \dfrac{U \cdot u_k}{100}$; $U_k = \dfrac{20\,000\ \text{V} \cdot 4{,}1}{100}$; $\underline{\underline{U_k = 820\ \text{V}}}$

b) $I_{kd} = \dfrac{100 \cdot I}{u_k}$; $I_{kd} = \dfrac{100 \cdot 4{,}62\ \text{A}}{4{,}1}$

$\underline{\underline{I_{kd} = 112{,}68\ \text{A}}}$

Aufgaben

1. Bei einem Transformator 220 V/220 V ist die Kurzschlußspannung mit 12% angegeben. Wie groß darf die Primärspannung höchstens werden, damit in der kurzgeschlossenen Sekundärwicklung der Nennstrom fließt?

2. Ein Transformator hat eine Kurzschlußspannung von 30%. Für welche Anschlußspannung ist der Transformator vorgesehen, wenn bei einer Primärspannung von 114 V in der kurzgeschlossenen Sekundärwicklung der Nennstrom fließt?

3. Bei einem Schweißtransformator für 220 V fließt bei einer Schweißspannung von 24 V ein Schweißstrom von 90 A. Beim Zünden des Lichtbogens fließen 115 A. Wie groß ist die Kurzschlußspannung?

4. Bei der Bestimmung der Kurzschlußspannung von drei Transformatoren für die Netzspannung 220 V ergaben sich folgende Meßergebnisse:

	Nennstrom	Kurzschlußspannung
Transform. 1	0,3 A	21 V
Transform. 2	0,5 A	220 V
Transform. 3	0,5 A	100 V

a) Geben Sie die Kurzschlußspannung in Prozent der drei Transformatoren an!
b) Wie groß kann der Dauerkurzschlußstrom bei den drei Transformatoren werden?

5. Ein defekter Transformator, der eine Kurzschlußspannung von etwa 20% hatte, soll ausgewechselt werden. Zur Verfügung steht ein anderer Transformator, der die Nenndaten 220 V/24 V und 0,2 A/2 A hat.
Bei der Messung zur Bestimmung der Kurzschlußspannung wird festgestellt, daß bei einer Primärspannung von 120 V der Nennstrom fließt.
Entspricht dieser Transformator dem ursprünglichen Transformator oder ist er spannungsweicher oder spannungssteifer?

6. Bei einem Drehstromtransformator soll die Kurzschlußspannung bestimmt werden. Der Transformator hat die Nenndaten: $U_1 = 20000$ V; $U_2 = 235$ V; $I_1 = 1$ A; $I_2 = 85$ A. Der Kurzschlußstrom ist mit 21,75 A angegeben. Wie groß ist die Kurzschlußspannung in Prozent und Volt?

7. Ein Transformator für den Anschluß an 220 V nimmt bei Belastung einen Strom von 820 mA auf. Wie groß kann der Dauerkurzschlußstrom werden, wenn für den Transformator eine Kurzschlußspannung von 24% angegeben ist?

8. Bei einem Transformator für 220 V fließt bei kurzgeschlossener Unterspannungswicklung der Nennstrom, wenn die Oberspannung den Wert 50 V erreicht hat. Wie groß ist die Kurzschlußspannung in %?

9. Welchen Wert hat die Kurzschlußspannung eines Transformators, der für eine Nennspannung von 110 V gebaut ist, und für den die prozentuale Kurzschlußspannung mit 5,3% angegeben ist?

10. Für welche Nennspannung ist ein Transformator bestimmt, von dem die prozentuale Kurzschlußspannung mit 6,8% bekannt ist, und bei dem bei einer Oberspannung von 25,84 V – bei kurzgeschlossener Unterspannungswicklung – der Nennstrom fließt?

11. Wie hoch ist die Kurzschlußspannung bei einem Transformator mit den Nenndaten 220 V und 2 A, wenn der Dauerkurzschlußstrom 4 A beträgt?

12. Für welchen Nennstrom ist ein Transformator mit der Nennspannung 380 V bestimmt, wenn die Kurzschlußspannung 120 V beträgt und ein Dauerkurzschlußstrom von 7 A fließt?

13. Mit welchem Dauerkurzschlußstrom darf ein Transformator belastet werden, wenn die Nennspannung 220 V, der Nennstrom 5 A und die prozentuale Kurzschlußspannung 11,36% betragen?

14. Bestimmen Sie den Wert des Dauerkurzschlußstromes eines Transformators mit den Nenndaten 220 V/4,3 A und der Kurzschlußspannung 40 V.

15. Bei einem Transformator verhält sich der Nennstrom zum Dauerkurzschlußstrom wie 1 : 4,5. Welchen Wert hat die Kurzschlußspannung, wenn die Nennspannung 110 V beträgt?

16. Ein Transformator nimmt beim Anschluß an 220 V einen Nennstrom von 0,85 A auf. Im Kurzschlußversuch wurde die Kurzschlußspannung zu 75 V bestimmt. Wie hoch darf der vom Transformator aufgenommene Strom höchstens werden?

18.4 Spartransformator

▶ Die Ausgangsspannung eines Spartransformators für 220 V soll 200 V betragen. Für den Bau des Transformators wird ein Kern M 74/32 (50 VA; $\eta = 0{,}84$) verwendet.
a) Wie groß wird die Durchgangsleistung?
b) Wie groß kann der Strom durch den Verbraucher werden?
c) Wie groß wird der Strom in der Zuleitung?

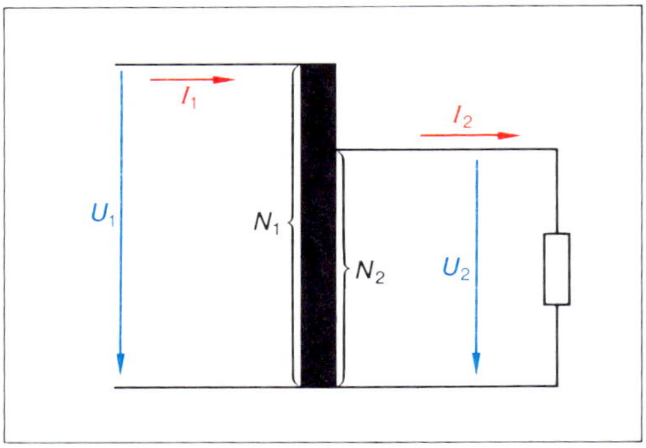

Abb. 1

Bauleistung S_B

Durchgangsleistung $S_D = S_2$

Für $U_1 > U_2$: $S_B = S_D \left(1 - \frac{U_2}{U_1}\right)$

Für $U_1 < U_2$: $S_B = S_D \left(1 - \frac{U_1}{U_2}\right)$

Beispiellösung:

Gegeben: $S_B = 50\,\text{VA}$; $\eta = 0{,}84$; $U_1 = 220\,\text{V}$; $U_2 = 200\,\text{V}$;

Gesucht: a) S_D; b) I_2; c) I_1

a) $S_B = S_D \left(1 - \frac{U_2}{U_1}\right)$; $S_D = \frac{S_B}{1 - \frac{U_2}{U_1}}$

$S_D = \frac{50\,\text{VA}}{1 - \frac{200\,\text{V}}{220\,\text{V}}}$; $\underline{\underline{S_D = 550\,\text{VA}}}$

b) $S_2 = U_2 \cdot I_2$; $I_2 = \frac{S_2}{U_2}$; $I_2 = \frac{550\,\text{VA}}{200\,\text{V}}$; $\underline{\underline{I_2 = 2{,}75\,\text{A}}}$

c) $S_1 = U_1 \cdot I_1$; $I_1 = \frac{S_1}{U_1}$; $I_1 = \frac{S_2}{U_1 \cdot \eta}$

$I_1 = \frac{550\,\text{VA}}{220\,\text{V} \cdot 0{,}84}$; $\underline{\underline{I_1 = 2{,}976\,\text{A}}}$

Aufgaben

1. Die gesamte Wicklung eines Spartransformators für 220 V hat 660 Windungen. Welche Spannungen kann man nach
a) 100 Windungen,
b) 400 Windungen und
c) 600 Windungen abgreifen?

2. Ein Spartransformator 220 V/250 V soll bei einem Wirkungsgrad von 0,9 eine Durchgangsleistung von 500 VA haben.
a) Wie groß muß die Bauleistung sein?
b) Wie groß wird der Strom in der Zuleitung?

3. Mit einem Transformatorkern EI 170 b (Nennleistung 850 VA) soll ein Spartransformator hergestellt werden. Die Eingangsspannung soll 220 V und die Durchgangsleistung 2000 VA betragen. Der Wirkungsgrad wird mit 0,9 angenommen.
a) Wie groß darf die Ausgangsspannung werden?
b) Wie groß wird der Strom in der Zuleitung?

4. Die gesamte Windungszahl eines Spartransformators beträgt 900. Er ist für eine Anschlußspannung von 110 V vorgesehen. Bei wieviel Windungen kann eine Spannung von 40 V abgegriffen werden?
Bei wieviel Windungen muß eine Spannung von 60 V angelegt werden, damit man ausgangsseitig 220 V erhält?

5. Welchen Wert hat die Ausgangsspannung bei einem Spartransformator, der für eine Spannung von 127 V vorgesehen ist, und bei dem die Wicklung für die Ausgangsspannung den sechsten Teil der Gesamtwicklung beträgt?

6. Mit welcher Stromstärke kann ein Spartransformator belastet werden, wenn die Gesamtwindungszahl der Wicklung 1000 und der Abgriff für die Ausgangsspannung bei 750 liegt? Der aufgenommene Strom beträgt 5 A.

7. Bei der wievielten der insgesamt 1200 Windungen eines Spartransformators liegt der Abgriff für die Ausgangsspannung, wenn der Transformator einen Strom von 2,5 A aufnimmt und mit einer Stromstärke von 4 A belastet wird?

8. An welche Spannung kann ein Spartransformator angeschlossen werden, wenn die gesamte Wicklung eine Windungszahl von 1200 hat, und am Abgriff, der bei 327 Windungen gemacht wurde, eine Spannung von 60 V zur Verfügung stehen soll?
Wie hoch wird die Spannung ausgangsseitig, wenn man bei 327 Windungen eine Spannung von 40 V anschließt?

9. Wieviel Windungen hat die Wicklung eines Spartransformators insgesamt, wenn die Anschlußspannung 380 V und die Ausgangsspannung 180 V beträgt? Der Abgriff für die Ausgangsspannung ist mit 1700 gekennzeichnet.

10. Bei einem Spartransformator 220 V/170 V beträgt die Bauleistung 350 VA. Wie groß ist die Durchgangsleistung, wenn der Belastungsstrom 9 A beträgt?

11. Ein Spartransformator hat eine Durchgangsleistung von 2750 VA und eine Bauleistung von 500 VA. Er ist für die Spannungen 180 V/220 V vorgesehen. Wie groß ist der Wirkungsgrad des Transformators, wenn er einen Strom von 25 A aufnimmt? Die Leistungsfaktoren betragen dabei eingangsseitig 0,7 und ausgangsseitig 0,9.

18.5 Leistung und Wirkungsgrad von Transformatoren

▶ In den technischen Daten für Kernbleche der M-Reihe ist für den Kern M 74/32 eine maximale Nennleistung von 50 VA bei einem Wirkungsgrad von 84% angegeben.
a) Wie groß kann die maximale Stromstärke in der Sekundärwicklung werden, wenn die Sekundärspannung 18 V beträgt?
b) Wie groß sind die aufgenommene und die abgegebene Wirkleistung des Transformators, wenn auf der Primär- und Sekundärseite mit einem $\cos\varphi$ von 0,8 gerechnet wird?
c) Wie groß ist die aufgenommene Stromstärke bei einer Anschlußspannung von 110 V?

Nennleistung
= abgegebene Scheinleistung S_2

$S_2 = U_2 \cdot I_2$

Aufgenommene Scheinleistung S_1

$S_1 = U_1 \cdot I_1$

Abgegebene Wirkleistung P_2

$P_2 = U_2 \cdot I_2 \cdot \cos\varphi_2$

Aufgenommene Wirkleistung P_1

$P_1 = U_1 \cdot I_1 \cdot \cos\varphi_1$

Bei Drehstromtransformatoren müssen die Leistungen noch mit dem Faktor $\sqrt{3}$ multipliziert werden!

Wirkungsgrad η

$$\eta = \frac{P_2}{P_1}$$

$P_1 = P_2 + P_{\mathrm{VFe}} + P_{\mathrm{VCu}}$

Jahreswirkungsgrad

$$\eta_a = \frac{W_{ab}}{W_{ab} + W_{Fe} + W_{Cu}}$$

$W_{ab} = U_2 \cdot I_2 \cdot \cos\varphi_2 \cdot t_B$

t_B: Belastungsdauer

$W_{Fe} = P_{\mathrm{vFe}} \cdot t_E$

t_E: Einschaltdauer

$W_{Cu} = P_{\mathrm{vCu}} \cdot t_B$

Beispiellösung:

Gegeben: $S_2 = 50\,\mathrm{VA}$; $U_2 = 18\,\mathrm{V}$; $\eta = 0{,}84$;
$\cos\varphi_1 = 0{,}8$; $\cos\varphi_2 = 0{,}8$
$U_1 = 110\,\mathrm{V}$.

Gesucht: a) I_2; b) P_1 und P_2; c) I_1.

a) $S_2 = U_2 \cdot I_2$

$$I_2 = \frac{S_2}{U_2}$$

$$I_2 = \frac{50\,\mathrm{VA}}{18\,\mathrm{V}}$$

$$\underline{\underline{I_2 = 2{,}78\,\mathrm{A}}}$$

b) $P_2 = S_2 \cdot \cos\varphi_2$; $P_2 = 50\,\text{VA} \cdot 0{,}8$; $\underline{\underline{P_2 = 40\,\text{W}}}$

$$P_1 = \frac{P_2}{\eta}; \quad P_1 = \frac{40\,\text{W}}{0{,}84}; \quad \underline{\underline{P_1 = 47{,}62\,\text{W}}}$$

c) $P_1 = U_1 \cdot I_1 \cdot \cos\varphi_1$; $I_1 = \dfrac{P_1}{U_1 \cdot \cos\varphi_1}$

$$I_1 = \frac{47{,}62\,\text{W}}{110\,\text{V} \cdot 0{,}8}; \quad \underline{\underline{I_1 = 0{,}54\,\text{A}}}$$

▶ Bei einem 160 kVA-Transformator betragen die Eisenverluste $P_{\text{vFe}} = 1{,}5$ kW und die Wicklungsverluste $P_{\text{vCu}} = 5$ kW.
Der Transformator ist während des ganzen Jahres (8760 Stunden) eingeschaltet, aber nur während 1500 Stunden belastet. Bei Belastung beträgt der $\cos\varphi_2 = 0{,}86$.
Zu bestimmen ist der Jahreswirkungsgrad!

Beispiellösung:

Gegeben: $P_{\text{vFe}} = 1{,}5$ kW; $P_{\text{vCu}} = 5$ kW; $t_{\text{E}} = 8760$ h; $t_{\text{B}} = 1500$ h; $\cos\varphi_2 = 0{,}86$.

Gesucht: η_{a}

$$\eta_{\text{a}} = \frac{W_{\text{ab}}}{W_{\text{ab}} + W_{\text{Fe}} + W_{\text{Cu}}}$$

$$\eta_{\text{a}} = \frac{S_2 \cdot \cos\varphi_2 \cdot t_{\text{B}}}{S_2 \cdot \cos\varphi_2 \cdot t_{\text{B}} + P_{\text{vFe}} \cdot t_{\text{E}} + P_{\text{vCu}} \cdot t_{\text{B}}}$$

$$\eta_{\text{a}} = \frac{160\,\text{kVA} \cdot 0{,}86 \cdot 8760\,\text{h}}{160\,\text{kVA} \cdot 0{,}86 \cdot 8760\,\text{h} + 1{,}5\,\text{kW} \cdot 8760\,\text{h} + 5\,\text{kW} \cdot 1500\,\text{h}}$$

$$\underline{\underline{\eta_{\text{a}} = 0{,}983}}$$

Aufgaben

1. Mit Hilfe eines Transformator 220 V/220 V ist eine Naßschleifmaschine an das Netz angeschlossen. Die Maschine nimmt bei einer Leistung von 480 W einen Strom von 2,3 A auf. Der Transformator hat dabei einen Wirkungsgrad von 82%. Der Leistungsfaktor beträgt auf der Primärseite 0,92.
a) Wie groß ist der Leistungsfaktor auf der Sekundärseite?
b) Wie groß ist die aufgenommene Wirkleistung des Transformators?
c) Wie groß ist der Strom in der Primärwicklung?

2. Für einen Transformatorkern EI 170/75 wird eine Nennleistung von 900 VA angegeben. Bei einem $\cos\varphi = 1$ beträgt der Wirkungsgrad 92%. Die Primärspannung beträgt 220 V und die Sekundärspannung 12 V.
a) Wie groß sind die Verluste im Transformator?
b) Mit welcher Stromstärke kann die Sekundärseite belastet werden?
c) Wie groß wird die Stromstärke in der Primärwicklung bei Belastung des Transformators?

3. Für den Transformatorkern M 102b wird eine Nennleistung von 180 VA angegeben. Bei einem $\cos\varphi = 1$ beträgt der Wirkungsgrad 89%.
a) Wie groß sind die Verluste in Watt?
b) Wie groß sind die Verluste, wenn ein Verbraucher angeschlossen wird, der sekundärseitig einen $\cos\varphi_2 = 0{,}6$ und primärseitig einen $\cos\varphi_1 = 0{,}9$ hervorruft?

4. Die Nennleistung eines Transformators 5000 V/400 V beträgt 4 kVA. Die Leistungsfaktoren sind $\cos\varphi_1 = 0{,}85$ und $\cos\varphi_2 = 0{,}81$. Der Wirkungsgrad beträgt 93%.
a) Wie groß ist die sekundäre Wirkleistung?
b) Wie groß ist der Leistungsverlust?
c) Wie groß sind Primär- und Sekundärstrom?

5. Bei einem 250 kVA-Transformator betragen die Eisenverluste 2,5 kW. Der Transformator war während des ganzen Jahres (8760 Stunden) nur 700 Stunden bei einem $\cos\varphi = 0{,}75$ voll belastet. Der Jahreswirkungsgrad wurde mit 0,827 ermittelt.
a) Wie hoch sind die Kupferverluste?
b) Wie groß wird der Jahreswirkungsgrad, wenn der Transformator während des ganzen Jahres voll belastet wird?
c) Wie groß wird der Wirkungsgrad, wenn der Transformator nur 100 Stunden während des ganzen Jahres voll belastet wird?

6. Ein Transformator wird mit 200 A bei einer Spannung von 220 V und einem Leistungsfaktor $\cos\varphi_2 = 0{,}78$ belastet. Die aufgenommene Scheinleistung beträgt bei einem $\cos\varphi_1 = 0{,}85$ 75 kVA. Wie groß ist der Wirkungsgrad des Transformators?

7. Ein Transformator, der an eine Spannung von 22 kV angeschlossen ist, hat eine Nennleistung von 430 kVA. Wird der Transformator mit seiner Nennleistung betrieben, dann nimmt er bei einem $\cos\varphi_1 = 0{,}8$ einen Strom von 25 A auf. Der Leistungsfaktor der Ausgangsseite beträgt $\cos\varphi_2 = 0{,}85$. Welchen Wirkungsgrad hat der Transformator?

8. Ein Transformator für 220 V/1800 V hat eine Nennleistung von 3 kVA. Bei den Leistungsfaktoren $\cos\varphi_1 = 0{,}82$ und $\cos\varphi_2 = 0{,}78$ hat der Wirkungsgrad einen Wert von 90%.
a) Wie groß ist die abgegebene Wirkleistung?
b) Berechnen Sie die Ströme auf der Ober- und der Unterspannungsseite!

9. Ein Transformator, der an 220 V angeschlossen ist, nimmt bei einem $\cos\varphi_1 = 0{,}86$ einen Strom von 40 A auf. Bei einer Ausgangsspannung von 380 V wird er bei einem Leistungsfaktor von 0,8 mit einem Strom von 20 A belastet.
a) Wie groß ist der Wirkungsgrad?
b) Wieviel Windungen muß die Ausgangswicklung haben, wenn die Eingangswicklung 1600 Windungen besitzt?

10. Bei einem Leistungsfaktor von 0,86 nimmt ein Transformator an einer Spannung von 380 V einen Strom von 5 A auf. Der Transformator wird bei einem Leistungsfaktor von 0,9 mit 13,2 A belastet. Wie groß ist die Spannung auf der Ausgangsseite, wenn der Transformator mit einem Wirkungsgrad von 80% arbeitet?

11. Bei einem Transformator wird der jährliche Wirkungsgrad zu 80% bestimmt. Bei Belastung nahm der Transformator bei einer Spannung von 10 kV, einem $\cos\varphi_1 = 0{,}88$ und einem Wirkungsgrad von 95% einen Strom von 1,2 A auf. Die Eisenverluste wurden zu 0,1 kW ermittelt. Der Transformator war insgesamt 200 Tage eingeschaltet.
a) Wie hoch sind die Kupferverluste des Transformators?
b) Auf welchen Wert ändert sich der Jahreswirkungsgrad, wenn der Transformator 280 Tage im Jahr belastet wird?

18.6 Drehstromtransformatoren

► Ein Drehstromtransformator Dy 5 20 kV/0,4 kV hat auf der Oberspannungsseite 4500 Windungen.
a) Skizzieren Sie die Zeigerbilder für die Ober- und die Unterspannungen!
b) Wieviel Windungen muß die Unterspannungsseite haben?

Zwischen den Spannungen und den Windungszahlen gelten für die einzelnen Schaltgruppen folgende Zusammenhänge:

Yy 0; Yy 6; Dd 0; Dd 6: $\frac{U_1}{U_2} = \frac{N_1}{N_2}$

Dy 5; Dy 11: $\frac{U_1}{U_2} = \frac{N_1}{\sqrt{3} \cdot N_2}$

Yd 5; Yd 11: $\frac{U_1}{U_2} = \frac{\sqrt{3} \cdot N_1}{N_2}$

Yz 5; Yz 11: $\frac{U_1}{U_2} = \frac{2 \cdot N_1}{\sqrt{3} \cdot N_2}$

Beispiellösung:

Gegeben: $U_1 = 20$ kV; $U_2 = 0{,}4$ kV; $N_1 = 4500$; Schaltgruppe Dy 5
Gesucht: a) Zeigerbild für Ober- und Unterspannungen; b) N_2

a)

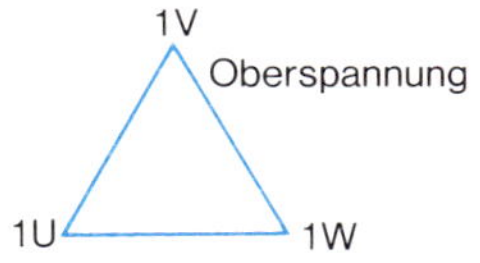

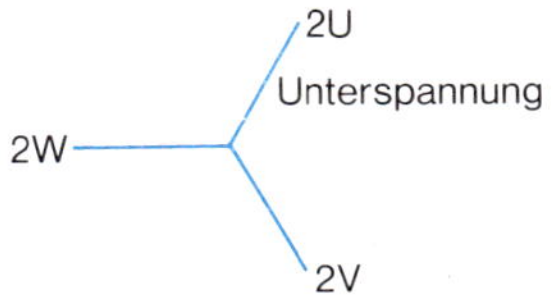

b) Für Dy 5 gilt: $\frac{U_1}{U_2} = \frac{N_1}{\sqrt{3} \cdot N_2}$

$N_2 = \frac{N_1 \cdot U_2}{U_1 \cdot \sqrt{3}}$; $N_2 = \frac{4500 \cdot 0{,}4 \text{ kV}}{20 \text{ kV} \cdot \sqrt{3}}$; $\underline{\underline{N_2 = 52}}$

Aufgaben

1. Ein Drehstromtransformator Dy5 hat die Nennspannungen 15 kV/400 V/231 V und eine Leistung von 10 kVA. Der Wirkungsgrad beträgt 96%. Die Anzahl der Windungen auf der Oberspannungsseite kann durch Zu- bzw. Abschalten von Windungen um $\pm 4\%$ der Windungszahl für 15 kV geändert werden.
a) Skizzieren Sie die Zeigerbilder für die Ober- und Unterspannungen!
b) Wie viele Windungen hat die Oberspannungsseite für die Nennspannung 15 kV, wenn für die Unterspannung von 231 V eine Wicklung mit 35 Windungen vorhanden ist?
c) Wie viele Windungen können auf der Oberspannungsseite zu- bzw. abgeschaltet werden?
d) Wie groß ist die aufgenommene Leistung des Transformators?
e) Wie groß sind die Leiterstromstärken auf der Ober- und Unterspannungsseite, wenn der Transformator voll belastet wird, und der $\cos\varphi$ auf beiden Seiten 0,87 beträgt?

2. Dem Leistungsschild des dargestellten Transformators (Abb. 1) werden folgende Werte entnommen: Schaltgruppe Yz5; Nennspannungen (1) 20 500 V, (2) 20 000 V (3), 19 500 V.
a) Skizzieren Sie die Zeigerbilder für die Ober- und Unterspannungen!
b) Um wieviel Prozent weichen die Oberspannungen 1 und 3 von der Nennspannung 2 ab?
c) Wie viele Windungen müssen auf der Oberspannungsseite jeweils dazu- bzw. abgeschaltet werden, wenn sich auf der Unterspannungsseite für 400 V eine Wicklung mit 67 Windungen befindet?

3. Ein Drehstromtransformator mit der Schaltgruppe Yy0 ist für die Spannungen 10 000/380 V bestimmt.
a) Wie viele Windungen hat jeder Strang der Oberspannungswicklung, wenn auf der Unterspannungsseite 150 Windungen je Strang vorhanden sind?
b) Wie hoch werden die Strangspannungen auf der Unterspannungsseite, wenn der Transformator in die Schaltgruppe Yd5 umgeschaltet wird?

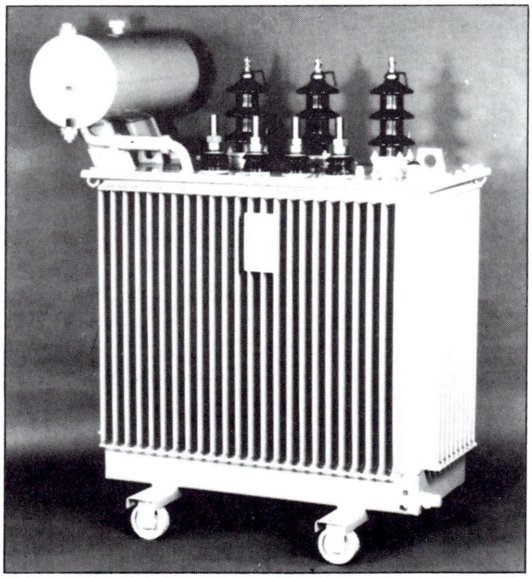

Abb. 1: 20 kV-Transformator

4. Ein Drehstromtransformator Yz5 15 kV $\pm 4\%$ hat auf der Unterspannungsseite die Nennspannung 231 V. Die Wicklung für 231 V besteht aus 70 Windungen. Bei voller Belastung betragen die Leiterströme auf der Oberspannungsseite 4,975 A. Bei einem $\cos\varphi$ von 0,86 beträgt der Wirkungsgrad 0,9.
a) Skizzieren Sie die Zeigerbilder für die Ober- und Unterspannungen!
b) Welche Nennleistung hat der Transformator?
c) Wie groß ist bei dieser Belastung der Strom in der 231 V-Wicklung?
d) Wie viele Windungen muß die Oberspannungswicklung (15 kV $\pm 4\%$) haben?

5. Ein Drehstromtransformator 6000/500 V wird bei einem Leistungsfaktor von 0,82 mit 380 kW voll belastet. Die Oberspannungsseite ist in Dreieck und die Unterspannungsseite in Stern geschaltet.
a) Wie wird die Schaltgruppe des Transformators bezeichnet?
b) Berechnen Sie die Strang- und Leiterströme auf der Ober- und Unterspannungsseite.
c) Berechnen Sie die Nennleistung des Transformators.

6. Ein Drehstromtransformator der Schaltgruppe Dy5 hat bei einem Wirkungsgrad von 92% und einem Leistungsfaktor von 0,9 eine Nennleistung von 10 kVA. Wie groß sind die Ströme in den Ober- und Unterspannungswicklungen, wenn die Spannung auf der Eingangsseite 380 V beträgt und die Unterspannungswicklung für 231 V und 133,5 V umgeschaltet werden kann?

7. Bei einem Drehstromtransformator der Schaltgruppe Dy5 und den Spannungen 20000 V/400 V besteht durch Zu- bzw. Abschalten von Windungen die Möglichkeit, die Windungszahl der Oberspannungswicklung um +4% bzw. −4% zu verändern. Wie viele Windungen haben die Wicklungen der Oberspannungsseite für die drei Schaltmöglichkeiten, wenn die Windungszahl auf jeder Unterspannungswicklung 48 ist?

8. Ein Drehstromtransformator mit der Schaltgruppe Yd5 ist für eine Eingangsspannung von 20 kV vorgesehen. Die Spannung auf der Ausgangsseite soll 231 V betragen. Wie viele Windungen müssen auf der Oberspannungsseite dazu- bzw. abgeschaltet werden können, wenn sich die Spannung auf der Eingangsseite um +800 V bzw. −800 V ändern kann? Die Wicklungen der Unterspannungsseite haben je 60 Windungen.

18.7 Parallelschaltung von Drehstromtransformatoren

► Zwei 60 kVA-Drehstromtransformatoren werden parallelgeschaltet. Da die Kurzschlußspannungen unterschiedlich sind ($u_{k1} = 4{,}1\%$ und $u_{k2} = 5{,}6\%$), verteilen sich auch die Leistungen unterschiedlich.
a) Welche Leistung (Übertragungsleistung) überträgt der Transformator mit der Kurzschlußspannung 5,6%, wenn der andere Transformator seine volle Leistung abgibt?
b) Welche Leistung muß jeder Transformator übertragen, wenn eine Gesamtleistung von 120 kVA übertragen werden soll?

Übertragungsleistung der einzelnen Transformatoren bei Parallelschaltung $\quad \ddot{U}_{Tr}$

$$\frac{\ddot{U}_{Tr1}}{\ddot{U}_{Tr2}} = \frac{S_{2Tr1} \cdot u_{k2}}{S_{2Tr2} \cdot u_{k1}}$$

Beispiellösung:

Gegeben: Tr 1: $S_2 = 60$ kVA; $u_{k1} = 4{,}1\%$.
Tr 2: $S_2 = 60$ kVA; $u_{k2} = 5{,}6\%$.

Gesucht: a) $\ddot{U}_{Tr2}$; b) $\ddot{U}_{Tr1}$ und $\ddot{U}_{Tr2}$.

a) $\frac{\ddot{U}_{Tr1}}{\ddot{U}_{Tr2}} = \frac{S_{2Tr1} \cdot u_{k2}}{S_{2Tr2} \cdot u_{k1}}; \quad S_{2Tr1} = S_{2Tr2}$

$$\frac{\ddot{U}_{Tr1}}{\ddot{U}_{Tr2}} = \frac{u_{k2}}{u_{k1}}; \quad \ddot{U}_{Tr2} = \frac{\ddot{U}_{Tr1} \cdot u_{k1}}{u_{k2}}$$

$$\ddot{U}_{Tr2} = \frac{60 \text{ kVA} \cdot 4{,}1\%}{5{,}6\%};$$

$$\underline{\underline{\ddot{U}_{Tr2} = 43{,}92 \text{ kVA}}}$$

b) $\ddot{U}_{Tr1} + \ddot{U}_{Tr2} = S_{ges}; \quad \ddot{U}_{Tr1} = S_{ges} - \ddot{U}_{Tr2}$

$$\frac{\ddot{U}_{Tr1}}{\ddot{U}_{Tr2}} = \frac{u_{k2}}{u_{k1}}$$

$$\frac{S_{ges} - \ddot{U}_{Tr2}}{\ddot{U}_{Tr2}} = \frac{u_{k2}}{u_{k1}}$$

$$S_{ges} - \ddot{U}_{Tr2} = \frac{u_{k2} \cdot \ddot{U}_{Tr2}}{u_{k1}}$$

$$S_{ges} = \frac{u_{k2} \cdot \ddot{U}_{Tr2}}{u_{k1}} + \ddot{U}_{Tr2}$$

$$S_{ges} = \frac{u_{k2} \cdot \ddot{U}_{Tr2}}{u_{k1}} + \frac{u_{k1} \cdot \ddot{U}_{Tr2}}{u_{k1}}$$

$$S_{ges} = \frac{\ddot{U}_{Tr2}(u_{k2} + u_{k1})}{u_{k1}}$$

$$\ddot{U}_{Tr2} = \frac{S_{ges} \cdot u_{k1}}{u_{k2} + u_{k1}}$$

$$\ddot{U}_{Tr2} = \frac{120 \text{ kVA} \cdot 4{,}1\%}{9{,}7\%}$$

$$\underline{\underline{\ddot{U}_{Tr2} = 50{,}72 \text{ kVA}}}$$

$$\ddot{U}_{Tr1} = S_{ges} - \ddot{U}_{Tr2}$$

$$\ddot{U}_{Tr1} = 120 \text{ kVA} - 50{,}72 \text{ kVA}$$

$$\underline{\underline{\ddot{U}_{Tr1} = 69{,}28 \text{ kVA}}}$$

Dieser Transformator ist überlastet!

Aufgaben

1. Abb. 1 zeigt einige Daten zweier Drehstromtransformatoren

Transformator 1	
Nennlstg. kVA	18000
Nennspg. V	104000/23400
Nennstrom A	100/444
Kurzschl.-Spg %	6,2
Schaltgruppe	Yy0

Transformator 2	
Nennleistg. kVA	30000
Nennspg. V	104000/23400
Nennstrom A	167/740
Kurzschl.-Spg. %	10,3
Schaltgruppe	Yy0

Abb. 1: Zu Aufgabe 1

a) Wie groß sind die Strangspannungen sekundärseitig?
b) Wie groß sind die Strangströme sekundärseitig bei symmetrischer Belastung?
c) Welche Leistung muß jeder Transformator bei Parallelschaltung übertragen, wenn eine Gesamtleistung von 42 MVA übertragen werden soll?

2. Ein Drehstromtransformator hat eine Nennleistung von 630 kVA. Die Eingangsspannung beträgt 10 kV, die Ausgangsspannung 400 V. Der Transformator hat bei Belastung einen Wirkungsgrad von 0,87 und $\cos\varphi_1 = 0{,}9$ und $\cos\varphi_2 = 0{,}8$.
a) Wie groß ist die aufgenommene Scheinleistung?
b) Wie groß ist die abgegebene Wirkleistung?
c) Wie groß sind Primär- und Sekundärstrom?

3. Ein Drehstromtransformator hat bei einer Nennleistung von 1600 kVA eine Primärspannung von 30000 V und eine Sekundärspannung von 400 V. Die Kurzschlußspannung beträgt 6%.
a) Wie groß sind die Stromstärken primär- und sekundärseitig, wenn mit einem Wirkungsgrad von 90% und auf beiden Seiten mit $\cos\varphi = 1$ gerechnet wird?
b) Wie hoch kann der Kurzschlußstrom werden?

4. Zwei Drehstromtransformatoren werden parallel geschaltet. Der erste Transformator hat eine Nennleistung von 140 kVA und eine Kurzschlußspannung von 5,4%. Er überträgt eine Leistung von 90 kVA. Der zweite Transformator hat eine Nennleistung von 60 kVA und eine Kurzschlußspannung von 7,6%.
a) Wie hoch kann die von dem zweiten Transformator übertragene Leistung werden?
b) Wie hoch ist die gemeinsame übertragene Leistung?

5. Wie groß muß die Nennleistung eines Transformators mit der Kurzschlußspannung 4,8% mindestens sein, wenn er eine Leistung von 120 kVA übertragen soll? Dabei soll er mit einem zweiten Transformator parallel geschaltet werden, der eine Nennleistung von 85 kVA und eine Kurzschlußspannung von 3,4% hat. Dieser überträgt eine Leistung von 70 kVA.

6. Welchen Wert sollte die Kurzschlußspannung eines Transformators mit der Nennleistung 40 kVA haben, wenn er eine Leistung von 38 kVA übertragen soll, während ein zweiter parallel geschalteter Transformator mit der Nennleistung 30 kVA und der Kurzschlußspannung 3,5% eine Leistung von 20 kVA überträgt?

7. Eine Leistung von 160 kVA soll durch zwei parallel geschaltete Transformatoren übertragen werden. In welchem Verhältnis müssen sich die Kurzschlußspannungen verhalten, wenn von dem einen Transformator mit der Scheinleistung 90 kVA eine Leistung von 70 kVA übertragen werden soll? Die Nennleistung des zweiten Transformators beträgt 90 kVA.

8. Die Nennleistungen zweier parallel geschalteter Transformatoren verhalten sich wie 1 : 0,6. Der Transformator mit der Kurzschlußspannung 3,5% überträgt eine Leistung von 30 kVA, während der andere 40 kVA überträgt. Wie groß ist die Kurzschlußspannung des anderen Transformators?

9. Wie groß ist die Nennleistung eines Transformators mit der Kurzschlußspannung 4,7%, wenn er parallel zu einem zweiten Transformator mit der Nennleistung 60 kVA und der Kurzschlußspannung 3,8% geschaltet wird? Die übertragenen Leistungen verhalten sich wie 3 : 2.

19 Umlaufende elektrische Maschinen

19.1 Mechanische Grundlagen

19.1.1 Drehzahl, Drehmoment, mechanische Leistung

▶ Ein Elektromotor soll eine Maschine über einen Riementrieb antreiben. Der Durchmesser der Riemenscheibe ist 200 mm. Die Riemenzugkraft soll 250 N betragen. Der Motor hat dabei eine Drehzahl von 975 $\frac{1}{min}$.
a) Wie groß muß das vom Motor abgegebene Drehmoment sein?
b) Welche Leistung gibt dann der Motor ab?

Drehzahl n $\quad [n] = \frac{1}{min}; \frac{1}{s}$

Drehmoment M $\quad [M] = Nm$

$M = F \cdot s$

Mechanische Leistung P $\quad [P] = kW$

$P = 2 \cdot \pi \cdot n \cdot M$

$P = \frac{n \cdot M}{9549}$ für P in kW, M in Nm, n in $\frac{1}{min}$

Beispiellösung:

Gegeben: $F = 250$ N
$d = 200$ mm
$n = 975 \frac{1}{min}$

Gesucht: a) M
b) P

a) $M = F \cdot s$; $\quad s = \frac{d}{2}$ $\qquad M = F \cdot \frac{d}{2}$

$M = 250 \text{ N} \cdot \frac{200}{2} \text{ mm}$ $\qquad M = 250 \text{ N} \cdot 0{,}1 \text{ m}$

$\underline{\underline{M = 25 \text{ Nm}}}$

b) $P = \frac{n \cdot M}{9549}$; $\quad P$ in kW; $\quad M$ in Nm; $\quad n$ in $\frac{1}{min}$

$P = \frac{975 \cdot 25}{9549}$ kW

$\underline{\underline{P = 2{,}55 \text{ kW}}}$

Abb. 2: Maschinenmeßplatz

Aufgaben

1. Mit einer Wirbelstrombremse wird das Drehmoment eines Motors bestimmt. Der Hebelarm ist 235 mm lang. An der Waage werden 45 N angezeigt.
a) Wie groß ist das Drehmoment?
b) Wie groß ist die Leistung, wenn die Drehzahl mit $n = 1450 \frac{1}{min}$ gemessen wird?

2. Nachfolgend ist die Drehzahl-Drehmomentenkurve eines Motors dargestellt.
Wie groß ist die Leistung a) bei $n = 1400 \frac{1}{min}$ und b) bei $M = 0{,}25$ Nm?

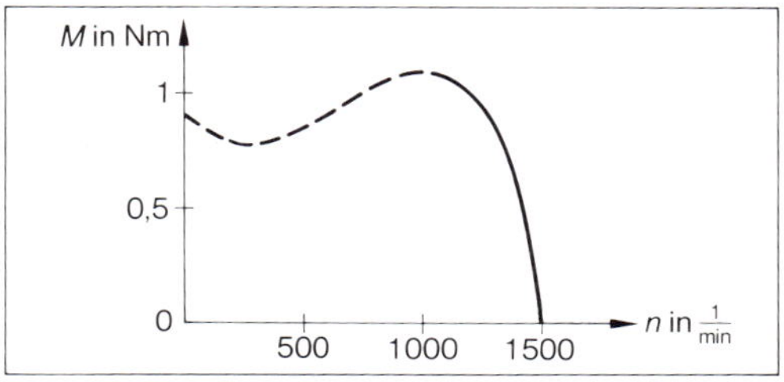

Abb. 3: Zu Aufgabe 2

3. Bei welcher Drehzahl hat ein 2,5 kW-Motor ein Drehmoment von 16 Nm?

4. Mit einer Pendelmaschine wird das Drehmoment einer Maschine mit 44 Nm bestimmt. Die Drehzahl wird mit 2845 $\frac{1}{min}$ gemessen. Wie groß ist dann die Leistung?

5. Welches Drehmoment hat eine 750 W-Maschine bei einer Drehzahl von 980 $\frac{1}{\text{min}}$?

6. Welche Leistung muß ein Motor mit $n = 1900 \frac{1}{\text{min}}$ haben, wenn er ein Drehmoment von 25 Nm erzeugen soll?

7. Mit einer Magnetpulverbremse wurde das Drehmoment eines Motors mit $M = 3{,}75$ Nm bei einer Drehzahl von $n = 1750 \frac{1}{\text{min}}$ gemessen. Wie groß ist die Leistung?

8. Auf dem Leistungsschild eines 7,5 kW Motors ist eine Nenndrehzahl von 2895 $\frac{1}{\text{min}}$ angegeben. Wie groß ist das Nenndrehmoment?

9. Ein Elektromotor hat folgendes Leistungsschild:

Hersteller			
Typ			
3 ~ **Mot.**	**Nr.**		
Y 380 **V**	5,9 **A**		
2,5 **kW**	S1	**cos φ** 0,8	
1425 **/min**	50 **Hz**		
Lfr. Y 240 **V**	6,6 **A**		
Isol.-Kl. B/F	**IP** 33	35 **kg**	
VDE 532 Teil 1, 1972			

Er soll eine Maschine über eine Riemenscheibe mit dem Durchmesser 250 mm antreiben. Wie groß ist die Riemenzugkraft bei Nennleistung?

10. Mit einer Pendelmaschine wird das Drehmoment eines Motors bestimmt. Bei einem Hebelarm von 75 cm wird eine Kraft von 25 N gemessen.
a) Wie groß ist das Drehmoment?
b) Wie groß ist die Leistung, wenn eine Drehzahl von 2850 $\frac{1}{\text{min}}$ gemessen wird?

11. Welche Leistung muß ein Motor haben, wenn er bei einer Drehzahl von 2870 $\frac{1}{\text{min}}$ ein Drehmoment von 54 Nm erzeugen soll?

12. Wie groß ist die Leistung eines Motors mit $n = 935\ \text{min}^{-1}$, wenn bei der Abbremsung an der Waage eine Kraft von 245 N gemessen wird bei einem Hebelarm von 475 mm?

Abb. 1: Riementrieb

19.1.2 Leistungsübertragung

► Ein 3 kW-Motor mit der Nenndrehzahl 1440 $\frac{1}{\text{min}}$ treibt über einen Riementrieb eine Bohrspindel an. Die Motorriemenscheibe hat einen Durchmesser von 120 mm.
a) Wie groß ist die Spindeldrehzahl und das Drehmoment an der Spindel, wenn deren Riemenscheibe einen Durchmesser von 320 mm hat?
b) Wie groß ist dann die Umfangsgeschwindigkeit eines Bohrers mit einem Durchmesser von 12 mm?

Übersetzung i

Riementrieb

$$i = \frac{d_1}{d_2} = \frac{n_2}{n_1}$$

Zahnradtrieb

$$i = \frac{n_1}{n_2} = \frac{z_2}{z_1}$$

Drehmomente

$$\frac{n_1}{n_2} = \frac{M_2}{M_1}$$

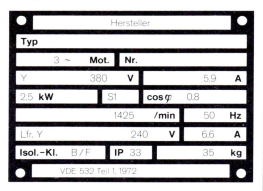

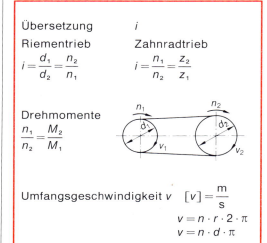

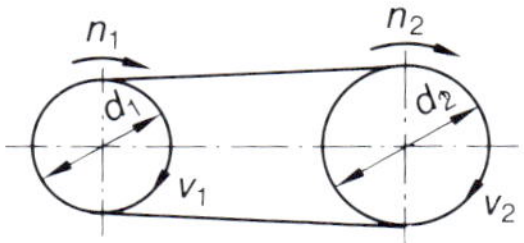

Umfangsgeschwindigkeit v $[v] = \frac{\text{m}}{\text{s}}$

$$v = n \cdot r \cdot 2 \cdot \pi$$
$$v = n \cdot d \cdot \pi$$

Beispiellösung:

Gegeben: $P = 3\ \text{kW}$ $\quad d_1 = 120\ \text{mm}$

$n_1 = 1440\ \frac{1}{\text{min}}$; $\quad d_2 = 320\ \text{mm}$

$d_3 = 12\ \text{mm}$

Gesucht: n_2; M_2; v

a) $\frac{n_2}{n_1} = \frac{d_1}{d_2}$; $\quad n_2 = n_1\ \frac{d_1}{d_2}$

$n_2 = 1440\ \frac{1}{\text{min}}\ \frac{120\ \text{mm}}{320\ \text{mm}}$; $\quad \underline{\underline{n_2 = 540\ \frac{1}{\text{min}}}}$

$\frac{n_1}{n_2} = \frac{M_2}{M_1}$ $\qquad P = \frac{n \cdot M}{9549}$

$M_2 = M_1 \cdot \frac{n_1}{n_2}$ $\qquad M_1 = \frac{P \cdot 9549}{n}$

$M_2 = 20\ \text{Nm} \cdot \frac{1440\ \frac{1}{\text{min}}}{540\ \frac{1}{\text{min}}}$; $\quad M_1 = \frac{3 \cdot 9549}{1440}\ \text{Nm}$

$M_1 = 20\ \text{Nm}$

$\underline{\underline{M_2 = 53{,}3\ \text{Nm}}}$

b) $v = n \cdot d \cdot \pi$; $\quad v = 540\ \frac{1}{\text{min}} \cdot 12\ \text{mm} \cdot \pi$

$v = 540\ \frac{1}{60\ \text{s}} \cdot 0{,}012\ \text{m} \cdot \pi$;

$\underline{\underline{v = 0{,}34\ \frac{\text{m}}{\text{s}}}}$

Aufgaben

1. Ein Elektromotor mit $n_1 = 2850\ \frac{1}{\text{min}}$ treibt eine Maschine über Zahnräder ($z_1 = 12$, $z_2 = 36$) an. Wie groß ist die Drehzahl der Maschine?

2. Eine Waschmaschine benötigt zum Schleudern eine Drehzahl von $900\ \frac{1}{\text{min}}$. Der Antriebsmotor hat eine Drehzahl von $1485\ \frac{1}{\text{min}}$ und seine Riemenscheibe einen Durchmesser von 80 mm. Welchen Durchmesser muß die zweite Riemenscheibe haben?

3. Welche Umfangsgeschwindigkeit hat die Trommel einer Wäscheschleuder mit einem Durchmesser von 480 mm? Die Drehzahl ist $1100\ \frac{1}{\text{min}}$.

4. Ein 18 mm-Metallbohrer soll eine Umfangsgeschwindigkeit von $20\ \frac{\text{m}}{\text{min}}$ haben. Die Bohrspindel wird von einem Motor mit $n = 1445\ \frac{1}{\text{min}}$ über einen Riementrieb angetrieben. Die Motorriemenscheibe hat einen Durchmesser von 110 mm.
a) Wie groß muß der Durchmesser der Riemenscheibe der Bohrspindel sein?
b) Wie groß ist die Drehzahl der Spindel?
c) Wie groß ist die Motorleistung bei einem Drehmoment von 4,5 Nm?

5. Welche Umfangsgeschwindigkeit hat der Läufer eines Drehstromgenerators mit $d = 2250$ mm bei $n = 3000\ \frac{1}{\text{min}}$?

6. Ein Motor mit den Nenndaten 4 kW, 380 V, 8,8 A, $1440\ \frac{1}{\text{min}}$ treibt über einen Keilriemenantrieb mit $d_1 = 95$ mm und $d_2 = 250$ mm eine Werkzeugmaschine an. Wie groß sind die Drehzahl und das Drehmoment der Werkzeugmaschine bei Nennbetrieb?

7. Welches Drehmoment kann ein 2,2 kW Motor, 380 V, 5 A, $1430\ \frac{1}{\text{min}}$ höchstens abgeben, wenn die angetriebene Maschine eine Drehzahl von $450\ \frac{1}{\text{min}}$ verlangt? Welches Übersetzungsverhältnis ist zu wählen?

8. Ein 5,5-kW-Elektromotor mit der Nenndrehzahl $2925\ \frac{1}{\text{min}}$ treibt eine Maschine über eine Riemenscheibe ($d_1 = 120$ mm) an. Es wird eine Drehzahl von $1000\ \frac{1}{\text{min}}$ verlangt.
a) Welchen Durchmesser muß die zweite Riemenscheibe haben?
b) Welches Drehmoment wird von dem Elektromotor abgegeben?
c) Welches Drehmoment nimmt die andere Maschine auf?
d) Wie groß ist das Übersetzungsverhältnis?

9. Ein Motor hat folgende Nenndaten: 380 V; 50 Hz; 3 kW; $955\ \frac{1}{\text{min}}$; 7,6 A.
a) Welches Nenndrehmoment hat der Motor?
b) Welches Drehmoment wird bei einem Übersetzungsverhältnis von 1 : 2,5 auf die andere Maschine übertragen?
c) Welche Drehzahl hat dann die angetriebene Maschine?
d) Wieviel Zähne muß das zweite Zahnrad haben, wenn das erste 30 Zähne hat?

19.2 Drehstrom-Asynchronmotoren

► Abb. 1 zeigt das Leistungsschild eines vierpoligen Drehstrom-Asynchronmotors.
a) Wie groß sind die Schlupfdrehzahl und der Schlupf in %?
b) Wie groß ist der Wirkungsgrad?
c) Wie groß ist der Anlaufstrom bei $I_A = 4 \cdot I_N$?
d) Bestimmen Sie den Anlasserkennwert (Vollastanlauf)!

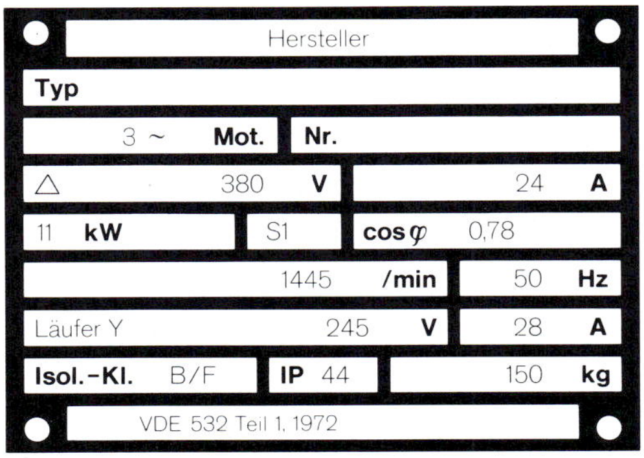

Abb. 1: Leistungsschild eines Schleifringläufermotors

Beispiellösung:

Gegeben: $n = 1445 \frac{1}{\text{min}}$ $\quad k = 1{,}4$

$p = 2$

$f = 50\text{ Hz}$

$P = 11\text{ kW}$

$I_N = 24\text{ A}$

$U = 380\text{ V}$

$\cos\varphi = 0{,}78$

$U_{er} = 245\text{ V}$

$I_{er} = 28\text{ A}$ (s. Leistungsschild)

$I_A = 4 \cdot I_N$

Gesucht: a) n_s; $s_{\%}$

b) η

c) I_A

d) R_a

a) $n_s = n_f - n$

$$n_s = 1500 \frac{1}{\text{min}} - 1445 \frac{1}{\text{min}};$$

$$\underline{\underline{n_s = 55 \frac{1}{\text{min}}}}$$

$$n_f = \frac{f}{p} \qquad n_f = \frac{50\text{ Hz}}{2}$$

$$n_f = \frac{50 \cdot 60 \frac{1}{\text{min}}}{2}$$

$$s_{\%} = \frac{n_f - n}{n_f} \cdot 100\% \qquad n_f = 1500 \frac{1}{\text{min}}$$

$$s_{\%} = \frac{1500 \frac{1}{\text{min}} - 1445 \frac{1}{\text{min}}}{1500 \frac{1}{\text{min}}} \cdot 100\%$$

$$\underline{\underline{s_{\%} = 3{,}67\%}}$$

b) $P = U \cdot I \cdot \sqrt{3} \cdot \cos\varphi \cdot \eta$

$$\eta = \frac{P}{U \cdot I \cdot \sqrt{3} \cdot \cos\varphi}$$

$$\eta = \frac{11000\text{ W}}{380\text{ V} \cdot 24\text{ A} \cdot \sqrt{3} \cdot 0{,}78}$$

$$\underline{\underline{\eta = 0{,}893}}$$

$$\underline{\underline{\eta = 89{,}3\%}}$$

c) $I_A = 4 \cdot I_N$

$I_A = 4 \cdot 24\text{ A}$

$\underline{\underline{I_A = 96\text{ A}}}$

k	Art des Anlaufs				
0,7	Halblastanlauf				
1,4	Vollastanlauf				
2,0	Schweranlauf				
Genormte Anlasserkennwerte R_a in Ω					
0,4	0,5	0,63	0,8	1	1,25
1,6	2	2,5	3,2	4	5
6,3	8	10	12,5	16	

d) $$Z = \frac{U_{er}}{\sqrt{3} \cdot I_{er}} = \frac{245\text{ V}}{\sqrt{3} \cdot 28\text{ A}} = 5{,}05\ \Omega$$

$$R_a \approx 1{,}4 \frac{Z_r}{k} = 1{,}4 \frac{5{,}05\ \Omega}{1{,}4} = 5{,}05\ \Omega$$

Normwert: $\underline{\underline{R_a = 5\ \Omega}}$

Drehfelddrehzahl n_f; $n_f = \frac{f}{p}$

Schlupfdrehzahl n_s; $n_s = n_f - n$

Schlupf s

$s = \frac{n_f - n}{n_f}$; $s_{\%} = \frac{n_f - n}{n_f}\,100\%$

Abgegebene Leistung P_{ab}

$P = U \cdot I \cdot \sqrt{3} \cdot \cos\varphi \cdot \eta$

Wirkungsgrad η; $\eta = \frac{P_{ab}}{P_{zu}}$

Berechnung der Anlasserwiderstände nach VDE 0660 Teil 301 und DIN 46062:

Läufernennstrom I_{er}
Läuferstillstandsspannung U_{er}
Läuferstrom, vor Kurzschließen einer Widerstandsstufe I_1
Läuferstrom, nach Kurzschließen einer Widerstandsstufe I_2
Mittlerer Anlaßstrom I_m

$$I_m = \frac{1}{2}(I_1 + I_2)$$

Läuferimpedanz Z_r

$$Z_r = \frac{U_{er}}{\sqrt{3} I_{er}}$$

Anlaßschwere k

$$k = \frac{I_m}{I_{er}}$$

Anlasserkennwert R_a

$$R_a \approx 1{,}4\,\frac{Z_r}{k}$$

Aufgaben

1. Die Drehzahl eines sechspoligen Drehstrom-Asynchronmotors ($f = 50$ Hz) ist bei Leerlauf 980 $\frac{1}{\text{min}}$ und bei Nennlast 915 $\frac{1}{\text{min}}$. Berechnen Sie jeweils die Schlupfdrehzahl und den Schlupf!

2. Ein polumschaltbarer Drehstrommotor mit 2 und 8 Polen hat bei der Netzfrequenz von 50 Hz und der niedrigen Nenndrehzahl einen Schlupf von 4% und bei der hohen einen Schlupf von 4,25%. Wie groß sind die Drehzahlen?

3. Welche Drehzahl hat ein Drehstrom-Asynchronmotor mit drei Polpaaren, wenn der Schlupf 5% und die Netzfrequenz 60 Hz betragen?

4. Ein vierpoliger Drehstrom-Asynchronmotor hat einen Schlupf von 4,5%. Errechnen Sie die Drehzahl bei einer Frequenz von 50 Hz!

5. Wie groß sind die Drehfelddrehzahl und die Netzfrequenz, wenn ein vierpoliger Drehstrom-Asynchronmotor bei einem Schlupf von 2,5% die Drehzahl 487,5 $\frac{1}{\text{min}}$ hat?

6. Welchen Nennstrom hat ein 3 kW-Drehstrommotor an 380 V bei einem Leistungsfaktor von 0,76 und einem Wirkungsgrad von 87%?

7. Ein Drehstrom-Asynchronmotor hat folgendes Leistungsschild:

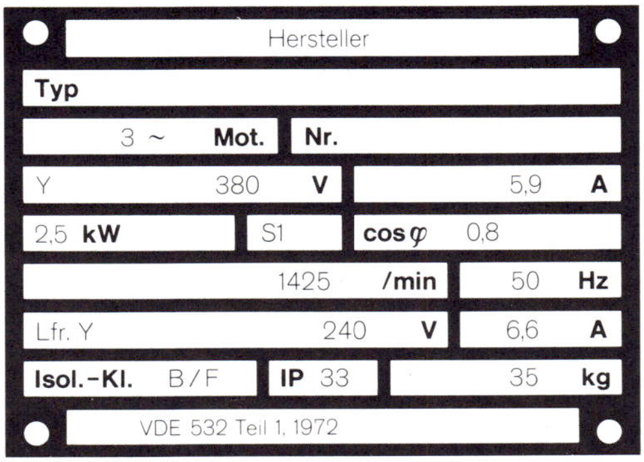

Abb. 2: Zu Aufgabe 7

a) Wie groß ist der Wirkungsgrad?
b) Wie groß sind die Schein- und die Blindleistung?
c) Wie groß ist der Schlupf in %?
d) Wie groß ist der Anlaufstrom bei $I_A = 2{,}5 \cdot I_N$?
e) Bestimmen Sie den Anlasserkennwert bei Halblastanlauf!

8. Welchen Leistungsfaktor hat ein Drehstrommotor mit den Nenndaten $P = 4$ kW; $U = 380$ V; $I = 9{,}2$ A; $\eta = 0{,}88$; $f = 50$ Hz; $n = 1445\ \frac{1}{\text{min}}$?

9. Ein Drehstrommotor nimmt bei der Nennspannung 380 V einen Strom von 4,4 A auf. Der Leistungsfaktor ist 0,83 und der Wirkungsgrad beträgt 0,86.
a) Wie groß sind die aufgenommene und die abgegebene Leistung?
b) Wie groß sind die Blind- und die Scheinleistung?
c) Wie groß ist der Anlaufstrom, wenn $I_A = 5 \cdot I_N$ gilt?
d) Wie groß ist der Anlaufstrom, wenn der Motor über einen Stern-Dreieck-Schalter angelassen wird?

10. Ein Schleifringläufermotor mit den Nenndaten 100 kW; 500 V; 150 A; $\cos\varphi = 0{,}88$ hat eine Läuferstillstandsspannung von 320 V und einen Läufernennstrom von 196 A. Wie groß ist der Anlasserkennwert bei Schweranlauf?

11. Ein Drehstrommotor hat folgendes Leistungsschild:

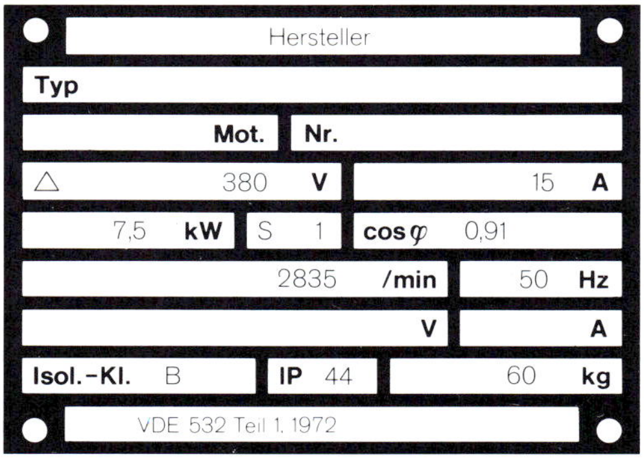
Hersteller
Typ
Mot. Nr.
△ 380 V
15 A
7,5 kW
S 1
cos φ 0,91
2835 /min
50 Hz
V
A
Isol.-Kl. B
IP 44
60 kg
VDE 532 Teil 1, 1972

a) Wie groß ist der Wirkungsgrad?
b) Wie groß ist der Schlupf in %?
c) Welche Schein- und Blindleistung hat der Motor?
d) Wie groß ist der Anlaufstrom bei $I_A = 4{,}8\, I_N$?
e) Wie groß ist der Anlaufstrom, wenn der Motor über einen Stern-Dreieck-Schalter angelassen wird?

12. Auf dem Leistungsschild eines Asynchronmotors stehen die Angaben 500 V; 50 Hz; 15 A; 880 min^{-1}.
Wieviel Pole hat die Maschine?

13. Ein Schleifringläufermotor hat an 380 V, 50 Hz folgende Belastungskennlinien:

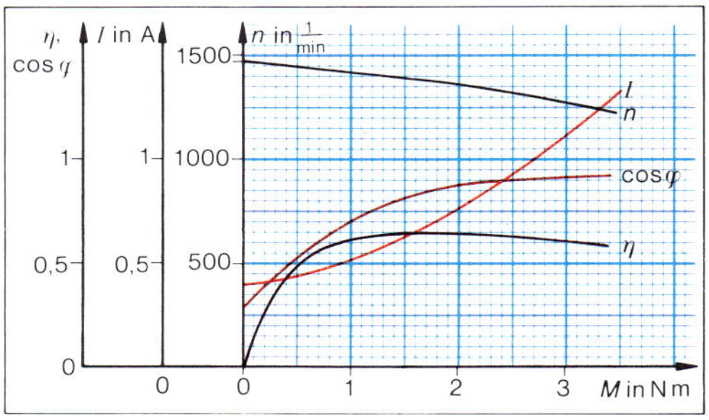

Abb. 1: Zu Aufgabe 13

a) Wie groß sind die Nennleistung, der Nennstrom, der Leistungsfaktor und die Nenndrehzahl bei dem Nenndrehmoment von 1,5 Nm?
b) Wie groß sind die Schlupfdrehzahl und der Schlupf?

19.3 Wechselstrommotoren

▶ Ein vierpoliger Kondensatormotor hat die Nenndaten:
$P = 1{,}5$ kW; $U = 220$ V; $f = 50$ Hz; $I = 13{,}5$ A; $\cos\varphi = 0{,}68$; $n = 1420\ \frac{1}{\text{min}}$.
a) Wie groß muß die Kapazität des Anlauf- und die des Betriebskondensators sein?
b) Welchen Wirkungsgrad hat der Motor?
c) Wie groß ist der Schlupf?

Kondensatormotor
$Q_{CB} = 1$ kvar pro kW Motorleistung
$Q_C = U^2 \cdot \omega \cdot C$
$C_A = 3 \cdot C_B$

Abgegebene Leistung
$P = U \cdot I \cdot \cos\varphi \cdot \eta$

Drehstrommotoren an Wechselspannung (Steinmetzschaltung)

Netzspannung in V	127	220	380
C_B in µF pro kW Motorleistung	200	70	20

$C_A = 2 \cdot C_B$

Beispiellösung:

Gegeben: $P = 1{,}5$ kW; $U = 220$ V; $f = 50$ Hz; $I = 13{,}5$ A; $\cos\varphi = 0{,}68$; $n = 1420\ \frac{1}{\text{min}}$; $p = 2$

Gesucht: a) C_A; C_B
b) η
c) $s_{\%}$

a) $Q_C = U^2 \cdot \omega \cdot C$; $\quad Q_C = 1{,}5\ \text{kW}\ \frac{1\ \text{kvar}}{\text{kW}}$

$C_B = \frac{Q_C}{U^2 \cdot \omega}$; $\quad Q_C = 1{,}5$ kvar

$$C_B = \frac{1500\ \text{var}}{(220\ \text{V})^2 \cdot 2 \cdot \pi \cdot 50\ \text{Hz}}$$

$C_B = 98{,}64\ \mu\text{F}$ $\quad C_A = 3 \cdot C_B$
gewählt: $\quad C_A = 3 \cdot 100\ \mu\text{F}$
$\underline{\underline{C_B = 100\ \mu\text{F}}}$ $\quad \underline{\underline{C_A = 300\ \mu\text{F}}}$

b) $P = U \cdot I \cdot \cos\varphi \cdot \eta$

$\eta = \frac{P}{U \cdot I \cdot \cos\varphi}$; $\quad \eta = \frac{1500\ \text{W}}{220\ \text{V} \cdot 13{,}5\ \text{A} \cdot 0{,}68}$

$\underline{\underline{\eta = 0{,}743}}$ $\quad \underline{\underline{\eta = 74{,}3\%}}$

c) $s = \frac{n_f - n}{n_f}\ 100\%$

$$s = \frac{1500\ \frac{1}{\text{min}} - 1420\ \frac{1}{\text{min}}}{1500\ \frac{1}{\text{min}}}\ 100\%$$

$\underline{\underline{s = 5{,}33\%}}$

$n_f = \frac{f}{p}$; $\quad n_f = \frac{50 \cdot 60}{2\ \text{min}}$; $\quad n_f = 1500\ \frac{1}{\text{min}}$

Aufgaben

1. Ein Kondensatormotor mit 3 Polpaaren und den Nenndaten 750 W; 220 V; 9,2 A; $\eta = 0{,}58$; $n = 920\ \frac{1}{\text{min}}$ wird an 220 V angeschlossen.
a) Wie groß muß die Kapazität des Betriebskondensators sein?
b) Welchen Leistungsfaktor hat der Motor?
c) Wie groß sind die Schlupfdrehzahl und der Schlupf?

2. Welchen Wirkungsgrad hat ein Universalmotor mit folgenden Nenndaten:
$P = 500$ W; $U = 220$ V; $I = 4{,}7$ A; $\cos\varphi = 0{,}68$?

3. Die Abb. 2 zeigt die Hochlaufkennlinien eines Kondensatormotors. Berechnen Sie die Nennleistung und den Schlupf des Motors!

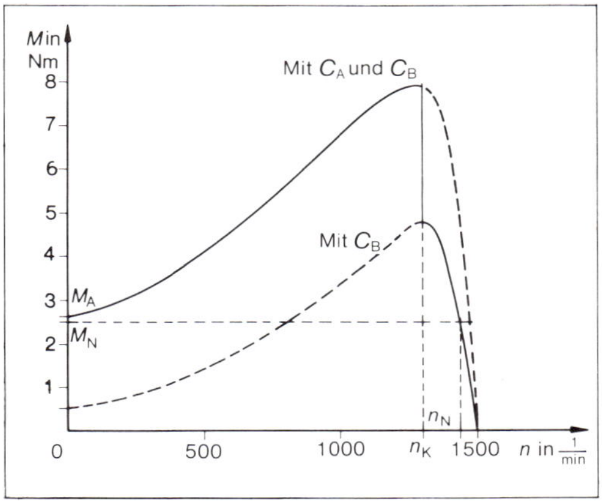

Abb. 2: Hochlaufkennlinien eines Kondensatormotors

4. Ein Drehstrommotor mit $P = 1{,}2$ kW; $U = 220$ V/380 V; $I = 4{,}6$ A/2,7 A soll an 220 V angeschlossen werden.
a) Wie groß muß die Kapazität des Anlaufkondensators und die des Betriebskondensators sein?
b) Wie groß ist die Leistung des Motors, wenn seine Leistung von $P = 1{,}2$ kW um 20% sinkt?

5. In der Abb. 3 sind die Hochlaufkurven eines Drehstrommotors an Drehstrom und Wechselstrom dargestellt.
a) Welche Drehzahlen stellen sich bei einem Drehmoment von 5 Nm ein?
b) Welche Leistung nimmt der Motor dann jeweils auf?

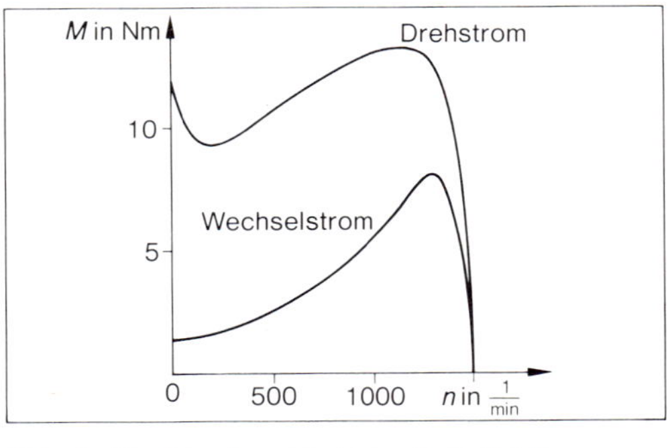

Abb. 3: Hochlaufkennlinie zu Aufgabe 5

6. Ein Kondensatormotor hat folgendes Leistungsschild:

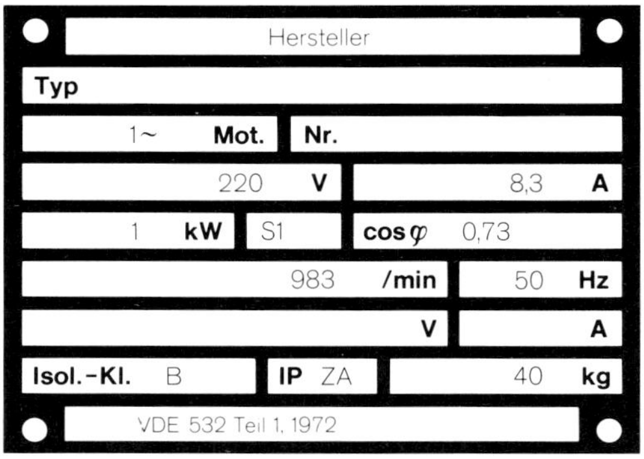

Abb. 1: Zu Aufgabe 6

a) Wie groß müssen die Kapazitäten des Anlauf- und des Betriebskondensators sein?
b) Welchen Wirkungsgrad hat der Motor?
c) Wie groß ist der Schlupf?

7. Welchen Wirkungsgrad hat ein Universalmotor mit dem nachfolgenden Leistungsschild?

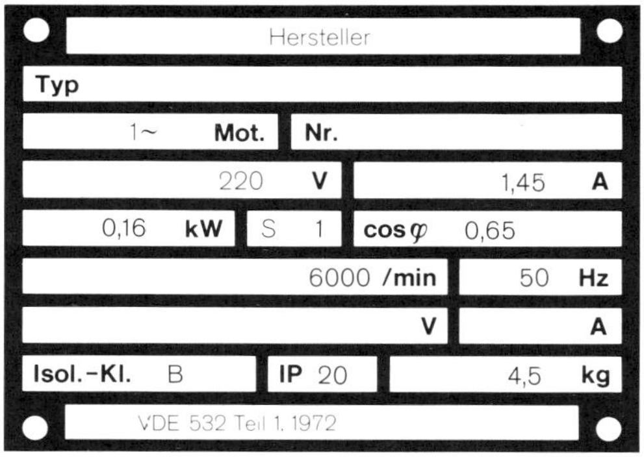

Abb. 2

8. In dem Prospekt eines Universalmotors stehen folgende Angaben: 8000 $\frac{1}{\text{min}}$; 220 V; 50 Hz; 0,5 A; $M_N = 0{,}045$ Nm; $I_A/I_N = 4{,}2$.
a) Wie groß ist der Anlaufstrom?
b) Welche Nennleistung hat der Motor?
c) Berechnen Sie den Leistungsfaktor bei einem angegebenen Wirkungsgrad von 54%!

9. Welchen Strom nimmt der Wechselstrom-Reihenschlußmotor mit den Daten 300 W; 220 V; 50 Hz; $\cos\varphi = 0{,}58$; $\eta = 0{,}7$ auf?

10. Ein Universalmotor hat die Kennlinie:

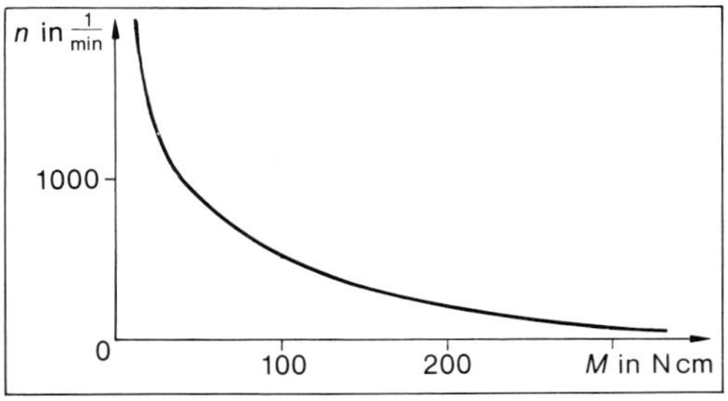

Abb. 3

a) Welches Drehmoment hat der Motor bei einer Drehzahl von $n = 1400 \frac{1}{\text{min}}$?
b) Welches Anlaufdrehmoment hat der Motor?
c) Wie groß ist die Drehzahl bei einem Drehmoment von 40 Ncm?

11. Ein Kondensatormotor hat folgendes Leistungsschild:

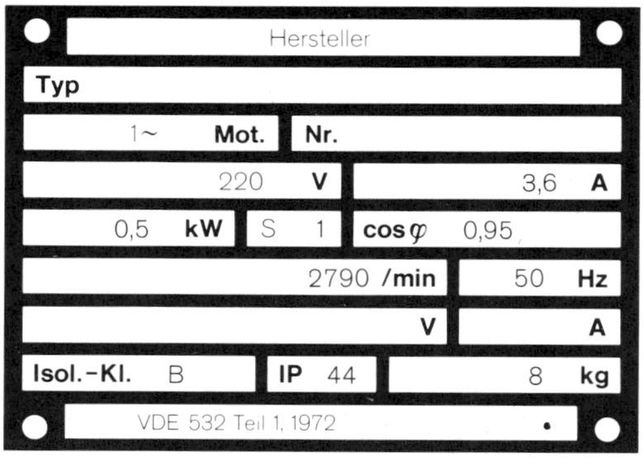

Abb. 4

a) Welchen Wirkungsgrad hat der Motor?
b) Wie groß muß die Kapazität des Betriebskondensators sein?
c) Welche Polzahl hat der Motor?
d) Wie groß ist der Schlupf?
e) Wie groß ist das Nenndrehmoment?
f) Wie groß ist das Anlaufdrehmoment bei $M_A = 0{,}46\, M_N$?

12. Ein Wechselstrommotor mit Widerstandshilfsphase hat die Nenndaten 550 W; 220 V; 50 Hz; 1380 min^{-1}; 4,2 A; $\cos\varphi = 0{,}73$.
a) Wie groß ist der Wirkungsgrad?
b) Wieviel Pole hat der Motor?
c) Berechnen Sie den Schlupf in %!

13. Ein Einphasen-Wechselstrommotor hat folgendes Leistungsschild:

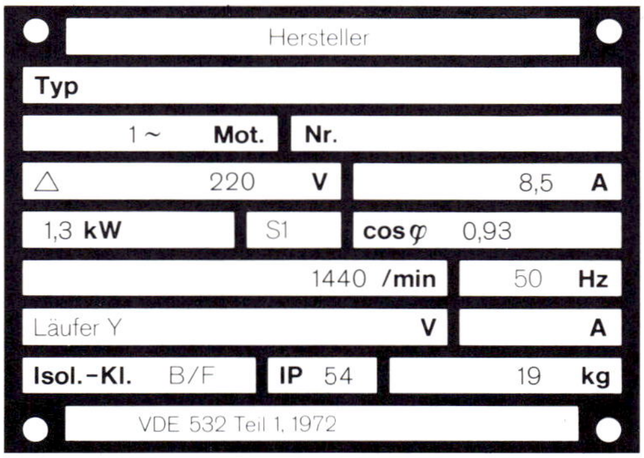

Abb. 5

a) Welche Kapazitäten müssen Anlauf- und Betriebskondensator haben?
b) Welches Anlaufdrehmoment hat der Motor bei $M_A/M_N = 1{,}4$?
c) Wie groß ist der Anlaufstrom bei $\frac{I_A}{I_N} = 4$?
d) Wie groß ist der Schlupf?
e) Welchen Wirkungsgrad hat der Motor?

14. Ein Einphasen-Kondensatormotor hat folgende Nenndaten: $P_{zu} = 30$ W; $P_{ab} = 7$ W; 220 V; 50 Hz; $\cos\varphi = 0{,}54$; 1200 $\frac{1}{\text{min}}$ und folgende Kennlinie:

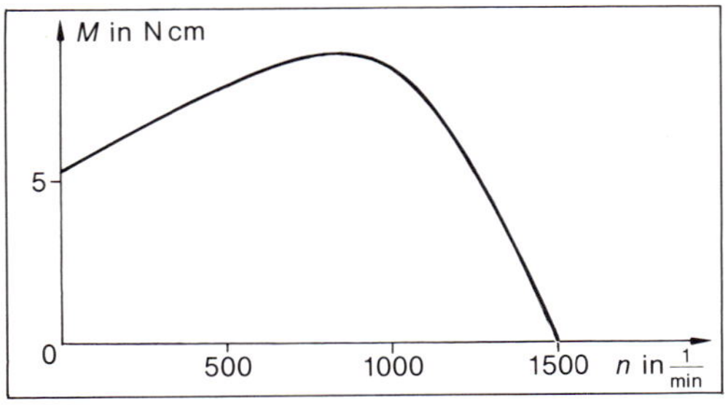

Abb. 6

a) Wie groß sind Anlauf- und Kippdrehmoment?
b) Berechnen Sie den Wirkungsgrad!
c) Berechnen Sie die Kapazität des Betriebskondensators!
d) Wie groß ist der Nennstrom?
e) Welchen Schlupf hat der Motor?
f) Welche Drehzahl hat der Motor bei dem Drehmoment 3 Ncm?

Abb. 7: Synchrongenerator

19.4 Synchronmaschinen

▶ Eine zweipolige Drehstrom-Synchronmaschine ($S = 15$ kVA) arbeitet als Generator. Bei einer Drehzahl von 3000 $\frac{1}{\text{min}}$ und einer Belastung von 20 A mit $\cos\varphi = 0{,}75$ ist die Klemmenspannung 380 V.
a) Wie groß ist dann die Leerlaufspannung, wenn $R_i = 1{,}2\ \Omega$ und $X_{L,i} = 5\ \Omega$?
b) Berechnen Sie den Nennstrom!
c) Wie groß ist der Wirkungsgrad, wenn der Antriebsmotor dann eine Leistung von 10,4 kW hat und die Erregerleistung 750 W beträgt?
d) Wie groß ist die Frequenz der erzeugten Wechselspannung?

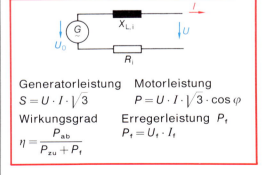

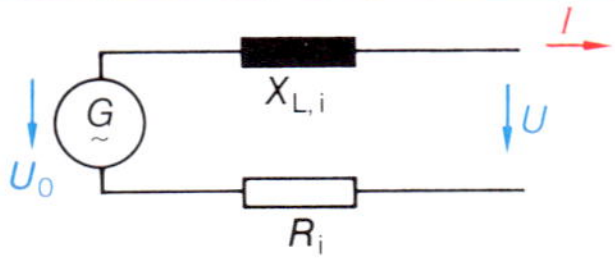

Generatorleistung
$S = U \cdot I \cdot \sqrt{3}$

Motorleistung
$P = U \cdot I \cdot \sqrt{3} \cdot \cos\varphi$

Wirkungsgrad
$\eta = \frac{P_{ab}}{P_{zu} + P_f}$

Erregerleistung P_f
$P_f = U_f \cdot I_f$

Beispiellösung:

Gegeben: $S = 15$ kVA; $U = 380$ V; $I = 20$ A; $n = 3000\ \frac{1}{\text{min}}$; $p = 1$; $\cos\varphi = 0{,}75$; $R_i = 1{,}2\ \Omega$; $X_{L,i} = 5\ \Omega$; $P_{auf} = 10{,}4$ kW; $P_f = 750$ W

Gesucht: a) U_0; b) I_N; c) η; d) f

a)

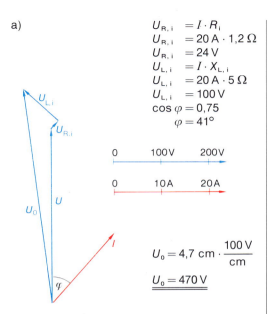

$U_{R,i} = I \cdot R_i$
$U_{R,i} = 20\,A \cdot 1{,}2\,\Omega$
$U_{R,i} = 24\,V$
$U_{L,i} = I \cdot X_{L,i}$
$U_{L,i} = 20\,A \cdot 5\,\Omega$
$U_{L,i} = 100\,V$
$\cos\varphi = 0{,}75$
$\varphi = 41°$

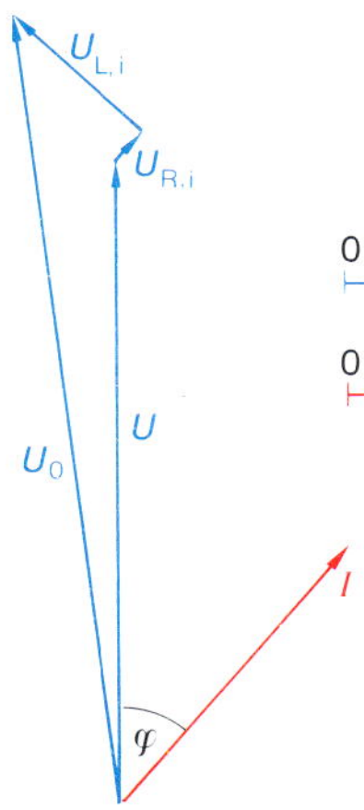

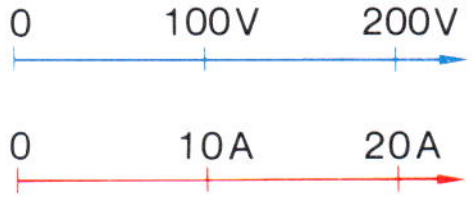

$U_0 = 4{,}7\,cm \cdot \frac{100\,V}{cm}$

$U_0 = 470\,V$

b) $S = U \cdot I \cdot \sqrt{3}$

$I_N = \frac{S}{U \cdot \sqrt{3}}$

$I_N = \frac{15\,000\,VA}{380\,V \cdot \sqrt{3}}$

$I_N = 22{,}8\,A$

c) $\eta = \frac{P_{ab}}{P_{zu} + P_f}$

$P_{ab} = U \cdot I \cdot \sqrt{3} \cdot \cos\varphi$

$P_{ab} = 380\,V \cdot 20\,A \cdot \sqrt{3} \cdot 0{,}75$

$P_{ab} = 9873\,W$

$\eta = \frac{9873\,W}{10\,400\,W + 750\,W}$

$\eta = 0{,}885$

$\eta = 88{,}5\%$

d) $f = n \cdot p$

$f = 3000\,\frac{1}{min} \cdot 1$

$f = \frac{3000}{60\,s}$

$f = 50\,Hz$

Aufgaben

1. Ein vierpoliger Drehstrom-Synchrongenerator ($S = 10$ kVA; $U = 400$ V; $n = 500\,\frac{1}{min}$) hat bei der Belastung von 10 A und dem $\cos\varphi = 0{,}8$ eine Klemmenspannung von 400 V. Er hat einen Innenwiderstand mit einem Wirkanteil von 2,4 Ω und einem induktiven Anteil von 10,5 Ω.
a) Wie groß ist die Leerlaufspannung?
b) Wie groß ist die Leistungsaufnahme bei der angegebenen Belastung?
c) Welcher maximale Belastungsstrom darf fließen?
d) Wie groß ist die Frequenz?

2. Welche Drehzahlen kann ein Synchrongenerator haben ($p \leq 25$), der einen Drehstrom mit der Frequenz 50 Hz erzeugen soll?

3. Die Abb. 1 zeigt die V-Kurven eines Drehstrom-Synchronmotors mit $n = 1500\,\frac{1}{min}$ an 380 V; 50 Hz.
a) Welchen Strom nimmt der Motor bei einem Erregerstrom von 4 A und einem Drehmoment von 1,6 Nm auf?
b) Welche Leistung gibt der Motor dann ab?
c) Welchen Wirkungsgrad hat er dabei ($U_f = 50$ V)?
d) Wie viele Pole hat der Motor?

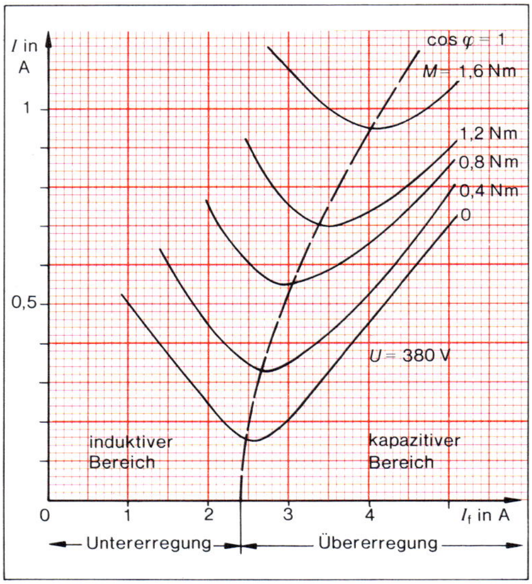

Abb. 1: V-Kurven eines Drehstrom-Synchronmotors

4. Ein Drehstrom-Synchronmotor wird an 380 V mit 4 kW belastet. Er hat einen Wirkungsgrad von 0,84, und er wird als Phasenschiebermotor im kapazitiven Bereich mit einem Leistungsfaktor von 0,6 betrieben.
a) Wie groß ist die Stromstärke?
b) Wie groß ist die erzeugte Blindleistung?

5. Welche Leistung hat ein Drehstrom-Synchrongenerator für 400 V, der mit 4 kW bei einem $\cos\varphi = 0{,}8$ belastet wird?

6. Ein Drehstrom-Synchrongenerator wird bei einer Drehzahl von 750 $\frac{1}{\text{min}}$ mit einem Drehmoment von 60 Nm angetrieben. Er hat bei einer Belastung mit 4 kW und einem Leistungsfaktor von 0,65 eine Klemmenspannung von 500 V.
a) Wie groß ist die Generatorleistung?
b) Wie groß ist die erzeugte Blindleistung?
c) Welchen Wirkungsgrad hat die Maschine bei $U_f = 200$ V und $I_f = 2{,}5$ A?
d) Wie groß ist die Polzahl, wenn die Frequenz 50 Hz beträgt?

19.5 Gleichstrommaschinen

19.5.1 Gleichstromgeneratoren

► Eine Gleichstrommaschine (2 kW) arbeitet als Nebenschlußgenerator. Bei einer Drehzahl von 1800 $\frac{1}{\text{min}}$ ist ihre Leerlaufspannung 230 V. Weiterhin sind $R_a = 1{,}7\,\Omega$; $R_w = 0{,}9\,\Omega$ und $R_f = 500\,\Omega$. Der Generator wird mit $I_N = 10$ A belastet. Dabei ist der Bürstenspannungsabfall 3 V.
a) Wie groß ist der Innenwiderstand des Generators?
b) Welche Klemmenspannung hat der Generator?
c) Welcher Strom fließt in der Feldwicklung und in der Ankerwicklung?
d) Wie groß ist der Wirkungsgrad, wenn die Reibungsverluste 1,25% der Nennleistung betragen?

Leerlaufspannung	U_0
Klemmenspannung	U
Innerer Spannungsabfall	U_i
Bürstenspannungsabfall	U_B
Ankerstrom	I_a
Feldstrom	I_f
Widerstand der Ankerwicklung	R_a
Widerstand der Feldwicklung	R_f
Widerstand der Wendepolwicklung	R_w
Widerstand der Kompensationswickl.	R_k
Innenwiderstand der Maschine	R_i

$U = U_0 - U_i - U_B$

$U_i = I_a \cdot R_i$

Wirkungsgrad η

$$\eta = \frac{P_{ab}}{P_{zu}}$$

$$\eta = \frac{P_{ab}}{P_{ab} + P_v}$$

Gesamtverluste P_v

Beispiellösung:

Gegeben: $U_0 = 230$ V; $I = 10$ A; $U_B = 3$ V;
$R_a = 1{,}7\,\Omega$; $R_w = 0{,}9\,\Omega$; $R_f = 500\,\Omega$

Gesucht: a) R_i; b) U; c) I_f, I_a; d) η

Als Lösungshilfe zeichnet man zuerst einen Stromlaufplan der Maschine.

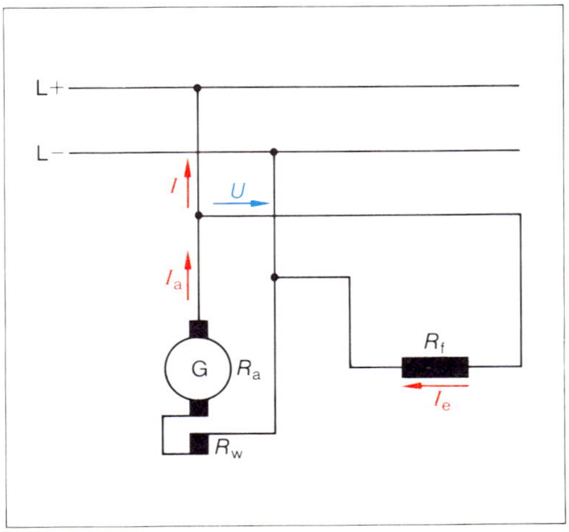

a) $R_i = R_a + R_w$

$R_i = 1{,}7\,\Omega + 0{,}9\,\Omega$

$\underline{\underline{R_i = 2{,}6\,\Omega}}$

Abb. 1: Gleichstrommaschine

b) $U = U_0 - U_i - U_B \qquad U_i = I_a \cdot R_i; \; I_a = I + I_f$

$$U = U_0 - \left(I + \frac{U}{R_f}\right) \cdot R_i - U_B \qquad I_f = \frac{U}{R_f}$$

$$U = \frac{U_0 - I \cdot R_i - U_B}{1 + \frac{R_i}{R_f}}$$

$$U = \frac{230\,\text{V} - 10\,\text{A} \cdot 2{,}6\,\Omega - 3\,\text{V}}{1 + \frac{2{,}6\,\Omega}{500\,\Omega}}$$

$$\underline{\underline{U = 200\,\text{V}}}$$

c) $I_f = \frac{U}{R_f} \qquad I_a = I + I_f$

$$I_a = 10\,\text{A} + 0{,}4\,\text{A}$$

$$I_f = \frac{200\,\text{V}}{500\,\Omega} \qquad \underline{\underline{I_a = 10{,}4\,\text{A}}}$$

$$\underline{\underline{I_f = 0{,}4\,\text{A}}}$$

d) $\eta = \frac{P_{ab}}{P_{ab} + P_v}$

$$P_v = I_a^2 \cdot R_i + U_B \cdot I_a + \frac{U^2}{R_f} + 0{,}0125 \cdot P_N$$

$$P_v = (10{,}4\,\text{A})^2 \cdot 2{,}6\,\Omega + 3\,\text{V} \cdot 10{,}4\,\text{A} + \frac{(200\,\text{V})^2}{500\,\Omega} + 0{,}0125 \cdot 2000\,\text{W}$$

$$P_v = 417\,\text{W}$$

$$\eta = \frac{2000\,\text{W}}{2000\,\text{W} + 417\,\text{W}}$$

$$\underline{\underline{\eta = 0{,}827}}$$

$$\underline{\underline{\eta = 82{,}7\,\%}}$$

Aufgaben

1. Wie groß sind die Klemmenspannung, der Ankerstrom und der innere Spannungsfall eines fremderregten Gleichstromgenerators mit $U_0 = 250\,\text{V}$; $R_a = 1{,}2\,\Omega$; $R_w = 0{,}65\,\Omega$; $U_B = 1{,}5\,\text{V}$ je Bürste, bei einem Belastungsstrom von 25 A?

2. Ein Reihenschlußgenerator hat bei einer Belastung von 1,5 kW eine Klemmenspannung von 70 V. Die Wicklungen haben folgende Widerstände: $R_a = 0{,}8\,\Omega$; $R_f = 0{,}3\,\Omega$. Wie groß sind bei $U_B = 2{,}5\,\text{V}$
a) der Ankerstrom,
b) der innere Spannungsfall und
c) die Leerlaufspannung?
d) Wie groß ist der Wirkungsgrad, wenn die Reibungsverluste 1,5% der Nennleistung betragen?

3. Ein Nebenschlußgenerator hat die Nenndaten 50 kW; 220 V; 227 A; 2500 $\frac{1}{\text{min}}$; $R_a = 0{,}15\,\Omega$; $U_B = 1{,}25\,\text{V}$ je Bürste; $I_f = 2{,}5\,\text{A}$; $R_w = 0{,}05\,\Omega$. Wie groß sind bei Nennlast
a) der Ankerstrom,
b) der innere Spannungsfall,
c) die Leerlaufspannung und
d) der Widerstand der Feldwicklung?
e) Wie groß ist der Wirkungsgrad unter Vernachlässigung der Reibungsverluste?

4. Die Nenndaten eines Doppelschlußgenerators sind 20 kW; 110 V; 182 A; 1800 $\frac{1}{\text{min}}$; $U_B = 2\,\text{V}$; $R_a = 0{,}09\,\Omega$; $R_{e,ser} = 0{,}04\,\Omega$; $I_{f,par} = 2\,\text{A}$; $R_w = 0{,}02\,\Omega$. Welche Werte haben bei Nennlast
a) der Ankerstrom,
b) der innere Spannungsfall,
c) die Leerlaufspannung,
d) der Widerstand der Nebenschlußwicklung,
e) der Strom in der Reihenschlußwicklung?
f) Wie groß ist der Wirkungsgrad, wenn die Reibungsverluste 1% der Nennleistung betragen?

5. Ein Gleichstromnebenschlußgenerator hat bei $n = 2000\,\frac{1}{\text{min}}$ eine Leerlaufspannung von 250 V. Wie groß darf der Laststrom maximal werden, damit bei $R_a = 1{,}5\,\Omega$ und $R_e = 400\,\Omega$ die Klemmenspannung nicht kleiner als 220 V wird?

6. Die Abb. 2 zeigt die Leerlaufkennlinien eines Gleichstromgenerators. Welche Klemmenspannung hat die Maschine bei einem Lastwiderstand von 20 Ω; $R_a = 1{,}5\,\Omega$ und $U_B = 2$ V, wenn

a) $n = 2100\ \frac{1}{\text{min}}$ und $I_f = 100$ mA,

b) $n = 1000\ \frac{1}{\text{min}}$ und $I_f = 75$ mA und

c) $n = 2500\ \frac{1}{\text{min}}$ und $I_f = 50$ mA ist?

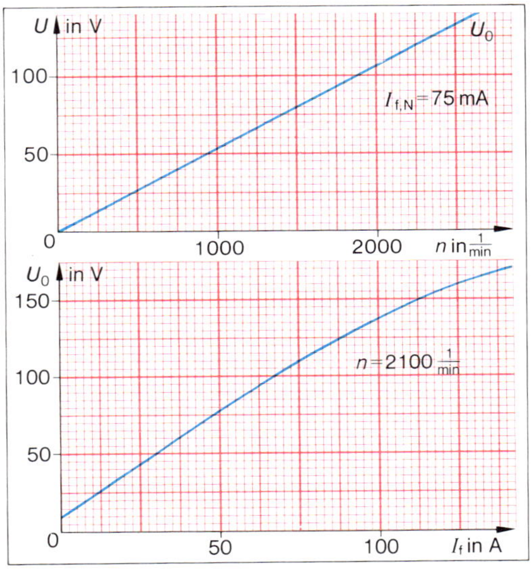

Abb. 2: Kennlinien eines fremderregten Gleichstromgenerators

7. Die Abb. 3 zeigt die Belastungskennlinien eines fremderregten Gleichstromgenerators ($U_B = 2$ V; $I_N = 2$ A; $P_f = 25$ W; $P_{v,\,mech} = 2\%$ von P).

a) Wie groß ist die Leerlaufspannung?

b) Wie groß ist der innere Spannungsfall?

c) Welchen Wert hat der innere Widerstand des Generators?

d) Wie groß ist der Wirkungsgrad?

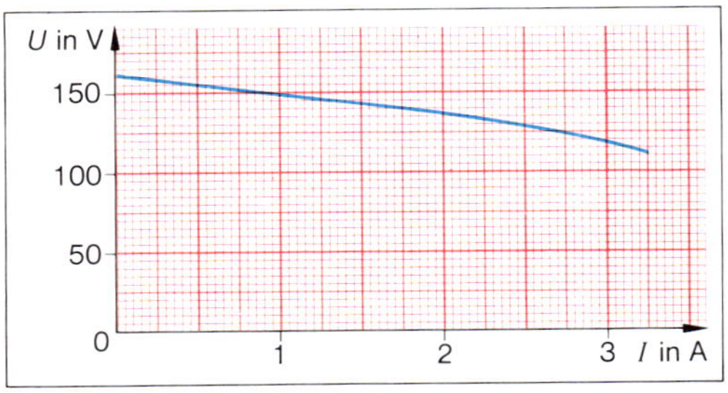

Abb. 3: Belastungskennlinien eines Gleichstromgenerators

8. Ein Gleichstromgenerator hat das nachfolgende Leistungsschild:

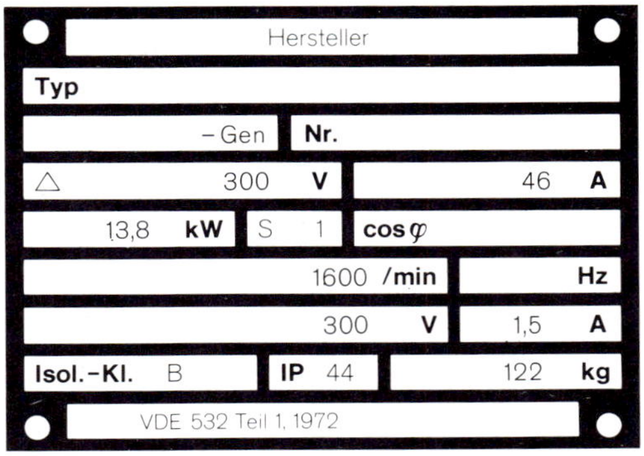
Hersteller
Typ
-Gen
Nr.
△ 300 V
46 A
13,8 kW
S 1
cos φ
1600 /min
Hz
300 V
1,5 A
Isol.-Kl. B
IP 44
122 kg
VDE 532 Teil 1, 1972

Abb. 4

Der Generator wird als Nebenschlußgenerator geschaltet.

a) Wie groß ist der abgegebene Nennstrom?

b) Welche Nennleistung gibt der Generator ab?

c) Welche Erregerleistung benötigt der Generator?

d) Wie groß ist der Widerstand der Feldwicklung?

e) Wie groß ist die Nennleerlaufspannung bei $R_a = 705\,\text{m}\Omega$ und $U_B = 2$ V?

9. Ein fremderregter Generator hat folgende Nenndaten: $U_{0N} = 325$ V; $R_a = 450\,\text{m}\Omega$; $R_w = 55\,\text{m}\Omega$; $R_k = 12{,}5\,\text{m}\Omega$; $U_B = 2{,}5$ V; $I_N = 45$ A; $R_f = 525\,\Omega$; $U_f = 200$ V.

a) Wie groß ist die Nennspannung?

b) Welche Leistung muß die Antriebsmaschine aufbringen, wenn die Reibungsverluste 2% der Nennleistung betragen?

c) Welchen Wirkungsgrad hat die Maschine bei Nennleistung?

10. Ein Doppelschlußgenerator mit den Nenndaten 50 kW; 400 V; 125 A; 1570 min^{-1}; $U_B = 2{,}5$ V; $R_a = 75\,\text{m}\Omega$; $R_{f,\,ser} = 45\,\text{m}\Omega$; $I_f = 5$ A; $R_w = 25\,\text{m}\Omega$; $R_K = 35\,\text{m}\Omega$. Berechnen Sie:

a) den Ankerstrom!

b) den inneren Spannungsfall!

c) die Leerlaufspannung!

d) den Widerstand der Nebenschlußwicklung!

e) die Spannungsfälle an den Wicklungen!

f) den Wirkungsgrad unter Vernachlässigung der Reibungsverluste!

11. Ein Gleichstromgenerator hat folgendes Leistungsschild:

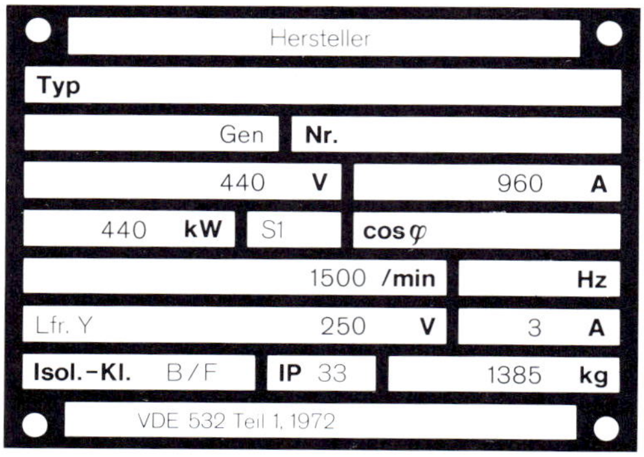

Abb. 1

a) Um welche Generatorart handelt es sich hier?
b) Berechnen Sie die Erregerleistung und den Erregerwiderstand!
c) Wie groß ist die Nennleerlaufspannung bei $R_a = 63{,}6\ \text{m}\Omega$ und $U_B = 3{,}5\ \text{V}$?

12. Die Abb. 2 zeigt die Leerlaufkennlinien einer Gleichstrommaschine mit $R_a = 0{,}75\ \Omega$ und $R_f = 83\ \Omega$.

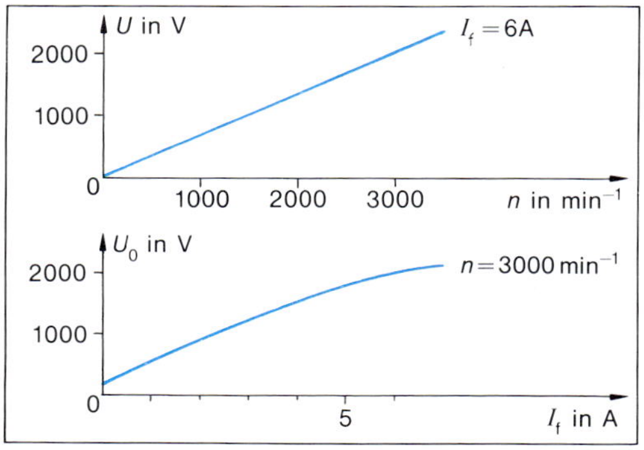

Abb. 2

a) Mit welcher Drehzahl muß der Generator angetrieben werden, damit bei $U_f = 500\ \text{V}$ $U_0 = 1000\ \text{V}$ ist?
b) Wie groß muß bei $n = 3000\ \text{min}^{-1}$ und $U_0 = 1500\ \text{V}$ die Spannung an der Feldwicklung sein?
c) Wie groß ist die Klemmenspannung der Maschine bei $I = 50\ \text{A}$; $I_f = 50\ \text{A}$; $n = 3000\ \text{min}^{-1}$?

19.5.2 Gleichstrommotoren

► Ein Gleichstrom-Doppelschlußmotor mit $R_{f,\,ser} = 0{,}5\ \Omega$; $R_{f,\,par} = 420\ \Omega$; $R_a = 1{,}2\ \Omega$; $U_B = 2\ \text{V}$ und $R_w = 0{,}3\ \Omega$ wird an 220 V angeschlossen. Bei der Nenndrehzahl $1800\ \frac{1}{\text{min}}$ erzeugt er im Anker eine Gegenspannung von 190 V.
a) Welcher Strom fließt in der Nebenschlußwicklung?
b) Wie groß ist der Ankerstrom bei Nennbetrieb?
c) Welchen Strom nimmt der Motor bei Nennlast auf?
d) Wie groß ist der Anlaufstrom?
e) Wie groß sind die abgegebene Leistung und der Wirkungsgrad, wenn die Reibungsverluste 50 W betragen?

Gegenspannung	U_0
Anlaufstrom	I_A
Anlaufdrehmoment	M_A
$U = U_0 + U_i + U_B$	
$U_i = I_a \cdot R_i$	
Abgegebene Leistung	P_{ab}
	$P_{ab} = 2 \cdot \pi \cdot M \cdot n$
	$P_{ab} = P_{zu} - P_v$
Wirkungsgrad	η
$\eta = \dfrac{P_{ab}}{P_{zu}}$	$\eta = \dfrac{P_{zu} - P_v}{P_{zu}}$

Beispiellösung:

Gegeben: $U = 220\ \text{V}$; $U_0 = 190\ \text{V}$; $U_B = 2\ \text{V}$; $R_{f,\,ser} = 0{,}5\ \Omega$; $R_{f,\,par} = 420\ \Omega$; $R_w = 0{,}3\ \Omega$; $R_a = 1{,}2\ \Omega$; $P_{v,\,R} = 50\ \text{W}$

Gesucht: a) $I_{f,\,par}$; b) I_a; c) I; d) I_A; e) P_{ab}; η

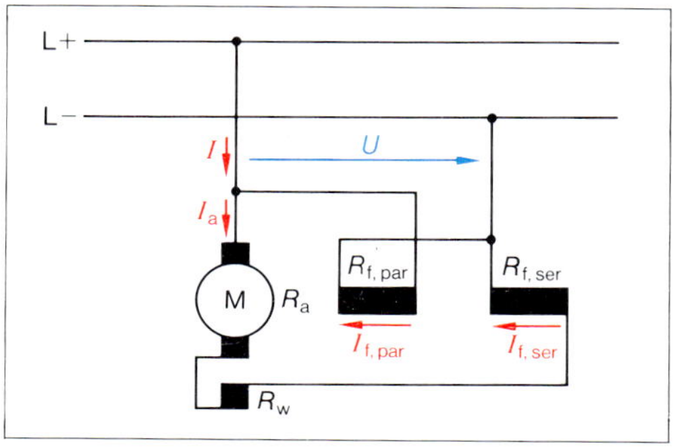

a) $I_{f,par} = \frac{U}{R_{f,par}}$

$I_{f,par} = \frac{220\,V}{420\,\Omega}$

$\underline{\underline{I_{f,par} = 0{,}524\,A}}$

b) $U = U_0 + I_a \cdot R_i + U_B$

$R_i = R_a + R_{f,ser} + R_w$

$R_i = 1{,}2\,\Omega + 0{,}5\,\Omega + 0{,}3\,\Omega$

$R_i = 2\,\Omega$

$I_a = \frac{U - U_0 - U_B}{R_i}$

$I_a = \frac{220\,V - 190\,V - 2\,V}{2\,\Omega}$

$\underline{\underline{I_a = 14\,A}}$

c) $I = I_a + I_{f,par}$

$I = 14\,A + 0{,}524\,A$

$\underline{\underline{I = 14{,}5\,A}}$

d) $I_A = \frac{U - U_B}{R_i} + I_{f,par}$ $I_A \approx \frac{U}{R_i}$

$I_A = \frac{220\,V - 2\,V}{2\,\Omega} + 0{,}524\,A$ $I_a \approx \frac{220\,V}{2\,\Omega}$

$\underline{\underline{I_A = 109{,}5\,A}}$ $\underline{\underline{I_a \approx 110\,A}}$

e) $P_{ab} = P_{zu} - P_v$

$P_{ab} = U \cdot I - \left[I_a^2 \cdot R_i + \frac{U^2}{R_{f,par}} + U_B \cdot I_a + P_{v,mech}\right]$

$P_{ab} = 220\,V \cdot 14{,}5\,A - \left[(14A)^2 \cdot 2\,\Omega + \frac{(220V)^2}{420\,\Omega} + 2V \cdot 14\,A + 50\,W\right]$

$P_{ab} = 3190\,W - 585\,W$

$\underline{\underline{P_{ab} = 2{,}6\,kW}}$

$\eta = \frac{P_{ab}}{P_{zu}}$

$\eta = \frac{2{,}6\,kW}{3{,}19\,kW}$

$\underline{\underline{\eta = 0{,}815}}$

$\underline{\underline{\eta = 81{,}5\%}}$

Aufgaben

1. Ein Reihenschlußmotor mit $U_B = 2\,V$; $R_a = 1{,}4\,\Omega$ und $R_f = 0{,}9\,\Omega$ nimmt an 220 V einen Strom von 15 A auf.
a) Wie groß ist dann die Gegenspannung?
b) Welchen Wert hat der Anlaufstrom?
c) Wie groß ist der Spannungsabfall an der Ankerwicklung und der Feldwicklung?
d) Wie groß ist der Wirkungsgrad, wenn die Reibungsverluste vernachlässigt werden?

2. Bei Anschluß an 110 V beträgt der Nennstrom eines Nebenschlußmotors 2,5 A. Wie groß sind bei $R_f = 440\,\Omega$; $R_a = 1{,}9\,\Omega$ und $U_B = 1{,}5\,V$ je Bürste der Ankerstrom, der Feldstrom, die Gegenspannung und der Anlaufstrom? Welchen Wirkungsgrad hat der Motor unter Vernachlässigung der Reibungsverluste? Wie groß ist sein Drehmoment bei der Nenndrehzahl 1880 $\frac{1}{min}$?

3. Ein Doppelschlußmotor hat folgende Nenndaten:
5 kW; 500 V; 12,5 A; 1750 $\frac{1}{min}$; $U_f = 500\,V$; $I_f = 0{,}8\,A$; $R_a = 2{,}4\,\Omega$; $R_{f,ser} = 1{,}2\,\Omega$; $R_w = 1{,}5\,\Omega$; $U_B = 2{,}5\,V$; $M_n = 320\,Nm$.
a) Wie groß sind bei Nennbetrieb die Gegenspannung, der Ankerstrom und der Strom in den Feldwicklungen?
b) Wie groß ist der Anlaufstrom?
c) Wie groß sind bei Nennbetrieb der Wirkungsgrad, die mechanischen Verluste und die Nenndrehzahl?

4. Ein Reihenschlußmotor nimmt an 220 V 15 A auf. Sein Wirkungsgrad ist 82,5%.
a) Welche Leistung gibt er ab?
b) Wie groß sind die auftretenden Verluste?
c) Wie groß ist das abgegebene Drehmoment bei einer Drehzahl von 2200 $\frac{1}{min}$?

5. Ein Gleichstrommotor hat nachfolgende Nennwerte:
10,6 kW; 440 V; 29 A; 1300/2500 $\frac{1}{min}$; $I_f = 1\,A$.
a) Wie groß ist der Wirkungsgrad?
b) Wie groß ist das Nenndrehmoment?
c) Welchen Widerstand hat die Feldwicklung?
d) Wie groß ist der Ankerstrom?
e) Wie groß ist der Anlaufstrom?

6. Die Abb. 1 zeigt die Betriebskennlinien eines Nebenschlußmotors an 220 V.

a) Wie groß sind bei dem Drehmoment 1,5 Nm die Drehzahl, der Strom, der Wirkungsgrad und die Leistung?

b) Welche Gegenspannung wird dann im Anker induziert, wenn $R_a = 2{,}4\,\Omega$ und $R_f = 920\,\Omega$ bei $U_B = 2{,}5$ V ist?

c) Wie groß ist der Anlaufstrom?

d) Konstruieren Sie die Kennlinien $P_v = f(M)$ und $P = f(M)$.

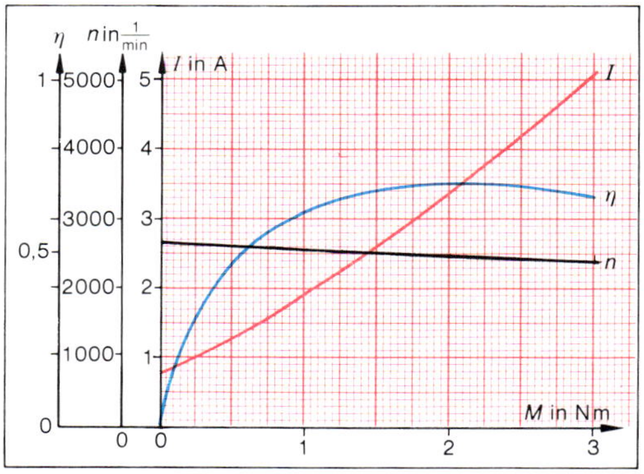

Abb. 1: Zu Aufgabe 6

7. Die Betriebskennlinien eines Reihenschlußmotors mit $R_a = 2{,}4\,\Omega$; $R_f = 1{,}5\,\Omega$ bei $U_B = 2{,}75$ V an 220 V sind in Abb. 2 dargestellt.

a) Wie groß sind die abgegebene und die aufgenommene Leistung bei $M_N = 1{,}25$ Nm?

b) Wie groß ist das Verhältnis $\frac{I_A}{I_N}$?

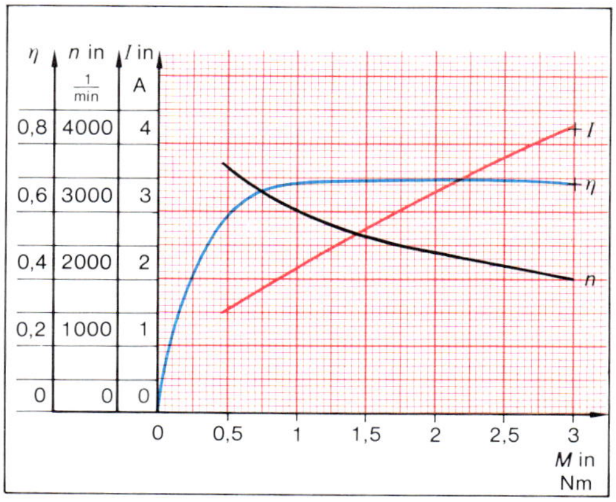

Abb. 2: Zu Aufgabe 7

8. Ein Gleichstrommotor mit den Nenndaten 4 kW; 200 V; 24 A; $U_f = 180$ V; $I_f = 1{,}5$ A; 1950 $\frac{1}{\text{min}}$ wird als fremderregter Motor betrieben. Der Ankerwiderstand wurde gemessen mit 1,7 Ω. Der Bürstenspannungsabfall beträgt 2,5 V.

a) Wie groß ist der Anlaufstrom?

b) Welchen Nennstrom nimmt der Motor auf?

c) Wie groß ist bei Nennbetrieb die Gegenspannung?

d) Welchen Widerstand hat die Feldwicklung?

e) Welchen Wirkungsgrad und welches Nenndrehmoment hat die Maschine (Die Reibungsverluste werden vernachlässigt)?

9. Ein Gleichstrom-Nebenschlußmotor hat folgendes Leistungsschild:

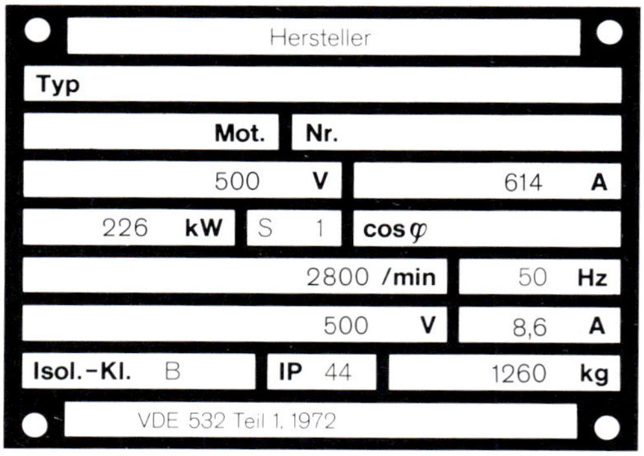

Abb. 3

a) Welchen Wirkungsgrad hat die Maschine?

b) Welches Nenndrehmoment gibt die Maschine ab?

c) Welchen Widerstand hat die Feldwicklung?

d) Wie groß sind die Verluste in der Ankerwicklung, wenn die Reibungsverluste 2% der Nennleistung betragen?

e) Welchen Widerstand hat die Ankerwicklung?

f) Wie groß ist der Anlaufstrom?

10. Ein Gleichstrommotor mit Scheibenläufer hat folgende Nennwerte: 24 V; 2,2 A; 33 W; 3500 $\frac{1}{\text{min}}$.

a) Welchen Wirkungsgrad hat der Motor?

b) Welches Drehmoment gibt der Motor ab?

11. Folgendes Leistungsschild hat ein Doppelschlußmotor mit $R_a = 450\,\text{m}\Omega$; $R_{f,\,ser} = 75\,\text{m}\Omega$; $R_W = 250\,\text{m}\Omega$:

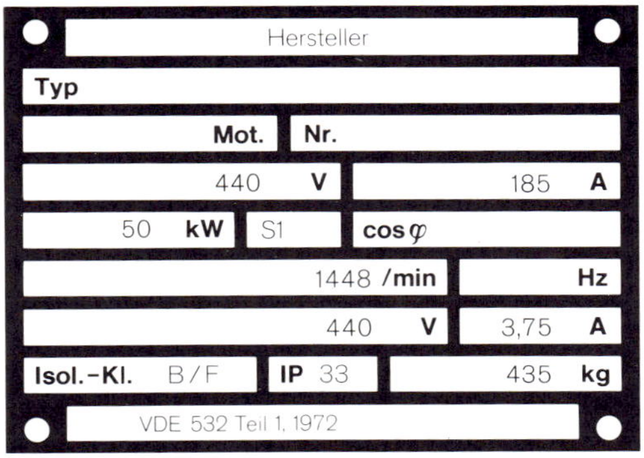
Hersteller
Typ
Mot. Nr.
440 V
185 A
50 kW
S1
cos φ
1448 /min
Hz
440 V
3,75 A
Isol.-Kl. B/F
IP 33
435 kg
VDE 532 Teil 1, 1972

Abb. 4

a) Wie groß ist der Wirkungsgrad der Maschine?
b) Berechnen Sie die Verlustleistung!
c) Wie groß sind die Reibungsverluste?
d) Berechnen Sie den Widerstand der Nebenschlußfeldwicklung!
e) Wie groß ist der Anlaufstrom?
f) Wie groß ist das Nenndrehmoment?

12. Welchen Wirkungsgrad und welches Nenndrehmoment hat ein Nebenschlußmotor bei 110 V; 0,5 A; 22 W; $5000\,\frac{1}{\text{min}}$?

13. Ein Reihenschlußmotor hat folgende Nenndaten: 25 kW; 500 V; 62 A; 2500 min^{-1}; $R_a = 650\,\text{m}\Omega$; $R_W = 250\,\text{m}\Omega$; $R_f = 400\,\Omega$; $U_B = 2{,}75\,\text{V}$.
a) Wie groß ist der Anlaufstrom?
b) Wie groß sind bei Nennlast der innere Spannungsfall und die Gegenspannung?
c) Welche Leistungsverluste treten in den einzelnen Wicklungen auf?
d) Wie groß sind die Reibungsverluste?
e) Welchen Wirkungsgrad hat der Motor?

14. Ein Nebenschlußmotor hat die Nennwerte 6 kW; 200 V; 37,5 A; $I_f = 1{,}5\,\text{A}$; 3150 min^{-1}; $U_B = 1{,}5\,\text{V}$.
a) Welchen Widerstand haben Anker- und Feldwicklung?
b) Wie groß ist der Ankerstrom?
c) Welchen Wirkungsgrad hat der Motor?

19.5.3 Anlasser, Feldsteller

► Ein Gleichstrom-Nebenschlußmotor nimmt beim Anschluß an 200 V einen Strom von 4 A auf. Die Feldwicklung hat einen Widerstand von 350 Ω, die Ankerwicklung einen Widerstand von 1,6 Ω und die Wendepolwicklung einen Widerstand von 0,9 Ω. Der Bürstenspannungsabfall ist 2 V. Der Motor soll über einen Feldstellanlasser angelassen werden. Dabei soll der Anlaufstrom auf das Zweifache des Netzstromes begrenzt werden und der Feldstrom in dem Bereich $I_{f,\,St} = 0{,}5 \cdot I_f \ldots 1 \cdot I_f$ steuerbar sein! Welchen Widerstand müssen das Anlaßteil und das Feldstellteil haben?

Feldsteller

Widerstand des Feldstellers	R_{St}
Feldstrom mit zugeschaltetem Feldsteller	$I_{f,\,St}$

$$R_{St} = \frac{U}{I_{f,\,St}} - R_f$$

Anlasser

Widerstand des Anlassers	R_{Anl}
Anlaufstrom mit zugeschaltetem Anlasser	$I_{A,\,Anl}$

$$R_{Anl} = \frac{U}{I_{A,\,Anl}} - R_i\text{[1]}$$

Beispiellösung:

Gegeben: $U = 200\,\text{V}$; $I_N = 4\,\text{A}$; $U_B = 2\,\text{V}$;
$R_f = 350\,\Omega$; $R_a = 1{,}6\,\Omega$; $R_w = 0{,}9\,\Omega$;
$I_A = 2 \cdot I_N$; $I_{f,\,St} = 0{,}5 \cdot I_f \ldots 1 \cdot I_f$

Gesucht: R_{Anl}; R_{St}

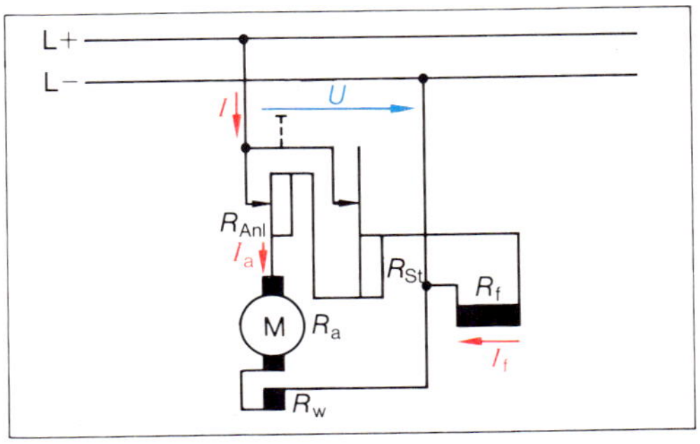

[1]) U_B und R_f können bei dem Nebenschlußmotor hier vernachlässigt werden!

$R_{Anl} = \frac{U}{I_{A,\,Anl}} - R_i$ $\quad I_{A,\,Anl} = 2 \cdot I$

$R_i = R_a + R_w$

$R_{Anl} = \frac{U}{2 \cdot I_N} - R_a - R_w$

$R_{Anl} = \frac{200\,V}{2 \cdot 4\,A} - 1{,}6\,\Omega - 0{,}9\,\Omega$

$\underline{\underline{R_{Anl} = 22{,}5\,\Omega}}$

$R_{St} = \frac{U}{I_{f,\,St}} - R_f; \quad I_{f,\,St} = 0{,}5 \cdot I_f; \quad I_f = \frac{U}{R_f}$

$R_{St} = \frac{U}{0{,}5 \cdot I_f} - R_f \qquad I_f = \frac{200\,V}{350\,\Omega}$

$R_{St} = \frac{200\,V}{0{,}5 \cdot 0{,}571\,A} - 350\,\Omega \qquad I_f = 571\,mA$

$\underline{\underline{R_{St} = 350\,\Omega}}$

Aufgaben

1. Der Anlaufstrom eines Reihenschlußmotors soll durch einen Anlasser auf $1{,}5 \cdot I_N$ begrenzt werden. Der Motor mit $R_a = 1{,}4\,\Omega$ und $R_f = 0{,}9\,\Omega$ nimmt an 220 V einen Strom von 15 A auf. Welchen Widerstand muß der Anlasser haben?

2. Ein fremderregter Generator mit $P = 2\,kW$ und $U = 220\,V$ hat eine Feldspannung von 150 V bei einem Feldstrom von 250 mA. Der Feldstrom soll durch einen Feldsteller auf $0{,}4 \cdot I_f$ verändert werden können. Welchen Widerstand muß der Feldsteller haben?

3. Ein Gleichstrom-Nebenschlußmotor hat folgende Nenndaten: 226 kW; 500 V; 614 A; 2800 min^{-1}, und den Feldstrom 8,6 A.

a) Wie groß muß der Widerstand des Anlaßteiles eines Feldstellanlassers sein, wenn der Anlaufstrom auf $2 \cdot I_N$ begrenzt werden soll?

b) Welchen Widerstand muß das Feldstellteil haben, wenn der Feldstrom auf 25% des Feldstromes verringert werden soll?

c) Welchen Wirkungsgrad hat die Maschine?

d) Welches Nenndrehmoment hat der Motor?

e) Welche Leistung wird im Moment des Einschaltens im Anlaßteil verbracht?

f) Welche Leistung verbraucht der Feldsteller, wenn er eingeschaltet ist?

4. Die Nenndaten eines Doppelschlußmotors sind 5 kW; 500 V; 12,5 A; $I_f = 0{,}8\,A$; $R_a = 2{,}4\,\Omega$; $R_{f,\,ser} = 1{,}2\,\Omega$; $R_w = 1{,}5\,\Omega$; $U_B = 2{,}5\,V$.

a) Wie groß muß der Widerstand des Anlaßteiles eines Feldstellanlassers sein, wenn der Anlaufstrom auf $2{,}5 \cdot I_N$ begrenzt werden soll?

b) Welchen Widerstand muß das Feldstellteil haben, wenn der Feldstrom um 50% verringerbar sein soll?

5. Der Feldstrom eines Nebenschlußgenerators soll durch einen Feldsteller auf 70% von I_f verringerbar sein. Die Nenndaten sind 250 V; 5 kW und $I_f = 1{,}2\,A$. Welchen Widerstand muß der Feldsteller haben?

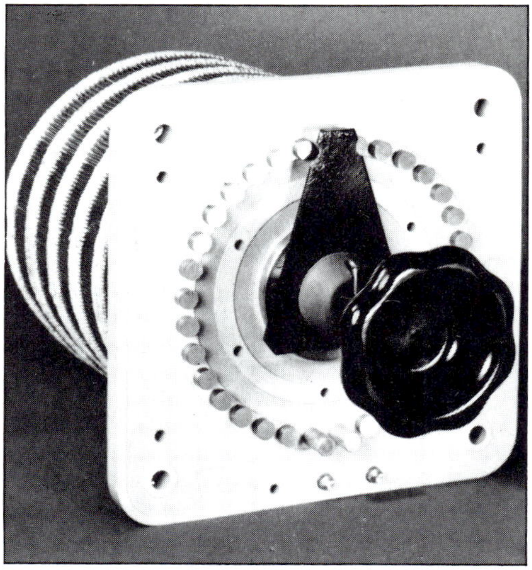

Abb. 1: Feldstellanlasser

6. Welchen Anlaufstrom hat der Nebenschlußmotor, der über einen Anlasser mit 27 Ω angelassen wird? Die Nenndaten sind $U = 220\,V$; $R_a = 1{,}2\,\Omega$; $R_w = 0{,}3\,\Omega$; $R_f = 420\,\Omega$; und $U_B = 2{,}5\,V$.

7. Um wieviel % wird der Feldstrom eines Nebenschlußgenerators verringert, wenn ein Feldsteller mit $R_{St} = 400\,\Omega$ zugeschaltet wird? Der Feldstrom ist 0,4 A bei der Nennspannung 200 V.

20 Meßtechnik

20.1 Meßfehler

▶ Das Meßinstrument, dessen Skale in Abb. 2 dargestellt ist, wurde auf den Meßbereich 130 V eingestellt.
a) Welche Spannung wird angezeigt?
b) Wie groß kann der zulässige Fehler sein?
c) Wie groß ist der größtmögliche relative Fehler?

Zulässiger Fehler	F	Wahrer Wert	W
Relativer Fehler	f	Angezeigter Wert	A
Güteklasse	G	Meßbereich	M

$$F = \frac{M \cdot G}{100}; \qquad W = A \pm F; \qquad f = \frac{F}{W}$$

Beispiellösung:

Gegeben: Meßbereich: 130 V
Güteklasse: 0,5
Gesucht: a) A; b) F; c) f.

a) Für den Meßbereich 130 V gilt die untere Skala. Es wird ein Wert von $\underline{\underline{70\,\text{V}}}$ angezeigt.

b) Aus der Güteklasse 0,5 ergibt sich ein zulässiger Fehler:

$$F = \frac{M \cdot G}{100}; \qquad F = \frac{0{,}5}{100} \cdot 130\,\text{V}; \qquad \underline{\underline{F = 0{,}65\,\text{V}}}$$

Der wahre Wert kann also im Bereich zwischen 69,35 V . . . 70,65 V liegen.

c) Den größtmöglichen relativen Fehler erhält man, wenn man den zulässigen Fehler F auf den kleinsten möglichen wahren Wert W bezieht.

$$f = \frac{F}{W}; \qquad f = \frac{0{,}65\,\text{V}}{69{,}35\,\text{V}} \cdot 100\,\%; \qquad \underline{\underline{f = 0{,}94\,\%}}$$

Aufgaben

1. Ein Meßgerät der Güteklasse 1,5 hat einen Meßbereich von 6 A.
a) Zwischen welchen Werten kann der wahre Wert des Stromes liegen, wenn der Zeiger 4 A anzeigt?
b) Wie groß ist bei dieser Anzeige der größtmögliche relative Fehler?

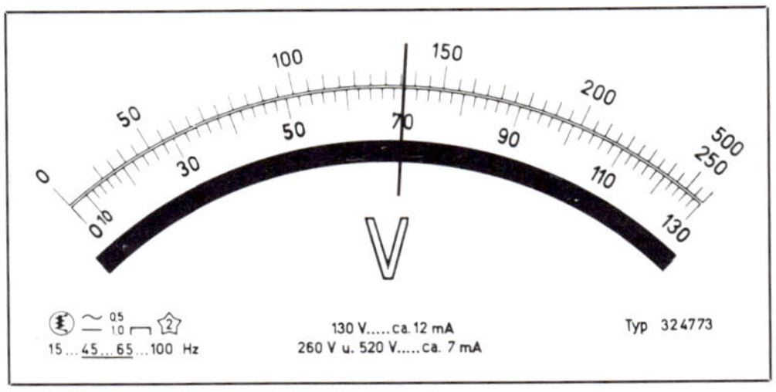

Abb. 2: Skale eines Spannungsmessers

2. Ein Spannungsmeßgerät hat bei dem Meßbereich 300 V die Güteklasse 1,5.
a) Wie groß kann der zulässige Fehler sein?
b) Wie groß kann der wahre Wert sein, wenn der Zeiger bei 90 V steht?
c) Wie groß ist der größtmögliche relative Fehler bei der Anzeige 90 V?

3. Ein Strommeßgerät hat bei dem Strommeßbereich 3 A eine Güteklasse von 2,5.
a) Wie groß kann der zulässige Fehler sein?
b) Wie groß kann der wahre Wert sein, wenn der Zeiger 2 A bzw. 0,5 A anzeigt?
c) Wie groß ist der größtmögliche relative Fehler bei der Anzeige 2 A bzw. 0,5 A?

4. Die Spannung einer Eichspannungsquelle beträgt 25 V. Diese Spannung wird mit einem Meßgerät gemessen, das in den Meßbereichen 30 V und 100 V die Güteklasse 1,5 hat.
a) Zwischen welchen Werten kann die Anzeige liegen, wenn diese Spannung sowohl im 30 V-Meßbereich als auch im 100 V-Meßbereich gemessen wird?
b) Wie groß ist in den beiden Meßbereichen der größtmögliche relative Fehler?

5. Ein Vielfach-Meßgerät hat eine Güteklasse von 1,5. Beim eingeschalteten Meßbereich von 300 V steht der Zeiger beim 12. Teilstrich der 30teiligen Skala.
a) Wie groß ist der Wert, der angezeigt wird?
b) Zwischen welchen Werten kann der wahre Wert der gemessenen Spannung liegen?
c) Wie groß ist der größtmögliche relative Fehler?

20.2 Messen mit dem Oszilloskop

► Abb. 1 zeigt den Verlauf zweier Wechselspannungen auf dem Bildschirm eines Oszilloskops.
a) Wie groß sind die Spitzenwerte der beiden Spannungen?
b) Welche Frequenz haben die dargestellten Spannungen?
c) Wie groß ist der Phasenverschiebungswinkel zwischen den beiden Spannungen?

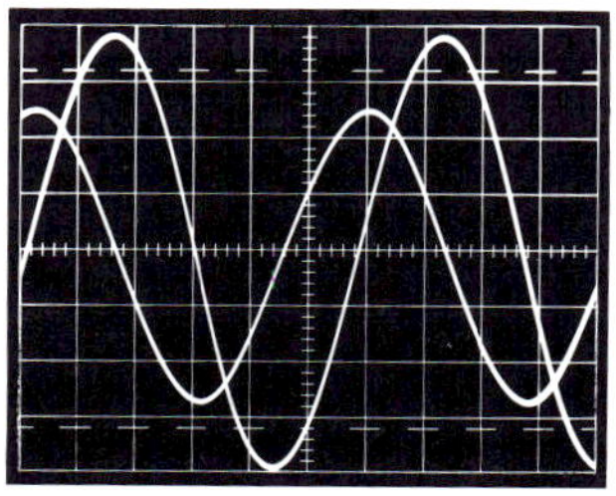

$A_{y1} = \frac{1\,V}{Skt.}$

$A_{y2} = \frac{2\,V}{Skt.}$

$A_x = \frac{5\,ms}{Skt.}$

(Skt.: Skalenteil)
(u_1 beginnt im Nulldurchgang)

Abb. 1

y-Ablenkkoeffizient A_y $[A_y] = \frac{V}{Skt.}$

x-Ablenkkoeffizient A_x $[A_x] = \frac{s}{Skt.}$

$\hat{u} = Skt. \cdot A_y$; $T = A_x \cdot \frac{Skt.}{Periode}$; $f = \frac{1}{T}$

φ = Phasenwinkel zwischen 2 Nulldurchgängen

$\varphi = Skt. \cdot A_x$

Beispiellösung:

Gegeben: Oszillogramm und Einstellung laut Abb. 1

Gesucht: a) $\hat{u}_1$; $\hat{u}_2$; b) f; c) φ

a) $\hat{u}_1 = Skt. \cdot A_{y1}$;

$\hat{u}_1 = 3{,}8\,Skt. \cdot \frac{1\,V}{Skt.}$; $\underline{\underline{\hat{u}_1 = 3{,}8\,V}}$

$\hat{u}_2 = 2{,}5\,Skt. \cdot \frac{2\,V}{Skt.}$; $\underline{\underline{\hat{u}_2 = 5\,V}}$

b) $T = \frac{5\,ms}{Skt.} \cdot 6\,Skt.$; $\underline{\underline{T = 30\,ms}}$

$f = \frac{1}{T}$; $f = \frac{1}{30\,ms}$; $f = 0{,}033\,kHz$; $\underline{\underline{f = 33\,Hz}}$

c) $\varphi \mathrel{\hat{=}} 1{,}4\,Skt. \cdot 5\,\frac{ms}{Skt.}$; $\varphi \mathrel{\hat{=}} 7\,ms$

$360° \mathrel{\hat{=}} 30\,ms$; $\varphi = \frac{360° \cdot 7\,ms}{30\,ms}$; $\underline{\underline{\varphi = 84°}}$

Aufgaben

1. Auf dem Bildschirm eines Oszilloskops wird der Verlauf einer sinusförmigen Wechselspannung dargestellt. Bei einer Einstellung der y-Ablenkempfindlichkeit von $5\,\frac{V}{Skt.}$ wird ein Spitzenwert von 3,5 Skt. abgelesen. Wieviel Volt beträgt der Spitzenwert der Spannung?

2. Der Spitzenwert der Netzspannung 220 V soll mit Hilfe eines Oszilloskops gemessen werden. Auf welche Stellung muß die y-Ablenkempfindlichkeit eingestellt werden, damit die positive Halbschwingung der Wechselspannung möglichst groß dargestellt wird? y-Ablenkempfindlichkeiten: 1; 2; 5; 10; 20; 50 $\frac{V}{Skt.}$. Der Bildschirm hat eine Höhe von 8 Skt.

3. Die Frequenz einer sinusförmigen Wechselspannung soll mit Hilfe eines Oszilloskops gemessen werden. Bei einer Einstellung des x-Ablenkkoeffizienten von $2\,\frac{ms}{Skt.}$ werden 7 Skt. von einem Nulldurchgang bis zum nächsten Nulldurchgang abgelesen.
a) Wie groß ist die Periodendauer der Wechselspannung?
b) Welche Frequenz hat die Wechselspannung?

4. Bei der Messung der Frequenz einer Wechselspannung mit 50 Hz werden für eine Halbschwingung 10 Skt. benötigt.
Auf welche Stellung ist der x-Ablenkkoeffizient eingestellt?
x-Ablenkempfindlichkeit: 50; 10; 5; 1; 0,5; 0,1 $\frac{ms}{Skt.}$.

5. Der Phasenverschiebungswinkel zwischen zwei Wechselspannungen beträgt 30°. Bei der Messung mit Hilfe des Oszilloskops wird dafür ein Abstand zwischen den Nulldurchgängen der beiden Spannungen von 1,5 Skt. abgelesen.
Wieviel Skt. werden für eine Halbschwingung abgelesen?

20.3 Messen mit Meßwandlern

▶ Das Leistungsmeßgerät in der dargestellten Schaltung (Abb. 2) zeigt eine Leistung von 920 W an. Der Stromwandler hat ein Übersetzungsverhältnis von 50 A/5 A.

a) Wie groß ist der Strom durch das Leistungsmeßgerät?

b) Wie groß ist der Strom durch den Verbraucher?

c) Wie groß ist die vom Verbraucher aufgenommene Leistung?

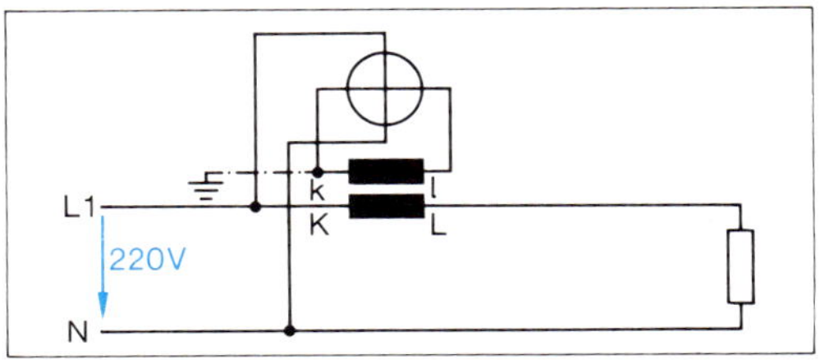

Abb. 2

Beispiellösung:

Gegeben: $P_{\text{Anz.}} = 920$ W; $ü = 50$ A/5 A; $U = 220$ V.

Gesucht: a) I_2; b) I_1; c) $P_{\text{Verbr.}}$

a) $I_2 = \frac{P_{\text{Anz.}}}{U}$; $I_2 = \frac{920\text{ W}}{220\text{ V}}$; $\underline{\underline{I_2 = 4{,}182\text{ A}}}$

b) $I_1 = I_2 \cdot ü$; $I_1 = 4{,}18\text{ A} \cdot \frac{50\text{ A}}{5\text{ A}}$; $\underline{\underline{I_1 = 41{,}82\text{ A}}}$

c) $P_{\text{Verbr.}} = U \cdot I_1$; $P_{\text{Verbr.}} = 220\text{ V} \cdot 41{,}82\text{ A}$; $\underline{\underline{P_{\text{Verbr.}} = 9200\text{ W}}}$

Aufgaben

1. In einer Mittelspannungsanlage wird die Spannung mit Hilfe eines Spannungswandlers 6 kV/100 V gemessen. Das Meßinstrument mit dem Meßbereich 100 V zeigt 94 V an. Wie groß ist die Spannung auf der Primärseite des Spannungswandlers?

2. Die drei Leistungsmeßgeräte aus Abb. 3 zeigen folgende Werte an: $P_1 = 750$ W; $P_2 = 1{,}2$ kW; $P_3 = 110$ W. Der Stromwandler hat das Übersetzungsverhältnis 200 A/5 A.

a) Wie groß sind die Stromstärken in den drei Außenleitern?

b) Wie groß ist die gesamte gemessene Leistung?

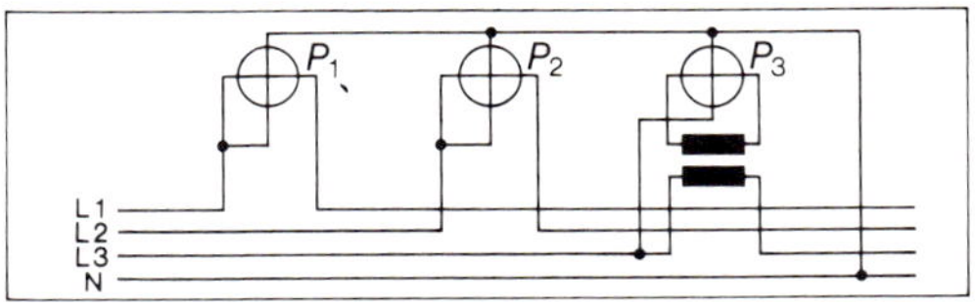

Abb. 3: Zu Aufgabe 2

3. Über einen Stromwandler 300 A/5 A ist ein zweiter Stromwandler 5 A/1 A angeschlossen. Das Meßgerät mit dem Meßbereich 1 A zeigt einen Strom von 0,85 A an. Wie groß ist die Stromstärke, die durch die Primärwicklung des ersten Stromwandlers fließt?

4. Für welche Belastung kann die dargestellte Leistungsmeßschaltung zur Bestimmung der Gesamtleistung verwendet werden (Abb. 4)? Welches genormte Übersetzungsverhältnis kann der Stromwandler haben, wenn das Strommeßgerät einen Strom von 18 A anzeigt? Das Leistungsmeßgerät zeigt eine Leistung von 990 W an.

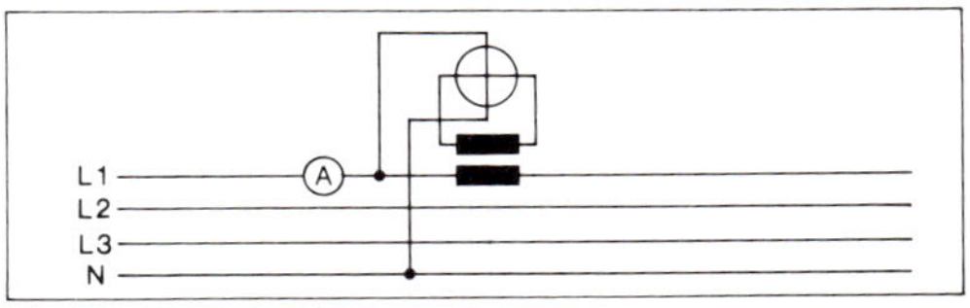

Abb. 4: Zu Aufgabe 4

5. Ein Verbraucher ist in Dreieckschaltung an das Drehstromnetz 380/220 V angeschlossen. Mit Hilfe des Zweileistungsmesser-Verfahrens (Aronschaltung), das die Abb. 5 zeigt, soll die Leistung bestimmt werden. Wie groß ist die vom Verbraucher aufgenommene Leistung, wenn jedes Meßgerät 750 W anzeigt? Die Spannungswandler haben ein Übersetzungsverhältnis 1 kV/100 V. Die Stromwandler haben ein Übersetzungsverhältnis von 100 A/5 A.

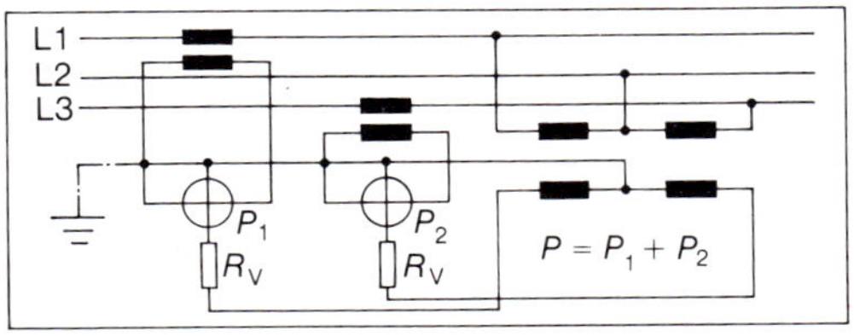

Abb. 5: Aronschaltung zu Aufgabe 5

21 Halbleiter, Grundlagen der Leistungselektronik

21.1 Kennlinie und Arbeitspunkt von Dioden

▶ Eine Gleichrichterdiode SSi F 2080 liegt mit einem Arbeitswiderstand von 1,5 Ω in Reihe an einer Spannung von 380 V.

a) Ermitteln Sie mit Hilfe der Kennlinie (Abb. 1) den Durchlaßstrom I_F der Diode und die Teilspannungen U_F an der Diode und U_{Ra} am Arbeitswiderstand R_a!

b) Zwischen welchen Werten bewegt sich I_F, wenn es sich bei der Spannung von 380 V um eine sinusförmige Wechselspannung handelt?

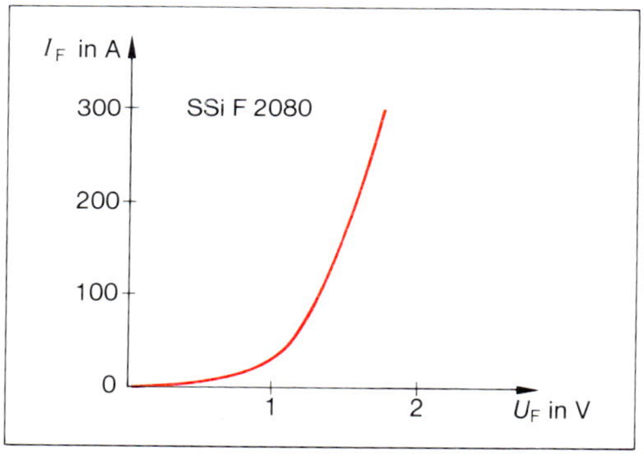

Abb. 1: Diodenkennlinie

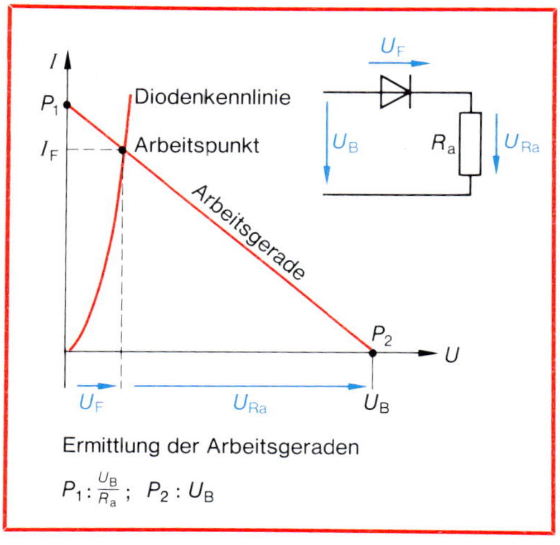

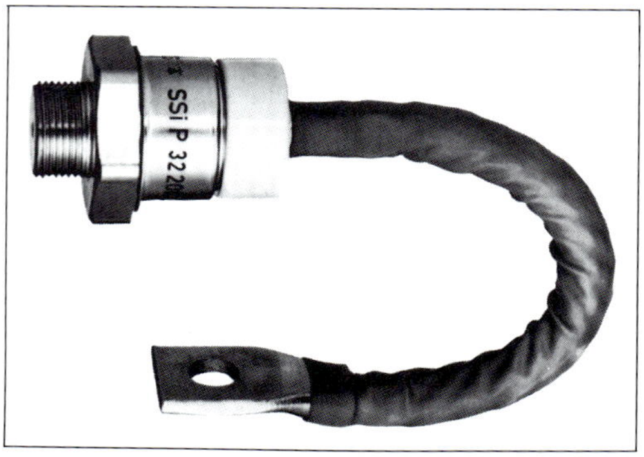

Abb. 2: Leistungsdiode

Beispiellösung:

Gegeben: Kennlinie; $U_B = 380\,\text{V}$; $R_a = 1{,}5\,\Omega$

Gesucht: a) I_F; U_F; U_{Ra}

b) $I_{F\,min}$; $I_{F\,max}$

a) Umzeichnen der Kennlinie aus Abb. 1 und Eintragen der Arbeitsgeraden.

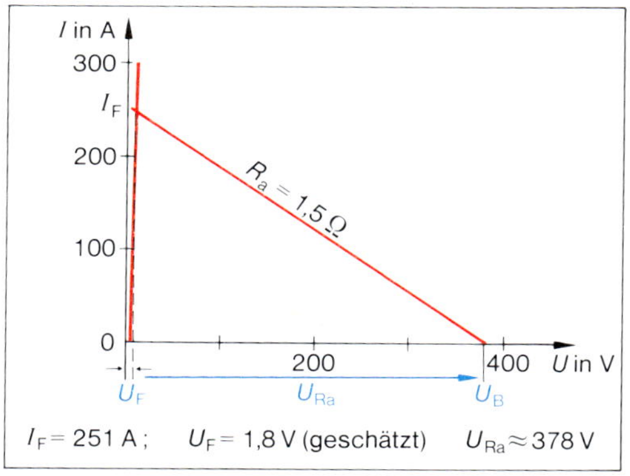

b) Je nach Polung der Diode fließt nur während der positiven oder negativen Halbwelle von U_B ein Strom durch Diode und Verbraucher. Da der Verbraucher ein Wirkwiderstand ist, hat I_F Sinusform (nur Halbwellen). Es ergibt sich daher:

$\underline{\underline{I_{F\,min} = 0\,\text{A}}}$

$I_{F\,max} = I_F \cdot \sqrt{2}$

$I_{F\,max} = 251\,\text{A} \cdot \sqrt{2}$

$\underline{\underline{I_{F\,max} = 355\,\text{A}}}$

▶ Gegeben ist die nachfolgend dargestellte Diodenkennlinie. Welcher Arbeitspunkt ergibt sich, wenn die Diode mit einem Arbeitswiderstand von 4 Ω an eine Spannung $U_B = 20\,V$ angelegt wird?

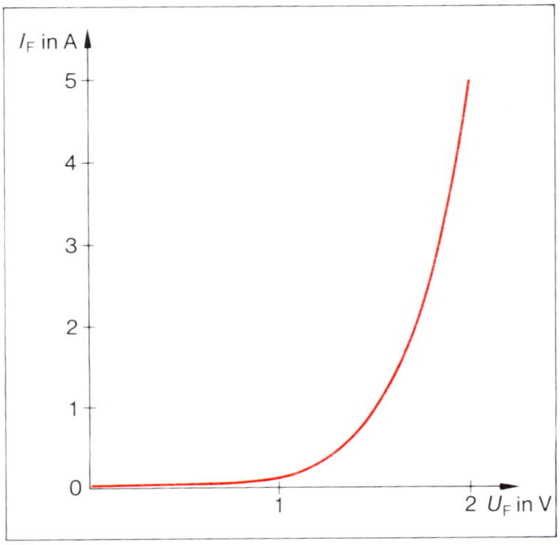

Abb. 3

Beispiellösung:

Gegeben: Kennlinie; $U_B = 20\,V$; $R_a = 4\,\Omega$;
Gesucht: Arbeitspunkt

$U_B = 20\,V$ ist in dem gegebenen Kennlinienfeld nicht enthalten. Daher wird der nachfolgend beschriebene Lösungsweg gewählt.

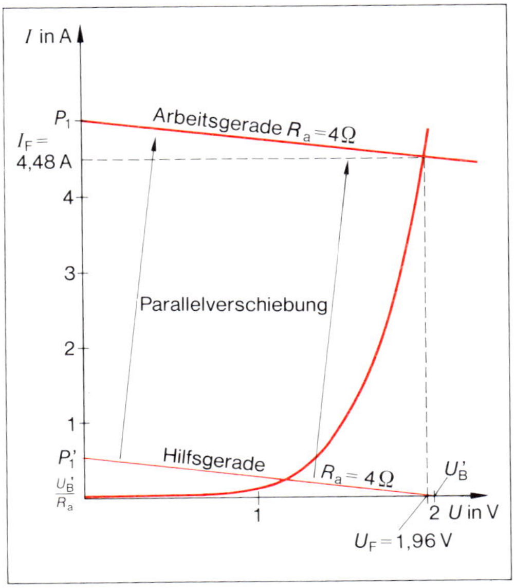

Erläuterung:

Nach der Wahl eines geeigneten Wertes U_B' (P_2') wird mit Hilfe von R_a der Punkt P_1' ermittelt. Die sich ergebende Hilfs-Arbeitsgerade wird dann parallelverschoben, bis sie den errechneten Wert für P_1 erreicht. Das Verfahren ist sinngemäß anzuwenden, wenn P_1 nicht in das Kennlinienfeld fällt.

Aufgaben

1. Gegeben ist die Kennlinie in Abb. 3. Ermitteln Sie den Arbeitspunkt der Diode, wenn sie zusammen mit einem Arbeitswiderstand von $R_a = 10\,\Omega$ an eine Spannung $U_B = 30\,V$ angeschlossen wird!

2. Übernehmen Sie die in Abb. 3 dargestellte Diodenkennlinie auf ein Blatt Papier. Welcher Arbeitspunkt ergibt sich für die Diode, wenn der Arbeitswiderstand $R_a = 0{,}5\,\Omega$ beträgt und die Diode mit R_a an eine Spannung $U_B = 2\,V$ angeschlossen werden?

3. Welcher Arbeitspunkt ergibt sich für die Diode in Abb. 3, wenn der Arbeitswiderstand 0,2 Ω und $U_B = 2\,V$ betragen?

4. Von der Reihenschaltung einer Diode (Kennlinie siehe Abb. 3) mit einem Arbeitswiderstand sind der Arbeitspunkt ($I_F = 0{,}85\,A$; $U_F = 1{,}46\,V$) und P_1 (3 A) bekannt. Übertragen Sie die Kennlinie auf ein Blatt Papier und ermitteln Sie U_B! Errechnen Sie R_a!

5. Gegeben ist die nachfolgende Kennlinie (Abb. 4). Ermitteln Sie R_a! Welcher Arbeitspunkt ergibt sich?

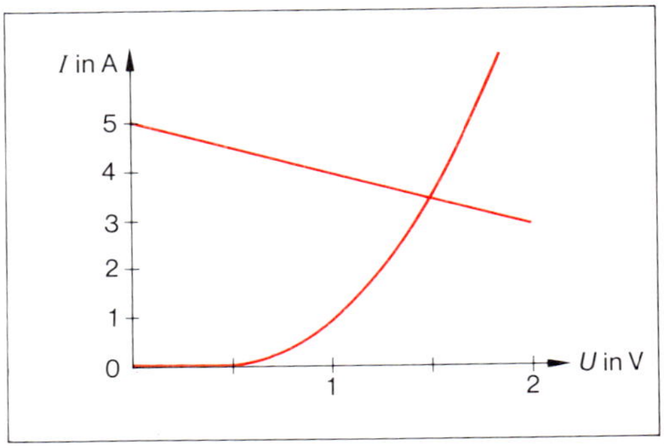

Abb. 4

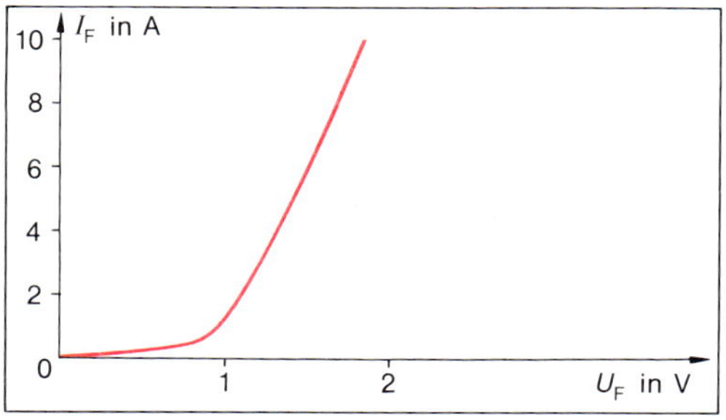

Abb. 1 Kennlinie der Leistungsdiode SSiBO1

6. Die Diode SSiBO1 (Kennlinie siehe Abb. 1) liegt mit einem Arbeitswiderstand von $R_a = 1\ \Omega$ in Reihe an einer Spannung von 10 V.
a) Bestimmen Sie den Arbeitspunkt der Diode!
b) Für welche Leistung ist der Arbeitswiderstand auszulegen?
c) Welche Spannung U_{Ra} fällt am Arbeitswiderstand ab?

7. Eine Diode wird in dem Arbeitspunkt $U_F = 1{,}4$ V und $I_F = 7$ A betrieben. Welche Leistung (Verlustleistung) nimmt die Diode auf?

8. Gegeben ist die folgende Schaltung (Abb. 2).
a) Welche Spannung kann an R_2 gemessen werden, wenn die Diode SSiBO1 in Durchlaßrichtung geschaltet ist?
b) Wie groß ist die Spannung an R_2, wenn die Diode in Sperrichtung geschaltet wird? (Hinweis: Durchlaß- und Sperrwiderstand der Diode brauchen nicht berücksichtigt zu werden!)
c) Ermitteln Sie den Arbeitspunkt der Diode, wenn der Arbeitswiderstand sich zu $1{,}96\ \Omega$ ergibt?

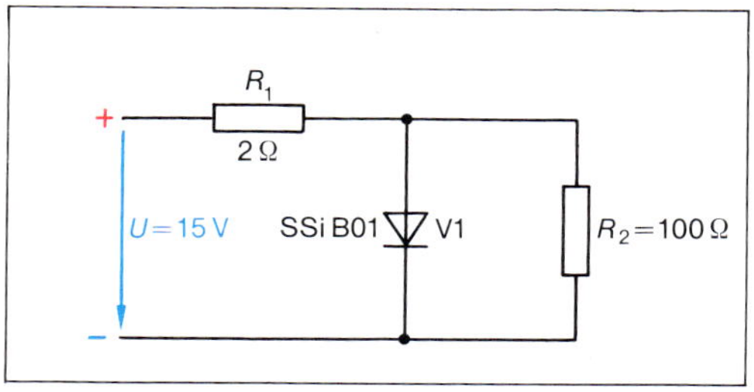

Abb. 2

9. Die maximale Verlustleistung (P_{tot}), die eine Leistungsdiode SSiGO2 aufnehmen kann, beträgt bei einer Umgebungstemperatur von 45 °C ungefähr 160 W. Wird diese Leistung in dem Arbeitspunkt $U_F = 1{,}42$ V und $I_F = 11$ A überschritten?

10. Eine Leistungsdiode wird in dem Arbeitspunkt $U_F = 1{,}44$ V und $I_F = 17$ A betrieben.
a) Wie groß ist ihr Widerstand in Durchlaßrichtung R_F?
b) Welchen Wert erreicht ihr Widerstand in Sperrichtung R_R, wenn bei einer Sperrspannung von 380 V ein Sperrstrom von 10 mA fließt?
c) Welche Leistung fällt an der Diode in Sperrichtung ab?

21.2 Gleichrichterschaltungen

► Berechnen Sie für das in Abb. 3 dargestellte Gleichrichtergerät das Übersetzungsverhältnis $ü$ des Transformators und die ideelle primärseitige Scheinleistung S_{Li}! Ermitteln Sie die periodische Spitzensperrspannung U_{RRM}, für welche die Dioden gebaut sein müssen, wenn mit Netzspannungsschwankungen von $\pm 10\%$ gerechnet werden muß!

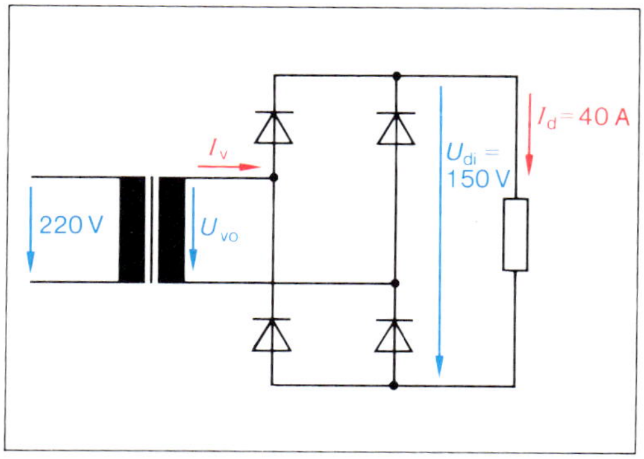

Abb. 3: Gleichrichter

Ventilseitige Leerlaufspannung	U_{vo}	Ideelle primärseitige Scheinleistung des Transformators	S_{Li}
Ideelle Gleichspannung	U_{di}	Zweigstrom	$I_{p\,mittel}$
Ventilseitiger Leiterstrom	I_v	Periodische Spitzensperrspannung der Gleichrichterdioden	U_{RRM}
Gleichstrom (arithm. Mittelwert)	I_d		
Ideelle Scheitelsperrspannung	U_{im}		

Tab. 21.1: Kennwerte von Gleichrichterschaltungen

Schaltung	Bezeichnung	Kennzeichen	$\frac{U_{di}}{U_{vo}}$	$\frac{I_v}{I_d}$	$\frac{U_{im}}{U_{di}}$	$\frac{S_{Li}}{U_{di} \cdot I_d}$	$\frac{I_{p\,mittel}}{I_d}$
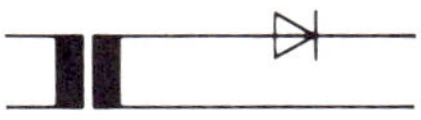	Einpuls-Mittelpunkt-schaltung	M 1	0,45	1,57	3,14	3,49	1
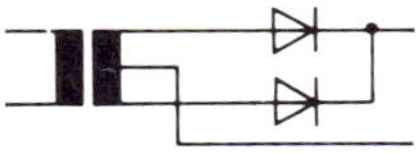	Zweipuls-Mittelpunkt-schaltung	M 2	0,45	0,785	3,14	1,23	0,5
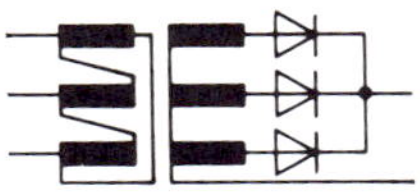	Dreipuls-Mittelpunkt-schaltung	M 3	0,675	0,588	2,09	1,23	0,333
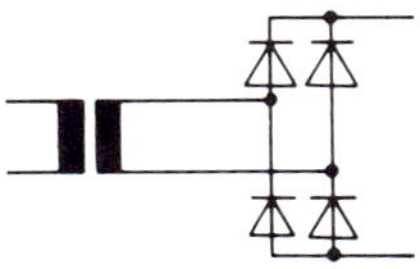	Zweipuls-Brücken-schaltung	B 2	0,9	1,11	1,57	1,23	0,5
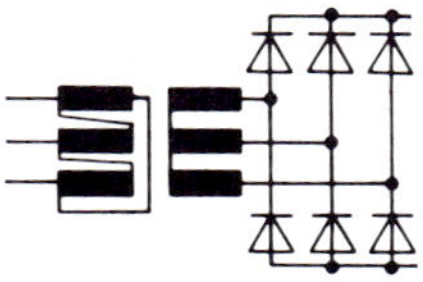	Sechspuls-Brücken-schaltung	B 6	1,35	0,82	1,05	1,06	0,333

Beispiellösung:

Gegeben: $U_{di} = 150\,V$; $I_d = 40\,A$; $U_1 = 220\,V$; $\Delta U_1 = \pm 10\%$

Gesucht: $ü$; S_{Li}; U_{RRM}

- Berechnung von $U_{vo} = U_2$

$$\frac{U_{di}}{U_{vo}} = 0{,}9 \text{ (aus Tabelle)}$$

$$U_{vo} = \frac{U_{di}}{0{,}9}; \quad U_{vo} = \frac{150\,V}{0{,}9}; \quad \underline{\underline{U_{vo} = 167\,V}}$$

- Berechnung von $ü$

$$ü = \frac{U_1}{U_2}; \quad ü = \frac{220\,V}{167\,V}; \quad \underline{\underline{ü = 1{,}32}}$$

- Berechnung von S_{Li}

$$\frac{S_{Li}}{U_{di} \cdot I_d} = 1{,}23 \text{ (aus Tabelle)}$$

$$S_{Li} = 1{,}23 \cdot U_{di} \cdot I_d$$
$$S_{Li} = 1{,}23 \cdot 150\,V \cdot 40\,A$$
$$\underline{\underline{S_{Li} = 7{,}38\,kVA}}$$

- Berechnung von U_{im}

$$\frac{U_{im}}{U_{di}} = 1{,}57 \quad \text{(aus Tabelle)}$$

$$U_{im} = 1{,}57 \cdot U_{di}$$

$$U_{di} = 0{,}9 \cdot U_{vo}$$

Im ungünstigsten Fall steigen U_1 und U_{vo} um 10%:

$$U_{di\,10\%} = 0{,}9 \cdot U_{vo} \cdot 1{,}1$$

$$U_{di\,10\%} = 0{,}9 \cdot 167\,V \cdot 1{,}1$$

$$U_{di\,10\%} = 165\,V$$

$$U_{im} = 1{,}57 \cdot 165\,V$$

$$\underline{\underline{U_{im} = 259\,V}}$$

Weil die ideelle Scheitelsperrspannung 259 V beträgt, muß U_{RRM} mindestens genau so groß sein.

Aufgaben

1. Für den Betrieb eines elektrolytischen Bades zur Oberflächenveredelung (Galvanostegie) wird Gleichstrom mit einer Stromstärke von 160 A bei einer Spannung von 4 V benötigt. Die erforderliche Leistung soll dem 220 V-Netz über eine Gleichrichteranlage entnommen werden.
Berechnen Sie das Übersetzungsverhältnis des erforderlichen Transformators, seine primärseitige Scheinleistung und die maximale Scheitelsperrspannung, die an den Dioden anliegt, wenn eine Zweipuls-Brükkenschaltung B 2 verwendet wird!

2. Die Drehstromlichtmaschine in einem Kraftfahrzeug liefert eine Gleichspannung von 14 V. Die maximal zu entnehmende Stromstärke beträgt ca. 27 A.
a) Ermitteln Sie die ventilseitige Leerlaufspannung U_{vo} der Lichtmaschine, wenn die Brückenschaltung B 6 angewendet wird!
b) Welche Werte erreichen U_{im} und $I_{pmittel}$?

3. Ein Drehstromtransformator 380 V wurde für eine Scheinleistung von 4,24 kVA ausgelegt. An diesen Transformator soll eine Gleichrichterschaltung angeschlossen werden, die bei $U_{di} = 200\,V$ einen Strom $I_d = 20\,A$ liefert.
a) Welche Schaltung ist zu wählen?
b) Wie groß muß N_1 des Transformators sein, (Schaltung Yy0), wenn $N_2 = 470$?

4. Bei der Gewinnung von Aluminium durch Schmelzflußelektrolyse wird üblicherweise eine Gleichspannung von 6 V bei einer Stromstärke von 100 kA je Ofen benötigt.
a) Welches Übersetzungsverhältnis muß der Gleichrichtertransformator (Schaltung Yy0) aufweisen, wenn die Drehstrom-Gleichrichtung mit der Sechspuls-Brückenschaltung B6 erfolgt und die Netzspannung 10 kV ist?
b) Welches Übersetzungsverhältnis ist erforderlich, wenn mit Spannungsverlusten von 1,5 V in der Schaltung gerechnet werden muß? Welchen Wert haben die Zweigströme $I_{pmittel}$?

5. In einer Dreipuls-Mittelpunktschaltung M3 ist eine Gleichrichterdiode zu ersetzen. Wie groß muß U_{RRM} der Ersatzdiode mindestens sein, wenn die ideelle Gleichspannung der Schaltung 55 V beträgt?

6. Nach der Reparatur eines Gleichrichtergerätes mit den Daten: Schaltung B6; $S_{Li} = 22{,}26\,kVA$; $U_{di} = 300\,V$ wird nach Inbetriebnahme die ersetzte Gleichrichterdiode ($U_{RRM} = 345\,V$; $I_F = 20\,A$) zerstört. Weshalb kam es zum Ausfall der Diode?

7. In einer Zweipuls-Brückenschaltung B2 muß eine Gleichrichterdiode ersetzt werden. Die Schaltung liefert eine Spannung $U_{di} = 70\,V$. Die primärseitige Scheinleistung des Transformators S_{Li} erreicht einen Wert von 6 kVA. Für welchen Strom $I_{pmittel}$ muß die Diode bemessen werden?

8. Für den Bau eines Gleichrichtergerätes stehen Dioden mit $U_{RRM} = 300\,V$ und $I_F = 60\,A$ zur Verfügung. Dem Gerät soll eine Spannung $U_{di} = 250\,V$ bei einem Strom von 70 A entnommen werden.
Für welche Schaltung muß man sich entscheiden, wenn für jede der möglichen Schaltungen (M1; M2; M3; B2 und B6) ein geeigneter Transformator vorhanden ist?

9. An einen Drehstromtransformator mit der Scheinleistungsaufnahme $S_{Li} = 6\,kVA$ werden nacheinander die Schaltungen M3 und B6 angeschlossen.
a) Berechnen Sie die Gleichstromleistungen, die den Schaltungen entnommen werden können!
b) Wie groß ist der Unterschied in %?

21.3 Berechnung von Transistorschaltungen

21.3.1 Arbeitspunkt und Verlustleistung

► Gegeben ist die nachfolgend dargestellte Schaltung zur Arbeitspunkteinstellung des bipolaren Transistors BD 130. Ermitteln Sie den Wert und die erforderliche Leistung des Vorwiderstandes!

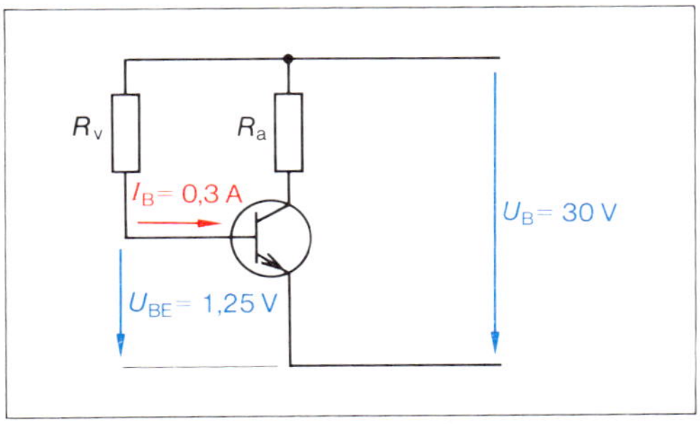

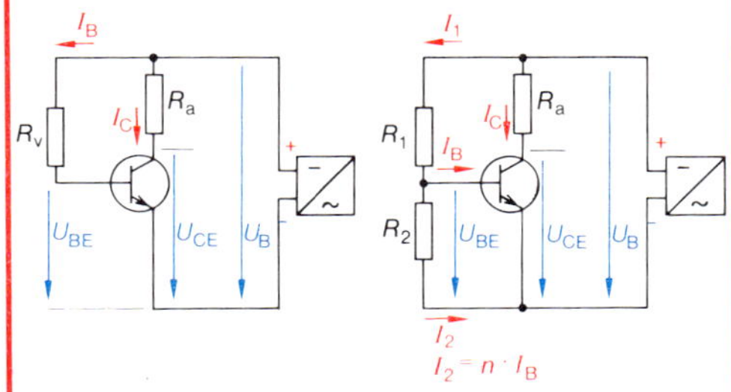

$$R_v = \frac{U_B - U_{BE}}{I_B}$$

$$R_1 = \frac{U_B - U_{BE}}{(n+1) \cdot I_B}$$

$$R_2 = \frac{U_{BE}}{n \cdot I_B}$$

$$n = \frac{I_2}{I_B}$$

Erfahrungswert:
$n = 5 \ldots 10$

$$P_{tot} = U_{CE} \cdot I_C + U_{BE} \cdot I_B$$

Basisvorspannung	U_{BE}
Kollektor-Emitter-Spannung	U_{CE}
Basisstrom	I_B
Kollektorstrom	I_C
Verlustleistung	P_{tot}

Beispiellösung:

Gegeben: $U_B = 30\,V$; $U_{BE} = 1{,}25\,V$; $I_B = 0{,}3\,A$
Gesucht: R_v; P_{Rv}

$$R_v = \frac{U_B - U_{BE}}{I_B} \qquad P_{Rv} = \frac{(U_B - U_{BE})^2}{R_v}$$

$$R_v = \frac{30\,V - 1{,}25\,V}{0{,}3\,A} \qquad P_{Rv} = \frac{28{,}75^2\,V^2}{96\,\Omega}$$

$$\underline{\underline{R_v = 96\,\Omega}} \qquad \underline{\underline{P_{Rv} = 8{,}61\,W}}$$

► Bei einem bipolaren Transistor ergeben sich die folgenden Meßwerte: $U_{BE} = 1{,}2\,V$; $I_B = 0{,}1\,mA$; $U_{CE} = 5\,V$; $I_C = 200\,mA$. Ermitteln Sie die Verlustleistung!

Beispiellösung:

Gegeben: $U_{BE} = 1{,}2\,V$; $I_B = 0{,}1\,mA$; $U_{CE} = 5\,V$; $I_C = 200\,mA$
Gesucht: P_{tot}

$$P_{tot} = U_{CE} \cdot I_C + U_{BE} \cdot I_B$$

$$P_{tot} = 5\,V \cdot 0{,}2\,A + 1{,}2\,V \cdot 0{,}1\,mA$$

$$\underline{\underline{P_{tot} = 1{,}00012\,W}}$$

Bei Vernachlässigung der geringen Steuerverlustleistung ($U_{BE} \cdot I_B$) ergibt sich:

$$\underline{\underline{P_{tot} = 1\,W}}$$

Aufgaben[1]

1. Ein Transistor BD130 (Kennlinie siehe Abb. 1; S. 218) wird mit einem Arbeitswiderstand von $R_a = 5\,\Omega$ an $U_B = 37{,}5\,V$ angeschlossen.
a) Ermitteln Sie den ausgangsseitigen Arbeitspunkt, wenn $I_B = 300\,mA$ beträgt!
b) Welcher eingangsseitige Arbeitspunkt ergibt sich?

2. Ein Transistor (Kennlinie siehe Abb. 1; S. 218) soll eingangsseitig bei einer Basisvorspannung von $U_{BE} = 1\,V$ betrieben werden.
a) Welcher Basisstrom ergibt sich? Die Basisvorspannung soll mit Hilfe eines Vorwiderstandes erzeugt werden.
b) Welchen Wert hat der erforderliche Widerstand, wenn $U_B = 15\,V$?

[1]) Zur Lösung der Aufgaben kann es erforderlich sein, die Kennlinien auf ein Blatt Papier zu übertragen

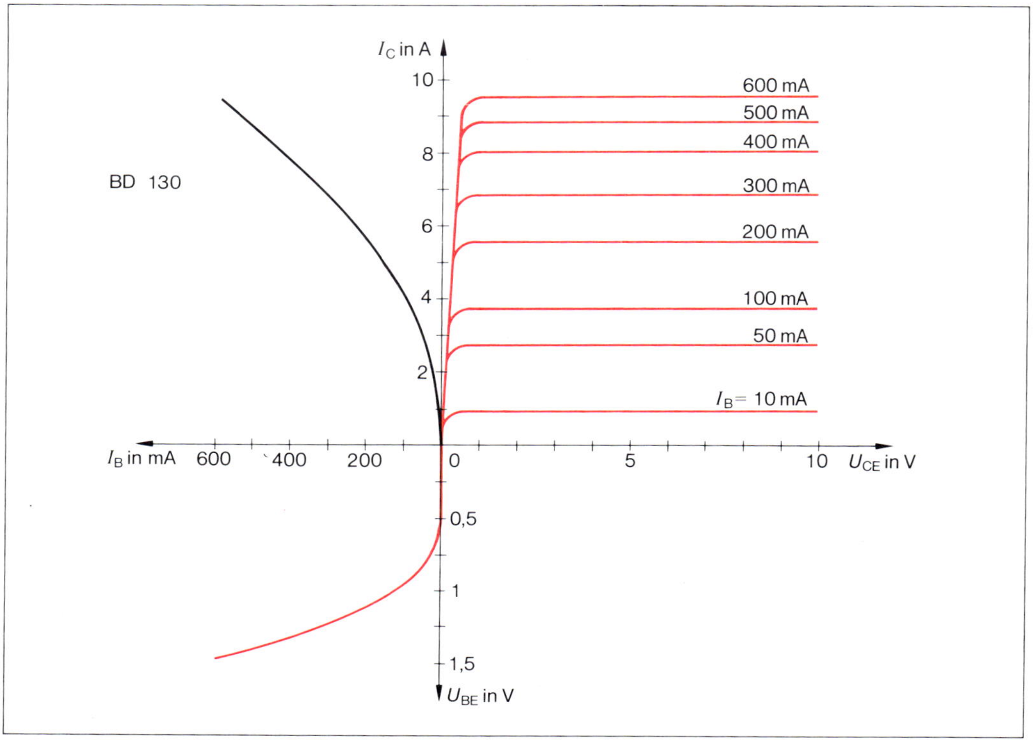

Abb. 1: Kennlinie des bipolaren Transistors BD 130

3. Ein Transistor (Kennlinie siehe Abb. 1) wird mit einem Arbeitswiderstand von 2 Ω an eine Spannung von 20 V angeschlossen.
a) Ermitteln Sie den ausgangs- und den eingangsseitigen Arbeitspunkt ($I_B = 0{,}2$ A)! Die Basisvorspannung wird durch einen Basisspannungsteiler erzeugt ($n = 3$).
b) Ermitteln Sie die Größe der Widerstände R_1 und R_2!
c) Wie groß ist die Verlustleistung P_{tot}?

4. Der Transistor BCX 22 (Kennlinie siehe Abb. 3) soll bei einem Basisstrom von 0,4 mA betrieben werden. R_a beträgt 200 Ω. Die Betriebsspannung U_B hat einen Wert von 20 V.
a) Ermitteln Sie die Widerstandswerte des Basisspannungsteilers ($n = 10$)!
b) Wie groß ist die Verlustleistung des Transistors, wenn die Steuerverlustleistung vernachlässigt werden kann?

5. Welche Größe haben die Widerstände R_1 und R_2, wenn an Stelle des Vorwiderstandes in Aufg. 2 ein Basisspannungsteiler eingesetzt wird? Das Verhältnis $\frac{I_2}{I_B}$ soll den Wert 3 haben.

6. Gegeben ist die nachfolgende Schaltung. Überprüfen Sie, ob die zulässige Verlustleistung von 0,45 W nicht überschritten wird! (Die eingangsseitige Verlustleistung kann vernachlässigt werden.)

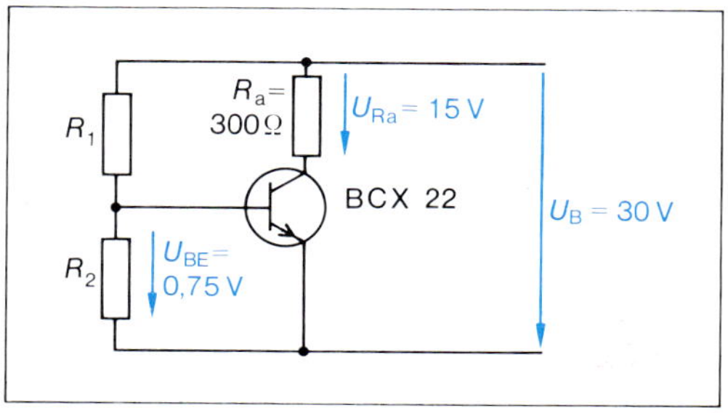

Abb. 2: Zu Aufgabe 6

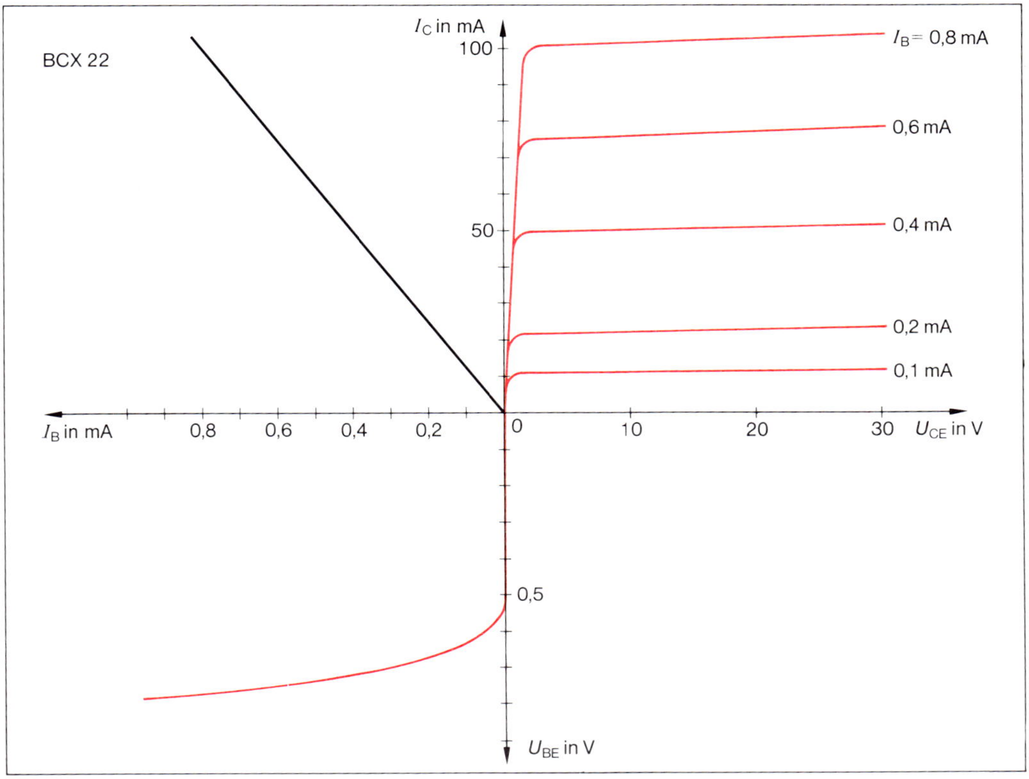

Abb. 3: Kennlinien des Transistors BCX 22

7. Ermitteln Sie für die Schaltung in Aufg. 6 die Widerstände des Basisspannungsteilers ($n = 6$) und die eingangsseitige Verlustleistung (Kennlinie Abb. 3)!

8. Die nachfolgende Abbildung beschreibt den Zusammenhang zwischen P_{tot} und der Gehäusetemperatur des Transistors BD 130.
a) Ermitteln Sie die zulässige Verlustleistung für eine Gehäusetemperatur von 100 °C!

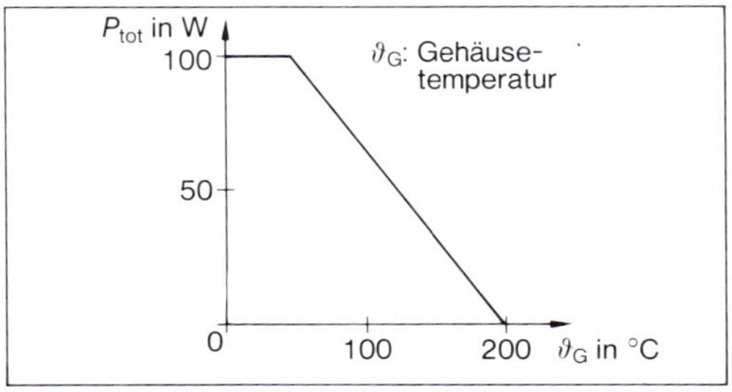

Abb. 4: Zu Aufgabe 8

b) Zeichnen Sie I_C als Funktion von U_{CE} (Verlustleistungshyperbel) mit $P_{tot} = 60\,W$ in das Ausgangskennlinienfeld des Transistors ein!
c) Überprüfen Sie, ob es ohne Zerstörungsgefahr möglich ist, den Transistor bei $\vartheta_G = 100\,°C$ zu betreiben, wenn folgende Betriebsdaten gelten: $R_a = 0{,}5\,\Omega$; $U_B = 10\,V$; $I_B = 400$ mA. Die eingangsseitige Verlustleistung muß berücksichtigt werden!

9. Ein Transistor vom Typ BD 130 soll so betrieben werden, daß die zulässige Verlustleistung für eine Gehäusetemperatur von 150 °C (siehe Abb. 4, zu Aufg. 8) nicht überschritten wird. Weiterhin gelten folgende Bedingungen: $U_B = 10\,V$; $R_a = 0{,}25\,\Omega$; $I_B = 300$ mA. (Die eingangsseitige Verlustleistung muß berücksichtigt werden.)
a) Wird der Transistor zerstört?
b) Wie könnte eine eventuelle Zerstörungsgefahr beseitigt werden?

10. Die folgende Abbildung gibt den Zusammenhang zwischen der zulässigen Verlustleistung P_{tot} eines Transistors und seiner Umgebungstemperatur wieder.

a) Ermitteln Sie die zulässige Verlustleistung für $\vartheta_u = 0\,°C \dots 200\,°C$ in Zehnerschritten!

b) Welcher Zusammenhang besteht zwischen P_{tot} und der Umgebungstemperatur?

c) Stellen Sie I_c als Funktion von U_{CE} ($U_{CE} = 5\,V \dots 30\,V$ in Fünferschritten) mit P_{tot} als Parameter dar! Die Umgebungstemperatur beträgt 50 °C, und die eingangsseitigen Verluste können vernachlässigt werden.

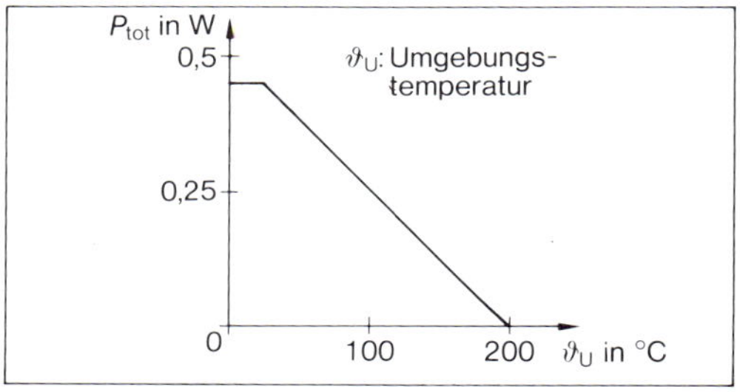

Abb. 1: Zu Aufgabe 10

11. Die nachfolgende Abbildung zeigt eine Schaltung zur Basisvorspannungserzeugung. Der Emitterwiderstand R_E bewirkt eine Stabilisierung des Kollektorstromes gegen temperaturbedingte Veränderungen.

a) Berechnen Sie R_1, R_2 und U_{RE}, wenn das Verhältnis der Ströme durch den Basisspannungsteiler $n = 8$ beträgt!

b) Wie verändert sich die Basisvorspannung U_{BE}, wenn der Kollektorstrom infolge Erwärmung des Transistots um 10 mA steigt?

c) Welcher Wert ergibt sich für U_{BE}, wenn I_C um 10 mA sinkt?

d) Welche Auswirkung hat die sich ändernde Basisvorspannung auf den Kollektorstrom?

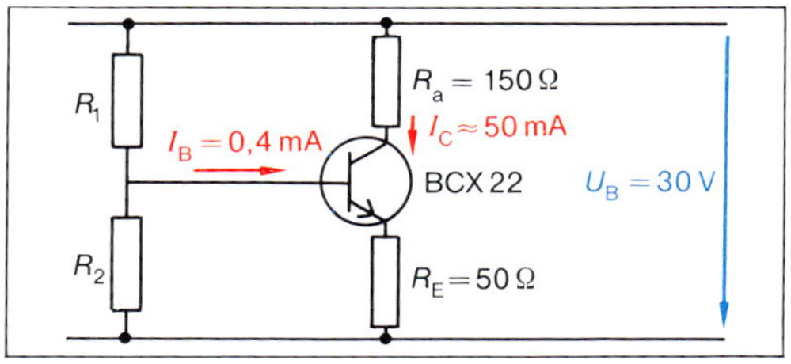

Abb. 2

21.3.2 Verstärkung

► Ein Wechselspannungsverstärker mit bipolarem Transistor verstärkt eine Wechselspannung, deren Scheitelwert 15 mV beträgt. An dem Transistor ergibt sich eine Kollektorspannungsänderung von $\Delta U_{CE} = 3{,}75$ V. Wie groß ist die Spannungsverstärkung?

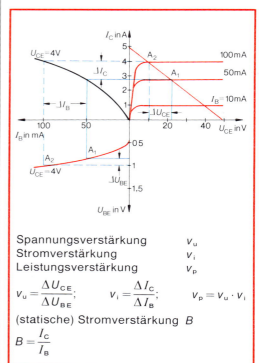

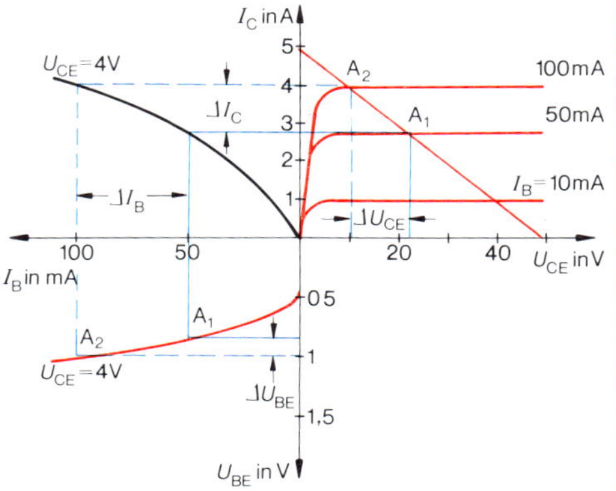

Spannungsverstärkung V_u
Stromverstärkung V_i
Leistungsverstärkung V_p

$$V_u = \frac{\Delta U_{CE}}{\Delta U_{BE}}; \qquad V_i = \frac{\Delta I_C}{\Delta I_B}; \qquad V_p = V_u \cdot V_i$$

(statische) Stromverstärkung B

$$B = \frac{I_C}{I_B}$$

Beispiellösung:

Gegeben: $\hat{u}_{BE} = 15$ mV; $\Delta U_{CE} = 3{,}75$ V
Gesucht: V_u

$$V_u = \frac{\Delta U_{CE}}{\Delta U_{BE}} \qquad \Delta U_{BE} = 2 \cdot \hat{u}_{BE}$$

$$V_u = \frac{3{,}75\text{ V}}{30\text{ mV}} \qquad \Delta U_{BE} = 30\text{ mV}$$

$$\underline{\underline{V_u = 125}}$$

Aufgaben

1. Ein Transistor hat bei einem Kollektorstrom $I_c = 0{,}05$ A eine Stromverstärkung von $B = 80$. Welcher Basisstrom fließt?

2. Bei Transistoren ist der Wert der statischen Stromverstärkung im allgemeinen nicht konstant. Er hängt von der Kristalltemperatur und dem Kollektorstrom ab. Eine Meßreihe mit dem Transistor BD 130 ergab die folgenden Werte:

I_C/A	0,01	0,05	0,1	0,2	0,5	1	3	10
I_B/mA	0,18	0,56	0,8	1,54	4	11	63	666

a) Ermitteln Sie für jedes Wertepaar die statische Stromverstärkung B!
b) Stellen Sie B in Abhängigkeit von I_C dar! (Hinw.: Teilen Sie die x-Achse logarithm.)

3. Zeichnen Sie mit Hilfe der Meßergebnisse aus Aufgabe 2 die sich ergebende Stromsteuerkennlinie (teilen Sie die Achsen logarithmisch)!

4. Abb. 3 auf Seite 219 zeigt das Kennlinienfeld des Transistors BCX 22. Ermitteln Sie mit Hilfe der Stromsteuerkennlinie die statische Stromverstärkung B bei einem Kollektorstrom von 50 mA!

5. Abb. 3 zeigt einen Wechselspannungsverstärker. Der Kollektorstrom schwankt zwischen 30 mA und 80 mA. Berechnen Sie die Spannungsverstärkung v_u!

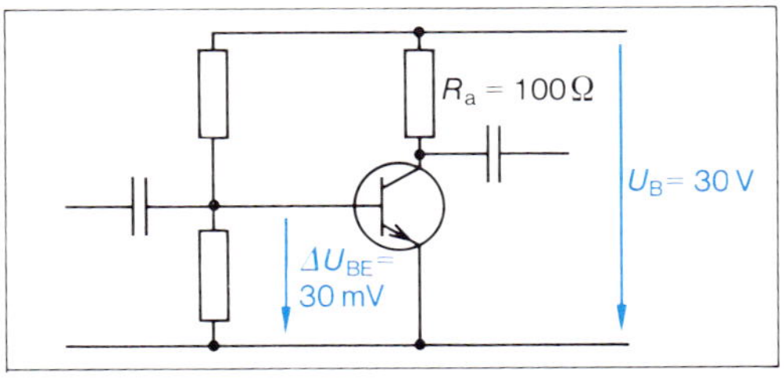

Abb. 3: Zu Aufgabe 5

6. Gegeben ist die nachfolgende Schaltung. Ermitteln Sie v_u; v_i und v_p!

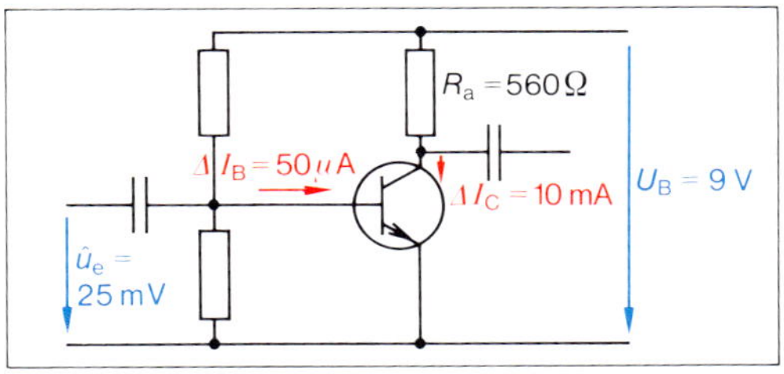

Abb. 4: Zu Aufgabe 6

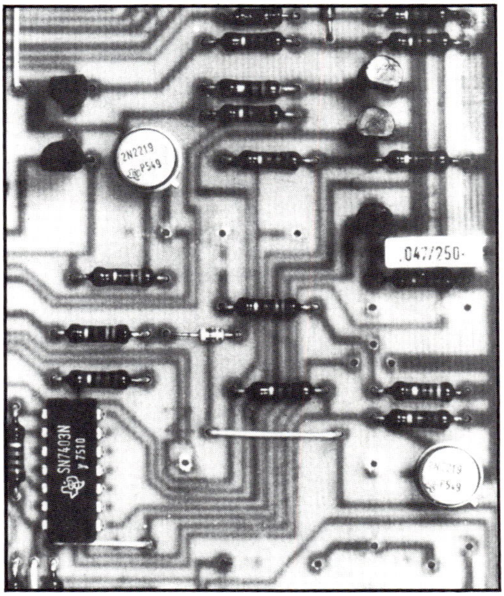

Abb. 5

7. Der Transistor BCX 22 (Kennlinie S. 219) arbeitet auf einen Arbeitswiderstand von 300 Ω. U_B beträgt 30 V.
a) Ermitteln Sie die maximal mögliche Kollektor-Emitter-Spannungsänderung ΔU_{CE}!
b) Welche zugehörige Kollektorstromänderung ΔI_C stellt sich ein?
c) Ermitteln Sie die sich für die Werte aus a) und b) einstellenden Änderungen von U_{BE} und I_B!
d) Wie groß sind v_u; v_i und v_p?

8. Ein Wechselspannungsverstärker mit dem Transistor BCX 22 (vgl. Abb. 3; S. 219) soll eingangsseitig bei einem Basisstrom von 0,4 mA betrieben werden.
a) Wie groß ist U_{BE} im Arbeitspunkt?
b) Wo liegt der ausgangsseitige Arbeitspunkt wenn $U_B = 25$ V und $R_a = 100\,\Omega$ betragen?
c) Ermitteln Sie v_u; v_i und v_p, wenn $U_e = 35$ mV beträgt und sinusförmig verläuft! (Lösungshinweis: Zeichnen Sie in ein Kennlinienfeld des Transistors die Strom- und Spannungsverläufe sowie die Arbeitsgerade ein.)

9. Ermitteln Sie den Verlauf von u_{CE} für den Verstärker aus Aufg. 8, wenn $\hat{u}_e = 70$ mV und $R_a = 200\,\Omega$ betragen!

21.3.3 Feldeffekttransistoren

► Bei einem N-Kanal-Feldeffekttransistor soll R_S so gewählt werden, daß sich eine Gate-Source-Spannung $U_{GS} = -3\,\text{V}$ einstellt. Der Drainstrom I_D beträgt bei dem gewählten Arbeitspunkt 4 mA.

Einstellung des eingangsseitigen Arbeitspunktes bei Feldeffekttransistoren[1])

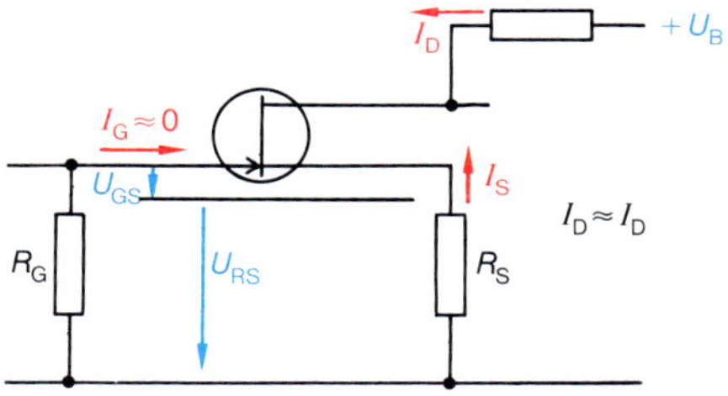

$U_{GS} = -U_{RS}$ $\quad R_S = \frac{U_{RS}}{I_D}$

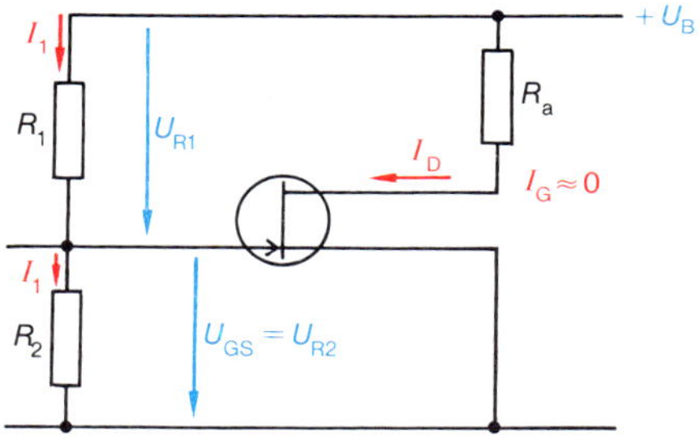

$U_{R2} = I_1 \cdot R_2$ $\quad R_1 = \frac{U_B - U_{GS}}{I_1}$

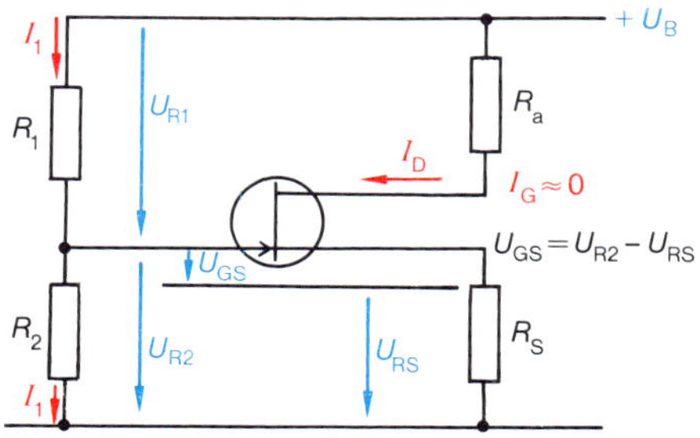

$R_1 = \frac{U_B - U_{R2}}{I_1}$ $\quad R_2 = \frac{U_{GS} + U_{RS}}{I_1}$

Die angegebenen Formeln gelten für die Arbeitspunkteinstellung aller Arten von Feldeffekttransistoren. (Vorzeichen werden nicht berücksichtigt.)

[1]) In Abhängigkeit von den gegebenen Größen sind auch andere Lösungswege möglich!

Beispiellösung:

Gegeben: $U_{GS} = -3\,\text{V}$; $I_D = 4\,\text{mA}$

Gesucht: R_S

$U_{GS} = -U_{RS}$; $\quad U_{RS} = 3\,\text{V}$

$U_{RS} = -U_{GS}$

$R_S = \frac{3\,\text{V}}{4\,\text{mA}}$; $\quad R_S = \frac{U_{RS}}{I_D}$

$\underline{\underline{R_S = 750\,\Omega}}$

Aufgaben

1. Bei einem N-Kanal-Sperrschicht-FET soll der Arbeitspunkt durch einen Sourcewiderstand eingestellt werden. U_{GS} soll einen Wert von $-1{,}5\,\text{V}$ erreichen. Der Drainstrom wird dabei mit 3 mA angesetzt.
a) Zeichnen Sie die Schaltung!
b) Berechnen Sie R_S!

2. Der Arbeitspunkt des Transistors aus Aufgabe 1 soll mit Hilfe eines Spannungsteilers eingestellt werden. Der Strom durch den Spannungsteiler I_1 soll 1 mA betragen. U_B hat einen Wert von 9 V.
a) Zeichnen Sie die Schaltung!
b) Berechnen Sie R_1 und R_2!

3. Zur Stabilisierung des Arbeitspunktes erfolgt die Arbeitspunkteinstellung eines selbstsperrenden N-Kanal MOS-FET durch Spannungsteiler und Sourcewiderstand. Der Strom I_1 soll 1 mA betragen. Weiterhin gelten folgende Angaben: $U_{GS} = 2{,}5\,\text{V}$; $I_D = 6\,\text{mA}$; $U_{RS} = 1{,}5\,\text{V}$ und $U_B = 15\,\text{V}$.
a) Zeichnen Sie die Schaltung!
b) Berechnen Sie R_S, R_1 und R_2!
c) Welche Spannung U_{DS} fällt am Transistor ab, wenn $R_a = 1{,}5\,\text{k}\Omega$ beträgt?

4. Bei einem Feldeffekt-Transistor wird der Arbeitspunkt durch Sourcewiderstand eingestellt. Ermitteln Sie den Wert von R_S, wenn $U_{RS} = 1{,}5\,\text{V}$; $U_{Ra} = 6\,\text{V}$ und $R_a = 1\,\text{k}\Omega$ betragen!

5. Bei einem Feldeffekt-Transistor wird der Arbeitspunkt durch einen Spannungsteiler ($R_1 = 7{,}5\,\text{k}\Omega$; $R_2 = 1{,}5\,\text{k}\Omega$) eingestellt. U_B beträgt $9\,\text{V} \pm 10\%$. Welche Werte kann U_{GS} annehmen?

21.3.4 Operationsverstärker

▶ Gegeben ist die nachfolgend dargestellte Verstärkerschaltung mit einem Operationsverstärker. Weisen Sie nach, daß die Formel zur Berechnung der Spannungsverstärkung

$$v_u = -\frac{R_1}{R_2} \text{ zutrifft!}$$

Abb. 1

Invertierer   Nichtinvertierer

Spannungsverstärkung v_u

$$v_u = \frac{u_0}{u_1}$$

$$v_u = -\frac{R_1}{R_2} \qquad\qquad v_u = 1 + \frac{R_1}{R_2}$$

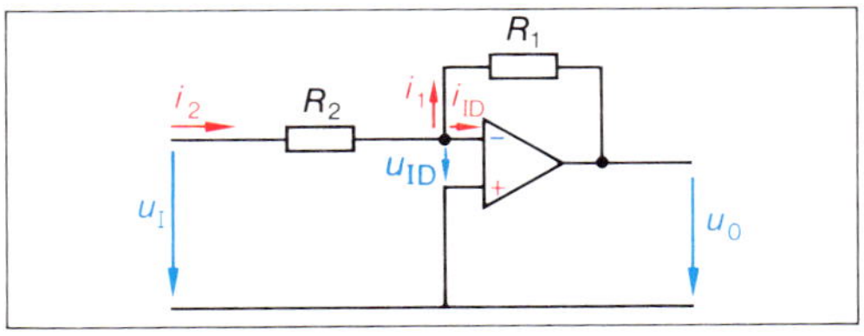

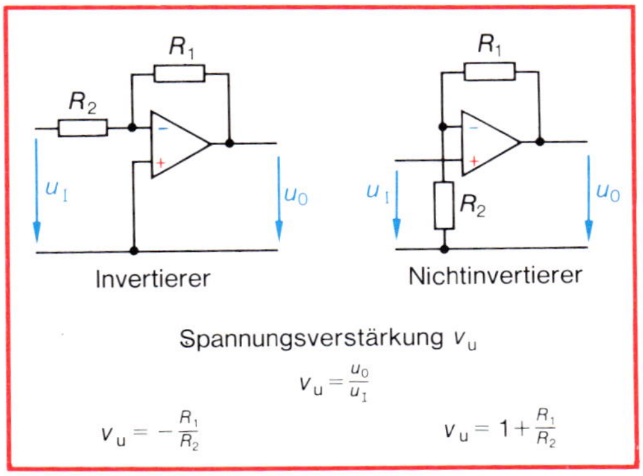

Beispiellösung:

Gegeben: invertierende Schaltung (Abb. 1)
Gesucht: Formel für die Berechnung von v_u

Für die Berechnung von Schaltungen mit Operationsverstärkungen werden allgemein folgende Vereinfachungen getroffen:
1. $I_{ID} = 0$ 2. $u_{ID} = 0$

Dies ist deshalb möglich, weil in der Praxis schon äußerst geringe Werte von u_{ID} (einige Mikrovolt) zur Ansteuerung des Verstärkers ausreichen. I_{ID} ist in der Regel ebenfalls zu vernachlässigen.

Mit Hilfe der Kirchhoffschen Regeln ergeben sich die folgenden Beziehungen:

$$u_1 - I_2 \cdot R_2 = 0 \qquad u_1 = I_2 \cdot R_2 \qquad \frac{u_0}{u_1} = -\frac{\cancel{I_1} \cdot R_1}{\cancel{I_2} \cdot R_2}$$

$$u_0 + I_1 \cdot R_1 = 0 \qquad u_0 = -I_1 \cdot R_1$$

$$I_2 - I_1 = 0 \qquad I_2 = I_1$$

$$\underline{\underline{v_u = -\frac{R_1}{R_2}}}$$

Das Minuszeichen ergibt sich wegen der Berücksichtigung der Phasenverschiebung. Braucht diese nicht berücksichtigt zu werden, ist die Beachtung des Minuszeichens nicht erforderlich.

Aufgaben

1. Gegeben ist die nachfolgende Schaltung. Welchen Wert erreicht u_0?

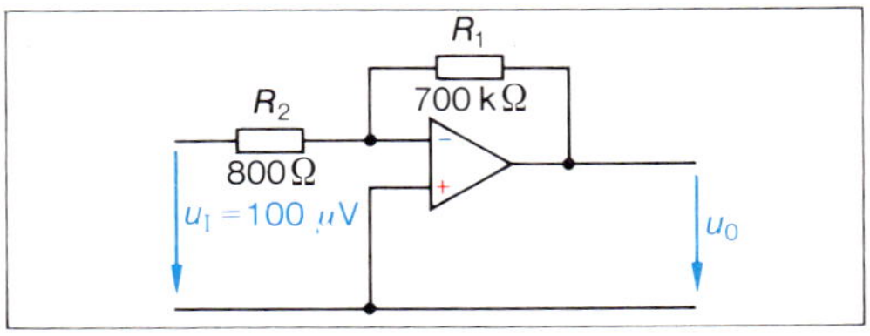

Abb. 2: Zu Aufgabe 1

2. Bei einer Verstärkerschaltung betragen $u_1 = 0,1\,V$ und $u_0 = -12,5\,V$. R_1 beträgt $100\,k\,\Omega$. Welchen Wert hat R_2?

3. Wie groß sind in der Schaltung nach Aufg. 1 die Ströme durch R_1 und R_2?

4. Gegeben ist die folgende Schaltung. Berechnen Sie v_u und u_0!

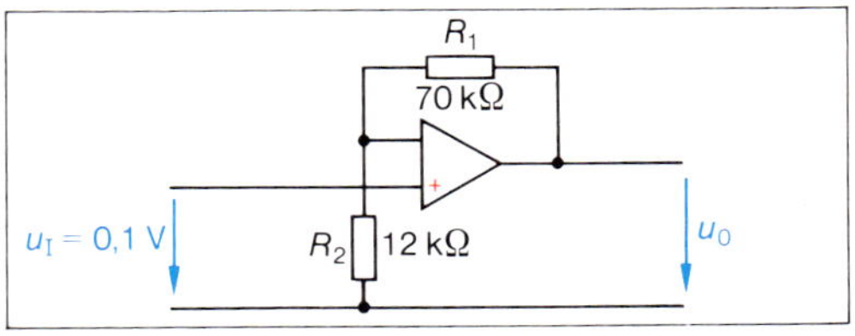

Abb. 3: Zu Aufgabe 4

5. Bei einer nichtinvertierenden Verstärkerschaltung betragen $R_1 = 600\,k\Omega$ und $R_2 = 800\,\Omega$. Welchen Wert erreicht v_u?

6. Weisen Sie für die folgende Schaltung nach, daß die angegebene Formel zutrifft!

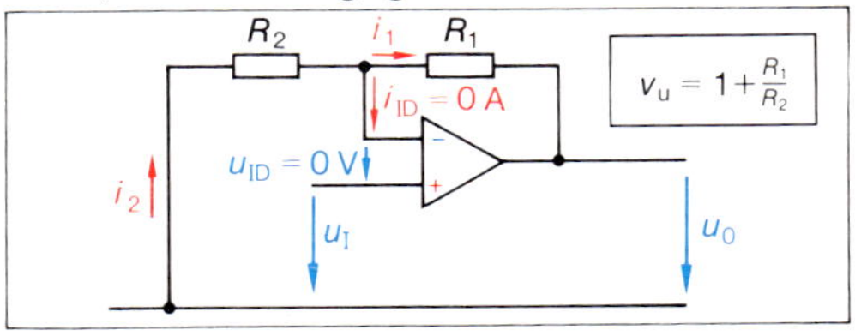

Abb. 4: Zu Aufgabe 6

21.4 Stabilisierungsschaltungen

Für eine Stabilisierungsschaltung mit Z-Diode ergeben sich die folgenden Bedingungen: $U_1 = 20\,V \pm 10\%$; $U_z = 6{,}2\,V$; $I_{Z\,max} = 120\,mA$; $I_{Z\,min} = 12\,mA$; $I_{L\,max} = 50\,mA$; $I_{L\,min} = 40\,mA$. Ermitteln Sie, in welchem Bereich der Wert von R_v liegen darf und wählen Sie einen Normwert aus! Welche Leistung muß der Vorwiderstand aufnehmen können?

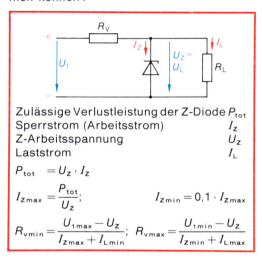

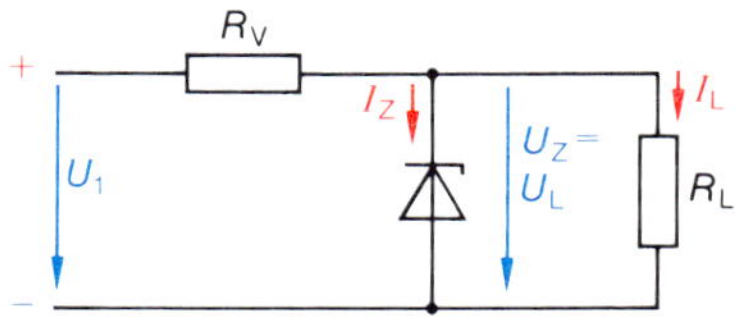

Zulässige Verlustleistung der Z-Diode	P_{tot}
Sperrstrom (Arbeitsstrom)	I_Z
Z-Arbeitsspannung	U_Z
Laststrom	I_L

$$P_{tot} = U_Z \cdot I_Z$$

$$I_{Z\,max} = \frac{P_{tot}}{U_Z}; \qquad I_{Z\,min} = 0{,}1 \cdot I_{Z\,max}$$

$$R_{v\,min} = \frac{U_{1\,max} - U_Z}{I_{Z\,max} + I_{L\,min}}; \quad R_{v\,max} = \frac{U_{1\,min} - U_Z}{I_{Z\,min} + I_{L\,max}}$$

Beispiellösung:

Gegeben: $U_1 = 20\,V \pm 10\%$; $U_Z = 6{,}2\,V$;
$I_{Z\,max} = 120\,mA$; $I_{Z\,min} = 12\,mA$;
$I_{L\,max} = 50\,mA$; $I_{L\,min} = 40\,mA$

Gesucht: $R_{v\,min}$; $R_{v\,max}$; R_v; P_{Rv}

$$R_{v\,min} = \frac{U_{1\,max} - U_Z}{I_{Z\,max} + I_{L\,min}};$$

$$R_{v\,min} = \frac{22\,V - 6{,}2\,V}{0{,}12\,A + 0{,}04\,A};$$

$$\underline{\underline{R_{v\,min} = 99\,\Omega}}$$

Gewählt wird ein Wert für R_v von 150 Ω. (Bei diesem Wert erreichen Stabilisierung und Verlustleistung der Z-Diode mittlere Werte.)

$$R_{v\,max} = \frac{U_{1\,min} - U_Z}{I_{Z\,min} + I_{L\,max}}$$

$$R_{v\,max} = \frac{18\,V - 6{,}2\,V}{0{,}012\,A + 0{,}05\,A}$$

$$\underline{\underline{R_{v\,max} = 190\,\Omega}}$$

$$P_{Rv\,max} = \frac{U^2_{Rv\,max}}{R_v}; \qquad P_{Rv\,max} = \frac{(22\,V - 6{,}2\,V)^2}{150\,\Omega};$$

$$\underline{\underline{P_{Rv\,max} = 1{,}66\,W}}$$

Aufgaben

1. Für das Netzteil einer Steuerschaltung wird eine stabilisierte Betriebsspannung von ca. 9 V benötigt. Die Stabilisierung soll mit Hilfe einer Z-Diode ($U_Z = 9{,}1\,V$; $I_{Z\,max} = 54\,mA$ und $I_{Z\,min} = 6\,mA$) erfolgen. Die Gleichrichterschaltung liefert eine unstabilisierte Spannung von $U_1 = 28\,V \pm 10\%$. Der Laststrom schwankt zwischen 50 mA und 60 mA. Berechnen Sie $R_{v\,min}$ und $R_{v\,max}$!

2. Zwischen welchen Werten kann der Vorwiderstand in Aufg. 1 liegen, wenn eine Z-Diode mit einer zulässigen Verlustleistung von 1,3 W verwendet wird?

3. Für eine Schaltung mit einem Operationsverstärker wird eine stabilisierte Spannung von 15 V benötigt. Die Stromaufnahme der Schaltung liegt zwischen 10 mA und 12 mA. Es soll eine Z-Diode mit $P_{tot} = 0{,}5\,W$ verwendet werden. Zwischen welchen Werten darf der Vorwiderstand der Stabilisierungsschaltung liegen, wenn U_1 bei einer möglichen Schwankung von ±6% einen Betrag von 30 V erreicht?

4. Für ein stabilisiertes Netzteil mit einer Ausgangsspannung von 25 V und einem Laststrom zwischen 0,2 A ... 0,5 A soll der Vorwiderstand der Z-Diode ($P_{tot} = 5\,W$) ermittelt werden ($U_1 = 40\,V \pm 5\%$).
a) Berechnen Sie $R_{v\,max}$ und $R_{v\,min}$!
b) Kann die Schaltung realisiert werden?
c) Wie kann das Problem gelöst werden?

5. Bei einer Stabilisierungsschaltung mit Z-Diode kann mit einem konstanten Laststrom von 60 mA gerechnet werden. Die Eingangsspannung der Schaltung liegt zwischen 24 V und 28 V. Die zu verwendende Z-Diode hat eine zulässige Verlustleistung von 0,5 W und eine Arbeitsspannung von $U_Z = 13\,V$. Berechnen und wählen Sie R_v. Ermitteln Sie P_{Rv} und I_Z (Minimal- und Maximalwerte)!

6. Eine Stabilisierungsschaltung wird mit einer nahezu konstanten Spannung $U_1 = 30\,V$ versorgt ($I_L = 0{,}2\,A \pm 10\%$). Zur Erzeugung einer kleineren Ausgangsspannung soll mit der Z-Diode BZX83 C5V1 ($P_{tot} = 500\,mW$) nachstabilisiert werden. Berechnen und wählen Sie R_v. Ermitteln Sie P_{Rv}!

7. Gegeben ist die Schaltung in Abb. 1. Ermitteln Sie $R_{v\,max}$ und $R_{v\,min}$!

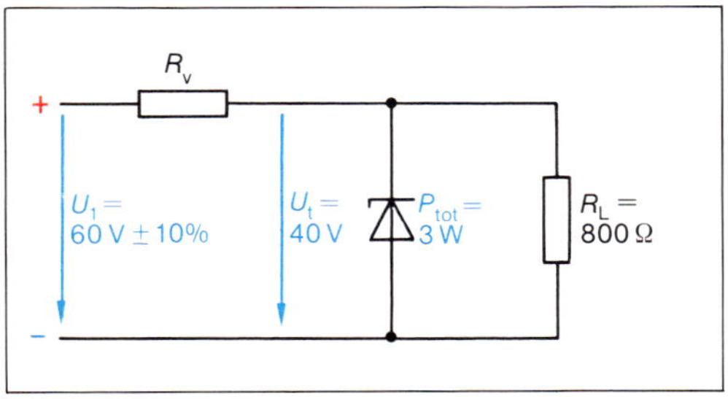

Abb. 1 Stabilisierungsschaltung

8. Für eine Stabilisierungsschaltung mit Z-Diode gelten die folgenden Werte:
$U_1 = 80\,V \pm 10\%$; $R_{v\,max} = 595\,\Omega$;
$R_{v\,min} = 548\,\Omega$; $I_{z\,max} = 37{,}5\,mA$.
Der konstante Laststrom hat einen Wert von 50 mA. Berechnen Sie die zulässige Verlustleistung der Z-Diode!

Tab. 21.2: Ausgewählte Kenndaten einiger Z-Dioden

Z-Diode	U_z in V	$I_{z\,max}$[1]) in mA
BZX97 C5V1	5,1	80
BZX97 C10	10	40
BZX97 C15	15	27
BZX97 C20	20	20
BZX97 C24	24	16
BZX97 C30	30	13

9. Zwischen welchen Werten darf die Größe eines Vorwiderstandes liegen, wenn für die Stabilisierungsschaltung folgende Angaben gelten: $U_1 = 30\,V \pm 5\%$; $I_L = 40\,mA \pm 10\%$; $U_z = 15\,V$ (BZX97).

10. Eine Stabilisierungsschaltung hat bei einer Eingangsspannung von 60 V ±10% eine Ausgangsspannung von 30 V. Der Laststrom schwankt zwischen 0 und 5 mA.
a) Bestimmen Sie einen geeigneten Vorwiderstand (Normwert)!
b) Ermitteln Sie für Leerlauf und Vollast der Schaltung die Verlustleistung P_{tot} der Z-Diode BZX97 bei $U_1 = 66\,V$!

11. Gegeben ist die nachfolgend dargestellte Stabilisierungsschaltung.
a) Ermitteln Sie die Basis-Emitter-Spannung U_{BE} des Längstransistors, wenn die Z-Diode eine Arbeitsspannung von $U_Z = 18\,V$ aufweist!
b) Wie ändert sich U_{BE}, wenn die Ausgangsspannung sich um ±0,25 V ändert?
c) Wie ändert sich der Emitterstrom des Transistors, wenn die Änderung von U_{BE} eine Änderung des Basisstroms I_B von +0,19 A und −0,08 A hervorruft ($B = 20$).
d) Erläutern Sie die Regelvorgänge in der Schaltung nach erfolgter Änderung der Ausgangsspannung!

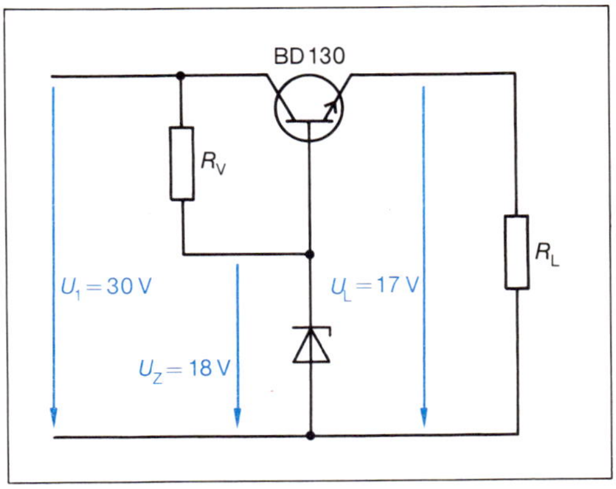

Abb. 2

[1]) Bei Umgebungstemperatur $\vartheta_u = 50\,°C$

22 Digitaltechnik

22.1 Zahlensysteme

22.1.1 Aufbau von Zahlensystemen

Der Aufbau von Zahlensystemen soll im folgenden am Beispiel des Dezimalsystems geklärt werden.

Beispiel:

$5432{,}12 = 5 \cdot 10^3 + 4 \cdot 10^2 + 3 \cdot 10^1 + 2 \cdot 10^0 + 1 \cdot 10^{-1} + 2 \cdot 10^{-2}$

Das Beispiel zeigt:
Eine Zahl ist die verkürzte Wiedergabe einer Summe von Potenzwerten.
Zur Darstellung von Zahlen verwendet man bestimmte Zeichen, die Ziffern. Das Dezimalsystem verfügt über 10 verschiedene Ziffern (0 bis 9). Damit ist die Basis B des Dezimalsystems die Zahl 10. Die kleinste Ziffer ist die 0. Die größte Ziffer ergibt sich durch Berechnung der Differenz B − 1.
Zur Ermittlung des Zahlenwertes (Summe der Potenzwerte) muß eine Zahl wieder in die einzelnen Potenzwerte zerlegt werden. Dazu müssen die einzelnen Ziffern der Zahl mit dem zugehörigen Stellenwertfaktor multipliziert werden. Abb. 1 erläutert die Zusammenhänge am Beispiel des Dezimalsystems.

Zahlenbeispiel: 5432,12

Ziffer des Beispiels	5	4	3	2	1	2
Stelle n	4	3	2	1	1	2
Bezeichnung der Stelle	Tausender	Hunderter	Zehner	Einer	Zehntel	Hundertstel
Stellenwertfaktor B^x	10^3	10^2	10^1	10^0	10^{-1}	10^{-2}
Potenzwerte des Beispiels	$5 \cdot 10^3$	$4 \cdot 10^2$	$3 \cdot 10^1$	$2 \cdot 10^0$	$1 \cdot 10^{-1}$	$2 \cdot 10^{-2}$

Abb. 1: Ermittlung der Potenzwerte

Aus der vorstehenden Abbildung folgt:

- Stellen werden vom Komma ausgehend nach links und nach rechts gezählt.
- Der Stellenwertfaktor ist eine Potenz zur Basis B des Zahlensystems.
- Für die Berechnung des Exponenten x des Stellenwertfaktors gilt:
  Stelle n links vom Komma: $x = n - 1$
  Stelle n rechts vom Komma: $x = -n$
- Die Stellenwertfaktoren benachbarter Stellen unterscheiden sich durch den Faktor B.

22.1.2 Dualsystem

Das Dualsystem ist für die mathematische Beschreibung von binären Verknüpfungsschaltungen von großer Bedeutung. Das Dualsystem verfügt über die Ziffern 0 und 1. Seine Basis ist somit B = 2. Alle Zahlen des Dezimalsystems können in Dualzahlen umgewandelt werden und umgekehrt können alle Dualzahlen in Dezimalzahlen umgewandelt werden.
Beispiel für eine Dualzahl:
1101,11 (≙ 13,75)
(lies: eins, eins, null, eins, Komma, eins, eins)
Die folgende Abbildung erläutert die Umwandlung von Dual- in Dezimalzahlen.

Ziffer des Beispiels	1	1	0	1	1	1
Stelle n	4	3	2	1	1	2
Bezeichnung der Stelle	Achter	Vierer	Zweier	Einer	Halbe	Viertel
Stellenwertfaktor B^x	2^3	2^2	2^1	2^0	2^{-1}	2^{-2}
Potenzwerte des Beispiels	$1 \cdot 2^3$	$1 \cdot 2^2$	$0 \cdot 2^1$	$1 \cdot 2^0$	$1 \cdot 2^{-1}$	$1 \cdot 2^{-2}$

$$1101{,}11 = 1 \cdot 2^3 + 1 \cdot 2^2 + 0 \cdot 2^1 + 1 \cdot 2^0 + 1 \cdot 2^{-1} + 1 \cdot 2^{-2}$$
$$= 8 + 4 + 0 + 1 + \tfrac{1}{2} + \tfrac{1}{4}$$
$$= \underline{\underline{13\tfrac{3}{4}}} \ (\hat{=}\ 13{,}75)$$

Abb. 2: Umwandlung von Dual- in Dezimalzahlen

Dualzahlen werden in Dezimalzahlen umgewandelt, indem die Ziffern mit den entsprechenden Stellenwertfaktoren multipliziert und die sich ergebenden Potenzwerte addiert werden.

Dezimalzahlen werden in Dualzahlen umgewandelt, indem man die Dezimalzahl so lange durch 2 dividiert, bis das Ergebnis Null wird. Die Reste ergeben, vom Schluß zum Anfang gelesen, die gesuchte Dualzahl.

Das folgende Beispiel erläutert die Vorgehensweise.

$25 : 2 = 12$ Rest 1
$12 : 2 = 6$ Rest 0
$6 : 2 = 3$ Rest 0
$3 : 2 = 1$ Rest 1
$1 : 2 = 0$ Rest 1

$25 \triangleq 1\;1\;0\;0\;1$

Addition und Subtraktion verlaufen im Dualsystem nach ähnlichen Regeln wie im Dezimalsystem.

Die folgenden Übersichten und Beispiele erläutern das Vorgehen.

Addition	Subtraktion
$0 + 0 = 0$	$0 - 0 = 0$
$1 + 0 = 1$	$1 - 0 = 1$
$0 + 1 = 1$	$1 - 1 = 0$
$1 + 1 = 1\,0$ (1 = Übertrag)	$1\,0 - 1 = 1$

Beispiele

$$\begin{array}{r} 1\,1\,0\,1 \\ +\quad 1\,0\,1 \\ 1\,1\quad 1 \\ \hline 1\,0\,0\,1\,0 \\ \hline\hline \end{array} \qquad \begin{array}{r} 1\,1\,1\,0 \\ -\,1\,0\,0\,1 \\ 1 \\ \hline 1\,0\,1 \\ \hline\hline \end{array}$$

Aufgaben

1. Um welchen Faktor unterscheiden sich die Stellenwertfaktoren benachbarter Stellen a) im Dualsystem und b) im Dezimalsystem?

2. Welchen Stellenwertfaktor hat die fünfte Stelle links vom Komma im a) Dezimalsystem und b) im Dualsystem?

3. Welche Stellenwertfaktoren haben die dritte und vierte Stelle rechts vom Komma a) im Dezimalsystem und b) im Dualsystem?

4. Welches der beiden Zahlensysteme, Dezimal- oder Dualsystem, benötigt mehr Ziffern zum Darstellen von Zahlen > 1?

5. Gegeben ist die Dualzahl 110. Ermittele die Potenzwerte der einzelnen Stellen!

6. Gegeben sind die folgenden Dualzahlen. Wandeln Sie diese in Dezimalzahlen um!

a) 11011 b) 101011 c) 110011
d) 1000111 e) 1011001 f) 110001111
g) 10111001 h) 110011001 i) 110111101

7. Gegeben sind die folgenden Dezimalzahlen. Wandeln Sie diese in Dualzahlen um!

a) 8 b) 9 c) 12 d) 24 e) 57
f) 84 g) 99 h) 125 i) 276 j) 437

8. Additionsaufgaben mit Dualzahlen

a) $1001 + 111$ b) $110110 + 1001$
c) $1101 + 101$ d) $1111 + 1010$
e) $10110 + 1011$ f) $110111 + 1010$
g) $110110 + 11011$ h) $11111 + 11111$
i) $1101101 + 110010$ j) $11011 + 1111$
k) $1101101 + 101010$ l) $110111 + 1011$

9. Additionsaufgaben mit Dualzahlen

a) $11010 + 101 + 11010$
b) $101 + 1110 + 111$
c) $11010 + 1101 + 111$
d) $111011 + 1101 + 110$
e) $110111 + 11010 + 11000$
f) $11001100 + 10101 + 1010$
g) $10110110 + 11001 + 1110$

10. Subtraktionsaufgaben mit Dualzahlen

a) $1101 - 101$
b) $1111 - 101$
c) $1110111 - 10011$
d) $11011 - 1100$
e) $11001100 - 110011$
f) $110011 - 1101$
g) $101010 - 10011$
h) $1001 - 110$
i) $1001001 - 111010$
j) $101010 - 10101$
k) $11100011 - 1111010$
l) $110011001 - 1010101$
m) $1101011 - 11001$
n) $111100010 - 100011$

22.2 Binäre Verknüpfungsschaltungen

Funktionsgleichungen

In binären Verknüpfungsschaltungen werden binäre (Eingangs-)Signale so miteinander verknüpft, daß sich am Ausgang der gewünschte Signalzustand einstellt. Die folgende Abb. zeigt eine einfache Schaltung und die zugehörige Funktionstabelle. Dabei wurden die Spannungsversorgung, Schaltkontakte und Relais teilweise noch mitgezeichnet. Später wird, wie es üblich ist, auf die Darstellung dieser Teile verzichtet.

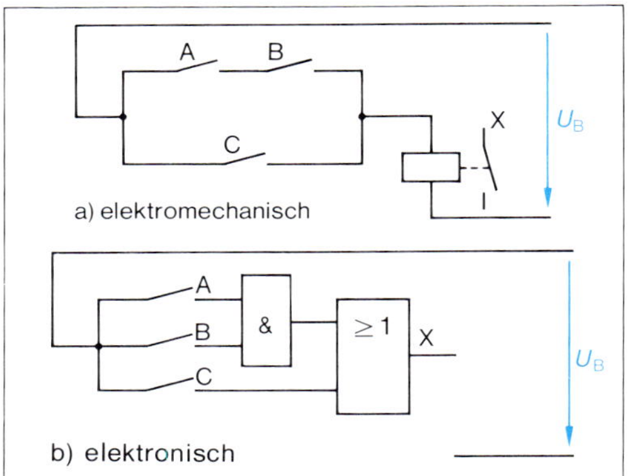

A	B	C	X
0	0	0	0
0	0	1	1
0	1	0	0
0	1	1	1
1	0	0	0
1	0	1	1
1	1	0	1
1	1	1	1

Funktionstabelle

Abb. 1: Verknüpfungsschaltung

Die in Abb. 1 dargestellte Schaltung liefert am Ausgang X dann Signalzustand „1", wenn die Eingänge A und B oder der Eingang C oder alle Eingänge Signalzustand „1" (Schalter betätigt, positive Logik) aufweisen. Die formelmäßige Beschreibung (Funktionsgleichung) der Verknüpfungsschaltung ergibt folgenden Term:

$(A \wedge B) \vee C = X$

(lies: A und B in Klammern oder C gleich X)

A, B und C werden als Eingangsvariable an den gleichnamigen Eingängen bezeichnet. X ist die Ausgangsvariable. A, B, C und X

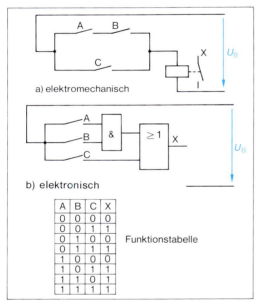

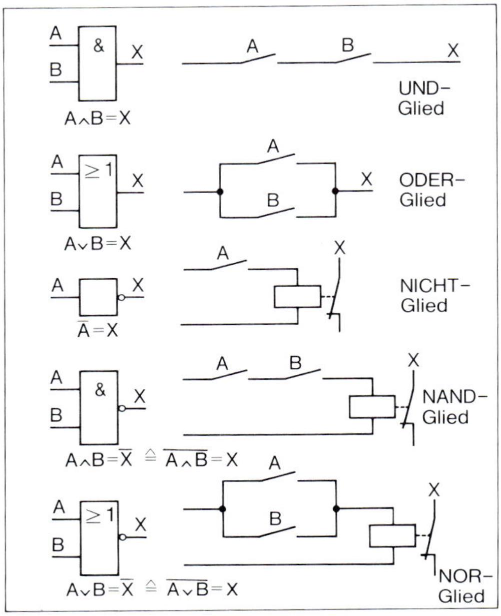

Abb. 2: Verknüpfungsglieder und Funktionsgleichungen

sind binäre Variable, die nur „0"[1] oder „1"[2] sein können. Die Schreibweise A, B oder X bedeutet, daß die Variablen den Zustand „1" aufweisen. Damit wird ausgedrückt, daß die gleichnamigen Schaltungsanschlüsse Signalzustand „1" aufweisen. $\bar{A}$, $\bar{B}$ oder $\bar{X}$ bedeutet, daß die Variablen „0" sind (lies: A nicht). Die Variablen sind negiert[3] oder invertiert[4].

$\wedge$, $\vee$ und $\overline{}$ sind Verknüpfungszeichen.

$\wedge$ bedeutet UND
$\vee$ bedeutet ODER
$\overline{}$ bedeutet NICHT

Klammern setzt man dann, wenn bestimmte Verknüpfungen vorrangig ausgeführt werden müssen.

Die mathematische Beschreibung von binären Verknüpfungsschaltungen (Schaltalgebra oder Boolesche Algebra) wurde im wesentlichen von George Boole[5] entwickelt.

[1]) „0" ≙ keine Spannung, kein Stromfluß
[2]) „1" ≙ Spannung vorhanden, Stromfluß
[3]) negiert: verneint
[4]) invertiert: umgekehrt
[5]) George Boole (engl. Mathematiker) 1815–1864

Negation

Jedes binäre Signal kann durch ein NICHT-Glied (Inverter) negiert werden. (In Zeichnungen wird das NICHT-Glied durch einen Kreis am entsprechenden Anschluß eines Verknüpfungsgliedes dargestellt.) Mathematisch ergeben sich bei Anwendung der Negation folgende Gesetzmäßigkeiten:

$\bar{\bar{A}} = A$ (Doppelte Negation)

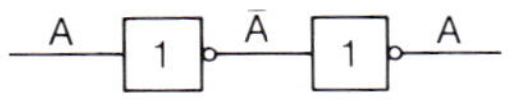

$C \wedge D = X$ $\qquad$ $C \vee D = X$

$\overline{C \wedge D} = \bar{X}$ $\qquad$ $\overline{C \vee D} = \bar{X}$

Es muß nun geklärt werden, welche Ergebnisse die Negation bestimmter Terme liefert. Die folgenden Abbildungen dienen der Erläuterung. Der Einfachheit halber wird auch hier von Termen mit zwei Eingangsvariablen ausgegangen.

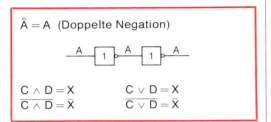

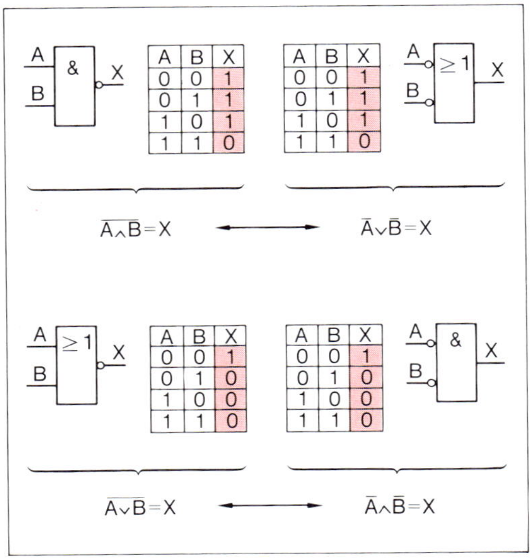

A	B	X
0	0	1
0	1	1
1	0	1
1	1	0

A	B	X
0	0	1
0	1	1
1	0	1
1	1	0

$\overline{A \wedge B} = X \longleftrightarrow \bar{A} \vee \bar{B} = X$

A	B	X
0	0	1
0	1	0
1	0	0
1	1	0

A	B	X
0	0	1
0	1	0
1	0	0
1	1	0

$\overline{A \vee B} = X \longleftrightarrow \bar{A} \wedge \bar{B} = X$

Aus der obigen Darstellung folgt:

$\overline{A \wedge B} = \bar{A} \vee \bar{B}$
$\overline{A \vee B} = \bar{A} \wedge \bar{B}$
} De Morgansche[1] Gesetze

[1]) De Morgan (engl. Mathematiker) 1806–1871

Für die Negation von booleschen Termen mit beliebig vielen Variablen gilt: Terme werden negiert, indem die Variablen und Verknüpfungszeichen negiert werden. Dabei werden die Verknüpfungszeichen $\wedge$ und $\vee$ gegeneinander ausgetauscht.

Entwicklung von Verknüpfungsschaltungen

Die Entwicklung einfacher Verknüpfungsschaltungen soll nachfolgend geklärt werden.

▶ Für die Steuerung eines Motors soll eine Schaltung entworfen werden. Der Motor soll durch zwei Schalter S 1 und S 2 eingeschaltet werden können. Der Motor läuft, wenn entweder nur S 1 oder nur S 2 betätigt wird. Die Steuerschaltung ist mit binären Verknüpfungsgliedern zu realisieren!

Beispiellösung:

Gegeben: vorstehende Funktionsbeschreibung
Gesucht: Steuerschaltung mit binären Verknüpfungsgliedern

a) Analyse der Aufgabe und Aufstellung der Funktionstabelle:

Die Schaltung verfügt über zwei Eingangsvariable (S 1 ≙ A; S 2 ≙ B) und einen Ausgang (Ausgangsvariable X).

Spalte / Zeile	1	2	3
	A	B	X
1	0	0	0
2	0	1	1
3	1	0	1
4	1	1	0

(Die Zeilen- und Spaltenkennzeichnung ist nur für die Beispiellösung erforderlich.)

Zeilen- und Spaltenzahl einer Funktionstabelle sind von der Zahl der Eingangsvariablen n und der Anzahl der Ausgänge m abhängig. Die Zeilenzahl errechnet sich zu 2^n und die Spaltenzahl zu $n + m$.

b) Aufstellen der Funktionsgleichung:

- **Disjunktive Normalform**
  Die Bedingungen in Zeile 2 und 3 ergeben $X = 1$ am Ausgang. Mit Hilfe der genannten Zeilen ergibt sich die folgende Funktionsgleichung:

Zeile 2 ... Zeile 3

$$\underbrace{(A \wedge \bar{B})}_{\text{UND-Glied}} \underbrace{\vee}_{\text{ODER-Glied}} \underbrace{(\bar{A} \wedge B)}_{\text{UND-Glied}} = X$$

↓

(Disjunktion)

Die Form der vorstehenden Gleichung heißt „Disjunktive Normalform", weil die UND-verknüpften Variablen wiederum durch eine ODER-Verknüpfung (Disjunktion) verknüpft werden.

- **Konjunktive Normalform**

  Es können auch die Zeilen 1 und 4 zur Formulierung der Funktionsgleichung herangezogen werden.

  Zeile 1 ... Zeile 4

  $$(\bar{A} \wedge \bar{B}) \vee (A \wedge B) = \bar{X}$$

  Durch Umformung ergibt sich:

  $$\overline{(\bar{A} \wedge \bar{B}) \vee (A \wedge B)} = \bar{\bar{X}}$$

  $$\underbrace{(A \vee B)}_{\text{ODER-Glied}} \underbrace{\wedge}_{\text{UND-Glied}} \underbrace{(\bar{A} \vee \bar{B})}_{\text{ODER-Glied}} = X$$

  ↓

  (Konjunktion)

Die Form der vorstehenden Gleichung heißt „Konjunktive Normalform", weil die ODER-verknüpften Variablen wiederum durch eine UND-Verknüpfung (Konjunktion) verknüpft werden.

Für die Aufstellung von Funktionsgleichungen gilt allgemein:

Eine Funktionsgleichung wird in der disjunktiven Normalform aufgestellt, indem man die Zeilen mit X = 1 benutzt. Die Eingangsvariablen der einzelnen Zeilen werden durch UND verknüpft. Die einzelnen Zeilen werden durch ODER verknüpft.

Eine Funktionsgleichung wird in der konjunktiven Normalform aufgestellt, indem man die Zeilen mit X = 0 benutzt. Die Eingangsvariablen der einzelnen Zeilen werden negiert und mit ODER verknüpft. Die einzelnen Zeilen werden durch UND miteinander verknüpft.

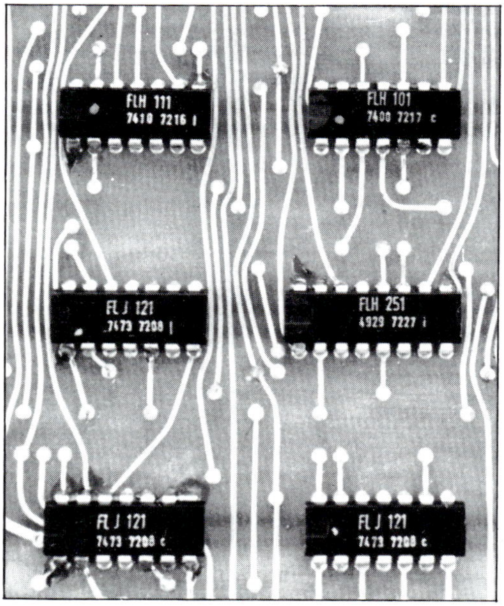

Abb. 1: Schaltung mit digitalen Bausteinen

c) Realisierung der Schaltungen:

Die Gleichungen aus b) erfüllen beide die Bedingungen der Funktionsbeschreibung. Deshalb gibt es auch verschiedene Schaltungen als Aufgabenlösung.

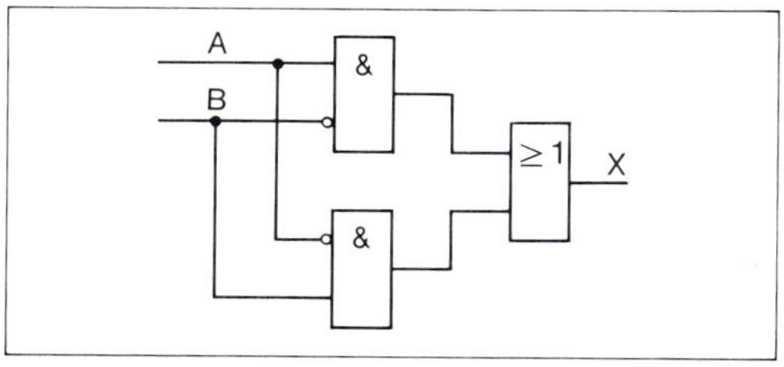

Schaltung nach der disjunktiven Normalform (UND-ODER-Schaltung)

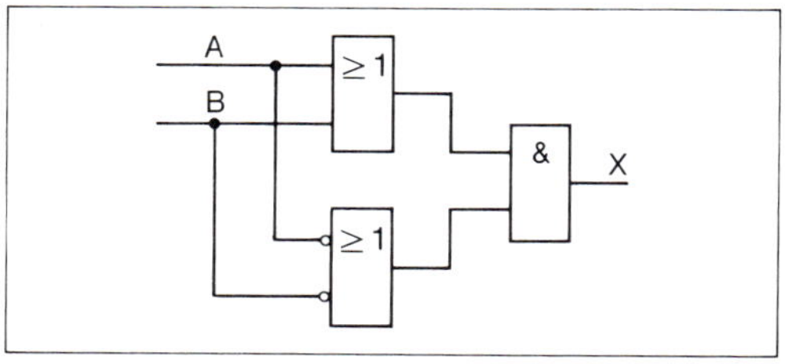

Schaltung nach der konjunktiven Normalform (ODER-UND-Schaltung)

Aufgaben

1. Durch welche Schaltung kann ein NAND-Glied ($\overline{A \wedge B} = X$) ersetzt werden?
Hinweis: Berechnen Sie zuerst den negierten Term!

2. Durch welche Schaltung kann ein NOR-Glied ($\overline{A \vee B} = X$) ersetzt werden? Beachten Sie den Hinweis zu Aufg. 1.

3. Berechnen Sie die folgenden Terme:

a) $\overline{\bar{A} \vee \bar{B}}$ b) $\overline{\bar{B} \wedge \bar{C}}$ c) $\overline{(A \wedge B) \vee C}$

d) $\overline{(A \vee B) \wedge C}$ e) $\overline{(A \vee B \vee C) \wedge D}$

f) $\overline{\bar{A} \vee B}$ g) $\overline{(\bar{A} \wedge B) \vee \bar{C}}$

h) $\overline{(\bar{A} \wedge \bar{B} \wedge C) \vee \bar{D}}$ i) $\overline{(\bar{A} \wedge C) \vee (A \vee \bar{C})}$

4. Gegeben sind die Funktionsgleichungen

$(\bar{A} \wedge B) \vee (A \wedge \bar{B}) = \bar{X}$

$(\bar{A} \wedge \bar{B}) \vee (A \wedge \bar{B}) = \bar{X}$

a) Zeichnen Sie die entsprechenden elektronischen Verknüpfungsschaltungen!
b) Negieren Sie die Gleichungen mit Hilfe der De Morganschen Gesetze und zeichnen Sie die sich ergebenden Schaltungen!

5. Die folgende Abbildung zeigt einen Ausschnitt aus einer Stern-Dreieck-Schaltung. Stellen Sie die Funktionsgleichung für K 2 (X) = 1 auf, wenn das Schütz K 1 erregt ist. (Hinweis: ≙ $\bar{A}$, $\bar{B}$ ...)

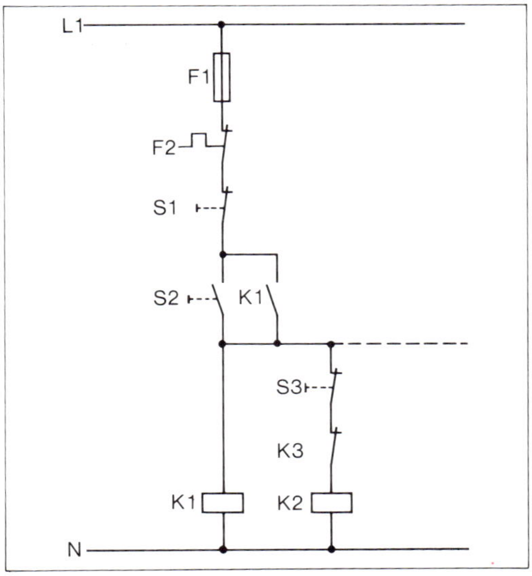

6. Gegeben sind die folgenden Verknüpfungsschaltungen. Ermitteln Sie die Funktionsgleichungen!

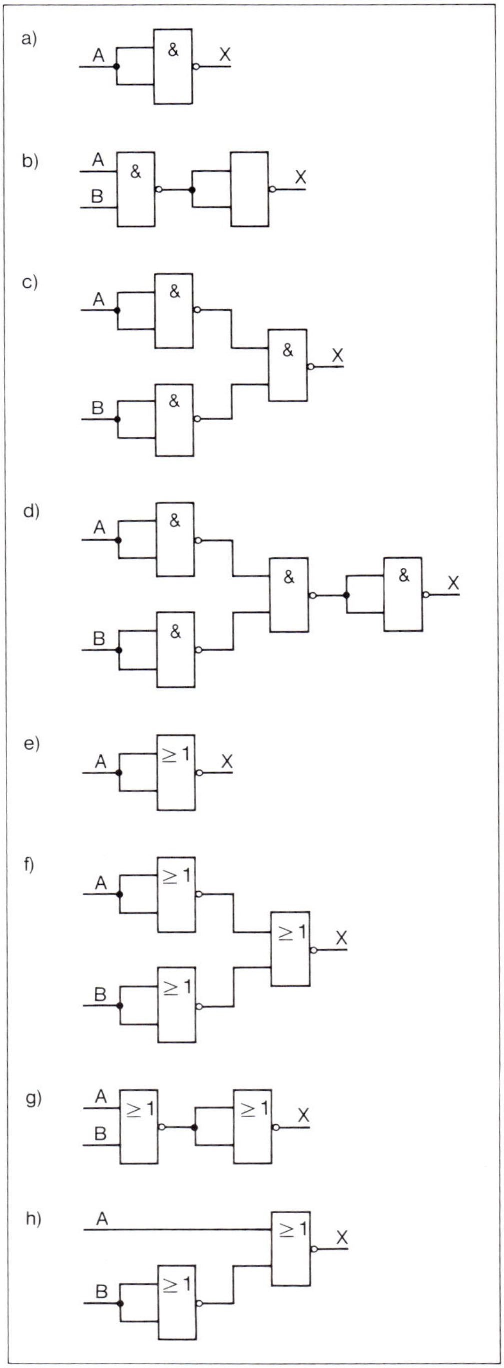

7. Ein Motor läuft dann, wenn A'= 1 oder B = 0 ist. Entwerfen Sie die Steuerschaltung mit elektronischen Bausteinen!

8. Für eine Steuerschaltung wurde die folgende Funktionstabelle ermittelt. Entwickeln Sie die zugehörige Steuerschaltung mit elektronischen Bausteinen!

A	B	X
0	0	0
0	1	0
1	0	1
1	1	0

9. Eine Steuerschaltung hat vier Eingänge. Die nachstehende Funktionstabelle gibt die Eingangskombinationen wieder, für die X = 1 ist. (Die anderen möglichen Kombinationen haben für die Schaltung keine Bedeutung.) Entwerfen Sie eine elektronische Steuerschaltung, die den Bedingungen entspricht!

A	B	C	D	X
1	0	1	0	1
1	1	1	0	1
0	1	1	1	1

10. Gegeben ist die folgende Funktionstabelle. Die nicht angegebenen Kombinationen liefern am Ausgang 1. Entwerfen Sie eine elektronische Steuerschaltung in konjunktiver Normalform!

A	B	C	D	X
0	0	0	0	0
1	1	1	1	0

11. Ein Lastenaufzug zwischen den beiden Stockwerken eines Geschäftshauses darf nur dann losfahren, wenn die Aufzugtür geschlossen ist, die Überlastmeldung nicht angesprochen hat, nur eine der beiden Stockwerktasten gedrückt wurde und die Kabinenstandsmeldung aussagt, daß sich der Aufzug nicht bereits im gewünschten Stockwerk befindet. Entwickeln Sie die Steuerschaltung mit elektronischen Verknüpfungsgliedern!

12. Beim Aufbau industriell gefertigter elektronischer Verknüpfungsschaltungen verwendet man aus Rationalisierungsgründen möglichst nur gleichartige Verknüpfungsglieder. Dies sind in der Mehrzahl aller Fälle NAND-Glieder. Zeichnen Sie die mit Hilfe von NAND-Gliedern realisierte NICHT-, UND- und ODER-Verknüpfungen! (Hinweis: Verwenden Sie NAND-Glieder mit zwei Eingängen und beachten Sie die Darstellungen zu Aufgabe 6.)

13. Die Steuerschaltung aus Aufgabe 8 ist mit Hilfe von NAND-Gliedern zu realisieren. Zeichnen Sie die sich ergebende Schaltung!

14. Die Steuerschaltung aus Aufgabe 9 ist mit Hilfe von NAND-Gliedern aufzubauen. Zeichnen Sie die Schaltung!

15. Eine Transportanlage besteht aus zwei Förderbändern, die durch die Motoren M1 und M2 angetrieben werden. Motor M1 ist in Betrieb, wenn der Einschalter betätigt ist und der Motorschutzschalter nicht angesprochen hat. Motor M2 soll in Betrieb sein, wenn Motor M1 läuft und der Einschalter für M2 betätigt ist und der Motorschutzschalter für M2 nicht angesprochen hat. Am Ende des Förderbandes 1 befindet sich ein Stauschalter, der bei einem Materialstau schließt und M1 außer Betrieb setzt. Nach Beseitigung des Materialstaus läuft M1 wieder an. Motor M2 soll während des Materialstaus in Betrieb bleiben.
Zeichnen Sie die Steuerschaltung der Anlage mit
a) UND-, ODER- und NICHT-Gliedern und
b) mit NAND-Gliedern!
(Lösungshinweis für Aufgabenteil a): Zeichnen Sie zunächst getrennte Steuerschaltungen für M1 und M2 und vereinigen Sie danach die beiden Einzelschaltungen.)

16. Die drei Grundverknüpfungen UND, ODER und NICHT können auch unter ausschließlicher Verwendung von NOR-Gliedern realisiert werden. Zeichnen Sie die entsprechenden Schaltungen!

22.3 Vereinfachung von Schaltwerken

22.3.1 Vereinfachung mit Hilfe von KV[1]-Tafeln

► Gegeben ist die nachfolgend dargestellte Steuerschaltung und deren Funktionsgleichung. Vereinfachen Sie die Schaltung mit Hilfe einer KV-Tafel und zeichnen Sie die sich ergebende Schaltung!

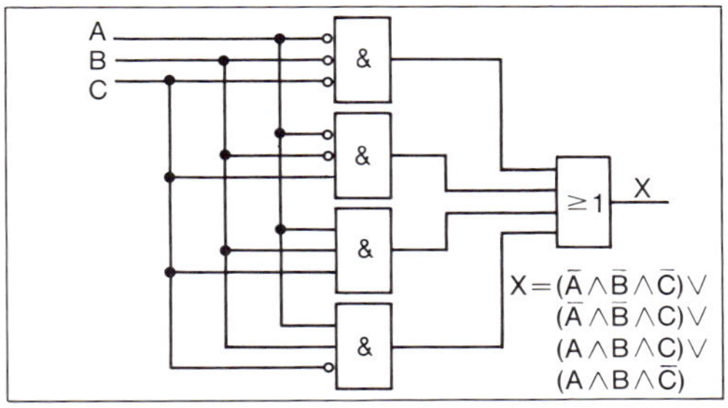

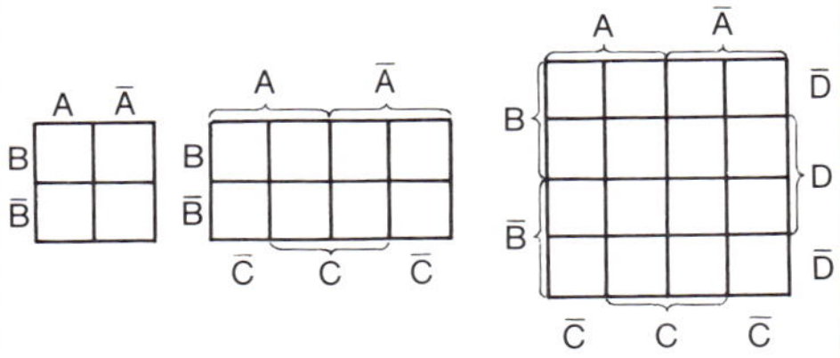

KV-Tafeln für 2, 3 und 4 Variable

Vorgehensweise:

1. Kennzeichnung der Felder der KV-Tafel („1" in diejenigen Felder, für die die Funktionsgleichung X = 1 ergibt.)[2]
2. Zusammenfassung geeigneter Felder zu Blöcken.
3. Ermittlung der vereinfachten Aussagen für die einzelnen Blöcke (Variable, die sich innerhalb eines Blockes ändern, entfallen!)
4. Zusammenfassung der einzelnen Aussagen zur vereinfachten Funktionsgleichung.

[1]) Karnaugh und Veitch: Entwickler des Verfahrens.

[2]) Die restlichen Felder können mit Nullen aufgefüllt werden.

Beispiellösung:

Gegeben: Steuerschaltung und Funktionsgleichung

Gesucht: Vereinfachte Steuerschaltung

Aufstellung der KV-Tafel:

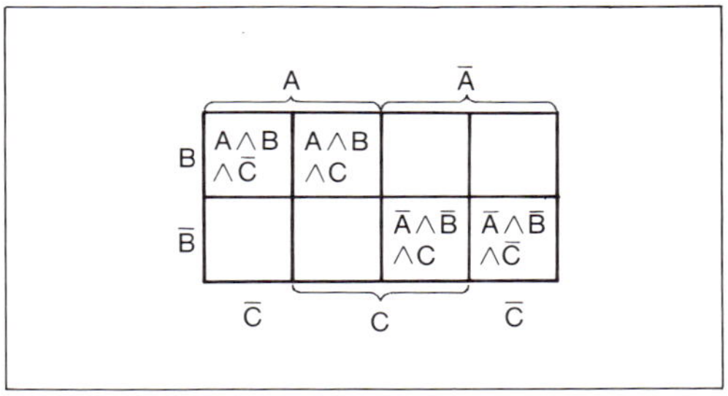

Dieser Zwischenschritt kann nach einiger Übung entfallen!

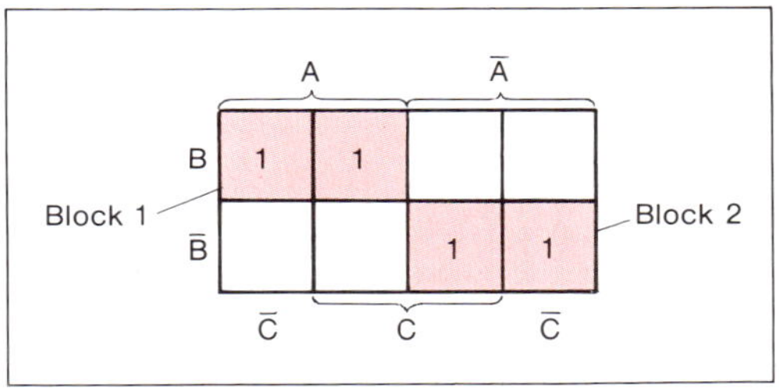

Ablesen der vereinfachten Aussagen für die einzelnen Blöcke:

Block 1: $X = A \wedge B$
$\bar{C}$ entfällt, weil es sich innerhalb des Blocks ändert.

Block 2: $X = \bar{A} \wedge \bar{B}$
$\bar{C}$ entfällt wiederum.

Zusammenfassung zur vereinfachten Funktionsgleichung:

$$X = (A \wedge B) \vee (\bar{A} \wedge \bar{B})$$

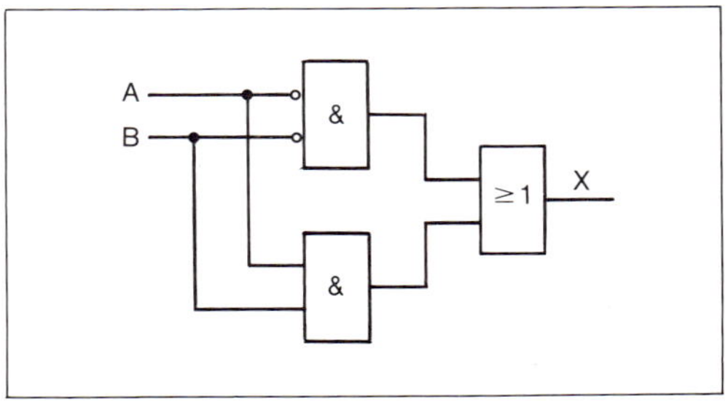

Vereinfachte Schaltung

▶ Die Wirkungsweise einer Steuerschaltung wird durch die Funktionsgleichung:

$X = (A \wedge B \wedge \bar{C} \wedge \bar{D}) \vee (A \wedge B \wedge C \wedge \bar{D})$
$\quad \vee (A \wedge B \wedge C \wedge D) \vee (\bar{A} \wedge B \wedge C \wedge D)$

beschrieben. Ermitteln Sie die vereinfachte Funktionsgleichung!

Beispiellösung:

Gegeben: obige Funktionsgleichung
Gesucht: vereinfachte Funktionsgleichung

Aufstellung der KV-Tafel:

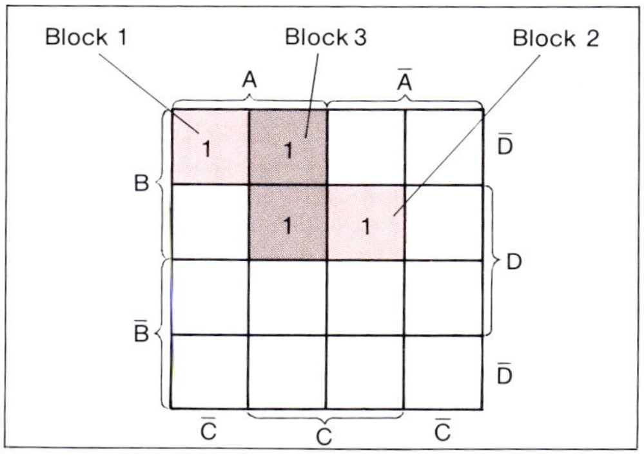

Vereinfachte Aussagen:
Block 1: $X = A \wedge B \wedge \bar{D}$
Block 2: $X = B \wedge C \wedge D$
Block 3: $X = A \wedge B \wedge C$

Vereinfachte Funktionsgleichung:
$X = (A \wedge B \wedge \bar{D}) \vee (B \wedge C \wedge D) \vee (A \wedge B \wedge C)$

Aufgaben

Vereinfachen Sie:

1.

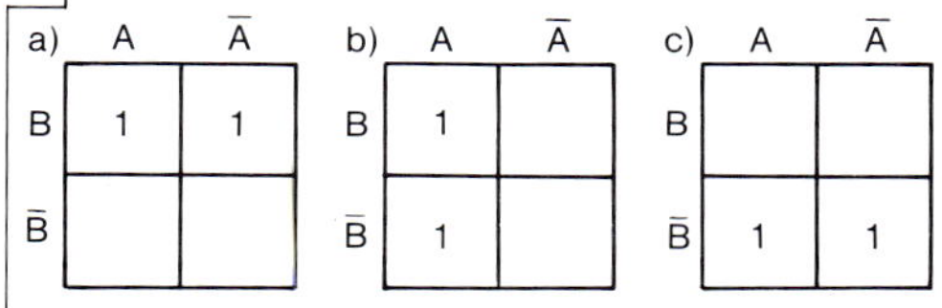

2. $X = (A \wedge B) \vee (\bar{A} \wedge \bar{B})$ (Begründen Sie das Ergebnis!)

3. $X = (A \wedge \bar{B}) \vee (\bar{A} \wedge \bar{B}) \vee (\bar{A} \wedge B)$

4.

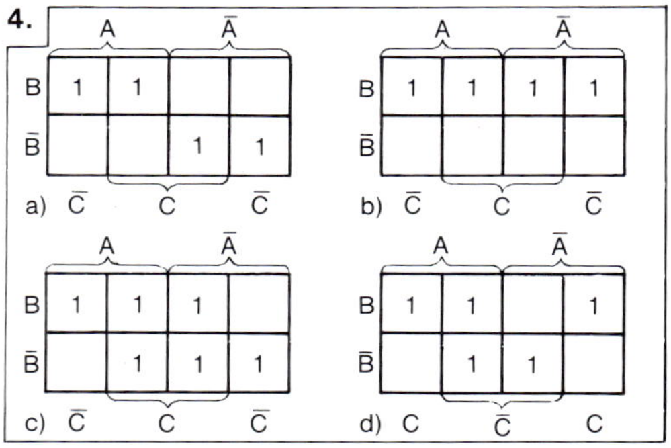

5.

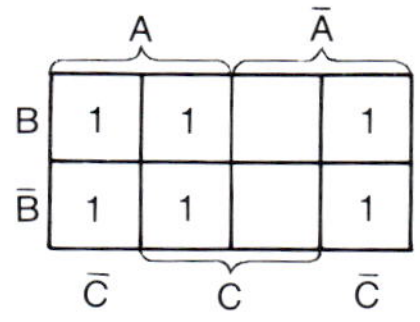

6. $X = (A \wedge B \wedge \bar{C}) \vee (A \wedge \bar{B} \wedge \bar{C}) \vee$
$(A \wedge \bar{B} \wedge C) \vee (\bar{A} \wedge \bar{B} \wedge C) \vee$
$(\bar{A} \wedge B \wedge C) \vee (\bar{A} \wedge B \wedge \bar{C})$

7.

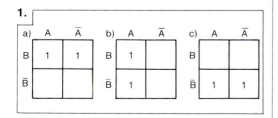

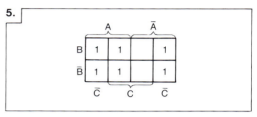

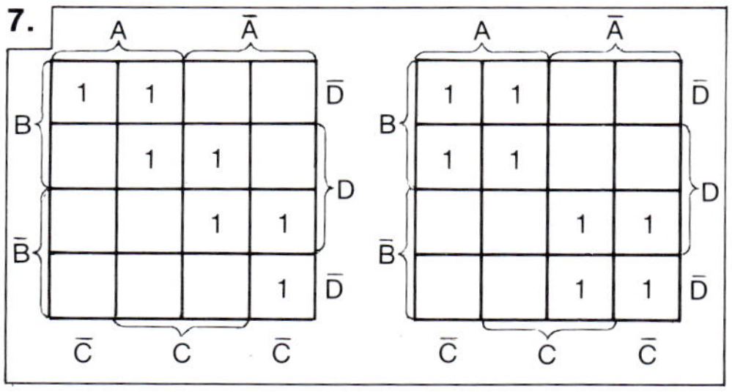

8. $X = (A \wedge B \wedge C \wedge D) \vee (\bar{A} \wedge B \wedge C \wedge D) \vee$
$(\bar{A} \wedge B \wedge \bar{C} \wedge D)$

9. $X = (\bar{A} \wedge B \wedge C \wedge \bar{D}) \vee (\bar{A} \wedge B \wedge C \wedge D) \vee$
$(A \wedge \bar{B} \wedge \bar{C} \wedge D) \vee (\bar{A} \wedge \bar{B} \wedge \bar{C} \wedge \bar{D})$

10. $X = (\bar{A} \wedge \bar{B} \wedge \bar{C} \wedge \bar{D}) \vee (\bar{A} \wedge B \wedge \bar{C} \wedge \bar{D}) \vee$
$(\bar{A} \wedge \bar{B} \wedge \bar{C} \wedge D) \vee (\bar{A} \wedge B \wedge \bar{C} \wedge D)$

11. $X = (\bar{A} \wedge \bar{B} \wedge \bar{C} \wedge \bar{D}) \vee (A \wedge \bar{B} \wedge \bar{C} \wedge \bar{D}) \vee$
$(A \wedge B \wedge \bar{C} \wedge \bar{D}) \vee (\bar{A} \wedge B \wedge \bar{C} \wedge \bar{D}) \vee$
$(\bar{A} \wedge \bar{B} \wedge C \wedge \bar{D}) \vee (\bar{A} \wedge \bar{B} \wedge C \wedge D) \vee$
$(\bar{A} \wedge \bar{B} \wedge \bar{C} \wedge D) \vee (A \wedge \bar{B} \wedge \bar{C} \wedge D) \vee$
$(A \wedge B \wedge \bar{C} \wedge D) \vee (\bar{A} \wedge B \wedge \bar{C} \wedge D) \vee$
$(\bar{A} \wedge B \wedge C \wedge D) \vee (\bar{A} \wedge B \wedge C \wedge \bar{D})$

22.3.2 Algebraische Vereinfachung

▶ Die Wirkungsweise einer Steuerschaltung wird durch die Funktionsgleichung:

$X = (A \wedge B \wedge \bar{C}) \vee (\bar{A} \wedge B \wedge \bar{C})$

beschrieben.

a) Zeichnen Sie die Ausgangsschaltung!
b) Ermitteln Sie die vereinfachte Funktionsgleichung algebraisch und zeichnen Sie die vereinfachte Schaltung!

Beispiellösung:

Gegeben: $X = (A \wedge B \wedge \bar{C}) \vee (\bar{A} \wedge B \wedge \bar{C})$
Gesucht: a) Ausgangsschaltung
          b) Vereinfachte Schaltung

a)

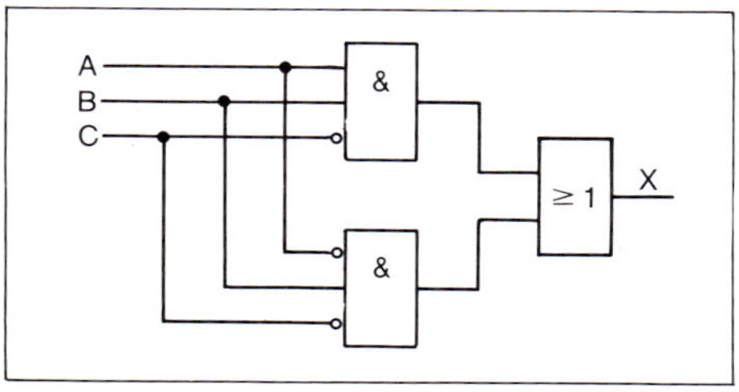

b) $X = (A \wedge B \wedge \bar{C}) \vee (\bar{A} \wedge B \wedge \bar{C})$
   $X = [(B \wedge \bar{C}) \wedge (A \vee \bar{A})]$
$\phantom{X = [(B \wedge \bar{C}) \wedge} \to = 1$ (siehe Abb. 1)

$X = (B \wedge \bar{C}) \wedge 1$ ($\hateq D \wedge 1 = D$)
$\phantom{X = (B \wedge \bar{C}) \wedge 1}$ (siehe Abb. 1)

$\underline{\underline{X = B \wedge \bar{C}}}$

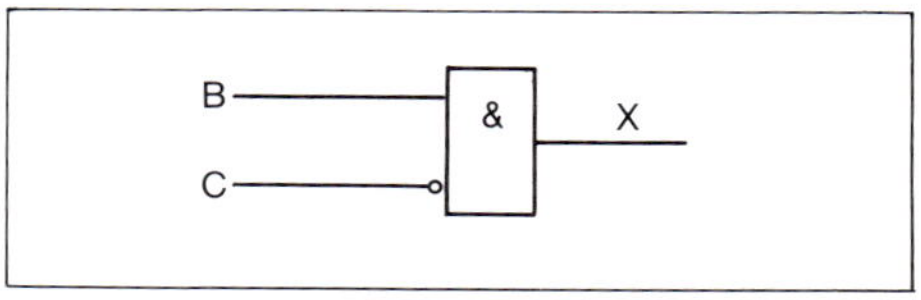

Zusätzlich zu den DeMorganschen Gesetzen und den Regeln für die Negation sind bei der algebraischen Vereinfachung von Schaltwerken die in Abb. 1 und 1; S. 110 wiedergegebenen Regeln zu beachten.

Aufgaben

Vereinfachen Sie die gegebenen Schaltfunktionen:

1. $X = (A \wedge B) \vee (\bar{A} \wedge B)$

2. $X = (\bar{A} \wedge \bar{B}) \vee (\bar{A} \wedge B)$

3. $X = (A \wedge \bar{B}) \vee (\bar{A} \wedge \bar{B})$

4. $X = (A \wedge \bar{B}) \vee (A \wedge B)$

KONJUNKTION $X = A \wedge B$		DISJUNKTION $X = A \vee B$		NEGATION $X = \bar{A}$	
A &—X, B = „0"	$X = A \wedge 0 = 0$	A ≥1—X, B = „0"	$X = A \vee 0 = A$	1—X, A = „0"	$X = \bar{0} = 1$
A &—X, B = „1"	$X = A \wedge 1 = A$	A ≥1—X, B = „1"	$X = A \vee 1 = 1$	1—X, A = „1"	$X = \bar{1} = 0$
A &—X, B = A	$X = A \wedge A = A$	A ≥1—X	$X = A \vee A = A$		
A 1 &—X, B = $\bar{A}$	$X = A \wedge \bar{A} = 0$	A 1 ≥1—X	$X = A \vee \bar{A} = 1$		

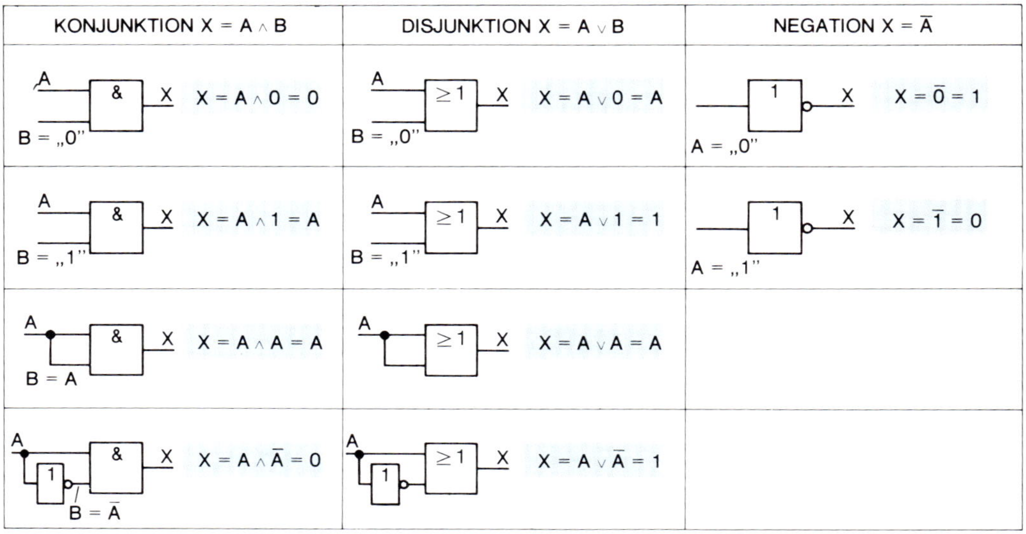

Abb. 1: „Spezialfälle" für KONJUNKTION, DISJUNKTION und NEGATION

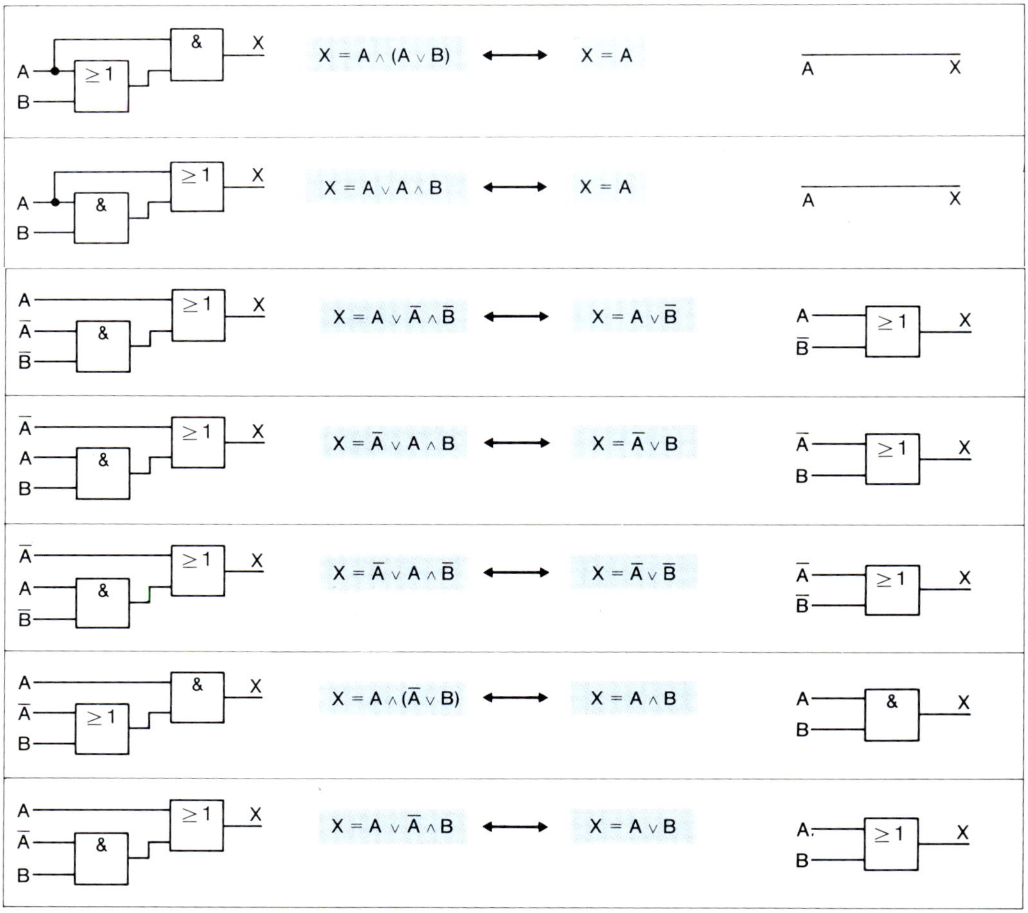

Abb. 1: Sonderfälle

5. $X = (A \wedge B) \vee (\bar{A} \wedge B) \vee (\bar{A} \wedge \bar{B})$

6. $X = (A \wedge B) \vee (\bar{A} \wedge B) \vee (A \wedge \bar{B})$

7. $X = (A \wedge \bar{B}) \vee (A \wedge B) \vee (\bar{A} \wedge \bar{B}) \vee (\bar{A} \wedge B)$

8. $X = (A \wedge B \wedge \bar{C}) \vee (A \wedge B \wedge C) \vee (\bar{A} \wedge B \wedge C)$

9. $X = (A \wedge \bar{B} \wedge C) \vee (\bar{A} \wedge \bar{B} \wedge C) \vee (\bar{A} \wedge \bar{B} \wedge \bar{C})$

10. $X = (\bar{A} \wedge B \wedge \bar{C}) \vee (\bar{A} \wedge \bar{B} \wedge \bar{C}) \vee (\bar{A} \wedge \bar{B} \wedge C)$

11. $X = (A \wedge \bar{B} \wedge C) \vee (A \wedge B \wedge C) \vee (\bar{A} \wedge \bar{B} \wedge C) \vee (\bar{A} \wedge B \wedge C)$

12. $X = (A \wedge B \wedge C) \vee (A \wedge B \wedge \bar{C}) \vee (\bar{A} \wedge B \wedge \bar{C})$

13. $X = (A \wedge \bar{B} \wedge \bar{C}) \vee (A \wedge B \wedge C) \vee (\bar{A} \wedge \bar{B} \wedge \bar{C}) \vee (\bar{A} \wedge B \wedge C)$

14. $X = (A \wedge \bar{B} \wedge \bar{C}) \vee (A \wedge \bar{B} \wedge C) \vee (\bar{A} \wedge B \wedge C) \vee (\bar{A} \wedge B \wedge \bar{C})$

15. $X = (A \wedge B \wedge \bar{C}) \vee (A \wedge \bar{B} \wedge \bar{C}) \vee (\bar{A} \wedge B \wedge C) \vee (\bar{A} \wedge \bar{B} \wedge C)$

16. $X = (A \wedge B \wedge \bar{C}) \vee (A \wedge \bar{B} \wedge \bar{C}) \vee (\bar{A} \wedge B \wedge \bar{C}) \vee (\bar{A} \wedge \bar{B} \wedge \bar{C})$

17. $X = (A \wedge B \wedge \bar{C}) \vee (A \wedge B \wedge C) \vee (\bar{A} \wedge \bar{B} \wedge C) \vee (\bar{A} \wedge \bar{B} \wedge \bar{C})$

18. $X = (A \wedge B \wedge \bar{C}) \vee (A \wedge \bar{B} \wedge C) \vee (\bar{A} \wedge \bar{B} \wedge C) \vee (\bar{A} \wedge B \wedge \bar{C})$

19. $X = (A \wedge B \wedge C) \vee (\bar{A} \wedge B \wedge C) \vee (\bar{A} \wedge B \wedge \bar{C}) \vee (\bar{A} \wedge \bar{B} \wedge \bar{C})$

20. $X = (A \wedge B \wedge \bar{C}) \vee (A \wedge B \wedge C) \vee (A \wedge \bar{B} \wedge \bar{C}) \vee (\bar{A} \wedge B \wedge C)$

21. $X = (A \wedge B \wedge \bar{C}) \vee (A \wedge B \wedge C) \vee (A \wedge \bar{B} \wedge C) \vee (\bar{A} \wedge \bar{B} \wedge C)$

22. $X = (\bar{A} \wedge B \wedge C) \vee (\bar{A} \wedge B \wedge \bar{C}) \vee (A \wedge \bar{B} \wedge C) \vee (\bar{A} \wedge \bar{B} \wedge C)$

23. $X = (A \wedge B \wedge \bar{C}) \vee (\bar{A} \wedge B \wedge C) \vee (\bar{A} \wedge \bar{B} \wedge C) \vee (\bar{A} \wedge B \wedge \bar{C})$

24. $X = (A \wedge B \wedge \bar{C}) \vee (A \wedge B \wedge C) \vee (A \wedge \bar{B} \wedge C) \vee (\bar{A} \wedge B \wedge \bar{C})$

25. $X = (A \wedge B \wedge C) \vee (A \wedge B \wedge C) \vee (A \wedge B \wedge C) \vee (A \wedge B \wedge C)$

26. $X = (A \wedge B \wedge \bar{C}) \vee (A \wedge B \wedge C) \vee (\bar{A} \wedge B \wedge C) \vee (\bar{A} \wedge B \wedge \bar{C})$

27. $X = (A \wedge B) \vee (A \wedge \bar{B}) \vee (\bar{A} \wedge \bar{B})$

28. $X = (A \wedge \bar{B} \wedge C \wedge D) \vee (A \wedge B \wedge C \wedge D) \vee (A \wedge B \wedge \bar{C} \wedge D)$

29. $X = (\bar{A} \wedge \bar{B} \wedge C \wedge D) \vee (\bar{A} \wedge B \wedge C \wedge D)$

30. $X = (\bar{A} \wedge \bar{B} \wedge C \wedge D) \vee (\bar{A} \wedge B \wedge C \wedge D) \vee (\bar{A} \wedge B \wedge \bar{C} \wedge D)$

31. Ermitteln Sie die Schaltfunktion der gegebenen Schaltung und minimieren (vereinfachen) Sie die Schaltfunktion. Zeichnen Sie die vereinfachte Schaltung!

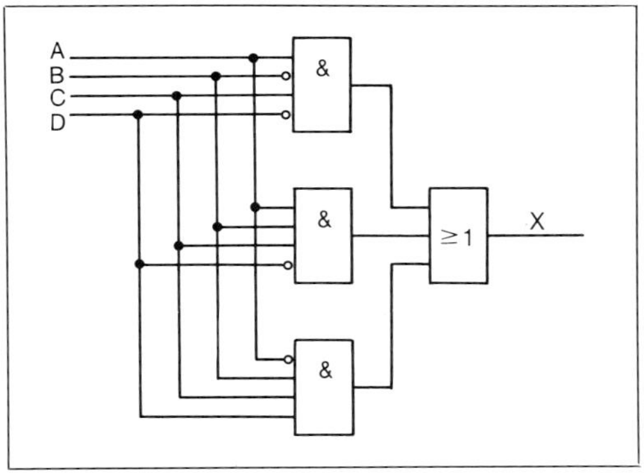

Abb. 2

32. Ermitteln Sie die Funktionsgleichungen der nachfolgend dargestellten Schaltungen! Vereinfachen Sie diese und zeichnen Sie die sich ergebenden Schaltungen!

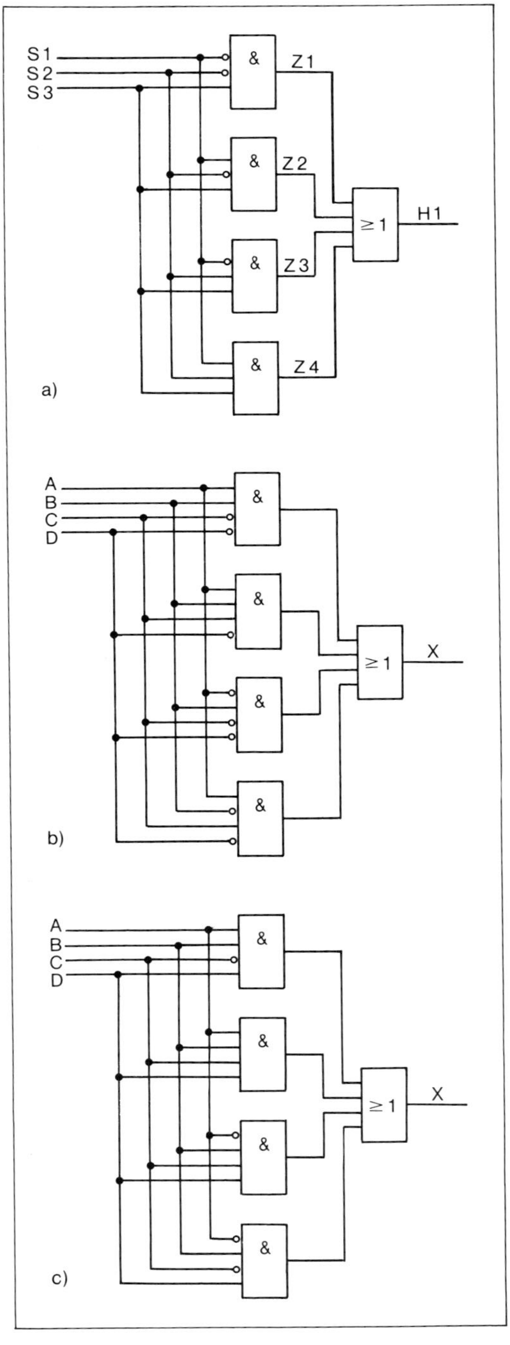

33. Die nachfolgenden Abbildungen geben die Signalzustände an den Eingängen verschiedener Steuerschaltungen für Ausgangssignal X = 1 wieder. Ermitteln Sie die Funktionsgleichungen und zeichnen Sie die minimierten Schaltungen!

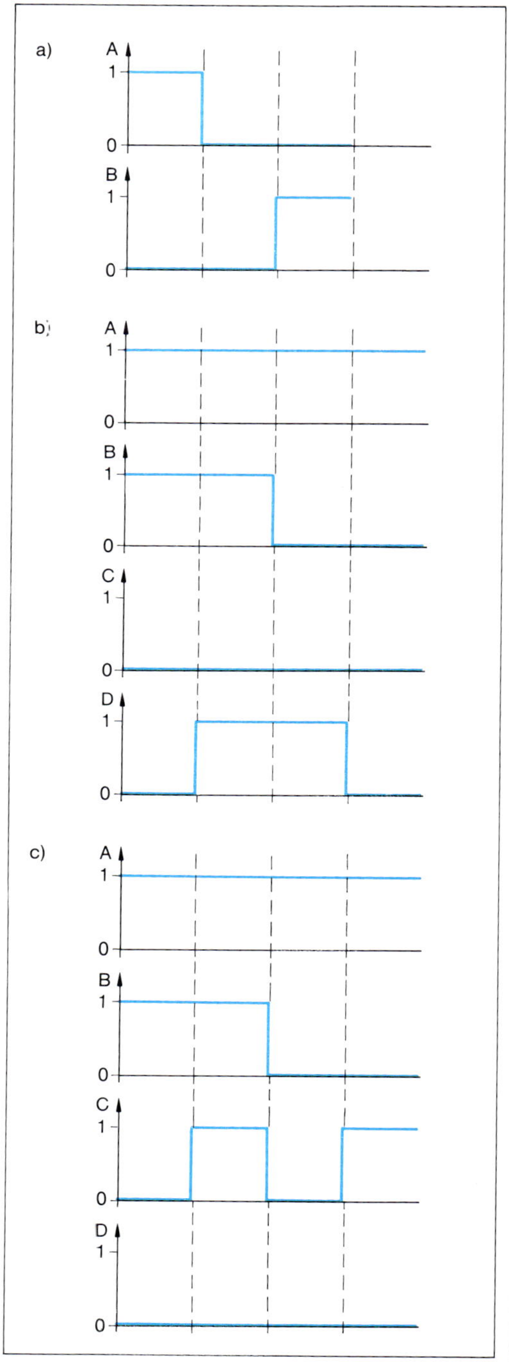

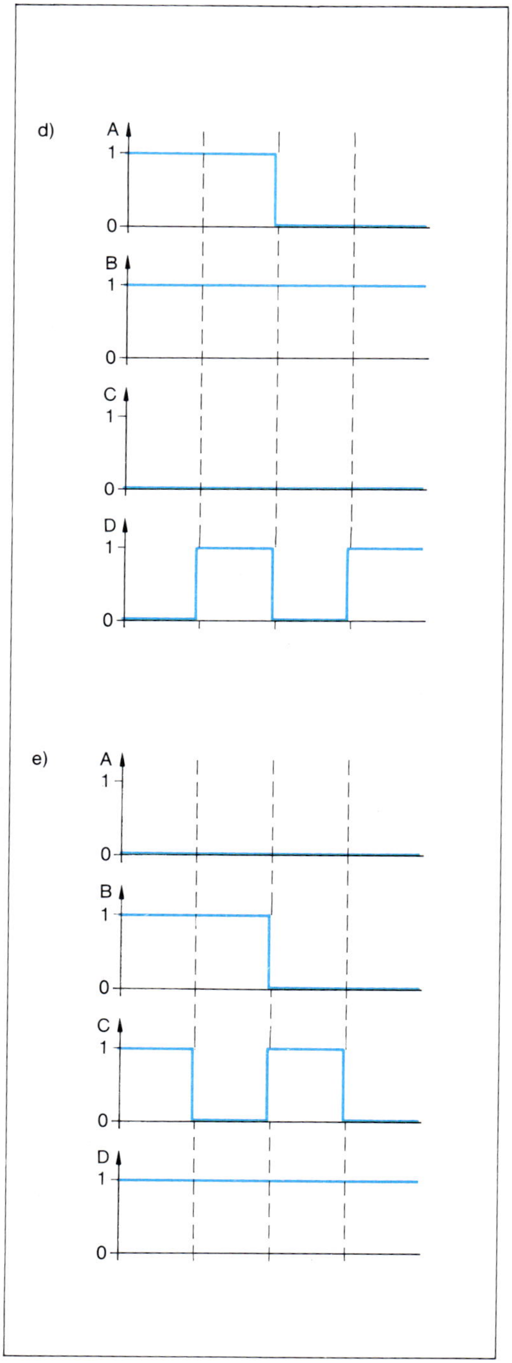

23 Schutzmaßnahmen

23.1 Fehlerstromkreis

▶ Wie groß ist der Fehlerstrom bei einer Netzspannung von 230 V, wenn die Widerstände $R_F = 50\ \Omega$; $R_K = 1500\ \Omega$ und $R_Ü = 5000\ \Omega$ betragen?

Fehlerstrom	I_F	
Spannung gegen Erde	U_0	
Isolationswiderstand an der Fehlerstelle	R_F	
Körperwiderstand	R_K	
Standortübergangswiderstand	R_{st}	

Ersatzschaltbild

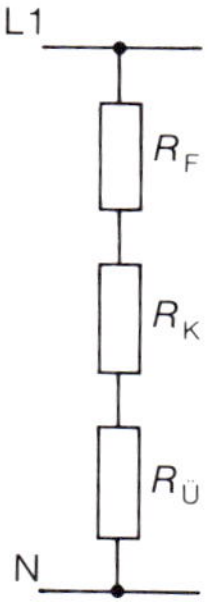

$$I_F = \frac{U_0}{R_F + R_K + R_{st} + R_L + R_0}$$

Die Widerstände der Leitungen R_L und des Erders R_E können häufig vernachlässigt werden.

Standortübergangswiderstand	R_{st}

$$R_{st} = \frac{U_0 - U_1}{U_1} \cdot R_i$$

Innerer Widerstand des Meßgerätes	R_i

Beispiellösung:

Gegeben: $U_0 = 230\ \text{V}$; $R_F = 50\ \Omega$; $R_K = 1500\ \Omega$; $R_{st} = 5000\ \Omega$

Gesucht: I_F

$$I_F = \frac{U_0}{R_F + R_K + R_{st}}$$

$$I_F = \frac{230\ \text{V}}{50\ \Omega + 1500\ \Omega + 5000\ \Omega}; \qquad \underline{\underline{I_F = 35\ \text{mA}}}$$

Aufgaben

1. Im Fehlerstromkreis nach Abb. 1 befinden sich die Widerstände $R_F = 100\ \Omega$; $R_K = 1200\ \Omega$ und $R_{st} = 6000\ \Omega$.

a) Wie groß wird der Fehlerstrom bei einer Netzspannung von 235 V?

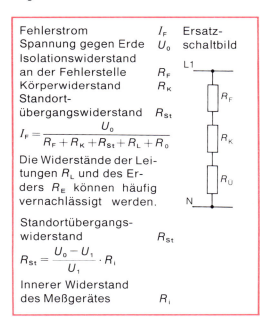

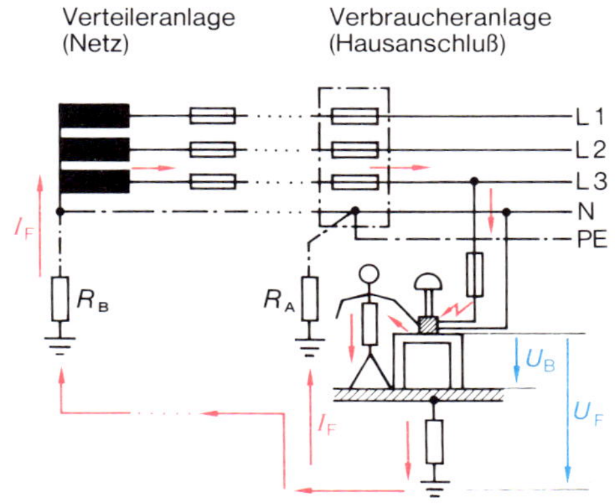

Berührungs- und Fehlerspannung bei Körperschluß

U_B Berührungsspannung

U_F Fehlerspannung

Abb. 1: Fehlerstromkreis

b) Welche Werte nimmt der Fehlerstrom an, wenn der Übergangswiderstand am Standort auf 8 kΩ bzw. 10 kΩ vergrößert wird?

2. Für Wechselspannungen ist die sogenannte „Loslaßgrenze" mit 10 mA angegeben. Wie groß muß der Gesamtwiderstand im Fehlerstromkreis sein, wenn die Netzspannung 224 V beträgt?

3. Der Standortübergangswiderstand eines PVC-Fußbodenbelages beträgt laut Angabe des Herstellers 200 kΩ. Bei der Netzspannung von 235 V wird mit einem hochohmigen Spannungsmesser die Spannung von 5,8 V zwischen Außenleiter und Standort gemessen. Wie groß ist der Innenwiderstand des Meßgerätes?

4. Aus Versehen wird von einer Person ($R_K = 2000\ \Omega$), die auf einem PVC-Boden ($R_{st} = 200\ \text{k}\Omega$) steht, der spannungsführende Leiter ($U_0 = 220\ \text{V}$) berührt.

a) Wie groß ist die Berührungsspannung?

b) Wie groß wird die Berührungsspannung bei 12 kΩ Standortübergangswiderstand?

c) Wie groß wird in beiden Fällen der Fehlerstrom?

5. Laut Abb. 1 soll der Standortübergangswiderstand mit Hilfe eines hochohmigen Meßgerätes ($R_i = 10\,k\Omega$) bestimmt werden. Die Spannungsmessungen ergeben folgende Werte:
Außenleiter gegen Erde: $U_0 = 228\,V$,
Außenleiter gegen Standort: $U_1 = 12\,V$.
Bestimmen Sie den Standortwiderstand!

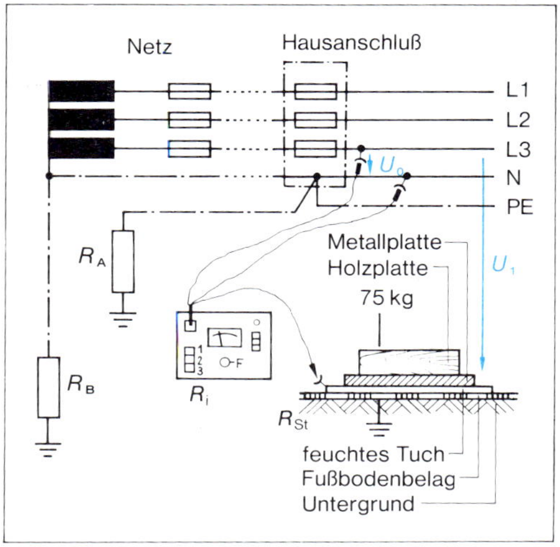

Abb. 1: Meßschaltung zur Bestimmung des Standortübergangswiderstandes

6. An einem elektrischen Verbraucher (Betriebsspannung: 220 V) liegt ein Körperschluß ($R_F = 0\,\Omega$) vor. Das Metallgehäuse, das versehentlich nicht geerdet ist, wird von einer Person ($R_K = 1500\,\Omega$) berührt. Welche Werte haben Fehlerstrom und Berührungsspannung, wenn die Person
a) auf Fußboden (60 kΩ) und
b) auf feuchtem Boden (500 Ω) steht?
c) Wie groß werden Fehlerstrom und Berührungsspannung, wenn im Fehlerfall die Person gleichzeitig mit dem geerdeten Heizkörper ($R_{St} = 10\,\Omega$) in Berührung kommt?

7. An einer Fehlerstelle liegt ein Isolationswiderstand von 60 Ω vor. Der Körperwiderstand wird mit 1500 Ω angenommen. Wie groß müssen die Standortübergangswiderstände sein, wenn die Berührungsspannungen
a) $\leq 25\,V$, b) $\leq 50\,V$ betragen?
Berechnen Sie den jeweiligen Fehlerstrom! Die Anlage hat die Netzspannung 380/220 V, 50 Hz.

7. Der elektrische Widerstand R_K vom Menschen kann bei der Spannung 220 V folgende Werte annehmen:
a) 1000 Ω, b) 1800 Ω, c) 3000 Ω.
Wie groß ist jeweils der Fehlerstrom, wenn $R_F = 50\,\Omega$ und $R_{St} = 4\,k\Omega$ betragen?

8. Bei einer Netzspannung von 225 V mißt man einen Fehlerstrom von
a) 20 mA, b) 40 mA, c) 60 mA.
Wie groß müssen Körperwiderstand und Übergangswiderstand am Standort zusammen sein, wenn $R_F = 50\,\Omega$ beträgt?

9. Wenn der Standortübergangswiderstand an keiner Stelle den Wert von 50 kΩ unterschreitet, gilt der Fußboden als isolierend. Wie groß werden im Fehlerfall die Fehlerströme bei
a) 125 V, b) 220 V, d) 500 V?

10. Welche Spannung müßte ein hochohmiges Spannungsmeßgerät ($R_i = 6\,k\Omega$) anzeigen, wenn bei der Netzspannung $U_0 = 235\,V$ der Standortübergangswiderstand 36 kΩ beträgt?

11. In welchem Verhältnis stehen der Innenwiderstand des Spannungsmeßgerätes zum Standortübergangswiderstand, wenn bei der Netzspannung $U_0 = 230\,V$ zwischen Außenleiter und Standort eine Spannung von a) $U_1 = 5\,V$, b) $U_1 = 10\,V$ und c) $U_1 = 20\,V$ gemessen wird?

12. Wie groß ist der Standortübergangswiderstand, wenn aufgrund der Messung die Spannung zwischen Außenleiter und Standort auf 8% der Netzspannung ($U_0 = 220\,V$) absinkt? Der Innenwiderstand des Meßgerätes beträgt 5 kΩ!

13. Eine Person ($R_K = 1800\,\Omega$), die auf einem PVC-Boden ($R_{St} = 180\,k\Omega$) steht, berührt versehentlich den spannungsführenden Leiter ($U_0 = 235\,V$).
a) Bestimmen Sie die Berührungsspannung!
b) Wie groß darf der Standortübergangswiderstand werden, damit die Bedingung gilt: $U_B \leq 50\,V$?
c) Wie groß wird in beiden Fällen der Fehlerstrom?

23.2 Schutzmaßnahmen im TN-Netz

► In einer elektrischen Anlage (380/220 V, 50 Hz) im TN-Netz kommt es zu einem Erdschluß. Der betreffende Stromkreis ist in der Verteilung mit einer 16 A Leitungsschutz-Sicherung abgesichert.

a) Geben Sie nach der Tabelle auf S. 242 den mittleren Wert für den Abschaltstrom an, wenn mit einer Abschaltung nach 0,2 s gerechnet wird!

b) Wie groß ist der Kurzschlußstrom bei einer Schleifenimpedanz von 2,4 Ω?

c) Ab welcher Schleifenimpedanz wäre die Abschaltung nach 0,2 s nicht mehr gewährleistet?

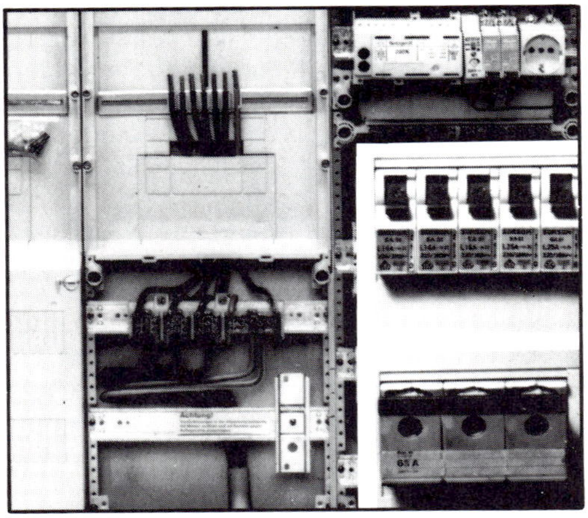

Abb. 2: Hauptleitung zum Zähler und Stromkreisverteiler

Schaltbild zur Bestimmung der Schleifenimpedanz

Kurzschlußstrom I_k

$$I_k = \frac{U_0}{Z_S}$$

Schleifenimpedanz Z_S

$$Z_S = \frac{U_0 - U_1}{I}$$

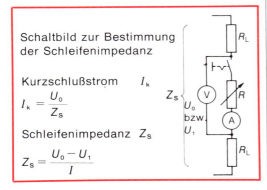

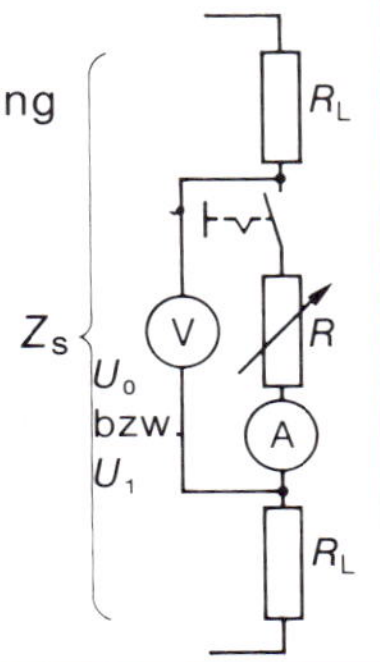

Beispiellösung:

Gegeben: $U_0 = 220\,V$; $I_N = 16\,A$; $Z_{S1} = 2{,}4\,\Omega$
Gesucht: I_A; I_k; Z_{S2}

a) $\underline{\underline{I_A = 118\,A}}$ Mittlerer Wert nach Tab. S. 242

b) $I_k = \frac{U_0}{R_{Sch\,1}}$; $\quad I_k = \frac{220\,V}{2{,}4\,\Omega}$; $\quad \underline{\underline{I_k = 91{,}7\,A}}$

c) $Z_{S2} = \frac{U_0}{I_A}$

$Z_{S2} = \frac{220\,V}{83\,A}$ $\quad \underline{\underline{Z_{S2} > 2{,}65\,\Omega}}$

Aufgaben

1. Zwei Stromkreise sind mit Leitungsschutz-Sicherungen von 6 A und 10 A abgesichert. Wie groß sind die jeweiligen Abschaltströme (mittlere Werte) im Fehlerfall, wenn die Ausschaltzeit 0,2 s betragen soll?

2. Durch Messung wurden in zwei elektrischen Anlagen die Schleifenimpedanzen 3,3 Ω und 2,2 Ω ermittelt.

a) Wie groß wird jeweils der Kurzschlußstrom bei einer Spannung von 230 V?

b) Kann in den Anlagen zur Absicherung eine Leitungsschutz-Sicherung (16 A) verwendet werden, wenn die Ausschaltzeit 0,2 s betragen soll?

3. In einer elektrischen Anlage (380/220 V; 50 Hz) wird ein Stromkreis mit einer Leitungsschutz-Sicherung (20 A) abgesichert. Die Schleifenimpedanz der Anlage beträgt 1,9 Ω.

a) Bestimmen Sie die Größen I_K und I_A!

b) Beurteilen Sie die Funktionsfähigkeit der Anlage im Kurzschlußfall, wenn die Ausschaltung bei 0,2 s erfolgen soll!

4. In einer Verbraucheranlage im TN-C-S-Netz werden mit Meßgeräten nach dem nebenstehenden Schaltbild folgende Werte gemessen:

a) $U_0 = 228\,V$ (Schalter offen),

b) $U_1 = 202\,V$ und c) $I = 16\,A$ (Schalter geschlossen).

Bestimmen Sie die Schleifenimpedanz und den Kurzschlußstrom der Anlage!

5. Bei Belastung eines Verbraucherstromkreises mit 14 A sinkt die Netzspannung

a) von 230 V auf 226 V und

b) von 235 V auf 218 V ab.

Berechnen Sie die Schleifenimpedanz und den Kurzschlußstrom der Anlage!

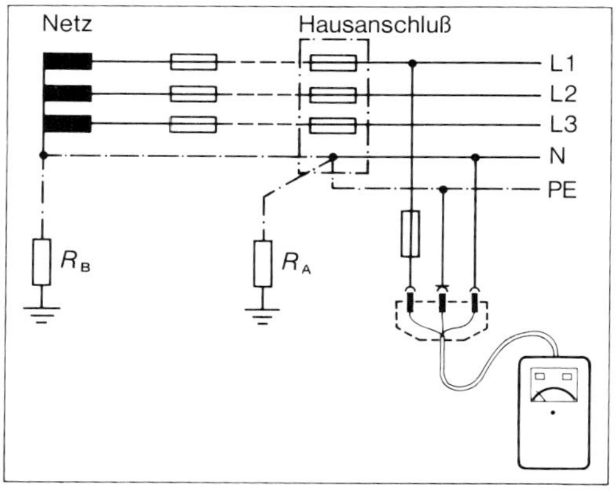

Abb. 1: Messung der Schleifenimpedanz

6. In elektrischen Anlagen (380/220 V, 50 Hz) werden nach Abb. 1 folgende Schleifenimpedanzen direkt gemessen:

a) 0,5 Ω c) 2,5 Ω

b) 1,5 Ω d) 4 Ω

Beurteilen Sie die Einsetzbarkeit von Leitungsschutz-Sicherungen mit den Nennstromstärken 20 A und 25 A bei der Anwendung im TN-C-S-Netz! Die Ausschaltzeit soll 0,2 s betragen!

7. Wie groß darf die Schleifenimpedanz in einer elektrischen Anlage ($U_0 = 220$ V) im TN-C-S-Netz sein, damit eine Auslösung (0,2 s) der Leitungsschutz-Sicherung 16 A erfolgt?

Sicherungs-nennstrom	Auslösebereich für den Abschaltstrom[1])
6 A	26 A ... 56 A
10 A	48 A ... 96 A
16 A	83 A ... 153 A
20 A	112 A ... 192 A
25 A	153 A ... 261 A
35 A	215 A ... 369 A
50 A	329 A ... 584 A
63 A	430 A ... 764 A

Abb. 2: Abschaltströme von Leitungsschutz-Sicherungen bei einer Ausschaltzeit von 0,2 s

[1]) Die Werte für die Abschaltströme wurden aus den Diagrammen „Zeit/Strom-Bereiche für Leitungsschutz-Sicherungen" der DIN 57 636/VDE 0636 ermittelt.

8. Wie groß ist die Schleifenimpedanz Z_S, wenn mit der Meßschaltung folgende Werte ermittelt werden:
$U_0 = 232$ V; $U_1 = 208$ V; $I = 14$ A?

9. Bestimmen Sie zur Aufgabe 1 den auftretenden Kurzschlußstrom!
Welcher Wert muß sich ändern, wenn der Kurzschlußstrom das

a) 0,5fache bzw.

b) 2fache des errechneten Wertes beträgt?

Bestimmen Sie die entsprechende Größe!

10. Bei einer Messung in zwei elektrischen Anlagen werden die Schleifenimpedanzen 1,8 Ω und 2,2 Ω ermittelt.

a) Wie groß sind die Kurzschlußströme bei einer Netzspannung von 234 V?

b) Kann in den Anlagen zur Absicherung eine Leitungsschutz-Sicherung mit dem Nennstrom 20 A verwendet werden, wenn die Ausschaltzeit $t \leq 0{,}2$ s betragen soll? (Siehe Abb. 1)

11. Wie groß darf die Schleifenimpedanz im TN-Netz ($U_0 = 235$ V) sein, damit eine Auslösung ($t \leq 0{,}2$ s) folgender Leitungsschutz-Sicherungen erfolgt:

a) 4 A b) 10 A c) 20 A

d) 35 A e) 63 A f) 100 A?

Verwenden Sie zur Lösung die Auslösekennlinien aus Abb. 3!

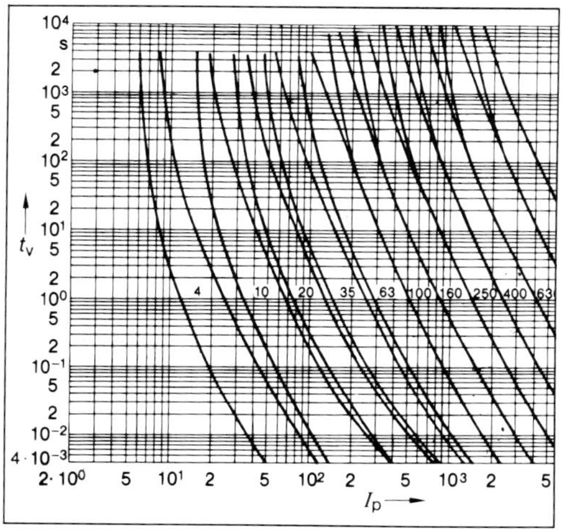

Abb. 3: Zeit-Strom-Bereiche für Leitungsschutz-Sicherungen nach DIN 57636 Teil 1/VDE 0636 Teil 1

23.3 Fehlerstrom-Schutzeinrichtung

▶ Der Erdungswiderstand einer elektrischen Anlage beträgt 160 Ω.
a) Wie groß ist der Fehlerstrom bei der zulässigen Berührungsspannung von 50 V?
b) Welcher FI-Schutzschalter ist auszuwählen?

Erdungswiderstand	R_A
Berührungsspannung	U_B
Fehlernennstrom	$I_{\Delta n}$

$$R_A = \frac{U_B}{I_{\Delta n}}$$

Beispiellösung:

Gegeben: $R_A = 160\ \Omega$; $U_B = 50\ \mathrm{V}$
Gesucht: $I_{\Delta n}$

a) $I_{\Delta n} = \dfrac{U_B}{R_A}$

$I_{\Delta n} = \dfrac{50\ \mathrm{V}}{160\ \Omega}$; $\underline{\underline{I_{\Delta n} = 0{,}3125\ \mathrm{A}}}$

b) Gewählt: FI-Schutzschalter mit $\underline{\underline{I_{\Delta n} = 0{,}3\ \mathrm{A}}}$

Aufgaben

1. Der Erdungswiderstand einer elektrischen Anlage beträgt 46 Ω.
a) Wie groß wird bei der höchstzulässigen Berührungsspannung von 50 V bzw. 25 V der mögliche Fehlerstrom?
b) Welche genormten FI-Schutzschalter müssen jeweils gewählt werden?

2. Wie groß wird die Berührungsspannung in einer mit FI-Schutzeinrichtung geschützten Anlage? Der Nennfehlerstrom des FI-Schutzschalters beträgt 0,5 A, der Erdungswiderstand 40 Ω.

3. Eine elektrische Anlage in einer landwirtschaftlichen Betriebsstätte wird mit einer FI-Schutzeinrichtung ($I_{\Delta n} = 0{,}3$ A) ausgestattet. Wie groß darf der Erdungswiderstand maximal sein?

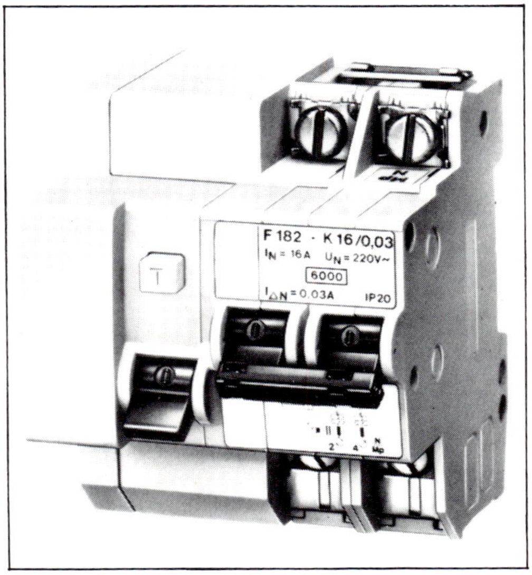

Abb. 4: Sicherungsautomat mit FI-Schutzschalter

4. In einer elektrischen Anlage ist durch einen Bruch der Schutzleiter unterbrochen. Beim Überbrücken der Fehlerspannung betragen der Körperwiderstand 1500 Ω und der Standortübergangswiderstand 500 Ω. Überprüfen Sie, ob in der Anlage (U_0 = 220 V) der FI-Schutzschalter ($I_{\Delta n} = 30$ mA) im Fehlerfall bei einer Berührungsspannung von 210 V auslöst!

5. Ein FI-Sicherungsautomat hat eine Fehlerstromauslösung von 10 mA bzw. 30 mA. Wie hoch kann die maximale Berührungsspannung werden, wenn ein relativ hoher Erdungswiderstand von 1,5 kΩ vorliegt?

6. In einer elektrischen Anlage mit einem FI-Schutzschalter ($I_{\Delta n} = 1$ A) steigt im Fehlerfall die Berührungsspannung U_B in nichtzulässiger Weise auf 85 V an. Der Erdungswiderstand der Anlage beträgt 120 Ω.
a) Wie groß ist der Fehlerstrom?
b) Welchen Nennfehlerstrom müßte der FI-Schutzschalter haben, damit die Anlage vorschriftsmäßig abgeschaltet wird?
c) Wie groß kann nach Auswechslung des FI-Schutzschalters die maximale Berührungsspannung werden?

7. Die höchstzulässigen Berührungsspannungen betragen 25 V und 50 V. Der Erdungswiderstand der Anlage ist mit $R_A = 54\ \Omega$ angegeben.
a) Wie groß sind die möglichen Fehlerströme?
b) Welche genormten FI-Schutzschalter müssen gewählt werden?
c) Wie groß können die Berührungsspannungen bei den gewählten FI-Schutzschaltern höchstens werden?

8. Zu folgenden FI-Schutzschaltern mit den Nennfehlerströmen $I_{\Delta n}$
0,01 A; 0,03 A; 0,3 A; 0,5 A und 1 A sollen die maximalen Erdungswiderstände berechnet werden
a) bei der max. Berührungsspannung 50 V,
b) bei der max. Berührungsspannung 25 V.
c) Legen Sie mit den Werten eine entsprechende Tabelle an!

9. Ein FI-Schutzschalter mit dem Nennfehlerstrom 0,03 A befindet sich in Anlagen mit folgenden Erdungswiderständen:
a) 500 Ω b) 800 Ω
c) 1200 Ω d) 1500 Ω
Wie hoch kann die Berührungsspannung höchstens werden?

10. In einer elektrischen Anlage mit einem FI-Schutzschalter ($I_{\Delta n} = 0{,}3$ A) steigt im Fehlerfall die Berührungsspannung U_B in nichtzulässiger Weise auf 68 V an. Der Erdungswiderstand der Anlage ist mit 800 Ω angegeben.
a) Bestimmen Sie den Fehlerstrom!
b) Welchen Nennfehlerstrom müßte der FI-Schutzschalter bei vorschriftsmäßiger Abschaltung haben?

11. Überprüfen Sie die Betriebssicherheit der elektrischen Anlage mit einem FI-Schutzschalter ($I_{\Delta n} = 0{,}3$ A) und dem Erdungswiderstand von 90 Ω unter dem Gesichtspunkt „Schutz von Menschen“ und „Schutz von Nutztieren“!

12. Der Erdungswiderstand ($R_A = 600\ \Omega$) wird durch einen zusätzlichen Banderder auf 50% herabgesetzt. Um welchen Wert ändert sich die Berührungsspannung bei $I_{\Delta n} = 0{,}03$ A?

23.4 Erdungswiderstand

▶ Der Erdungswiderstand (Ausbreitungswiderstand) einer elektrischen Anlage soll nach folgender Schaltung über die Strom- und Spannungsmessung bestimmt werden. Mittels eines Vorwiderstandes R_v wird bei einer Stromstärke von 0,6 A eine Spannung von 18 V gemessen.
Bestimmen Sie den Erdungswiderstand R_E der Anlage!

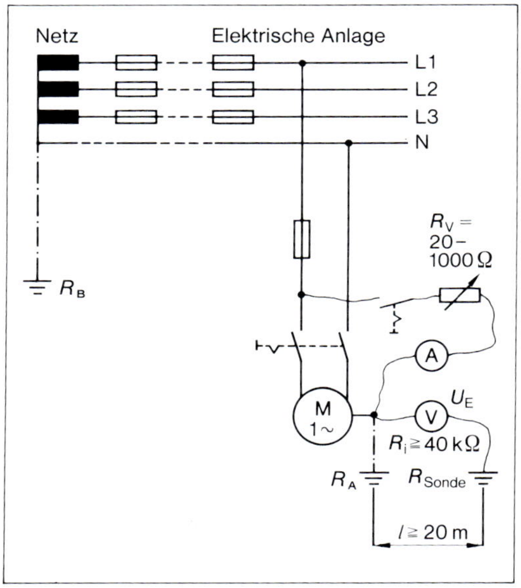

Abb. 1: Meßschaltung zur Bestimmung des Erdungswiderstandes

Erdungswiderstand R_A

$$R_A = \frac{U_E}{I}$$

Beispiellösung:

Gegeben: $U_E = 18$ V; $I = 0{,}6$ A
Gesucht: R_A

$$R_A = \frac{U_E}{I};$$

$$R_A = \frac{18\ \text{V}}{0{,}6\ \text{A}}$$

$$\underline{\underline{R_A = 30\ \Omega}}$$

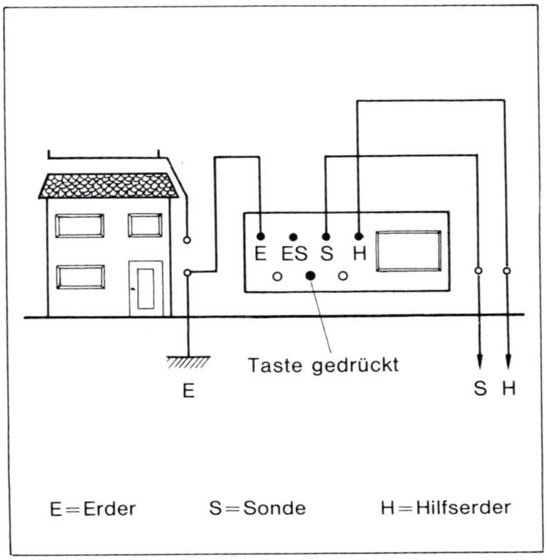

Abb. 2: Meßschaltung zur Bestimmung des Erdungswiderstandes

Aufgaben

1. Wie groß ist jeweils der Erdungswiderstand R_A, wenn mit der Strom- und Spannungsmessung folgende Werte gemessen werden:
a) $I = 0{,}5\,\text{A}$; $U_E = 22\,\text{V}$;
b) $I = 1{,}2\,\text{A}$; $U_E = 30\,\text{V}$?

2. Wie groß sind die angezeigten Werte für die Spannung, wenn bei einem jeweils eingestellten Strom von 250 mA der Erdungswiderstand (Banderder) folgende Werte hat:
a) 20 Ω; b) 10 Ω; c) 5 Ω; d) 3 Ω?

3. Bei welcher Fehlerspannung schaltet der FI-Schutzschalter für $I_{\Delta n} = 0{,}3\,\text{A}$, wenn der maximale Erdungswiderstand 80 Ω beträgt?

4. Wie groß dürfen die Erdungswiderstände bei der FI-Schutzschalteinrichtung höchstens sein, wenn die Fehlernennströme a) 1 A; b) 0,3 A; c) 0,5 A betragen, und die Anlage bei einer Fehlerspannung von $U_F \leq 50\,\text{V}$ abgeschaltet werden soll?

5. Bestimmen Sie den maximalen Erdungswiderstand bei einer Fehlerspannung a) 25 V und b) 50 V für einen FI-Schutzschalter mit den Werten $I_N = 63\,\text{A}$; $U_N = 380\,\text{V}$; $I_{\Delta n} = 30\,\text{mA}$!

6. Bestimmen Sie den Erdungswiderstand R_A, wenn durch eine Strom- und Spannungsmessung folgende Werte ermittelt wurden:
a) $I = 0{,}8\,\text{A}$; $U_E = 24\,\text{V}$
b) $I = 125\,\text{mA}$; $U_E = 6{,}5\,\text{V}$
c) $I = 450\,\text{mA}$; $U_E = 16\,\text{V}$
d) $I = 1{,}4\,\text{A}$; $U_E = 20\,\text{V}$

7. Wie groß kann die maximale Fehlerspannung bei einem Erdungswiderstand von 95 Ω und einem möglichen Einsatz folgender FI-Schutzschalter werden:
a) $I_{\Delta n} = 0{,}03\,\text{A}$ b) $I_{\Delta n} = 0{,}3\,\text{A}$
c) $I_{\Delta n} = 0{,}5\,\text{A}$ d) $I_{\Delta n} = 1{,}0\,\text{A}$?

8. In verschiedenen elektrischen Anlagen wurden folgende Erdungswiderstände ermittelt:
a) $R_A = 16\,\Omega$ b) $R_A = 24\,\Omega$
c) $R_A = 45\,\Omega$ d) $R_A = 75\,\Omega$
e) $R_A = 90\,\Omega$ f) $R_A = 120\,\text{A}$
Welche Fehlerströme treten jeweils bei einer gemessenen Fehlerspannung von 25 V auf?

9. Eine elektrische Anlage hat einen Erder mit einem Erdungswiderstand von $R_{A1} = 240\,\Omega$. Zur Verbesserung der Erdung wird ein zweiter Erder mit einem Erdungswiderstand von $R_{A2} = 120\,\Omega$ gesetzt. Bei welcher Fehlerspannung schaltet der FI-Schutzschalter
a) $I_{\Delta n} = 0{,}3\,\text{A}$; b) $I_{\Delta n} = 0{,}5\,\text{A}$ ab?

10. In zwei elektrischen Anlagen soll mittels FI-Schutzeinrichtung
a) $I_{\Delta n} = 0{,}3\,\text{A}$; b) $I_{\Delta n} = 0{,}5\,\text{A}$
jeweils bei einer Fehlerspannung von etwa 20 V eine Abschaltung erfolgen. Der vorhandene Erder mit dem Erdungswiderstand $R_{A1} = 215\,\Omega$ reicht nicht aus und soll verbessert werden. Bestimmen Sie die Größe des Erdungswiderstandes eines zweiten Erders!

11. In steinigem Boden ($\varrho = 3000\,\Omega\text{m}$) beträgt bei einem Banderder von 10 m Länge der Erdungswiderstand ca. 600 Ω. Bei Erweiterung werden zusätzlich 20 m Bandstahl verlegt.
a) Bestimmen Sie den neuen Erdungswiderstand!
b) Wie groß darf dann bei Kontrollmessung die Spannung U_E bei $I = 0{,}08\,\text{A}$ werden?

24 Elektrische Anlagen

24.1 Leitungen in Gleichstromanlagen

▶ Über eine 28 m lange Kupferleitung nach Abb. 1 wird eine Leistung von 1,8 kW bei einer Gleichspannung von 110 V übertragen. Der Spannungsfall soll 3% nicht überschreiten.

a) Bestimmen Sie die Stromstärke!

b) Welcher Leiterquerschnitt ist bei Verlegungsart nach Gruppe 2 zuzuordnen?

c) Reicht dieser Leiterquerschnitt unter Berücksichtigung des Spannungsabfalls?

d) Bestimmen Sie die Verlustleistung in Watt und Prozent für den Normquerschnitt!

Leiterquerschnitt q
Spannungsfall ΔU

$$\Delta U = \frac{2 \cdot l \cdot I}{\varkappa \cdot q}; \quad \Delta U = \frac{2 \cdot l \cdot P}{\varkappa \cdot U \cdot q}$$

Prozentualer Spannungsfall Δu

$$\Delta u = \frac{\Delta U}{U_N} \cdot 100\%$$

Verlustleistung P_v

$$P_v = \Delta U \cdot I; \quad P_v = \frac{2 \cdot l \cdot I^2}{\varkappa \cdot q}$$

Prozentuale Verlustleistung $P_{v\%}$

$$P_{v\%} = \frac{P_v}{P} \cdot 100\%$$

Beispiellösung:

Gegeben: $U = 110\,\text{V}$; $P = 1{,}8\,\text{kW}$; $l = 28\,\text{m}$; $\varkappa = 56\,\frac{\text{MS}}{\text{m}}$; Gruppe 2 $\Delta u \leq 3\%$ $(\Delta U \leq 3{,}3\,\text{V})$

Gesucht: I; $q_{\text{Tab.}}$; q_{Norm}; P_v; $P_{v\%}$

a) $I = \frac{P}{U}$; $\quad I = \frac{1800\,\text{W}}{110\,\text{V}}$; $\quad \underline{\underline{I = 16{,}36\,\text{A}}}$

b) $\underline{\underline{q_{\text{Tab.}} = 2{,}5\,\text{mm}^2}}$ (Tab. 1; S. 122)

c) $q = \frac{2 \cdot l \cdot P}{\varkappa \cdot U \cdot \Delta U}$; $\quad q = \frac{2 \cdot 28\,\text{m} \cdot 1800\,\text{W}}{56\,\frac{\text{MS}}{\text{m}} \cdot 110\,\text{V} \cdot 3{,}3\,\text{V}}$

$q = 4{,}96\,\text{mm}^2$

Gewählter Leiterquerschnitt: $\underline{\underline{q_{\text{Norm}} = 6\,\text{mm}^2}}$

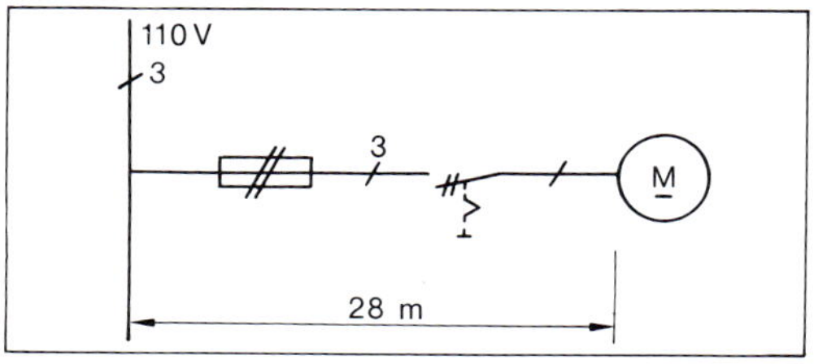

Abb. 1: Anschluß eines Gleichstrommotors

d) $P_v = \frac{2 \cdot l \cdot I^2}{\varkappa \cdot q}$ $\quad \underline{\underline{P_v = 44{,}6\,\text{W}}}$

$$P_v = \frac{2 \cdot 28\,\text{m} \cdot (16{,}36\,\text{A})^2}{56\,\frac{\text{MS}}{\text{m}} \cdot 6\,\text{mm}^2}$$

$$P_{v\%} = \frac{P_v}{P} \cdot 100\%$$

$P_{v\%} = \frac{44{,}6\,\text{W}}{1800\,\text{W}} \cdot 100\%$; $\quad \underline{\underline{P_{v\%} = 2{,}48\%}}$

Aufgaben

1. Ein 50 m langes Aluminiumkabel (Verlegung nach Gruppe 1) führt zu einer Verbraucheranlage. Bei gleichzeitiger Inbetriebnahme aller Verbraucher fließt ein Strom von 30 A. Der Spannungsfall soll 3% der Betriebsspannung 220 V nicht überschreiten. Welchen Leiterquerschnitt muß das Kabel mindestens haben?

2. Eine 45 m lange Kupferleitung mit einem Querschnitt von 6 mm² führt zu einer Anlage elektrischer Verbraucher. Der Spannungsfall soll 3% der Betriebsspannung von 220 V nicht überschreiten. Wie groß darf die Leistung der angeschlossenen Verbraucher insgesamt sein?

3. Bei einem Betriebsstrom von 14 A in einer 80 m langen Kupferleitung (Verlegung nach Gruppe 1) soll bei einer Netzspannung von 440 V der Leistungsverlust höchstens 5% betragen.

a) Wie groß wird für den angegebenen Leistungsverlust der Leiterquerschnitt?

b) Bestimmen Sie den Normquerschnitt!

c) Führen Sie eine Kontrollrechnung zum prozentualen Leistungsverlust durch!

4. Eine 220 V-Gleichstromleitung aus Kupfer soll nach Verlegungsart der Gruppe 1 zu einer Anlage elektrischer Verbraucher verlegt werden. Deren Leistung beträgt insgesamt 3,2 kW. Die Länge der Leitung ist 36 m.
a) Wie groß ist der Leiterstrom bei voller Last?
b) Welcher Leiterquerschnitt ist zu wählen, damit der Spannungsfall 3% nicht übersteigt?
c) Berechnen Sie für q_{Norm} den Spannungsfall in Volt und Prozent!
d) Wie groß ist die Verlustleistung in Watt und Prozent?

5. Eine Signalhupe für 12 V/1,2 A wird durch ein Netzgerät betrieben. Die Entfernung zwischen Netzgerät und Signalhupe beträgt 120 m, es wird eine Kupferleitung mit 1 mm² Querschnitt verlegt.
a) Berechnen Sie den Spannungsfall!
b) Wie groß muß die Ausgangsspannung des Netzgerätes sein?

6. Die Strombelastbarkeit einer Leitung soll a) verdoppelt und b) vervierfacht werden. Wie ändern sich bei gleichem Leiterquerschnitt und gleicher Betriebsspannung der Spannungsfall und die Verlustleistung?

Auszug aus Tab. 2 der DIN 57 100 Teil 523/VDE 0100 Teil 523 „Strombelastbarkeit I_Z isolierter Leitungen und nicht im Erdreich verlegter Kabel bei Umgebungstemperaturen von 30 °C"

Nennquerschnitt mm²	Gruppe 1 Cu A	Gruppe 1 Al A	Gruppe 2 Cu A	Gruppe 2 Al A	Gruppe 3 Cu A	Gruppe 3 Al A
0,75	—	—	12	—	15	—
1	11	—	15	—	19	—
1,5	15	—	18	—	24	—
2,5	20	15	26	20	32	26
4	25	20	34	27	42	33
6	33	26	44	35	54	42
10	45	36	61	48	73	57
16	61	48	82	64	98	77
25	83	65	108	85	129	103
35	103	81	135	105	158	124
50	132	103	168	132	198	155

24.2 Leitungen in Wechselstromanlagen

Ein Wechselstrommotor mit dem Leistungsschild nach Abb. 2 wird über eine 44 m lange Leitung (Cu, Gruppe 2) an das Netz fest angeschlossen. Der Spannungsfall soll 3% der Netzspannung nicht überschreiten.
a) Bestimmen Sie den Leiterquerschnitt nach Tab. 1; S. 248!
b) Kontrollieren Sie den Spannungsfall!
c) Welche Leitungsschutzsicherung muß gewählt werden?

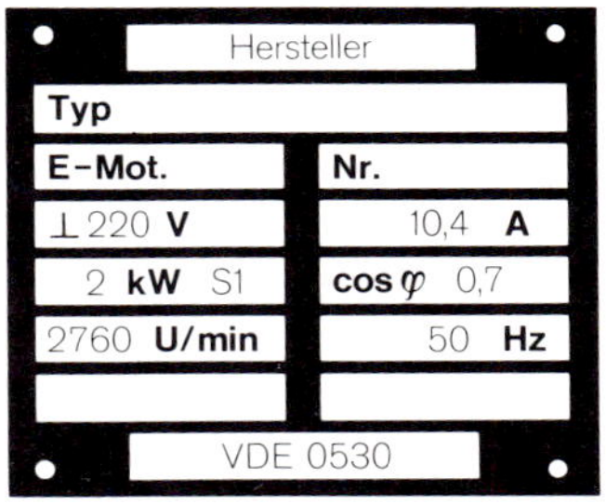

Abb. 2: Leistungsschild eines Wechselstrommotors

Der Blindwiderstand der Leitung bzw. des Kabels wird gegenüber dem Wirkwiderstand vernachlässigt!

Leiterquerschnitt q
Spannungsfall ΔU

$$\Delta U = \frac{2 \cdot l \cdot I \cdot \cos\varphi}{\varkappa \cdot q}$$

$$\Delta U = \frac{2 \cdot l \cdot P}{\varkappa \cdot U \cdot q}$$

U_1: Spannung in der Verteilung
U_2: Spannung am Verbraucher

Verlustleistung P_v

$$P_v = \frac{2 \cdot l \cdot I^2}{\varkappa \cdot q}$$

$$P_v = \frac{2 \cdot l}{\varkappa \cdot q} \cdot \left(\frac{P}{U \cdot \cos\varphi}\right)^2$$

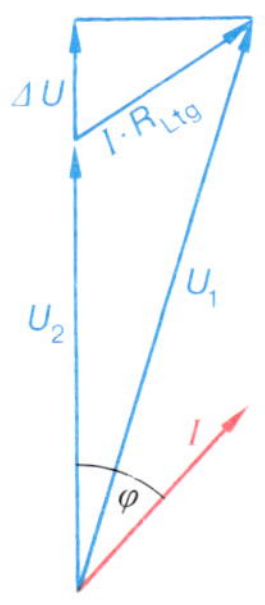

Zeigerdiagramm $\Delta U \approx I \cdot R_{Ltg}$, da Installationsleitungen als induktivitäts- und kapazitätsfrei angenommen werden können.

Beispiellösung:

Gegeben: $U = 220\,\text{V}$; $I = 10{,}4\,\text{A}$; $\cos\varphi = 0{,}7$;

$l = 44\,\text{m}$; $\varkappa = 56\,\frac{\text{MS}}{\text{m}}$; $\Delta u \leq 3\%$

$\Delta U \leq 6{,}6\,\text{V}$

Gesucht: q; ΔU; q_{Norm}; I_{N} der Sicherung

a) $q_{\text{Tab}} = 1{,}5\,\text{mm}^2$

b) $$\Delta U = \frac{2 \cdot l \cdot I \cdot \cos\varphi}{\varkappa \cdot q}$$

$$\Delta U = \frac{2 \cdot 44\,\text{m} \cdot 10{,}4\,\text{A} \cdot 0{,}7}{56\,\frac{\text{MS}}{\text{m}} \cdot 1{,}5\,\text{mm}^2}; \quad \Delta U = 7{,}63\,\text{V}$$

Bei $q_{\text{Norm}} = 2{,}5\,\text{mm}^2$: $\Delta U = 4{,}58\,\text{V} \leq 6{,}6\,\text{V}$

c) Nennstrom der Sicherung laut Tab. 1 der DIN 57100 Teil 430/VDE 0100 Teil 430: $I_{\text{N}} = 20\,\text{A}$

Auszug aus Tabelle 1 der DIN 57100 Teil 430/ VDE 0100 Teil 430 „Zuordnung von Leitungsschutzsicherungen und Leitungsschutzschaltern"

Nennquerschnitt mm²	Gruppe 1 Cu A	Gruppe 1 Al A	Gruppe 2 Cu A	Gruppe 2 Al A	Gruppe 3 Cu A	Gruppe 3 Al A
0,75	—	—	6	—	10	—
1	6	—	10	—	10	—
1,5	10	—	10[1])	—	20	—
2,5	16	10	20	16	25	20
4	20	16	25	20	35	25
6	25	20	35	25	50	35
10	35	25	50	35	63	50
16	50	35	63	50	80	63
25	63	50	80	63	100	80
35	80	63	100	80	125	100
50	100	80	125	100	160	125

[1]) Für Leitungen mit nur 2 belasteten Adern kann bis zur endgültigen internationalen Festlegung von deren Strombelastbarkeit weiterhin ein Schutzorgan von 16 A gewählt werden.

Aufgaben

1. Über eine 30 m lange Verlängerungsleitung (Cu, Gruppe 2) wird ein Wechselstrommotor an 220 V angeschlossen. Der Motor nimmt bei einem Leistungsfaktor von 0,75 einen Strom von 11 A auf. Der zulässige Spannungsfall beträgt 3%.
a) Wie groß ist der Spannungsfall in Volt und Prozent?
b) Welchen Querschnitt muß die Verlängerungsleitung haben?
c) Wie groß ist der Leistungsverlust in Watt und Prozent?

2. Eine 60 m lange Kupferleitung soll bei 220 V, 50 Hz einen Strom von 9 A bei einem Leistungsfaktor von 0,76 übertragen.
a) Welcher Spannungsfall tritt auf, wenn eine Leitung von 4 mm² geplant ist?
b) Welcher Leiterquerschnitt muß gewählt werden, damit der Spannungsfall von 3% nicht überschritten wird?
c) Bestimmen Sie die Verlustleistung in Watt und Prozent für den gewählten Leiterquerschnitt!
d) Welche Leitungsschutzsicherung ist laut Tab. 1 zu wählen, wenn Leitungsverlegung nach Gruppe 1 vorliegt?

3. Vorübergehend soll ein Elektrogerät mit 2 kW Leistungsaufnahme ($\cos\varphi = 1$) über eine Verlängerungsleitung aus Kupfer an 220 V angeschlossen werden. Der Spannungsfall soll 3% nicht überschreiten. Wie lang darf die Verlängerungsleitung maximal sein, wenn der Leiterquerschnitt
a) 1,5 mm²,
b) 2,5 mm² beträgt?

4. Über eine Anschlußleitung von 75 m Länge aus Kupfer soll zu elektrischen Verbrauchern eine Leistung von 2,4 kW bei einem Leistungsfaktor von 0,81 übertragen werden. Die Netzspannung beträgt 235 V, der Leiterquerschnitt 6 mm².
a) Wie groß ist der Leistungsverlust in Watt und Prozent?
b) Berechnen Sie den Spannungsfall in Volt und Prozent!
c) Wie ändert sich die Verlustleistung P_{v}, wenn bei gleichem Leistungsfaktor nur die halbe Leistung übertragen werden soll?
d) Welche Leitungsschutzsicherung ist zu wählen, wenn eine Leitungsverlegung nach Gruppe 2 vorliegt?

5. Von der Verteilung einer Wechselstromanlage ist eine Leitung (Cu, Gruppe 2) zu einem 26 m entfernten Heizgerät (2,4 kW) zu verlegen. Die Spannung beträgt 220 V, der Spannungsfall soll 3% nicht überschreiten.
a) Welcher Querschnitt ist nach Tab. 1 zu wählen?
b) Überprüfen Sie den Leiterquerschnitt nach dem zulässigen Spannungsfall!
c) Bestimmen Sie den tatsächlichen Spannungsfall in Volt und Prozent!
d) Wie groß ist die Verlustleistung in Watt und Prozent?

6. Der Wechselstrommotor mit dem Leistungsschild nach Abb. 1 auf S. 247 soll über eine 20 m lange Verlängerungsleitung mit $q = 2{,}5\,\text{mm}^2$ an die Verteilung angeschlossen werden.
a) Überprüfen Sie den Spannungsfall $\Delta u \leq 3\%$!
b) Welche Größen ändern sich, wenn ein weiterer Wechselstrommotor gleicher Größe in derselben Entfernung zugeschaltet werden soll? Bestimmen Sie die Werte der sich ändernden Größen!

7. Von der Verteilung soll über die Leitung ($l = 22$ m) mit $q = 4\,\text{mm}^2$ (Cu, Gruppe 2) eine Leistung übertragen werden. Die Netzspannung beträgt 220 V, der Leistungsfaktor ist 1!
a) Welche Leistung kann maximal übertragen werden?
b) Wie groß ist der Spannungsfall in Volt und Prozent?
c) Welche Leistung kann übertragen werden, wenn der Spannungsfall maximal 3% betragen darf?
d) Wie groß ist die maximale Leitungslänge?

8. Wie groß darf die Entfernung zwischen dem Aufstellungsort des Elektrogerätes ($\cos\varphi = 1$) und der Verteilung maximal sein, wenn folgende Werte gegeben sind: Cu-Leitung mit $q = 2{,}5\,\text{mm}^2$; $I = 18{,}5$ A; $U_N = 235$ V; $\Delta u \leq 3\%$.

9. Die Anlage der vorherigen Aufgabe (Nr. 8) wird durch eine 6 mm²-Cu-Leitung (Gruppe 2) erweitert. Welche Leistung kann maximal übertragen werden?

24.3 Verzweigte Wechselstromanlagen

Im dargestellten System (Abb. 1; S. 250) einer elektrischen Anlage mit unterschiedlichen Verbrauchern besteht die Hauptleitung aus Kupfer und ist nach Gruppe 2 verlegt.
a) Bestimmen Sie den mittleren Leistungsfaktor!
b) Wie groß ist der Gesamtstrom in der Hauptleitung bis zur ersten Abzweigung?
c) Bestimmen Sie den Leiterquerschnitt der Hauptleitung, wenn alle Verbraucher gleichzeitig eingeschaltet sind und der Spannungsfall 0,5% nicht überschreiten darf!
d) Wählen Sie die entsprechende Leitungsschutzsicherung!

Mittlerer Leistungsfaktor $\cos\varphi_m$

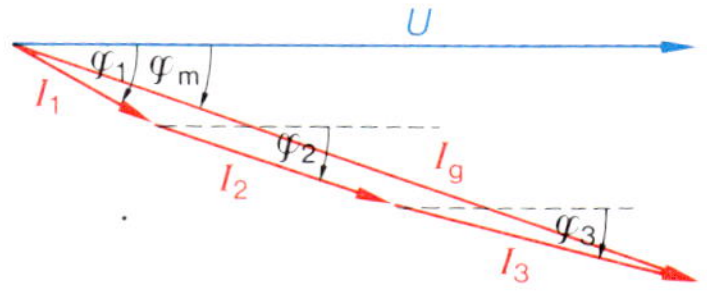

Spannungsfall ΔU; Verlustleistung P_v

$$\Delta U = \frac{2 \cdot \cos\varphi_m}{\varkappa \cdot q} \cdot \Sigma\,(I \cdot l); \quad P_v = \frac{2 \cdot \Sigma\,(I^2 \cdot l)}{\varkappa \cdot q}$$

$$\Sigma\,(I \cdot l) = I_1 \cdot l_1 + I_2 \cdot l_2 + I_3 \cdot l_3 + \ldots + I_n \cdot l_n$$

Σ (sigma) ist das Zeichen für Summe.

Beispiellösung:

Gegeben: $l_1 = 10$ m; $l_2 = 20$ m; $l_3 = 25$ m; $I_1 = 9$ A; $I_2 = 12$ A; $I_3 = 5$ A; $\cos\varphi_1 = 0{,}7$; $\cos\varphi_2 = 0{,}8$; $\cos\varphi_3 = 1$; $U = 220$ V; $\Delta u \leqq 0{,}5\%$; $\varkappa = 56\,\dfrac{\text{MS}}{\text{m}}$

Gesucht: φ_m; $\cos\varphi_m$; I_g; q_{Norm}; I_N

a) Zeichnerische Bestimmung des Leistungsfaktors und des Gesamtstromes

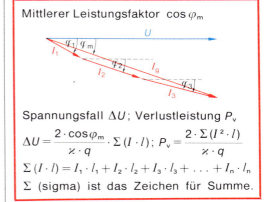

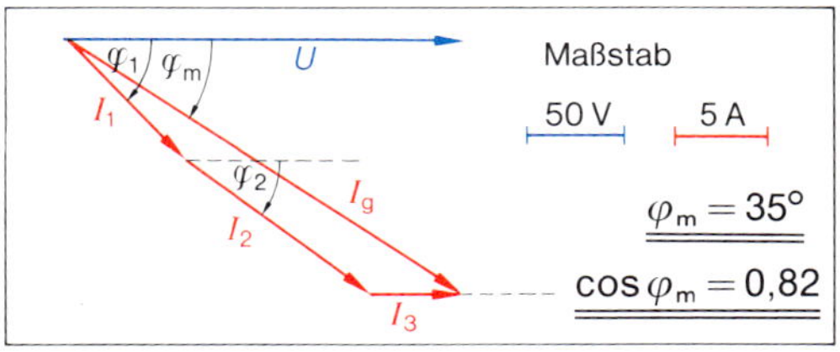

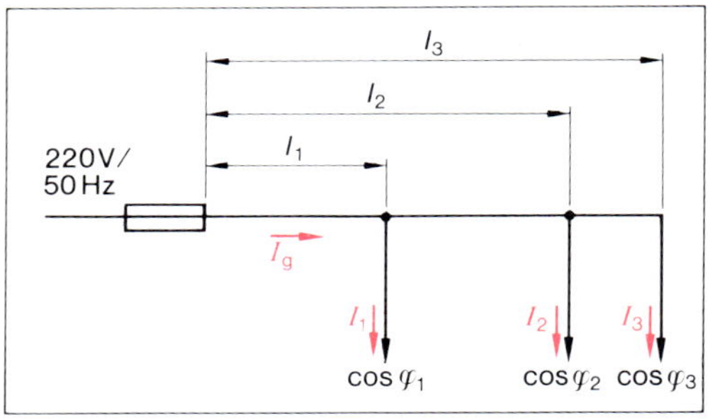

Abb. 1: Verzweigte Wechselstromanlage

b) $\underline{\underline{I_g = 26\,A}}$ im ersten Leitungsstück der Hauptleitung

c) $\Delta U = 1{,}1\,V$

$\Sigma(I \cdot l) = I_1 \cdot l_1 + I_2 \cdot l_2 + I_3 \cdot l_3$

$\Sigma(I \cdot l) = 9\,A \cdot 10\,m + 12\,A \cdot 20\,m + 5\,A \cdot 25\,m$

$\Sigma(I \cdot l) = 455\,Am$

$$q = \frac{2 \cdot \cos\varphi_m}{\varkappa \cdot \Delta U} \cdot \Sigma(I \cdot l)$$

$$q = \frac{2 \cdot 0{,}82}{56\,\frac{MS}{m} \cdot 1{,}1\,V} \cdot 455\,Am$$

$$\underline{\underline{q = 12{,}1\,mm^2}}$$

Gewählter Leiterquerschnitt:
$\underline{\underline{q_{Norm} = 16\,mm^2}}$

d) Nennstrom der Sicherung laut Tab. 1 der DIN 57 100 Teil 430/VDE 0100 Teil 430
$\underline{\underline{I_N = 63\,A}}$

Aufgaben

1. In der elektrischen Anlage nach Abb. 2 sind über Abzweigleitungen verschiedene elektrische Verbraucher angeschlossen. Die Hauptleitung aus Kupfer wird nach Gruppe 2 verlegt.
a) Bestimmen Sie die Stromstärke auf den jeweiligen Abschnitten der Hauptleitung!
b) Bestimmen Sie den Leiterquerschnitt nach Tab. 1! Der Spannungsfall soll 3% nicht überschreiten, führen Sie eine Kontrollrechnung durch!
c) Welchen Nennstrom hat die Leitungsschutzsicherung?

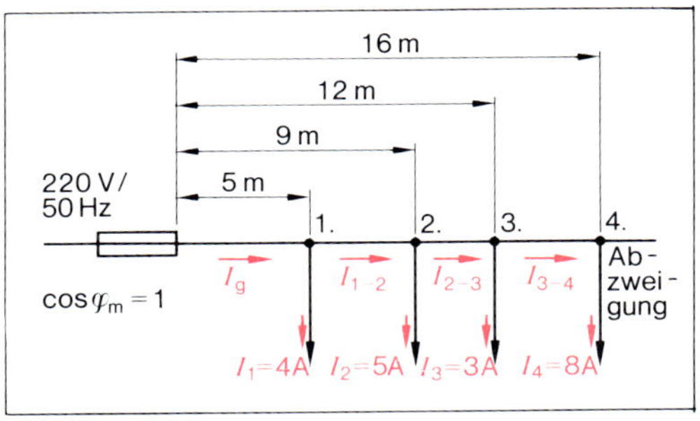

Abb. 2: Zu Aufgabe 1

2. Über 5 Abzweigleitungen einer elektrischen Anlage nach Abb. 3 werden gleichzeitig alle induktiven Verbraucher versorgt.
a) Bestimmen Sie den mittleren Leistungsfaktor der Anlage zeichnerisch!
b) Wie groß ist der Gesamtstrom in der Hauptleitung bis zur ersten Abzweigung? Zeichnen Sie das Zeigerdiagramm nach dem Maßstab: 50 V ≙ 1 cm; 2 A ≙ 1 cm!
c) Bestimmen Sie den Leiterquerschnitt der Zuleitung aus Kupfer, wenn der Spannungsfall 3% nicht überschreiten darf (Gruppe 1)!
d) Welche Leitungsschutzsicherung ist zu wählen?

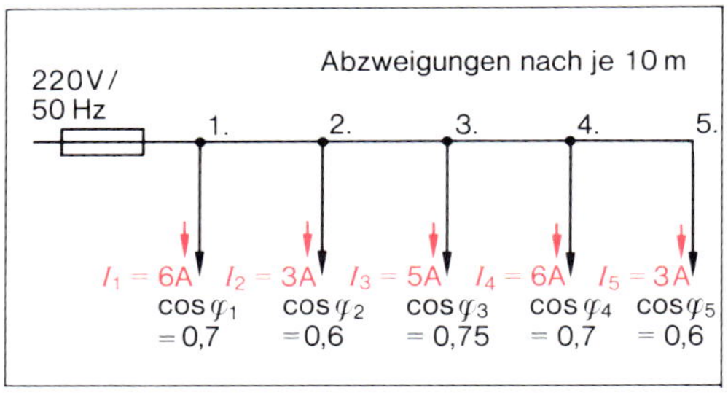

Abb. 3: Zu Aufgabe 2

3. In der dargestellten elektrischen Anlage (Abb. 4) sollen verschiedene elektrische Verbraucher gleichzeitig betrieben werden. Für die verlegte Hauptleitung aus Kupfer nach Gruppe 1 sind folgende Berechnungen durchzuführen:
a) Bestimmung des mittleren Leistungsfaktors (zeichnerisch)!
b) Bestimmung des Gesamtstromes für den Abschnitt in der Hauptleitung bis zur 1. Abzweigung!

c) Wahl des Leiterquerschnittes nach Tab. 1 der DIN 57 100 Teil 430/VDE 0100 Teil 430!
d) Spannungsfall in Volt und Prozent von der Netzspannung!
e) Reicht der Leiterquerschnitt aus, wenn 3% Spannungsfall nicht überschritten werden dürfen?
Zeichnen Sie das Zeigerdiagramm nach dem Maßstab: 50 V ≙ 1 cm; 2 A ≙ 1 cm!

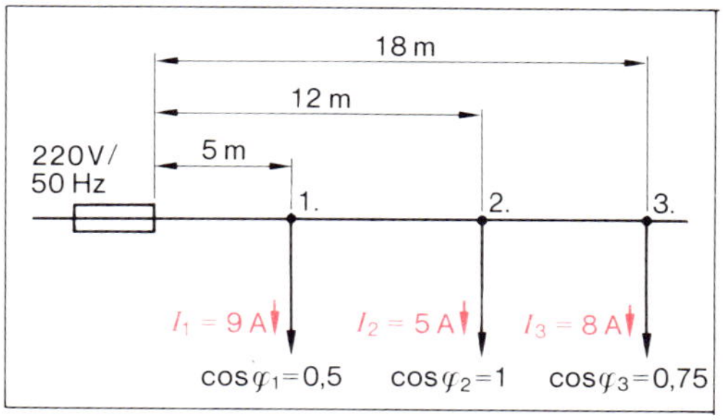

Abb. 4: Zu Aufgabe 3

4. In der elektrischen Anlage eines Betriebes nach Abb. 5 sollen über die Hauptleitung (geschätzt ist $q = 2{,}5\ \text{mm}^2$) aus Kupfer 4 Abzweigleitungen gespeist werden.
a) Bestimmen Sie den mittleren Leistungsfaktor!
b) Wie groß wird der Gesamtstrom in der Hauptleitung bis zur 1. Abzweigung, wenn alle Verbraucher eingeschaltet sind?
c) Wie groß ist der Spannungsfall auf der ganzen Hauptleitung?
d) Reicht der geschätzte Leiterquerschnitt für Erstellung der Anlage aus, wenn der Spannungsfall 3% nicht überschreiten darf (Gruppe 2)?

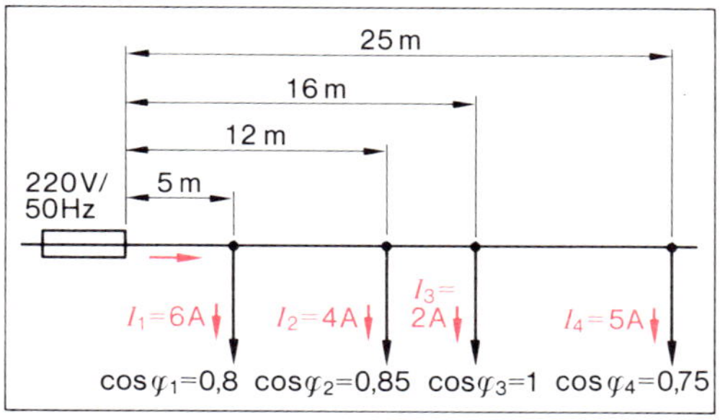

Abb. 5: Zu Aufgabe 4

5. In der verzweigten Wechselstromanlage nach Abb. 6 ($\cos\varphi_m = 1$) sollen folgende Größen bestimmt werden:
a) Leiterquerschnitt, Bestimmung nach Tab. 1 der VDE 0100 Teil 430,
b) Spannungsfall in Volt und Prozent,
c) Überprüfung des Leiterquerschnitts von a), wenn der zulässige Spannungsfall 3% nicht überschreiten darf,
d) Leistungsverlust in Watt und Prozent.

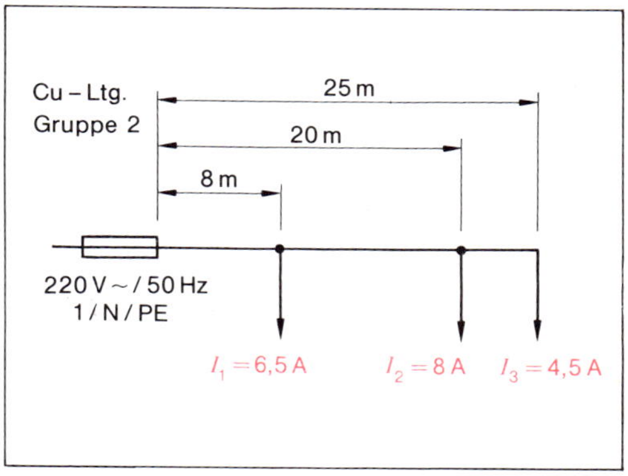

Abb. 6: Zu Aufgabe 5

6. Drei Wechselstrommotoren mit einer Stromaufnahme von je 7,8 A und einem Leistungsfaktor von je 0,7 werden in der elektrischen Anlage nach Abb. 7 betrieben. Der Spannungsfall soll 3% nicht überschreiten.
a) Bestimmen Sie den Leiterquerschnitt nach Tab. 1!
b) Überprüfen Sie den zulässigen Spannungsfall in Volt und Prozent!
c) Wie groß ist der Nennstrom der Leitungsschutzsicherung für den Fall unter a)?

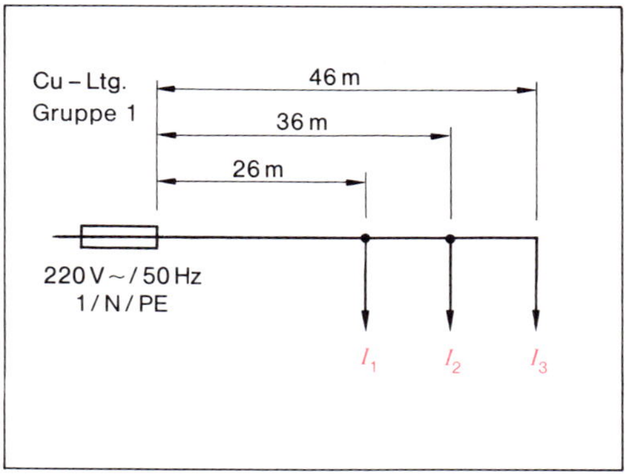

Abb. 7: Zu Aufgabe 6

7. In Abb. 1 ist eine induktiv belastete verzweigte Wechselstromanlage dargestellt ($\Delta u \leq 3\%$).

a) Bestimmen Sie zeichnerisch den mittleren Leistungsfaktor und den Gesamtstrom!

b) Ermitteln Sie nach Tab. 1 den Leiterquerschnitt!

c) Wie groß ist der Spannungsfall in Volt und Prozent?

d) Überprüfen Sie den zulässigen Spannungsfall und korrigieren Sie eventuell die entsprechenden Größen!

e) Wie groß ist der Nennstrom der Leitungsschutzsicherung?

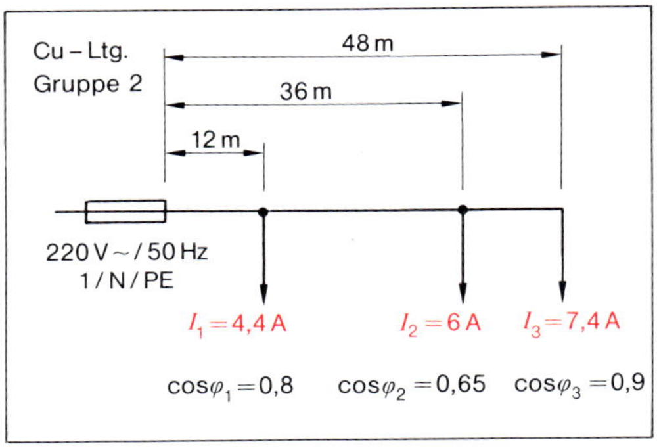

Abb. 1: Zu Aufgabe 7

8. In der elektrischen Anlage nach Abb. 2 werden 6 Wechselstrommotoren betrieben, deren Stromaufnahme jeweils 3,8 A beträgt. Der mittlere Leistungsfaktor hat den Wert 0,9. Der Spannungsfall soll den Wert von 3% nicht überschreiten.

a) Bestimmen Sie den Leiterquerschnitt nach Tab. 1!

b) Überprüfen Sie den Leiterquerschnitt aufgrund des zulässigen Spannungsfalls!

c) Bestimmen Sie den Leistungsverlust in Watt und Prozent!

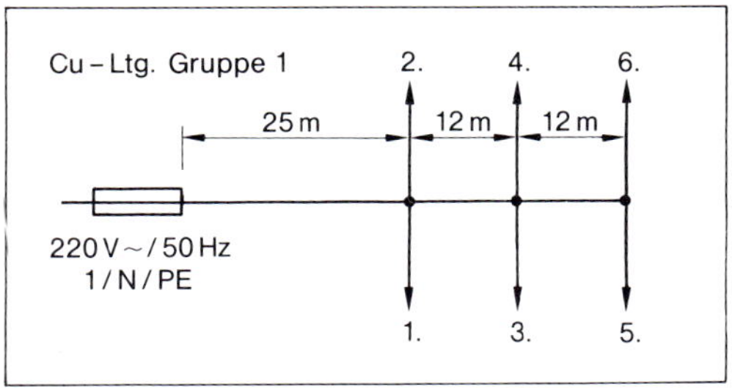

Abb. 2: Zu Aufgabe 8

24.4 Leitungen in Drehstromanlagen

▶ Ein Drehstrommotor in einem landwirtschaftlichen Betrieb hat eine Nennleistung von 8,4 kW und wird über eine Kupferleitung nach Abb. 3 an das 380 V-Netz angeschlossen. Der Wirkungsgrad des Motors beträgt 0,9, sein Leistungsfaktor 0,78. Der Spannungsfall soll nicht größer als 3% sein.

a) Bestimmen Sie den Leiterquerschnitt, wenn die Verlegung des Leiter nach Gruppe 2 der DIN 57100 Teil 430/VDE 0100 Teil 430 erfolgen soll!

b) Wie groß ist der Spannungsfall in Volt und Prozent?

Leiterquerschnitt q; Spannungsfall ΔU

$$\Delta U = \frac{\sqrt{3} \cdot l \cdot I \cdot \cos\varphi}{\varkappa \cdot q}; \quad \Delta U = \frac{l \cdot P}{\varkappa \cdot U \cdot q}$$

Bei verzweigten Drehstromanlagen:

$$\Delta U = \frac{\sqrt{3} \cdot \cos\varphi_m \cdot \Sigma (I \cdot l)}{\varkappa \cdot q}$$

Verlustleistung P_v

$$P_v = \frac{3 \cdot I^2 \cdot l}{\varkappa \cdot q}; \quad P_v = \frac{l}{\varkappa \cdot q} \cdot \left(\frac{P}{U \cdot \cos\varphi}\right)^2$$

Beispiellösung:

Gegeben: $P_2 = 8{,}4$ kW; $U = 380$ V; $\eta = 0{,}9$; $\cos\varphi = 0{,}78$; $l = 42$ m; $\Delta u \leqq 3\%$; $\varkappa = 56\ \frac{\text{MS}}{\text{m}}$

Gesucht: q_{Norm}; ΔU; Δu

a) $$I = \frac{P_2}{\sqrt{3} \cdot U \cdot \cos\varphi \cdot \eta}$$

$$I = \frac{8400\ \text{W}}{\sqrt{3} \cdot 380\ \text{V} \cdot 0{,}78 \cdot 0{,}9}; \quad I = 18{,}2\ \text{A}$$

Gewählter Leiterquerschnitt:

$q_{\text{Norm}} = 2{,}5\ \text{mm}^2$

b) $$\Delta U = \frac{\sqrt{3} \cdot l \cdot I \cdot \cos\varphi}{\varkappa \cdot q}$$

$$\Delta U = \frac{\sqrt{3} \cdot 42\ \text{m} \cdot 18{,}2\ \text{A} \cdot 0{,}78}{56\ \frac{\text{MS}}{\text{m}} \cdot 2{,}5\ \text{mm}^2}; \quad \Delta U = 7{,}37\ \text{V}$$

$$\Delta u = \frac{\Delta U}{U} \cdot 100\,\% ;$$

$$\Delta u = \frac{7{,}37\ \mathrm{V}}{380\ \mathrm{V}} \cdot 100\,\% ;$$

$$\underline{\underline{\Delta u = 1{,}94\,\%}}$$

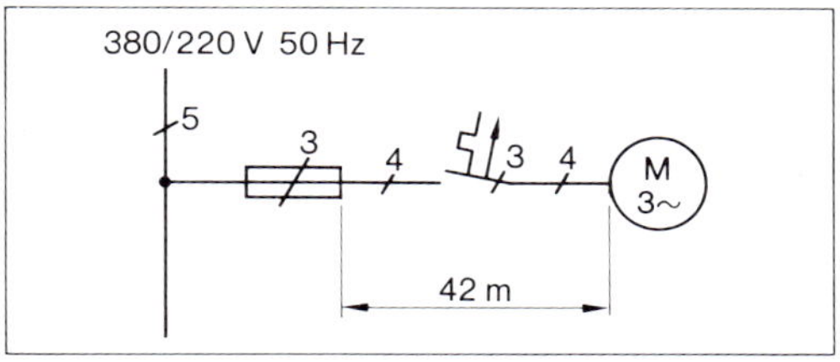

Abb. 3: Anschluß eines Drehstrommotors

Aufgaben

1. Ein Drehstrommotor für 380/220 V mit einer Nennleistung von 10 kW, einem Wirkungsgrad von 0,905 und einem Leistungsfaktor von 0,8 soll über eine 68 m lange Kupferleitung, Verlegungsart nach Gruppe 2, an das Drehstromnetz angeschlossen werden. Der Spannungsfall soll 3% der Netzspannung nicht überschreiten.
a) Bestimmen Sie den Leiterquerschnitt nach Tabelle 1!
b) Berechnen Sie den Spannungsfall in Volt und Prozent! Reicht der unter a) gewählte Leiterquerschnitt aus?
c) Wie groß ist der Leistungsverlust in Watt und Prozent?

2. In einem Haushalt soll ein elektrischer Durchlauferhitzer nachinstalliert werden. Das Gerät hat eine Leistungsaufnahme von 21 kW und wird über eine 41 m lange Kupferleitung an das Drehstromnetz 380/220 V angeschlossen. Der Spannungsfall darf 3% nicht überschreiten.
a) Welcher Leiterquerschnitt ist nach Tabelle 2 zu wählen, wenn die Leitungsverlegung nach Gruppe 2 erfolgt?
b) Wie groß ist der Spannungsfall in Volt und Prozent? Reicht der Leiterquerschnitt aus?
c) Bestimmen Sie den Leistungsverlust in Watt und Prozent!

3. In der elektrischen Anlage nach Abb. 4 besteht die Hauptleitung aus Kupfer (Verlegungsart nach Gruppe 2). Sie wird an 3 Abzweigungen durch Drehstrommotoren symmetrisch belastet. Der Spannungsfall soll 3% der Netzspannung nicht überschreiten!
a) Berechnen Sie die Teilstromstärken!
b) Wie groß sind der mittlere Leistungsfaktor und die Gesamtstromstärke?
c) Wie groß muß der Leiterquerschnitt sein, wenn der Gleichzeitigkeitsfaktor[1]) 1 ist?
d) Berechnen Sie den Spannungsfall in Volt und Prozent für den gewählten Leiterquerschnitt!

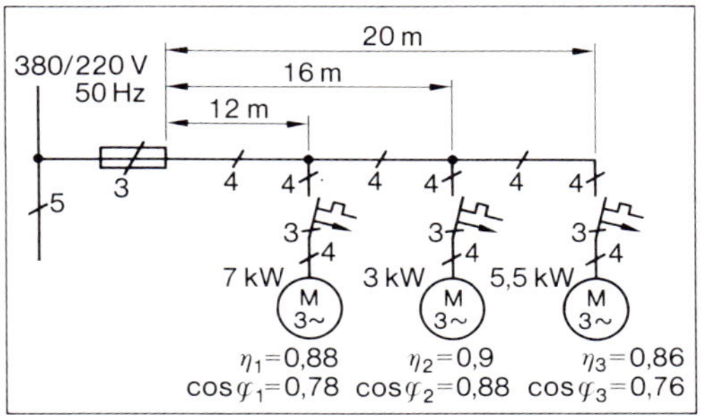

Abb. 4: Zu Aufgabe 3

4. In einem Wohnhaus sind insgesamt 4 Wohnungen mit je 30 kW installierter Leistung nach Abb. 5 vorhanden. Die Steigeleitung ist aus Kupfer und wird nach der Verlegungsart für Gruppe 2 ausgeführt.
a) Berechnen Sie die Teilstromstärken und die Gesamtstromstärke bei einem $\cos\varphi = 1$!
b) Welcher Leiterquerschnitt ist zu wählen, damit der Spannungsfall 0,5% der Netzspannung nicht übersteigt? Der Gleichzeitigkeitsfaktor beträgt 0,4.

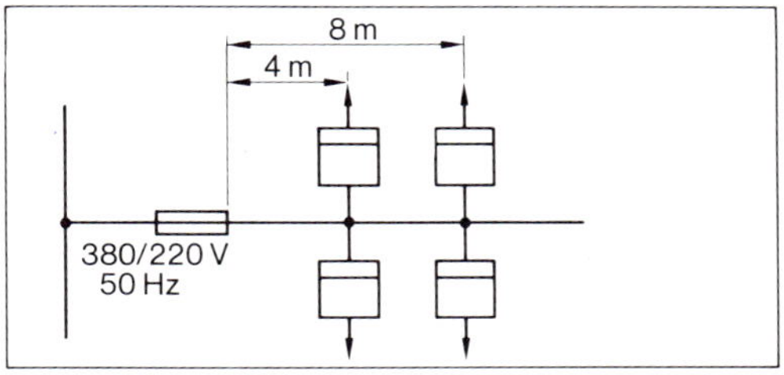

Abb. 5: Zu Aufgabe 4

[1]) Verhältnis der Anschlußleistung (Betrieb) zu installierter Leistung

5. In einem Betrieb liegen über eine Hauptleitung aus Kupfer, die nach der Verlegungsart der Gruppe 1 ausgeführt ist, folgende in der Abb. 1 dargestellte Drehstrommotoren am 380 V-Netz.

a) Berechnen Sie die Teilstromstärken der Abzweigleitungen!

b) Wie groß sind der mittlere Leistungsfaktor und die Gesamtstromstärke?

c) Wie groß muß der Leiterquerschnitt gewählt werden?

d) Berechnen Sie für den gewählten Leiterquerschnitt den Spannungsfall in Volt und Prozent!

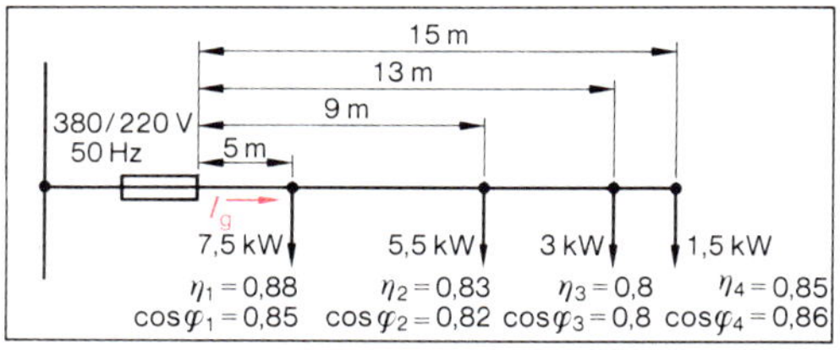

Abb. 1: Zu Aufgabe 5

6. Bei einer 380 V-Steigeleitung in einem Wohnhaus, die nach der Verlegungsart der Gruppe 2 ausgeführt ist und aus Kupfer besteht, darf der Spannungsfall maximal 0,5% der Netzspannung betragen. Der Gleichzeitigkeitsfaktor für die in Abb. 2 dargestellte Anlage hat den Wert 0,6, der Leistungsfaktor beträgt 1.

a) Bestimmen Sie die Gesamtstromstärke in der Hauptleitung bei symmetrischer Belastung!

b) Berechnen Sie den Leiterquerschnitt, wenn der angegebene Spannungsfall zugrunde gelegt wird!

c) Welcher Leiterquerschnitt muß gewählt werden (Tab. 1)?

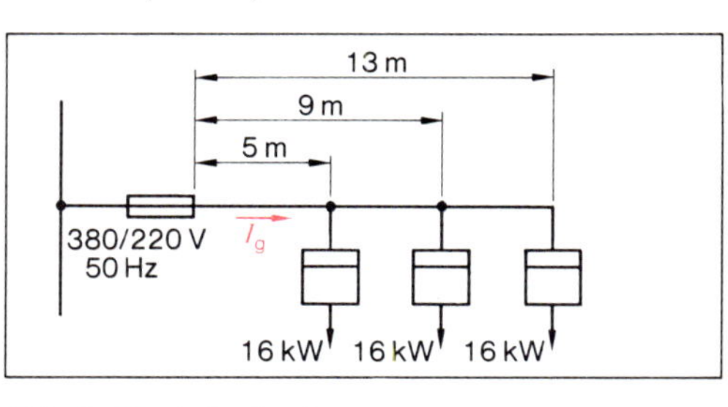

Abb. 2: Zu Aufgabe 6

7. In der nach Abb. 3 dargestellten Fabrikhalle sind nach dem Installationsplan folgende elektrische Verbraucher angeschlossen: 3 Wechselstrommotoren mit jeweils: $P = 0{,}8$ kW; $U = 220$ V; $\cos\varphi = 0{,}75$; $\eta = 0{,}7$. 2 Drehstrommotoren mit jeweils: $P = 11$ kW; $U = 380$ V; $\cos\varphi = 0{,}8$; $\eta = 0{,}85$.

a) Bestimmen Sie die Teilstromstärken für die Wechsel- und Drehstromanlage!

b) Wie groß ist jeweils der Gesamtstrom?

c) Bestimmen Sie den Leiterquerschnitt der nach Gruppe 2 verlegten Hauptleitungen, wenn alle Verbraucher gleichzeitig eingeschaltet werden sollen!

d) Wie groß ist der Spannungsfall in Volt und Prozent für den gewählten Leiterquerschnitt?

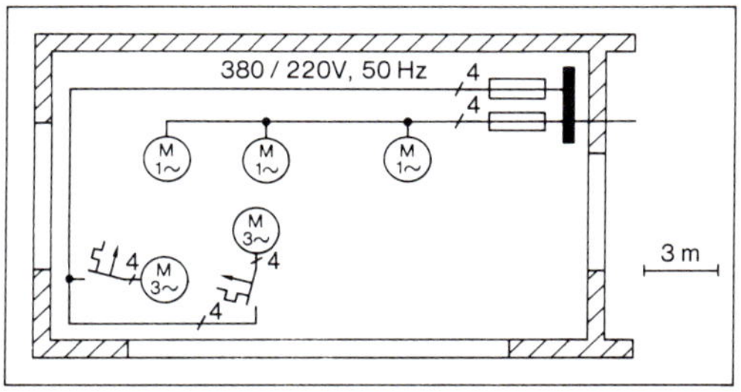

Abb. 3: Installationsplan

8. Von der elektrischen Verteilung einer Fabrikanlage soll zur 40 m entfernten Maschinenhalle ein Bleimantelkabel mit Kupferleiter zu einer Unterverteilung verlegt werden (Gruppe 1). Der Gleichzeitigkeitsfaktor beträgt 1. Über eine Kupferleitung (Verlegung nach Gruppe 2) sollen in der Halle drei Drehstrommotoren nach Abb. 4 angeschlossen werden. Bestimmen Sie die Leiterquerschnitte der Leitungen!

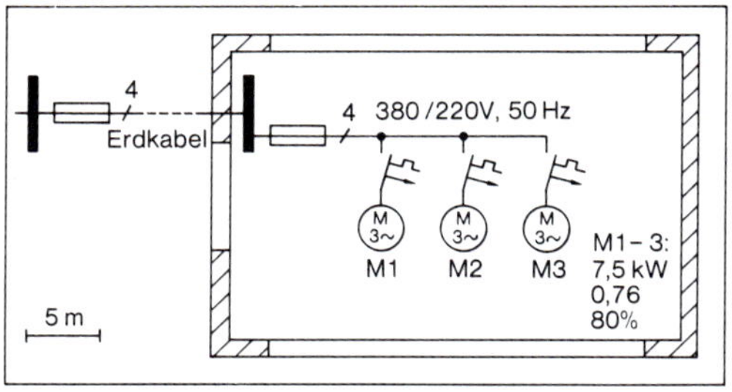

Abb. 4: Installationsplan

9. Ein Drehstrommotor für 380/220 V hat die Nennleistung 15 kW, den Wirkungsgrad von 89% und den Leistungsfaktor von 0,85. Die Leitungslänge von der Verteilung bis zum Motor beträgt 42 m (Cu, Gruppe 2).
a) Berechnen Sie den Leiterstrom und bestimmen Sie den Leiterquerschnitt nach Tab. 1!
b) Berechnen Sie den Spannungsfall in Volt und Prozent! Überprüfen Sie den gewählten Leiterquerschnitt, wenn der Spannungsfall unter 3% liegen soll!
c) Wie groß ist der Leistungsverlust in Watt und Prozent?

10. Es liegt eine Elektroinstallation mit Stromkreisverteiler nach Abb. 5 vor. Die Entfernung zwischen Zählerplatz und Stromkreisverteiler beträgt 12 m. Der Leistungsfaktor hat den Wert 1.
a) Berechnen Sie die Leistung, die über die Leitung (Gruppe 2) vom Zählerplatz zum Stromkreisverteiler maximal übertragen werden kann!
b) Bestimmen Sie den Spannungsfall in Volt und Prozent!
c) Berechnen Sie die Verlustleistungen bei den Gleichzeitigkeitsfaktoren 0,4 und 1!

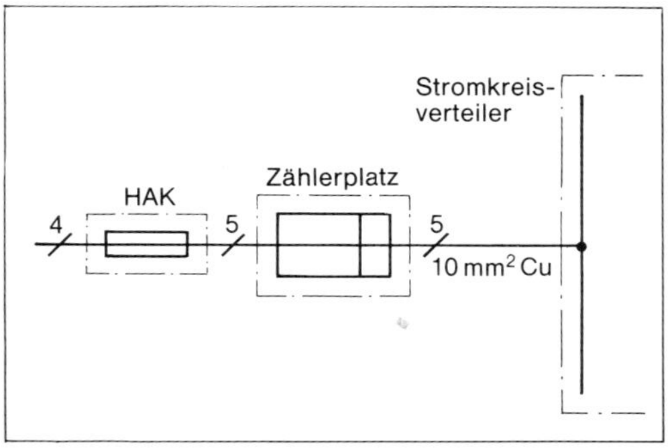

Abb. 5: Zu Aufgabe 10

11. In einem Betrieb sind über die Hauptleitung aus Kupfer (Gruppe 1) die in Abb. 6 dargestellten Drehstromverbraucher angeschlossen und in Funktion ($\Delta u \leq 3\%$).
a) Berechnen Sie die Teilstromstärken in den Abzweigleitungen!
b) Bestimmen Sie den mittleren Leistungsfaktor und die Gesamtstromstärke!
c) Welcher Leiterquerschnitt muß nach Tab. 1 gewählt werden?

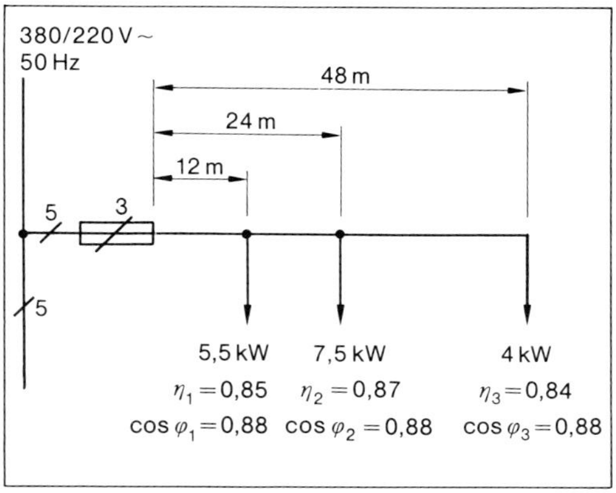

Abb. 6: Zu Aufgabe 11

d) Überprüfen Sie für den gewählten Leiterquerschnitt den Spannungsfall in Volt und Prozent! ($\Delta u \leq 3\%$)
e) Welchen Nennstrom haben die Leitungsschutzsicherungen?

12. In einem Wohnhaus befindet sich der Stromkreisverteiler am Zählerplatz. Zu den Verbrauchsmitteln ist die Leitung 5 · 2,5 mm² Cu nach Gruppe 2 verlegt. Der Leistungsfaktor beträgt 1.
a) Wie groß ist der Nennstrom des Überstromschutzorgans?
b) Welche Länge dürfen die Leitungen von der Verteilung bis zu den Verbrauchsmitteln maximal haben, wenn der Spannungsfall nach DIN 18015 Teil 1 maximal 3% beträgt?
c) Bestimmen Sie die Verlustleistung in Watt und Prozent!

13. In einem Mehrfamilienhaus liegt zwischen dem Zählerplatz ($I_N = 63$ A) und dem Stromkreisverteiler eine 18 m lange Cu-Leitung ($q = 10$ mm² nach DIN 18015 Teil 1). Vom Stromkreisverteiler verläuft eine Leitung 5 · 2,5 mm² (Gruppe 2) zum Verbrauchsmittel. Für den gesamten Spannungsfall vom Zählerplatz bis zum Verbrauchsmittel sind maximal 3% zulässig ($\cos\varphi = 1$).
a) Berechnen Sie den Spannungsfall in Volt und Prozent zwischen Zählerplatz und Stromkreisverteiler!
b) Welche Länge darf die Leitung vom Stromkreisverteiler zum Verbrauchsmittel maximal haben?

24.5 Ringleitungen

▶ Über eine Ringleitung nach Abb. 1 in einer Fabrikhalle sind 3 Drehstromverbraucher gleichzeitig eingeschaltet. Die Leitung (Cu) ist nach Gruppe 2 verlegt, der Spannungsfall soll 3% nicht überschreiten. Der mittlere Leistungsfaktor beträgt 1.

a) Berechnen Sie die Gesamtstromstärke und die von Punkt A eingespeiste Stromstärke!

b) Bestimmen Sie den Leiterquerschnitt und kontrollieren Sie den Spannungsfall!

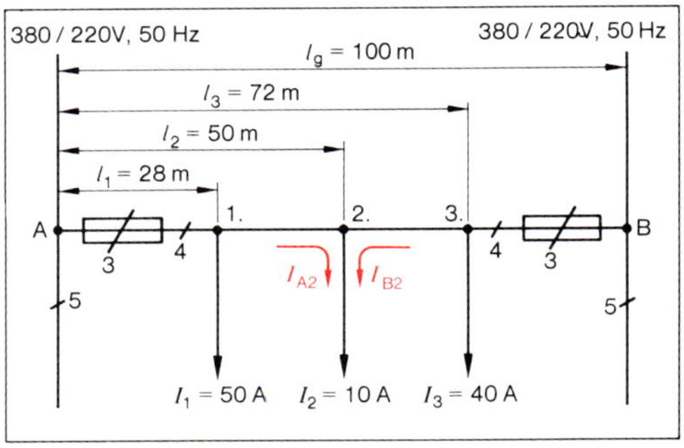

Abb. 1: Ringleitung in gestreckter Darstellung

Lastpunkt Nr. 2 mit 2 zufließenden Teilströmen I_{A2} und I_{B2} und abfließendem Laststrom I_2.

Bei gleichem Leiterquerschnitt und Spannungsabfall links und rechts des Lastpunktes Nr. 2 gilt:

$$\Sigma (I \cdot l)_{\text{links}} = \Sigma (I \cdot l)_{\text{rechts}}$$

$$I_1 \cdot l_1 + I_{A2} \cdot l_2 = I_{B2} \cdot (l_g - l_2) + I_3 \cdot (l_g - l_3)$$

$$I_{A2} + I_{B2} = I_2;$$

$$I_{B2} + I_3 = I_B$$
$$I_{A2} + I_1 = I_A$$

$$I_B \cdot l_g = I_1 \cdot l_1 + I_2 \cdot l_2 + I_3 \cdot l_3$$

$$I_B = \frac{\Sigma (I \cdot l)}{l_g}$$ Stromstärke I_B von Punkt A aus berechnet.

$$I_A = \frac{\Sigma (I \cdot l)}{l_g}$$ Stromstärke I_A von Punkt B aus berechnet.

$$I_A = I_1 + I_2 + I_3 - I_B$$
$$I_B = I_1 + I_2 + I_3 - I_A$$

Beispiellösung:

Gegeben: $I_1 = 50\,\text{A}$; $I_2 = 10\,\text{A}$; $I_3 = 40\,\text{A}$
$l_1 = 28\,\text{m}$; $l_2 = 50\,\text{m}$; $l_3 = 72\,\text{m}$
$l_g = 100\,\text{m}$; $\varkappa = 56\,\frac{\text{MS}}{\text{m}}$; $U = 380\,\text{V}$
$\cos\varphi = 1$; $\Delta u \leq 3\%$

Gesucht: I_g; I_A; q_{Tab}.

a) $I_g = I_1 + I_2 + I_3$; $\quad I_g = 50\,\text{A} + 10\,\text{A} + 40\,\text{A}$

$\underline{\underline{I_g = 100\,\text{A}}}$

$$I_B = \frac{\Sigma (I \cdot l)}{l_g}$$

$$I_B = \frac{50\,\text{A} \cdot 28\,\text{m} + 10\,\text{A} \cdot 50\,\text{m} + 40\,\text{A} \cdot 72\,\text{m}}{100\,\text{m}}$$

$I_B = 47{,}8\,\text{A}$

$I_A = I_g - I_B$; $\quad I_A = 100\,\text{A} - 47{,}8\,\text{A}$

$\underline{\underline{I_A = 52{,}2\,\text{A}}}$

Stromstärke im Lastpunkt Nr. 2:
$I_{A2} = 2{,}2\,\text{A}$ und $I_{B2} = 7{,}8\,\text{A}$

b) Gewählt nach Tab. 1: $\underline{\underline{q_{\text{Tab}} = 16\,\text{mm}^2}}$

$$\Delta U = \frac{\sqrt{3} \cdot \Sigma (I \cdot l) \cdot \cos\varphi_m}{\varkappa \cdot q}$$

$$\Delta U = \frac{\sqrt{3} \cdot (I_1 \cdot l_1 + I_{A2} \cdot l_2) \cdot \cos\varphi_m}{\varkappa \cdot q}$$

$$\Delta U = \frac{\sqrt{3} \cdot (50\,\text{A} \cdot 28\,\text{m} + 2{,}2\,\text{A} \cdot 50\,\text{m}) \cdot 1}{56\,\frac{\text{MS}}{\text{m}} \cdot 16\,\text{mm}^2}$$

$\underline{\Delta U = 2{,}92\,\text{V}}$

$$\Delta u = \frac{\Delta U}{U} \cdot 100\,\%; \quad \Delta u = \frac{2{,}92\,\text{V}}{380\,\text{V}} \cdot 100\,\%$$

$\underline{\underline{\Delta u = 0{,}77\,\% \leq 3\,\%}}$

Aufgaben

1. In einer elektrischen Anlage (220 V −) werden die in der Abb. 2 dargestellten Verbraucherstellen über eine Ringleitung versorgt. Der Spannungsfall in der Mantelleitung (Cu Gruppe 2) darf 3% nicht übersteigen.

a) Bestimmen Sie die Teilstromstärken und die Gesamtstromstärke bei einem Gleichzeitigkeitsfaktor von 1!

b) Wie groß ist der Einspeisestrom I_B von Punkt A aus berechnet?

c) Wie groß sind die Teilströme im Lastpunkt?

d) Bestimmen Sie den Leiterquerschnitt! Kontrollrechnung!

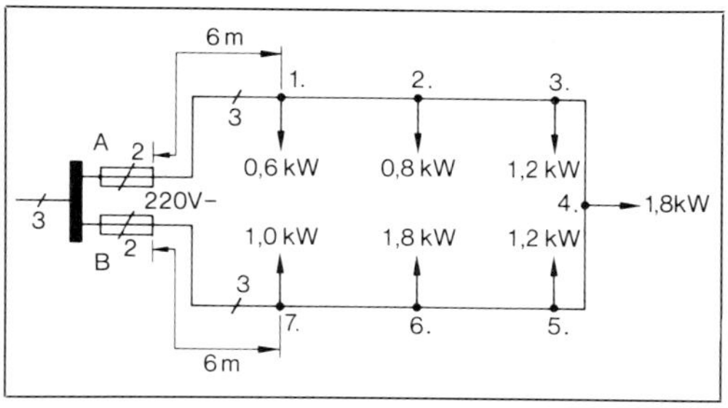

Abb. 2: Ringleitung in Gleichspannungsanlage

2. Die elektrische Anlage einer Werkstatt nach Abb. 3 ist für die Energieversorgung von 6 gleich großen Wechselstrommotoren als Ringleitung (Mantelleitung aus Kupfer nach Gruppe 2) ausgeführt. Die Motoren tragen auf dem Leistungsschild u. a. folgende Angaben: $P = 0{,}8$ kW; $\cos\varphi = 0{,}7$; $\eta = 75\%$. Der Gleichzeitigkeitsfaktor beträgt 1, der Spannungsfall soll 3% nicht überschreiten.

a) Wie groß sind die Teilstromstärken und die Gesamtstromstärke?

b) Wie groß ist der Einspeisestrom I_B von Punkt A aus berechnet?

c) Bestimmen Sie die Teilströme im Lastpunkt!

d) Bestimmen Sie den Leiterquerschnitt! Kontrollrechnung!

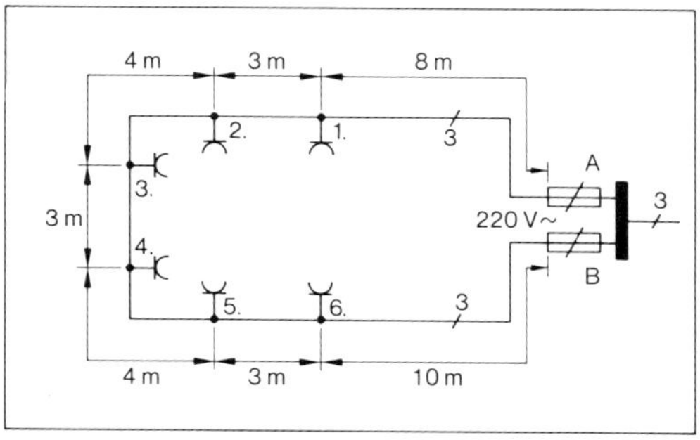

Abb. 3: Ringleitung in Wechselspannungsanlage

3. In einer Industrieanlage nach Abb. 4 sind 5 gleich große Drehstrommotoren über eine Ringleitung (Kupferleitung in Rohr verlegt) an das Drehstromnetz angeschlossen. Der Gleichzeitigkeitsfaktor beträgt 1, der Spannungsfall soll 3% nicht überschreiten.

Nenndaten: $P = 7{,}5$ kW; $U = 380$ V; $\cos\varphi = 0{,}88$; $\eta = 85\%$.

a) Wie groß sind die Einzel- und die Gesamtstromstärke?

b) Wie groß ist der Einspeisestrom I_B von Punkt A aus berechnet?

c) Wie groß sind die Teilströme im Lastpunkt?

d) Bestimmen Sie den Leiterquerschnitt! Kontrollrechnung!

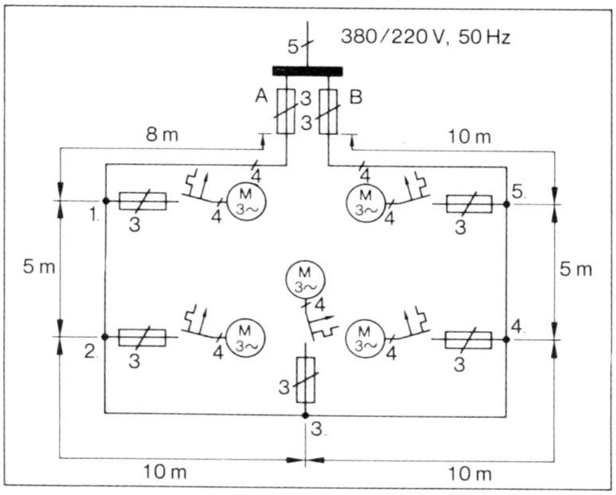

Abb. 4: Ringleitung in Drehstromanlage

4. Eine Gleichspannungsanlage hat die in Abb. 5 dargestellten Verbraucherstellen, die über eine Ringleitung (Cu, Gruppe 1) versorgt werden. Der Spannungsfall soll 3% nicht überschreiten.

a) Bestimmen Sie die Teilstromstärken und die Gesamtstromstärke bei einem Gleichzeitigkeitsfaktor von 1!

b) Wie groß ist der Einspeisestrom I_B vom Punkt A aus berechnet? Wie groß ist der Strom I_A?

c) Bestimmen Sie den Leiterquerschnitt nach Tab. 1!

d) Wie groß sind die Teilstromstärken im Lastpunkt 4?

e) Überprüfen Sie den Spannungsfall in Volt und Prozent!

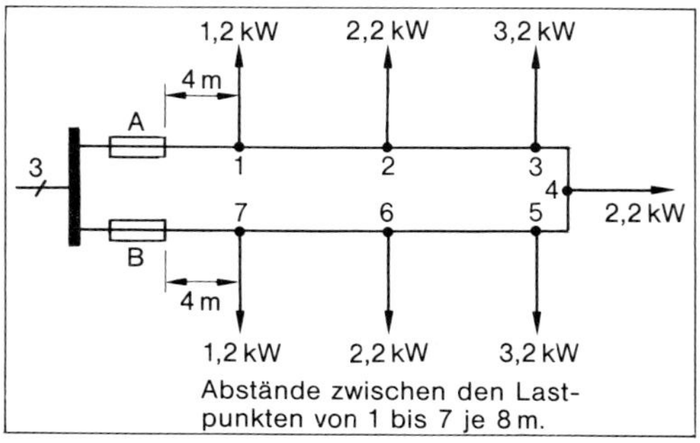

Abb. 5: Zu Aufgabe 4

5. Eine elektrische Anlage ist nach Abb. 5; S. 257 (Gleichstromanlage, 220 V) installiert, die Ringleitung aus Kupfer nach Gruppe 2 verlegt. Der Spannungsfall soll 3% nicht überschreiten. Im Abstand von jeweils 14 m sind von den Anschlußstellen 1 bis 7 Verbraucher mit einer Nennleistung von jeweils 3,2 kW angeschlossen.
a) Bestimmen Sie die Teilstromstärken und die Gesamtstromstärke bei einem Gleichzeitigkeitsfaktor von 0,9.
b) Wie groß sind die Einspeiseströme I_A und I_B?
c) Wie groß sind die Teilstromstärken I_{A4} und I_{B4} im Lastpunkt 4?
d) Bestimmen Sie den Leiterquerschnitt.
e) Überprüfen Sie den Spannungsfall!

6. In einem Betrieb sollen an den in Abb. 1 dargestellten Verbraucherstellen 5 Wechselstrommotoren über eine Ringleitung (Cu-Gruppe 1) betrieben werden. Der Gleichzeitigkeitsfaktor beträgt 1. Die Motoren haben einen mittleren Leistungsfaktor von 0,95. Der Spannungsfall soll 3% nicht überschreiten.
a) Wie groß sind die Teilstromstärken und die Gesamtstromsstärke?
b) Bestimmen Sie den Einspeisestrom I_B vom Punkt A aus berechnet! Wie groß ist der Strom I_A?
c) Welcher Leiterquerschnitt ist zu wählen?
d) Bestimmen Sie die Teilstromstärken im Lastpunkt!
e) Überprüfen Sie den Spannungsfall!

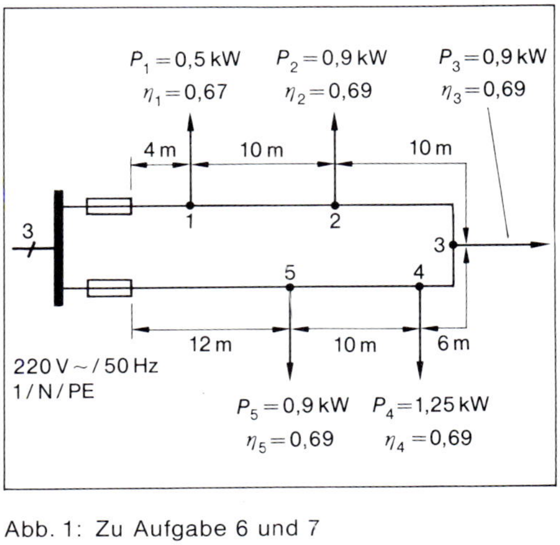

Abb. 1: Zu Aufgabe 6 und 7

7. In der dargestellten Wechselstromanlage in Abb. 1 soll am Abzweigpunkt 2 ein entsprechend gleich großer Wechselstrommotor zusätzlich angeschlossen werden.
a) Überprüfen Sie nach Aufgabe 6 a) bis e), ob in der elektrischen Anlage eine Erweiterung vorgenommen werden muß.
b) Welcher Art könnte diese Erweiterung sein?

8. Die in Abb. 2 dargestellten Drehstrommotoren sind über eine Ringleitung (Cu, Gruppe 2) angeschlossen. Der Gleichzeitigkeitsfaktor beträgt 1, der mittlere Leistungsfaktor 0,76.
a) Berechnen Sie die Gesamtstromstärke!
b) Wie groß sind der Einspeisestrom I_A vom Punkt B aus berechnet sowie der Strom I_B?
c) Bestimmen Sie den Leiterquerschnitt!
d) Wie groß sind die Teilstromstärken im Lastpunkt?
e) Bestimmen Sie den Spannungsfall vom Punkt A bis zum Lastpunkt in Volt und Prozent!
f) Berechnen Sie die übertragene Leistung vom Punkt A sowie B zum Lastpunkt!
g) Wie groß sind die Verlustleistungen vom Punkt A sowie B zum Lastpunkt?

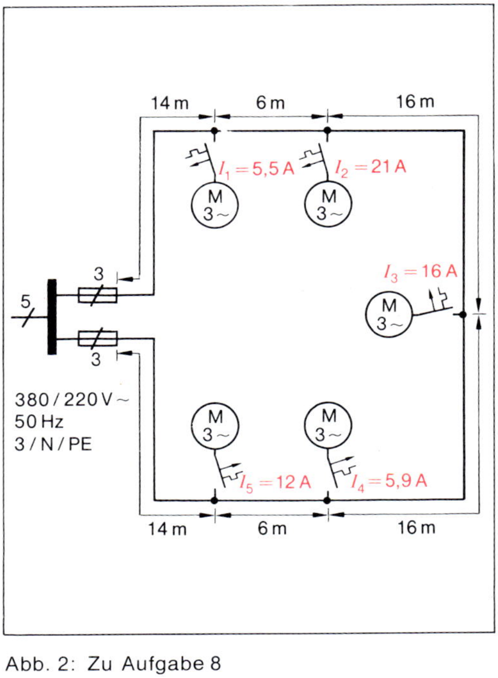

Abb. 2: Zu Aufgabe 8

24.6 Strombelastbarkeit isolierter und wärmebeständiger Leitungen

▶ Eine 24 m lange, kunststoffisolierte Kupferleitung ist zu einem Drehstrommotor (Nenndaten: $P = 7{,}5\,\text{kW}$; $\cos\varphi = 0{,}84$; $\eta = 0{,}82$) nach Gruppe 2 verlegt. Sie verläuft durch einen Betriebsraum mit der Raumtemperatur von 42 °C. Der Spannungsfall von 3% der Netzspannung (380/220 V) soll nicht überschritten werden.

a) Bestimmen Sie den Leiterquerschnitt nach den Tabellen 2, 3 und 4 der DIN 57100 Teil 523/VDE 0100 Teil 523!

b) Wie groß ist der Spannungsfall in Volt und Prozent beim gewählten Querschnitt!

> Strombelastbarkeit I_z bei höherer Umgebungstemperatur
>
> $$I_{zul} = \frac{n_{\%}}{100\%} \cdot I_{Tab.}$$
>
> $n_{\%}$: Umrechnungsfaktor laut Tabelle 3 oder 4

Beispiellösung:

Gegeben: $U = 380\,\text{V}$; $l = 24\,\text{m}$; $\Delta u \leqq 3\%$; $\vartheta = 42\,°\text{C}$; $P = 7{,}5\,\text{kW}$; $\cos\varphi = 0{,}84$; $\eta = 0{,}82$; $n_{\%} = 79\%$ (Tab. 3); $\varkappa = 56\,\frac{\text{MS}}{\text{m}}$

Gesucht: q_{Norm}; I_{zul}; ΔU; Δu

a) $$I = \frac{P}{\sqrt{3} \cdot U \cdot \cos\varphi \cdot \eta}$$

$$I = \frac{7500\,\text{W}}{\sqrt{3} \cdot 380\,\text{V} \cdot 0{,}84 \cdot 0{,}82};$$

$$I = 16{,}54\,\text{A}$$

Leiterquerschnitt:

$$\underline{\underline{q_{Norm} = 1{,}5\,\text{mm}^2}}$$

Strombelastbarkeit nach Gruppe 2:
$\underline{I_{Tab} = 18\,\text{A}}$

Kontrollrechnung:

$$I_{zul.} = \frac{n_{\%}}{100\%} \cdot I_{Tab}$$

$$I_{zul.} = \frac{79\%}{100\%} \cdot 18\,\text{A};$$

$$\underline{\underline{I_{zul.} = 14{,}22\,\text{A}}}$$

Leiterquerschnitt reicht nicht aus!

Gewählter Leiterquerschnitt:
$q_{Norm} = 2{,}5\,\text{mm}^2$

b) $$\Delta U = \frac{\sqrt{3} \cdot l \cdot I \cdot \cos\varphi}{\varkappa \cdot q}$$

$$\Delta U = \frac{\sqrt{3} \cdot 24\,\text{m} \cdot 16{,}54\,\text{A} \cdot 0{,}84}{56\,\frac{\text{MS}}{\text{m}} \cdot 2{,}5\,\text{mm}^2}$$

$$\underline{\underline{\Delta U = 4{,}13\,\text{V}}}$$

$$\underline{\underline{\Delta u = 1{,}1\%}}$$

Aufgaben

1. Eine 36 m lange Zuleitung aus Kupfer (Verlegung nach Gruppe 1) zu einem Wechselstrommotor ist einer Umgebungstemperatur von 34 °C bzw. 46 °C ausgesetzt. Die Leitung ist kunststoffisoliert, der Spannungsfall soll 3% nicht überschreiten. Angaben zum Motor:
$P = 1{,}4\,\text{kW}$; $U = 220\,\text{V}$; $\cos\varphi = 0{,}72$; $\eta = 0{,}7$.
a) Bestimmen Sie den Leiterquerschnitt nach den Tabellen 2 und 3 der DIN 57 100 Teil 523/VDE 0100 Teil 523!
b) Wie groß ist der Spannungsfall in Volt und Prozent für den gewählten Leiterquerschnitt? Reicht der Leiterquerschnitt aus? Kontrollrechnung!

2. Die Zuleitung (Verlegung nach Gruppe 2) zu einem Drehstrommotor ($P = 15\,\text{kW}$; $\eta = 89\%$, $\cos\varphi = 0{,}83$; $U = 380\,\text{V}$) ist kunststoffisoliert und 36 m lang. Die Raumtemperatur kann maximal 48 °C betragen.
a) Bestimmen Sie den Leiterquerschnitt nach den Tabellen 2 und 3 der VDE 0100 Teil 523!
b) Wie groß ist der Spannungsfall in Volt und der Leistungsverlust in Watt?

3. Die wärmebeständige Kupferleitung (zulässige Leitertemperatur 100 °C) zu einem Drehstrommotor ($U = 380$ V; $P = 11$ kW; $\cos\varphi = 0{,}83$; $\eta = 82\%$) ist 42 m lang und nach Gruppe 2 verlegt. Sie ist einer Raumtemperatur von 74 °C bzw. 82 °C ausgesetzt. Der Spannungsfall soll 3% nicht überschreiten.
a) Bestimmen Sie den Leiterquerschnitt nach den Tabellen 2 und 4 der DIN 57 100 Teil 523/VDE 0100 Teil 523!
b) Wie groß ist der Spannungsfall in Volt und Prozent für den gewählten Leiterquerschnitt?
Kontrollrechnung!

Tabelle 3 aus DIN 57 100 Teil 523/VDE 0100 Teil 523
Strombelastbarkeit I_z isolierter Leitungen und nicht im Erdreich verlegter Kabel bei Umgebungstemperaturen über 30 °C bis 55 °C

Umgebungs-temperatur in °C	Strombelastbarkeit I_z in % der Werte der Tabelle 2	
	Gummi-Isolierung (zulässige Leiter-temperatur 60°C	PVC-Isolierung (zulässige Leiter-temperatur 70°C)
über 30 bis 35	91	94
über 35 bis 40	82	87
über 40 bis 45	71	79
über 45 bis 50	58	71
über 50 bis 55	41	61

Tabelle 4 aus DIN 57 100 Teil 523/VDE 0100 Teil 523
Strombelastbarkeit I_z von Leitungen mit erhöhter Wärmebeständigkeit bei Umgebungstemperaturen über 55 °C

Umgebungstemperatur in °C bei Leitungen mit		Strombelast-barkeit I_z in % der Werte der Tabelle 2
zulässiger Leitertemperatur 100 °C	zulässiger Leitertemperatur 180 °C	
über 55 bis 65	über 55 bis 145	100
über 65 bis 70	über 145 bis 150	92
über 70 bis 75	über 150 bis 155	85
über 75 bis 80	über 155 bis 160	75
über 80 bis 85	über 160 bis 165	65
über 85 bis 90	über 165 bis 170	53
über 90 bis 95	über 170 bis 175	38

4. Eine wärmebeständige Kupferleitung (zulässige Leitertemperatur 180 °C) ist nach Gruppe 1 verlegt und über eine Länge von 20 m einer Raumtemperatur von ca. 153 °C ausgesetzt. Über die Leitung soll eine Leistung von 18 kW übertragen werden. ($U = 380$ V; $\cos\varphi = 1$)
a) Bestimmen Sie den Leiterquerschnitt nach den Tabellen 2 und 4 der VDE 0100 Teil 523!
b) Berechnen Sie den Spannungsfall in Volt und den Leistungsverlust in Watt!

5. Für eine kunststoffisolierte Kupferleitung (Verlegung nach Gruppe 2; $q = 2{,}5$ mm²) in einer Wechselstromanlage ($U = 220$ V; $\cos\varphi = 0{,}8$) soll die maximal übertragbare Leistung bei folgenden Leitertemperaturen bestimmt werden:
a) 35 °C; b) 45 °C und c) 55 °C.
Auf wieviel Prozent sinkt jeweils die übertragbare Leistung gegenüber der Leistung bei einer Leitertemperatur von 25 °C?

6. Welche Leistung kann maximal über eine wärmebeständige Kupferleitung (zulässige Leitertemperatur 100 °C) mit dem Leiterquerschnitt 4 mm² übertragen werden, wenn die Leitertemperatur maximal 75 °C beträgt (Verlegung nach Gruppe 1)? Die Nennspannung des Drehstromnetzes beträgt 380 V, der Leistungsfaktor hat den mittleren Wert von 0,9.

7. In einer elektrischen Anlage sind Kupferleitungen mit erhöhter Wärmebeständigkeit (zulässige Leitertemperatur 100 °C) nach Gruppe 2 verlegt. Stellen Sie für die Leiterquerschnitte 4 mm²; 6 mm² und 10 mm² eine Tabelle der zulässigen Strombelastbarkeit in A für verschiedene Umgebungstemperaturen auf. Verwenden Sie die Tabellen 2 und 4 der VDE 0100 T.523!

8. Durch Betriebsumstellung erhöht sich die Umgebungstemperatur für die elektrische Anlage von 147 °C auf 168 °C. Die verlegte Kupferleitung hat eine erhöhte Wärmebeständigkeit (zulässige Leitertemperatur 180 °C). Um wieviel Prozent sinkt die maximal übertragbare Leistung, wenn die Leistungsfaktoren sich nicht verändern?

24.7 Einzelkompensation in elektrischen Anlagen

► Eine Leuchtstofflampe nach Abb. 1 nimmt einschließlich Vorschaltgerät eine Leistung von 37 W auf. Der Betriebsstrom beträgt 0,36 A. Der Leistungsfaktor soll durch Parallelkompensation auf den Wert 0,95 verbessert werden.

a) Berechnen Sie den Leistungsfaktor $\cos\varphi_1$!

b) Wie groß ist die zu kompensierende Blindleistung?

c) Berechnen Sie die Kapazität des Kondensators!

d) Wie groß wird der Betriebsstrom in der kompensierten Anlage?

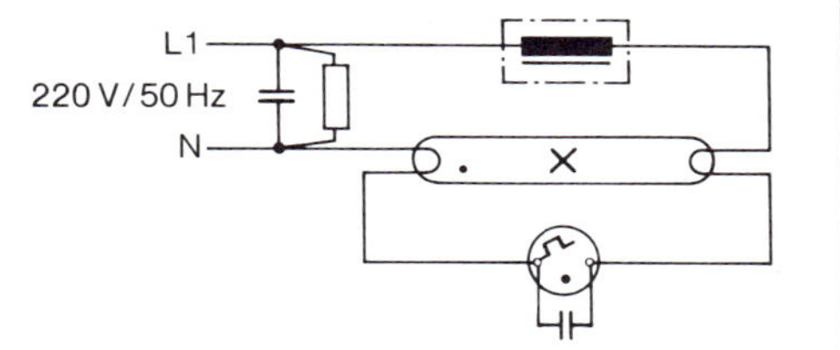

Abb. 1: Parallelkompensation einer Leuchtstofflampe

Kapazitive Blindleistung Q_C $[Q_C] =$ var, $[Q_C] =$ kvar

$$Q_C = P \cdot (\tan\varphi_1 - \tan\varphi_2)$$

Kapazität des Kondensators C $[C] = F$, $[C] = \mu F$

Parallelkompensation:

$$C = \frac{Q_C}{U^2 \cdot \omega}$$

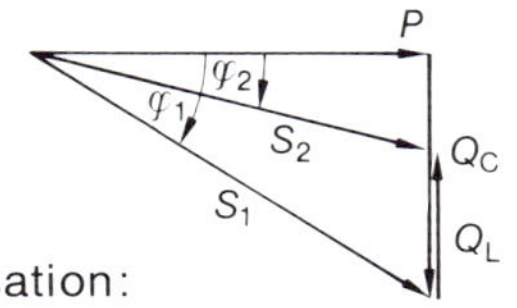

Reihenkompensation:
(Duo-Schaltung mit einem kapazitiven Zweig)

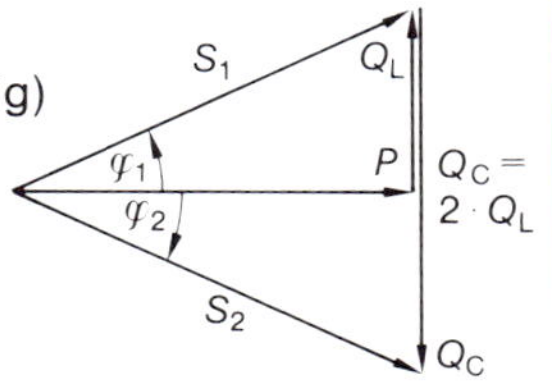

$$C = \frac{I^2}{Q_C \cdot \omega}$$

$$Q_C = 2 \cdot Q_L$$

Beispiellösung:

Gegeben: $U = 220\,\text{V}$; $f = 50\,\text{Hz}$; $P = 37\,\text{W}$; $I_1 = 0{,}36\,\text{A}$; $\cos\varphi_2 = 0{,}95$

Gesucht: $\cos\varphi_1$; Q_C; C; I_2

a) $\cos\varphi_1 = \dfrac{P}{U \cdot I}$

$\cos\varphi_1 = \dfrac{37\,\text{W}}{220\,\text{V} \cdot 0{,}36\,\text{A}}$

$\underline{\underline{\cos\varphi_1 = 0{,}467}}$

b) $Q_C = P \cdot (\tan\varphi_1 - \tan\varphi_2)$

$Q_C = 37\,\text{W} \cdot (1{,}893 - 0{,}329)$

$\underline{\underline{Q_C = 57{,}88\,\text{var}}}$

c) $C = \dfrac{Q_C}{U^2 \cdot \omega}$; $C = \dfrac{57{,}88\,\text{var}}{(220\,\text{V})^2 \cdot 314\,\frac{1}{\text{s}}}$

$\underline{\underline{C = 3{,}8\,\mu\text{F}}}$

d) $I_2 = \dfrac{P}{U \cdot \cos\varphi}$

$I_2 = \dfrac{37\,\text{W}}{220\,\text{V} \cdot 0{,}95}$

$\underline{\underline{I_2 = 0{,}18\,\text{A}}}$

Aufgaben

1. Eine Leuchtstofflampe hat an 220 V/50 Hz eine Leistungsaufnahme mit Vorschaltgerät von 52 W. Der Betriebsstrom beträgt 0,535 A. Der Leistungsfaktor soll durch Parallelkompensation auf 0,95 verbessert werden.

a) Berechnen Sie den Leistungsfaktor der Leuchtstofflampe!

b) Wie groß ist die zu kompensierende Blindleistung?

c) Welche Kapazität hat der Kondensator?

d) Wie groß ist die Stromaufnahme nach der Kompensation?

2. Eine Natrium-Hochdrucklampe (70 W) soll nach Abb. 1, S. 262 an 220 V/50 Hz betrieben werden. Die Leistungsaufnahme beträgt mit Vorschaltgerät 83 W. Der Lampenstrom beträgt 1 A.

a) Bestimmen Sie die Kapazität des Kompensationskondensators für den Leistungsfaktor von 0,94!

b) Wie groß wird der Betriebsstrom nach der Kompensation?

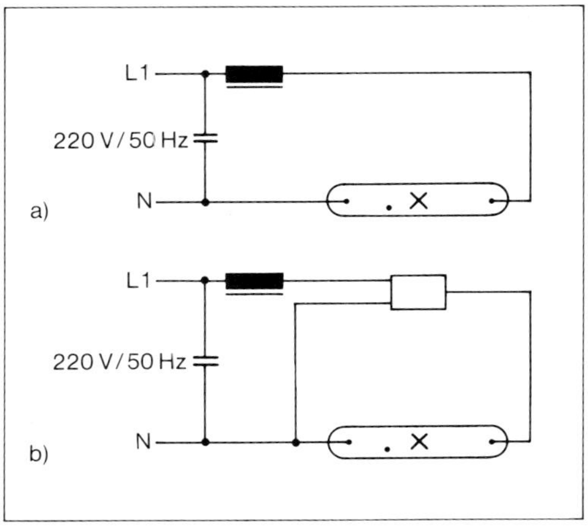

Abb. 1: Natrium-Hochdrucklampe
a) mit Drosselspule
b) mit Drossel und Zündgerät

3. Eine Natriumdampf-Hochdrucklampe hat eine Leistung von 400 W. Mit Vorschaltgerät beträgt die Gesamtleistung 450 W, der Betriebsstrom ist mit 4,4 A angegeben.
a) Berechnen Sie die Kapazität des Kompensationskondensators, wenn auf $\cos \varphi_2 = 0{,}95$ kompensiert werden soll! (Parallelkompensation)
b) Wie groß wird der Betriebsstrom nach der Kompensation?

4. Ein Wechselstrommotor nach Abb. 3 nimmt an Wechselspannung 220 V/50 Hz eine Leistung von 1,8 kW bei einem Leistungsfaktor von 0,76 auf.
a) Wie groß muß bei Parallelkompensation auf 0,9 die kapazitive Blindleistung sein?
b) Welche Kapazität hat der Kondensator?
c) Um wieviel Prozent verringert sich die Stromaufnahme des Motors?

5. Zwei Leuchtstofflampen L58 W/32 werden in Duoschaltung ($\cos \varphi = 1$) an 220 V, 50 Hz betrieben. Die Leistungsaufnahme je Drossel beträgt 11 W, der Betriebsstrom jeder Lampe 0,67 A.
a) Welche Kapazität hat der Kondensator?
b) Bestimmen Sie zeichnerisch den Gesamtstrom!

6. Eine Vitrine wird durch zwei Leuchtstofflampen in Tandemschaltung (220 V/50 Hz) beleuchtet. Die gesamte Leistungsaufnahme der Schaltung beträgt 46 W. Der Leistungsfaktor soll von 0,55 auf 0,9 verbessert werden. Berechnen Sie die Kapazität des Kondensators bei Parallelkompensation!

7. Zwei Leuchtstofflampen (je 65 W) werden in Duo-Schaltung nach Abb. 2 betrieben. Je Lampe betragen der Betriebsstrom 0,67 A und die Leistungsaufnahme mit Vorschaltgerät 78 W. Durch Reihenschaltung eines Kondensators soll ein Zweig kapazitiv werden, so daß außerhalb der Schaltung der Leistungsfaktor etwa 1 beträgt.
a) Wie groß sind Leistungsfaktor und Blindleistung eines jeden Zweiges?
b) Wie groß muß die zu kompensierende Blindleistung durch den Kondensator sein, damit der Leistungsfaktor der ganzen Schaltung etwa 1 wird?
c) Zeichnen Sie das entsprechende Leistungsdreieck!
d) Wie groß ist die Kapazität des Kondensators?

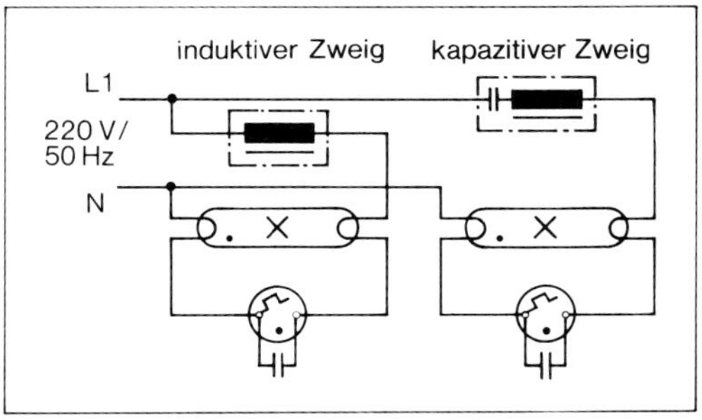

Abb. 2: Duo-Schaltung mit induktivem und kapazitivem Zweig

8. Auf dem Leistungsschild eines Wechselstrommotors, der an 220 V/50 Hz betrieben wird, sind die Werte für die Nennleistung (1,6 kW) und den Leistungsfaktor (0,8) lesbar. Der Wirkungsgrad des Motors soll 85% betragen.
a) Bestimmen Sie die zu kompensierende Blindleistung für einen Leistungsfaktor von 0,9!
b) Wie groß ist die Kapazität des Kondensators bei Parallelkompensation?

Abb. 3: Einzelkompensation am Wechselstrommotor

9. Zu drei Standardtypen von Leuchtstofflampen (220 V, 50 Hz) sind folgende Werte für die Leistungs- und Stromaufnahme mit Drossel bekannt:
L 1: $P = 27\,\text{W}$; $I = 0{,}37\,\text{A}$;
L 2: $P = 49\,\text{W}$; $I = 0{,}43\,\text{A}$;
L 3: $P = 69\,\text{W}$; $I = 0{,}67\,\text{A}$;
a) Wie groß ist der Leistungsfaktor?
b) Welche Kapazität hat der Kondensator wenn bei Parallelkompensation $\cos\varphi_2 = 0{,}9$ betragen soll?
c) Berechnen Sie den Betriebsstrom!

10. In einem Versorgungsnetz mit Tonfrequenz-Rundsteuerung ist die Reihenkompensation[1] vorgeschrieben. Zwei Leuchtstofflampen in Duo-Schaltung nehmen an 220 V/50 Hz jeweils bei einem Betriebsstrom von 0,43 A eine Leistung von 48 W (einschließlich Drossel) auf. Die Anlage soll auf $\cos\varphi \approx 1$ kompensiert werden.
a) Welche Kapazität hat der Kondensator?
b) Zeichnen Sie das Leistungsdreieck!

[1]) Im kapazitiven Zweig darf nur der Kondensator verwendet werden, der auf dem Leistungsschild der Drosselspule angegeben ist.

► Das Leistungsschild eines Drehstrommotors enthält u. a. folgende Angaben: Nennleistung: 22 kW; Betriebsspannung: 380 V; Frequenz: 50 Hz; Nennstrom: 45 A; Leistungsfaktor bei Vollast: 0,85. Zur Kompensation sollen 3 Kondensatoren nach Abb. 1; S. 264 zugeschaltet werden, so daß die Kondensator-Nennleistung dem in Tabelle 2 der VDEW angegebenen Wert entspricht.
a) Berechnen Sie die vom Drehstrommotor aufgenommene Leistung!
b) Wie groß ist die zur Kompensation benötigte Kondensator-Blindleistung?
c) Welche Blindleistung und Kapazität hat ein Kondensator?
d) Berechnen Sie den Leistungsfaktor der kompensierten Anlage!

Beispiellösung:

Gegeben: $P_2 = 22\,\text{kW}$; $U = 380\,\text{V}$; $f = 50\,\text{Hz}$; $I = 45\,\text{A}$; $\cos\varphi_1 = 0{,}85$

Gesucht: P_1; Q_C; Q_{C1}; C; $\cos\varphi_2$

a)
$$P = \sqrt{3} \cdot U \cdot I \cdot \cos\varphi_1$$
$$P_1 = \sqrt{3} \cdot 380\,\text{V} \cdot 45\,\text{A} \cdot 0{,}85$$
$$\underline{\underline{P_1 = 25{,}18\,\text{kW}}}$$

b) $\underline{\underline{Q_C = 10\,\text{kvar}}}$ (nach Tabelle 2)

c)
$$Q_{C1} = \frac{Q_C}{3};$$
$$Q_{C1} = \frac{10\,\text{kvar}}{3};$$
$$\underline{\underline{Q_{C1} = 3{,}333\,\text{kvar}}}$$

$$C = \frac{Q_{C1}}{U^2 \cdot \omega}$$
$$C = \frac{3333\,\text{var}}{(380\,\text{V})^2 \cdot 314\,\frac{1}{\text{s}}};$$
$$\underline{\underline{C \doteq 73{,}5\,\mu\text{F}}}$$

d)
$$Q_C = P\,(\tan\varphi_1 - \tan\varphi_2)$$
$$\tan\varphi_2 = \frac{P \cdot \tan\varphi_1 - Q_C}{P}$$
$$\tan\varphi_2 = \frac{25{,}18\,\text{kW} \cdot 0{,}6197 - 10\,\text{kvar}}{25{,}18\,\text{kW}}$$
$$\tan\varphi_2 = 0{,}2226;$$
$$\underline{\underline{\cos\varphi_2 = 0{,}976}}$$

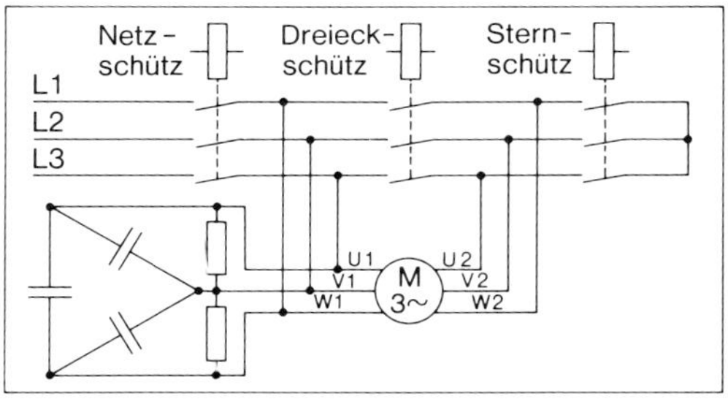

Abb. 1: Blindleistungskompensation bei einem Drehstrommotor

11. Ein Drehstrommotor soll kompensiert werden. Das Leistungsschild hat u.a. folgende Angaben:
$P = 16$ kW; $U = 380$ V; $f = 50$ Hz; $I = 28$ A; $\cos \varphi_1 = 0{,}87$.
Zur Kompensation wird eine Kondensatorbatterie in Dreieck parallel zum Drehstrommotor geschaltet.
a) Berechnen Sie die vom Drehstrommotor aufgenommene Leistung!
b) Wie groß ist die zur Kompensation benötigte Kondensator-Blindleistung (Tab. 2)?
c) Welche Blindleistung und Kapazität hat ein Kondensator?
d) Berechnen Sie den Leistungsfaktor der kompensierten Anlage!

12. Folgende Drehstrommotoren mit den Nennleistungen a) 30 kW, b) 45 kW und c) 50 kW sollen je einzeln kompensiert werden. Die Kondensatorbatterie wird jeweils in Dreieck mit dem Drehstrommotor an 380/220 V, 50 Hz geschaltet. Bestimmen Sie laut Tabelle 2 der VDEW jeweils die Kondensatorleistung und die Kapazität eines Kondensators!

Tabelle 2 (nach VDEW)[1]

Einzelkompensation von Motoren	
Motor-Nennleistung in kW	Kondensator-Nennleistung in kvar
4,0 ... 4,9	2
5,0 ... 5,9	3
6,0 ... 7,9	3
8,0 ... 10,9	4
11,0 ... 13,9	5
14,0 ... 17,9	6
18,0 ... 21,9	7,5
22,0 ... 29,9	10
ab 30,0	ca. 35% der Motorleistung

13. Ein Drehstromtransformator hat die Nennleistung 160 kVA und die Nennspannung 10/0,4 kV bei 50 Hz. Die Blindleistung des Transformators soll durch eine sekundärseitig zuzuschaltende Kondensatorbatterie kompensiert werden. Bestimmen Sie laut Tabelle 3 der VDEW
a) die Kondensatorleistung der in Dreieck geschalteten Kondensatorbatterie und
b) die Kapazität eines Kondensators.

14. Die Größe der entnehmbaren Wirkleistung in kW bei Transformatoren hängt u.a. von der Scheinleistung und dem Leistungsfaktor ab. So beträgt z.B. bei einem Leistungsfaktor von 0,6 die entnehmbare Wirkleistung 150 kW, bei 0,9 schon 225 kW.
a) Bestimmen Sie aus dem Leistungsdreieck die Scheinleistung des Drehstromtransformators (10/0,4 kV bei 50 Hz)!
b) Wie groß ist nach Tabelle 3 (VDEW) die Kondensatorleistung zur Blindleistungskompensation zu wählen?
c) Berechnen Sie die Kapazität eines Leistungskondensators, wenn die Kondensatorbatterie in Dreieck an 0,4 kV/50 Hz liegt!

15. Ein Drehstrommotor soll mittels einer Kondensatorbatterie, die in Dreieck parallel zum Motor geschaltet ist, kompensiert werden. Folgende Angaben sind bekannt (Leistungsschild): $U = 380$ V; $f = 50$ Hz; $P = 18{,}5$ kW; $\cos\varphi_1 = 0{,}86$; $I = 36$ A.
a) Berechnen Sie die aufgenommene Leistung!
b) Wie groß ist laut Tab. 2 die benötigte Kondensator-Nennleistung?
c) Wie groß sind Blindleistung und Kapazität eines Kondensators?
d) Bestimmen Sie den Leistungsfaktor $\cos\varphi_2$!
e) Berechnen Sie die Stromaufnahme nach der Kompensation!

16. Um wieviel Prozent sinkt die Stromaufnahme eines Drehstrommotors bei gleicher Nennleistung und konstanter Netzspannung, wenn der Leistungsfaktor von 0,74 auf 0,94 verbessert wird?

[1]) Vereinigung Deutscher Elektrizitätswerke, Herausgeber der TAB

17. Schweißtransformatoren werden mit 50% der Transformator-Scheinleistung primärseitig kompensiert. Berechnen Sie für einen Schweißtransformator an 220 V/50 Hz mit 16 A Stromaufnahme
a) die zu kompensierende Blindleistung,
b) die Kapazität des parallel geschalteten Leistungskondensators!

Tabelle 3 (nach VDEW)

Zuordnung der Kondensatoren zu Transformatoren			
Trafo-Nennleistung in kVA	Kondensatorleistung in kvar bei den TrafoPrimärspannungen 5 ... 10 kV	15 ... 20 kV	25 ... 30 kV
25	2	3	3
50	4	5	6
75	5	6	7,5
100	6	7,5	10
160	10	10	15
250	15	15	20
315	15	20	25
400	20	20	30
630	30	30	40

18. Die Stromaufnahme eines Drehstrommotors verringert sich um 24%. Bestimmen Sie $\cos\varphi_2$, wenn $\cos\varphi_1 = 0{,}73$ beträgt!

19. Die Blindleistung eines Drehstrommotors mit den Angaben 380/660 V; 50 Hz; 45 kW; $\cos\varphi = 0{,}86$ soll kompensiert werden (Tab. 2, nach VDEW).
a) Wie groß muß die Blindleistung der im Dreieck geschalteten Kondensatorbatterie sein?
b) Bestimmen Sie die Kapazität der Kondensatoren!

20. Bei einem Drehstromtransformator beträgt beim Leistungsfaktor von 0,7 die abgegebene Wirkleistung 220,5 kW.
a) Bestimmen Sie die Trafo-Nennleistung des Drehstromtransformators (20/0,4 kV; 50 Hz)!
b) Welche Wirkleistung kann bei einem Leistungsfaktor von 0,9 entnommen werden?
c) Wie groß ist nach Tab. 3 die Kondensatorleistung zur Kompensation?
d) Berechnen Sie die Kapazität eines Leistungskondensators, wenn die Kondensatorbatterie in Dreieck an 0,4 kV; 50 Hz liegt!

24.8 Gruppen- und Zentralkompensation in elektrischen Anlagen

► In einer Fabrikhalle werden 30 Leuchtstofflampen mit je 65 W auf die drei Phasen des Drehstromnetzes 380/220 V, 50 Hz verteilt. Die Verlustleistung je Vorschaltgerät beträgt 13 W, die Stromaufnahme je Lampe 0,63 A. Durch Anwendung der Gruppenkompensation nach Abb. 2 soll der Leistungsfaktor auf 0,9 verbessert werden.
a) Berechnen Sie die zu kompensierende Blindleistung!
b) Wie groß sind die Blindleistung und die Kapazität je Kondensator?

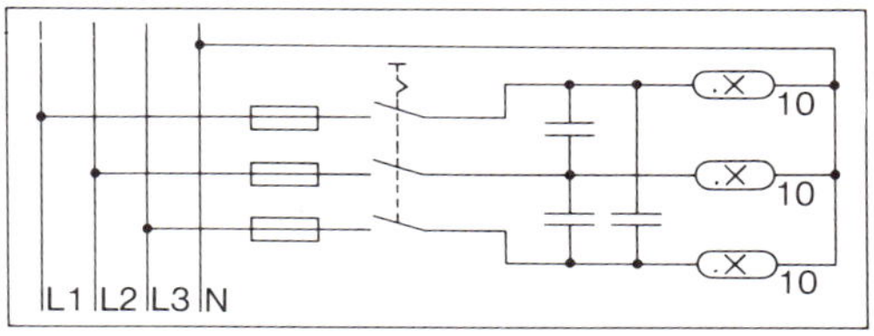

Abb. 2: Gruppenkompensation bei Leuchtstofflampen

Gesamtleistung P_g
Anzahl der Verbraucher je Phase n

$P_g = n \cdot P \cdot 3$

$Q_C = P_g \cdot (\tan\varphi_1 - \tan\varphi_2)$

Beispiellösung:

Gegeben: 380/220 V; $f = 50$ Hz; $P_L = 65$ W; $I_L = 0{,}63$ A; $P_V = 13$ W; $n = \frac{30}{3}$; $\cos\varphi_2 = 0{,}9$

Gesucht: Q_C; Q_{C1}; C

a) $\cos\varphi_1 = \frac{P_L + P_V}{U \cdot I_L}$; $\cos\varphi_1 = \frac{78\,\text{W}}{220\,\text{V} \cdot 0{,}63\,\text{A}}$;

$\cos\varphi_1 = 0{,}563$;

$\tan\varphi_1 = 1{,}469$

$P_g = n \cdot (P_L + P_V) \cdot 3$

$P_g = 30 \cdot 78\,\text{W}$; $P_g = 2340\,\text{W}$

$Q_C = P_g \cdot (\tan\varphi_1 - \tan\varphi_2)$

$Q_C = 2340\,\text{W} \cdot (1{,}469 - 0{,}484)$

$\underline{\underline{Q_C = 2305\,\text{var}}}$

b) $Q_{C1} = \frac{Q_C}{3}$;

$Q_{C1} = \frac{2305 \text{ var}}{3}$

$\underline{\underline{Q_{C1} = 768 \text{ var}}}$

$C = \frac{Q_{C1}}{U^2 \cdot \omega}$;

$C = \frac{768 \text{ var}}{(380 \text{ V})^2 \cdot 314 \frac{1}{\text{s}}}$

$\underline{\underline{C = 17 \text{ µF}}}$

Aufgaben

1. Zwei Wechselstrommotoren eines Transportbandes werden an 220 V/50 Hz betrieben. In der elektrischen Anlage soll Gruppenkompensation eingesetzt werden, so daß der Leistungsfaktor auf 0,95 verbessert wird. Die Leistungsschilder der Motoren tragen u. a. folgende Angaben:

Motor 1: $U = 220\,\text{V}$; $f = 50$ Hz; $I = 7{,}3\,\text{A}$; $\cos\varphi = 0{,}65$

Motor 2: $U = 220\,\text{V}$; $f = 50$ Hz; $I = 9\,\text{A}$; $\cos\varphi = 0{,}78$

a) Bestimmen Sie den mittleren Leistungsfaktor und den Gesamtstrom graphisch!

b) Wie groß ist die Gesamtleistung in W?

c) Berechnen Sie die zu kompensierende Blindleistung!

d) Wie groß ist die Kapazität des Kondensators bei Parallelkompensation?

2. Eine Fabrikhalle soll durch drei Lichtbänder, die aus je 15 Leuchtstofflampen bestehen, beleuchtet werden. Die Lichtbänder werden auf das Drehstromnetz 380/220 V, 50 Hz verteilt. Für jede Lampe mit Drossel gilt: Betriebsspannung: 220 V, 50 Hz; gesamte Leistungsaufnahme: 50 W; Stromaufnahme: 0,44 A je Lampe. Die Leuchtstofflampen sollen durch eine in Dreieck geschaltete Kondensatorbatterie auf den Leistungsfaktor 0,9 kompensiert werden.

a) Wie groß ist die zu kompensierende Blindleistung?

b) Wie groß ist die Kapazität eines Kondensators?

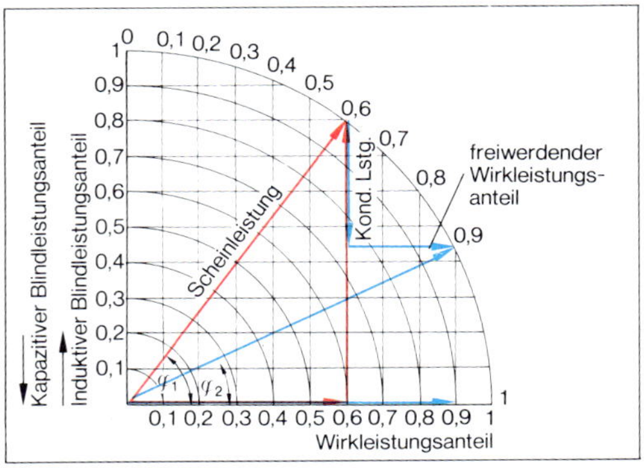

Abb. 1: Leistungsdiagramm zur Kompensation von Blindleistung

3. Durch die Blindleistungskompensation wird die Übertragungsleistung für die Wirkleistung größer (Abb. 1). Bei einem Leistungsfaktor von 0,6 beträgt nach der Darstellung im Diagramm der induktive Blindleistungsanteil der Anlage 80%, der Wirkleistungsanteil 60% der Scheinleistung.

a) Wie groß werden die beiden Anteile, wenn bei gleicher Scheinleistung die Anlage auf 0,9 kompensiert wird?

b) Berechnen Sie die einzelnen Leistungen, wenn die Scheinleistung der Anlage 100 kVA beträgt!

c) Wie hoch ist die prozentuale Steigerung der Übertragung von Wirkleistung bei gleicher Scheinleistung?

d) Wie groß muß die Kondensatorleistung sein?

e) Bestimmen Sie aus der Hersteller-Tabelle (Abb. 1; S. 268) die Nennleistung des Großphasenschiebers!

4. Eine elektrische Anlage für 380/220 V, 50 Hz soll mit einem Großphasenschieber (Abb. 2) zur Zentralkompensation ausgestattet werden. Bei 160 Betriebsstunden im Monat beläuft sich für diesen Zeitraum die Wirkarbeit auf 11 200 kWh. Der Leistungsfaktor soll von 0,7 auf 0,95 verbessert werden.

a) Welche Kondensator-Regeleinheit (Nennleistung) ist nach Hersteller-Tab. (Abb. 1; S. 268) zu wählen?

b) Wie groß ist die Kapazität eines Kondensators, wenn die Dreieckschaltung vorliegt? Welche Kapazität sieht die Tabelle vor?

5. In einer Fabrik beträgt der Leistungsfaktor der elektrischen Anlage vor der Kompensation 0,72, er soll bei gleicher Scheinleistung auf den Wert 0,95 verbessert werden.
a) Lesen Sie aus dem Diagramm für beide Leistungsfaktoren die Anteile der Wirk- und Blindleistung von der Scheinleistung ab!
b) Bestimmen Sie die einzelnen Leistungen, wenn die Scheinleistung 130 kVA beträgt!
c) Wie groß ist die Kondensatorleistung?
d) Welche Nennleistung hat der Großphasenschieber?

6. Der Blindleistungsregler einer zentral kompensierten Anlage hat bei einer Anschlußleistung von 45 kW eine Blindleistung der Kondensatoreinheit von 50 kvar zugeschaltet. Der Leistungsfaktor wird dabei auf 0,94 verbessert. Wie groß ist der Leistungsfaktor der unkompensierten Anlage?

7. In einer elektrischen Anlage wird der monatliche (150 Betriebsstunden) Verbrauch an Wirkarbeit mit 18000 kWh und an Blindarbeit mit 24000 kvar festgestellt.
a) Wie groß sind die durchschnittliche Wirk- und Blindleistung?
b) Berechnen Sie die Scheinleistung!
c) Bestimmen Sie mit Hilfe des Leistungsdiagramms (Maßstab: 20 kVA $\hat{=}$ 1 cm) den Leistungsfaktor $\cos \varphi_1$ der Anlage!
d) Führen Sie eine Kontrollrechnung zum Leistungsfaktor durch!
e) Wie groß ist die freiwerdende Wirkleistung, wenn bei gleicher Scheinleistung auf $\cos \varphi_2 = 0{,}95$ kompensiert wird?

8. Zeichnen Sie ein Leistungsdiagramm mit dem Maßstab 0,1 S $\hat{=}$ 1 cm (vgl. Abb. 1)!
a) Tragen Sie in das Diagramm die Zeiger für Schein-, Wirk- und Blindleistung ein, wenn der Leistungsfaktor der Anlage 0,65 bzw. 0,95 beträgt!
b) Wie groß ist die durch die Kompensation freiwerdende Wirkleistung, wenn die Scheinleistung vor und nach der Kompensation den Wert von 75 kVA hat?
c) Welcher Großphasenschieber muß nach der Hersteller-Tabelle gewählt werden?

Abb. 2: Blindleistungs-Kompensationsanlage

9. In einer elektrischen Anlage für 380/220 V, 50 Hz befindet sich eine regelbare Zentralkompensation mit einer Nennleistung von 20 kvar.
a) Welche Wirkleistung liegt vor, wenn der Leistungsfaktor von 0,66 auf 0,95 angehoben werden soll?
b) Wie hoch ist die monatliche Wirkarbeit bei 180 Betriebsstunden?

10. Drei Lichtbänder in einer Halle bestehen aus jeweils 18 Leuchtstofflampen. Sie werden auf das Drehstromnetz (380/220 V, 50 Hz) verteilt. Zu jeder Lampe mit Drossel gelten folgende Angaben: $P = 69$ W; $I = 0{,}67$ A.
Die Leuchtstofflampen sollen durch eine in Dreieck geschaltete Kondensatorbatterie auf 0,9 kompensiert werden.
a) Wie groß ist die zu kompensierende Blindleistung?
b) Berechnen Sie die Kapazität eines der drei Kondensatoren.
c) Wie groß ist der Leiterstrom vor und nach der Kompensation?

11. Für die elektrische Anlage (380/220 V, 50 Hz) eines Betriebes ist der Einsatz eines Großphasenschiebers zur Zentralkompensation vorgesehen. Die mittlere Anschlußleistung beträgt 58 kW. Der Leistungsfaktor soll von 0,74 auf 0,94 verbessert werden.
a) Welche Kondensator-Regeleinheit (Nenn-

leistung ist nach der Hersteller-Tabelle (Abb. 1) zu wählen?
b) Bestimmen Sie die Kapazität eines Kondensators, wenn Dreieckschaltung vorgesehen ist. Welche Kapazität ist nach der Tabelle zu wählen?
c) Um wieviel Prozent sinkt die Stromaufnahme (Leiterstrom) bei Kompensation?

12. In einer elektrischen Anlage (380/220 V, 50 Hz) werden ein Leistungsfaktor von 0,68 und eine Wirkleistung von 22 kW gemessen.
a) Bestimmen Sie den Leistungsfaktor $\cos\varphi_2$, wenn ein Großphasenschieber von 13,2 kvar zugeschaltet würde.
b) Welcher Großphasenschieber müßte gewählt werden, wenn der Leistungsfaktor auf 0,95 verbessert werden soll?
c) Um wieviel Prozent sinkt die Stromaufnahme (Leiterstrom) bei Kompensation nach a) und b)?

13. In einer elektrischen Anlage (380/220 V; 50 Hz) ist zur Blindstrom-Kompensation ein Großphasenschieber mit einer Nennleistung von 33,3 kvar installiert. Bei einer Wirkleistung von 78 kW wird ein Leistungsfaktor von $\cos\varphi_2 = 0{,}95$ gemessen.
a) Berechnen Sie den Leistungsfaktor, wenn die Kompensationsanlage ausfällt.
b) Um wieviel Prozent sinkt die Stromaufnahme durch die Kompensation?
c) Berechnen Sie das Verhältnis von Q_c zu P vor und nach der Kompensation!

Leistungskondensatoren — Großphasenschieber 13,2 bis 50 kvar

Typenübersicht und Bestellangaben								
Nennleistung	kvar	13,2	16,7	20	25	33,3	40	50
Nennstrom								
in △-Schaltung	A	19	24	29	36	48	57,5	72
in E-Schaltung	A	32	41,5	50	62,5	83	100	125
Nennkapazität/Phase								
bei △-Schaltung	µF	86	110	132	167	223	266	333
Nennkapazität								
bei E-Schaltung	µF	257	330	396	501	665	798	999
Normale Sicherung								
△-Schaltung	A	35	35	50	63	80	100	125
E-Schaltung	A	63	63	80	100	125	160	160
Zuleitungs-Querschnitt[1])								
△-Schaltung	mm²	4	4	6	10	16	25	35
E-Schaltung	mm²	10	10	16	25	35	50	70
Kabeleinführung		Pg 29	Pg 29	Pg 29	Pg 42	Pg 42	Pg 42	Pg 42
Abmessungen a	mm	353	353	443	523	633	633	633
b	mm	496	496	586	666	776	795	795
Gewicht etwa	kg	7	8	9	11	14	16	18
Maßbild B:		B 1	B 1	B 1	B 1	B 1	B 2	B 2
Anschluß:	380 V Drehstrom 50 Hz							
Nennspannung:	400 V, 50 Hz							
Schaltung:	Einphasen- oder Dreieckschaltung							
Verwendung:	in trockenen und feuchten Räumen							
Bestellbezeichnung:	Typ CPN 7-DF-0,400/...[2])							

[1]) nach Tab. 2 DIN 57 100 Teil 523/VDE 0100 Teil 523, Gruppe 2 (Cu-Leitung)
[2]) gewünschte Leistung einsetzen – bei Einphasenschaltung: CPN 7-EF-0,400/

Abb. 1: Werteangaben eines Herstellers für Großphasenschieber (Auszug)

24.9 Wärmebedarf in Verbraucheranlagen

▶ Ein 300-Liter-Standspeicher nach Abb. 2 wird bei einem Anschlußwert von 6 kW am Drehstromnetz 380/220 V, 50 Hz betrieben. Der Wirkungsgrad des Gerätes beträgt 0,99. Das Wasser soll von 12 °C auf 60 °C aufgeheizt werden.
a) Wie groß ist die elektrische Arbeit?
b) Berechnen Sie die Aufheizzeit in Stunden und Minuten!

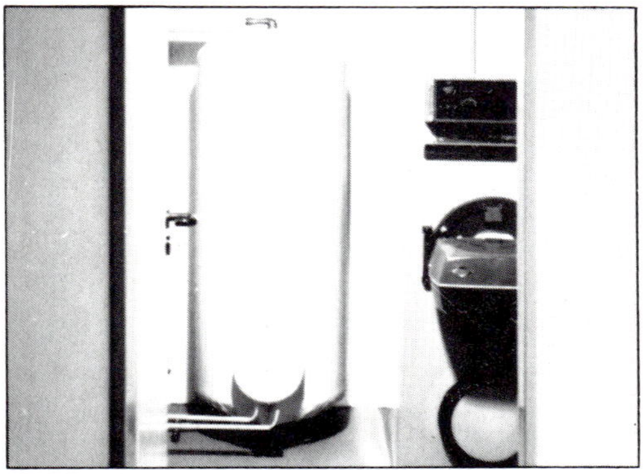

Abb. 2: 300-Liter-Standspeicher

Elektrische Arbeit W

$$W = \frac{m \cdot c \cdot \Delta T}{\eta} \qquad [W] = \text{Ws}$$

$$c = 4190 \, \frac{\text{J}}{\text{kg} \cdot \text{K}}$$

Aufheizzeit t

$$t = \frac{W}{P} \qquad [t] = \text{s}$$

Beispiellösung:

Gegeben: $m = 300$ kg; $P = 6$ kW; $\eta = 0{,}99$; $\vartheta_k = 12$ °C; $\vartheta_w = 60$ °C

Gesucht: W; t

a) $$W = \frac{m \cdot c \cdot (\vartheta_w - \vartheta_k)}{\eta}$$

$$W = \frac{300 \text{ kg} \cdot 4190 \, \frac{\text{J}}{\text{kg} \cdot \text{K}} \cdot (60 \text{ °C} - 12 \text{ °C})}{0{,}99}$$

$W = 60\,945\,454$ Ws; $\underline{\underline{W = 16{,}93 \text{ kWh}}}$

b) $t = \frac{W}{P}$; $t = \frac{16{,}93 \text{ kWh}}{6 \text{ kW}}$

$t = 2{,}82$ h; $\underline{\underline{t = 2 \text{ h } 49{,}2 \text{ min}}}$

Aufgaben

1. Bei einem Verbraucher liegt ein Warmwasserbedarf ($\vartheta_w = 60$ °C) von 150 *l* vor. Die Nennleistung eines Heißwasserspeichers beträgt 6 kW, sein Wirkungsgrad 0,99. Das Kaltwasser hat 10 °C.
a) Wie groß ist die elektrische Arbeit?
b) Berechnen Sie die Aufheizzeit!

2. Zur Warmwasserversorgung dienen für größere Verbrauchereinheiten Elektro-Großheißwasserspeicher. Berechnen Sie die Aufheizzeiten in h und min, wenn folgende Geräte bei einem Wirkungsgrad von 0,95 von 10 °C auf 60 °C aufgeheizt werden sollen:
a) Inhalt 200 *l*, Anschlußwert 6 kW,
b) Inhalt 600 *l*, Anschlußwert 9 kW,
c) Inhalt 2000 *l*, Anschlußwert 18 kW!

3. Für folgende Durchlauferhitzer mit den Anschlußwerten a) 18 kW, b) 21 kW und c) 24 kW soll die Warmwasserleistung in Liter/Minute für eine Temperatur von 37 °C bestimmt werden. Die Temperatur des Kaltwassers beträgt 10 °C. Der Wirkungsgrad aller Geräte ist 0,99. Berechnen Sie die Größe $\frac{m}{t}$ in $\frac{\text{kg}}{\text{min}}$ bzw. $\frac{l}{\text{min}}$!

4. In einem Mehrfamilienhaus befinden sich 8 Wohnungen. Der durchschnittliche Warmwasserbedarf beträgt je Haushalt 300 *l* täglich. Das Wasser wird in 3 Heißwasserspeichern nach Abb. 3 mit je 800 *l* und 9 kW Anschlußwert von 10 °C auf 60 °C erwärmt ($\eta = 0{,}95$).
a) Berechnen Sie die erforderliche elektrische Arbeit für einmaliges Aufheizen!
b) Wie hoch sind die monatlichen Energiekosten je Familie, wenn der Arbeitspreis für NT 0,07 DM/kWh betragen soll?

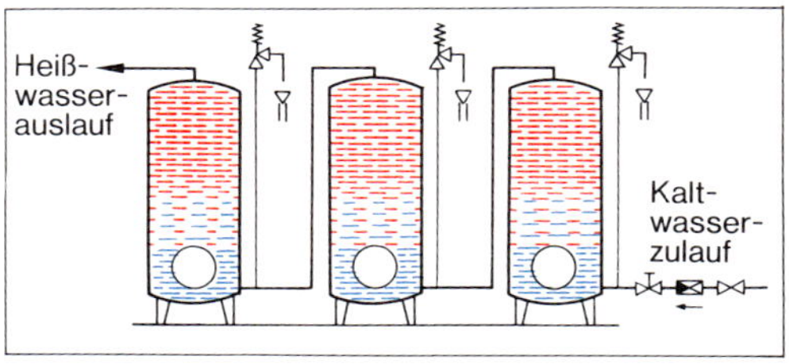

Abb. 3: Anordnung von drei 800-Liter-Heißwasserspeichern

5. In einer Verbraucheranlage liegt ein Warmwasserbedarf von 300 *l* vor. Die Nennleistung des Heißwasserspeichers beträgt 9 kW, sein Wirkungsgrad 99%. Das Kaltwasser hat eine Temperatur von 12°C.

a) Auf welche Temperatur ist das Wasser aufgeheizt, wenn der Zähler einen Verbrauch von 12,5 kWh anzeigt?

b) Wie groß ist die Aufheizzeit?

c) Berechnen Sie die elektrische Arbeit und die Aufheizzeit, wenn das Wasser auf 60°C aufgeheizt werden soll!

6. Berechnen Sie die Aufheizzeiten (von 10°C auf 60°C) in Minuten für folgende Heißwasserspeicher in geschlossener Ausführung. Der Wirkungsgrad beträgt jeweils 99%

Nenninhalt in *l*	10	15	30	80	100	120	150
Nennleistung in kW	2	4	4	6	6	6	6

Stellen Sie die Größen Nenninhalt, Nennleistung, elektrische Arbeit und Aufheizzeit in einer Tabelle zusammen.

7. Laut DIN 44901 T. 2 sind die Anschlußwerte von Elektro-Standspeichern genormt. Berechnen Sie die Warmwassertemperatur für die in der Tabelle aufgelisteten Geräte. Die Kalttemperatur des Wassers beträgt 12°C, der Wirkungsgrad 99%. Stellen Sie die errechneten Werte mit den gegebenen Werten in einer Tabelle zusammen.

Nenninhalt in*l*	Nennleistung in kW bei Aufheizzeit von 4 h	8 h
200	4	2
300	6	3
400	6	4
600	9	6
1000	18	9

8. Bestimmen Sie mit Hilfe der Kennlinien aus dem folgenden Diagramm die jeweiligen Durchflußmengen bei den drei Gerätetypen, wenn die Auslauftemperaturen 40°C; 45°C; 50°C; 55°C und 60°C erreicht werden sollen. Legen Sie eine entsprechende Tabelle an.

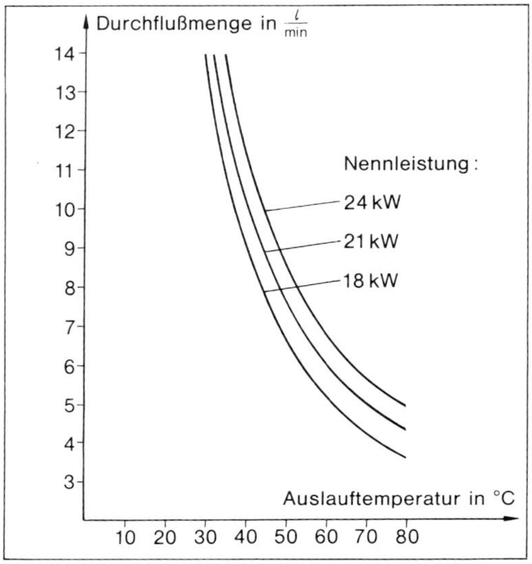

Abb. 1: Durchflußmengen von Durchlauferhitzern für verschiedene Auslauftemperaturen (Temperatur des Kaltwassers: 12°C)

25 Licht- und Beleuchtungstechnik

▶ Ein Schulungsraum 8,40 m · 8,40 m soll mit einlampigen Rasterleuchten beleuchtet werden. Der Beleuchtungswirkungsgrad wurde bereits mit $\eta_{Bel} = 0{,}47$ ermittelt. Wieviel Leuchten müssen installiert werden, damit die nach DIN 5035 erforderliche Beleuchtungsstärke erreicht wird? Die verwendeten Leuchtstofflampen 65 W der Lichtfarbe 25 (universal weiß) haben einen Lichtstrom von 4000 lm.

Beleuchtungsstärke E $[E] = \frac{\text{lm}}{\text{m}^2}$

$E = \frac{\Phi}{A}$ $\qquad [E] = \text{lx};\ 1\,\text{lx} = \frac{1\,\text{lm}}{\text{m}^2}$

Lichtausbeute η $\qquad [\eta] = \frac{\text{lm}}{\text{W}}$

$\eta = \frac{\Phi}{P}$

Leuchtenzahl n nach dem Wirkungsgradverfahren

$n = \frac{1{,}25 \cdot E \cdot A}{\Phi_L \cdot \eta_{Bel}}$; Lichtstrom einer Lampe: Φ_L

Beleuchtungswirkungsgrad η_{Bel}

$\eta_{Bel} = \eta_R \cdot \eta_L$

Raumwirkungsgrad η_R
Leuchtenwirkungsgrad η_L

Raumfaktor k

$k = \frac{a \cdot b}{h \cdot (a + b)}$

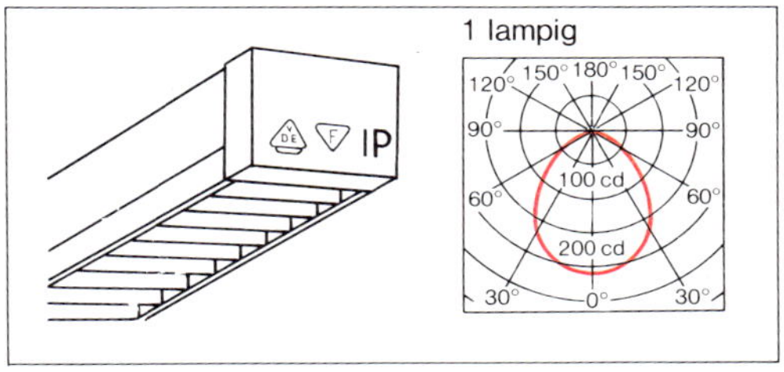

Abb. 2: Rasterleuchte mit Lichtstärke-Verteilungskurve

Beispiellösung:

Gegeben: $A = 8{,}40\,\text{m} \cdot 8{,}40\,\text{m}$; $\eta_{Bel} = 0{,}47$;
$\Phi_L = 4000\,\text{lm}$
Verwendungszweck des Raumes

Gesucht: Anzahl n der Leuchten

$$n = \frac{1{,}25 \cdot E \cdot A}{\Phi_L \cdot \eta_{Bel}}$$

E wird aus der Tabelle mit 500 lx ermittelt.

$$n = \frac{1{,}25 \cdot 500\,\frac{\text{lm}}{\text{m}^2} \cdot 8{,}40^2\,\text{m}^2}{4000\,\text{lm} \cdot 0{,}47};$$

$$\underline{\underline{n = 23{,}45}}$$

Installiert werden 24 Leuchten, die in 4 Lichtbänder aufgeteilt werden.

Tab. 25.1: Nennbeleuchtungsstärken nach DIN 5035

Art des Raumes bzw. der Tätigkeit	Nennbeleuchtungsstärke E_N in lx	Lichtfarbe
Umkleideräume, Waschräume, Toiletten	120	neutralweiß warmweiß
Büroarbeiten mit normalen Sachaufgaben	250	neutralweiß warmweiß
Grobe und mittlere Maschinenarbeiten (Drehen, Bohren, Fräsen)	250	neutralweiß
Elektrische Montagearbeiten an kleinen Motoren etc. Übungsräume	500	neutralweiß warmweiß
Montage feinster Teile (z. B. elektronische Bauteile)	1500	neutralweiß

Aufgaben

1. Ein Lichtstrom von 12000 lm trifft eine Fläche von 16 m² annähernd gleichmäßig. Welche Beleuchtungsstärke wird erzielt?

2. Auf einer Tischfläche 1,20 m · 0,75 m wird eine annähernd gleichmäßige Beleuchtungsstärke von 250 lx gemessen. Wie groß ist der auf die Tischfläche auftreffende Lichtstrom?

3. Ein Büroraum 35 m² wird durch 6 Leuchtstofflampen mit einem Lichtstrom von 3800 lm je Lampe beleuchtet. Der Beleuchtungswirkungsgrad beträgt 0,55. Wie groß ist die Beleuchtungsstärke?

4. Ein Verkaufsraum mit einer Grundfläche von 80 m² wird durch 18 Glühlampen 200 W mit einem Lichtstrom von je 3150 lm beleuchtet. Mit einem Beleuchtungsstärkemesser wird eine mittlere Beleuchtungsstärke von 350 lx 0,85 m über dem Fußboden ermittelt. Wie groß ist der Beleuchtungswirkungsgrad?

5. Ein Hausflur 8 m · 1,20 m wird mit 4 Glühlampen, Lichtstrom je Lampe 730 lm beleuchtet. Der Beleuchtungswirkungsgrad ist 0,45. Rechnen Sie nach, ob die nach DIN 5035 erforderliche Beleuchtungsstärke von 120 lx erreicht wird!

6. Auf einer Ausstellungsfläche soll eine annähernd gleichmäßige Beleuchtungsstärke von 500 lx erreicht werden. Wie groß muß der auf die Fläche von 15,00 m · 25,00 m auftreffende Lichtstrom sein?

7. Ein Werkstattraum, 45 m², wird durch 12 Leuchtstofflampen mit einem Lichtstrom von 3800 lm je Lampe beleuchtet. Der Beleuchtungswirkungsgrad beträgt 0,6. Wie groß ist die Beleuchtungsstärke?

8. Ein Unterrichtsraum mit einer Grundfläche von 70 m² wird mit Leuchtstofflampen L 58 W der Lichtfarbe 20 (hellweiß) $\Phi = 5000$ lm beleuchtet. Installiert sind 24 Leuchten. Mit einem Beleuchtungsstärkemesser wird eine mittlere Beleuchtungsstärke von 1080 lx in Tischhöhe gemessen. Wie groß ist der Beleuchtungswirkungsgrad?

9. Berechnen Sie die Lichtausbeute folgender Lampen:
a) Glühlampe 25 W; $\Phi = 230$ lm
b) Glühlampe 60 W; $\Phi = 730$ lm
c) Glühlampe 500 W; $\Phi = 8400$ lm
d) Leuchtstofflampe 40 W (mit Vorschaltgerät 50 W); $\Phi = 3200$ lm (Lichtfarbe 20 Hellweiß)
e) Leuchtstofflampe 65 W (mit Vorschaltgerät 78 W); $\Phi = 5100$ lm (Lichtfarbe 20)
f) Leuchtstofflampe 65 W (wie oben); $\Phi = 330$ lm (Lichtfarbe 32 Warmton de Luxe).
Welche Erkenntnisse können Sie aus dem Vergleich der Ergebnisse entnehmen?

10. Für die Beleuchtung eines Ausstellungsraumes muß entschieden werden, ob der insgesamt erforderliche Lichtstrom von 45600 lm durch Leuchtstofflampen ($\Phi = 3300$ lm; $P = 78$ W einschließlich Vorschaltgerät) oder durch Glühlampen 200 W ($\Phi = 3150$ lm) erzeugt werden soll. Um wieviel Prozent ist die Anschlußleistung bei Glühlampen größer als bei Leuchtstofflampen?

11. Ein Maschinenraum von 150 m² für grobe und mittlere Maschinenarbeiten wird mit 24 Leuchtstofflampen mit einem Lichtstrom von 3200 lm je Lampe beleuchtet. Der Beleuchtungswirkungsgrad ist 0,55. Prüfen Sie, ob die nach DIN 5035 erforderliche Beleuchtungsstärke erreicht wird!

12. Berechnen Sie die Lichtausbeute folgender Lampen:
Glühlampe 40 W; $\Phi = 430$ lm
Glühlampe 100 W; $\Phi = 1380$ lm
Glühlampe 200 W; $\Phi = 3150$ lm
Quecksilberdampf-Hochdrucklampen
HQL 125 W; $\Phi = 6300$ lm
HQL 1000 W; $\Phi = 55000$ lm
Natriumdampflampen
NA 35 W; $\Phi = 4800$ lm
NA 180 W; $\Phi = 33000$ lm
Aus welchem Grund sind die Quecksilberdampf- und Natriumdampflampen trotz hoher Lichtausbeute nur begrenzt einsetzbar? In welchen Anwendungsbereichen werden solche Lampen verwendet?

13. Die in einem Ladenlokal installierten 36 Glühlampen von 200 W mit einem Lichtstrom von 3150 lm je Lampe sollen durch Leuchtstofflampen mit 65 W, Lichtfarbe 32, Warmton de Luxe, mit einem Lichtstrom von 3300 lm je Lampe ersetzt werden.
a) Um wieviel Prozent wird der erzeugte Lichtstrom erhöht?
b) Um wieviel Prozent ist die Leistungsaufnahme der Leuchtstofflampen geringer als die der Glühlampen? Die Leistungsaufnahme einer Leuchtstofflampe mit Vorschaltgerät wird mit 78 W angegeben.

14. Nach DIN 5035 wird für die Neuinstallation eines Montageraums eine Beleuchtungsstärke von 1500 lx gefordert. Die Raumabmessungen betragen 15 m Länge und 7 m Breite. Installiert werden sollen Rasterleuchten, die mit je zwei Leuchtstofflampen von 65 W, Lichtstrom pro Lampe 5100 lm, bestückt sind. Für die verwendeten Leuchten und den vorgegebenen Raum wurde ein Beleuchtungswirkungsgrad von 0,6 ermittelt.
Berechnen Sie die Anzahl der notwendigen Leuchten!

15. Die mittlere Beleuchtungsstärke auf einer Arbeitsfläche soll 250 lx betragen. Wie groß muß der auf die Fläche von 4,00 m · 5,00 m auftreffende Lichtstrom sein?

16. Eine Garage, 3,00 m · 6,00 m, wird mit einer Leuchtstofflampe beleuchtet. Der Lichtstrom der Lampe beträgt 3200 lm. Der Beleuchtungswirkungsgrad wurde mit 0,5 ermittelt. Wie groß ist die Beleuchtungsstärke?

17. Der Arbeitsplatz an einer Fräsmaschine hat die Abmaße 2,00 m · 1,20 m. Als Arbeitsplatzbeleuchtung wird eine Leuchtstofflampe installiert. Sie liefert einen Lichtstrom von 5100 lm. Bei ausgeschalteter Allgemeinbeleuchtung wird in Arbeitshöhe eine Beleuchtungsstärke von 380 lx gemessen. Wie groß ist in diesem Fall der Beleuchtungswirkungsgrad?

18. In einem Montageraum 75 m² werden elektrische Bauteile zusammengesetzt. Der Raum wird mit 36 Leuchtstofflampen L 58 W $\Phi_L = 5000$ lm beleuchtet. Der Beleuchtungswirkungsgrad ist 0,65. Prüfen Sie, ob die nach DIN 5035 erforderliche Beleuchtungsstärke erreicht wird.

19. Ein Ausstellungsraum soll mit Reflektorleuchten ausgestattet werden, die mit 200 W Glühlampen bestückt sind. Die Raumabmessungen betragen 10,00 m · 12,00 m. Wieviel Leuchten müssen installiert werden, wenn eine mittlere Beleuchtungsstärke von 250 lx gefordert wird und der Beleuchtungswirkungsgrad mit 0,53 ermittelt wurde?

► Ein Maschinenraum für grobe und mittlere Metallarbeiten soll mit 1lampigen Rasterleuchten beleuchtet werden. Folgende Daten sind bekannt: Abmessungen des Raumes: 8 m · 12 m; Leuchtenhöhe über der Meßebene (Arbeitshöhe): 2,50 m; Wände aus Sichtbeton, Anstrich gelb-grün, hell; Schallschluckdecke weiß; Fußboden aus Holzpflaster, dunkel; Maschinen hellgrün gespritzt; keine Fenster, Tageslicht über Oberlichter in der Decke.
Verwendet werden Leuchtstofflampen L 58 W der Lichtfarbe 20 (hellweiß); $\Phi_L = 5000$ lm. Die Anzahl der benötigten Leuchten ist zu bestimmen!

Beispiellösung:

Gegeben: $A = 8$ m · 12 m; $h = 2{,}50$ m
Verwendungszweck des Raumes
Farbgestaltung des Raumes
Verwendete Leuchten und Lampen

Gesucht: n

$$n = \frac{1{,}25 \cdot E \cdot A}{\Phi_L \cdot \eta_{Bel}};$$

$$\eta_{Bel} = \eta_L \cdot \eta_R$$

E wird aus der Tabelle 25.1 mit 250 lx ermittelt.

Raumfaktor $K = \frac{a \cdot b}{h \cdot (a+b)}$;

$$K = \frac{8\ \text{m} \cdot 12\ \text{m}}{2{,}5\ \text{m} \cdot (8\ \text{m} + 12\ \text{m})};$$

$$K = 1{,}92; \quad K \approx 2{,}0$$

Aus der Tabelle 25.4 werden folgende Reflexionsgrade entnommen: $\rho_{\text{Decke}} = 0{,}7$; $\rho_{\text{Wände}} = 0{,}5$; $\rho_{\text{Nutz}} = 0{,}2$ (Werte gemittelt).

Aus den Angaben eines Leuchtenherstellers (Tabellen 25.2 und 25.3) werden $\eta_L = 0{,}7$ und $\eta_R = 0{,}88$ ermittelt.

$$n = \frac{1{,}25 \cdot 250\ \frac{\text{lm}}{\text{m}^2} \cdot 96\ \text{m}^2}{5000\ \text{lm} \cdot 0{,}88 \cdot 0{,}7};$$

$$\underline{\underline{n = 9{,}7}}$$

Installiert werden 10 Leuchten.

Aufgaben

20. Ermitteln Sie die Anzahl der benötigten Leuchten, wenn in der Beispielaufgabe die Leuchtenhöhe über der Meßebene auf 4 m erhöht wird (Deckenmontage).

Tab. 25.2: Leuchtenwirkungsgrad η_L

Lichtverteilungskurve

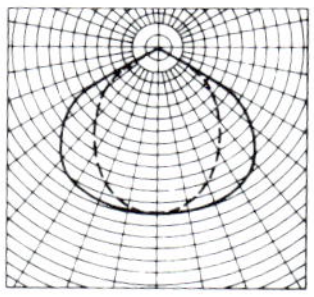

1 × L 36 W	1 × L 58 W
0,72	0,70

Tab. 25.3: Raumwirkungsgrade η_R von einlampigen Leuchten für Deckenmontage

Decke Wand Nutzfläche	0,7 0,5 0,2	0,5 0,3 0,1	0,3 0,1 0,1
Raumindex k	η_R	η_R	η_R
0,6	0,47	0,38	0,33
1,0	0,66	0,56	0,51
2,0	0,88	0,78	0,73
3,0	0,97	0,87	0,83
5,0	1,05	0,94	0,90

Tab. 25.4: Reflexionsgrad ρ verschiedener Anstriche in %

weiß lichtcreme	70...80	orange mittelgrau	20...25
hellgelb	55...65	dunkelgrün dunkelrot dunkelgrau	10...15
hellgrün rosa	45...50	marineblau	5...10
himmelblau hellgrau	40...45		
beige hellbraun olivgrün	25...35		

21. In einem Arbeitsraum werden elektrische Montagearbeiten an kleineren Motoren und Geräten ausgeführt. Der Raum soll mit den gleichen Rasterleuchten wie in der Beispielaufgabe ausgestattet werden. Über den Arbeitsraum werden folgende Angaben gemacht: Länge des Raumes 8 m; Breite des Raumes 4 m; Höhe des Raumes 3,40 m; Höhe der Arbeitstische 0,85 m; Abstand der Leuchten von der Decke 0,75 m. Die Decke des Raumes ist hellgrün, die Wände sind olivgrün gestrichen. Der Fußboden ist mit dunkelroten Fliesen ausgelegt, die Tische haben einen dunkelgrünen Belag. Verwendet werden Leuchtstofflampen L 58 W der Lichtfarbe 20 hellweiß mit $\Phi = 5000$ lm. Die Anzahl der benötigten Leuchten ist zu bestimmen!

22. In einem Verkaufsraum besteht die Beleuchtungsanlage aus 40 Reflektorleuchten, die in die Decke eingelassen und mit 60 W Glühlampen bestückt sind.
Rechnen Sie nach, wie groß die Beleuchtungsstärke in Höhe der Verkaufstische ist, wenn mit einem Beleuchtungswirkungsgrad von 0,5 gerechnet werden kann und die Raumfläche 60 m² beträgt.
Um Energiekosten einzusparen und größere Installationskosten zu vermeiden, werden die Glühlampen durch energiesparende Leuchtstofflampen mit Schraubsockel E 27 ersetzt. Die Lampen haben 25 Watt Leistungsaufnahme und einen Lichtstrom von 900 lm.
Berechnen Sie die Einsparung der Energiekosten und die Steigerung der Beleuchtungsstärke in Prozent!

Tab. 25.5: Beleuchtungswirkungsgrad η_{Bel}

Decke		ρ_D	**0,7**	0,7	0,5	0,5
Wände		ρ_W	**0,5**	0,3	0,3	0,3
Nutzebene		ρ_{Nutz}	**0,3**	0,3	0,3	0,1
Raum-index *k*	0,6	1lampig	0,24	0,20	0,19	0,19
		2lampig	0,28	0,24	0,23	0,23
	1	1lampig	0,34	0,29	0,29	0,28
		2lampig	0,40	0,35	0,34	0,32
	2	1lampig	0,47	0,43	0,41	0,39
		2lampig	0,52	0,48	0,46	0,43
	3	1lampig	0,53	0,50	0,48	0,44
		2lampig	0,58	0,55	0,52	0,48
	5	1lampig	0,58	0,55	0,52	0,48
		2lampig	0,62	0,60	0,57	0,52

23. Ein Unterrichtsraum mit der Grundfläche von 8,00 m · 8,00 m soll mit einlampigen Rasterleuchten ausgestattet werden. Für die Rasterleuchten gelten die Herstellerdaten der Tabelle 25.5. Die Leuchten werden 2,20 m über den Tischflächen montiert. Über den Raum liegen folgende Angaben vor: Die Decke des Raumes ist weiß, die Wände sind hell (gelb/grün) gestrichen. Der Fußboden ist mit einem mittelgrauen Teppich ausgelegt, die Tische haben einen hellgrauen Kunststoffbelag. Verwendet werden Leuchtstofflampen L 58 W der Lichtfarbe 20, hellweiß mit $\Phi = 5000$ lm. Gefordert wird eine Beleuchtungsstärke von 500 lx. Die Anzahl der benötigten Leuchten ist zu bestimmen.

24. Aus Gründen der besseren Aufteilung der Leuchten wird die in Aufgabe 22 ermittelte Leuchtenzahl auf 20 erhöht. Wie groß wird jetzt die Beleuchtungsstärke?

25. Ein Büroraum (8,00 m · 9,00 m) soll mit einlampigen Rasterleuchten nach der Abb. 2 S. 271 beleuchtet werden. Für diese Rasterleuchten wird vom Hersteller die Tabelle 25.5 angegeben. Die Lampen hängen 2,00 m über den Arbeitstischen. Die Decke ist weiß, die Wände sind hellgrün gestrichen, die Arbeitstische beige; der Fußboden ist mit hellbraunem Teppichboden ausgelegt. Verwendet werden Leuchtstofflampen 65 W der Lichtfarbe 32 Warmton de Luxe ($\Phi = 3300$ lm).

a) Die Anzahl der benötigten Leuchten ist zu bestimmen!

b) Wie groß ist der Anschlußwert des Raumes, wenn eine Leuchtstofflampe mit Vorschaltgerät 78 W aufnimmt?

c) Wie groß wäre die Leistungsaufnahme, wenn statt der verwendeten Leuchtstofflampen Glühlampen 200 W ($\Phi = 3150$ lm) verwendet würden?

d) Wie groß ist die Energieeinsparung in kWh in einem Monat (22 Arbeitstage; tägl. Brenndauer 10 Std.) bei der Verwendung von Leuchtstofflampen?

26. In einem Konstruktionsbüro wurden 40 Deckenleuchten installiert, für die vom Hersteller beigefügtes Diagramm (Abb. 1) angegeben wurde. Die mittlere Beleuchtungsstärke soll 1000 lx betragen. Rechnen Sie nach, ob dieser Wert erreicht wird! Für den Raum liegen folgende weitere Daten vor: Grundfläche 8,50 m · 8,50 m; Leuchtenhöhe über der Arbeitsfläche 2,70 m; die Decke des Raumes ist weiß, die Wände sind hellgelb gestrichen. Zu berücksichtigen ist, daß eine Wand als Fensterfläche ausgebildet ist und keine Vorhänge angebracht sind. Arbeitsflächen und Fußboden sind olivgrün. Verwendet werden Leuchtstofflampen L 58 W/21 mit $\Phi_L = 5400$ lm.

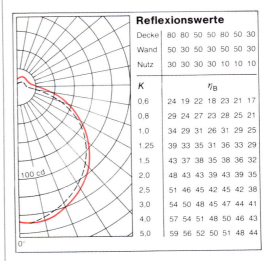

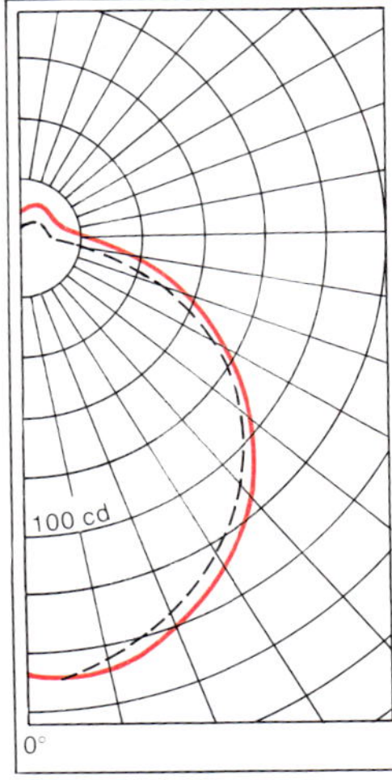

Reflexionswerte

Decke	80	80	50	50	80	50	30
Wand	50	30	50	30	50	50	30
Nutz	30	30	30	30	10	10	10
K	η_B						
0,6	24	19	22	18	23	21	17
0,8	29	24	27	23	28	25	21
1,0	34	29	31	26	31	29	25
1,25	39	33	35	31	36	33	29
1,5	43	37	38	35	38	36	32
2,0	48	43	43	39	43	39	35
2,5	51	46	45	42	45	42	38
3,0	54	50	48	45	47	44	41
4,0	57	54	51	48	50	46	43
5,0	59	56	52	50	51	48	44

Abb. 1

27. In der Beispielaufgabe auf Seite 273 wurde die Anzahl der benötigten Leuchten mit 9,7 ermittelt. Installiert werden aber 10 Leuchten. Errechnen Sie die dadurch tatsächlich zu erzielende Beleuchtungsstärke!

28. Ein Vortragssaal 18,00 m · 15,00 m soll mit einlampigen Rasterleuchten ausgestattet werden. Für diese Leuchten gelten die Daten der Tabellen 25.2 und 25.3, S. 274. Die Leuchten werden an der Decke montiert, die Raumhöhe beträgt 4,50 m. Über den Raum liegen folgende Angaben vor: Die Decke des Raumes ist hellgrün gestrichen, die Wände sind mit hellbraunem Holz vertäfelt. Der Fußboden ist mit einem dunkelgrünen Teppich ausgelegt. Verwendet werden Leuchtstofflampen L 58 W/31 mit $\Phi_L = 5400$ lm. Wieviel Leuchten sind zu installieren, wenn eine Beleuchtungsstärke von 500 lx gefordert wird?

29. In einem Lagerraum sind 30 der gleichen Leuchten wie in Aufgabe 27 installiert. Sie sind bestückt mit Leuchtstofflampen 65 W $\Phi_L = 3800$ lm. Eine Beleuchtungsstärkemessung ergibt den Wert 100 lx. Der Raum wird wie folgt beschrieben: Grundfläche 20,00 m · 25,00 m; Höhe der Leuchten über der Meßebene 3,00 m. Der Raum ist stark verschmutzt, so daß für die Decke und die Wände ein Reflexionsgrad von 0,3 angenommen werden kann. Der Fußboden ist dunkelgrau. Berechnen Sie den Beleuchtungswirkungsgrad! Welche Maßnahmen können die Beleuchtungsverhältnisse entscheidend verbessern, ohne daß die Beleuchtungsanlage verändert wird. Berechnen Sie die mittlere Beleuchtungsstärke nach Veränderung der Raumverhältnisse.

Formeln

Fläche

Quadrat	$A = a^2$
Rechteck	$A = a \cdot b$
Parallelogramm	$A = a \cdot h$
Trapez	$A = \frac{a+b}{2} \cdot h$
	$A = m \cdot h$
Kreis	$A = r^2 \cdot \pi$
	$A = \frac{d^2}{4} \cdot \pi$
Kreisring	$A = \frac{d_a^2 - d_i^2}{4} \cdot \pi$

Volumen

Würfel	$V = a^3$
Quader	$V = a \cdot b \cdot h$
Zylinder	$V = A \cdot h$
Kegel	$V = \frac{A \cdot h}{3}$
Pyramide	$V = \frac{A \cdot h}{3}$
Dichte	$\rho = \frac{m}{V}$

Elektrowärme

Wärmemenge	$Q = m \cdot c \cdot \Delta T$

Mechanik

Geschwindigkeit	$v = \frac{s}{t}$
Umfangsgeschwindigkeit	$v = n \cdot r \cdot 2 \cdot \pi$ $v = n \cdot d \cdot \pi$
Kreisumfang	$s = d \cdot \pi$
Drehzahl	$n = \frac{1}{T}$
Zeit für eine Umdrehung	$T = \frac{1}{n}$
Frequenz	$f = \frac{1}{T}$; $f = p \cdot n$
Kreisfrequenz	$\omega = \frac{2 \cdot \pi}{T}$; $\omega = 2 \cdot \pi \cdot f$
Beschleunigung	$a = \frac{v}{t}$
Zurückgelegter Weg bei konstanter Beschleunigung	$s = \frac{1}{2} a \cdot t^2$
Kraft	$F = m \cdot a$
Gewichtskraft	$F_G = m \cdot g$
Drehmoment	$M = F \cdot s$
Mechanische Arbeit	$W = F \cdot s$ $W = P \cdot t$
Mechanische Leistung	$P = \frac{W}{t}$ $P = \frac{F \cdot s}{t}$ $P = F \cdot v$ $P = 2 \cdot \pi \cdot n \cdot M$
Übersetzung Riementrieb	$i = \frac{d_1}{d_2} = \frac{n_2}{n_1}$
Übersetzung Zahnradtrieb	$i = \frac{n_1}{n_2} = \frac{z_2}{z_1}$
Drehmomente bei Übersetzung	$\frac{n_1}{n_2} = \frac{M_2}{M_1}$
Übersetzung Riementrieb	$i = \frac{d_1}{d_2} = \frac{n_2}{n_1}$
Übersetzung Zahnradtrieb	$i = \frac{n_1}{n_2} = \frac{z_2}{z_1}$
Drehmomente bei Übersetzung	$\frac{n_1}{n_2} = \frac{M_2}{M_1}$

Grundgrößen der Elektrotechnik

Elektrische Stromstärke	$I = \frac{Q}{t}$
Elektrische Spannung	$U = \frac{W}{Q}$
Ohmsches Gesetz	$I = \frac{U}{R}$

Elektrischer Leitwert $G = \frac{1}{R}$

Elektrischer Widerstand $R = \frac{1}{G}$; $R = \frac{\rho \cdot l}{q}$; $R = \frac{l}{\varkappa \cdot q}$

Spezifischer Widerstand $\rho = \frac{1}{\varkappa}$

Reihenschaltung von Widerständen
$I = I_1 = I_2 = \cdots = I_n$
$U_g = U_1 + U_2 + \cdots + U_n$
$R_g = R_1 + R_2 + \cdots + R_n$
$\frac{U_1}{U_2} = \frac{R_1}{R_2}$; $\frac{U_n}{U_g} = \frac{R_n}{R_g}$

Parallelschaltung von Widerständen
$U = U_1 = U_2 = \cdots = U_n$
$I_g = I_1 + I_2 + \cdots + I_n$
$G_g = G_1 + G_2 + \cdots + G_n$
$\frac{1}{R_g} = \frac{1}{R_1} + \frac{1}{R_2} + \cdots + \frac{1}{R_n}$
$\Sigma I_{zu} = \Sigma I_{ab}$

Spannungsfehlerschaltung $R = \frac{U - I \cdot R_{i(I)}}{I}$

Stromfehlerschaltung $R = \frac{U}{I - \frac{U}{R_{i(U)}}}$

Abgleichbedingung bei Brückenschaltung $\frac{R_x}{R_v} = \frac{R_3}{R_4}$; $R_x = \frac{R_3}{R_4} \cdot R_v$

Urspannung $U_{or} = U_i + U_{Kl}$

Innenwiderstand $R_i = \frac{U_i}{I}$

Kurzschlußstrom $I_k = \frac{U_{or}}{R_i}$

Reihenschaltung von Spannungsquellen
$U_{org} = U_{or1} + U_{or2} + \ldots + U_{orn}$
$R_{ig} = R_{i1} + R_{i2} + \cdots + R_{in}$

Leistungsanpassung bei $R_i = R_L$ $U_{Kl} = \frac{U_{or}}{2}$; $I = \frac{U_{or}}{2R_i}$; $P_L = \frac{U_{or}^2}{4R_i}$

Warmwiderstand
$R_T = R_{20} + \Delta R$
$\Delta R = R_{20} \cdot \Delta T \cdot \alpha$
$R_T = R_{20} \cdot (1 + \Delta T \cdot \alpha)$

Elektrische Arbeit $W = P \cdot t$; $W = U \cdot I \cdot t$; $W = I^2 \cdot R \cdot t$; $W = \frac{U^2}{R} \cdot t$

Elektrische Leistung $P = \frac{W}{t}$; $P = U \cdot I$; $P = I^2 \cdot R$; $P = \frac{U^2}{R}$

Verlustleistung $P_v = P_{zu} - P_{ab}$

Wirkungsgrad $\eta = \frac{P_{ab}}{P_{zu}}$

Gesamtwirkungsgrad $\eta_g = \eta_1 \cdot \eta_2 \cdot \cdots \cdot \eta_n$

Elektrische Feldstärke $E = \frac{F}{Q}$

Elektrische Feldstärke des Plattenkondensators $E = \frac{U}{d}$

Kapazität des Kondensators $C = \frac{Q}{U}$

Kapazität des Plattenkondensators $C = \frac{\varepsilon \cdot A}{d}$

Dielektrizitätskonstante $\varepsilon = \varepsilon_0 \cdot \varepsilon_r$

Zeitkonstante $\tau = R \cdot C$

Parallelschaltung von Kondensatoren
$C_g = C_1 + C_2 + \cdots + C_n$
$Q_g = Q_1 + Q_2 + \cdots + Q_n$
$U_g = U_1 = U_2 = \cdots = U_n$

Reihenschaltung von Kondensatoren
$\frac{1}{C_g} = \frac{1}{C_1} + \frac{1}{C_2} + \cdots + \frac{1}{C_n}$
$U_g = U_1 + U_2 + \cdots + U_n$
$Q_g = Q_1 = Q_2 = \cdots = Q_n$

Elektrische Durchflutung $\Theta = I \cdot N$

Magnetische Feldstärke $H = \frac{\Theta}{l_m}$

Magnetische Flußdichte $B = \mu_0 \cdot \mu_r \cdot H$

Magnetischer Fluß $\Phi = B \cdot A$

Permeabilität $\mu = \mu_0 \cdot \mu_r$

Kraft auf stromdurchflossene Leiter im Magnetfeld $F = B \cdot I \cdot l \cdot z$

Kraft zwischen zwei stromdurchflossenen Leitern $F = \frac{\mu_0 \cdot I_1 \cdot I_2 \cdot l}{2 \cdot \pi \cdot a}$

Induzierte Spannung $U = N \frac{\Delta \Phi}{\Delta t}$; $U = B \cdot l \cdot v \cdot z$

Elektrolytische Stoffabscheidung $m = c \cdot I \cdot t$

Kapazität eines galvanischen Elementes $K = I \cdot t$

Momentanwerte einer Wechselspannung $u = \hat{u} \cdot \sin\alpha$; $i = \hat{\imath} \cdot \sin\alpha$; $\alpha = \omega \cdot t$

Effektivwerte einer Wechselspannung $U = \dfrac{\hat{u}}{\sqrt{2}}$; $I = \dfrac{\hat{\imath}}{\sqrt{2}}$

Induktivität einer Spule $L = \dfrac{\mu_0 \cdot \mu_r \cdot N^2 \cdot A}{l}$

Reihenschaltung von Spulen $L_g = L_1 + L_2 + \cdots + L_n$

Parallelschaltung von Spulen $\dfrac{1}{L_g} = \dfrac{1}{L_1} + \dfrac{1}{L_2} + \cdots + \dfrac{1}{L_n}$

Scheinwiderstand einer Spule $Z = \dfrac{U}{I}$

Blindwiderstand einer Spule $X_L = 2 \cdot \pi \cdot f \cdot L$; $X_L = \omega \cdot L$

Reihenschaltung von induktiven Blindwiderständen $X_{Lg} = X_{L1} + \cdots + X_{Ln}$

Parallelschaltung von induktiven Blindwiderständen $\dfrac{1}{X_{Lg}} = \dfrac{1}{X_{L1}} + \cdots + \dfrac{1}{X_{Ln}}$

Reihenschaltung von R und L $U^2 = U_R^2 + U_L^2$; $Z^2 = R^2 + X_L^2$

$$\tan\varphi = \frac{U_L}{U_R}; \quad \tan\varphi = \frac{X_L}{R}$$

$$\sin\varphi = \frac{U_L}{U}; \quad \sin\varphi = \frac{X_L}{Z}$$

$$\cos\varphi = \frac{U_R}{U}; \quad \cos\varphi = \frac{R}{Z}$$

Parallelschaltung von R und L $I^2 = I_R^2 + I_L^2$

$$\left(\frac{1}{Z}\right)^2 = \left(\frac{1}{R}\right)^2 + \left(\frac{1}{X_L}\right)^2$$

$$Y^2 = G^2 + B^2$$

$$\tan\varphi = \frac{I_L}{I_R}; \quad \tan\varphi = \frac{R}{X_L}$$

$$\sin\varphi = \frac{I_L}{I}; \quad \sin\varphi = \frac{Z}{X_L}$$

$$\cos\varphi = \frac{I_R}{I}; \quad \cos\varphi = \frac{Z}{R}$$

Umrechnung von R und L Schaltungen $U_{ser} = U_{par}$; $I_{ser} = I_{par}$; $\varphi_{ser} = \varphi_{par}$; $Z_{ser} = Z_{par}$

Leistungen bei Reihen- und Parallelschaltung von R und L

$$S = U \cdot I$$

$$S^2 = P^2 + Q^2$$

$$P = U_R \cdot I$$

$$P = S \cdot \cos\varphi$$

$$P = U \cdot I_R$$

$$Q_L = U_L \cdot I$$

$$Q = S \cdot \sin\varphi$$

$$Q = U \cdot I_L$$

$$\cos\varphi = \frac{P}{S}$$

Blindwiderstand eines Kondensators $X_c = \dfrac{U}{I}$; $X_c = \dfrac{1}{2\pi \cdot f \cdot C}$; $X_c = \dfrac{1}{\omega \cdot C}$

Reihenschaltung von kapazitiven Blindwiderständen $X_{cg} = X_{c1} + \cdots + X_{cn}$

Parallelschaltung von kapazitiven Blindwiderständen $\dfrac{1}{X_{cg}} = \dfrac{1}{X_{c1}} + \cdots + \dfrac{1}{X_{cn}}$

Reihenschaltung von R und C $U^2 = U_R^2 + U_c^2$; $Z^2 = R^2 + X_c^2$

$$\tan\varphi = \frac{U_c}{U_R}; \quad \tan\varphi = \frac{X_c}{R}$$

$$\sin\varphi = \frac{U_c}{U}; \quad \sin\varphi = \frac{X_c}{Z}$$

$$\cos\varphi = \frac{U_R}{U}; \quad \cos\varphi = \frac{R}{Z}$$

Parallelschaltung von R und C $I^2 = I_R^2 + I_c^2$

$$\left(\frac{1}{Z}\right)^2 = \left(\frac{1}{X_c}\right)^2 + \left(\frac{1}{R}\right)^2$$

$$\tan\delta = \frac{X_c}{R}; \quad \tan\varphi = \frac{I_c}{I_R}$$

$$\tan\varphi = \frac{R}{X_c}$$

$$\sin\varphi = \frac{I_c}{I}; \quad \sin\varphi = \frac{Z}{X_c}$$

$$\cos\varphi = \frac{I_R}{I}; \quad \cos\varphi = \frac{Z}{R}$$

Leistungen bei Reihen- und Parallelschaltung von R und C

$$S = U \cdot I$$
$$S^2 = P^2 + Q^2$$
$$P = U_R \cdot I$$
$$P = S \cdot \cos\varphi$$
$$P = U \cdot I_R$$
$$Q_c = U_c \cdot I$$
$$Q_c = S \cdot \sin\varphi$$
$$Q_c = U \cdot I_c$$

Reihenschaltung von R, C und L

$$U^2 = U_R^2 + U^{*2}$$
$$Z^2 = R^2 + X^2$$
$$\sin\varphi = \frac{U^*}{U}; \quad \sin\varphi = \frac{X^*}{Z}$$
$$\cos\varphi = \frac{U_R}{U}; \quad \cos\varphi = \frac{R}{Z}$$
$$\tan\varphi = \frac{U^*}{U} \quad \tan\varphi = \frac{U^*}{U_R}$$
$$\tan\varphi = \frac{X^*}{R}$$

Parallelschaltung von R, C und L

$$I^2 = I_R^2 + I^{*2}$$
$$\left(\frac{1}{Z}\right)^2 = \left(\frac{1}{R}\right)^2 + \left(\frac{1}{X^*}\right)^2$$
$$Y^2 = G^2 + B^{*2}$$
$$\sin\varphi = \frac{I^*}{I}; \quad \sin\varphi = \frac{Z}{X^*}$$
$$\cos\varphi = \frac{I_R}{I}; \quad \cos\varphi = \frac{Z}{R}$$
$$\tan\varphi = \frac{I^*}{I_R}; \quad \tan\varphi = \frac{R}{X^*}$$

Leistungen bei Reihen- und Parallelschaltung von R, C und L

$$S^2 = P^2 + Q^{*2}$$
$$\sin\varphi = \frac{Q^*}{S}$$
$$\cos\varphi = \frac{P}{S}$$
$$\tan\varphi = \frac{Q^*}{P}$$

Resonanzfrequenz $\quad f_0 = \frac{1}{2\pi \cdot \sqrt{L \cdot C}}$

Sternschaltung

$$I = I_{Str}; \quad U = \sqrt{3} \cdot U_{Str}$$
$$S = \sqrt{3} \cdot U \cdot I; \quad S = \sqrt{P^2 + Q^2}$$
$$P = \sqrt{3} \cdot U \cdot I \cdot \cos\varphi$$
$$Q = \sqrt{3} \cdot U \cdot I \cdot \sin\varphi$$

Dreieckschaltung

$$U = U_{Str}$$
$$I = \sqrt{3} \cdot I_{Str}$$
$$I_\triangle = 3 \cdot I_Y$$
$$P_\triangle = 3 \cdot P_Y$$

Transformatoren

Übersetzungsverhältnis

$$\frac{U_1}{U_2} = \frac{N_1}{N_2}$$
$$\frac{I_2}{I_1} = \frac{N_1}{N_2}$$
$$ü = \frac{U_1}{U_2}$$

Übersetzungsverhältnis von Stromwandlern $\quad ü = \frac{I_1}{I_2}$

Kurzschlußspannung $\quad u_k = \frac{U_k \cdot 100}{U_1}$

Dauerkurzschlußstrom $\quad I_{kd} = \frac{100 \cdot I}{u_k}$

Bauleistung für $U_1 > U_2$ $\quad S_B = S_D\left(1 - \frac{U_2}{U_1}\right)$

für $U_1 < U_2$ $\quad S_B = S_D\left(1 - \frac{U_1}{U_2}\right)$

Abgegebene Scheinleistung $\quad S_2 = U_2 \cdot I_2$

Aufgenommene Scheinleistung $\quad S_1 = U_1 \cdot I_1$

Abgegebene Wirkleistung $\quad P_2 = U_2 \cdot I_2 \cdot \cos\varphi_2$

Aufgenommene Wirkleistung $\quad P_1 = U_1 \cdot I_2 \cdot \cos\varphi_1$

Jahreswirkungsgrad $\quad \eta_a = \frac{W_{ab}}{W_{ab} + W_{Fe} + W_{Cu}}$

Übertragungsleistung der einzelnen Transformatoren bei Parallelschaltung $\quad \frac{Ü_{Tr1}}{Ü_{Tr2}} = \frac{S_{2Tr1} \cdot u_{k2}}{S_{2Tr2} \cdot u_{k1}}$

Drehstrom-Asynchronmotoren

Drehfelddrehzahl $\quad n_f = \frac{f}{p}$

Schlupfdrehzahl $\quad n_s = n_f - n$

Schlupf

$$s = \frac{n_f - n}{n_f}$$
$$s_{\%} = \frac{n_f - n}{n_f} \cdot 100\%$$

Abgegebene Leistung $P = U \cdot I \cdot \sqrt{3} \cdot \cos\varphi \cdot \eta$

Mittlerer Anlaßstrom $I_m = \frac{1}{2}(I_1 + I_2)$

Läuferimpedanz $Z_r = \frac{U_{er}}{\sqrt{3} \cdot I_{er}}$

Anlaßschwere $k = \frac{I_m}{I_{er}}$

Anlasserkennwert $R_a \approx 1{,}4 \frac{Z_r}{k}$

Wechselstrommotoren $Q_C = U^2 \cdot \omega \cdot C$

$C_A = 3 \cdot C_B$

Synchronmaschinen

Generatorleistung $S = U \cdot I \cdot \sqrt{3}$

Motorleistung $P = U \cdot I \cdot \sqrt{3} \cdot \cos\varphi$

Erregerleistung $P_f = U_f \cdot I_f$

Wirkungsgrad $\eta = \frac{P_{ab}}{P_{zu} + P_f}$

Gleichstrom-generatoren $U = U_0 - U_i - U_B$

$U_i = I_a \cdot R_i$

$\eta = \frac{P_{ab}}{P_{ab} + P_v}$

Gleichstrommotoren $U = U_0 + U_i + U_B$

$U_i = I_a \cdot R_i$

$P_{ab} = 2 \cdot \pi \cdot M \cdot n$

Feldsteller $R_{St} = \frac{U}{I_{f,\,St}} - R_f$

$R_{Anl} = \frac{U}{I_{A,\,Anl}} - R_i$

Meßfehler

Zulässiger Fehler $F = \frac{M \cdot G}{100}$

Relativer Fehler $f = \frac{F}{W}$

Transistorschaltungen

Arbeitspunkt und Verlustleistung $R_v = \frac{U_B - U_{BE}}{I_B}$

$R_1 = \frac{U_B - U_{BE}}{(n-1) \cdot I_B}$

$R_2 = \frac{U_{BE}}{n \cdot I_B}$

$n = \frac{I_2}{I_B}$

$P_{tot} = U_{CE} \cdot I_C + U_{BE} \cdot I_B$

Verstärkung $v_u = \frac{\Delta U_{CE}}{\Delta U_{BE}}$

$v_i = \frac{\Delta I_C}{\Delta I_B}$

$v_p = v_n \cdot v_i$

$B = \frac{I_C}{I_B}$

Feldeffekttransistoren $U_{GS} = -U_{RS}$

$R_S = \frac{U_{RS}}{I_D}$

$U_{R2} = I_1 \cdot R_2$

$R_1 = \frac{U_B - U_{GS}}{I_1}$

$R_1 = \frac{U_B - U_{R2}}{I_1}$

$R_2 = \frac{U_{GS} + U_{RS}}{I_1}$

Operationsverstärker $v_u = \frac{u_0}{u_I}$

$v_u = -\frac{R_1}{R_2}$

$v_u = 1 + \frac{R_1}{R_2}$

Stabilisierungs-schaltungen $P_{tot} = U_Z \cdot I_Z$

$I_{Z\,max} = \frac{P_{tot}}{U_Z}$

$I_{Z\,min} = 0{,}1 \cdot I_{Z\,max}$

$R_{v\,min} = \frac{U_{1\,max} - U_Z}{I_{Z\,max} + I_{L\,min}}$

$R_{v\,max} = \frac{U_{1\,min} - U_Z}{I_{Z\,min} + U_{L\,max}}$

Schutzmaßnahmen

Fehler-stromkreis $I_F = \frac{R_0}{R_F + R_K + R_{St} + R_L + R_0}$

$R_{St} = \frac{U_0 - U_1}{U_1} \cdot R_i$

Schutzmaßnahmen im TN-Netz $I_k = \frac{U_0}{Z_S}$

$Z_S = \frac{U_0 - U_1}{I}$

Fehlerstrom-Schutzeinrichtung $R_A = \frac{U_B}{I_{\Delta n}}$

Erdungswiderstand $R_A = \frac{U_E}{I}$

Gleichstromanlagen

Spannungsfall $\Delta U = \frac{2 \cdot l \cdot I}{\varkappa \cdot q}$

$\Delta U = \frac{2 \cdot l \cdot P}{\varkappa \cdot U \cdot q}$

Prozentualer Spannungsfall $\Delta u = \frac{\Delta U}{U_N}$

Verlustleistung $P_v = \Delta U \cdot I$

$P_v = \frac{2 \cdot l \cdot I^2}{\varkappa \cdot q}$

Prozentuale Verlustleistung $P_{v\%} = \frac{P_v}{P} \cdot 100\%$

Wechselstromanlagen

Spannungsfall $\Delta U = \frac{2 \cdot l \cdot I \cdot \cos\varphi}{\varkappa \cdot q}$

$\Delta U = \frac{2 \cdot l \cdot P}{\varkappa \cdot U \cdot q}$

Verlustleistung $P_v = \frac{2 \cdot l \cdot I^2}{\varkappa \cdot q}$

$P_v = \frac{2 \cdot l}{\varkappa \cdot q} \cdot \left(\frac{P}{U \cdot \cos\varphi}\right)^2$

Verzweigte Wechselstromanlagen

Spannungsfall $\Delta U = \frac{2 \cdot \cos\varphi_m}{\varkappa \cdot q} \cdot \Sigma(I \cdot l)$

Verlustleistung $P_v = \frac{2 \cdot \Sigma(I^2 \cdot l)}{\varkappa \cdot q}$

Drehstromanlagen

Spannungsfall $\Delta U = \frac{\sqrt{3} \cdot l \cdot I \cdot \cos\varphi}{\varkappa \cdot q}$

$\Delta U = \frac{l \cdot P}{\varkappa \cdot U \cdot q}$

$\Delta U = \frac{\sqrt{3} \cdot \cos\varphi_m \cdot \Sigma(I \cdot l)}{\varkappa \cdot q}$

Verlustleistung $P_v = \frac{3 \cdot I^2 \cdot l}{\varkappa \cdot q}$

$P_v = \frac{l}{\varkappa \cdot q} \cdot \left(\frac{P}{U \cdot \cos\varphi}\right)^2$

Strombelastbarkeit $I_{zul} = \frac{n_{\%}}{100\%} \cdot I_{Tab}$

Einzelkompensation $Q_C = P \cdot (\tan\varphi_1 - \tan\varphi_2)$

Parallelkompensation $C = \frac{Q_C}{U^2 \cdot \omega}$

Reihenkompensation $C = \frac{I^2}{Q_C \cdot \omega}$

$Q_C = 2 \cdot Q_L$

Gruppen- und Zentralkompensation $P_g = n \cdot P \cdot 3$

$Q_C = P_g \cdot (\tan\varphi_1 - \tan\varphi_2)$

Licht und Beleuchtungstechnik

Beleuchtungsstärke $E = \frac{\Phi}{A}$

Lichtausbeute $\eta = \frac{\Phi}{P}$

Leuchtenzahl $n = \frac{1{,}25 \cdot E \cdot A}{\Phi_L \cdot \eta_{Bel}}$

Raumfaktor $k = \frac{a \cdot b}{h \cdot (a + b)}$

Sachwortverzeichnis

Bildquellenverzeichnis

Hinweis: Ziffern vor dem Komma = Seitenzahl; Ziffern nach dem Komma = Bild-Nr.

BBC, Mannheim: 243, 2
Continental AG, Hannover: 192, 1
E. G. O. Elektro-Geräte Blanc & Fischer, Oberderdingen: 63, 2
FELTEN & GUILLEAUME ENERGIETECHNIK, Nordenham: 245, 2
FRAKO Kondensatoren und Apparatebau, Teningen: 267, 2
Werkfoto Hager Electro: 241, 2
Werkbild „A. van Kaick", Ingolstadt: 199, 7
LEPPER DOMINIT Transformatoren, Bad Honnef: 263, 3
LEROY-SOMER, Angoulême: 202, 1
Liebherr-Werk Biberach GmbH: 24, 1
Heinrich Platthaus, Ing. Elektrotechn. Fabrik, Leichlingen 2: 208, 1
Großversandhaus Quelle, Fürth: 9, 1b
Foto & Grafik Rixe, Braunschweig: 29, 6; 42, 1; 82, 1; 125, 1; 134, 1; 137, 1; 148, 1; 172, 1; 180, 1; 210, 1; 221, 5; 230, 1
Werksaufnahme Rowenta-Werke GmbH, Offenbach/M.: 44, 1
Siemens AG, Erlangen: 191, 2
Siemens AG, Karlsruhe: 141, 4
Siemens AG, München: 212, 2
Sprecher + Schuh, Niederspannungsgeräte GmbH, Leinfelden-Echterdingen: 54, 1
Stiebel Eltron, Holzminden: 269, 2
Texas Instruments Deutschland GmbH, Freising: 9, 1a
Westermann-Foto Hermann Buresch, Braunschweig: 86, 1; 97, 1
Der Firma SIEGL, Braunschweig-Stöckheim, danken wir für die freundliche Unterstützung bei der Aufnahme von Abb. 125, 1